Biology of Crayfish

ザリガニの生物学

川井 唯史・高畑 雅一 編著

北海道大学出版会

【扉】　北海道の秘境でみつけた！外来種ウチダザリガニ　　　撮影：川井 唯史
【扉裏】韓国の霊峰ソラク山の湧水でのザリガニ採集するミンと川井　撮影：小川 洋一郎

口絵1 オーストラリアのタスマニア島に生息するタスマニアオオザリガニ(川井ほか, 2008より, 名古屋市科学館の尾坂知江子氏撮影)。(A)採集された大型の個体。(B)小型の個体。(C)生息地へ向かう調査隊。周辺は原生林に囲まれている。本文4, 71頁参照

口絵2 多様な形態をもつオーストラリアのザリガニ類(すべてオーストラリアのグリフィン(Griffin)大学のコーガン(Coughran)博士撮影)。(A)*Engaeus mallacoota*, (B)*Euastacus sulcatus* 色彩変異個体, (C)*Engaeus orientalis*, (D)*Euastacus suttoni* の珍しい青色変異個体。本文5頁参照

口絵 3 多様な形態をもつオーストラリアとニュージーランドのザリガニ類（A・B・D はオーストラリアのグリフィン（Griffin）大学のコーガン（Coughran）博士，C はニュージーランド国立水圏研究所のパーキン（Parkyn）博士撮影）。(A) *Euastacus fleckeri*，(B)・(D) *Engaeus orientalis* の巣穴で排出された泥が乾燥して山になる，(C) *Paranephrops planifrons*（通称コウラ）の抱卵したメス。本文 6 頁参照

口絵 4 ウチダザリガニのセメント腺(A)，精包(B)，卵を抱えたメス腹部(C)（川井唯史撮影）

口絵 iii

口絵 5 アメリカ合衆国ルイジアナ州におけるアメリカザリガニ養殖の様子(中谷勇氏撮影)。(A)アメリカザリガニの加工風景，(B)郷土料理，(C)養殖池でのボートを使った移動。本文 7 頁参照

iv 口絵

口絵6 中国の上海でみつけたアメリカザリガニ料理(川井唯史撮影)。(A)屋台街で出されている料理，(B)・(C)アメリカザリガニが食材として出され，採集されているのは上海と杭州の間にある浙江省嘉, 興市, 西塘, (D)上海市内の「呉江路」。本文14頁参照

口絵 v

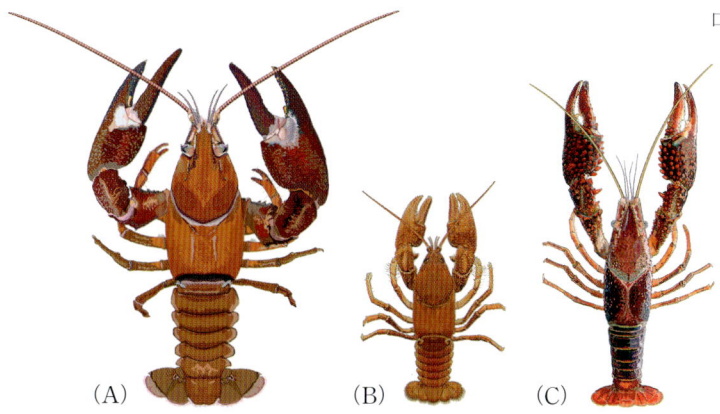

口絵 7 日本国内に分布するザリガニ類 3 種(竹中徹氏提供)。(A)ウチダザリガニ(ザリガニ科),(B)ニホンザリガニ(アメリカザリガニ科),(C)アメリカザリガニ(アメリカザリガニ科)。ウチダザリガニは体長 15 cm ほど,ニホンザリガニは 5 cm ほど,アメリカザリガニは 10 cm ほどである。本文 15 頁参照

口絵 8 シュレンクザリガニのタイプ標本が保管されているロシアのサンクト・ペテルブルク博物館(川井唯史撮影)。(A)博物館の外観,(B)博物館の入り口近くにあったマンモスの展示用標本,(C)展示されていたロシア産のザリガニ類。本文 110 頁参照

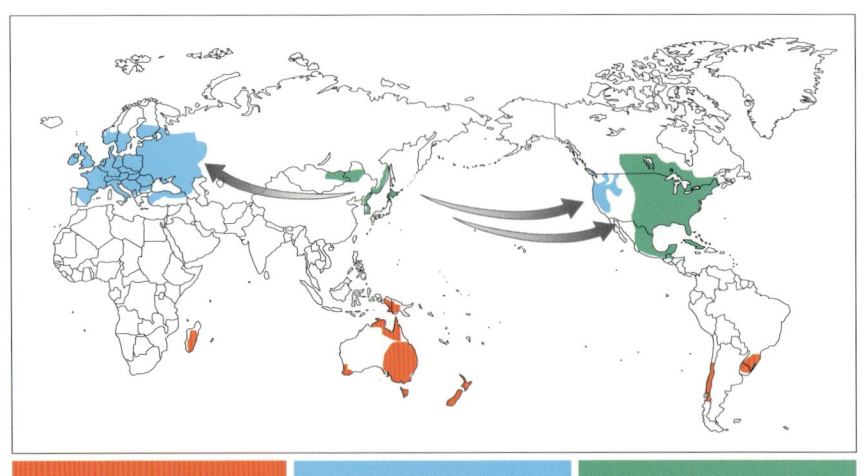

口絵 9　世界のザリガニ類の分布（Hobbs, 1988 を参考に作成）。本文 69 頁参照

口絵 10　アメリカザリガニ背面（メス）の各部の名称（上野正樹撮影）。本文第 II 部第 2 章，第 III 部第 3 章，第 VI 部第 2 章参照

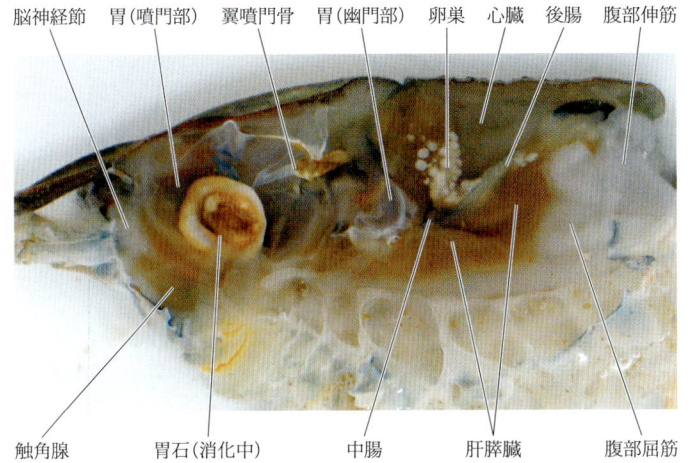

口絵 11 アメリカザリガニ頭胸部縦断面(メス・脱皮後)の各部の名称(上野正樹撮影)。本文第Ⅱ部第2章,第Ⅲ部第3章,第Ⅵ部第2章参照

口絵 12 アメリカザリガニ腹面の各部の名称(上野正樹撮影)。(A)オス,(B)メス。本文第Ⅱ部第2章,第Ⅲ部第3章,第Ⅵ部第2章参照

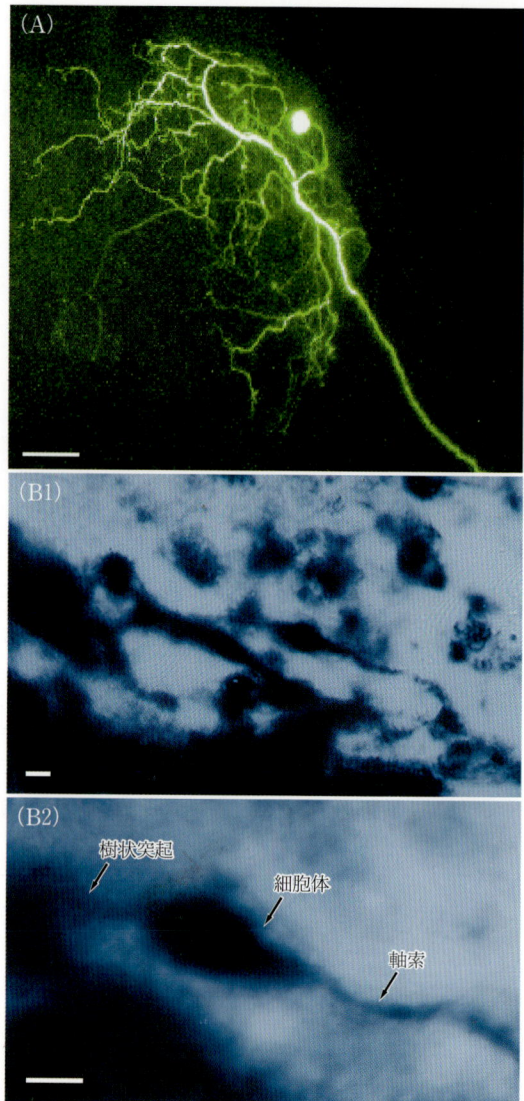

口絵 13 ザリガニの運動および感覚ニューロンの形態。(A)尾扇肢運動ニューロン(蛍光色素 Lucifer yellow を用いた細胞内染色;Murayama and Takahata, 1998 より),(B)平衡胞感覚ニューロン(メチレンブルーによる超生体染色;高畑雅一原図)。細胞体は平衡胞底面の結合組織内に存在する(B1)。多数みえる円形構造は感覚毛の基部を示す。強拡大(B2)で,細胞体から伸びる軸索と樹状突起が識別される。本文 166 頁参照

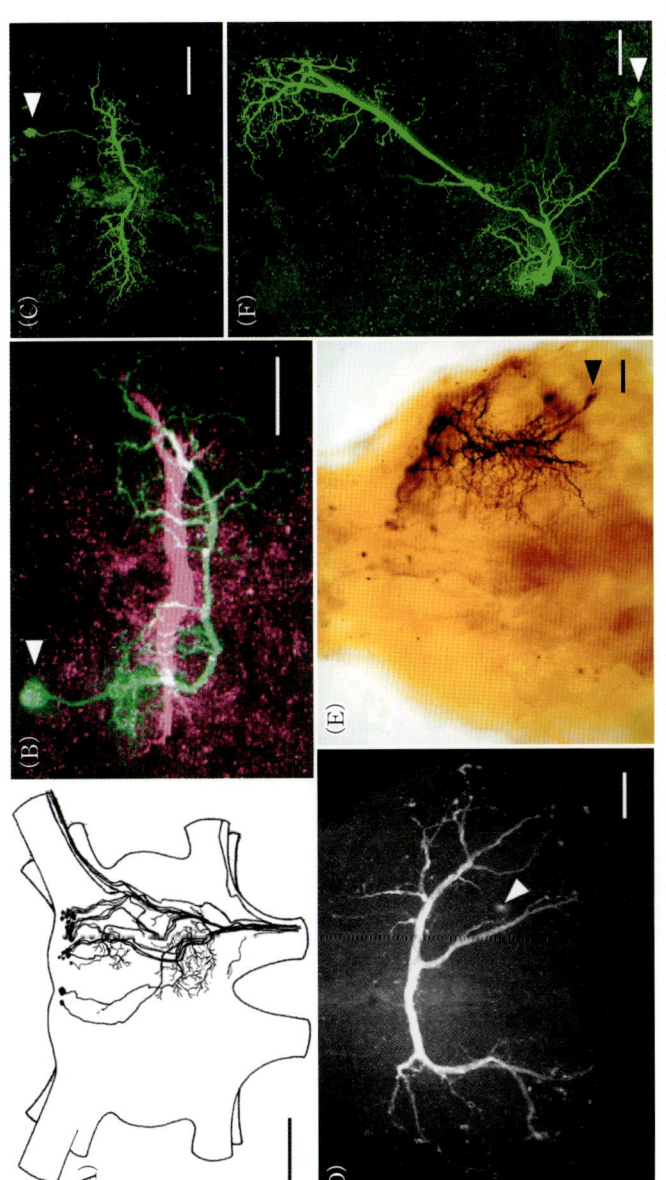

口絵14 ザリガニ介在ニューロンの形態。(A) 脳内の下行性投射型介在ニューロン Wiersma の環食道縦連合 62 および 64 野を胸部へ下行する介在ニューロン群を示す (山根晋作原図)。(B) 脳内の局在型ノンスパイキング介在ニューロン (Fujisawa and Takahata, 2007 より)。NGI (紅緋色) を逆行させ, 銀増感法を適用した。断端からニッケルイオンを軸索内に逆行させ, 銀増感法を適用した。NGI (紅緋色) とそれに終わる軸索みつく他の細胞。共に活動電位を発生しない。両細胞にそれぞれ異なる蛍光色素を充填したガラス管微小電極を刺入して電気泳動的に染色。(C) 脳内の局在型スパイキング介在ニューロン (Fujisawa and Takahata, 2007 より)。NGI に対して単シナプス的に抑制的接続する。(D) 腹部第6 (最終) 神経節内の LDS 細胞 (Hikosaka et al., 1996 より)。尾扇体末の機械感覚毛からシナプス入力を受ける感覚性のノンスパイキング介在ニューロンである。(E) 腹部第6 神経節内の前運動性ノンスパイキング介在ニューロン (高畑雅一原図)。尾扇肢支配の運動ニューロン活動を制御する。ニッケルイオンの細胞内注入及び銀増感法による。(F) 脳内の局在型スパイキング介在ニューロン (Fujisawa and Takahata, 2007 より)。NGI と単シナプス的に興奮接続する。矢印 (B-F) は, 細胞体を示す。B の NGI (紅緋色) の細胞体は, 脳の外 (眼柄神経節) に存在する。バーは, 1 mm: A, 100μm: B~F。本文 171 頁参照

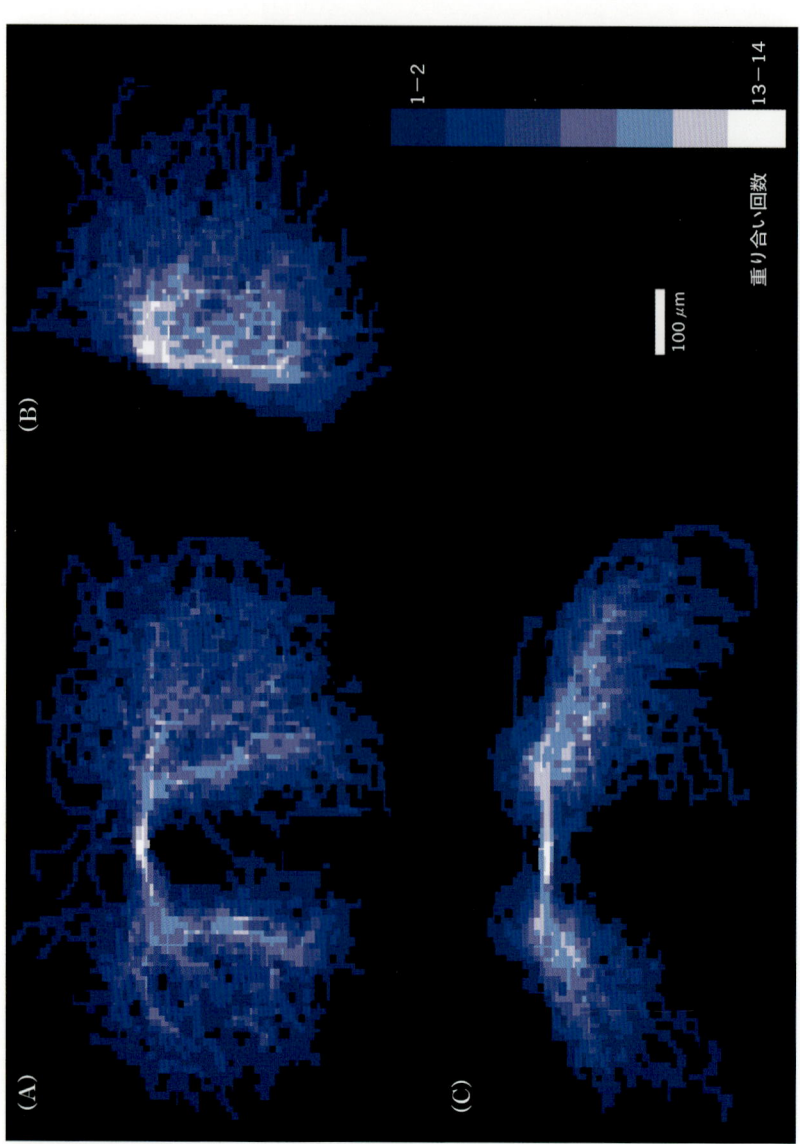

口絵 15 腹部最終神経節内における LDS (Hikosaka et al., 1996 より)。細胞樹状突起の個体間変異 14 個体での三次元形態計測結果を水平面 (A)、矢状面 (B)、横断面 (C) に投射して重ね合わせた。重り合い回数が多い部分 (薄い灰色) ほど、個体間で変異が少ないことを示す。本文 178 頁参照

口絵 xi

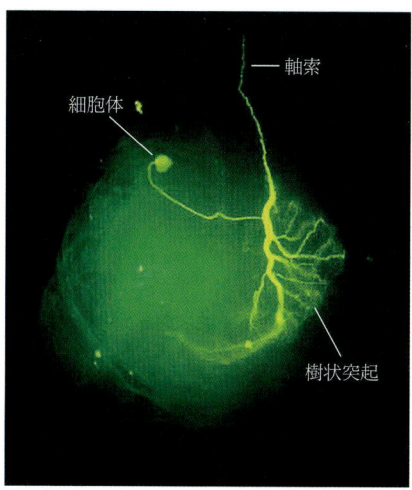

口絵 16 ザリガニ同定上行性介在ニューロン，Ⅳ-1 の細胞内染色像(長山俊樹撮影)。本文 195 頁参照

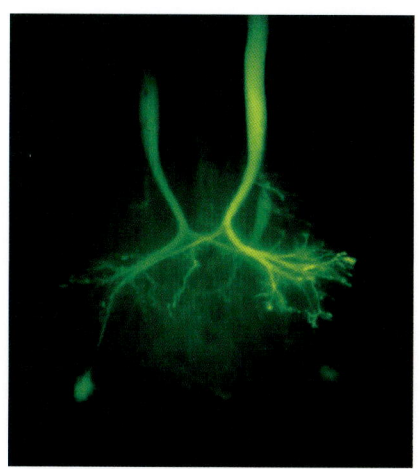

口絵 17 ザリガニ LG の細胞内染色像(長山俊樹撮影)。LG は実際には一対のニューロンではなく，各腹部神経節に細胞体をもち，主に反対側に樹状突起を広げ機械感覚情報を受け取り，ひとつ前方の神経節へ軸索を伸ばす上行性介在ニューロンが集合したもので，腹部第 6 神経節由来の LG(AG 6　LG)は一つ上の神経節(＝腹部第 5 神経節)内で AG 5 LG とセグメンタル・シナプスと呼ばれる電気シナプスを形成，AG 5 LG は腹部第 4 神経節で AG 4 LG と電気シナプスを形成している。この繰り返しで，腹部の各体節由来の LG は電気シナプスで接続され，実質ひとつのニューロンとして機能する。従って，一つの LG(この場合だと軸索を右側神経縦連合に投射している)に蛍光色素のルシファー・イエローを注入すると，反対側の AG 6 LG も同時に染色される。この写真では腹部第 7 神経節由来の局在性 LG の軸索もうっすらと同時に染色されているのが観察できる。本文 198 頁参照

口絵 18　北アメリカに生息するウチダザリガニ(川井唯史撮影)。第Ⅳ部第2章参照

口絵 19　北アメリカのコロンビア川水系のウマティラ川(2008年8月布川雅典撮影)。この河川ではウチダザリガニが大量に生息する。河川の外観は北海道の河川と類似する。本文 317 頁参照

口絵 20 北海道におけるアメリカザリガニの生息地(堤公宏氏撮影)。温泉水が流入する。本文 344 頁参照

口絵 21 ニホンザリガニの生息地(中田和義氏撮影)。本文 345 頁参照

口絵 22　ウチダザリガニが定着している北海道の湖 (中田和義撮影)。冬期間は結氷するほど水温が低下する。本文 346 頁参照

口絵 23　北海道の第 2 鈴蘭川で混獲された外来ザリガニ 2 種のアメリカザリガニとウチダザリガニ (中田和義撮影)。本文 351 頁参照

口絵 24　ニホンザリガニのメスの腹部に付着した精包(中田和義撮影)。本文 363 頁参照

口絵 25　湖でみられたニホンザリガニの交尾(中田和義撮影)。本文 367 頁参照

口絵 26　特定外来生物ウチダザリガニの抱卵メス（左）と抱稚仔メス（右）（中田和義撮影）。本文 370 頁参照

口絵 27　移入種ブラウントラウト（中島歩氏撮影）。本文 373 頁参照

口絵 28 隠れ家をめぐって競争するニホンザリガニとウチダザリガニ(中田和義撮影)。本文 386 頁参照

口絵 29 ニホンザリガニを捕食するウチダザリガニの大型個体(中田和義撮影)。本文 391 頁参照

口絵 30　アーチカルバート（豊島ほか，2008 より）。本文 409 頁参照

口絵 31　(A)枝幸町歌登地区におけるウチダザリガニの除去活動で調査する子どもたち，(B)ボランティアによるニホンザリガニの基礎調査で測定を補助する地元のボランティア高校生，(C)北海道南西部に位置する洞爺湖の冬の湖岸で採集されたウチダザリガニと(D)湖底を探索する女性ダイバー。すべて川井唯史撮影。本文 412〜414 頁参照

口 絵 xix

口絵 32　マダガスカル産ザリガニ類の一種 *Astacoides betsileoensis*（Jones, Julia P. G. 撮影）。本文 426 頁参照

口絵 33　ホヒパララ Vohiparara 地区で在来のザリガニ類を売る少女たち（Jones, Julia P. G. 撮影）。本文 432 頁参照

xx 口絵

口絵 34　マダガスカル島で繁殖して，急激に分布域を拡大している外来種のザリガニ類 Marble crayfish(国際農林水産業研究センター森岡伸介博士提供。2007 年 3 月 NGO "Hafakely" 代表の F. Ramanamandimby 氏撮影)。本文 439 頁参照

口絵 35　Marble crayfish は，日本国内の在来種で希少種のニホンザリガニを捕食することが簡単な水槽実験で確かめられている(川井唯史撮影)。Marble crayfish の眼窩頭胸甲長は 30.2 mm，ニホンザリガニは 24.3 mm。本文 441 頁参照

口絵 xxi

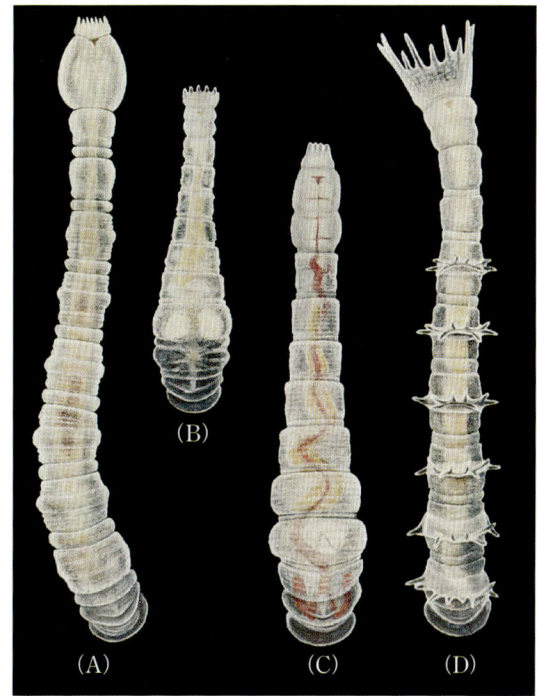

口絵 36 北海道のニホンザリガニに共生するヒルミミズ類(Yamaguchi, 1934 の Pl. XII より)。(A)ザリガニミミズ(体長 11 mm), (B)イヌカイザリガニミミズ(体長 1.1 mm), (C)オオアゴザリガニミミズ(体長 2.7 mm), (D)カムリザリガニミミズ(体長 2.0 mm)。本文 446 頁参照

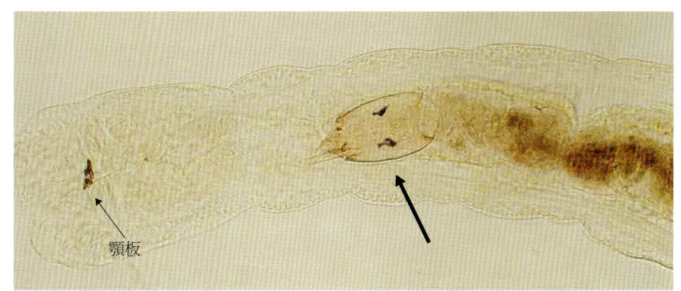

口絵 37 アオモリザリガニミミズの消化管内容物(大高明史撮影)。ユスリカ幼虫の頭殻(太矢印)やデトリタスがみえる。ヒルミミズは左が頭部で,細矢印は背腹 1 対の顎板。本文 453 頁参照

口絵 38　カワリヌマエビ属の一種の鰓室に付着するヒルミミズ類の一種 Holtodrilus truncatus の卵包(左)と一個の拡大(右)(大高明史撮影)。ホストのエビは背甲をもち上げて鰓室を露出させている。右の卵包には 10 個の胚がみえる。兵庫県産。本文 452 頁参照

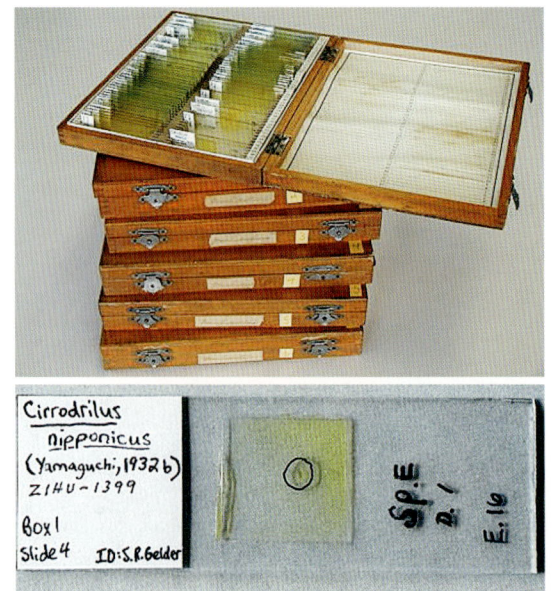

口絵 39　再発見された山口英二博士のヒルミミズ標本(上)と，そのひとつで，北海道大学に登録したニッポンザリガニミミズのプレパラート標本(下)(大高明史撮影)。スライドに直接書き込まれた文字は山口による。登録時に，種名とスライドボックスの番号や位置を記入したラベルをつけた。本文 459 頁参照

口絵 xxiii

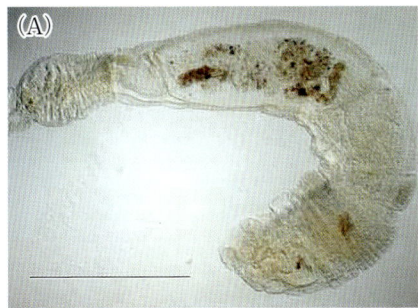

口絵 40　日本に定着している外来ヒルミミズ類の2種(大高明史撮影)。(A) *Sathodrilus attenuatus*(北海道摩周湖産), (B) *Xironogiton victoriensis*(長野県明科産)。どちらもウチダザリガニの体表から発見されたもの。スケール：1mm。本文 466 頁参照

口絵 41　名古屋市科学館特別展「ザリガニワールド」の案内。本文 486 頁参照

xxiv 口絵

口絵 42 公園内を流れる小河川で捕獲されたウチダザリガニの小型個体（中田和義撮影）。本文 494 頁参照

口絵 43 環境省から発行されたウチダザリガニに関するパンフレット（中田ほか，2007 より）。本文 497 頁参照

口絵 44 ゆであがった（殺処分した）ウチダザリガニの防除個体を試食する児童（中田和義撮影）。本文 500 頁参照

口絵 45 生体と模型をみながらウチダザリガニについて学習する児童（NPO 法人コミュニティシンクタンクあうるず提供）。本文 502 頁参照

口絵 xxv

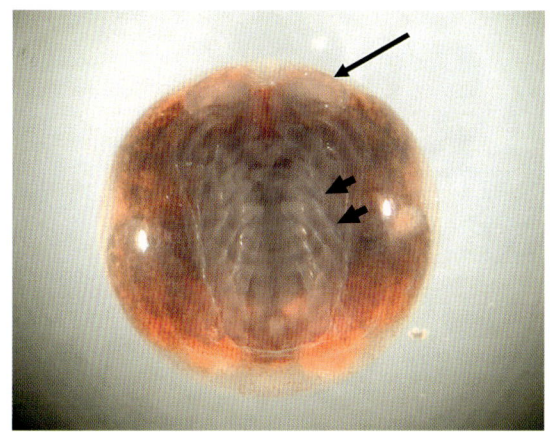

口絵 46　産卵 7 日目の胚。長い矢印は眼，短い矢印は歩脚(後藤太一郎撮影)。本文 518 頁参照

口絵 47　母親に集まる稚エビ(後藤太一郎撮影)。本文 519 頁参照

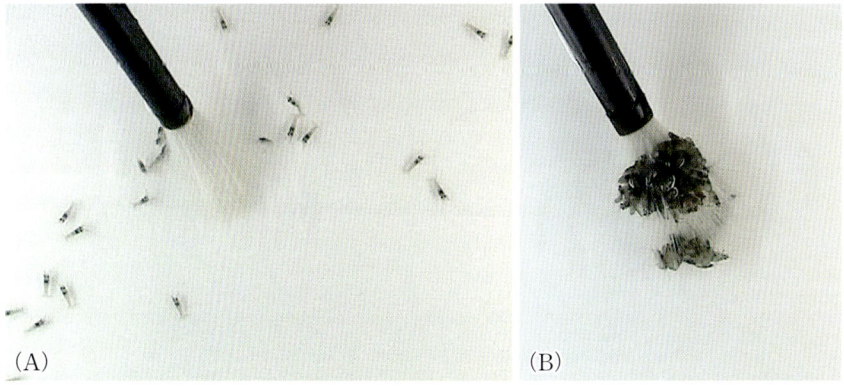

口絵 48　筆に集まった稚エビ(後藤太一郎撮影)。(A)集合前，(B)15 分後。本文 519 頁参照

xxvi 口絵

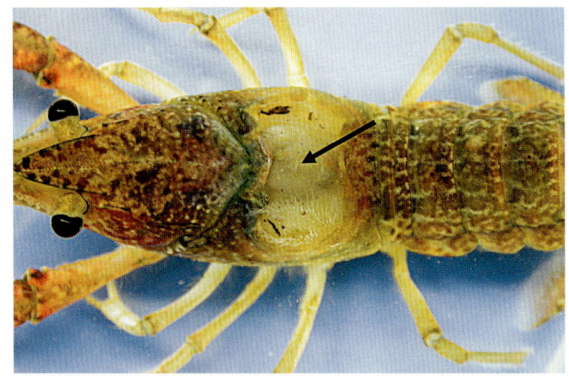

口絵 49 甲殻の心域の殻を除去した様子。矢印は心臓の位置を示す(後藤太一郎撮影)。本文 521 頁参照

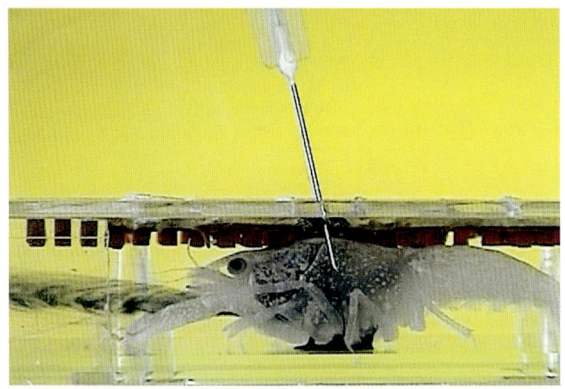

口絵 50 呼吸水流の様子(後藤太一郎撮影)。本文 522 頁参照

口絵 51 尿を放出している様子(後藤太一郎撮影)。本文 523 頁参照

ザリガニは今──まえがきにかえて

　本書を手にした方は,「アメリカザリガニ釣り」を楽しんだ経験があるに違いありません。その姿は戦車を思わせるように重厚で,動きは単純で愛くるしいので子ども心を鷲掴みにします。大きすぎず小さすぎず,丈夫であるため,研究者の心も,ガッチリと掴んでいるようです。
　このことは洋の東西を問いません。ザリガニ類の分布域は世界の温帯域を中心に広がり,その主な分布は北アメリカやヨーロッパやオーストラリアです。日本で「ザリガニを食べる」と言えば,怪訝な顔をされそうです。しかし,欧米人はザリガニ類を食べるのが大好きで,ヨーロッパやオーストラリアでは超高級料理の食材であり,アメリカ合衆国の南部では郷土の味として愛され「ザリガニ料理用」の調味料まで普通に市販されています(図1)。そのため世界的には,ザリガニ類の養殖を研究する関係者が中心となった組織「国際ザリガニ学会」があります。2010年現在の学会員の人数は500名ほど

図1　アメリカ合衆国,ルイジアナ州で得た「ザリガニ料理用」調味料
　　（三重大学の後藤太一郎教授が材料を提供,川井唯史撮影）

で，国際的・学際的に活発な研究活動を展開しています。この会は2年に一度，国際会議を開き，概ね500頁を超える大冊の論文集を刊行しています（図2）。さて日本のザリガニ研究は，どうなのでしょうか？

日本では，在来種(ニホンザリガニ)が一種類だけ分布し，その分布域は北海道と東北の北部だけに限られています。アメリカザリガニは，昭和の初めにルイジアナ州から輸入されて以来，子どもの遊び相手として有名でした。しかし食材としての地位は築かず，別の利用をされています。アメリカザリガニは，その丈夫さ故に実験動物として研究者に愛用され，学術界に大きな貢献をしてきました。その集大成として山口恒夫先生が著された総括的な普及書として『ザリガニはなぜハサミをふるうのか』(中央公論社，2000)が刊行され，アメリカザリガニを実験の材料とした神経行動や生理学の分野は，特にすばらしい内容でした。この本の刊行に触発されたのかのように，最近ではザリガニの生態学，環境保全学，組織学，教育学といった幅広い領域がザリガニを扱い始めています。

このように研究領域が多様化した背景として，日本のザリガニ類を取り巻

図2 世界ザリガニ学会の論文集(川井唯史撮影)。500頁以上の大冊が2年毎に刊行されている。

く状況が大いに変化してきたことがあります。まず在来種であるニホンザリガニは1995年頃から各行政機関により「希少種」として位置付けられ，保全の対象になっております。そのため北日本で道路開発や河川工事などを行うに当たり，ニホンザリガニの生息地が消えないように，環境への配慮が必要となり，その知識も不可欠となっています。それから約10年後の2006年を境にして，外来種ウチダザリガニは，ニホンザリガニを始めとした貴重な在来生態系の脅威として大きくクローズアップされています。環境省によりウチダザリガニを始めとした多くのザリガニ類が「特定外来生物」に指定されて，放流や輸入や飼育が規制され，防除の対象となり，違反者には厳しい罰則が課せられます。ところで，ウチダザリガニは，これまで多くの日本人が「知らなかった」と思います。しかし，これからは「知らなかった」では済まされません。ウチダザリガニは昭和初期頃に北アメリカから輸入されたものが放流されて北海道の摩周湖と滋賀県の淡海溜池だけで定着していました。ところが近年，北海道では分布域が爆発的に拡大しており，その脆弱な生態系を急速に破壊していることが徐々に解明されています。そして，北海道とは離れた福島県でも，なぜか生息地を形成しています。さらに，ホットな情報(2009年11月現在)として，千葉県でもウチダザリガニが採集されています。詳しい調査は今後行われるので，状況は不明ですが，北海道に加えて東北南部や関東にも不安な影を落としています。そのため今後，自然環境，生物飼育や輸入の関係者はウチダザリガニと直接係ることになります。

　ところが日本人がもつウチダザリガニに対しての知識といえば正直多いとはいえず，「ウチダザリガニは名前すら知らなかった」「ウチダザリガニは外来種だったのか！」が通常と思われます。そんな日本人に対してウチダザリガニの故郷であるカナダの研究者が，日本向けに原稿を書いてくれました。原産地での本種の様子を詳しく知る科学者の情報は，日本での対策を検討する上でも重要でしょう。「所変われば品変わる」と言いますが，カナダでは本種は希少種となり，保全のための研究を行っているそうです。また日本と同じ島国であり，在来のザリガニ類が希少となり，外来のザリガニ類が侵入して苦しんでいる国があります。それはどこでしょうか？　日本から遠く離れたアフリカのマダガスカル島が日本と状況が同じです。マダガスカルは奇

妙な生態系をもつことで世界中の研究者の熱い視線を浴びています。そんなマダガスカルの様子を，イギリスの新進気鋭の研究者が現地に入り，地元のアフリカの方と一緒に行った長期調査に基づく保全研究を紹介します。特にアフリカに侵入したザリガニ類はメスだけで繁殖する，実に不気味な存在です。その詳細は科学雑誌として有名な〝Nature″でも紹介されたほど，インパクトの強いものです。外来のザリガニ類は英語では Alien crayfish（エイリアン）とされ，正体が不明でありながら潜在的な破壊力を秘めた存在であり，実にピッタリなネーミングです。

　ところで，日本で「ザリガニ」といえば，昔から「悪ガキの遊び相手」のイメージではないでしょうか（図3）。しかし，どうやら外国では違うようです。先述の国際ザリガニ学会に出席してみると，ザリガニでは女性進出が顕著であり，占める比率はとても高いのです。本書では国外の研究者にも寄稿してもらっています。これを反映してか国外執筆者4名のうち3名が女性になっています。研究も女性の時代であり，若手の女性3名が各章で熱く筆を振るっています。

　ニホンザリガニが希少種として位置付けられて以来，10年以上が経過して繁殖や成長に関する基礎的な個体群生態は解明されつつあります。次なる研究としては，その保全に寄与するような生物の群集，生息環境の解明が重要な課題となります。ニホンザリガニは体長が5cmほどで人間の掌に乗るようなミニサイズです。しかし主な生息域は北国の湧水域なので，そこでは最も大きな生物，すなわち「主」として，各種の寄生性の生物の安定した住処にもなり，種の多様性に貢献しています。さらに，彼らは主に落葉を食べて生活しているので，河畔林からの落葉の供給 → 源流部のニホンザリガニが落葉を食べて破断 → 下流部に栄養を供給といった物質循環にも一役買って，生態系の重要な役割を占めています。そんな生物多様性や生態系の機能に重要な役割を果たしながら，いまだ殆ど注目されず，北国で密かに生活しているニホンザリガニにスポットライトを当てて見ました。彼らは実に地味ながら，実に働き者です。

　日本の研究には不思議なことに流行りや廃りがあるようで，最近は脳がマスコミにも良く取り上げられているように思います。さて，ザリガニ類の生

ザリガニは今　xxxi

図3　戦前からアメリカザリガニは繁殖しており，子どもが採集していた（「ザリガニ殲滅作戦」『写真週報』(昭和17年発行，内閣情報部(のち情報局)編集，印刷局印刷・製本)より)

物学は10年前とは比べものにならないほどに進んでいます。そしてザリガニ類の神経の構造解明，そして神経が集中した脳の理解，さらに脳から出された命令による動きといった動物の基本的な行動メカニズムの把握は，人間の脳研究の基礎として，どれほど役にたったかは計り知れません。神経や脳といえば，人類に残された数少ない，未知の領域かもしれません。著者の一人である川井は神経生理が，難解な専門用語の多い「敷居の高い領域」と思っていました。しかし本書は基本的な「教科書」を目指しているので，原稿を読んで初めて疑問が解けて，納得できたことが実に多くありました。具体的な工夫としては，著者の解釈に基づいた「専門用語の解説」を章末で紹介して内容を補足しています。これで初学者にも理解しやすくなっていることと思います。なお，この「解説」を専門の立場で読むと，人によっては理解が異なることもあろうかと思います。ここの目的は用語の定義ではなく，本書に限った解釈ということでご理解下されば幸いです。本書は最新の脳，神経，行動についての知識を易しく書いており，楽しく学び，幅を広げることができます。

　これまでのザリガニ類の本では，外部形態の説明はありましたが，内部形態に関しては，ほとんど不明であったと思います。これは通常の観察では見えないためであり，わかっていなかった部分が多いのですが，体の内部の形は生物学の基礎をなす重要な領域です。本書では体内の形態について，豊富で美しい組織切片によりアプローチし，わかりやすく解説されています。

　すべての生物学の基礎となる博物学，分類学等も紹介しています。本書は学術書として美麗な博物画を証拠として示しながら説明しています。現在ではニホンザリガニの存在を知る日本人は少なく，マイナーな存在です。昔は高級な輸出品であり，大正天皇の宮中料理の食材になっていました。そうした興味深い人間との係わりの歴史を紹介します。またザリガニ類の地球上での意外な系統進化から，ニホンザリガニのルーツ探りなどを行います。生物の名前には学名と和名があり，学名は難しいルールがあり，和名には複雑な問題があるため，少々やっかいな存在です。しかし，生物の研究では必ず出てくるので，「避けて通れぬ道」です。本書では，学名や和名自体の歴史に触れ，わかりやすく紹介します。これで安心して，ザリガニ類の学名や和名

が使えます。

　さて，話を冒頭の「国際ザリガニ学会」に戻します．この本を編集して改めて気付いたこととして，日本のザリガニ類を扱った研究は，研究者数が多く領域も多岐に渡っています．しかも，近年の研究の進展が，10年前とは比べものにならないほどに著しいことがわかりました．国外の研究と比較しても決して劣るものではありません．この本を読んだ読者の方が，次世代の国内のザリガニ研究をリードし，さらにアジアを始めとした世界のザリガニ研究のトップとして羽ばたくための契機となることを期待しています．

2009年11月26日

川井唯史・高畑雅一

目　次

口　絵　i
ザリガニは今——まえがきにかえて　xxvii

第Ⅰ部　博物学(川井唯史)

要旨　3
1. 世界のザリガニ類　3
   多様性　3／水産業　3／名前　8／文化　11
2. アジアのザリガニ類　12
3. 日本のザリガニ類の歴史と人間との関係　12
   分布の現状　12／江戸時代　16／明治時代　29／大正時代　34／昭和・平成時代　43
4. アイヌの神祀具におけるニホンザリガニ　44
5. 国内のザリガニ類の名称　45
   ニホンザリガニ　45／命名者　49／和名　49
6. ウチダザリガニとタンカイザリガニの学名　50
7. ウチダザリガニとタンカイザリガニの和名　56
   タンカイザリガニ　56／ウチダザリガニ　58

［専門用語の解説］　58
［引用文献］　59

第Ⅱ部　分類・組織学

第1章　形態分類・系統進化・生物地理学
（川井唯史・Min, Gi-Sik・Ko, Hyun Sook）　65

要旨　65
1. ザリガニ類の定義　65

ザリガニ下目のザリガニ類　65／アカザエビ上科とザリガニ類　67
　2．ザリガニ類の分布・系統進化　　68
　　　ザリガニ類の祖先はひとつ　72／離散的な分布と淡水域へ進入した進化の回数　74
　3．アジアザリガニ類の分布と分類　　76
　4．アジアザリガニ類の生物地理と系統進化　　80
　　　研究の歴史　80／生殖器官と遺伝子情報　81／稚エビの形態と母親からの独立時期　85／鰓の数と形態　87／精包の付着　88／交尾姿勢と繁殖周期　88／分布，分類，系統をみなおす　91／アジアザリガニ属の歩んだ道　94
　5．アジアザリガニ類各種の分類　　95
　　　ニホンザリガニの分類と分布　99／チョウセンザリガニの分類と分布　104／シュレンクザリガニの分類と分布　109／マンシュウザリガニの分類と分布　111
　［専門用語の解説］　114
　［引用文献］　114

第2章　組織学（上野正樹）　121

　要旨　121
　1．はじめに　121
　2．循環器　122
　　　心臓　122／背側腹動脈　122／動脈　125／細動脈　125
　3．呼吸器　125
　　　鰓　125
　4．消化器　128
　　　胃　128／中腸　128／後腸　128／中腸腺（肝膵臓）　133
　5．泌尿器　133
　　　触角腺　133／膀胱　137
　6．生殖器　137
　　　精巣　137／卵巣　140

7. 神経　140

　　脳神経節　140／食道神経環　140／食道下神経節　140／末梢神経束　144

8. 筋　144

　　腹部屈筋　144／第一歩脚前節の筋　144

9. 外骨格　147

　　第一歩脚前節の表皮　148／鰓室壁の表皮　148

10. 眼球　148

　　複眼　148／視神経節　152

[引用文献]　152

第Ⅲ部　神経生理・行動学

第1章　脳と神経系——ザリガニの脳と神経における構造と機能の連関をめぐって(髙畑雅一)　155

要旨　155

1. はじめに　155
2. 中枢神経系と末梢神経系　156

　　はしご状神経系　157／微小脳としての甲殻類脳　157／腹部神経索　161

3. ニューロンの構造と機能　164

　　運動ニューロンと感覚ニューロン　165／運動ニューロンの構造と機能　167／感覚ニューロンの構造と機能　169／介在ニューロンの構造と機能　170／スパイク発生型・非発生型介在ニューロン　173

4. 同定ニューロン　173
5. 神経回路網　179

　　下行性感覚運動路の多重ゲート制御　179／脳内局在性介在ニューロン回路網　182／学習による行動変化を支える神経回路網の可塑性　184

6. おわりに　187

[専門用語の解説]　188

[引用文献]　189

第2章　神経機構（長山俊樹）　193

要旨　193
1. アメリカザリガニの神経系　193
2. 尾扇肢運動　196
   逃避行動　196／回避行動　199
3. 尾扇肢運動制御の神経回路　201
   局所回路ニューロンの同定　204／感覚入力受容機構　220／運動出力形成機構　231／局所神経回路　242／相反的並列回路　244／腹部伸展系による回避行動修飾機構　247

［専門用語の解説］　256
［引用文献］　257

第3章　視覚と行動——視覚・感覚生理（岡田美徳）　261

要旨　261
1. ザリガニの闘争と視覚　261
2. ザリガニの眼　262
   個眼の構造　263／個眼の分布と形態　264
3. 視葉の構造と視覚情報処理　267
   視葉板　268／外髄　269／内髄　272
4. 脳内の視覚性ニューロン　274
   視覚性ニューロンの脳内投射　274／脳内の視覚路　277
5. 視覚性ニューロンと行動　278
   眼柄運動と視覚入力　279／行動と視覚性ニューロン　284

［引用文献］　286

第Ⅳ部　環境生態学

第1章　在来種の生息環境（布川雅典）　293

要旨　293
1. ニホンザリガニの生息場所　293
   生息場所の概要　293／生息場所の整理　295／生息場所タイプの分類　299
2. 生息場所タイプの分類方法　300
   データ収集地　300／環境変量　300／統計解析　301
3. 生息場所タイプの環境特性　302
   生息場所タイプ　302／生息場所タイプ間の環境変量　303
4. 抽出された環境変量とその取り扱い　305
5. 生息場所の保全　307
   留意すべき観点　307／保全された生息場所と自然再生　309／生態系プロセスからみた保全　311

［引用文献］　313

第2章　外来種の生息環境——特定外来生物ウチダザリガニの生態系での機能，原産国における現状（Bondar, Carin A./訳　川井唯史）　315

要約　315
1. ウチダザリガニとは　315
2. 一般的な生物学　319
   生息地の環境　319／移動　322／摂餌　323／繁殖，成長，抱卵数　324
3. 一般生態　328
   ウチダザリガニの止水域下の生態　328／ウチダザリガニの流水下の生態　330
4. 移入種の導入　333
5. 移入種としての影響についての結論　335

［専門用語の解説］　336

[引用文献]　336

第3章　生理・生態——基礎生態・繁殖・生理（中田和義）　343

要旨　343

1. 生息場所　343
2. 水温と分布の関係——高温耐性　346
3. 北海道における外来ザリガニ2種の共存例　349
4. 好適な流速条件　351
5. 隠れ家——巣穴構造，隠れ家サイズ選好性　354
6. 食性　358
7. 脱皮，成長，寿命　360

    脱皮成長か？　それとも繁殖か？　360／国内でみられるザリガニ類の成長速度，成熟サイズ，寿命　361

8. 繁殖生態，生活史　362

    ニホンザリガニの繁殖生態，生活史　362／ニホンザリガニの繁殖行動　365／ニホンザリガニの卵巣卵の発達　368／外来種ウチダザリガニの繁殖生態・生活史　368／ニホンザリガニとウチダザリガニの繁殖生態の違い　371／在来ザリガニと外来ザリガニの繁殖力の比較　371

9. ニホンザリガニを取り巻く外来種問題　372

    ブラウントラウト　373／アライグマ，アメリカミンク　375

10. 特定外来生物ウチダザリガニがニホンザリガニにおよぼす影響　378

    ウチダザリガニの移入の経緯と分布の現状　378／ウチダザリガニが在来生態系におよぼす影響　381／ニホンザリガニとウチダザリガニによる隠れ家をめぐる種間競争　383／ウチダザリガニはニホンザリガニを捕食するか？　387

[引用文献]　392

目　次　xLi

第Ⅴ部　保全学

第1章　国内の保全（蛭田眞一）　399

要旨　399
1. はじめに　399
2. ザリガニについての関心　400
3. レッドデータブック　402
4. 保全のための研究　403
   生物・生態学的研究　404／生息調査　404／コラム1　昭和と平成時代におけるニホンザリガニ生息地数の減少（川井唯史）　404／増殖　406／コラム2　外来生物法と外来ザリガニ類（中田和義）　407
5. 保全活動の諸形態　408
   整備事業とニホンザリガニ　408／コラム3　移植の功罪（川井唯史）　410／市民グループ，民間団体の保全活動　410／コラム4　ボランティア活動と保全（川井唯史）　411
6. ニホンザリガニの未来にむけて　415
   在来種と外来種の識別から　415／分布のデータベース構築　416／基礎研究　417／法的措置　417

［引用文献］　417

第2章　国外の保全——マダガスカル島の希少な在来ザリガニ類（ミナミザリガニ科の *Astacoides* 属）における生態と保全（Jones, Julia P. G./訳 川井唯史）　421

要旨　421
1. はじめに　422
2. 分類と分布　424
3. 生態学　424
   生息地の環境特性　424／繁殖生態　429／成長　429
4. マダガスカルにおけるザリガニ類にとっての脅威　431
   過剰な採集　431／生息地消失　433／移入種　435

5．結論　436
［専門用語の解説］　437
［引用文献］　442

第3章　群集生物保全(大高明史)　445

要旨　445
1．はじめに　445
2．ザリガニの化身？　447
3．ヒルミミズとは　447
4．ヒルミミズ類の分布　449
5．ヒルミミズの生活　450
　ヒルミミズの一生　450／寄生か共生か　451
6．日本の在来ヒルミミズ類　454
　東アジアのヒルミミズ類　454／日本のヒルミミズ研究の歴史　454／日本産のヒルミミズは何種か　457／山口標本の再発見　457／日本における在来ヒルミミズ類の分布と多様性　460
7．外来ヒルミミズ　463
　世界初の外来ヒルミミズ　464／ウチダザリガニのヒルミミズ　465／アメリカザリガニのヒルミミズ　466／エビ類のヒルミミズ　466／世界の外来ヒルミミズ　468
8．危惧される共生攪乱　469
9．ザリガニの産地を示すヒルミミズ　470
10．ヒルミミズ類の将来　471
［専門用語の解説］　471
［引用文献］　472

第Ⅵ部　教 育 学

第1章　環境教育(中田和義)　479

要旨　479

1. 環境教育の必要性　479
2. ザリガニ類と環境教育　480
   絶滅危惧種のニホンザリガニを教材とする環境教育の意義　481／特定外来生物のウチダザリガニを教材とする環境教育の意義　481／外来種アメリカザリガニを通じた環境教育　483
3. 博物館におけるザリガニ類を通じた生物教育　484
   帯広百年記念館の特別企画展　484／名古屋市科学館の特別展　485
4. 児童と大人による特定外来生物ウチダザリガニに対する認識　488
5. 身近な場所に特定外来生物ウチダザリガニの生息地　492
6. ザリガニ類を通じた環境教育の実際と効果　496
   ザリガニ類を通じた環境教育の取り組み例　496／ザリガニ類を通じた環境教育の効果　504
7. 特定外来生物ウチダザリガニの継続的な防除を実現するうえでの環境教育の役割　505

［引用文献］　508

第2章　理科教育（後藤太一郎）　511

要旨　511

1. はじめに　511
2. 採集　512
3. 飼育　513
   大きさの測定　513／飼育容器　513／脱皮の観察　514／繁殖　515／コラム5　アメリカザリガニの繁殖（川井唯史）　517
4. 「動物の誕生」における活用　518
5. 「動物の体のつくり」における活用　518
   心拍数　520／呼吸水流　522／尿放出　522
6. その他の観察・実験　523
   体色に関する実験とアルビノ個体の利用　523
7. 行動　525
8. 理科教育材料としてのアメリカザリガニの評価　525

［引用文献］　526

あとがき　529
索　引　535

第 I 部

博 物 学

博物学

川井唯史

要　旨
　世界とアジアにおけるザリガニ類の歴史について紹介し，加えてニホンザリガニを中心とした国内におけるザリガニ類と人間との関わりについて，江戸時代，明治時代，大正時代，昭和時代，平成時代の順に紹介し，その歴史を検討した。その結果，ニホンザリガニは薬として人間に古くから利用され，人間と共存できる里山の生物である可能性を示した。またニホンザリガニとウチダザリガニで，研究の基本となる和名と学名に関して解説した。

1. 世界のザリガニ類

多様性

　ザリガニ類は世界で540種を超える大きな生物グループである。世界中に離散的に分布して，熱帯域ではほとんどみられず，分布の中心域は温帯域となる(Holdich, 2002)。世界最大のザリガニ類はオーストラリア南部のタスマニア島に生息するタスマニアオオザリガニ *Astacopsis gouldi* であり，体重は4.5 kg以上にもなる(図1(1) A・B)。これに対して指先ほどの大きさしかないザリガニ類(*Gramastacus* の一種)が，オーストラリアの西部ビクトリアに分布している。また，北アメリカには一生を洞窟の中で過ごし，体色を失い眼が退化して，洞窟での生活へ完全に適応した種類も存在している。このように世界のザリガニ類の種は多様であり，形態も多様である。

水産業

　世界のザリガニ類は温帯域中心に生息し，食用として増殖や養殖の対象と

図1(1) オーストラリアのタスマニア島に生息するタスマニアオオザリガニ(川井ほか, 2008から引用, 名古屋市科学館の尾坂知江子氏撮影)。(A)採集された大型の個体。(B)小型の個体。(C)生息地へ向かう調査隊。周辺は原生林に囲まれている。口絵1参照

なり,水産業上の重要種となっている種類も多い。アメリカザリガニ *Procambarus clarkii*, ウチダザリガニ *Pacifastacus leniusculus*, 西部アジアのトルコザリガニ *Astacus leptodactylus*, オーストラリア産のマロン *Cherax tenuimanus*, 北アメリカ原産の種類である *Orconectes limosus* が生産量の上位を占めている(Holdich and Lowery, 1988)。少々古い資料にもとづくが,アメリカザリガニの年間生産量はアメリカ合衆国が群を抜いており,豊漁年だと50,000 tになる。中国も1,000 tと多く,トルコザリガニが含まれるザリガニ類(*Astacus* 属と *Cambarus* 属の数種類)の生産量はトルコで7,937 t,アメリカ合衆国で1,935 tとなっている(Holdich and Lowery, 1988)。ザリガニ類を食するのは西欧人が中心と考えてよい。北アメリカ南部の湿地帯ではアメリカザリガニが大量に生産され,本種は「ルイジアナ州人の心である」の旨を記しているものさえある(Huner, 1987)。また北欧では水温が冷たく有機

図1(2) 多様な形態をもつオーストラリアのザリガニ類(すべてオーストラリアのグリフィン(Griffin)大学のコーガン(Coughran)博士撮影)。(A) *Engaeus mallacoota*, (B) *Euastacus sulcatus* 色彩変異個体, (C) *Engaeus orientalis*, (D) *Euastacus suttoni* の珍しい青色変異個体。口絵2参照

物が少ない水質の湖が多いので，こうした場所で資源の管理が行われ，漁獲は伝統的に籠で行われることが多い。なお籠の形状は地域性が強く，それぞれのお国柄が出ている。著者が見学したところイギリスや北欧の籠は，円筒形で金属製の枠をネットで囲った形があり(図3A)，東欧ではプラスチック製の籠が使われ，オーストラリアでは同じネットで囲った形でも折りたたみ式や角型が使われている。一般的には，中に餌を入れて迷い込んだザリガニ類を逃げられないようする。ただし，フランスではヒモのついたザルの上に餌を置き，誘き寄せられたザリガニがザルの上に乗ったら静かにヒモを手繰り寄せるシンプルな形状の漁具もある。世界であまりみられないのは，網等で一網打尽にするタイプである。

　ドイツでは大規模な養殖場が存在し，市街地近くで地下水を汲み上げてコ

図1(3) 多様な形態をもつオーストラリアとニュージーランドのザリガニ類(A・B・Dはオーストラリアのグリフィン(Griffin)大学のコーガン(Coughran)博士，Cはニュージーランド国立水圏研究所のパーキン(Parkyn)博士撮影)．(A) *Euastacus fleckeri*，(B)・(D) *Engaeus orientalis* の巣穴で排出された泥が乾燥して山になる，(C) *Paranephrops planifrons*(通称コウラ)の抱卵したメス．口絵3参照

ンクリート製の池にかけ流し，この池でザリガニ類を高密度に収容する養殖方法がある(図4)．そのほかにも郊外で素掘りの池にザリガニを粗放的に収容する方法がとられている．

　ウチダザリガニは北アメリカ太平洋側の北部を流れる河川が天然の分布域であり，ここでは漁獲対象種としての歴史があった．また当初は水産目的として，北アメリカ，ヨーロッパ，日本に移入されていたが，現在では状況が変化し，在来の生態系に著しい悪影響を与える外来種として位置づけられている地域が多い(詳しくは第Ⅳ部第2章「外来種の生息環境」，第Ⅴ部第1章「国内の

図2 アメリカ合衆国ルイジアナ州におけるアメリカザリガニ養殖の様子(中谷勇氏撮影)。(A)養殖池でのボートを使った移動,(B)アメリカザリガニの加工風景,(C)採集用の籠,(D)郷土料理。口絵5参照

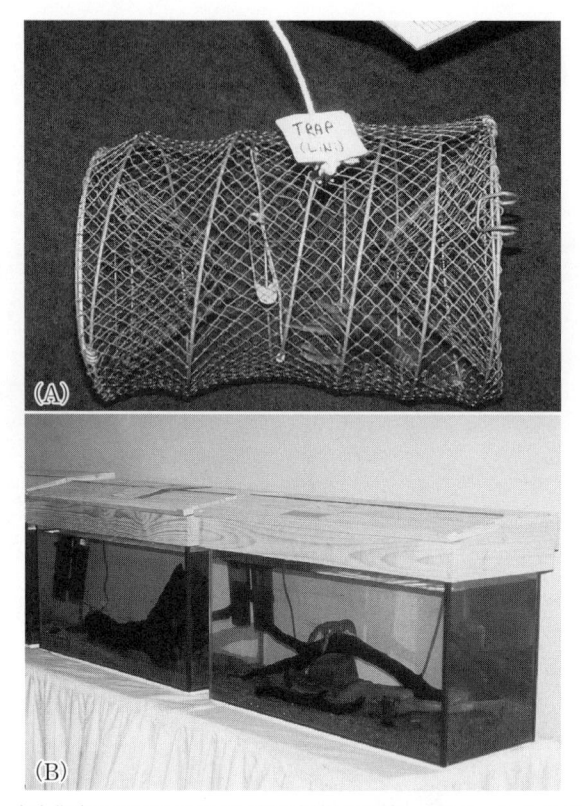

図3 (A)北欧におけるザリガニ類を採集する籠，(B)オーストラリアで養殖用のザリガニ類を観察する装置。共に川井唯史撮影

保全」参照)。

　オーストラリアでも同様に大規模な養殖を行っているが，粗放的な養殖方法が主体である。養殖対象種はマロン *Cherax tenuimanus* などの大型になる種であり，筆者の一人である川井が見学した養殖場では大規模な池で飼育する粗放的な手法がとられていた(図5)。

名　前

　ザリガニを外国語で示すと，英語では crayfish, crawfish となる。後者はアメリカ南部で使われており，一般的には前者が使われる(Holdich and

図4 ドイツ都心部におけるザリガニ類養殖場(川井唯史撮影)。(A)隠れ家,(B)養殖用池の全景

図 5 オーストラリアのマロンの養殖(A は砂川光朗氏，B と C はニュージーランド国立水圏研究所のパーキン博士撮影)。(A)・(B)水中のマロン，(C)マロンの大きさを示すために女性研究者が手にもつ。

Lowery, 1988)。同じ英語でも crayfish を淡水産のザリガニとイセエビ類の両方に用いている地域と，区別している地域がある。なお crayfish の語源は明確ではない(Huxley, 1879, 1880, 1881, 1974)。一説によると，古典英語として 'crevis' と 'crevice' との単語があり，これはザリガニを意味するフランス語の 'ecrevisse' やオランダ語の 'crevik' と共通すると思われる。そして 'cre' が cray となり，'vis' が水生の生物を示す fish となり，cray と合体して crayfish になったとされている(Holdich and Lowery, 1988；第 V 部第 1 章「国内の保全」でも，ザリガニ類の名称に関する別の内容が記述されている)。ザリガニ類は広範囲に分布するため，英語以外にも名称は多数ある。しかも大型で人里に生息し，人間の目につきやすいためか地方名も多い。印刷物で公表されている名称だけでもおびただしい数があり，名称のみを列挙した 120 頁以上の学術報告書もある(Hart, 1994)。

　たとえばニュージーランドの先住民族であるマオリは，在来種のザリガニ *Paranephrops planifrons* をコウラ Kōura と呼んで伝統的な食材として利用し，昔から伝わる漁法は現在でも受け継がれている(Kusabs and Quinn, 2009)。

文　化

　ザリガニ類は食用とされるため，食文化として根づいている地方もある。たとえば，スウェーデンではザリガニ漁の始まりが各地方の大きなイベントとなり，イギリスの Glorious Twelfth ではザリガニ漁とライチョウ撃ちのシーズンが重なる。フランスでは初物ワイン（日本人にもなじみの深いボージョレ・ヌーボー Beaujolais nouveau）のシーズンとなぞらえられる（Holdich and Lowery, 1988）。そして南フランスの地方では，数日間だけ解禁されるザリガニ漁の時期は，獲ったザリガニを料理して，家族揃って楽しむ習慣もある。またザリガニが地名となっている場所もあり，たとえばイギリスでは村や川にザリガニ類を意味する 'cray' がつけられた固有名詞もある（たとえば Crayford や St Mary Cray ; Holdich and Lowery, 1988）。これは日本にはないことである。

　また，ザリガニ類の生息域は人間と重複するため，生息地の環境が人類の活動により荒廃して，希少種になる場合も多い。荒廃の原因としては生息地の開発であったり，また外来種の放流である場合もあり多様である。そのため，北アメリカやヨーロッパでは公的機関が希少種として指定を行い，保護活動を行うことも多い。そして外来種の放流に関しては厳しく罰せられ，最

図6　カナダのブリティッシュ・コロンビア州の生息地で採集したウチダザリガニを手にするブリティッシュ・コロンビア大学のボンダー博士（Bondar, Carin A. 撮影）

大で地方の条例，国の法律，ヨーロッパの規約の3通りで罰せられる場合もある。そのほか，ザリガニ生息地である水系は容易に開発することができず，充分な環境アセスメントと環境に配慮した工事が求められるほどの徹底ぶりである。これらの動きはぜひとも日本に導入したいものである。

2. アジアのザリガニ類

中国でザリガニ類(マンシュウザリガニとシュレンクザリガニ)は蝲蛄と称される(村田，1936)。ロシアではRak(ラク)であり(Kawai and Tudge, 2008)，中国語と発音が共通する点は興味深い。モンゴルではHafuchi(ハフチ；川井，2007)，韓国ではKajae(カジェ)と呼んでいる(Kawai and Min, 2005)。

なお韓国には，昔は相当数のチョウセンザリガニが分布していたらしい。しかし2004年に，筆者が韓国でザリガニ類の調査をした際には，多くの韓国の方が私のサンプルバケツを珍しそうに眺め，「昔はいたが，今はいなくなった。どこで獲った？」と懐かしげに言われた。その一方，韓国では世界のザリガニ類を飼育するのがブームとなっており，首都ソウルの南大門の一画にあるペットショップ街では，数多くのザリガニ類が販売されていた(図7 A, B)。また川井(2007)によると，モンゴルではザリガニ類を食用としていないが，中国の上海では生きたアメリカザリガニが食材として利用されていた(図8)。

3. 日本のザリガニ類の歴史と人間との関係

分布の現状

日本国内には在来種としてニホンザリガニが分布し，昭和初期ごろに外来種のウチダザリガニとアメリカザリガニが放流されている(図9)。ニホンザリガニの分布域は北海道全域と青森県の広い範囲，そして秋田と岩手県の北部である(Kawai and Fitzpatrick, 2004)。そして最近では栃木県の日光市で，なかがわ水遊園の堀彰一郎氏がニホンザリガニのサンプルを採集している(堀ほか，2007)。なお，天然分布域は北海道と青森県だけと考えられており，秋

図7 韓国のソウル市南大門市場にあるペットショップ街の水槽(川井唯史撮影)。(A)アメリカザリガニ，(B)オーストラリア原産のレッドクロー *Chreax quadricarinatus*

田県と岩手県は移植に由来する生息域と考えられている(川井，2007)。ウチダザリガニは当初，日本各地に放流されたが，地域個体群を形成できたのは，北海道の摩周湖，滋賀県の淡海池，長野県の明科だけに限られていた。しかし近年，分布域が急速に広まり，北海道の広い範囲のほか，福島県でも新しい生息域が確認されている(Usio et al., 2007)。この原因としては人間による放流が大きいと考えてよいだろう。アメリカザリガニは，神奈川県鎌倉市に一度だけもち込まれたものが，人間の放流により急速に分布域が拡大し，現在では全国でその姿をみることができる(川井，2007)。ただし北陸地方の一部

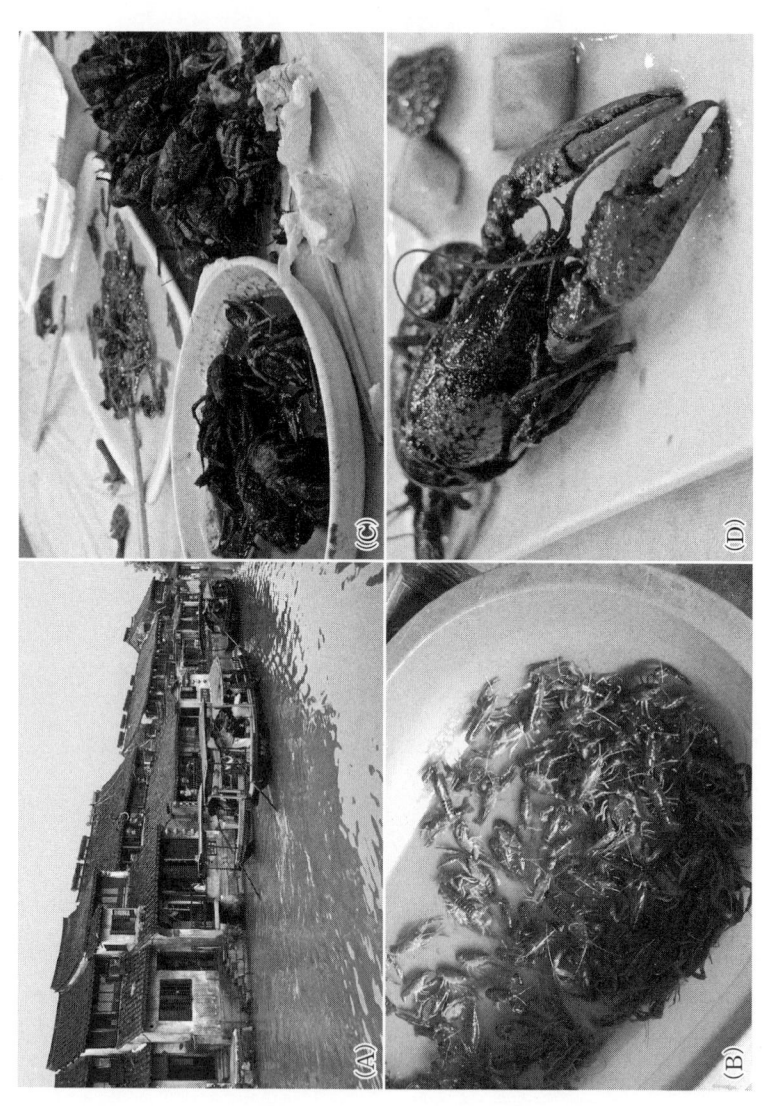

図 8 中国の上海でみつけたアメリカザリガニ料理(川井唯史撮影)。(A)上海市内の「呉江路」、(B)・(D)アメリカザリガニが食材として出され、採集されているのは上海と杭州の間にある浙江省嘉興市、西塘、(C)屋台街で出されている料理。口絵 6 参照

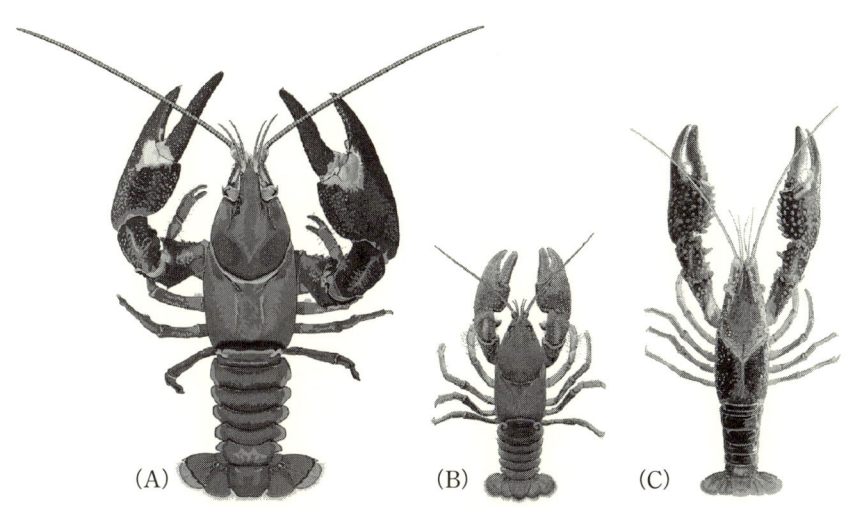

図 9(1)　日本国内に分布するザリガニ類 3 種(竹中徹氏提供)。(A)ウチダザリガニ(ザリガニ科)，(B)ニホンザリガニ(アメリカザリガニ科)，(C)アメリカザリガニ(アメリカザリガニ科)。口絵 7 参照

図 9(2)　日本国内に分布するザリガニ類 3 種

や沖縄の島嶼部ではアメリカザリガニが侵入していない地域もあるようで，北海道の広い範囲でもみられない。

　以下，日本に分布するザリガニ類についてニホンザリガニを中心に博物学に関して紹介を行う。紹介の方法としては，江戸時代，明治時代，大正時代，昭和時代，平成時代と時系列的に説明を進める。説明は，できる限り証拠をそえながら進める形として，その根拠となる史料[*1]は図書館などに保存されているものを原則とし，また物証も示しながら論を進める。

江戸時代

　ニホンザリガニは歴史的史料のなかで驚くほど数多く出てくる。そのため主要な史料だけを紹介し，これを年代別に列挙した(表1)。また，北海道(当時は北海道との名称がなかったので，ここでは蝦夷島と呼ぶ)や江戸における日本人の歴史とニホンザリガニは密接に関連しているので，歴史的事実もあわせて記した(表1)。

(1)『本朝食鑑』

　記録として残るもので，ザリガニ類に関して記述された最も古い史料は，筆者の知る限り『本朝食鑑』である(人見，1976)。刊行は1692年ごろとなり，1695年とする見解もある。「ごろ」と付記したのは理由があり，本書は刊行に30年近く要していたので，正確な年を書くことができないのである。本書の著者は平野(人見)必大で，内容としては庶民生活の食物について医学の見地から善悪を示している。ザリガニに関しての記述としては，南蛮人の名称として「於久利加牟幾利」とされ，オクリカンキリと読むと考えられる。これはザリガニ類の胃石(脱皮時に胃に形成される大きさ数ミリで乳白色を呈した結石)[*2]を指している。記述を解釈したものの概要を示すと，胃石についての薬効(淋病，小便閉に効く)，由来(海産のシャコ *Oratosquilla oratoria* から得られる)が書かれている。なお，ここでの淋病とは性病ではなく，泌尿器系の疾患を指していると思われる。また，胃石の由来を海産のシャコとしたのは，現代の生物学からみると認識が異なっている。

　ここで興味深い点としては，ザリガニ類を薬用としていることが，医学的

表1 ザリガニに関する情報が掲載された史料と蝦夷島，江戸におけるできごとの年表
（俵，2008；桑原・川上，2008を参考に作成）

年代	史料名	蝦夷島でのできごと	江戸でのできごと
1604		松前藩とアイヌとの関係が規定される	徳川家康が松前藩に黒印状を発給
1669		アイヌによる反松前の戦い（シャクシャインの戦い）	
1692	本朝食鑑		
1702			赤穂浪士討ち入り
1712	和漢三才図会		
1717		場所請負制度が始まる	
1765	紅毛談		
1774	蝦夷風土記		
1778		ロシアの船が来航して翌年には通商を求める	
1781	松前志		
1783	赤蝦夷風説考		
1784	東遊記	ロシアの脅威が幕府に知れる	
1785		幕府の蝦夷地調査に最上徳内が参加	天明の大飢饉
1786	蝦夷拾遺		
1790	蝦夷草紙		
1798		幕府の蝦夷地調査が行われる	
1799	蘭説弁惑	幕府が東蝦夷を直轄化	
1800	蝦夷島奇観		
1802		箱館奉行が置かれる	
1807		幕府が松前と全蝦夷地直轄	
1808		井上貫左衛門私文書で小樽のザリガニを描く	
1809	占春斎魚品		
1817	蘭畹摘芳		
1821		幕府が直轄地を松前藩に返還	
1826			シーボルトが江戸に行く
1831	魚鑑		
1845		松浦武四郎が東蝦夷調査	
1848	松前方言考		
1853			ペリー来航
1854		再び箱館奉行を設置	
1855		幕府が再び松前周辺を除き蝦夷地直轄	日露和親条約締結
1856	御用留	左記の史料でザリガニの採集奨励	
1857	御用留	左記の史料でザリガニの単価設定	
1860	御用留	左記の史料でザリガニの採集奨励	桜田門外の変
1867			大政奉還

見地から述べられていることであり，その名称は外来語を用いていることである。オクリカンキリが外来語であったことを根拠にして類推すると，薬としての利用は外国から輸入したのかもしれない。また，当時の日本は鎖国中で，オランダなどの一部の外国だけと交易を行っていた。そのため外国とはおそらくオランダであったと思われる。すなわち，胃石を薬用とすることはオランダから導入した可能性があり，これは1692年ごろには日本人に知られていたと思われる。ただし，胃石の由来をザリガニ類ではなく，シャコとしており，生物学的な理解に関しては，まだ充分ではない部分もあったと思われる。

(2)『和漢三才図会』

本書は江戸時代中期に刊行された日本で初めての図説百科事典であり，大阪の医師である寺島良安により書かれている(寺島，1987)。1712年ごろの刊行とされている。ニホンザリガニについてはその胃石が「於久里加牟木里」と記述され，これもオクリカンキリと読める。内容を解釈すると，シャコの頭部から得られ利尿剤とされ，外国人が薬として利用している。すなわち内容は『本朝食鑑』と同様であると考えられる。

そして「実際にはシャコの体内から胃石を得たのはみたことがない」と書かれており，胃石の由来を検証する必要性を示唆した部分もある。以上の史料はニホンザリガニが分布していない地域で生活し，医術の知識がある著者によって書かれている。

(3)『紅毛談』

1760年ごろ，『紅毛談』(1765年成立)など，内容に共通点の多い複数の史料が出される(たとえば大槻，1979，1980)。これらは日本人の医者が来日したオランダ人と問答しながら西欧の情報を得る内容である。それによればオクリカンキリの名称の由来は「カニの眼」であり，その薬効が書かれている。江戸の町医である後藤梨春が，オクリカンキリとはエビの頭に生じ，色は白色，と述べている。当時の日本の医学界では，オクリカンキリの色彩に加え，由来や名称の詳細が正確にわかっていたと考えられる。

(4)「江戸時代の北海道(蝦夷島)の歴史」

　昔からニホンザリガニの分布の中心は北海道だったようである。江戸時代の北海道は蝦夷島と呼ばれることがあり，ここの産物は交易品として本州に運ばれていた。そしてニホンザリガニは蝦夷産の重要な産物のひとつであった。そして本種に関する情報は当時の情勢に大きく影響を受ける。そのため，北海道におけるニホンザリガニの歴史を検討するに先立ち，当時の北海道の歴史と江戸の情勢に関して多少の解説を行うことが必要となる。以下に，最近出版された書籍(桑原・川上，2008；俵，2008)を参考にして江戸時代における北海道の歴史を紹介し，あわせて江戸時代の史料，江戸でのできごとの概要を補足的に示した(表1)。

　1600年までは蝦夷島は主にアイヌの土地であった。1604年以降になると，松前藩とアイヌとの関係が規定され，松前藩は北海道の産物を本州に運ぶ交易を独占的に始め，これにより大きな富を築き始めた。そして交易や産物により当時の北海道の情勢が江戸に徐々に知られていくようになったと類推される。しかし北海道南部は松前地として和人が住んでいたが，そこ以外の土地は蝦夷地と呼ばれ，ここに和人が定住することや入ることは原則として禁じられていた。そのため蝦夷島の生物に関しての正確な情報を江戸の人間が知ることは難しかった。

　当時の日本は鎖国中であるにもかかわらず，1778年ごろからロシアとの接触が活発化する。そして仙台藩の藩医である工藤平助がロシアの南下の実態を『赤蝦夷風説考』として幕府に報告した。これ以降，ロシアの脅威が幕府に伝わり，対ロシア政策が一層緊急性をおびた。

　幕府が政策を検討するためには蝦夷島に関する数多くの正確な情報が必要となる。そのため，最上徳内，佐藤玄六郎，近藤重蔵らの幕府の調査団が蝦夷地に送り込まれるようになる。これにより江戸には正確で総合的な広域を対象とした蝦夷地の情報が大量に報告された。また現状を知り，危機感を高めた幕府はロシアへの対抗策として，蝦夷島の直轄化を2回にわたって行う。

　江戸時代の末期になると松浦武四郎をはじめとした幕府以外の探検家も蝦夷地を訪れて，江戸に広く情報をもたらすようになった。そして松前など蝦夷島の南部地方の情報が民間人を通じて江戸に伝えられる。これは現地で得

た情報であるため，精度は信頼がおける。

また幕府は箱館奉行所を設置して，蝦夷地産物の開発を強化していく。このため蝦夷地の産物を通じて，さらに情報が江戸へ提供されていったと考えられる。

(5)『蝦夷風土記』

太田包昭（常麿）の『蝦夷風土記』(1774)には，ニホンザリガニの胃石に関して記述されている。そして著者である太田包昭自身が蝦夷島の南部の箱館と江差地区を訪れて得た情報が書かれている。本書の「蝦夷國薬品」のなかで「さりかに」の記述があり，1700年代の後半の北海道では，ニホンザリガニが薬品として認識されていたことも理解できる。これらの情報は，著者自身がニホンザリガニ生息地を訪れているため，信頼性が高く，本種についての情報の精度が画期的に進展した。ただし，これらの現地情報は蝦夷島の南部地域に限って得たものであり，蝦夷地を含めた蝦夷島の全容を把握したものではなかった。

「蝦夷國薬品」の部分ではニホンザリガニと同じ薬品としてオットセイやコンブも列挙されていた。オットセイの実際の薬効などの詳細は不明であり，日本では採集できないがロシアでは捕獲されているらしく現在でも精力剤の原料をオットセイと表示したものがある。またコンブは薬品から食品に使用目的は変わっているものの今でも使われている。しかしニホンザリガニだけは現在では希少種となり，利用されておらず，当時と比較して産物の利用状況は多様である。

また同じように民間人の平秩東作は，北海道の南部での実見聞録を史料『東遊記』として1784年に残している(平秩，1929)。

(6)『松前志』

成立が1781年で蝦夷地の南部に位置した松前藩の松前広永によるものである(大友，1972)。これは松前藩の要職に就いた人物が書いた物産誌としての側面もあったため，藩の内部についての詳しい情報や広い視点での記述と考えられる。ただし，「江戸時代の北海道（蝦夷島）の歴史」の項で述べたよ

うに当時，松前藩は蝦夷島における交易を独占していたので，この交易の利益にならない情報まで正確に提供していたとは考えられない。そのため，『松前志』における情報の信頼性には，多少の注意が必要となる。

　本書の魚介の部に，表記には写本間で多少の差はあるが「シャリカニ」「ジャリカニ」[*3]の記述があり薬品の部には「オクリカンキリ」もあった。このことからニホンザリガニが北海道に分布しており，オクリカンキリが北海道産の薬品，産物であることが，松前地方で正確に理解されていたものと思われる。

(7)「蝦夷地での実見聞録」

　1770年代以降は蝦夷地の実見聞録が急激に増え始める。なかには幕府による調査も含まれ，これは利害などがからまないため客観性が高いので，正確性が保証され，より信頼できる。代表的な史料として，幕府の調査団が蝦夷地を訪れ1786年に成立した『蝦夷拾遺』(大友，1943)や，最上徳内による1790年成立の『蝦夷草紙』(大友，1943；図10B～D[*3]；表1)，そして串原正峰による『夷諺俗話』(串原，1962)がある。これらは当地区におけるニホンザリガニの名称(松前地方ではサリガニなど，アイヌ語ではテクンベコルベなど)，名前の由来(退行する(シサル)蟹がサリカニになった)，採集方法(子どもが味噌で獲る)，生息環境(小川)，生態(胃石の採集できる時期)，蝦夷島全体に分布することなどが正確に記述されている。

　これらの情報により，幕府をはじめとした多くの江戸の人間も蝦夷島における現地情報を知り始めたと考えてよいだろう。その傍証として，公式な調査ではないが，1808年，民間人で砲術家である井上貫流左右衛門が蝦夷地の西海岸に赴任した際，ニホンザリガニが分布していたのをみつけて図に残し，感動したことを書き示す私文書が残されている(図11)。

(8)「江戸の医者による知見」

　1800年ごろには，江戸に住む蘭学者による史料『蘭説弁惑』，『蘭畹摘芳』が成立した(大槻，1979，1980)。これらの内容はオクリカンキリの薬効に加え，オクリカンキリ自体に関する情報として，名称，分布，現地での生態などが

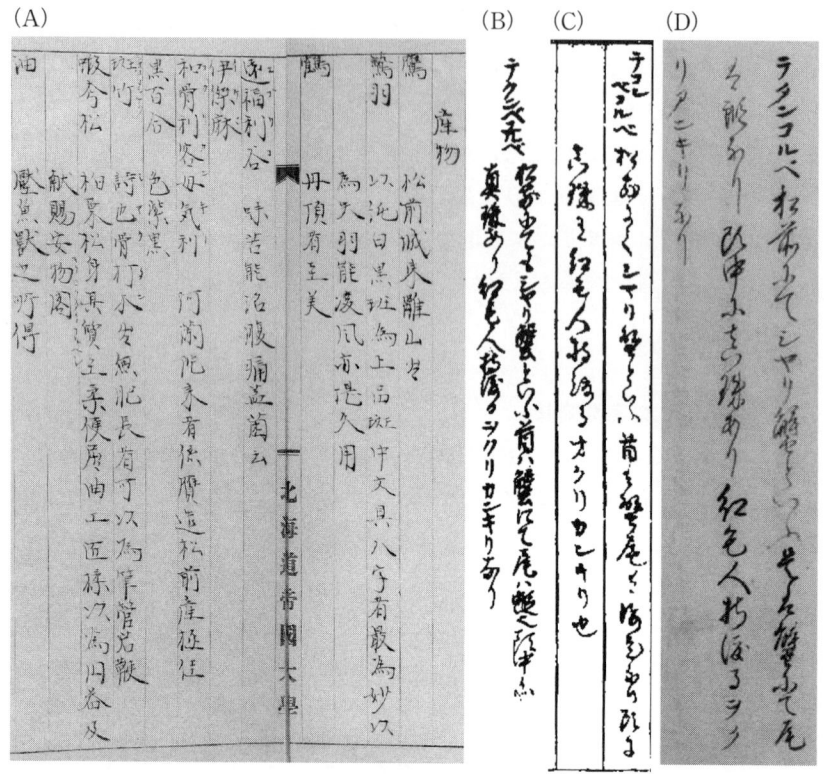

図10 (A)『蝦夷風土記』，(B)〜(D)『蝦夷草紙』(A と D は北海道大学附属図書館北方資料室所蔵，B と C は東京大学総合図書館所蔵)

正確に記述されている。蝦夷島の現地見聞録が数多く導入された後，江戸で正確な現地情報が示され始めたのは整合性がある。

(9)「図譜でみられるニホンザリガニとシーボルト標本」

江戸時代には各種の図譜が作成され，これにはニホンザリガニの美麗な図と文字情報が添付されているものがよくみられる。『蝦夷島奇觀』は1800年に秦檍麿が作成し(秦，1982)，蝦夷島を対象とした実見聞録なので信頼性は高い。これにはニホンザリガニのアイヌ語名や松前での方言，語源など，『蘭説弁惑』，『蘭畹摘芳』と重複した情報が多い。

幕府の医者で江戸に住んでいた栗本丹洲の『博物館蟲譜』では(磯野，

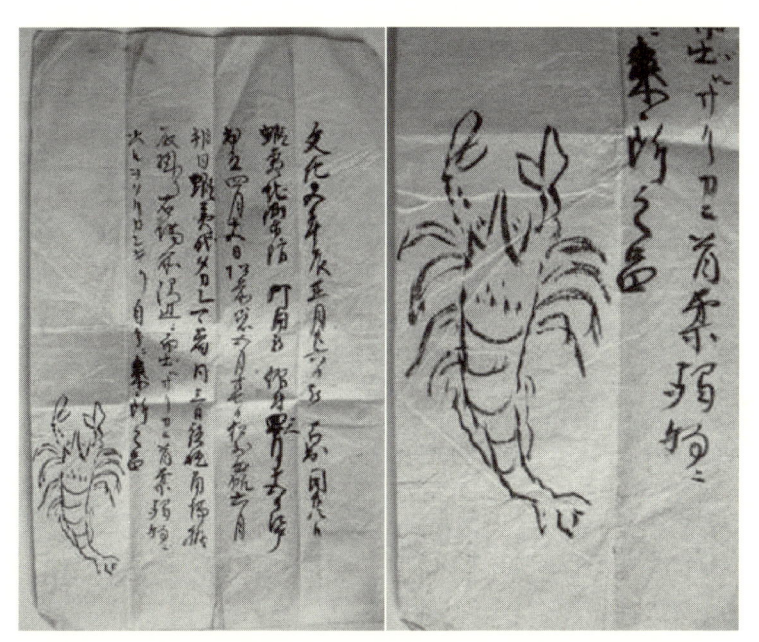

図 11　井上貫流左右衛門の私文書。左の拡大が右（北海道立文書館所蔵）

1992a），国外の書物を引用しながら胃石の薬効に関して詳しく記述している。そしてニホンザリガニが奥州や津軽に分布することも述べている。また栗本丹州は『千蟲譜』(1811 年成立)でニホンザリガニの図を示し(磯野，1994；小西，1982；図 12)，それに添付された記述では蝦夷地から生きたものを江戸に運んで描いたことが記されている。当時，生きた個体を蝦夷地から江戸まで運ぶことは莫大な労力を要したと考えてよいだろう。そのような労を払ってまでニホンザリガニの生きた姿を見たかったと考えると，本種が薬として重要視されていたことがうかがい知れる。

　また『梅園介譜』(図 13)の作者は江戸に住む幕臣である毛利梅園であった。幕府の関係者である点では栗本丹州と同様である。なお『梅園介譜』は 1839 年に成立している(磯野，1992b；小西，2001)。ここでもニホンザリガニの正確な図が描かれ，記述された情報もある。それによると，『千蟲譜』などと同様なことが書かれている。そして，特筆すべきこととして『梅園介譜』

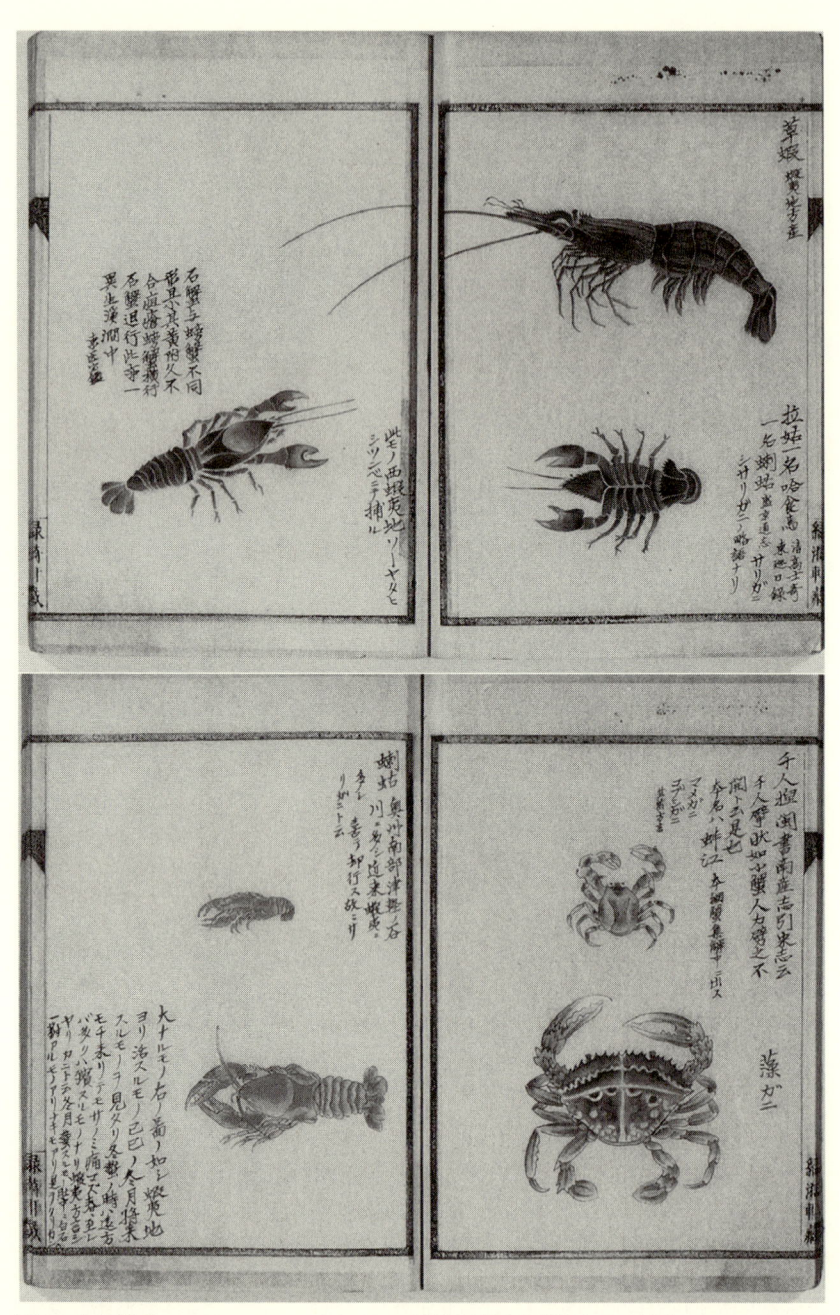

図 12 江戸時代におけるニホンザリガニの博物画(『千蟲譜』より。川井，2009 より；国立国会図書館所蔵)

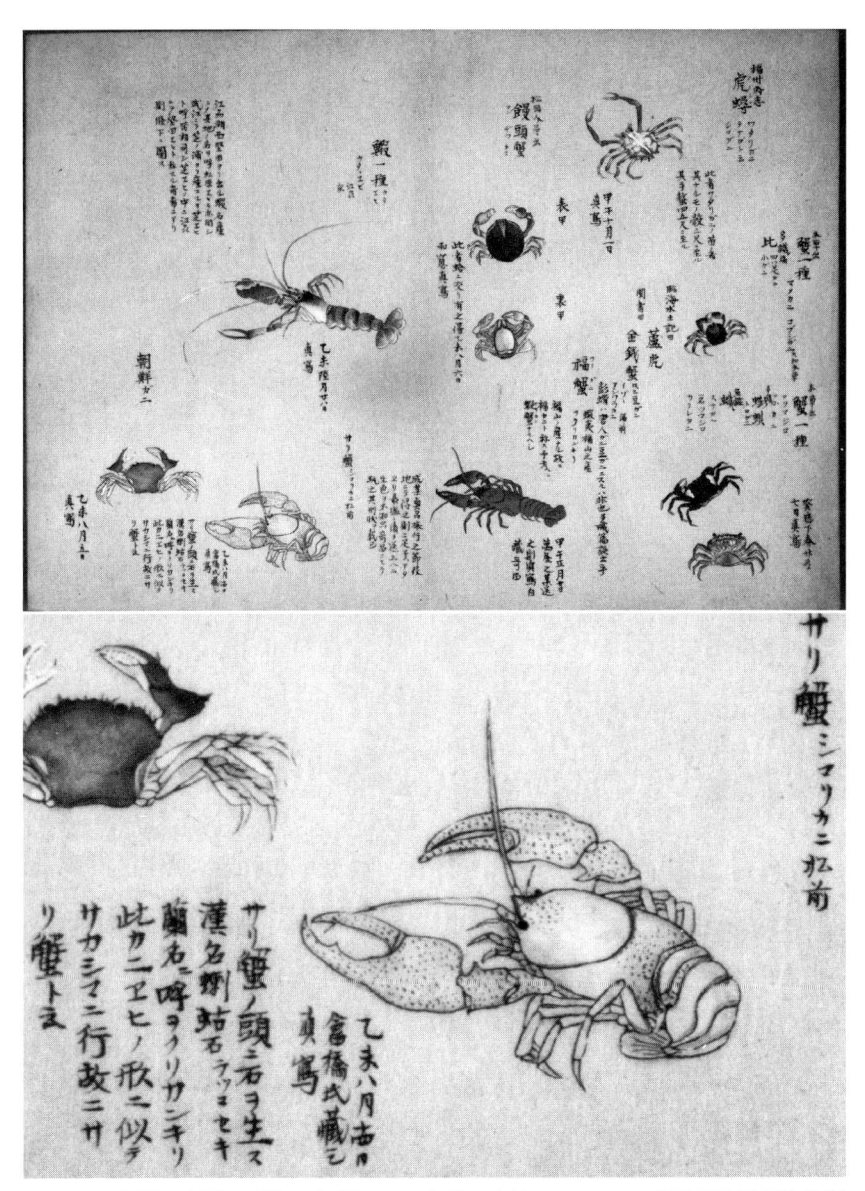

図 13　江戸時代の博物画(『梅園介譜』より。川井・白浜，2007 より；国立国会図書館所蔵)

では，ある人が奥州旅行の際に入手したニホンザリガニの塩漬けの標本で，形態を直接観察している。標本を入手できて，これを直接観察できたことは同じ幕医の栗本丹州と共通しており，当時の江戸の幕府の関係者は標本の入手に関して何らかの手段をもっていたのかもしれない。そして，栗本丹洲は本州産の個体に関して言及しており，毛利梅園は本州産の標本の個体を入手していることは注目に値する。ニホンザリガニの標本を入手するのであれば，蝦夷島よりも奥州や津軽の方が江戸との距離が近く，その意味では本州の標本を得る方が，輸送の労力が少なくてすむので合理的である。しかも本体は，胃石と異なり容積が大きく，輸送に際して破損の危険性もともなう。この本体の標本を運ぶのであれば，江戸と最も近い生息地の標本が運ばれたとしても不思議はない。

(10)「シーボルトの標本」

ニホンザリガニが新種として学術界で知られるための根拠となった「タイプ標本」(第V部第3章「群集生物保全」の472頁の[専門用語の解説]参照)は，シーボルトが1826年に長崎から江戸を参府した際に，医師の山口行斎とその門人から受け取った品である(齊藤, 1967)。シーボルトとは日本人にとって有名な江戸時代の外国人のひとりであり，とくに学術面での功績は輝かしい。シーボルトが得たニホンザリガニのタイプ標本の産地は青森県の西部と推定されている(Kawai and Fitzpatrick, 2004)。なお前述の栗本丹州の例からすると，江戸の医師が標本を得ることは不可能ではなく，北東北の個体を入手することもあったと思われる。通常の分類学では，タイプ標本は分布域の中心地から採集するのが一般的ではあるが，ニホンザリガニの場合は分布域の南限近くでタイプ標本が得られていた。しかし，上記の時代背景から類推すると，シーボルトが江戸の医師から本州産のニホンザリガニの標本を得るのは，あり得ることと考えられる。

(11)「庶民のための史料」

1831年になると『魚鑑』が成立した(武井, 1978)。これは江戸を中心とした庶民に広く，有用な水生生物に関して紹介するものであった。このなかで

もヲクリカンキリの名前がでてくるので，状況が変化して，ニホンザリガニの胃石は幕医に加えて一般庶民も広く薬品として利用していた可能性もある。また，『松前方言考』(1848年成立；淡斎，1958)では松前の町医者がヲクリカンキリに関して各種の正確な記述を行っている。そのため，松前でも江戸と同じようにニホンザリガニに関しての正確な情報が供給されていたと考えてよいだろう。

　1845年以降には民間人である松浦武四郎が蝦夷地を探検し，その詳細で正確な記録は，1860年ごろから日記などの形で刊行され(松浦，1997)，広く普及したと思われる。そして蝦夷地の産物としてニホンザリガニも複数箇所で記述されていたので(図14)，江戸でのニホンザリガニの認知度はさらに高まっていった可能性がある。

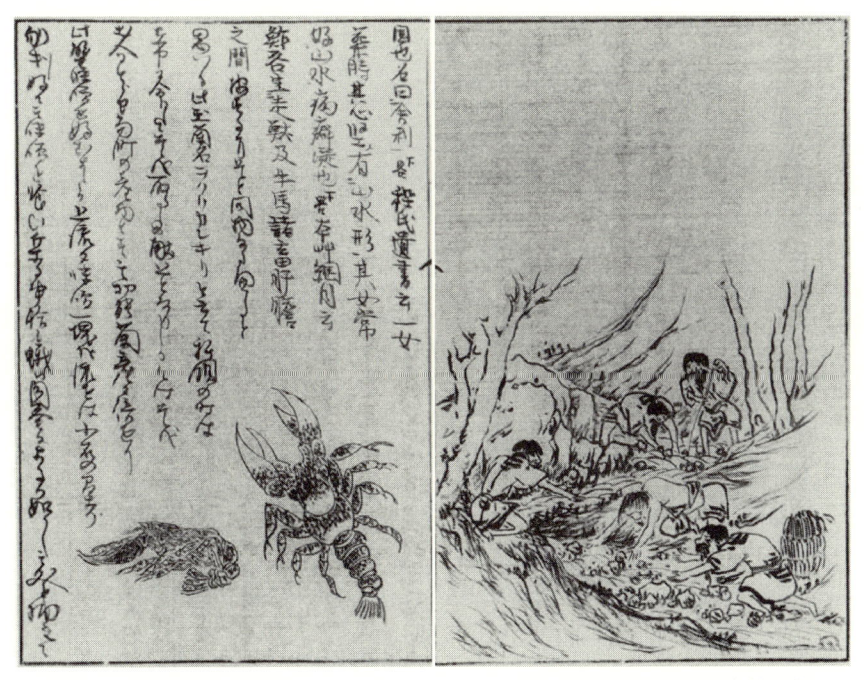

図14　(左)松浦武四郎が描いたザリガニ，(右)ザリガニ獲り(松浦武四郎記念館所蔵)

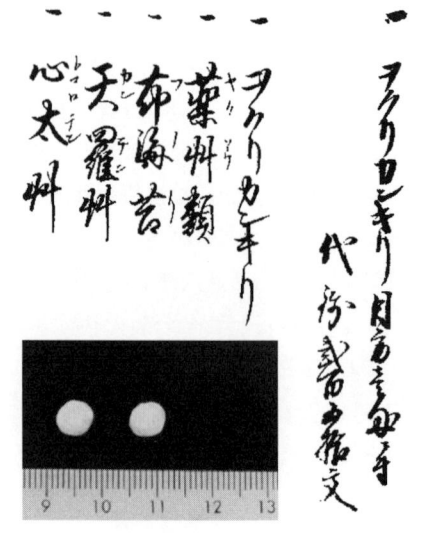

図15　(左上)・(右)江戸時代の公文書『御用留』に記述されたニホンザリガニ(ヲクリカンキリ)，(左下)ザリガニのヲクリカンキリ(胃石)(左上と右は北海道立公文書館所蔵)

(12)「幕府の出先機関による公文書」

1860年ごろには蝦夷島が幕府の直轄地となっていたので，箱館奉行所が設置され，幕府の出先機関による公文書として『御用留』が存在した(図15)。これは公文書であるため，当時の正確な情報である。これらのなかでヲクリカンキリは蝦夷地の産物として数多くの文書に出現し，内容は値段に関するものや各地での採集を奨励するものであった。このことから江戸時代の後期，ヲクリカンキリ(図10〜15)は，蝦夷地の産物として各地で採集が強化され，相当数が流通していたと考えてよいだろう。

(13)「江戸時代のまとめ」

以上にもとづき，江戸時代におけるニホンザリガニ，ヲクリカンキリと人間の関係に関して総括する。1692〜1712年ごろ，胃石の薬効や名称は医学的な史料でみられたが，その由来に関しては現代の生物学的な理解からは多少異なった記述がされていた。その後，1765年ごろから，オランダから，

より正確な情報が導入され，1774年以降からは蝦夷島の南部から得た情報にもとづき，当地における産物としてヲクリカンキリが位置づけられていく。さらに1700年代の末期から1800年代の初期においては，蝦夷地の広い範囲での幕府直轄調査や実地見聞録の史料が頻出するようになり，分布域で直接得た一層正確なニホンザリガニの総合的な情報が江戸にもたらされるようになる。同時に医学の面からも正確な情報が提供されていく。江戸の医師は図譜によって，主に医薬としてニホンザリガニに関する正確な知識を普及して残し，現地の標本も入手していた。1830年以降になるとさらに知見が広く普及し，江戸の庶民や蝦夷島の松前にもヲクリカンキリの情報が提供されていった。江戸末期になると，蝦夷島における幕府の出先機関による行政上の公文書でもヲクリカンキリが登場し，行政として単価を設定して採集を奨励するなど，開発の強化に努めていたので，蝦夷からの交易品として大量に採集されていたことが示唆される。

　このようにニホンザリガニが最初に史料に登場してから，最終的には公文書にでるまで今回の年表の範囲としては164年を要した(表1)。当初は知見に不正確な部分もあったが，外国から使用法を導入した薬品として利用され，蝦夷島における重要な交易品となり，しかも蝦夷地の正確な調査が実施されたことが理由で，各種の正確な情報が江戸の庶民まで広く認識されていったと考えられる。

明治時代

　北海道南部に位置する七飯町に残された史料における情報として，明治時代のニホンザリガニの名称がある。ここではニホンザリガニの図の脇に添えられた名称として「ヲクリカンキリ」・「蜊蛄」・「サルガニ」との記述があった(図16)。明治時代の北海道南部では，これらの名称が用いられていた可能性が高い。なお「オクリカンキリ」とは江戸時代から用いられてきたニホンザリガニの胃石を指している言葉であるが，ここではニホンザリガニの図に添えられていることから，本種自体を指しているとも考えられる。

　北海道南部に位置する港町の函館市は，古くから水産業が盛んであった。そのため明治時代には「水産陳列場」が設立され，当時の水産物を展示して

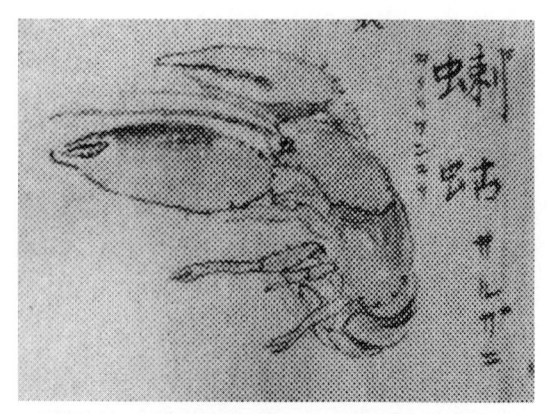

図 16 北海道南部にある七飯町における,明治時代のニホンザリガニの名称(追田喜二氏による動物の調査記録より。七飯町歴史館所蔵)

いた。現在,その施設は「市立函館博物館」と名称が変わり,水産中心の展示から総合的な博物館として内容や役割が大きく変化している。しかし,現在でも明治時代の水産の歴史的史料を所蔵している。

その貴重な史料のひとつとして明治26(1893)年の『水産陳列場列品目録』があり(図17上左),これには明治12〜19年に得た水産物として「さりがに」「オクリカンキリ」の名称がみられる(図17上中)。これらは前述のとおりニホンザリガニを指していると考えられる。すなわち,明治時代の函館ではニホンザリガニが水産物として認識されていたと理解できる。

米国のスミソニアン博物館には串に体を貫かれたニホンザリガニの標本が保管されている(図17上右)。この標本瓶に添付されたラベルをみると明治39(1906)年7月10日にアルバトロス号が函館の市場で入手したことが読み取れる(図17下)。すなわち,ニホンザリガニは函館の市場で販売されていたと理解できる。なお,アルバトロス号とは米国の水産の部局に所属していた調査船である。そのため前述の『目録』の情報もあわせて考えると,明治時代では数十年以上にもわたり,本種が水産物として利用されていたことが示唆される。ある種のものが数多くあることの表現として「売るほどある」との言い回しがあるが,ニホンザリガニは明治時代に,水産物として販売できる水準で,文字通り豊富に生息していたと考えてよいだろう。

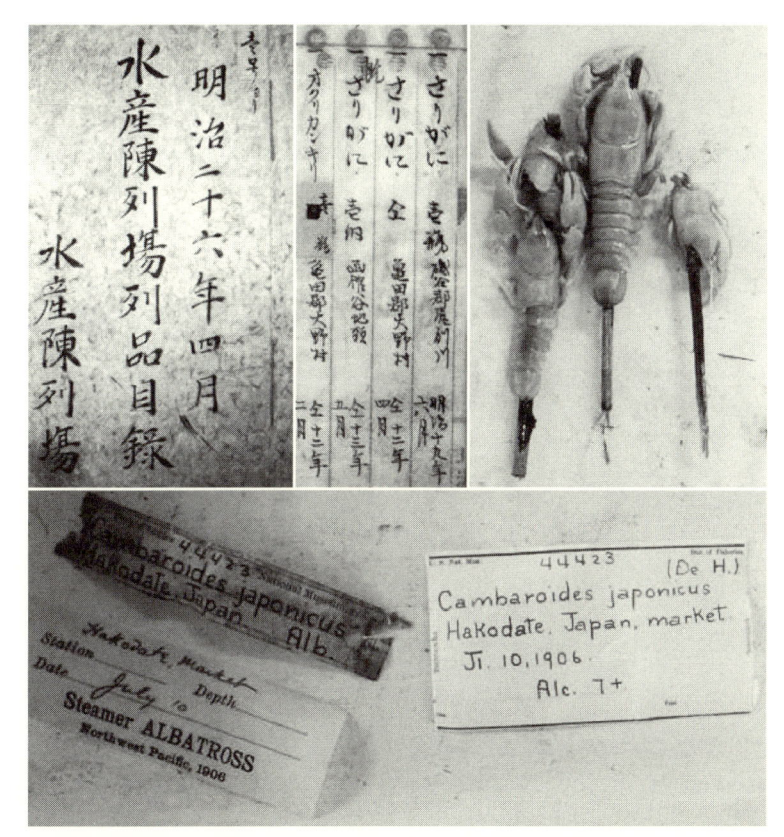

図17 明治時代のニホンザリガニ（上左と上中は市立函館博物館所蔵）。（上左）市立函館博物館（旧水産陳列場）の陳列品目録の表紙，（上中）目録の内容，（上右）スミソニアン博物館に保管されている標本，（下）標本のラベル。上右と下は川井唯史撮影

　前述の『目録』には明治13年5月に「函館谷地頭」で得られたニホンザリガニもある。なお，谷地頭地区とは，「箱館焼」の窯があった場所である。この「箱館焼」とは，江戸時代のきわめて短期間(1859〜1862)，本州の美濃地方から蝦夷島にわたった高い技術をもった職人が研究心をもって作成したものである。陶磁器に描かれた図柄は正確で，蝦夷島の南部地方の風物を題材としており，年代が正確にわかるので，当時の状況を知ることのできる格好の材料になっている。この「箱館焼」でニホンザリガニが題材とされたものがある（図18A）。そのことから，1800年代中ごろから谷地頭地区のニホン

図18 (A)江戸時代の陶器「箱館焼」の図柄に描かれたニホンザリガニ(市立函館博物館所蔵)，(B)「箱館焼」の窯があった函館市谷地頭地区のニホンザリガニ生息地概観。共に川井唯史撮影

ザリガニは人間との接点があったと考えてよいだろう。なお，現在の函館市谷地頭地区とは，市立函館博物館の所在地でもあり，駅前の中心街から近く，路面電車で移動できる範囲に位置した閑静な住宅街である。意外にも，ここでは2008年現在でもニホンザリガニの生息が確認されている(図18B)。そのため函館市のニホンザリガニは150年近く人間と共存していたことになる。このことから，函館市谷地頭地区の生息地例は，今後の市街地における希少種保全の好例となる可能性を秘めている。

また伝えられ始めた年代は明瞭ではないものの，同じく北海道南部の七飯町に位置する駒ケ岳周辺ではニホンザリガニに関する伝説がある(図19上右・下左)。これによるとニホンザリガニが生息する水は，古代から長寿の霊

図19 北海道南部大沼地区に残されたニホンザリガニ伝説(川井・中田，2008より)。(上左)大沼地区の神社，(上中)神社近くに現存するニホンザリガニ生息地，(下左)神社の奥に立てられた看板，(上右)看板に表示されたニホンザリガニにまつわる伝説，(下右)生息地で得られた個体

水として珍重されており，本種の生息する湧水は何らかの特別視があり，畏敬の念をもたれていたと理解できる。しかも，この近郊の湧水では現在でもニホンザリガニが生息しており(図19上中・下右)，ここの個体も函館市の谷地頭地区と同様に長く人間と共存していたと考えられる。

　これら北海道南部の函館市と七飯町の事例から，人里近くのニホンザリガニは工夫によっては人間と充分に共存できる可能性があり，そしてニホンザリガニは北国の里山の動物であるとわかる。

大正時代

(1)『北海道殖民公報』

　1915年の大正天皇の御大典(天皇の即位儀礼で，前天皇の喪が明けた年に即位式と大嘗祭が行われる)のために北海道の中西部に位置する支笏湖産のニホンザリガニ4,000個体が本州に運ばれ，半分は食用として京都に運ばれ，1,000個体は京都より環幸の供御とされ，残りの1,000個体は日光中禅寺湖に放養蓄養された(北海道庁，1915)。翌1916年には北海道支笏湖産300個体のニホンザリガニが日光田母沢に送られた(北海道庁，1916)。なおこれらの記述の根拠は示されていないが，『北海道殖民公報』とは北海道庁が発行しており，信頼性の高い資料である。そのほか，北海道水産試験場の職員である倉上(1953)は，試験場が支笏湖産のニホンザリガニを何度も採集し，日光に送っていたと報告している。実際，1917年にニホンザリガニを日光に送る予定の公文書が残されている(川井，2007)。以上のことから支笏湖産のニホンザリガニは大正時代，百から千単位の大量の個体が日光に運ばれ，一部は日光以外の栃木県内にも放流されていたことが示唆される。

(2)『大正大礼記録』

　宮内庁に永久保存されている公式史料である『大正大礼記録』(図20)によると，大正天皇の即位式における式典のひとつである御大典での，大饗の2日目の料理として，「蝲蛄濁羹」(ザリガニのクリームポタージュ)が供膳されている。その食材としては「蝲蛄七百匁，鶏肉ハ百匁，クリーム牛酪(筆者注：この漢字はバターを意味する)入」と書かれており，ニホンザリガニ700匁(＝187 g)が鶏肉とクリームバターと共に料理されていたとわかる(図20右)。さらに，主要な材料の産地としては「蝲蛄　ザリガニ　北海道胆振國支笏湖」とされているので(図21上左)，北海道の胆振地方にある支笏湖産のニホンザリガニが供されていたことも明らかである。本文書に添付されていた図では，「Bisque d'Ecrevisses」(フランス語でザリガニのポタージュ)と書かれているメニューが出され，皿の中央部には加熱されて真っ赤になった2個体のニホンザリガニがみえる(図21下)。

　また『大正大礼記録』(図22左)における文章によると調理関係者には服装

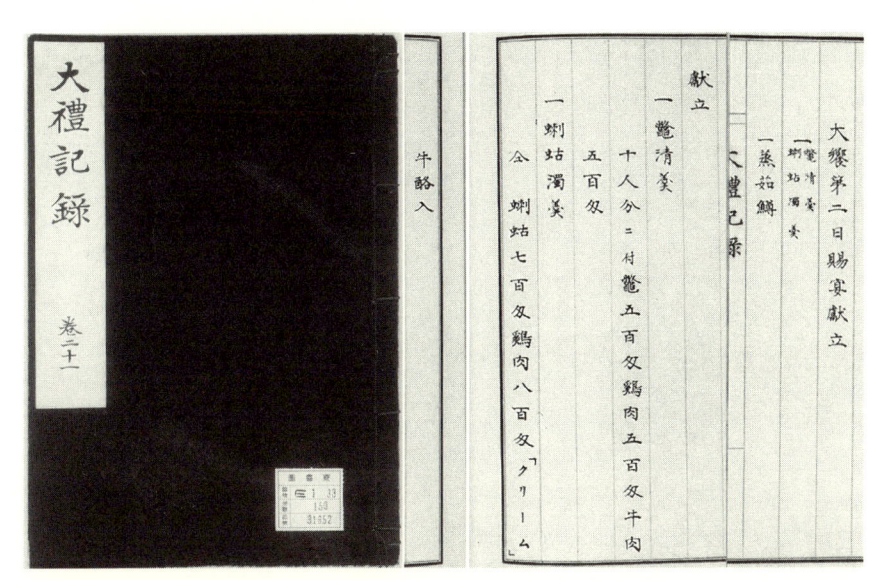

図20 大正天皇に御供膳されたニホンザリガニ料理（宮内庁書陵部所蔵の『大正大礼記録』）。（左）簿冊の表紙，（右）献立の内容

や健康診断に関しての厳しい規定があり（図22中・右），「大饗の事務に従ふへき職員は各自健康上の保全を必要とするは最も注意すへき重要事項たり……大膳寮員たる……他の補助員に至るまで……健康診断を行わしめ厨房附属の浴室に於て沐浴更衣せしめたる後各自業務に従事せしめたり」と記述されている。このことから，調理に関しては健康診断をはじめとして，衛生面に関してもきわめて徹底していたことがうかがえる。また調理に関係する職員の服装が新調されており，多大な準備をしていたことが読み取れる。

そのほかにも「材料は全て最良の物を選び……形状等は必ず一定なるを要す」と記述されている（図21右上）。このことから，支笏湖産のニホンザリガニは，食材として最良であったと理解できる。また大礼の饗宴の食材とするために，型が同じ個体を多数揃えることができたこととなり，当時の支笏湖では大型の個体が数多く生息していたと推定される。

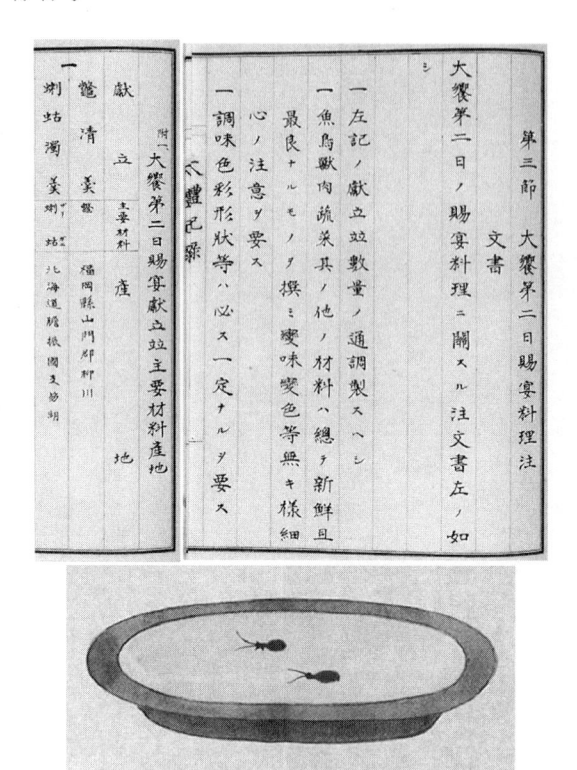

図21 大正天皇に御供膳されたニホンザリガニ料理(宮内庁書陵部所蔵の『大正大礼記録』)。(上左)主要な食材の産地,(上右)料理注文書,(下)料理名(ニホンザリガニのポタージュ)がフランス語で書かれている。

(3)秋山徳蔵氏の著書

　秋山徳蔵氏とは長く大正天皇の料理を担当していた人物であり,大正天皇の御大典でニホンザリガニ料理を供膳し,その後,何度もニホンザリガニを宮中晩餐の食材にしたことは,その自伝により明らかにされている(秋山,1976)。『秋山徳蔵氏メニュー・コレクション』によると,少なくとも以下の4回,ニホンザリガニ料理が紹介されている。明治43(1910)年3月16日にドイツの前全権大使が来日した晩餐会の料理の1品めで「Bisque d'écrevis-

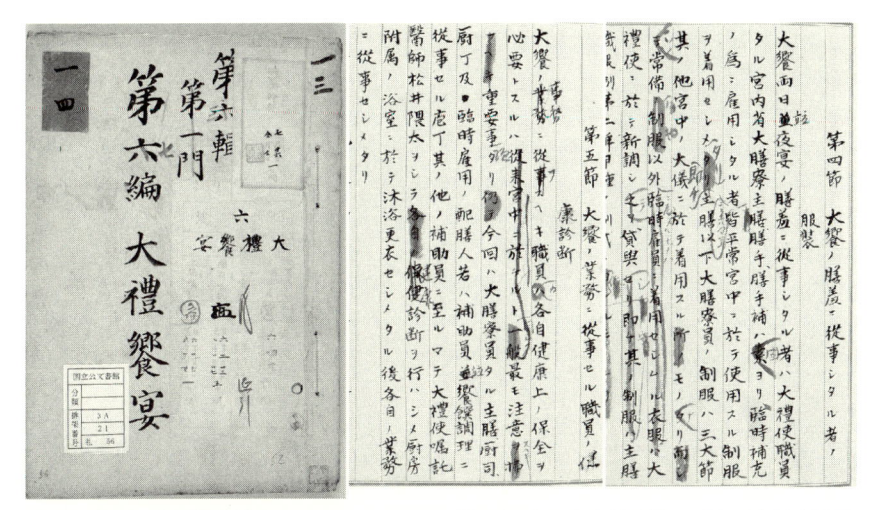

図22　大正天皇に御供膳されたニホンザリガニ料理（国立公文書館所蔵の『大正大礼記録』）。(左)『大礼饗宴』の簿冊の表紙，(中)従事する職員の服装に関する記述，(右)従事する職員の健康診断に関する記述

ses（ザリガニのポタージュ）」が出された。また大正4(1915)年11月7日に「御大典」の2品めで「蝲蛄濁羮（ザリガニのポタージュ）」が，大正5(1916)年6月5日にロシア大使が参内したときの午餐のメニューとして2品めに「蝲蛄濁羮」が，昭和29(1954)年12月18日にセイロン首相の歓迎宴の1品めとして「Bisque d' écrevisses（ザリガニのポタージュ）」出されている。

これによると，ニホンザリガニの料理法としては「ポタージュ」しかみあたらず，この料理方法に限られていた可能性がある。そして，ニホンザリガニが明治時代から御大典を経て昭和初期まで宮中料理の食材とされていたことが確かめられた。

(4) 公文書による記録

宮内庁では各種の公文書が保管されており，この調査により当時のニホンザリガニの利用などが明らかになった。『日光田母沢御用邸沿革誌』によると「大正九年六月　調理場脇(？)　ザリ蛄囲新設　全1か所　大正9年經費簿抄録　七九　二五〇」と記述されている（図23左）。なお，添付した図には

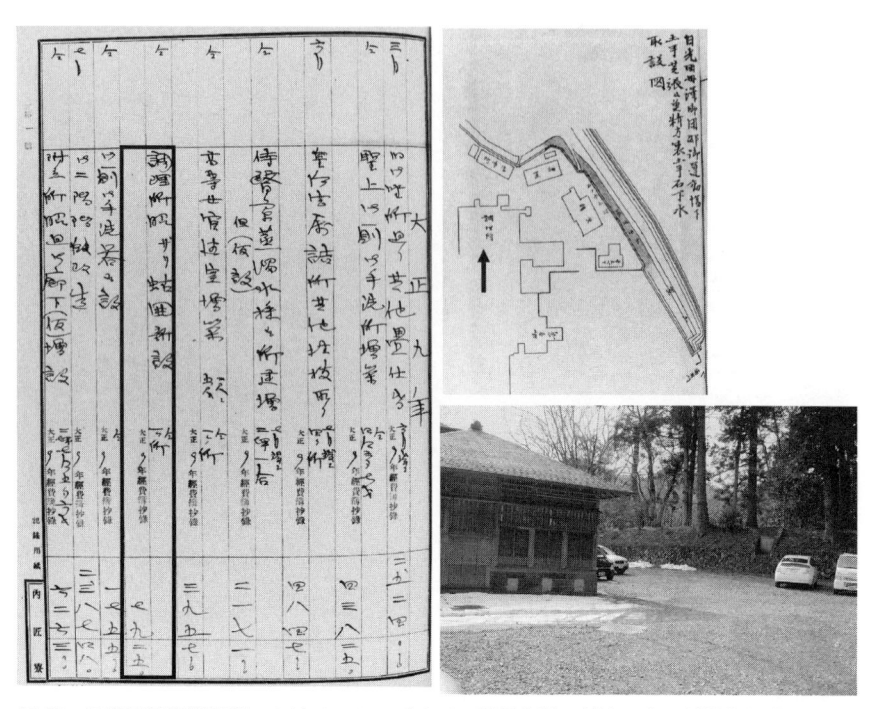

図 23 日光田母沢御用邸におけるニホンザリガニ蓄用施設．(左)日光田母沢御用邸におけるニホンザリガニ飼育施設建設に関する文書（四角で囲った部分に示す）．『日光田母沢御用邸沿革』．宮内庁書陵部所蔵），(右上)日光田母沢御用邸の明治末期における見取り図（『工事録　内匠寮　明治 35 年』．宮内庁書陵部所蔵）．矢印は調理場の場所，(右下)生簀跡地の遠景（2008 年 2 月川井唯史撮影）

示されていないが，末尾の数値は所要した金額である．ただし，金額の単位は不明である．そのため，日光田母沢御用邸ではニホンザリガニの飼育施設が少なくとも大正 6(1917)年以降，1 か所以上存在し，建設の予算がついていたので公式なものとわかる（図 23 左）．「ザリ蛄囲い」については，新設した場所が調理場脇と記述されていたにとどまり，その形状等は示されていなかった．また秋山(1957)は御用邸近くの大谷川に生簀をつくってニホンザリガニを入れていたと記述しているが，これは宮内庁の公文書との整合性がみられない．ただし大正 9 年に「ザリ蛄囲い」が新設されるまでの期間は，秋山(1957)が記録していたように大谷川に生簀が存在していた可能性がある．

(5) ザリガニ用の生簀「ザリ蛞囲い」の現状

宮内庁が所蔵する史料の『工事録』によると，大正9年当時に「調理場の脇」の「ザリ蛞囲い」が，日光田母沢御用邸のどこに新設されたかがわかる(図23右上)。なお，日光田母沢御用邸は，現在までに何度も工事が行われている(社団法人日本公園緑地協会編, 2000a, 2000b, 2003)ため，大正時代と比べて建物等が大きく変貌している可能性が高い。そこで現状を把握するために2008年2月に日光田母沢御用邸を訪れた。その結果，調理場の脇は現在駐車場となっており，当時を偲ばせるものすらみあたらなかった(図23右下)。

なお，秋山(1957)によると，御大典用のニホンザリガニは8月に日光御用邸近くの大谷川に生簀をつくって入れておき，「あの川筋に現在良いのが少々いるのはその名残である」との記述もある。そして2006年に，日光市の大谷川水系で，ニホンザリガニの標本が「なかがわ水遊園」の堀彰一郎氏により得られている(堀ほか, 2007)。

(6) 生物学的検討

ここで，日光で発見されたニホンザリガニの由来に関して生物学的視点で検証する。ニホンザリガニの形態には各種の地理的な変異がみられる。それは額角，尾節，腹板で確認されており，これらの形態は北海道と青森県で異なり，たとえば北海道の個体では額角上の隆起が明瞭で，青森の個体では額角の隆起が不明瞭である(Kawai and Fitzpatrick, 2004)。日光で得られた個体の形態は額角に隆起がみられ(図24F)，北海道産個体の形態と共通していた。そのため日光市の個体群の由来は北海道産の移植である可能性が高い。これは次に示すヒルミミズ類の種組成の観察結果と整合性がある。

2006年10月と2007年5月に採集された日光産の個体からは北海道固有種のヒルミミズ類が得られ，エゾザリガニミミズ *Cirrodrilus ezoensis* (図24A・B・C)とカムリザリガニミミズ *C. cirratus* であった(図24D・E)。なおカムリザリガニミミズは口節が漏斗状に著しく拡大し(図24D)，胴部の6環節に薄板状の横立突起があり，その縁辺に8個の指状の突起をもつ点で他種と区別できる(図24E)。なおヒルミミズ類の生物学と付着していた個体の種組成を利用しての移入個体群の原産地推定に関しては，第Ⅴ部第3章「群集生物保

(A) 胴部 口節 (B) (C)

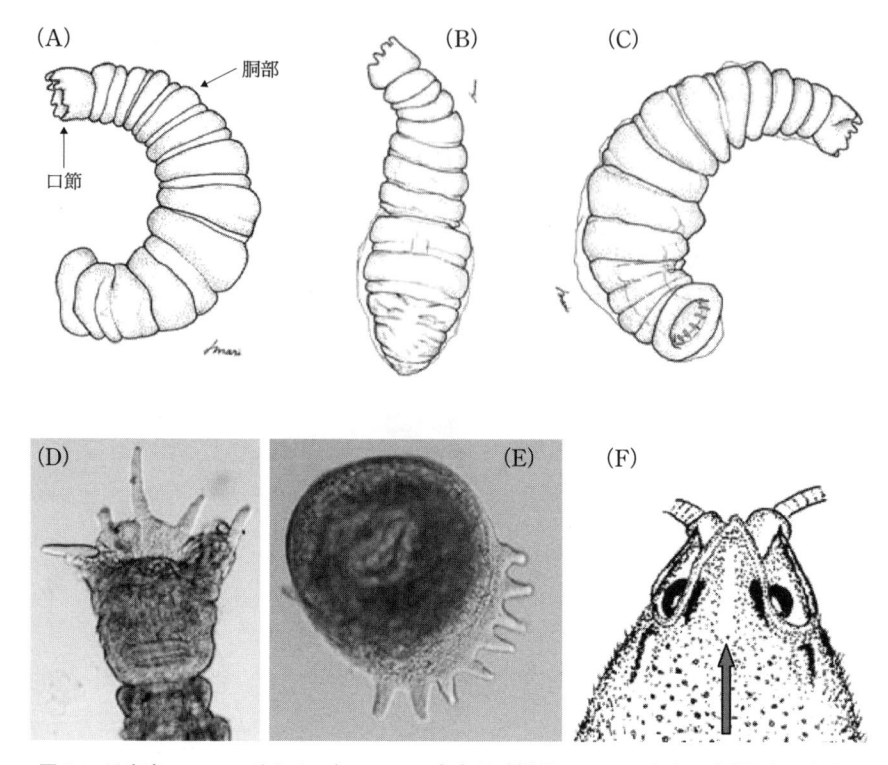

(D) (E) (F)

図24 日光産のニホンザリガニ(A〜C：田中真理氏提供，D・E：大高明史撮影)。当該地のニホンザリガニから得られたエゾザリガニミミズ *Cirrodrilus ezoensis*(A：側面図，B：背面図，C：腹面図)とカムリザリガニミミズ *C. cirratus*(D：口節，E：胴部の第6環節)，F：日光産ニホンザリガニの頭部(川井唯史原図)。矢印は北海道産個体でみられる隆起を示す。

全」に詳しく解説されているが，ヒルミミズ類の種組成は，理由は不明であるが北海道と青森で全く重複がなく，地域固有の種組成を示している。そのため移植に由来する個体群の移植元の推定に役立つことがあり，日光市で得られたニホンザリガニ標本では，ヒルミミズ類の種組成が北海道の組成と一致しているので，ここからもち込まれた可能性が高い。

(7)大正天皇のザリガニの将来

日光市で得られた標本の由来は，文献情報に基づくと，大正時代に大正天皇の御大典などにおける料理の食材とするために，北海道の支笏湖からもち

込んだものが逃亡，または放流されて個体群を形成した可能性がある。先に述べた形態地理変異，随伴生物の種組成はそれを支持している。

ただし，生物学的な証拠に基づく結論はまだであり，作業仮説としては，最近になって支笏湖の個体が日光にもち込まれた可能性もある。しかし，支笏湖の個体群は，流入河川を除き，湖岸では昭和初期にみられなくなっている(元田，1950)。そのため昭和天皇の御大典の料理に支笏湖のニホンザリガニの御用命があったが辞退したこともある(倉上，1953)。

以上のことから，状況証拠としては，日光市のニホンザリガニは宮中料理の食材として北海道からもち込まれた可能性が高い。しかし生物学的に明らかであるのは，日光市でみつかった標本の由来が北海道であるという点だけである。日光市の個体が大正天皇のためもち込まれたものに由来するかどうかに関しては，充分な生物学的検討はいまだに行われていない。これを明らかにするためには，支笏湖の流入河川においてニホンザリガニの標本を集め，それと日光産の標本の遺伝子情報を比較検討することが必要となる。少なくとも遺伝的な確認が終了するまでは，日光産の標本が大正時代にもち込まれたものの子孫とは結論できない。

この日光の個体群は，生物学的には国内移入種となるので，人為的な拡散により分布域が拡大されることも懸念され，その前に人の手で絶滅させるべきとの考えもある。しかし大正天皇の御用邸がある日光市において，御大典などの食材とするため北海道からもち込んだ可能性のある個体群が現存しているので，この可能性が本当なら「大正時代から残された歴史の生き証人」としての価値もある。しかも本種は絶滅危惧種であり，分布域を拡大して日光市在来の生態系に深刻な悪影響をおよぼす危険性は低いと思われる。こうしたふたつの異なる考えがあり，本個体群の扱いに関して広い視点から検討することが望まれる。

(8) 輸送の担い手小保方運送店

支笏湖のニホンザリガニは，その湖と距離的に近く，北海道の交通の要所である苫小牧市を経由して本州に運ばれていた(川井，2007)。輸送を任命されていたのは苫小牧駅前にあった小保方運送店である(図25)。この事実は，

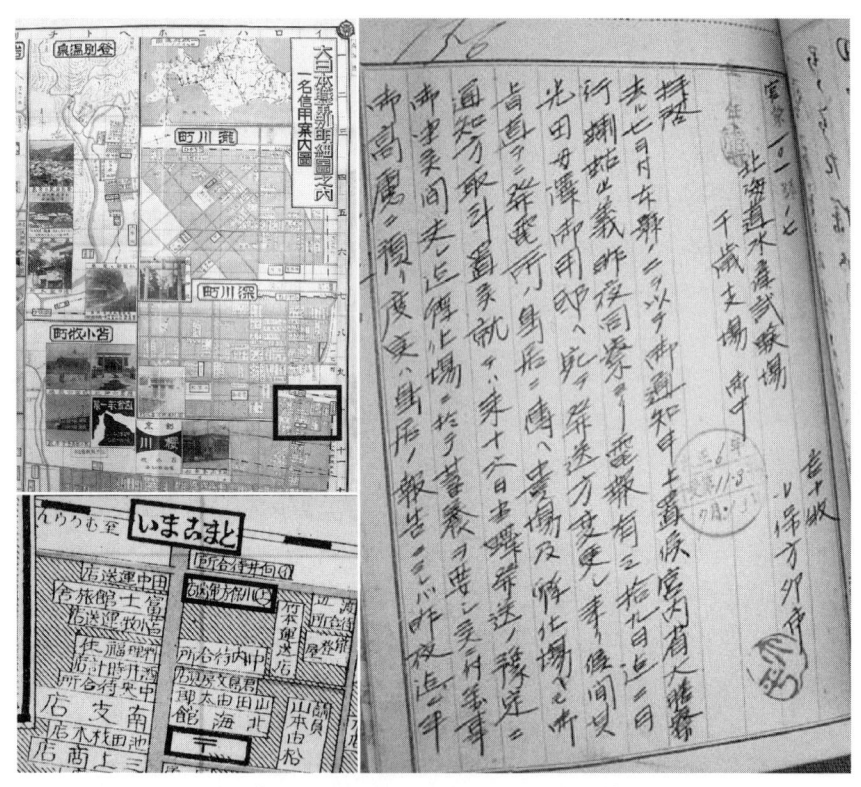

図25 北海道苫小牧市の位置を四角で囲った（左上）。苫小牧駅前の小保方運送店の位置を四角で囲った（左下）。そして小保方運送店がニホンザリガニを宮内省に運んでいたことを示す公文書（右）（左上と左下は苫小牧市博物館所蔵，右はさけ・ます資源管理センター所蔵）

当時の北海道水産試験場の公文書が示している（川井，2007）。そして公文書は現在「独立行政法人さけ・ます資源管理センター」に保管されている。これによると，小保方運送店の店主であった小保方卯一氏は，輸送用の箱にミズゴケを使い湿気を保つなどの工夫をしていた様子がうかがえる。そこで卯一氏のご家族から情報を得るために，苫小牧市を数回訪問した。しかし，当時の様子を伝える物証はみつからなかった。

ただしひとつの興味深い事実は判明した。苫小牧市と日光市は姉妹都市である。これは両市の気候が共通しており，共にスケートが盛んであることが理由のひとつである。北海道と気候が類似した日光市に北海道産のニホンザ

リガニが運び込まれ、これが生存していたとしても不思議はない。そして苫小牧市(ニホンザリガニの発送先)と日光市(その受け取り先)が姉妹都市であったことはきわめて不思議な偶然である。

昭和・平成時代

オーストラリア産のザリガニ、マロン *Cherax tenuimanus*(図5参照)とレッドクロー *C. quadricarinatus*(図7B参照)は養殖の新規対象種とすることを目的として、鹿児島県や石川県の水産試験場が技術開発試験に取り組んだ。各種の試験は成功したが、これが大規模に普及するにはいたらなかった。

また昭和天皇は当時のメキシコ大統領からメキシコ産ザリガニ類 *Cambarellus patzcuarensis* を贈進され、半分は当時皇太子であった今上天皇が譲り受けた。これは当時の東宮御所魚類研究室で飼育され、各地の水族館や専門家にも配布された。これらは繁殖にも成功したが、現在では飼育されていない(川井ほか、2002；図26)。

昭和時代以降の日本では、ニホンザリガニをとり巻く状況が激変している。生息環境の悪化にともない、生息地数は減っており、最近では外来種のウチダザリガニの分布域拡大が著しく、これによる悪影響も懸念される(詳しくは第Ⅴ部第1章「国内の保全」、第Ⅵ部第2章「環境教育」参照)。江戸時代と明治時代

図26 (A)オーストラリアのマロン(砂川光朗氏撮影)、(B)メキシコ産ザリガニ、*Cambarellus patzcuarensis* の仲間(Faxon, 1885 より)

には薬品として重宝され，大正時代には皇族方の宮中料理の食材となり，昭和時代には急激に生息地数が減少したニホンザリガニは，平成時代にはいり環境省をはじめとした各行政機関により希少な種として指定を受けている。またウチダザリガニは同じく環境省により，在来の生態系に著しい悪影響を与えるものとして「特定外来生物」に，アメリカザリガニは「要注意外来生物」に指定されている(法規制に関しては第Ⅴ部第1章「国内の保全」のコラムⅡを参照)。またウチダザリガニは環境教育の題材，アメリカザリガニは実験材料や理科教育の材料とされている。ザリガニ類の教材としての利用に関しては第Ⅵ部第1章「環境教育」と第2章「理科教育」で紹介されている。

4. アイヌの神祀具におけるニホンザリガニ

正確な年代は不明であるが，少なくとも明治・大正時代ではアイヌの神祀具のひとつである捧酒箸(イクパスイ)の彫りものに，ニホンザリガニがモチーフになっている例が数多く報告されている(図27；川井・白濱, 2007)。デザインに例外は少なく，一般的には全長5cmほどの実寸大のニホンザリガニが2個体並列してイクパスイの先に向かった様子で彫られている。このよ

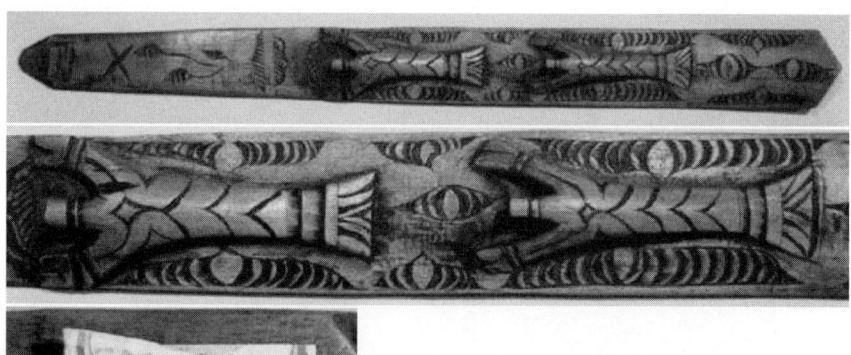

図27 アイヌの神祀具(イクパスイ)に彫刻されたニホンザリガニ(川井ほか, 2007より；社団法人北海道ウタリ協会所蔵)。(上)背面図，(中)背面図の拡大，(下)腹面の拡大

うなイクパスイは当該地区の民具を所蔵する北海道内のいくつかの博物館に保管されていて，広い範囲でつくられていたことがうかがえる。なお，イクパスイのモチーフとなるのは，クマやシャチなどアイヌが神聖視している動物や，チョウザメなどの身近な生物が多い(金田一・杉山，1993)。このことから，イクパスイに彫られたニホンザリガニは，明治・大正時代などに，アイヌが本種と何らかの深い関係をもっていたことの傍証となる。なお江戸時代にアイヌが採集したニホンザリガニの胃石を北海道の産物として交易品にしていた歴史が史料(図14)より明らかにされている。なお，アイヌは数々の芸術的な工芸品を作成しているが，ニホンザリガニをモチーフとしたものは現在までのところなぜかイクパスイしかみあたらない。

5. 国内のザリガニ類の名称

ニホンザリガニ

学名は属名に続き種名が書かれ[*4]，さらに詳しく記述するときには命名者と記載された年がつけられる[*5]。アメリカのファクソンはニホンザリガニが記載された年は1842年としている(Faxon, 1885)。これと異なり，日本国内の分類学者は記載年を1841年としている(たとえば三宅，1982)。ただし両見解において，その根拠は示されていない。また，1年とはいえ，学名は世界の学術界における共通言語なので，この不整合は見逃せる問題ではない。仮にニホンザリガニを研究している学者が別の学名を与えていたとする。すなわち，この世にふたつの学名が存在してしまったときには，新種として記載された日が一日でも早い方の学名が有効となる。このようなことは実際に起こっている。そのため，新種として学名が与えられた年月日を正確に示しておくことは重要である。

この問題について多大な貢献をされた山口隆男教授に敬意を表し，以下にYamaguchi(1933)の紹介を行う。このような不整合がみられるのには，それなりの理由がある。ニホンザリガニが新種として記載されたのは今から150年以上前であり(Haan, 1841)，オランダのシーボルト(図28)が来日した際に標本を得て，これが本国に送られ，現在でもオランダのライデン博物館にタイ

46　第Ⅰ部　博物学

図28　（上）ニホンザリガニゆかりの地であるオランダの街並み。シーボルトの生家近くの様子，（下）ニホンザリガニの標本を入手したシーボルトの記念邸。共に川井唯史撮影

プ標本として保管されている（図29A，B）（第Ⅴ部第3章「群集生物保全」の専門用語の解説「タイプ標本」を参照）。なお，シーボルトが得た標本は，新種として記載され，ニホンザリガニは西洋の学術界に初めて認識されたのである。シーボルトとは西洋の医術を日本に紹介し，西洋には日本の生物を広く紹介したことで有名であり，代表的な著作に『ファウナ・ヤポニカ』がある。ニホンザリガニが新種として記載されたのは，この『ファウナ・ヤポニカ』である（第Ⅴ部第3章「群集生物保全」の専門用語の解説「記載」を参照）。ただし，本書のなかでニホンザリガニの記載の文章を書いたのは，オランダのライデン博物館で，甲殻類の分類学を専門として学芸員を務めていたデ・ハーン De

博物学　47

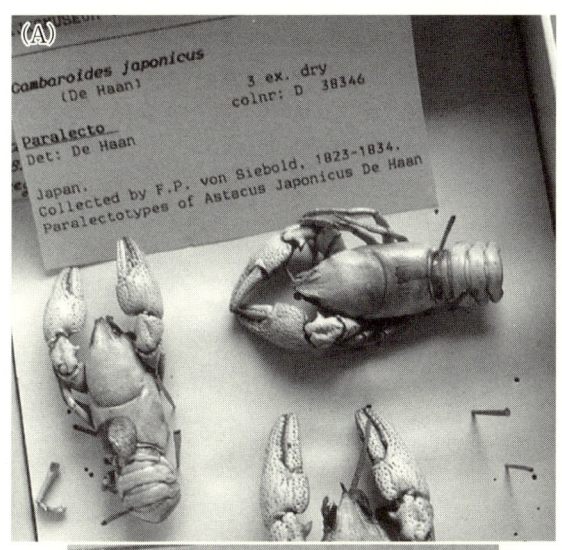

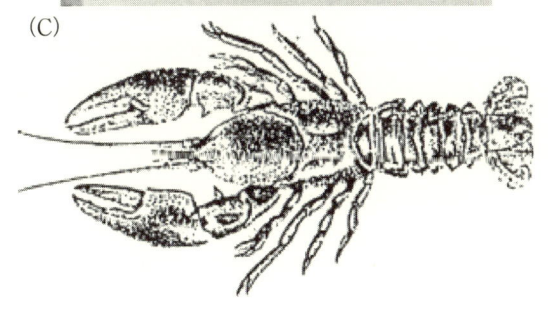

図29　(A)ニホンザリガニのタイプ標本，(B)タイプ標本のラベル，(C)タイプ標本の記載論文におけるスケッチ(Haan, 1841より)。AとBは川井唯史撮影

Haanであった。そして『ファウナ・ヤポニカ』のなかで甲殻類の章は数年にわたって，分冊として分割されながら印刷された。

　Yamaguchi(1993)によれば，当時のオランダでは印刷物に公表した日付を示す「奥附」のような情報が添付されることは一般的ではなかった。『ファウナ・ヤポニカ』も例外ではなく，デ・ハーンによるニホンザリガニの記載が行われた分冊が公表された日付は不明であった。これが研究者によって記載された年に不整合が生じる原因と考えてよいだろう。

　この問題は数人の研究者によって以前から取り組まれており，その一人には昆虫学者の江崎悌三教授がいる(江崎, 1984)。かつては，各分冊の最初の頁にその発行日が記されており，これにより刊行年月日が推定されていた。しかし発行日と，実際に分冊が配布された日付(真の発行日)に多少の違いがあった可能性も指摘されている。この問題の解決に向けて大きく前進させたのは，ライデン博物館の故ホルトハウス教授である(Yamaguchi, 1993)。教授はオランダのハーグにある国立公文書館に保管されている『ファウナ・ヤポニカ』を配布した際の記録文書を重視している。オランダ政府は『ファウナ・ヤポニカ』の各分冊が発行され次第，これを購入して国内の図書館等に送付し，その日付が公文書の中に記録されている。そして甲殻類の各分冊は少なくとも，送付された日付より早く印刷・公表されていたと考えることができる。各分冊の送付年月日は表2のとおりである。そしてニホンザリガニが記載されたのは，164頁であり，その図は図版35に描かれている。これは分冊5に該当する(表2)。そして，甲殻類の分冊5は1841年12月28日付で図書館に配布されていた。すなわち，ニホンザリガニが記載された年は

表2　『ファウナ・ヤポニカ』の甲殻類の章の各分冊が発行されたと推察される日付（Yamaguchi, 1993を参考に作成）

分冊	頁	図版	日付
1	1～24	1～8	1833年
2	25～64	9～15, 17	1835年12月29日
3	65～72	16, 18～24	1837年8月14日
4	73～108	25～32	1839年
5	109～164	33～37, 39～42, 47	1841年12月28日
6, 7		38, 43～46, 48, 51～55	1844年3月19日
6, 7	165～196, 197～243	49～50	1849年

1841年とより正確に推定された。これは日本国内で従来から使われていた記載年である。

命名者

ニホンザリガニの学名における命名者の書き方は，研究者によって扱いが多少異なっている。記載者の頭文字を大文字にする De Haan（原文のママ），それと小文字にする de Haan（原文のママ）である。両者の違いは文字単位であり，一見して些末に思えるかもしれない。しかし記載された年と同様に，学名は世界共通語であり，統一される必要がある。ニホンザリガニが記載された年をより正確に推定した故ホルトハウス教授は，オランダのライデン博物館に勤務し，甲殻類の分類を専門としていた偉大な碩学である。デ・ハーンと同じオランダ人であり，しかも同じ職場の後輩にあたり，命名者の表記に関しての見解を出すには，最も相応しい人物である。筆者はオランダのライデン博物館を訪れ，生前のホルトハウス教授に直接，この問題について問い合わせた。回答としては「慣習的に De Haan を使っている」とのことであった。そして確認のため，シーボルトが日本で得たニホンザリガニのタイプ標本に添付されていたラベルを観察すると，そこには「De Haan」と記述されており，ホルトハウス教授の回答を裏づけることができた(図29中)。そこで本書ではニホンザリガニの学名を *Cambaroides japonicus*(De Haan, 1841)と表記する。

和 名

Cambaroides japonicus の和名[*6]は従来，単に「ザリガニ」として扱われてきた(三宅, 1982)。しかし，日本国内におけるザリガニ類の分布としては，*C. japonicus* が北海道と東北の北部に限られ，アメリカザリガニはほぼ日本全国に分布している。この現状が原因して，「ザリガニ」が示す名称はアメリカザリガニと広く誤解されている(一寸木, 2001)。そして *C. japonicus* は国内で唯一の在来種であり，日本固有種でもある(Kawai and Fitzpatrick, 2004)ため，本種はニホンザリガニと呼ばれることが多い。

川井・中田(2009)はニホンザリガニの分布域の中心である北海道で，各市

町村史におけるザリガニ類の名称に注目した。北海道の市町村では，伝統的に管下の沿革を定期的に冊子「＊＊史」としてまとめている。この冊子では管下の生物について記述されることが多く，その名前はその当時，その地域で，一般的に用いられていたものを使うのが普通である。そこで，各市町村史にみられたザリガニ類の名前を列挙することで，その名称の歴史や一般性や地域性を読み取ることができると考えた。

　大正から昭和初期にかけて，北海道では「ザリガニ」，「サルカニ」，「サリカニ」，「サリガニ」の名称がみられたが，昭和中期になるとひとつの例外を除き，ザリガニの名称が用いられている(表3)。そして平成になると用いられているのは，「ザリガニ」と「ニホンザリガニ」となる。

　「ザリガニ」に類する名称は，先述のとおり各種の史料でみられ，江戸時代から使われてきた歴史ある和名である(Yamaguchi and Holthuis, 2001)。そして和名とは，混乱を防ぐために簡単に変えられないとの，不文律ではあるが，原則もある。そのため本来なら和名にザリガニを使いたいところである。しかし，社会的にはニホンザリガニの和名も市民権を得ており，各行政機関や多くのマスコミが，この和名を使っているのは重くみる必要があり，また最近ではニホンザリガニの和名を用いる研究者の方が優占的と思える。そこで本書ではニホンザリガニの和名を用いる。

6. ウチダザリガニとタンカイザリガニの学名

　ウチダザリガニの学名と和名に関しては，問題が多い。まず学名の変遷の歴史に関して紹介したい。ダナは1852年に北アメリカの太平洋側に流入する大河川であるコロンビア川河口部のプージェットサウンドで得た個体をタイプ標本として，新種 *Astacus leniusculus* を記載した(Dana, 1852)。その後にスティンプソンは1857年にコロンビア川の河口近くにあるアストリアで得た標本にもとづき，*A. trowbridgii* を新種として記載した(Stimpson, 1857)。これらが後にウチダザリガニの仲間となる。

　後にドイツの Bott (1950) はひとつの疑問を解決した。*Astacus* 属はヨーロッパにも分布しており，ウチダザリガニの仲間が分布する北アメリカの太

表3 北海道の市町村史でみられたニホンザリガニの名称の変遷(川井・中田，2009より)

西暦	元号	市町村	名称	備考
1914	大正3年	大野町	サリカニ	
1916	大正5年	七飯町	サルカニ	
1933	昭和8年	余市町	ザリカニ	
1937	昭和12年	仁木町	ザリガニ	
1956	昭和31年	名寄町	ザリガニ	害虫・益虫のどちらにも属さない
1957	昭和32年	遠軽町	サリガニ	
1958	昭和33年	今金町	ザリガニ	
1958	昭和33年	札幌市	ザリガニ	
1960	昭和35年	黒松内町	サワガニ	カニ類のサワガニと同じであるが，北海道にはサワガニが分布しない。
1963	昭和38年	鷹栖村	ザリガニ	
1967	昭和42年	風連町	ザリガニ	
1969	昭和44年	戸井町	ザリガニ	
1970	昭和45年	美唄市	ザリガニ	俗称はサルガニとされている。
1971	昭和46年	豊頃町	ザリガニ	
1971	昭和46年	美深町	ザリガニ	
1971	昭和46年	砂川市	ザリガニ	
1972	昭和47年	礼文町	ザリガニ	
1979	昭和54年	妹背牛町	ザリガニ	
1980	昭和55年	音更町	ザリガニ	
1981	昭和56年	滝川市	ザリガニ	
1985	昭和60年	積丹町	ザリガニ	
1986	昭和61年	小樽市	ザリガニ	
1988	昭和63年	秩父別町	ザリガニ	
1991	平成3年	新十津川町	ザリガニ	
1993	平成5年	三笠市	ザリガニ	
1994	平成6年	歌志内市	ザリガニ	
1995	平成7年	門別町	ニホンザリガニ	
1997	平成9年	比布町	ザリガニ	
1998	平成10年	標茶町	ニホンザリガニ	ウチダザリガニの名称もみられた。
1998	平成10年	端野町	ニホンザリガニ	
1998	平成10年	遠軽町	ザリガニ	
2000	平成12年	仁木町	ニホンザリガニ	昭和12年での名称と異なる。
2000	平成12年	浦臼町	ザリガニ	
2003	平成15年	留萌市	ザリガニ	

平洋側とは分布域が大きく離れている。一生を淡水で過ごし，その意味では移動性が低い生物が，なぜ太平洋岸と大西洋岸に分かれて分布するのかは謎であった。ボットはザリガニ類において属などの系統を反映する成体オスの第2腹肢などの形態を観察し，北アメリカ太平洋側に生息する *Astacus* とヨーロッパに生息する *Astacus* では，形に違いがあり，同じ属ではないと考えた。そして前者には太平洋(Pacific)の *Astacus* の意味で *Pacifastacus* と名づけた。そのため *Astacus leniusculus* は属名が変わり，*Pacifastacus leniusculus* となった。

　Pacifastacus の構成メンバーの分類に最初に疑問を抱いたのは，アメリカのファクソンである。*P. leniusculus* と *P. trowbridgii* は，種を識別するための形質が類似しており，両者の中間型を呈して，外見からは種を特定できない個体も出現すると指摘している[7]。さらに北アメリカの Riegel(1959) は Faxon(1898) の考えを拡張した。成体オスの第1腹肢の形は，ザリガニ類において種の違いを反映していることが多い。そして *P. leniusculus* と *P. trowbridgii* において第1腹肢の形態を観察したところ，差がみられなかった。それに加えて，ほかの種の違いと対応した形質である額角(両眼の間の突起)の形は，中間型がみられることも確かめ，両者は同種であると考えた。その後，北アメリカの Miller and Van Hyning(1970) は数多くの個体の観察を行い，*P. leniusculus* と *P. trowbridgii* は同種であることを支持しつつ，額角の形態の違いは地理的に変化するので，両者は亜種の関係にあると主張した[8]。すなわち学名の表記は属名と種名に続いて亜種名も示し，*P. leniusculus leniusculus* と *P. leniusculus trowbridgii* とすることを主張した。*P. trowbridgii* は *P. leniusculus* の同種であり，後者の亜種として含まれたのである。確かにコロンビア川とは流程の全長が2,000 kmほどであり，日本列島の南北長にも匹敵する長大な河川である。分布する生物の形態が地理的に異なり，亜種が存在しても不自然ではない。Miller and Van Hyning (1970) の研究は分類学の学術論文ではなく水産学の報告書である。しかし，その見解は北アメリカの著名なザリガニ分類学者であるホッブスが受け入れており(Hobbs, 1989)，両種は額角の形等で区別できるとされている。しかし同時に，亜種として明瞭な区別が可能な個体が存在するが，各亜種の中間的

な形質を示して形態での区別が難しい個体がいることも併記している。また通常，亜種とするには，形態と分布域が明瞭に区別できる必要がある。*P. l. leniusculus* と *P. l. trowbridgii* は形態で明瞭に識別することが難しく，しかも生息域は重複する部分が大きく(Miller and Van Hyning, 1970)，両亜種の識別が困難であるという問題点を抱えている。

　ミラーとハイニングらの見解の問題点は，スウェーデンのアーゲルバーグとヤンソンにより検討され，アイソザイムの分析を行い，両者は亜種の区別も難しいことを明らかにした(Agerberg and Jansson, 1995)。そこで筆者は北アメリカのスミソニアン博物館に行き，そこに保管されているミラーの標本や，在来の個体群の形態を数多く調べた(図30)。その結果，中間型の形態が数多く出現するため，両亜種を形態で区別するのは難しいと結論し(川井，未発表)，将来的に分類学的な再検討を行い，亜種としての区別に異論を唱える予定である。そのため現実には亜種の区別が難しい *P. leniusculus* に対して無理に亜種名を添付することはやめ，本書において学名は *P. leniusculus* とするにとどめる。

　厳密に表現すると，学名の末尾には，その学名の命名者と命名年もつけられる。本項の冒頭で述べたように *P. leniusculus* を新種として発表したのはダナであり，発表年は1852年であった。そのため学名の表記は，*Pacifastacus leniusculus*(Dana, 1852)となる。ここで補足をしておくと，動物の学名を扱う規則のひとつとして，その属名が当初の属名から変わると，命名者と命名年は括弧の内側に記述される。ウチダザリガニの学名は当初の *Astacus* から *Pacifastacus* に変わったので，(Dana, 1852)と書かれる。

　ウチダザリガニの学名に関しての知識として無視できないのは，消された学名と標本の *Astacus oreganus* である(図31)。これはコロンビア川で採集された標本にもとづき，新種として Randall(1840)により記載されている。ところが本記載論文を精読したところ背中には大きな1本の棘があり，形態的な多様性を有するザリガニ類にしても異様な姿のスケッチが添付されている(図31)。形態の記載に関してもきわめて簡単であり，観察用の顕微鏡等が充実していなかった今から150年以上前の時代背景を差し引いても，この論文は早い段階から正当性が疑われていた。Faxon(1885)によると，論文の根

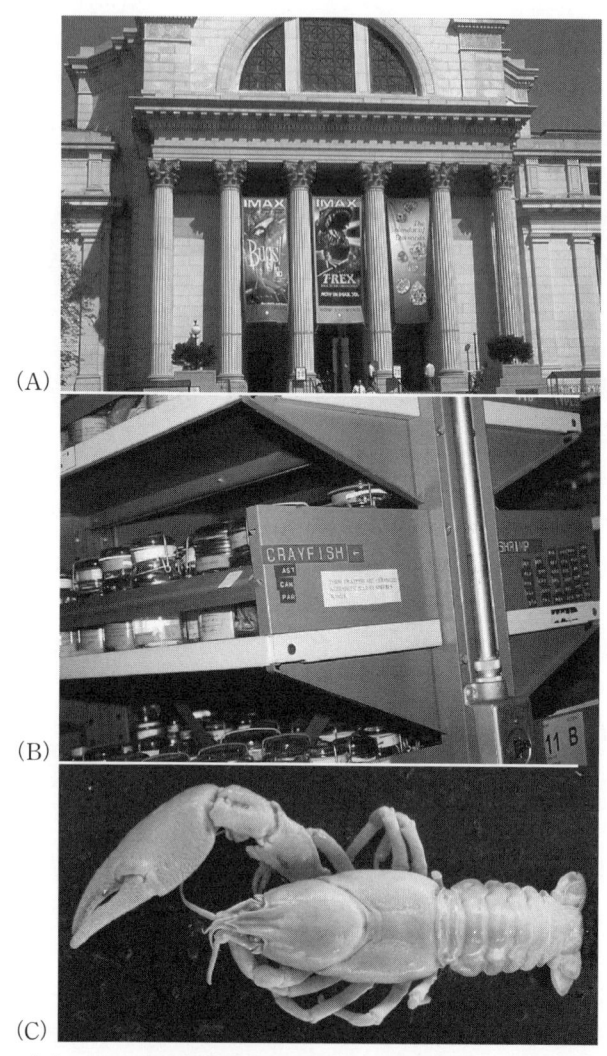

図30 (A)スミソニアン博物館の正面入り口。建築物自体にも価値がある。(B)スミソニアン博物館の無脊椎動物部門。甲殻類，ザリガニ類のコレクションの棚に膨大な数の標本が収容されている。(C)スミソニアン博物館に所蔵している *Pacifastacus trowbridgii* のタイプ標本。すべて川井唯史撮影

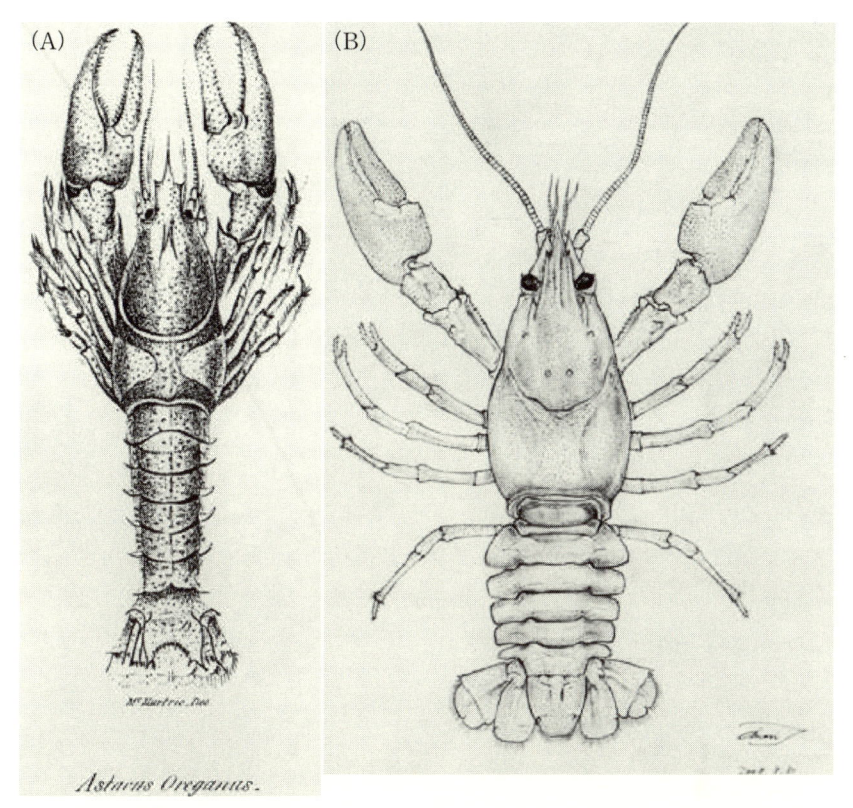

図31 (A)無効となったウチダザリガニ？ Astacus oreganus のスケッチ(Randall, 1840 より)。(B)ウチダザリガニ Pacifastacus leniusculus (洞爺湖産，2007年7月採集，全長 15.5 cm) (川井・中田，2009より；田中真理氏提供)。(A)と(B)は大きく異なる。

拠となる標本は，この図を描いた画家により破壊されており，検証ができないと記述されている。そして「A. oreganus とは Pacifastacus lenusculus と同一種であろう」としている(Faxon, 1885)。Astacus oreganus との学名に対して正式に抗議して撤回を求めたのはスミソニアン博物館の Hobbs (1966) であり，学名の消去を求めた。この意見は case Z. N. (S) 1727 として International Commission on Zoological Nomenclature に提出された。意見内容としては，以下のとおりである。Astacus oreganus は Pacifastacus leniusculus の異名同種であり，分類学的には先に公表された Astacus oreganus の学名に先取権があり，この学名が有効となる。しかし A. oreganus の標

本は失われていて,記載や添付図は疑わしいので,分類学的研究の遂行が難しい。そこで P. leniusculus の学名を動物学の種名のリスト (Official List of Scientific Name in Zoology ; International Commission on Zoological Nomenclature 1965) に入れて, A. oreganus との学名は無効名称のリスト (Official List of Rejected and Invalid Specific Name in Zoology) に加えることを提案した。この提案は International Commission, Option 855 として検討された (Melville and China, 1968)。検討後にはルールによって投票が行われ,合計23票のうち,提案を認めるものは20票,反対は2票,無投票は1票であり,正式に可決された。投票を行った人物のなかの賛成者には,興味深いことに日本の甲殻類分類学とも縁の深かった先述の故ホルトハウス教授,そして Uchida(原文のママ示したが,恐らくは北海道大学名誉教授でウチダザリガニの和名を献名された内田亨氏)の名前もみられた。あまり知られていないことであるが,北海道大学の内田亨名誉教授はウチダザリガニとの和名,そして学名にも関与していたのである。そして学術的に正式な手続きを経て,P. leniusculus との学名があらためて認められたのである。

7. ウチダザリガニとタンカイザリガニの和名

タンカイザリガニ

国内に輸入された外来ザリガニ類には,学名に対応して和名が提唱されている。そのため当初は別種と認識されていた P. leniusculus と P. trowbridgii には別の和名がつけられていた。前者はタンカイザリガニで後者はウチダザリガニであり,当時九州大学農学部の故三宅貞祥教授により命名されている (三宅, 1957, 1961)。名前の由来として,タンカイザリガニは産地である滋賀県淡海池の名称をとったものである。ウチダザリガニは,北海道摩周湖産の標本を三宅教授に提供し,当時はとくに難しかった外来種の種を特定することに便宜を図られた北海道大学の故内田亨名誉教授に献名したのである。

ところが,タンカイザリガニとウチダザリガニの分類に関しての疑問が出され(蛭田・林, 1982),その後も相次いだ(三宅, 1982)。両者の中間型を呈する個体の標本が得られ,種としての区別が難しいとの見解である。その後,北

アメリカでは両種が亜種の関係となっている知見が日本国内でも普及した。そして摩周湖や淡海池で多数の個体を採集し，それぞれで亜種の違いを反映した形質に注目して区別を試みたところ，中間型が多いため区別が難しいとの結果が相次いでいる(浜野ほか，1992；川井ほか，2002)。先述のように原産地の北アメリカでは亜種扱いとなり，しかも亜種としての区別も疑問視されている状況(Riegel, 1959)では，妥当な見解となる。

　和名は当初，種の違いに対応して提唱されていたが，これを踏襲しようとすると，以下の理由できわめて複雑なことになる。日本に定着した北アメリカ太平洋側に分布していたザリガニ類の当初の和名は，学名と対応し，タンカイザリガニ *P. leniusculus* とウチダザリガニ *P. trowbridgii* であった。その後分類学上の認識が変わり，両者は同じ種であり，亜種のレベルで異なるものとして扱われ，実際には形態で亜種に区別することが難しいので，学名は種レベルの *P. leniusculus* に止めて書かざるを得ない。分類学上，タンカイザリガニに相当する学名 *P. leniusculus* は先に記載されていたため，これが *P. trowbridgii* を亜種として取り込んだ形になり，これに従って仮に国内に導入した北アメリカ太平洋側産のザリガニ類の名称を完全に学名と合致させるならば，名称はすべてタンカイザリガニとなる。タンカイザリガニとの和名の由来は，淡海池産のザリガニ類であるのに，淡海池以外にもタンカイザリガニが分布するといった不思議な現象が生じる。そのため，その和名をすべてウチダザリガニに統一すると，別の問題も生じる。地域の名を冠している「タンカイザリガニ」の名称は 50 年以上も使われており，滋賀県の地域にとって，充分に浸透した名称であるように思えてならない。そのため外来種の名称とはいえ，簡単に消すことはできないだろう。

　日本に両種が輸入された当初，事実として和名は学名と対応していた。この対応は無理に踏襲する必要性はないだろう。本書の著者のひとりでもある北海道教育大学釧路校の蛭田眞一教授は，淡海池産の個体群をタンカイザリガニ，それ以外の地域から得られた個体をウチダザリガニと呼ぶことを提唱している(蛭田，1986)。これは学名と和名が完全な一致をみないが，現実に即した妥当な提唱である。

ウチダザリガニ

　ウチダザリガニの名称も検討の余地は残されている。ウチダとは日本人の名前であり，このことからウチダザリガニは在来種との誤解を生じてしまうのである。誤解だけならよいが，「在来種ならば近所の小川に戻してやろう」との，善意的でありながら問題の多い外来種の放流につながる懸念がある。この見解にもとづき，本種が外来種であることを明瞭に示すための新和名として，たとえば「シグナルザリガニ」が使われ(Usio ら，2007)，これには本章の著者である川井も参画していた。この名称は本種の英名を訳したものである。これならば，明らかに外来種であると伝わる利点がある。

　この見解にもとづき，新和名の普及や提案が検討されたことがあった(川井，2007)。しかし実現にはいたらなかった。その理由として，国内の環境省や水産庁をはじめとした各行政機関や，新聞やテレビなどのマスコミは，すべてといってよいほどウチダザリガニの和名を利用している。これら社会性の高い組織の対応状況を踏まえると，ウチダザリガニの和名は完全に市民権を得ている。在来種として誤認されやすい懸念もあろうが，本和名が初出の段階で，「外来種ウチダザリガニ」などの補足をすることによって，万全な対応ができると考え，本書でも和名はウチダザリガニを用いている。

[専門用語の解説]
- [*1] **現代の史料**　江戸時代の史料(歴史を認識するための素材であり，研究のためのデータとなる資料と区別される)は基本的に公立の図書館などで厳重に保管されている。そして，現代の印刷物として，原本を写真等で復刻した「影印本」と，活字にして印刷した「翻刻本」がある。後者は読みやすいが活字化の過程で人間が解釈して入力する操作が入るため，ほとんど見られることはないが，ここで誤りが生じる可能性が存在する。そのため両者には精度の違いがあると思われる。
- [*2] **胃石**　ザリガニ類の脱皮時期に胃の内部に形成される，大きさ数ミリの楕円形で乳白色の結石。主成分はカルシウム塩であり，脱皮直後の体各部にとって不足しがちなカルシウムを供給する機能がある。江戸時代から，通称オクリカンキリまたはヲクリカンキリと称され薬用とされていた。これは外来語で「カニの眼」を意味する。現代薬学の専門家である下田喜久三博士が胃石の薬効を分析した結果，特別な効能は存在しないことが明らかとなった(下田，1932，1947)。
- [*3] **江戸時代の史料**　当時は複写機や印刷機が存在しなかったため，記述された情報を模写して伝える「写本の作成」は最も一般的であったと考えてよい。この際に文字単位の多少の写し間違えは起こったと思われる。そのため，いくつかの写本間での不整合はみられることがある。たとえば『蝦夷草紙』では，各種の写本があり「テクンベユルベ」，

「テコンベコルベ」,「ラタンコルベ」,そして「ヲクリカンキリ」,「ヲクリアニキリ」といった差異がみられる(図10)。

[*4] **学名** 生物の名前(呼び名)は,国や地方によって大きく異なる。生物の種の名前を混同しないように世界共通の名称として,規則に従ってつけられているのが学名である。ザリガニ類では動物命名規約(動物命名法国際審議会,2001)が適用される。

[*5] **学名の表記方法** その種が所属する「属名」,それに続き種「種小名」が書かれる。さらに詳しい情報として,その種を新種として最初に記載した研究者の名前がつけられる。この表記の注意点として,後の分類学者がその種を別の属に配置換えした場合,命名者名は括弧内に書かれる。たとえばニホンザリガニは当初のザリガニ属 *Astacus* からアジアザリガニ属 *Cambaroides* に所属が変わったので,表記は *Cambaroides japonicus* (De Haan, 1841)となる。なお,命名者名の後に続くのは,その種が新種として記載された論文が印刷された年である。

[*6] **和名(標準和名)** 日本国内で一般的に用いられている名称で,学名のように特別な取り決めはない。しかし,しばしば変わっていると混乱するので,容易に変更できない慣習がある。ただし,近年では合理的な理由が見出せれば変更が検討・提案されている例がある。

[*7] **種** 生物分類の基本単位。定義や概念は数多く,生物学的種の概念,形態学的種の概念などさまざまあり,生物集団をどのように把握するかについては研究者により異なる。本書では主に形態学的種の概念を適用する。形態学的種の概念とは主に形態的な違いが種の違いを反映すると仮定して分類を行い,ザリガニ類では交接器の構造が重要視されることが多い。

[*8] **亜種** 研究者によって異なるが,地理的な広がりに対応して,形態が不連続に変化する地理的変異パターンを示す集団に分かれる場合に亜種が適用される。たとえば離島などで,本土の個体と明瞭な色彩や形態の変異がみられる場合には亜種とされる。学名として亜種を書くときは,属名に続き種小名が書かれ,その次に種より下の単位として亜種名が書かれる。たとえばウチダザリガニの学名としては,*Pacifastacus leniusculus leniusculus*。左から属名,種名,亜種名の順に並んでいる。

[引用文献]

Agerberg, A. and Jansson, H. 1995. Allozymic comparisons between three subspecies of the freshwater crayfish *Pacifastacus leniusculus* (Dana), and between populations introduced to Sweden. Hereditas, 122: 33-39.

秋山四郎(編). 1976. 秋山徳蔵氏メニュー・コレクション. 198 pp. 秋山徳蔵を偲ぶ会出版部.

秋山徳蔵. 1957. ザリガニを盗まれた話. 文藝春秋, 35：51-54.

Bott, R. 1950. Die Flusskrebse Europas (Decapoda, Astacidae). Abhandlungen der Senckenbergischen Naturforschenden Gesellschaft, 483: 1-36.

一寸木肇. 2001. ザリガニ類の和名における問題点. Cancer, 10：35-37.

Dana, J. D. A. M. 1852. United States exploring expedition. During the years 1838, 1939, 1840, 1841, 1842. Under the commanded of Charles Wilkes, U. S. N., Vol. 13., Crustacea, Part 1, Priority by C. Sherman, Philadelphia, pp. 524-525, with plate 33.

動物命名法国際審議会. 2001. 国際動物命名規約(第4版 日本語版). 133 pp. 日本動物分類学関連学会連合.

江崎悌三. 1984. Phillip Franz von Siebold の 'Fauna Japonica' 解説. 江崎梯三著作集. 432 pp. 思索社.

Faxon, W. 1885. A revision of the Astacidae. Part I. The Genera *Cambarus* and *Astacus*. Mem. Mus. Comparat. Zoöl. Harvard College, 10: i-vi+1-186+10 plates.

Faxon, W. 1898. Observations on the Astacidae in the United States National Museum of Comparative Zoology, with descriptions of new species. Proce. US Nation. Mus., 20: 643-694.

Haan, W. de. 1841. Crustacea. In Ph. F. von Siebold (1833-1850), "Fauna Japonica sive descriptio animalium, quate in itinere per Japoniam, jussu et auspiciis superiorum, qui summum in India Batava Imperium tenent, suscepto, annis 1823-1830 collegit, nois, observationibus et adumbrationibus illustravit (Crustacea)", i- xvii, i-xxxi, ix-xvi, 243 pp. + pls. A-J, L-O, 1-55, circ. tab. 2.

浜野龍夫・林健一・川井唯史・林浩之. 1992. 摩周湖に分布するザリガニについて. 甲殻類の研究, 21：73-87.

Hart, C. W. Jr. 1994. A dictionary of non-scientific names of freshwater crayfishes (Astacoidea and Parastacoidea), including other words and phrases incorporating crayfish names. Smith. Cont. Anthropol., 38: 1-127.

秦檍麿(解説：佐々木利和・谷沢尚一). 1982. 秦檍麿自筆　蝦夷島奇観：東京国立博物館所蔵(東京国立博物館所蔵品の複製). 260 pp. 雄峰社.

平秩東作(高倉新一郎写). 1929. 東遊記. 45丁.

蛭田眞一. 1986. 北海道の大型ザリガニ. 採集と飼育, 48：241-244.

蛭田眞一・林浩之. 1982. 道東のザリガニ類について. 釧路博物館報, 276：114-116.

人見必大. 1976. 本朝食鑑(島田勇雄訳注). 308 pp. 平凡社.

Hobbs, H. H. Jr. 1966. *Astacus oreganus* Randall, 1840 (Crustacea, Decapoda): proposed suppression under the plenary powers. Bull. Zool. Nomenclature, 22: 351-354.

Hobbs, Jr., H. H. 1989. An illustrated of the American crayfishes (Decapoda: Astacidae and Cambaridae), Smith. Cont. Zool., 166: 1-161.

Holdich D. M. 2002. Background and functional morphology. In "Biology of Freshwater Crayfish" (ed. D. M. Holdich), pp. 3-52. Blackwell Science, London.

Holdich D. M., and R. S. Lowery. 1988. Crayfish-an introduction. In "Freshwater Crayfish: Biology, Management and Exploitation" (eds. Holdich D. M. and R. S. Lowery), pp. 1-7. Croom Helm, London.

北海道庁. 1915. 支笏湖産蝲蛄. 殖民公報, 87：62-63.

北海道庁. 1916. 北海道産蝲蛄御買上. 殖民公報, 93：413.

堀彰一郎・東典子・川井唯史・大高明史. 2007. 日光市大谷川におけるニホンザリガニ生息地の発見とその由来. 日本甲殻類学会平成19年度大会講演要旨集. 27 pp.

Huner, J. V. 1987. Crayfish-the heart of Louisiana. Seafood International, January: 40-45.

Huxley, T. H. 1879, 1880, 1881, 1974. The crayfish: an introduction to the study of zoology. Kegan Paul, London (1974 edition published by The MIT Press. Cambridge, Massachusetts).

International Commission on Zoological Nomenclature, 1965. Article 14. Editorial Duties of the Commission. Bulletin of Zoological Nomenclature, 24: 184.

磯野直秀. 1992 a. 東京国立博物館臓『博物館図譜』について. 慶應義塾大学日吉紀要自然科学, 12：1-19.

磯野直秀. 1992 b. 『梅園画譜』とその周辺. 参考書誌研究, 41：1-19.

磯野直秀. 1994. 『千蟲譜』諸写本の比較. 参考書誌研究, 44：1-20.

川井唯史. 2007. ザリガニの博物誌. 166 pp. 東海大学出版会.
川井唯史. 2009. ザリガニ. 117 pp. 岩波書店.
Kawai, T. and Fitzpatrick, J. F. Jr. 2004. Redescription of *Cambaroides japonicus* (De Haan, 1841) (Crustacea: Decapoda: Cambaridae) with allocation of a type locality and month of collection of types. Proce. Biol. Soc. Wash., 117: 23-34.
Kawai, T. and Min, G. S. 2005. Re-examination of type material of *Cambaroides similis* (Koelbel, 1892) (Decapoda: Crustacea) with a lectotype designation, re-description, and evaluation of geographical variation. Proce. Biol. Soc. Wash., 118: 777-793.
川井唯史・中田和義. 2009. ニホンザリガニの名称および長野県におけるウチダザリガニの現状. Cancer, 18：49-53.
川井唯史・白濱和彦. 2007. 江戸時代の図譜とアイヌ神祀具で見られるニホンザリガニ. Cancer, 16：51-62.
Kawai, T. and Tudge, C. 2008. Re-examination of the type material of *Cambaroides schrenckii* (Kessler, 1874) (Decapoda: Cambaridae) with a lectotype designation, re-description, and discussion on its phylogenetic position. Proce. Biol. Soc. Wash., 121: 158-176.
川井唯史・中田和義・小林弥吉. 2002. 日本における北アメリカ産ザリガニ類(タンカイザリガニとウチダザリガニ)の分類および移入状況に関する考察. 青森自然誌研究, 7：59-71.
川井唯史・尾坂知江子・高畠孝宗・大塚英治・瀬川涼・中田和義. 2008. 最近得られたザリガニ類の普及, 博物学, 保全に関する情報. Cancer, 17：29-34.
金田一京助・杉山寿栄男. 1993. アイヌ芸術. 525 pp. 北海道出版企画センター.
小西正泰(解説). 1982. 千蟲譜(復刻版), 江戸科学古典叢書 41(編集委員　青木國夫・飯島賢一・石山洋・大矢真一・菊池俊彦・樋口秀雄). 534＋25(解説)pp. 恒和出版.
小西正泰. 2001. 毛利梅園. 国立科学博物館叢書 1　日本の博物図譜 十九世紀から現代まで(国立科学博物館編), pp. 86-87. 東海大学出版会.
倉上(原著には名字のみ記述). 1953. 支笏湖及び千歳川水系のザリガニ *Cambaroides japonicus* 絶滅か. 魚と卵, 5月号：18.
Kusabs, I. A. and Quinn, J. M. 2009. Use of a traditional Māori harvesting methods, the tau Kōura, for monitoring Kōura (Freshwater crayfish, *Paranephrops planifrons*) in Lake Rotoiti, North Island, New Zealand. NZ J. Mar. Freshwater Res., 43: 713-722.
串原正峰(高倉新一郎校註). 1962. 夷諺俗話. 99 pp. 北海道郷土資料研究会.
桑原真人・川上淳. 2008. 北海道の歴史がわかる本. 367 pp　亜瑠西社.
松浦武四郎(秋葉實翻刻・編). 1997. 松浦武四郎選集二. 425＋10 pp. 北海道出版企画センター.
Melville, R. V. and China, W. E. (ed.). 1968. In option 855 of the International Committee on Zoological Nomenclature, *Astacus oreganus* Randall, 1840 (Crustacea, Decapoda). Bull. Zool. Nomenclature, 23: 84-85.
Miller, G. C. and Van Hyning, J. M. 1970. The commercial fisheries for fresh-water crawfish, *Pacifastacus leniusculus* (Astacidae), in Oregon, 1893-1956. Res. Rep. Fish Commission Oregon, 2: 77-89.
三宅貞祥. 1957. 輸入種アメリカザリガニ, ウチダザリガニ(新称)2種の学名. 動物分類学会会務報告, 16：1-2.
三宅貞祥. 1961. オレゴン州産ザリガニ(*Pacifastacus*)の渡来とその現況. 日本動物分類学

会第31回大会講演要旨, p. 57.
三宅貞祥. 1982. 原色日本大型甲殻類図鑑 I. 261 pp. 保育社.
元田茂. 1950. 北海道湖沼誌. 水産孵化場試験報告, 5：1-96.
村田懋麿. 1936. 鮮満動物鑑. 775 pp. 目白書院.
日本公園緑地協会(編). 2000a. 日光田母沢御用邸記念公園 木邸保存改修工事報告書(本文編 第一部・第二部). 402 pp. 栃木県土木部.
日本公園緑地協会(編). 2000b. 日光田母沢御用邸記念公園 木邸保存改修工事報告書(図版編). 237 pp. 栃木県土木部.
日本公園緑地協会(編). 2003. 日光田母沢御用邸記念公園 木邸保存改修工事報告書. 203 pp. 栃木県土木部.
大友喜作(編・解説・校訂). 1943. 北門叢書第一冊(赤蝦夷風説考／著者 工藤平助)(蝦夷拾遺／著者 佐藤玄六)(蝦夷草紙／著者 最上徳内). 410 pp. 北方書房.
大友喜作(編・解説・校訂). 1972. 北門叢書第二冊(北海随筆／著者 板倉源次郎)(松前志／著者 松前広長)(東遊記／著者 平秩東作). 369 pp. 国書刊行会.
大槻玄沢. 1979. 江戸科学古典叢書17. 蘭説弁惑・紅毛談／蘭説弁惑. 319+66(解説)pp. 恒和出版.
大槻玄沢. 1980. 江戸科学古典叢書31. 紅毛雑話・蘭畹摘芳. 430+11 pp. 恒和出版.
Randall, J. W. 1840. Catalogue of the crustacea brought by Tomas Nuttul and J. K. Townsend, from the Coast of North America and the Sandwich Islands, with descriptions of such species as are apparently new, among which are included several speies of different localities, previously existing in the collection of the Academy. J. Acade. Natu. Sci., 3 (part 1): 106-147.
Riegel, J. A. 1959. The systematics and distribution of crayfishes in California. Calif. Fish Game, 45: 29-50.
シーボルト(著)・齊藤信(訳). 1967. 江戸参府紀行(東洋文庫87), pp. 89-90. 平凡社.
下田喜久三. 1932. 蜊蛄について. 薬学雑誌, 52：784-808.
下田喜久三. 1947. ザリガニの生化学的研究. 北海道大学農学部学位論文. 64 pp.
Stimpson, W. 1857. Notices of new species of Crustacea of Western North America; being an abstract from a paper to be published in the journal of the society. Proc. Boston Soc. Natu. Hist., 6: 84-89.
武井周作(平野満解説). 1978. 魚鑑(生活の古典双書18). 167+11 pp. 八坂書房.
淡斎如水(白山友正校訂). 1958. 松前方言校考. 163 pp. 短歌紀元社.
俵浩三. 2008. 北海道緑の歴史. 405+7 pp. 北海道大学出版会.
寺島良安(訳注 島田勇雄・竹島淳夫・樋口元巳). 1987. 和漢三才図会 7(全18巻). 442 pp. 平凡社.
Usio, N.・中田和義・川井唯史・北野聡. 2007. 特定外来種シグナルザリガニ(*Pacifastacus leniusculus*)の分布現状と防除の現状. 陸水学雑誌, 68：471-482.
Yamaguchi, T. 1993. The contributions of von Siebold and H. Bürger to the natural history of Japanese crustacea. In "Ph. F. von Siebold and Natural History of Japan Crustacea" (ed. T. Yamaguchi), pp. 15-44. The Carcinological Society of Japan, Tokyo.
Yamaguchi, T. and Holthuis, L. B. 2001. Kai-ka Rui Siya-sin, a collection of a pictures of crabs and shrimps, donated by Kurimoto Suiken to Ph. F. von Siebold. Calanus (Bulletin of the Aitsu Marine Biological Station, Kumamoto University, Japan), Special Number, III: 1-155.

第 II 部

分類・組織学

第1章 形態分類・系統進化・生物地理学

川井唯史・Min, Gi-Sik・Ko, Hyun Sook

要　旨

　ザリガニ類の形態分類，系統進化，生物地理を，外部形態，遺伝子，内部形態，生態，初期発生にもとづき，世界，北半球，アジア，日本にそれぞれ分布する種類において検討した。世界のザリガニ類は一生を淡水で過ごし，ひとつの祖先から進化した単系統であり，海から淡水へ侵入する進化が発生したのも一度だけである。しかし彼らは世界の温帯域に離散的に分布する。その分布の理由は，起源が古く，大陸移動と関係しているためと推定した。アジアに分布するザリガニ類(アジアザリガニ属)は北半球で最も起源が古く，さらに日本固有種のニホンザリガニはアジアザリガニ属で最も祖先に近い可能性が示された。またアジアザリガニ属を構成する4種(ニホンザリガニ，チョウセンザリガニ，マンシュウザリガニ，シュレンクザリガニ)の分類と分布について紹介した。

1. ザリガニ類の定義

ザリガニ下目のザリガニ類

　世界には約550種のザリガニ類が分布し，比較的大きなグループを形成している(Hobbs, 1988)。ここで使ったザリガニ類の「類」とは，ある生物グループを示す便利な言葉ではあるが，生物分類学の単位とは一致していない。そこで，本書で述べるザリガニ類について西村(1995)を参考にして定義する。ザリガニ類は，脚を10本もつエビ・カニ・ヤドカリなどが所属する十脚目 Decapoda の，ザリガニ下目 Astacidea に所属する[*1]。その下目の特徴は，体が円筒形で，額角がよく発達し，第1〜3歩脚が二又状のハサミとなり，第1歩脚(鉗脚)は強大となる(図1)。そして第4脚はハサミにならず，尾部の末端は広いという特徴がある。なおテナガエビ類は，ザリガニ類と形態が類

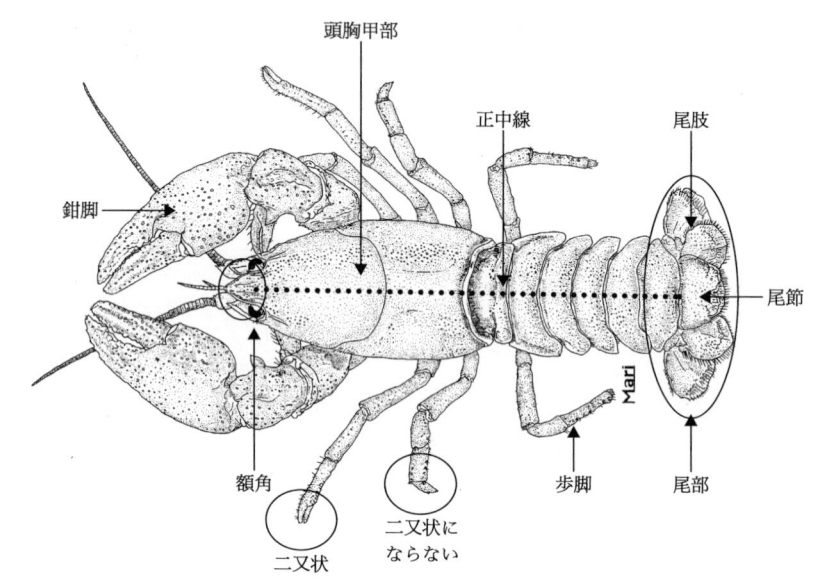

図1 ニホンザリガニ *Cambaroides japonicus* における体各部の名称(田中真理氏提供)

似し，ザリガニ類と同様に淡水で生活するが，第1歩脚が大型化しないので，容易に区別ができる。

　ザリガニ下目はアカザエビ上科，ミナミザリガニ上科，ザリガニ上科により構成される。なお，アカザエビ上科は海産であり，ミナミザリガニ上科とザリガニ上科は淡水産である。生息域による区別は分類学上の区別と対応はないが，わかりやすい。本書では用いるザリガニ類の定義としては，ザリガニ下目のミナミザリガニ上科とザリガニ上科の種群とする(図2)。ただし，ザリガニ類の個体に対しては，実験生理学などでは慣習的に「ザリガニ」の名称が用いられている。「ザリガニ類」と「ザリガニ」が混在しては，一見して混乱するようにも思えるが，個体に対しての「ザリガニ」の呼び名は，イメージがよく伝わる便利な言葉である。そのため本書では以下のように「ザリガニ」の名称を使う。たとえば「アメリカザリガニを実験に使い，5個体のザリガニを水槽に入れた」。第Ⅰ部の「博物学」で述べているように，日本在来種の *Cambaroides japonicus* には元々，「ザリガニ」の和名が与えられており，上記の「ザリガニ」との混乱がありうる。しかし本種は近年，

```
                            ┌─── アカザエビ科
           ┌─ アカザエビ上科 ─┼─── オサテエビ科
           │                └─── ショウグンエビ科
  ザリガニ下目┤  ┌─────────────────────────────────┐
           │  │ ミナミザリガニ上科 ─── ミナミザリガニ科 │
           │  │     ザリガニ類                      │
           └──┤                                   │
              │ ザリガニ上科 ─┬─── ザリガニ科        │
              │              └─── アメリカザリガニ科  │
              └─────────────────────────────────┘
```

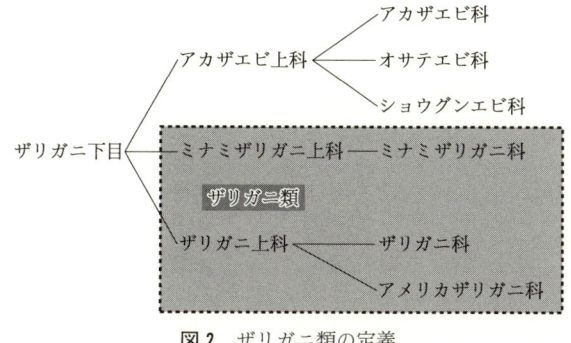

図 2 ザリガニ類の定義

ニホンザリガニと呼ばれることが多いので，誤解の危険性は低いと考える．

アカザエビ上科とザリガニ類

アカザエビ上科には，日本近海の深海域に生息して，水産の対象種にもなっているアカザエビ *Metanephrops japonicus*，それと沖縄に分布して熱帯魚店でも販売されている色彩が派手なショウグンエビ *Enoplometopus occidentalis* も含まれている．これらは一見してザリガニ類と酷似している．しかしアカザエビ上科とザリガニ類との区別は，以下の3つの形態的特徴を確認することで可能となる．アカザエビ上科は①頭胸甲正中部には後縁から額角の根元付近にかけて縫合線か隆起，または棘の列がある（ザリガニ類は頭胸甲部における全体にわたる縫合線や隆起はない）．②第4～6胸節の副肢と脚鰓は融合しない（ザリガニ類は融合する）．③第4・5歩脚の腹板は融合する（ザリガニ類は第5歩脚間の腹板は第4歩脚間の腹板と融合しない）．④オスの第1腹肢は左右が独立の生殖器にならない（ザリガニ類は第1腹肢がまったくないか，左右それぞれが生殖器に変わる）．ただし，実際にはアカザエビ上科は海産なので生息域により容易に区別ができる．

ザリガニ上科はザリガニ科とアメリカザリガニ科により構成され，ミナミザリガニ上科はミナミザリガニ科だけが含まれる（Hobbs, 1988）．前者は北半球に分布し，後者は南半球に分布域をもつ．ザリガニ上科はオスの第1腹肢がよく発達して生殖器となるが，メスでは退化するか全くない．歩脚の脚鰓は葉状で二又状になる．ミナミザリガニ上科では雌雄ともに第1腹肢を欠き，

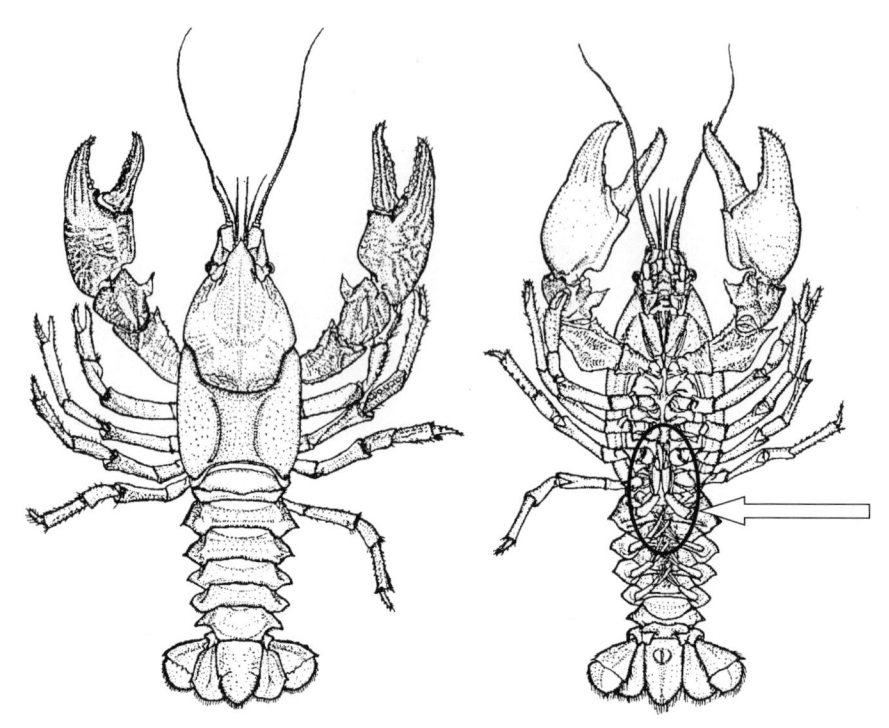

図3 南半球に分布するミナミザリガニ上科と北半球でみられるザリガニ上科の違い(林浩之氏提供)。北半球産のザリガニ類ではオスの第1腹肢(矢印)が交尾肢となる。ミナミザリガニ上科ではこの部位を欠く。

脚鰓は二又状にならない。これらのうちで,最も明瞭な差異はオスの第1腹肢であり,これを図示した(図3)。

2. ザリガニ類の分布・系統進化

ザリガニ類は主に温帯の淡水域に分布する(図4;Hobbs, 1988)。その分布域は離散的であり,世界のザリガニ類における分布域の緯度は同様で,北緯50°,南緯30°付近を中心に広がっている。ちなみに淡水域の可動性ベントスでザリガニ以外の大型生物にサワガニ類がいる。これらの分布域の中心は熱帯域であり,基本的にザリガニ類と競合しない。日本ではサワガニ *Geothel-*

| ミナミザリガニ科 | ザリガニ科 | アメリカザリガニ科 |

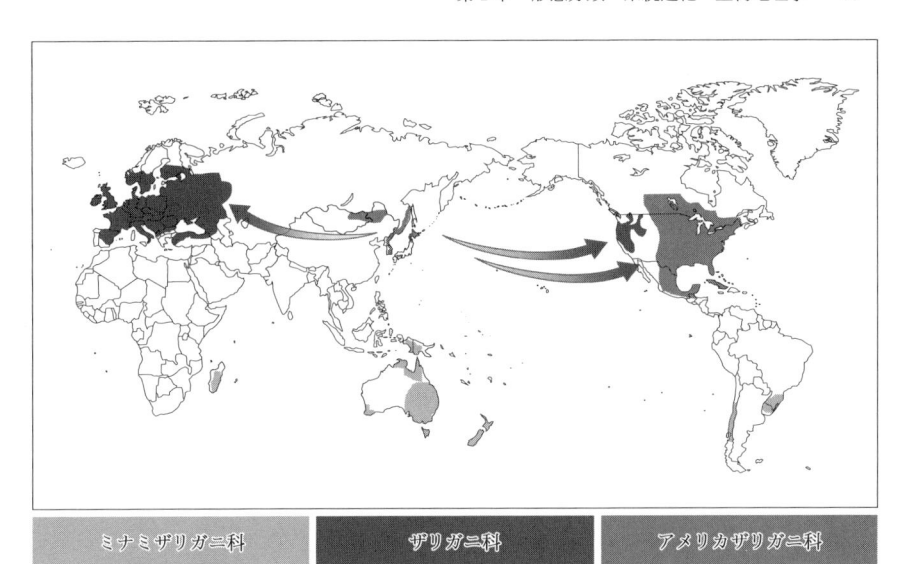

図 4 世界のザリガニ類の分布(Hobbs, 1988 を参考に作成)。口絵 9 参照

phusa dehaani が本州，四国，九州に広く分布するので，サワガニ類の分布の中心が熱帯域といわれても実感がわきにくい。しかし，わが国でも南西諸島では新種のサワガニ類がみつかっており(Suzuki and Okano, 2000)，熱帯域での多様性が示唆される。そのため，熱帯域が分布の中心との考えは日本でもあてはまる。青森県内ではサワガニとニホンザリガニがともにみつかっているが，これは世界的にみてもきわめて珍しく，両者の分布域は一般的に重複しない(川井, 2007)。

さて，あらためて世界のザリガニ類の分布域を眺めてもらいたい(図4)。北半球に分布するザリガニ科とアメリカザリガニ科はきわめて奇妙な分布をしている。本書でも詳しく紹介するが，ザリガニ類は直達発生を行う。すなわち卵から孵化した直後の稚エビは，体型こそ成体と異なり丸みを帯びているが，体節数は親と同様である。稚エビは孵化した直後も母親の腹部で保護され，1～2回脱皮したのちに河川で単独生活を始め，一生のうち一度も海に行くことはない。この生活スタイルは世界のザリガニ類で例外の報告がない。

この視点であらためて図4を見てもらいたい。一生を淡水域で生活するザリガニ類は世界中にパッチ状に分布している。彼らの祖先は，どのように海を越えて分布域を拡大したのであろうか？　この不思議な分布を説明するのに，以前は「世界のザリガニ類多系統説」があった。ザリガニ類の祖先に関して簡単に確認しておくと，それはアカザエビ類の祖先と共通している(図2)。アカザエビ類とザリガニ類は，形態が実によく似ており，祖先の共通性が示唆される。このことは化石の形態観察によっても証明されている(Rode and Bobcock, 2003)。そのため，現在の離散的な分布の形成原因は，アカザエビ類の祖先のひとつが，いったんいくつかに分化し，それらが別個に淡水に侵入する進化が発生したと考えられていたのである。これならば，一生を淡水で生活する生物の離散的な分布を無理なく説明できる。

　アメリカ合衆国の Hobbs(1988)はアカザエビ類の祖先を樹木の幹にたとえ，ザリガニ類の各祖先を数多くに枝分かれする小枝にたとえている。確かに現世に生きるザリガニ類の形態に注目すると，実に多様であることがわかる。たとえばオーストラリアの南東部に位置するタスマニア島の原生林を流れる河川には全長が 50 cm 以上になり，全身に数多くの太い棘を有するタスマニアオオザリガニ *Astacopsis gouldi* が生息する(図5A, B)。これとは対照的に北アメリカのフロリダ州の洞窟には，目と体の色素が退化して目がなく，全身が白色を呈するザリガニ類 *Troglocambarus maclanei* も生息している(Hobbs, 1942；図5C)。さらに，北半球に分布するザリガニ上科(ザリガニ科とアメリカザリガニ科)は，オスにおける腹部の付属肢(腹肢)が変形して交尾肢を形成しているが，南半球に分布するミナミザリガニ上科ではそれがみられない。交尾用の器官はその生物の系統関係と対応していることがあり，交尾肢の有無という著しい違いにミナミザリガニ上科とザリガニ上科での異なる系統を感じさせる。そのため外部形態に注目すると，この多様性はザリガニ類が多系統との考えと整合性がある。

　そのほかの傍証として，世界のザリガニ類は塩類に対しての耐性において著しい違いがある。ターキッシュ・クレイフィッシュ(またはトルコザリガニ) *Astacus leptodactylus* では塩類への耐性が強く，その甲羅に海水域だけに生息するフジツボ類が付着していることすらある。同様にウチダザリガニ

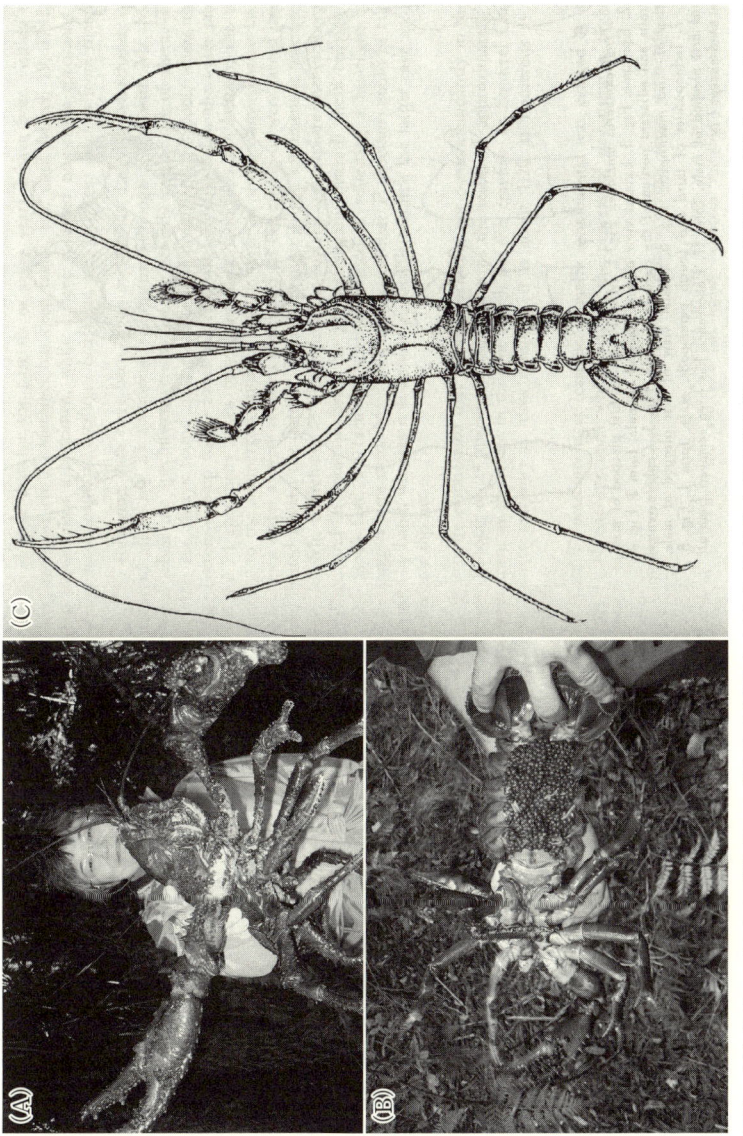

図5 (A)タスマニアオオザリガニ，(B)その抱卵メス(AとBは名古屋市科学館の尾坂知江子氏撮影)，(C)北アメリカ産の洞窟居住性のザリガニ類(Hobbs, 1942より)。口絵1参照

Pacitastacus leniusculus も耐塩性が強く，海岸で採集された個体もいる(ウチダザリガニの強い耐塩性に関しては第Ⅳ部第2章「外来種の生息環境」にも記述されている)。これに対して通常のザリガニ類は耐塩性が低く，ニホンザリガニやアメリカザリガニは海水域で採集された報告例は，著者の知る限り見当らない。このようにザリガニ類の塩に対する抵抗力は多様である。そして塩に対しての抵抗力の差は，淡水への適応のレベルの差とも理解でき，これは海水から淡水への侵入した時期の差異を感じさせる。

しかし，多系統説には昔から反論もあった。ホッブス(Hobbs)同様に外部形態に注目したドイツのOrtmann(1897，1902，1906)は，ホッブスと異なる見解を主張していた。ザリガニ類の胴体部は全て円筒状であり，一番めの一対のハサミが長大化し，その額角(図1)は広いことから世界のザリガニ類は祖先がひとつであり，単系統であると考えていた。この説が提示されたのは今から100年以上も前であり，ホッブスよりも先であった。ただし，この主張の弱点としては，世界中に離散的に分布して，しかも一生を淡水中で生活するザリガニ類の分布をうまく説明できないことであった。また，ホッブスの見解は外部形態を観察する伝統的な系統を推定する手法にもとづいており，しかも世界中のおびただしい数のザリガニ類を観察していたので，その主張の説得力が強かった。このように，一生を淡水で生活する生物が世界中の温帯に広く，しかも離散的に分布する点は，昔から人々の興味を引く謎だったと考えてよいだろう。

ザリガニ類の祖先はひとつ

現代の生物学では系統を推定するのに外部形態を観察する伝統的な手法に加えて，系統を反映した各特徴も参考にすることが多い。その背景として，以下の理由がある。外部形態は人間による「見た目」で判断がつくのでわかりやすく，しかも根拠となる標本は保管できるので再現性が保証されており，科学的である。しかし外部形態による系統解析には残念ながら欠点もある。そのひとつとして，対象となる生物が生息する環境により，形態が影響を受ける点である。たとえば，魚のヒレと鯨のヒレ，あるいは鳥の羽根や蝶の羽根のように形態や機能は共通しているものの，各生物の系統は大きく異なる

例(収束進化)がある。そのため形態観察だけでは，必ずしも系統を正確に推定することができない。

　ドイツのシュルツ教授は，ザリガニ類の初期発生に注目した(Scholtz, 1999)。なお生物の初期発生は系統とよく対応している。たとえば人間の受精卵は単細胞生物に類似し，胎内では魚類や両生類のようにさい溝(えら穴の溝)や卵黄のうをもち，生まれたばかりの赤ちゃんは獣類のように四足で歩き，成長すると人間特有の直立二足歩行となる。ヘッケルは動物の個体発生を比較し，「個体発生は系統発生を繰り返す」という発生反復説を提唱した。現在ではヘッケルの説には批判も多いが，類縁関係が近いほど初期発生に類似性があり，同じ脊椎動物である魚，両生類，爬虫類，鳥類，哺乳類は初期発生が類似している。逆にいえば，初期発生が共通していれば同じ系統と推定することもできる。たとえばフジツボ類とカニ類は，成体の外部形態が大きく異なるが同じ甲殻類であり，その幼生は同じ形態のノープリウス幼生である。

　話をザリガニ類に戻すと，ミナミザリガニ科，ザリガニ科，アメリカザリガニ科の卵発生では，既知の研究例において，例外なく原口の陥入が共通して深く，顕著である。これに対してザリガニ類の祖先であるアカザエビ類をはじめとした多くの甲殻類では原口陥入はきわめて浅い(Scholtz, 1993)[*2]。それと卵内で胚発生が進んだ状況における腹部の突起の端細胞は，多くの十脚目の甲殻類では19の外胚葉端細胞，8つの中胚葉端細胞が形成される(Dole, 1972; Scholtz, 1999)。これに対してザリガニ類では，既知の研究例において例外なく，約40の外胚葉端細胞が形成され，この点はほかの甲殻類と倍以上異なる(Scholtz and Kawai, 2002; Scholtz and Richter, 1995)。そして8つの中胚葉端細胞を形成する点では，ほかの種類と共通している(Dole, 1972; Scholtz, 2000)。すなわち，ザリガニ類における胚発生時の深い陥入と外胚葉端細胞の数は共通しているが，甲殻類のなかでは特異性である。そして，先述の系統関係と初期発生の対応関係にしたがうと，これはザリガニ類の単系統を強く示唆するものである。仮にザリガニ類が多系統であれば，陥入の様式や端細胞の数は多様になるはずである。また，近年の分子系統解析の進展は早く，アメリカのクランダールは18種類のザリガニ類の核とミトコンドリアDNAの分析(18S rDNA, 28S rDNA, 16S mtDNA)により世界のザリガ

類は単系統であることを遺伝子解析により裏づけている(Crandall et al., 2000)。これらの情報から世界のザリガニ類が単系統であることは疑いないだろう。そして，100年以上前にオルトマン(Ortmann)が推定した説は正しかったのである。

離散的な分布と淡水域へ進入した進化の回数

世界のザリガニ類における分布の謎はまだ残っている。海産のアカザエビ類が祖先である彼らはいつ淡水域に進入したのか？ そして淡水域へ進入する進化が発生したのは何回か？ ある仮説として，ひとつの祖先が3科に分かれ，その後，各科が淡水域に進入した可能性がある。

しかし，実際にはひとつの祖先が淡水域に一回だけ進入し，その後3科に分かれたと考える説が支持を得ている(図6)。なお淡水への適応と対応した形質として，卵内で発生を進めて浮遊幼生の期間を省略する直達発生がある。世界のザリガニ類は例外なく直達発生を行い，卵から孵化したI齢幼生は丸みを帯びた形態で母親の腹肢とつながり，II齢で尾肢を除いて親と同じ形質となり，III齢では親と同じ形態となる(Black, 1958; Holdich, 1992; Hopkins, 1967; Scholtz, 1999; Suter, 1977)。このように淡水に適応した特徴である直達発生の様相(脱皮に伴う変化の度合い)が世界中の種類で共通している。これは淡水

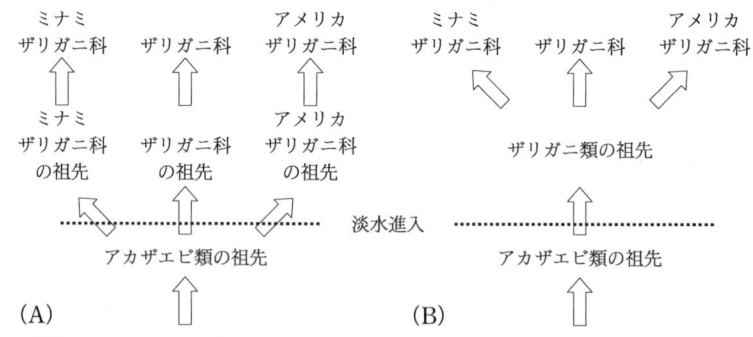

図6 世界のザリガニ類の祖先における淡水に進入する進化の発生様式の仮説(Scholtz, 1999を参考に作成)。(A)海中で祖先がミナミザリガニ科とザリガニ科とアメリカザリガニ科の祖先に分かれ，別個に淡水中に進入する進化が発生した。(B)ザリガニ類の祖先が淡水に進入し，そのあとにミナミザリガニ科，ザリガニ科，アメリカザリガニ科に分かれた。

へ進入する進化が1回であることを強く示唆している。ザリガニ類の淡水への適応程度の一致とは対象的に，エビ・テナガエビ・カニ類では淡水への適応の程度が実に多様である。そして三者では，淡水へ進入する進化は複数回起こっており，それは現在でも起こっていると考えられている(川井, 2007)。

　世界のザリガニ類が単系統で，淡水へ進入する進化の発生も1回であることは明らかになった。しかし，一生を淡水域で生活して淡水への進入が1回であるそれらが，なぜ離散的な分布をするのかは再び謎となった。この謎解きはシュルツ教授が行っている。淡水域で得られたザリガニ類最古の化石は三畳紀(約2.2億年前)から得られている。これは現在の5大陸がひとつに集合して超大陸パンゲアを形成した時代である。すなわちパンゲア大陸の淡水域に進入したザリガニ類のひとつの祖先は，その後の大陸移動によって，世界に離散していったと考えられる(Scholtz, 1999)。

　ここで世界のザリガニ類における進化の歴史を検討したい。まず，ザリガニ類は海産のアカザエビ類から進化したことは，円筒形の胴体，発達した額角から明瞭である。そしてアカザエビ類の化石は二畳紀以降で知られており，今から3.0～2.5億年前である。これはエビ・カニ類が属する十脚目の仲間でも比較的古いグループとなる(西村, 1995)。なお，世界のザリガニ類は単系統であり，最古のザリガニ類の化石が淡水域から得られたのは約2.2億年前で，淡水への進入は1回である。これらを考え合わせると，ザリガニ類とはきわめて奇妙な進化をしてきたことが浮彫りとなる。そして以下の考えをもつことができる。

　地球上に，十脚目の大型甲殻類の祖先(すなわち外骨格をもつ無脊椎動物)が生まれてから比較的早い段階でアカザエビ類の祖先が生まれた(図7)。その直後，それらのなかから，あるひとつのザリガニ類の祖先は淡水へ進入する進化に成功した。これが2～3億年前のできごとである。その後，アカザエビ類の祖先は，再び淡水へ進入する進化に成功することはなく，現在では，ひとつの祖先に由来するザリガニ類が淡水域で大きな繁栄を遂げている。一方，アカザエビ類は主な生息域が深い海であり，祖先が共通するザリガニ類とは分布域や環境が大きく隔絶し，種数もあまり多くはない。これは，淡水への進入が数回におよび，現在でも淡水へ進入する進化が起こっていると推

46.0億年	5.4億年		2.5億年		0.7億年	現代
先カンブリア代		古生代		中生代		新生代

38億年前　　　　　　　石炭紀　二畳紀　三畳紀　ジュラ紀　白亜紀
　　　　　　　　　　　　　　　　　　　　　　　恐竜が繁栄

地球　生命　外骨格をもつ　アカザエビの　ザリガニの
誕生　誕生　無脊椎動物出現　祖先出現　祖先が淡水に出現

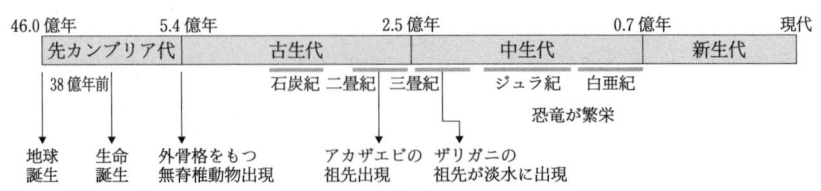

図7 地球の歴史とザリガニの歴史の関係（西村，1995を参考に作成）。外骨格をもつ無脊椎動物が生まれ，比較的古い時代にアカザエビ類が生まれ，そのすぐあとにザリガニ類の祖先が淡水域で進化した。

定される，エビ・テナガエビ・カニ類が，淡水〜河口域〜沿岸域に連続的に生息しているのとは対象的である。アカザエビ類が淡水域へ進入する進化はなぜ1回だけだったのかは不明である。しかし，ザリガニ類の進化がほかの淡水に棲む大型甲殻類と比較して例外的であることは明らかである。

そして，ザリガニ類における淡水生活の歴史の長さは，みごとな淡水への適応により鮮やかに証明されている。世界のザリガニ類の幼生では以下の形態が共通している。卵から孵化したI齢幼生の脚の先端がフック状の鉤爪となり，これが母親の腹肢を確実に把握する(Hamr, 1992)。また，I齢幼生の尾部には母親の腹肢と連結した糸もある。これらの形態の機能としては，明らかに母親からの流失を防ぐものである(Price and Payne, 1984)。淡水生活において母親からの流出は，被食や河口域への流下を意味し死亡と直結する。そのため，こうした母親からの流失を防ぐ形態・機能は淡水への適応と考えてよいだろう。このような高い淡水への適応性を備えた形質は，ほかの淡水性の大型甲殻類ではみられない。そして，洗練された適応性は，長い淡水生活を示唆するものである。さらに，これらの淡水へ高度に適応した形質は世界のザリガニ類で共通しており(Scholtz and Kawai, 2002)，これは淡水への進入した進化が発生した回数が1回であるとの考えを補強している。

3. アジアザリガニ類の分布と分類

世界のザリガニ類の分布に再度注目してもらいたい(図4)。日本にはニホンザリガニが分布するが(Kawai and Fitzpatrick, 2004)，アジアには同属の異種

が3種分布している(図8)。朝鮮半島全域と中国の遼東半島周辺を中心に生息するチョウセンザリガニ，ウスリー川流域とサハリン北部が主な分布域のシュレンクザリガニ，そしてアムール川の広い範囲と中国の吉林地方を中心に分布するマンシュウザリガニである(Kawai and Min, 2005; Kawai and Tudge, 2008; Koba, 1939, 1942)。これらはアジアザリガニ属 *Cambaroides* と呼ばれ，アメリカザリガニ科に属している。アジアザリガニ属の各種が分布する国としては，チョウセンザリガニは韓国，北朝鮮，中国に分布し，シュレンクザリガニは中国とロシアに分布する。そして，マンシュウザリガニは中国，北朝鮮，ロシア，モンゴルに分布する。ニホンザリガニは，先述のとおり日本固有種である(Okada, 1933)。アジアザリガニ属を構成する4種のなかにおいても，ニホンザリガニの分布域は最も狭く，特異的である(図8，9)。

　なお，アジアザリガニ類の系統進化学や生物地理学を論ずる前提として，これらの分類群の分類と分布に関しての知見を整理しておく必要がある。そ

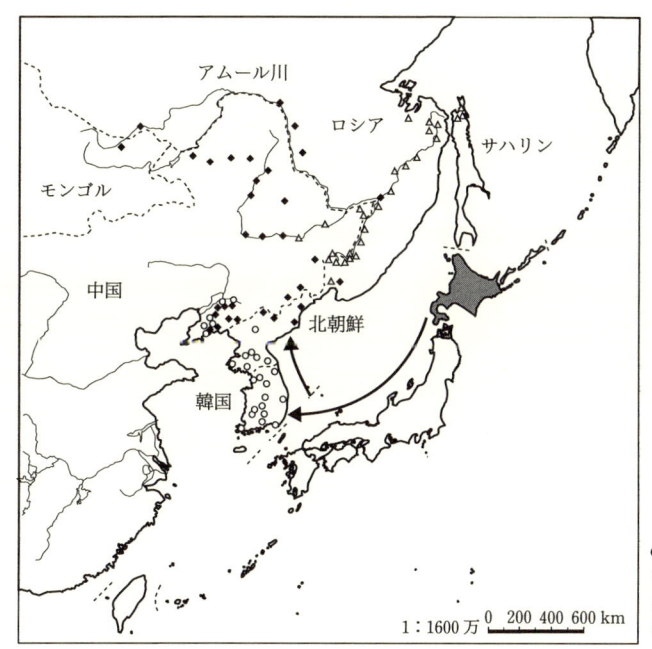

図8 アジアのザリガニ類の分布(Kawai and Tudge, 2008 より)

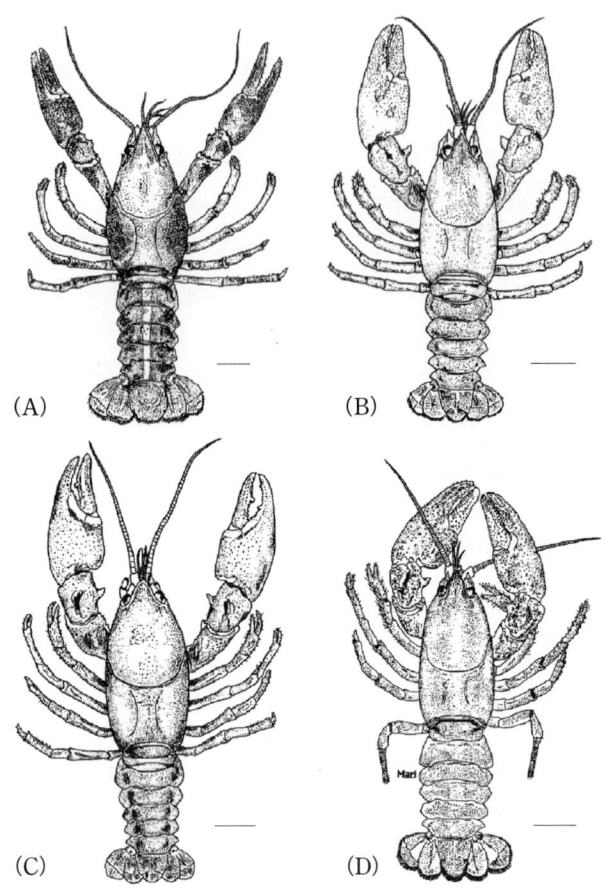

図 9 アジアザリガニの外観(Kawai and Tudge, 2008 より)。(A)シュレンクザリガニ(ロシアのハバロフスク産),(B)マンシュウザリガニ(中国の吉林省産),(C)チョウセンザリガニ(韓国のソウル産),(D)ニホンザリガニ(日本の北海道産)。目盛りは 1 cm

してアジアザリガニの分類学的あつかいに関しては,最近まで活発な論争があり,現在でも流動的な部分がみられる。そこで,分類学的知見の歴史から説明を始めることとする。アジアのザリガニ類は当初,ヨーロッパに分布するザリガニ科のザリガニ属 *Astacus* と同じ分類階級に属していた(Ortmann, 1906)。その後,半階級下のアジアザリガニ亜属 *Cambaroides* として分類学的

な認識が改められた(Faxon, 1885)。根拠としてザリガニ類では系統進化と対応しているとされている生殖器官であるオスの交尾肢(第1腹肢)の形態がザリガニ属と異なり，先端に棘のある点などは，むしろ北アメリカの大西洋側に生息するアメリカザリガニ科の *Cambarus* 属に類似したためである。その後，ロシアの Skorikov(1907)はアジアザリガニ亜属におけるオスの第1腹肢などの形態はザリガニ属とは異なるばかりかアメリカ産のザリガニ属 *Cambarus* とも異なると主張し，本亜属を属として格上げし，(アジアザリガニ属)*Cambaroides* と分類学的な認識をさらに改めた。そして理解は難しいが，アジアザリガニ属は形態が北アメリカ産の *Cambarus* 属と共通性が比較的多いため，アジアに分布しながらアメリカザリガニ科に含まれている(Hobbs, 1988；図4)。その後，メキシコの Laguarda(1961)は，ザリガニ類を含む多くの甲殻類で系統を反映していると認識されている鰓の構造に注目し，世界のザリガニ類の鰓構造を広く観察した[*3]。その結果，アジアのザリガニ類は側鰓が存在していることを確かめた。これは北アメリカ産のアメリカザリガニ科の *Cambarus* 属ではみられず，ヨーロッパ産のザリガニ科のザリガニ属でみられるものである。そのためアジアザリガニ属は，第1腹肢に注目すると北アメリカ産のアメリカザリガニ科と類似する。ただし各種類の鰓の数に注目すると，北アメリカ産のアメリカザリガニ科と異なり，ヨーロッパ産のザリガニ科と完全に一致する(表1)。Laguarda の結論として，アジアザリガニ属は，世界中のザリガニ類のなかでも諸形態が特異的であり，独立性の高いものと理解して，自らの修士論文で「アジアザリガニ亜科」を創設して，アジアザリガニ属はそこに含まれると考えた。この定義は現在でも広く認識されている。以降の表現として複雑化を避けるためにアジアと北ア

表1　北半球のザリガニ類における鰓の数

	脚鰓	関節鰓 前半	関節鰓 後半	側鰓
ザリガニ科	6	6	5	1+3 r
北アメリカ産アメリカザリガニ科	6	6	5	0
アジアザリガニ属	6	6	5	1+3 r

メリカに分布するアメリカザリガニ科の構成種のうち，北アメリカに棲むものを北アメリカ産アメリカザリガニ科とし，アジアに棲むものをアジアザリガニ属と呼ぶことにする。

4. アジアザリガニ類の生物地理と系統進化

研究の歴史

北半球のザリガニ類の分布と系統に関して最初に知見を紹介したのはOrtmann(1897)である。彼は東アジアに分布するザリガニ類を北半球のザリガニ類の祖先型と考えている。その理由は，系統を反映していると考えられる生殖器官(オス第1腹肢先端の棘と精子溝，オス歩脚座節の鉤爪，メス受精囊；図10)の形態に注目すると，アジアのザリガニ類で原始的な器官が多く，これが最も祖先型に近いと考えたのであった。なお，オス第1腹肢は交尾の時に利用されるので交尾肢とも呼ばれ，鉤爪は英語ではhookと称されている。「hook」とは通常は，釣針状の形であり，ザリガニ類のhookとは形が異なるがここでは鉤爪の訳語を与える。またザリガニ類では受精囊の形態が円形を呈するので，環状体と呼ばれることも多い。しかし，オルトマンの

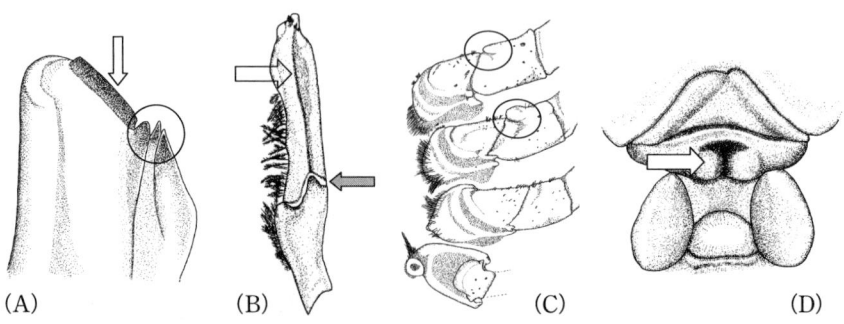

図10 北半球のザリガニ類をザリガニ科とアメリカザリガニ科に区分できる生殖器官(Kawai and Tudge, 2008 より)。(A)オス第1腹肢。矢印はアジアザリガニ属で特有の尾部突起(caudal process, 上からの矢印)で，丸囲いは未発達で原始的な3本の棘。(B)オス第1腹肢精子溝。左からの矢印は極端に浅い溝を示す。右からの矢印はアジアザリガニ属で固有の成体における幼形縫合線(juvenile suter)。(C)オス歩脚座節鉤爪(丸囲い)。(D)メス受精囊。矢印は極端に浅い空洞部

考えには問題もあった。アジアザリガニの生殖器官は，オス第1腹肢の先端にある棘は痕跡的で精子溝は浅く，オス歩脚座節の鉤爪は丸く，メス受精嚢は空洞部に欠けてくぼむ程のきわめて単純な構造となっている(図10)。これに対して北アメリカ産のアメリカザリガニ科では各部位が発達して複雑化しており進化的と思われる。具体的には，3本の棘は鋭く大型化し，精子溝は深くなり，鉤爪は大きく鋭くなり，環状体は完全な空洞部を形成する。しかし問題はザリガニ科であり，オス第1腹肢は，チューブ状となりアジアザリガニ属より発達しているので進化的であるが，オス第1腹肢先端の棘，オス鉤爪，メス受精嚢がみられないので，この部分に関しては進化的とは考えにくい。そのため，北半球におけるザリガニ類(ザリガニ科，アジアザリガニ属，北アメリカ産アメリカザリガニ科)における生殖器官は進化の度合いがモザイク的であり，アジア産のザリガニ類が祖先型と考えるのは矛盾を抱えていた。

　この疑問の説明を試みたのは，Hobbs(1942, 1974)であった。彼は上記の生殖器官における矛盾にみごとにこたえた。北半球のザリガニ類を多系統と考えたからである。すなわち，北半球のザリガニの各グループは，別個の祖先をもつと考えたのである。これならば，各生殖器官における進化状況がモザイク的であって矛盾なく説明ができる。そして，彼はザリガニ科を最も原始的と考え，そのオスにおける第1腹肢の精子溝だけが特別に進化してチューブ状になったと理解した。ただし，ザリガニ類は前述の通り単系統であると証明されてしまったため，問題は振り出しに戻ってしまっている。この問題は最新の遺伝子解析の結果が鮮やかに解決しているのだが，この解析の前提となる各種の研究を以下に紹介する。

生殖器官と遺伝子情報

　離散的な分布は大陸移動説により説明されているが，北半球のザリガニ類に注目すると，ザリガニ科はヨーロッパと北アメリカの太平洋側に分布し，アメリカザリガニ科は北アメリカの大西洋側にとどまらず，東アジアにまで分布している(図4)。これは不自然きわまりない。ここで北半球のザリガニ類の分類に関してごく簡単に紹介しておきたい。ザリガニ類における形態分

表2 北半球のザリガニ類の分類

	ザリガニ科	アメリカザリガニ科
オス第1腹肢先端	棘無	3本棘
オス第1腹肢精子溝	チューブ	溝
オスの歩脚座節の鉤状の突器	無	有
メス受精嚢	無	有

類の基本として，成体のオス外部形態がある。とくにザリガニ類では生殖器の形態が重視されており，オスの第1腹肢の精子溝と先端にある3本の棘，オス歩脚座節の鉤爪，メス受精嚢によりザリガニ科とアメリカザリガニ科が区別されている(図10，表2)。ザリガニ科では，これらの4形態がみられず，アメリカザリガニ科だけでみられている。ただし，アメリカザリガニ科に属するアジア産の種類(アジアザリガニ属)と北アメリカ大西洋側に分布する種類(ここでは北アメリカ産アメリカザリガニ科と称する)では，これら4形態が多少異なり，アジアザリガニ属では，比較的退化的である(図10)。たとえば鉤爪は丸みを帯びており，交尾器の精子溝は浅く，交尾器先端の棘はきわめて小さい(Hart, 1953)。そしてメス受精嚢は，空洞部がきわめて平坦になっている(Andrews, 1906a, 1906b, 1909)。そのため，本当にアジアザリガニ属がアメリカザリガニ科に属するとの理解は正しいのか？　との疑問は多かった。しかし，歩脚座節の鉤爪は，十脚目の大型甲殻類で，アメリカザリガニ科だけでみられる。これはアジアザリガニ属と北アメリカ産アメリカザリガニ科が同じ仲間であることを示すきわめて強力な証拠となる。さらに，交尾器先端の棘が3本で共通していることも見逃せず，他人の空似とは理解できない。

　しかし，近年の系統分類学では成体オスの外部形態以外の特徴にも系統を反映する特徴がみつかっている。たとえば，鰓の形態と数，稚エビの形態や行動，繁殖生態，繁殖周期である。とくに決定的な情報としては，遺伝子解析がある。これらを順に検討していきたい。アジアザリガニ属における鰓の数は北アメリカ産アメリカザリガニ科と異なり，ザリガニ科と一致する(表1)。また稚エビの形態は北アメリカ産アメリカザリガニ科と異なり，ザリガニ科と類似する部分が多い。稚エビの行動も同様である。アジアザリガニ属における繁殖生態と繁殖周期は，完全に調べられていないものの，北アメリ

カ産アメリカザリガニ科ともザリガニ科とも異なる。以上の検討結果からアジアザリガニ属では，これらの特徴がすべて北アメリカ産のアメリカザリガニ科の特徴と異なり，ザリガニ科と等しいものが多い。

　アメリカ合衆国のクランダール博士らは，核DNAとミトコンドリアDNAの分析により，アジアに分布するザリガニ類はザリガニ科に所属する解析結果を示している。これらの結果からするとアジアザリガニ属は，ザリガニ科であると考えられる。しかし，クランダール博士らの遺伝子解析の材料としては，産地が不明なニホンザリガニ数個体だけであった。前述のようにアジアザリガニ属は4種存在し，これらの4種類中の一種類だけの分析では，系統を正確に推定していない可能性が危惧される。そのため，クランダール博士らは論文のなかで，アジアザリガニ属の系統的な関係については，明確な言及を避けていた(Crandall et al., 2000)。

　そこで筆者らは，アジア地区に住む地の利を生かして，産地が明確な遺伝子解析用のアジアザリガニ属全4種の試料を集めて解析を行った。解析はミトコンドリアを対象として，12 S rRNA，16 S rDNA，*Co 1*について行った(Ahn et al., 2006; Braband et al., 2006)。系統樹の作成はいくつかの方法で行ったが，すべて同様な傾向を示した。その結果，過去の傾向と異なる結果が得られた(図11, 12；系統樹は代表的なものを示した)。アジアザリガニ属は北アメリカ産アメリカザリガニ科ともザリガニ科とも異なる別のグループとなった。その意味ではアジアザリガニ属はアジアザリガニ科と認識すべきかもしれない。そしてアジアザリガニ属は北半球に分布するザリガニ類のなかで最も祖先に近い仲間と判明した。さらに，アジアザリガニ属の系統としては，ひとつの祖先に由来する単系統であり，古い順にニホンザリガニ，チョウセンザリガニで，マンシュウザリガニとシュレンクザリガニが続いた。これらの結果をまとめると，北半球のザリガニ類の祖先型はアジアザリガニ属となり，さらにアジアザリガニ属の祖先型はニホンザリガニとなる。そして，アジアザリガニ属はニホンザリガニから放散し，さらに北半球に分布する各種に派生していったと理解できる。われわれ日本人にとってはきわめて興味をそそられる結果ではあるが，詳細な検討は必要である。なぜなら遺伝子解析は始まったばかりであり，今後は核DNAも含めた，より詳細な検討が必要とな

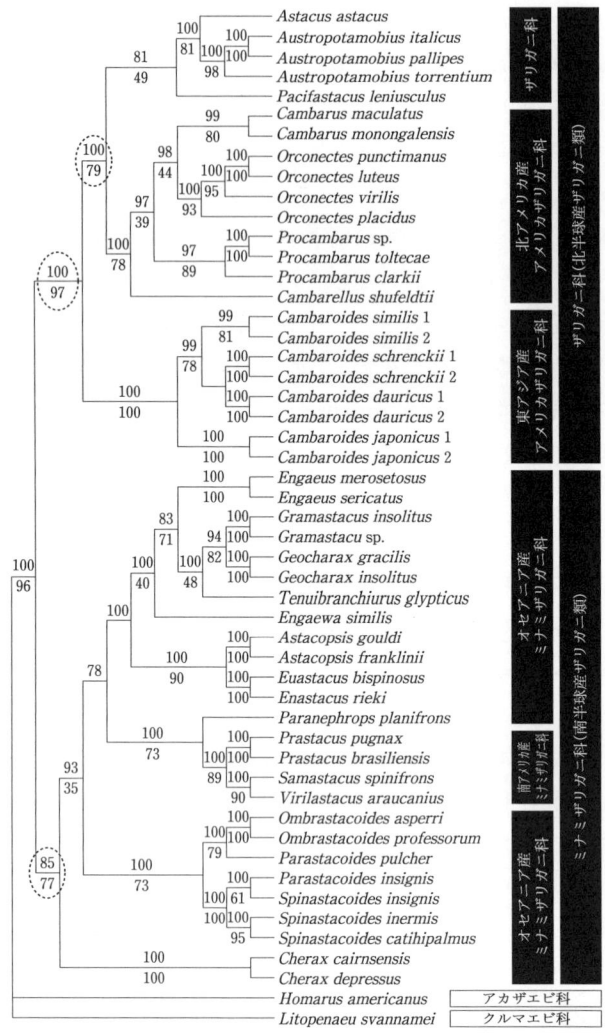

図11 アジアザリガニ属を中心とした北半球のザリガニ類の分子系統(16S rDNA)と従来の形態分類(黒塗り部)との比較(Ahn et al., 2006 より)。最大節約法を使い，枝上の数字は，ブートストラップ値

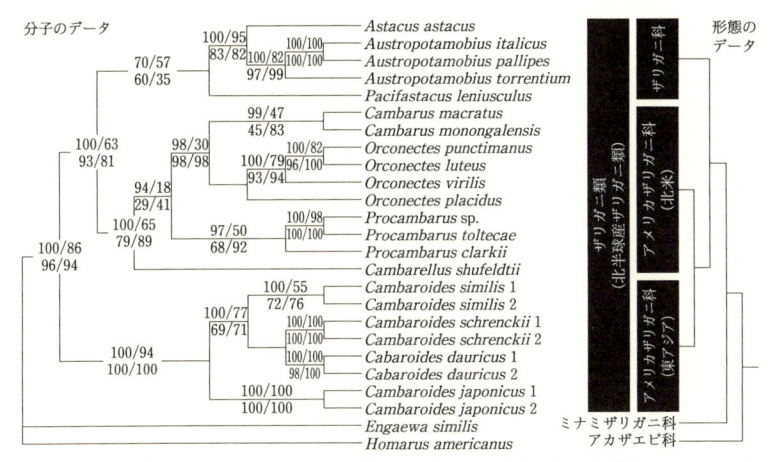

図12 アジアザリガニ属を中心とした北半球のザリガニ類の分子系統(16 S rDNA)と従来の形態分類との比較(Ahn et al., 2006 より)。最大節約法を使って描いた。枝上の数値はブートストラップ値。上は最尤法，下は最大節約法/NJ法

るだろう。そこで，まずは遺伝子以外の既存の研究結果にもとづき検討を進めていきたい。

稚エビの形態と母親からの独立時期

　本章の著者である韓国の Ko と川井は，専門が稚エビの形態で，アジアザリガニ各種の稚エビの形態を観察した(図13)。その結果，アジアザリガニ属の稚エビの形態は相互に共通していた(Ko and Kawai, 2001; Kurata, 1962)。肛門糸の有無，尾部の形，脚先端の鉤爪，独立の時期はアジアザリガニ属とザリガニ科で共通しており，環状体の形成時期はアジアザリガニ属と北アメリカ産アメリカザリガニ科が一致している。そして節や羽毛状の毛の数は，アジアザリガニ属とザリガニ科で一致する部分が比較的多いが，北アメリカ産アメリカザリガニ科と一致する部分やアジアザリガニ属独自のものもみられる(表3)。以上をまとめると，アジアザリガニ属の稚エビの形態ではザリガニ科と北アメリカ産アメリカザリガニ科の形態がモザイク状に現われ，ザリガニ科との共通点が比較的多いが，アジアザリガニ属固有の形態もみられる。

　稚エビの行動であるが，ザリガニ科では稚エビはⅡ齢で独立し，アメリカ

86　第II部　分類・組織学

　　　　　　　　　　　　　　　I齢　　　　　　II齢　　　　　　III齢

マンシュウザリガニ

チョウセンザリガニ

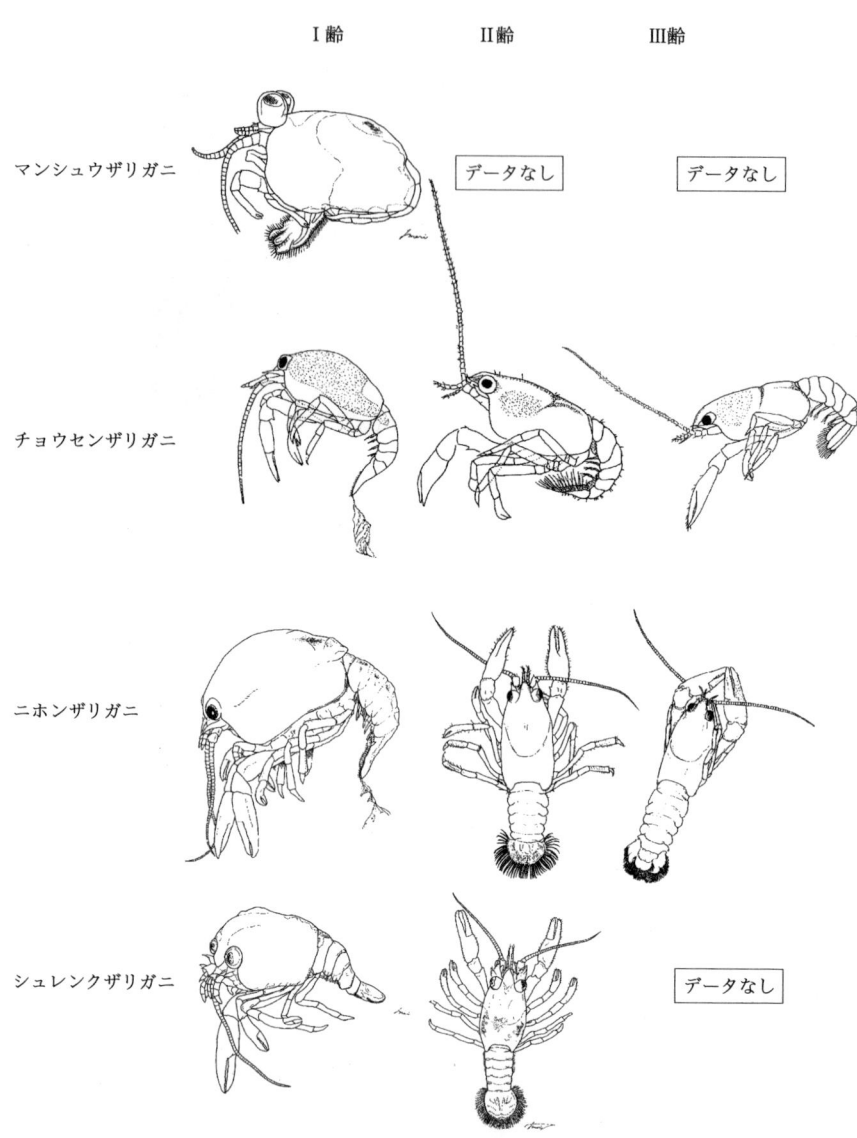

ニホンザリガニ

シュレンクザリガニ

図13　アジアザリガニの稚エビ(Ko and Kawai, 2001; Kawai and Tudge, 2008；川井，2007より；マンシュウザリガニの図は田中真理氏提供)。I～III齢で各種の形態が共通している。I齢では頭胸甲部が丸みを帯びて大きく，II齢では尾部を除き親と同じ体となる。III齢では尾部も含めて完全に親と同じ姿となる。

表3 稚エビの形態をザリガニ科，アジアザリガニ属，北アメリカ産アメリカザリガニ科で比較(Scholtz and Kawai, 2002; Ko and Kawai, 2001; Kawai and Scholtz, 2002 を参考に作成)

	ザリガニ科 ウチダザリガニ	アジアザリガニ属 チョウセンザリガニ	北アメリカ産アメリカザリガニ科 *Orconectes limosus*
I齢			
第1触角	5節	4節	4節
第2触角	50節	39節	25節
第1小顎	3本の羽毛状の毛	3本の羽毛状の毛	毛無
脚先端	鉤爪有	鉤爪有	鉤爪有
尾部	周辺に66本突起	周辺に58本突起	周辺に26本突起
	円形	円形	四角形
	肛門糸無	肛門糸無	肛門糸有
II齢			
第1触角	5節	6節(内肢)，4節(外肢)	4節(内肢)，5節(外肢)
第2触角	54節と羽毛状の毛	50節と羽毛状の毛	39節で鋸状の鱗
第2小顎	顎舟葉と羽毛状の毛1本	顎舟葉と羽毛状の毛2本	顎舟葉に羽毛状の毛無
脚先端	鉤爪無	鉤爪無	鉤爪有
腹肢	羽毛状の毛が発達	羽毛状の毛が発達	芽状
尾部	円形で羽毛状の毛	円形で羽毛状の毛	
独立行動	独立	独立。一部が母親依存	母親に依存
環状帯		発達	発達
III齢			
独立行動	独立	独立	独立

アジアザリガニ属4種の稚エビの形態は相互に共通性が高い。北アメリカ産アメリカザリガニ科の情報は Andrews(1907)を参考にした。

ザリガニ科ではIII齢で独立し，このことは系統を反映すると考えられている(Albrecht, 1982; Thomas, 1973)。そしてアジアザリガニ属では多くの稚エビがII齢で独立する(表3；Ko and Kawai, 2001; Kawai and Scholtz, 2002; Kawai and Tudge, 2008)。そのためアジアザリガニ属の稚エビが独立する時期は，ザリガニ科の稚エビとの共通部分が大きい。

鰓の数と形態

鰓の数と形態はザリガニ類において系統関係を反映している(Laguarda, 1961)。鰓の数ではアジアザリガニ属はザリガニ科と一致し，北アメリカ産アメリカザリガニ科と異なっている(表1)。形態に関してもアジアザリガニ

属はザリガニ科と共通点が多いものの,独自の形態も有しており,第4歩脚の基部(底節)の毛のある突器は世界中のザリガニ類の中でアジアザリガニ属だけでみられない(Hobbs, 1988; Laguarda, 1961)。このことから鰓の数に関してはザリガニ科と完全に一致しているが,形態に関しては多少の違いがみられ特異的である。

精包の付着

精包(精子が含まれている塊)の形態と付着に関してもザリガニ類の系統と対応しているとの報告がある(Kawai and Scholtz, 2002)。そこでアジアザリガニ属の精包に注目してみると,受精するまで痕跡的な精包が受精嚢(環状体)の表面に付着している(Kawai and Scholtz, 2002)。これに比べてザリガニ科では,受精嚢がみられないが腹部に大きな精包の付着がみられ(Mason, 1970a; Ingle and Thomas, 1974),北アメリカ産アメリカザリガニ科では受精嚢の窪みに精包が隠れてしまうため表面上からはみえない(Andrews, 1906b; Fitzpatrick, 1995)。そのため,アジアザリガニ属の精包の形態と付着に関しては,ザリガニ科と北アメリカ産アメリカザリガニ科との中間的であると考えられ,固有の形態と付着方法である(図14)。

交尾姿勢と繁殖周期

交尾姿勢(繁殖方法)と繁殖周期はザリガニ類の系統と対応しているとの報告がある(Kawai and Saito, 2001)。なおザリガニ科と北アメリカ産アメリカザリガニ科では,過去の報告によると例外なくオスがメスの上に乗り,オスの鉗脚(第一歩脚,最も大きなハサミ)でメスを押さえつける強制的な交尾姿勢をとる(Ameyaw-Akumfi, 1981; Thomas and Ingle, 1974; Pippitt, 1977; Bechler, 1981)。特異的にアジアザリガニ属ではオスがメスの下になり,腹部でメスの腹部を包み込み,鉗脚を使わずに交尾を行う(図15, 16)。交尾時間は数時間におよぶため野外でも観察することができる(Kawai and Saito, 2001)。このような交尾姿勢はニホンザリガニとチョウセンザリガニだけでしか確認されておらず,北半球に分布するザリガニ類ではほかに例をみない(Kawai and Min, 2005)。

また,アジアザリガニ属は秋に交尾し,精包を受精嚢に付着させた状態で

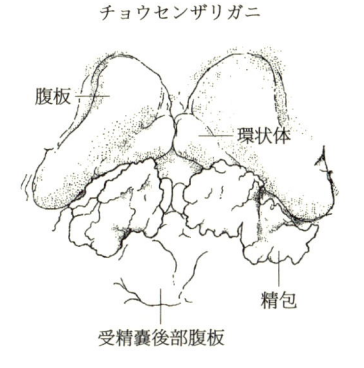

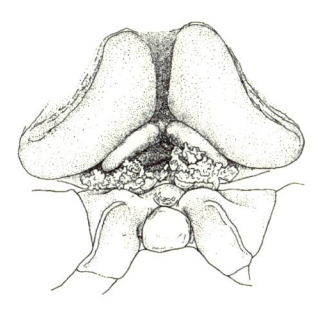

チョウセンザリガニ　　　　　ニホンザリガニ

腹板
環状体
精包
受精嚢後部腹板

シュレンクザリガニ　　　　マンシュウザリガニ
　　　　　　　　　　　　　データなし

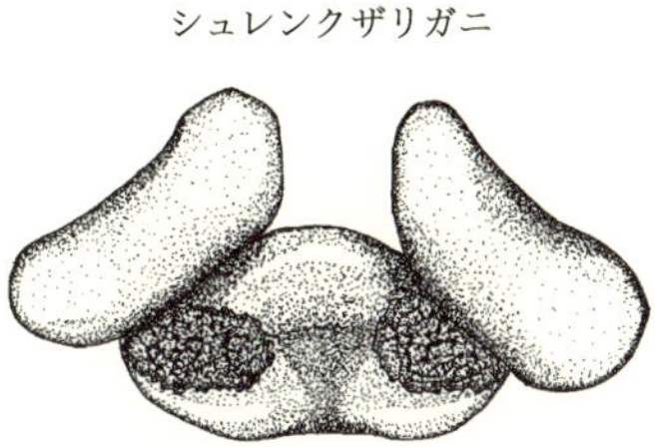

図14　アジアザリガニ属の受精嚢に付着する精包（Kawai and Scholtz, 2002; Kawai and Min, 2005; Kawai and Tudge, 2008 より）。3種で同様であり，小規模な精包がみられる。

越冬し，翌年の春に産卵する(Kawai and Min, 2005)。これは世界のザリガニ類のなかでも特異的な繁殖周期である。ザリガニ科の種類では秋に交尾と産卵が連続して起こり，抱卵した状態で越冬して翌年の初夏に卵が孵化する(Celada et al., 1991; Mason, 1970b; Nakata et al., 2004a; Thomas, 1970)。一方，北アメリカ産のアメリカザリガニ科では春から夏にかけて交尾と産卵が連続して起こり，しばらく抱卵した後に卵が孵化する(Berrill and Arsenault, 1984; Suko, 1958; Tack, 1941; Van Deventer, 1937)。そのため，アジアザリガニ属の繁殖周期はザリガニ科，北アメリカ産アメリカザリガニ科の周期と異なる特異的なものである(Kawai and Saito, 2001)。

　北アメリカ産のアメリカザリガニ科では型(Form alternation)がみられ，交尾時期になるとオス第1腹肢の先端に角質化などがみられ，交尾時期を過ぎると角質化がみられなくなる周期的な変化が例外なく観察されている(Payne, 1996)。このような角質化や周期変化はザリガニ科ではみられない特色である(Hagen, 1870; Harris, 1901; Hobbs, 1942; Stein, 1976; Suko, 1953; Taylor,

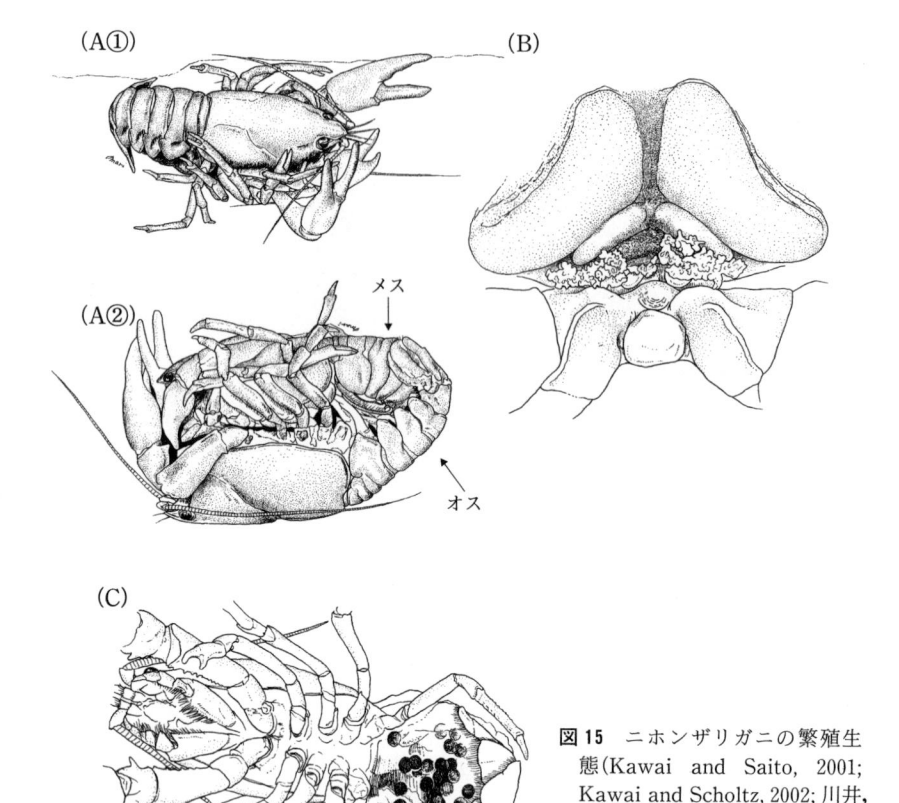

図 15 ニホンザリガニの繁殖生態(Kawai and Saito, 2001; Kawai and Scholtz, 2002; 川井, 2007 より)。(A)交尾行動, (B)成体メスの受精嚢に付着した精包, (C)産卵行動

1985)。アジアザリガニ属では両者の中間的であり, 成長にしたがい, オス第1腹肢の先端が角質化するが, これは周期的に変化しない(Kawai and Saito, 1999)。

以上, 外部形態と遺伝子以外の系統関係と対応している諸特徴をアジアザリガニ属とザリガニ科, 北アメリカ産アメリカザリガニ科で比較してみた。その結果として, アジアザリガニ属は特異的な特色が多く, 最新の遺伝子解析から得られた仮説である「アジアザリガニ属は独立性が高いので, アジアザリガニ科としてあつかう」とは矛盾していない。

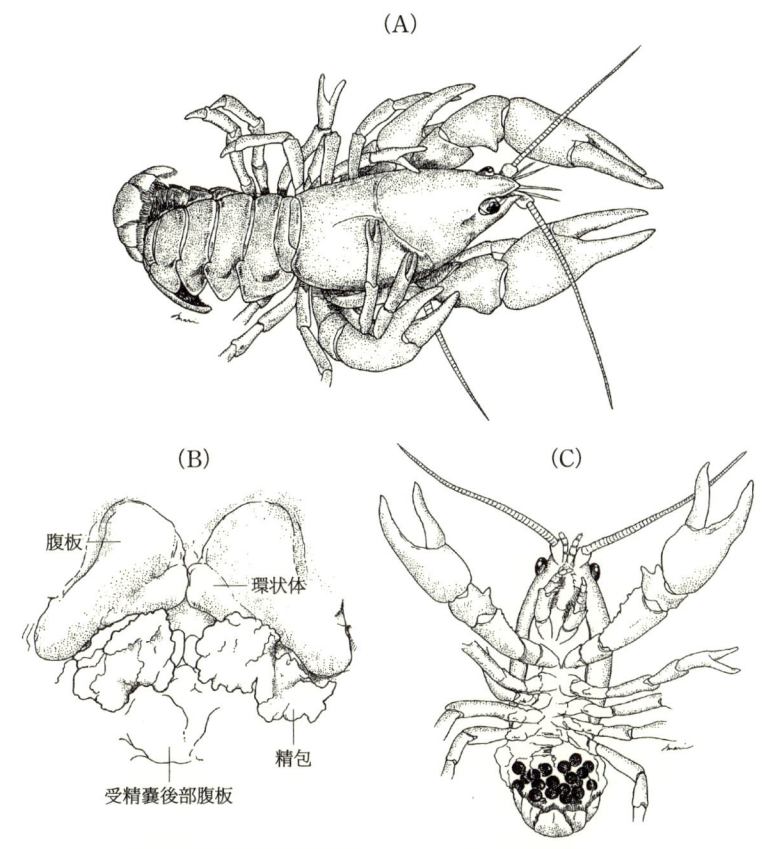

図16 チョウセンザリガニの繁殖生態(Kawai and Min, 2005 より)。(A)交尾行動，(B)交尾後のメスの受精嚢で付着が観察された精包，(C)産卵行動

分布，分類，系統をみなおす

まず分布であるが，アジアザリガニ属が独立した科であるとの仮定があれば，北半球におけるザリガニ類の分布の不思議は解決できる部分が多い。これまでの分布では北半球にはザリガニ科とアメリカザリガニ科だけが存在すると認識されていたので，ザリガニ科とアメリカザリガニ科がねじれて交互に出現する分布はきわめて謎に感じられる。しかも世界のザリガニ類は単系統で淡水に侵入する進化の発生は1回だけなので，現在の分布はきわめて奇妙である。

最新の遺伝子解析ではアジアに分布するアジアザリガニ属は，「科」レベルで独立性が高いとの結果が導かれた。さらに著者のひとりである韓国インハ大学のミン(Min)教授，フンボルト大学のシュルツ教授を中心とした研究グループでは，最近では遺伝子(ミトコンドリア 12S rRNA, 16S rDNA, Co 1)の解析を深め，アジアザリガニ属は，北半球に生息するザリガニ類で最も祖先型に近いとの結果を得ている(Ahn et al., 2006; Braband et al., 2006)。端的に述べるとアジア産のザリガニ類から北アメリカとヨーロッパ産のザリガニ科，そして北アメリカ大西洋側産のアメリカザリガニ科が進化したとの解析結果が得られている。

　この視点で再度，外部形態の検討を進めたい。アジアザリガニ属は4種により構成されており，各種はきわめて形態が類似している(図8, 9)。形態の類似は，系統関係と対応が深い生殖器においても認められる。アジアザリガニ類の区別はほんとうに微細な形態の違いだけである(図17, 18)。また，系統をよく反映している稚エビの形態も各種で共通性が高い(図13)。このことは先述の遺伝子解析結果である「アジアザリガニ類は単系統」との見解を支持している。そして生殖器の形態であるが，オスの交尾肢における先端の棘と精子溝，鉤爪，メス受精嚢は，北アメリカ産のアメリカザリガニ科と比べて特異的である。具体的に述べると，交尾肢先端の棘は痕跡的であり，精子溝はきわめて浅く，鉤爪は丸みを帯びているので，このような形態はザリガニ科，北アメリカ産アメリカザリガニ科と明瞭な区別が可能になるほど特異的である。またメス受精嚢に関しても，北アメリカ産のアメリカザリガニ科とは，中央部に存在する空洞部が欠けている点で明らかに違いがある。さらに，アジアザリガニの各種では共通してみられ，ほかではみられない特異的な形質として，オス第1腹肢における成体まで残る幼生縫合線 juvenile suter (図10(B)右からの矢印。これは北アメリカ産のアメリカザリガニ科では成体になると消える)と刃状で角質化した尾部突起 caudal process(図10(A)の矢印)がある。これらの結果は「アジアザリガニ類は科レベルで独立性が高い」との遺伝子解析結果と矛盾していない。

　最後に「アジアザリガニ類は北半球のザリガニ類の祖先型と最も近い」との遺伝子解析結果と外部形態との関連性に関して考察する。アジアザリガニ

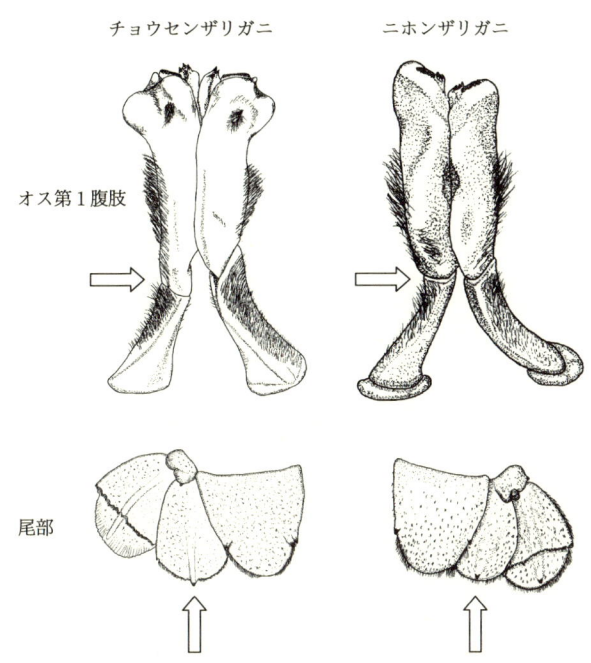

第1章　形態分類・系統進化・生物地理学　93

図17 種の区別が難しいチョウセンザリガニとニホンザリガニの違い(Kawai and Min, 2005 より)。オス第1腹肢が曲がる角度はニホンザリガニの方が大きく(上)，尾肢にある棘がチョウセンザリガニでは後端を越え，ニホンザリガニでは後端に達する程度(下)。矢印に注目

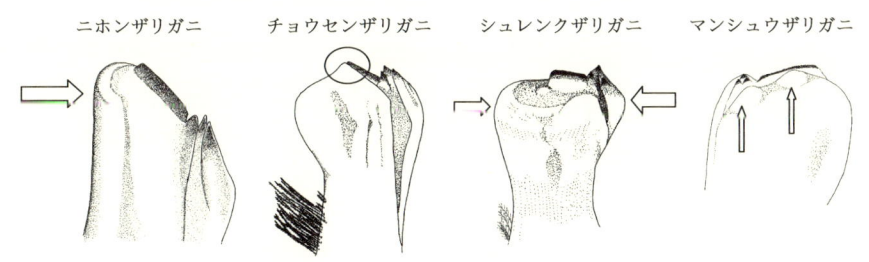

図18 アジアザリガニを区別できるオス第1腹肢の先端(Kawai and Min, 2005; Kawai and Tudge, 2008; Kawai et al., 2003 より)。ニホンザリガニは左の側部が膨らみ(矢印)，チョウセンザリガニは中央部に突起があり(丸囲み)，シュレンクザリガニは両側が膨らみ(ふたつの矢印)，マンシュウザリガニではふたつの突起がある(ふたつの矢印)。

表4 アジアザリガニと北アメリカ産アメリカザリガニ科の区別

	アジアザリガニ	北アメリカ産アメリカザリガニ科
側鰓	有	無
オス第1腹肢の精子溝	浅	深
オス第1腹肢の先端	尾部突起が刀状	尾部突起有
オス第1腹肢先端	3本の棘痕跡的	3本の棘発達
オス歩脚座節の鉤爪	丸みを帯びる	鋭角的

類における系統関係と対応した生殖器官(オス交尾肢，鉤爪，メス受精嚢)は，北アメリカ産のアメリカザリガニ属と比べて全般的に構造が単純で未発達である(表4)。同じようにザリガニ科の生殖器官と比較すると，ザリガニ科においてオス交尾肢先端の棘と歩脚座節の鉤爪，メス受精嚢がみられず，その一方，オス交尾肢の精子溝はきわめて進化的にチューブ状を呈している(Faxon, 1884)。この不整合は一見，疑問に感じられる。しかし，遺伝子解析の結果「アジアザリガニ属は北半球のザリガニ類で最も祖先型と近い」との視点に立てば，ザリガニ科はアジアのザリガニ類から進化・放散する過程において，オス交尾肢の棘とメス受精嚢を完全に退化させた一方，精子溝だけを大きく進化させたとの理解も可能となる(Braband et al., 2006)。すなわちザリガニ科の生殖器官の形態において，進化と退化がモザイク的に出現していると考えられる。

アジアザリガニ属の歩んだ道

先述のように，各種の動物で広く解析に用いられている遺伝子16S rDNAの分析結果がある(Ahn et al., 2006)。その結果を簡単に確認しておくと，アジアザリガニ属は単系統であり，最も祖先型に近いのは日本北部に分布するニホンザリガニ，次が朝鮮半島周辺でみられるチョウセンザリガニであり，最後が大陸とサハリン北部に分布するシュレンクザリガニ，大陸に分布するマンシュウザリガニとなる(図11)。この結果は，ほかの客観的事実との整合性を考えた場合，いくつかの疑問が生じる。

日本列島の陸域は地史的にみると歴史が浅く，新生代の末期に現在の地形が形成されている(平，1990)。そのため現在の日本列島において，陸域の生

物や淡水域で生活する種類は多いが，それらの多くはユーラシア大陸のアジア側が起源である．北日本に分布する陸域の生物の多くは大陸からサハリンを経由して日本に侵入し，南日本に分布する陸水の生物の多くは黄河が起源であり，朝鮮半島を経由して日本に侵入したとの説明がなされている(前川・後藤, 1982)．この考えは非常に有名であるため，アジアのザリガニ類も同様に考えがちと思われるが，16S rDNA 領域の解析結果としては，ザリガニ類に関しては日本に分布しているニホンザリガニが起源であり(図11)，これが朝鮮半島を経由して大陸のアムール川に放散していったと理解できる(図12)．すなわち有名な通説とは全く逆のルートで放散していったと判断できる．遺伝子解析は始まったばかりであり，結論は出ておらず，ミトコンドリア以外の核を含めた総合的な研究が必要となる．しかし，アジアのザリガニ類が，日本を中心としていったいどのような進化を遂げたのかはきわめて興味深いことは確かである．

5. アジアザリガニ類各種の分類

　アジアに分布する4種のザリガニ類は100年以上前に新種として記載され，それ以降は大きな変更がなかった．ロシアの Birstein and Winogradov (1934) は，額角と腹側板と尾肢の形態に地理的変異があることを指摘して，ロシアに分布する2種類のアジアザリガニに亜種を設けた．すなわち *Cambaroides schrenckii* を2亜種に区分して *C. s. schrenckii* と *C. s. sachalinensis* に細分化した．加えて *C. dauricus* を3亜種に分けて *C. d. dauricus*, *C. d. wladiostokiensis*, *C. d. koshwnikowi* とした．この見解はロシアの研究者により受け入れられた(Winogradov, 1950)．さらに1995年にロシアのサンクト・ペテルブルク博物館のストロボガトフ教授により分類学的な再検討が行われ，各亜種は種のレベルに格上げされた(Starovogatov, 1995)．なお，各種における分布域の違いとして *C. s. schrenckii* はアムール川やウスリー川流域に分布し，*C. s. sachalinensis* はサハリンにみられるとした．*C. d. dauricus* はアムール川に分布し，*C. d. wladiostokiensis* は Peter Great 湾への流入河川などウラジオストック周辺，最後の *C. d. koshwnikowi* はタタール海

峡への流入河川とアムール川河口近くの Pronge 近郊に分布する。

　この変更を批判したのはチューレーン大学博物館のフィッツパトリック教授である。なお、フィッツパトリック教授は、ロシアの研究者とは独自に分類学の予備的研究を行っており(Fitzpatrick, 1995)、アジアザリガニで地理的形態変異が大きいことは認めながらも、Starovogatov(1995)の内容を認めなかった(Fitzpatrick, 1997)。批判の内容としては引用すべき論文の多くが無視されており、記載をともなわない検索表だけで亜種を種のランクに引き上げた点であり、アジアのザリガニ類はアジアに広く分布しているにもかかわらずロシアの標本観察だけを行った点、とくに問題としたのは北半球のザリガニ類の分類において最も重視されてきたオスの第1腹肢の形態を軽んじていることであった。Fitzpatrick(1997)は近い将来、この分類学的見解を遺伝子で再検討するとしめくくっているが、不治の病となり還らぬ人となってしまった。そのためアジアザリガニの分類研究はドイツのシュルツ教授や著者が引き継ぐ形となり、各種の文献や標本が渡された。

　筆者が新たに集めた標本の形態観察と遺伝子解析を進めた結果、アジアザリガニの分類はフィッツパトリック教授の見解を支持する形となった。著者は北朝鮮、モンゴル、中国、ロシアの標本を広く集めて形態の観察を行った。これらの4か国で分類学的変更が行われた当該種の分布域は、完全に網羅している。なお、ストロボガトフ教授は、亜種を種のランクに上げた根拠として①額角、②腹側板、③尾節の形態をとくに重視している。具体的には①額角が三角形で隆起有、幅と長さの比率は 1.0(1：*C. wladiostokiensis*)、三角形に近く隆起有、幅と長さの比率は 1.2〜1.3(2：*C. dauricus*)、先端が尖り隆起有、比率は 1.2〜1.3(3：*C. koshwnikowi*)、三角で先端の角度は 50°を超えず隆起なし(4：*C. sachalinensis*)、披針型で隆起なし(5：*C. schrenckii*)に区分けし、②腹側板は少し尖る(1：*C. wladiostokiensis*)、尖る(2：*C. dauricus*)、鋭い棘状に尖る(3：*C. koshwnikowi*)に区別し、③尾節は後端部の幅と長さの比率が約 0.5(1：*C. wladiostokiensis*)、後端に向かって幅が狭くなる(2：*C. dauricus*)、両側は平行(3：*C. koshwnikowi*)、後端が台形状(4：*C. sachalinensis*)、後端が丸くなる(5：*C. schrenckii*)に区別した(Starovogatov, 1995；図 19)。この種を区別する方法にしたがって、得られた標本で

1. *C. wladiostokiensis*　2. *C. dauricus*　3. *C. koshewnikowi*　4. *C. sachalinensis*　5. *C. schrenckii*

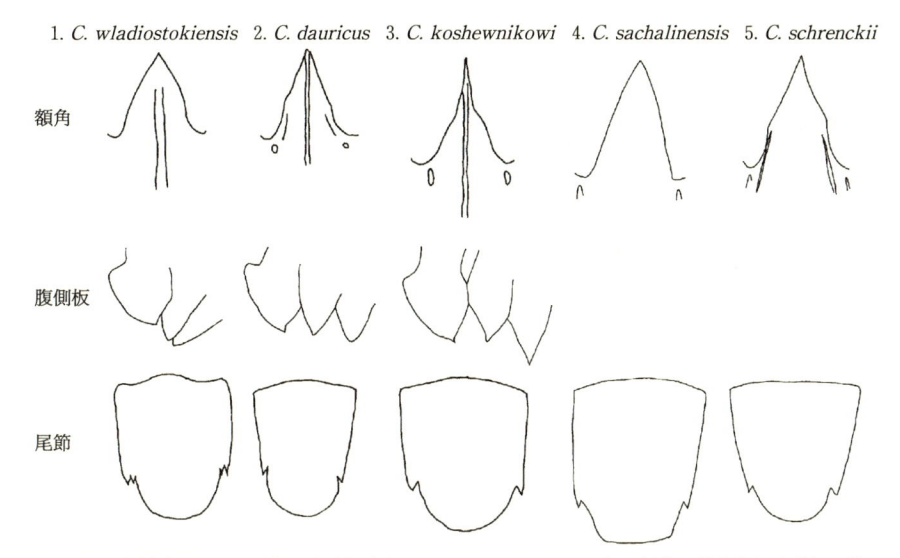

額角

腹側板

尾節

図19 大陸産ザリガニ類の区別方法(Kawai et al., 2003 より)。額角，腹側板，尾節の形態により5種(*C. wladiostokiensis*, *C. dauricus*, *C. koshwnikowi*, *C. sachalinensis*, *C. schrenckii*) に区分できる。

種の査定を試みた。その結果，当初は亜種として区別されていた *C. schrenckii* と，*C. sachalinensis* の両方が1採集地点(タンヤン)で出現した(表5)。2種は当初，分布域が異なるので亜種として区分けされたので，分布域が重複することは原則的にない。さらにタンヤンでは，1個体においても，額角が前者の形質で尾節が後者の形態を示すものが出現し，Starovogatov(1995)の知見にもとづくと理解に苦しむ個体も存在した(表5)。同様な傾向は *C. dauricus*, *C. wladiostokiensis*, *C. koshwnikowi* でもみられた(表5)。さらに，上記の標本に関して 12S rRNA, 16S rDNA, *Co 1* の解析を行った結果，日本と朝鮮半島を除く極東アジアには2種のザリガニ類しか存在しないとの結果になった(Ahn et al., 2006; Braband et al., 2006)。

　当初，形態では5種類と判断されたものが，多くの標本観察により疑問が呈され，遺伝子解析により，既存の見解である2種を支持したのである。なお Starovogatov(1995)が注目した額角，腹側板，尾節の形質は，それぞれ同種内での地理的な変異が大きいことは同じアジアザリガニ属のニホンザリ

表5 採集地と標本の各形態。Starovogatov(1995)は種の識別する形質(額角，腹側板，尾節)を定義した(図19参照)。5種に数字を割り当て(*Cambaroides wladiwostokiensis* は 1, *C. dauricus* は 2, *C. koshewnikowi* は 3, *C. sachalinensis* は 4, *C. schrenckii* は 5)，定義に従って標本の形態が該当する数値を当てはめた。データは Kawai et al., (2003) を引用した。−はデータ無

採集地	頭胸甲長(mm)	性別	額角	腹側板	尾節
モンゴル オノン川	20.6	♀	3	1	−
ロシア バリジナ	32.6	♂	3	3	2
	31.9	♂	3	3	2
	31.7	♂	3	3	2
	29.5	♂	3	3	2
	29.0	♂	3	3	2
ロシア ハバロフスク	37.4	♂	1	1	2
	36.2	♂	1	1	2
	25.2	♂	1	1	2
	30.3	♀	−	5	4
	28.3	♀	−	4	5
	27.3	♀	−	5	4
	25.6	♂	−	4	4
	21.7	♂	−	5	5
	17.3	♀	−	5	5
ロシア ウスリー	27.6	♀	2	1	3
	18.8	♂	2	1	2
	13.7	♂	2	1	2
北朝鮮 ホエリョン	30.5	♂	2	1	3
	22.5	♀	2	1	3
	15.3	♂	2	1	2
北朝鮮 ヤル川	24.4	♂	2	1	2
中国 ハルビン	25.0	♀	1	1	2
	24.3	♀	1	1	2
	23.8	♀	2	1	2
	22.3	♀	1	1	2
	21.2	♂	1	1	2
	17.1	♂	1	1	2
	16.5	♂	1	1	2
中国 ヤンジ	28.8	♂	3	1	2
	28.0	♀	3	1	2
	24.5	♀	2	1	2
中国 フソン	27.3	♂	3	1	2
	25.3	♂	3	1	2
	24.1	♀	3	2	2
	23.8	♀	3	1	2
	22.2	♂	3	2	2
中国 タンヤン	27.4	♂	−	5	5
	21.9	♀	−	4	4
	21.4	♂	−	4	5

ガニとチョウセンザリガニで明らかになっている(図20；Kawai and Fitzpatrick, 2004; Kawai and Min, 2005)。そのためマンシュウザリガニとシュレンクザリガニでも同様な傾向があったとしても全く不思議ではない。

ストロボガトフ教授はロシアの貝類分類学に大きな業績を残した碩学であり(Vasilenko and Starovogatov, 1995)，世界的に著名な分類学者である(Fedotov, 2005)。筆者はストロボガトフ教授が生前に勤務したサンクト・ペテルブルク博物館を訪れたが，そのときに職員の一人が教授の話をしてくれた。晩年は病に苦しみながら，心身を擦り減らしての執筆を継続していたそうである。その状況下で専門の貝類とは異なったザリガニ類の論文を作成した苦労はほんとうに大変であったと思えてならない。ロシア産のアジアザリガニ属の各種で，亜種を種にランク上げした部分だけに関しては，筆者らと見解が異なったが，ロシア産の多くの無脊椎動物の分類学を推進した部分は，これからも光を放つ業績であることに変わりはない。

ニホンザリガニの分類と分布

淡水の生物は，生息空間が海洋や陸上と比べて分断されやすい。そのため地理的な変異や種分化への引き金は多いと思われる。これと対応しているためか，ザリガニ類は形態の変異がいくつかみられる。これは，ある地域個体群内の変異なのか，地理的な変異なのか，種レベルの違いを示しているものか，といった問題は古くて新しい課題である。ニホンザリガニにおいても形態の地理的変異に関して検討されており，かつてはニホンザリガニの尾節における形態の変異が注目され，2種類と認識した研究者もいた。

本種は，かつて分類学的な混乱がみられた。ロシアの分類学者であるクスラーはニホンザリガニと同属の異種であるシュレンクザリガニを新種として記載した際に(Kessler, 1874, 1875)，ニホンザリガニの尾節の形態には2通りあり，その後端に切れ込みがある個体とない標本が存在すると報告した。さらにロシアのSkorikov(1907)は，アジアザリガニ亜属を属に格上げした分類学者である。この研究によると，尾節の末端に明らかな切れ込みを有する個体に新名称を与え，*Cambaroides neglectus* とした。ただし，「新種ではない」との不可解な記述を残した。

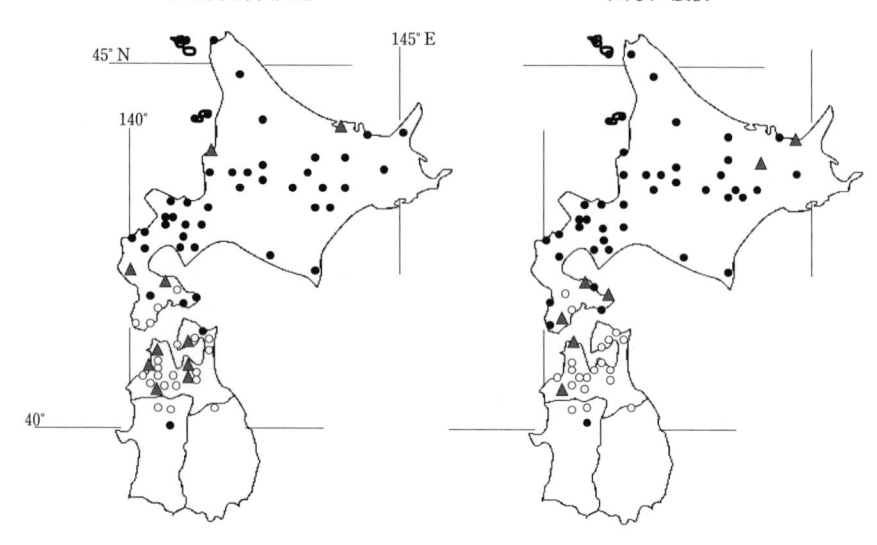

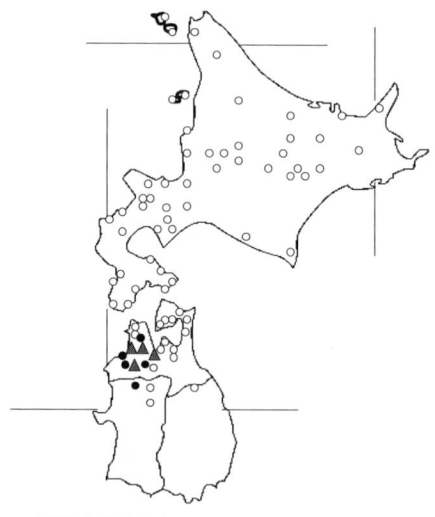

図20 ニホンザリガニの形態地理変異(Kawai and Fitzpatrick, 2004 より)。(A)の額角中央隆起と(B)の狭い腹板は北海道を中心にみられ、(C)の尾節後端の切れ込みは青森県西部に特異的にみられる。●は＋，○は－，▲は両者の中間型を示す。

筆者とフィッツパトリック教授の研究によると，ニホンザリガニの形態(額角，メス生殖器近くの腹板，尾節)は地理変異が著しい(図20)。そして青森西部(津軽地方)を中心に尾節の末端に切れ込みを有する個体が出現することを確かめた。スコリコフ(Skorikov)は，この産地の標本に注目して新しい名称を与えたのかもしれない。そして尾節末端に切れ込みを有する個体が，タイプ標本(第V部第3章「群集生物保全」の専門用語の解説を参照)となっている(図21)。なおニホンザリガニが新種として記載される根拠となる標本は，有名なシーボルトが日本で入手し，これはオランダに運ばれライデン博物館で今でも保存されている。青森県の西部に分布するニホンザリガニは，前述の通り尾部の末端に明瞭な切れ込みを有する個体が高い頻度で出現し，この形態は他所ではみられず，同様な形態の標本はまさにライデン博物館のタイプ標本である(図21)。すなわち，シーボルトが日本人から得た標本は，これまで産地が不明であったが，青森県西部産であることが判明した。シーボルトはなぜかニホンザリガニの標本の産地を明らかにしていなかったが，産地は分類学上重要な情報であり，これが明らかになったのは大きな成果である。すなわちシーボルトが日本人から得た標本は，これまで産地が不明であったが青森県西部(津軽産)であったと推定できる。
　青森県の西部に分布するニホンザリガニにおいては，尾部の末端に明瞭な切れ込みを有する個体が高い頻度で出現し，この形態は他所でみられない特

図21　シーボルトが得たニホンザリガニのタイプ標本(川井唯史撮影)

異的なものである。ただし，種を識別するためにとくに有効であるオスの交尾肢の形態に注目すると，北海道と青森県の個体で共通しており，両者は同一種であるとわかる(Kawai and Fitzpatrick, 2004)。

　これらのことは本種の分布の理解に対して貴重な成果を与えた。それは青森県の個体群が在来であることの証明である。北海道と青森県産のニホンザリガニであるが，ザリガニ類は一生淡水域で生活するため，北海道と本州に分断された分布域は不自然と考えられ，かつては青森県に生息するニホンザリガニは北海道からの移植に由来するとの考えもあった(籠屋, 1978)。ただし青森県産個体の尾節の形態における特異性から考えると，ここに分布するニホンザリガニは在来で固有の個体群であると結論できる(Kawai and Fitzpatrick, 2004)。仮に青森県の個体群が北海道からの移植に由来するならば，両者の形態は同じになるはずである。ただし本州における青森以外の分布域である秋田県と岩手県では，移植により成立していると考えられている。少なくとも岩手県と秋田県の鹿角市の生息地に関しては移植に由来したことを示す報文が残されている(川井, 2007)。また秋田県のほかの生息地(田代町，大鰐町，大館市)の生息地の由来に関しては，結論はいまだに出ていないものの，青森県の在来の生息地と数十 km 以上離れて独立的に存在しているため，天然分布は疑問視されている。また，山形県に関しても分布記録が山形大学に保管されている標本を根拠として残されているものの，生息地の確認は行われていない。ただし，北海道からの移植が実施されたことを示唆する公文書がみつかっており(川井, 2007)，しかも江戸時代から明治時代にかけて北海道産のニホンザリガニの標本が山形県にもち込まれた博物学的情報も残されている(川井ほか, 2008)。

　ここで生じる新しい疑問は，ニホンザリガニの奇妙な分布である。ザリガニ類は一生を淡水で生活するのに，ニホンザリガニは北海道と本州の両方に天然分布している。通常，淡水魚などの海を越えて分布を拡大できない生物では，海峡などが分布の障害となり，分布が分断され，北海道全域に分布するが本州でみられない，それとは逆に本州全体に広く分布するが北海道に出現しない種類が多い(前川・後藤, 1982)。その点，ニホンザリガニは津軽海峡を挟んで天然分布しており，しかも分布域が本州北部に限られている

(Kawai and Fitzpatrick, 2004)。このような分布域はほかに例をみない。

　本書の著者のひとりでもある中田和義博士は，ニホンザリガニの成体における高水温への耐性と卵発生が進行する水温を検討し，ニホンザリガニが生存・繁殖できて個体群を維持できる水温帯はきわめて狭いことを示唆した(Nakata et al., 2002, 2004b)。また別の本において，ニホンザリガニの生息地が存在するための条件として，火山の爆発や水面変動にともなう水没などの撹乱がなかったことも挙げられている(川井，2007)。さらに近年の遺伝子解析により，ニホンザリガニの種としての歴史はきわめて古いことが示唆されている(Ahn et al., 2006)。これらに根拠をおくと，本種は新生代における氷河期や間氷期の繰り返しが起こる前から北日本に分布しており，現状では海水面の上昇にともない，分布域が分断されているのかもしれない。また物理的には，陸続きである本州の南部まで分布域を拡大することは可能であるが，そこは水温が高いため分布が東北の北部に限られているのかもしれない。そのため，現在のニホンザリガニにおける「一見奇妙な生息域」の形成要因としては，狭い生息・繁殖可能水温帯，地史的な撹乱がなかった，系統的に古い，ことが考えられる。しかし詳しいことは不明であり，今後の研究が待たれる。

　最近，おそらくは北海道からの移植が由来と思われるニホンザリガニの個体が栃木県日光市で発見されている(堀ほか，2007；この個体群の由来の詳細は第Ⅰ部「博物学」参照)。これはさまざまな示唆に富む発見である。少なくとも現状として，当該生息地での水温条件としては，ニホンザリガニは生理的に生存できることを明瞭に証明している。たとえばカワシンジュガイ *Margaritifera laevis* は分布の中心が北海道と東北の北部であるが，本州南部に遺存的な地域個体群が点在している。そのほかにも高山植物などでは，冷涼であり標高が高い場所で，遺存的に地域個体群がみられる例が多い。ところがニホンザリガニでは，そのような地域個体群が本州にみられない。

　ニホンザリガニの系統であるが，天然の遺存的な地域個体群が本州にみあたらない。そして現在までに本州ではニホンザリガニの化石は発見されていない。しかし先述の遺伝子解析によると北日本に分布するニホンザリガニから朝鮮半島に生息するチョウセンザリガニに派生したと解釈できる。すなわ

ちニホンザリガニは進化の過程で1回は本州中部に天然分布したと仮定できるのに，その証拠となる化石や遺存個体群はみつからないのである。ニホンザリガニとは一体，どのような進化を遂げてきたのか，興味はつきない。

日本北部から何らかの進化を遂げて大陸に進出した日本発のザリガニ類は，ユーラシア大陸東部に放散する一方，北アメリカやヨーロッパにも放散していったと考えると(Ahn et al., 2006; Braband et al., 2006)，世界のザリガニ類の系統・進化を探るうえで，ニホンザリガニはルーツ探りの鍵となる。そのため，これは日本人にとってきわめてロマンを感じさせる研究テーマといえよう。

チョウセンザリガニの分類と分布

本種のタイプ標本に関しては謎が多い。本種を新種として記載(第V部第3章「群集生物保全」の[専門用語の解説]を参照)したのはケルベルであるが，それは今から100年以上前となる(Koelbel, 1892)。当時は新種の根拠となった記載論文に，タイプ標本の保管場所は示されていないこともあった。分類学にとって基礎となる「種」を定義する唯一無二の物証となる最も大切なタイプ標本の保管場所が不明なのは大問題であり，これを探すのは急務である。先述のフィッツパトリック教授はヨーロッパの主要な博物館を巡り，チョウセンザリガニのタイプ標本を探したがみつからず，第二次世界大戦で失われた可能性も示唆している(Fitzpatrick, 1995)。

そんなチョウセンザリガニのタイプ標本に関しては岡田(1929)による興味深い記述がある。本種の記載論文を作成したのはケルベルであり，その記載論文における記述によるとタイプ標本を得たのは韓国の京幾道である。そして岡田(1929)の記述によると，京幾道産の標本は米国立博物館に保管してあるとのことであった。筆者は，米国の国立博物館とはスミソニアン博物館のことであり，ここにタイプ標本が保管してある可能性が高いと推測した。しかし，スミソニアン博物館を訪問して調査したにもかかわらず，タイプ標本はおろかケルベルによる標本すらみあたらなかった。これでチョウセンザリガニのタイプ標本の保管場所は再び謎となってしまった。

そこでケルベルの研究歴に関して，再度ドイツ語の各種文献を調べてみた。その結果，彼は人生の後半をドイツのベルリン博物館とオーストリアの

ウィーン博物館で働いていた。そこでベルリン博物館を自ら訪問して標本庫の全標本を調査したところ，そこにもタイプ標本がなかった。残るウィーン博物館でタイプ標本が保管されていることに望みを託した。幸運なことに，当時ヨーロッパ在住であった町野陽一氏がウィーン博物館を訪問し，そこでケルベルによるチョウセンザリガニの各種標本を発見したのである。しかし残念ながら，その標本のラベルにはタイプ標本であることを示す情報がなく，単なる標本として保管されていた。そこで筆者は，ウィーン博物館の学芸員に事状を説明し，何とかその標本を日本に郵送してもらい，詳細な検討を行った。

　この標本がタイプ標本であることを証明するためのキーワードはいくつかある。ケルベルの新種記載論文によると，5個体の標本を観察し，公表は1892年であった。最大の個体は全長68 mmの抱卵メスで，採集地点は韓国のKyong-wei-do（おそらくは京畿道）である。そして記載したオス個体は記載論文に原寸大で描かれた図がある（図22）。そのため，この図を測定することで基準標本の鉗脚等の大きさが，ほぼ正確にわかる。まず，ウィーン博物館から送付された個体は5個体であり，タイプ標本の個体数と合致する。また採集日は1892年4月28日であり，これは公表年より遅くはないので整合性はある。そして最大個体は全長68 mmの抱卵メスであり，このことは記載論文の情報と完全に一致する。さらに記載論文に描かれたオス個体と，ほぼ同じ大きさのオスが標本に含まれていた。原寸大に描かれていた図を測定すると，オスの標本は頭胸甲部の長さが26.6 mm，幅17.3 mm，鉗脚の長さが20.7 mm，幅8.7 mmであった。そしてウィーン博物館に保管されていた標本の実測値を示すと，頭胸甲長26.7 mmで幅17.6 mm，鉗脚長20.7 mmで幅9.1 mmであった。両者の差が最大だったのは鉗脚幅であり，0.4 mmであった。しかし，これは鉗脚幅の5%未満で，両者は同じものであったと結論づけられる。これらのことから，筆者はウィーン博物館に保管してあったチョウセンザリガニの標本が実はタイプ標本であったと断定し，これを再度記載して各種の情報を付加した。このことはウィーン博物館にも通知され，100年以上の時と紆余曲折を経て，正式にチョウセンザリガニのタイプ標本の保管場所が明らかになったのである。一見して地味な仕事であ

図 22 チョウセンザリガニの記載論文に添付されていた図（左：Koelbel, 1892 より）とチョウセンザリガニのタイプ標本（右，川井唯史撮影）

るが，分類学上の基礎に寄与する着実な成果を上げることに成功したのである。

　さてチョウセンザリガニのタイプ標本を探す過程で，本種の多くの標本を観察することができた．本種の形態には明瞭な地理変異があることが以前から指摘されていたが，それが著しいのは額角における隆起の有無，腹側板の縁辺部が丸いか尖っているか，額角と尾節の幅であった(Kim, 1977)．なお，これら(額角，腹側板，尾節)はザリガニ類においては，種の識別に利用されることもある形質である．そのため，チョウセンザリガニにおいては種の識別に活用されることもある形質で地理的変異が多いとわかる．

　朝鮮半島内においてチョウセンザリガニは，額角の形質に注目すると，いくつかのグループに分けられることが示唆された(図23A)．とくに朝鮮半島の西側に位置するふたつの離島(Deokjeokdo, Baegnyongdo)においては，形態の地理的変異が著しく，額角と尾節におけるの長さと幅の比率は，半島本土の個体の比率とは明瞭に異なった(図23B)．この結果は遺伝子解析(*Co 1*)により検討され，朝鮮半島のチョウセンザリガニは4グループ(半島西部，半島東部，半島南部，離島部)に分割された(図24)．なお，朝鮮半島

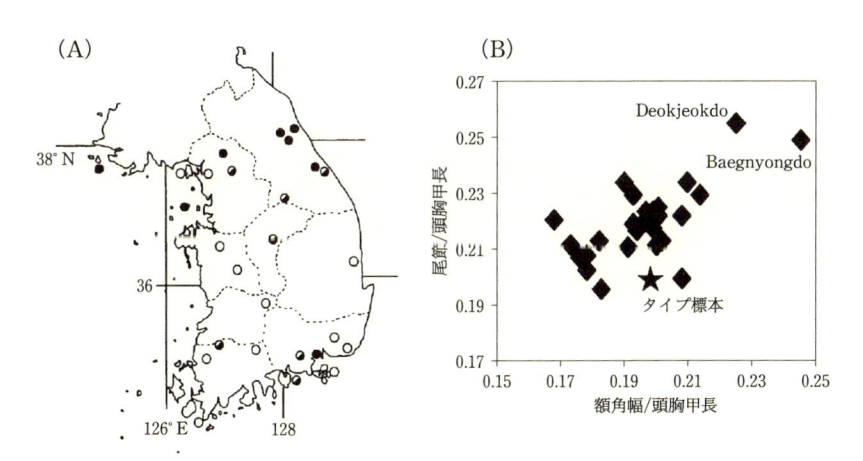

図23 チョウセンザリガニの形態地理変異(Kawai and Min, 2006より)．(A)額角中央部隆起を3区分した(明瞭が○，ないのが●，両者の中間は◐)．(B)尾節/頭胸甲長と，額角幅/頭胸甲長の比率．半島西部にある離島(Deokjeokdo, Baegnyongdo)では比率が半島内と離れている．

108　第II部　分類・組織学

	1	2	3	4
A群				
B群	0.117	Intraspecific variation：11.7〜14.1%		
C群	0.128	0.141		
D群	0.128	0.138	0.139	
外群	0.111	0.134	0.138	0.156
	Interspecific variation：11.1〜15.6%			

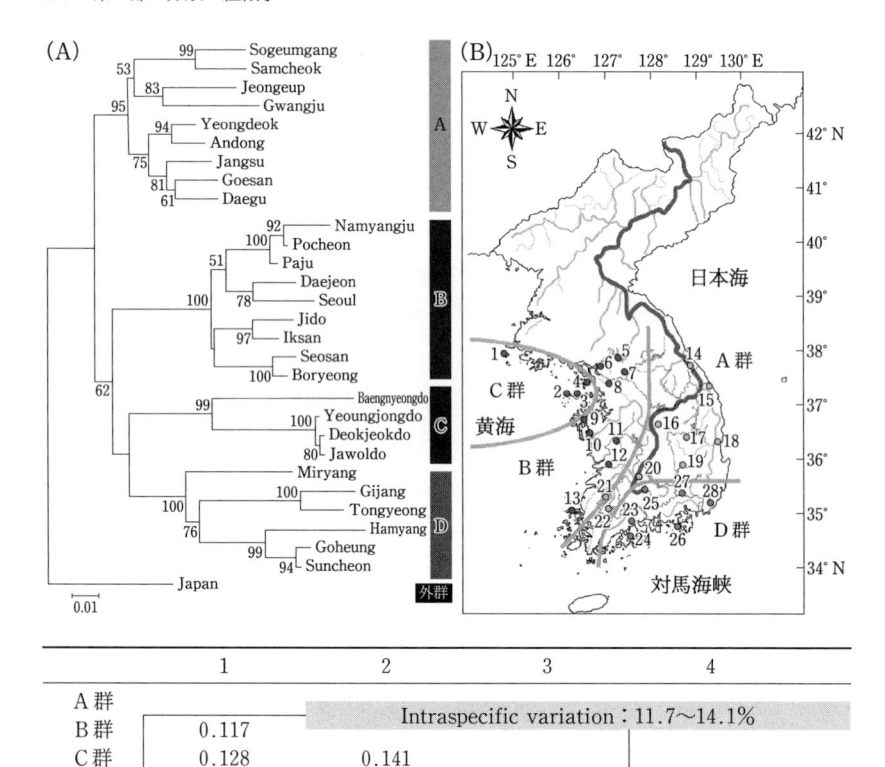

図24　朝鮮半島におけるチョウセンザリガニの遺伝子解析(*Co 1*：cytochrome oxidase subunit 1)。(A)朝鮮半島各地における遺伝子解析結果で4群に大別された。系統樹は近接接合法により構築され，外群にはニホンザリガニを用いた。枝上の数字はブーツトラップ値である。(B)朝鮮半島各地におけるチョウセンザリガニ遺伝子情報の大別結果。太い線は半島を南北に貫く山脈を示す。
1：Baegnyongdo, 2：Deokjeokdo, 3：Jawoldo, 4：Yeongjongdo, 5：Pocheon, 6：Paju, 7：Namyangju, 8：Seoul, 9：Seosan, 10：Boryeong, 11：Iksan, 12：Hongcheon, 13：Jido, 14：Sogeumgang, 15：Samcheok, 16：Goesan, 17：Andong, 18：Yeongdeok, 19：Daegu, 20：Jangsu, 21：Jeongeup, 22：Gwangju, 23：Suncheon, 24：Goheung, 25：Hamyang, 26：Tongyeong, 27：Miryang, 28：Gijang

では南北を貫く大きな山脈があり，この山脈や海による生息域の分断があったと考えられる。この分断が4グループに分かれる原因になったのかもしれない。

シュレンクザリガニの分類と分布

　本種もチョウセンザリガニと同様にタイプ標本の保管場所が記載論文に示されておらず(Kessler, 1874, 1875)，当然の結果としてタイプ標本がみあたらず，分類学研究の大きな障害となっている。これの探索に挑戦した米国のFitzpatrick(1995)は，ヨーロッパの主要な博物館を訪問してタイプ標本探しを行ったが，成功には至らなかった。その後，筆者とフィッツパトリック教授はドイツ語で書かれたシュレンクザリガニの記載論文を読解し，このタイプ標本はロシアのサンクト・ペテルブルク博物館に保管されている可能性が高いことをつきとめた。そしてタイプ標本に該当する標本のキーワードも明らかにした。全部で8個体であり，採集地はUssri River(ウスリー川)，Amur River(アムール川)，Kidzi(キジ)，採集者はL. von Schrenck(シュレンク)，T. Radde(ラッド)である(Kessler, 1874, 1875)。また，記載は1874年に行われているので，タイプ標本はこれ以前に採集されていることになる。

　これらの情報をもち，筆者は2005年にロシアを訪問した(図25)。サンクト・ペテルブルク博物館の各標本では，タイプ標本であることを示す情報はなかったが，各種のキーワードが完全に合致する標本があった。これで筆者はシュレンクザリガニのタイプ標本を探し出すことに成功した(図26)。そして同時に，Starovogatov(1995)がシュレンクザリガニの亜種である *Cambaroides schrenckii sachalinensis* を種に格上げした際に根拠としたタイプ標本も発見された。また，当博物館では数多くのシュレンクザリガニ標本の観察が許された。その結果，本種の額角と尾節は多様な形態の地理変異を示す一方，一般的には種のちがいを示す鉗脚とオス第1腹肢の形態は各個体で共通していた(図27)。なお，額角と尾節とはStarovogatov(1995)がシュレンクザリガニの2亜種を別種とした際に根拠とした形質である。そして *C. sachalinensis* と *C. schrenckii* のタイプ標本おいて，額角と尾節の形態は多少の差異がみられたものの，オスの第1腹肢と鉗脚は，両標本で共通していた。

110 第Ⅱ部 分類・組織学

図25 シュレンクザリガニのタイプ標本が保管されているロシアのサンクト・ペテルブルク博物館(川井唯史撮影)。(A)博物館の外観,(B)博物館の入り口近くにあったマンモスの展示用標本,(C)展示されていたロシア産のザリガニ類。口絵8参照

そのため,当初は種を識別するための形質と理解されていた額角と尾節の形態は地理的に変化するものであるとわかり,本観察を契機に *C. sachalinensis* は, *C. schrenckii* の異名同種であるとの分類学的な再検討の結果を公表した(Kawai and Tudge, 2008)。以上の経過からシュレンクザリガニの分布域はロシアと中国が含まれ(図8),とくにロシアではアムール川,ウスリー川流域とサハリンにも分布することが明らかになった。

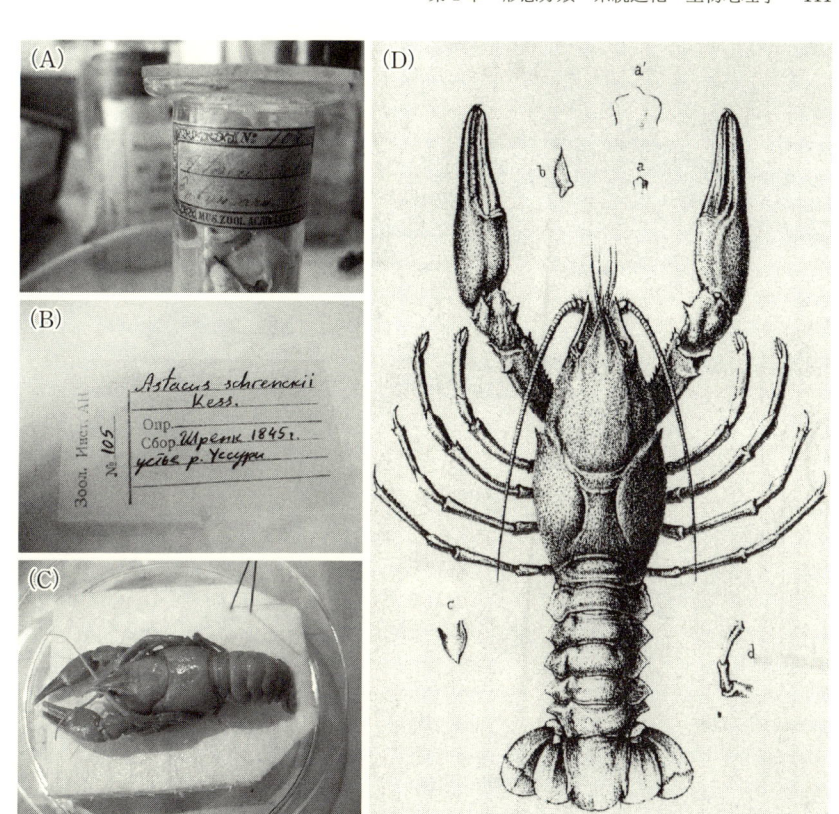

第1章　形態分類・系統進化・生物地理学　111

図26　シュレンクザリガニのタイプ標本(A〜Cは川井唯史撮影)．(A)基準標本が収納されていた標本瓶，(B)瓶に添付されていた標本ラベル，(C)タイプ標本，(D)記載論文に添付されていた図(Kessler, 1875 より)

マンシュウザリガニの分類と分布

　Pallas(1772)が記載した本種の基準標本は，いまだにみつかっていない．しかし，前述のとおり，Starovogatov(1995)によってマンシュウザリガニの亜種から種に格上げされた3種は，形態の地理変異が大きい．また，ひとつの個体でも頭部の額角が *C. dauricus*，腹側板の形状は *C. wladiostokiensis*，尾節の形質は *C. koshwnikowi* を示すなど，3種の形質がモザイク状に現われている個体が複数みられた(表5)．そのため，現時点では *C. dauricus*，*C. wladiostokiensis*，*C. koshwnikowi* の学名は有効であるものの，将来的には

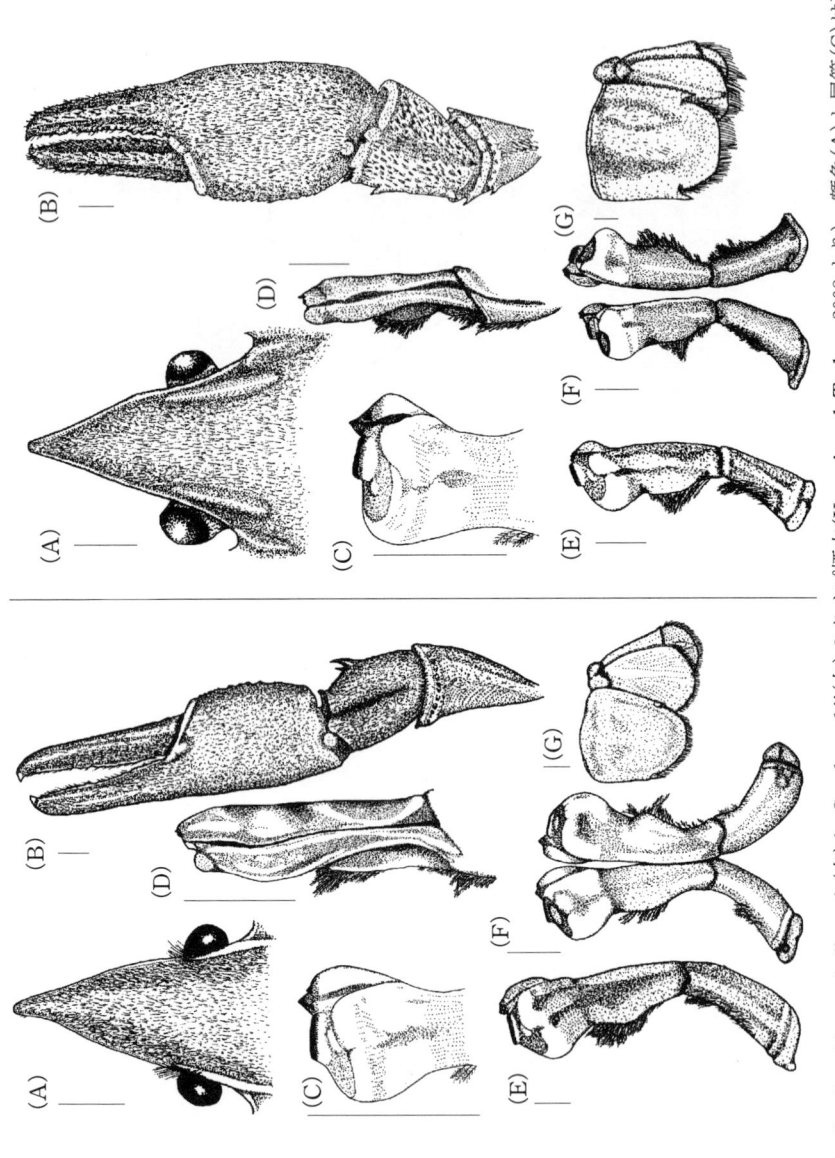

図 27 *Cambaroides sachalinensis*（右）と *C. schrenckii*（左）のタイプ標本（Kawai and Tudge, 2008 より）。額角（A）と尾節（G）は形態が著しく異なるが、種を区分できる形態である各形質（B〜F）は両種でほぼ同様であった。スケールは 2 mm

みなおしが不可欠であり，本書では明瞭な区別が不可能なものを無理に3種に分けず，まとめて *C. dauricus* として扱った。そして将来における分類学上の正式な整理を待つこととしたい。

そこでアジアザリガニ属を構成する4種の識別方法を表6に示した。ここでは額角と腹側板と尾節に加えて頸溝，頸溝の棘，オス第1腹肢が識別用の形態となる(図17・28)。そして額角，腹側板，尾節の形質は地理的に変化するので，ひとつの形質だけにとらわれず総合的に種を査定することが必要と

表6 アジアザリガニ検索表

種類	額角	腹側板	尾節	頸溝	オス第1腹肢
ニホンザリガニ	凹型，隆起有，触角柄より短い	縁辺部丸い	縁辺部丸い	折れない	先端に突起無，外側が膨らむ，角度は45°
チョウセンザリガニ	凹型，隆起有，触角柄より短い	縁辺部丸い	縁辺部丸い	折れる	先端に突起1個，角度は30°
シュレンクザリガニ	凸型，隆起無，触角柄より長い	縁辺部尖る	縁辺部平坦で台形型	1対棘有	先端に突起無，両側が膨らむ，角度は30°
マンシュウザリガニ	凹型，隆起有，触角柄より長い	縁辺部尖る	縁辺部丸い		先端に突起2個，角度は30°

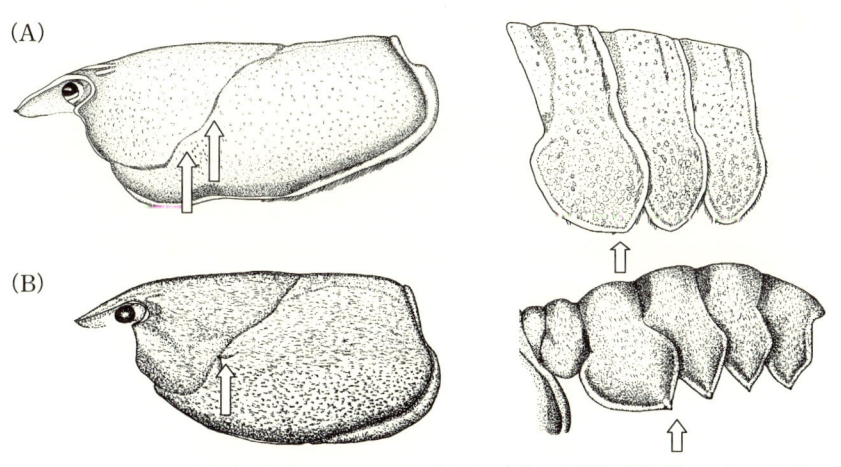

図28 チョウセンザリガニ(A)とシュレンクザリガニ(B)の形態的特徴(Kawai and Min, 2005; Kawai and Tudge, 2008 より)。前者は頸溝にふたつの段があり，後者は頸溝に棘がある。前者は腹側板の末端が丸く，後者は先端が尖る。

なる。そして現時点で最も信頼性が高いのはオス第1腹肢先端の形態となり，これで確実に種の区別が可能となる。ニホンザリガニでは側部の左側が膨らみ突起がなく，チョウセンザリガニは膨らみがなく1個の突起があり，シュレンクザリガニは両側が膨らみ突起がなく，マンシュウザリガニは膨らみがなく2個の突起がある(図18)。

なお，ニホンザリガニとチョウセンザリガニは形態が最も類似しており，現時点において明瞭な区別が可能な部位はオス第1腹肢だけである(図18)。形態が類似していることはニホンザリガニとチョウセンザリガニは系統的に最も近い(Ahn et al., 2006)という遺伝子情報の解析結果と整合性がある。

[専門用語の解説]
[1] **生物分類の単位** 生物の分類の単位は最小の「種」から始まり，種をまとめた仲間として「属」，その上の階級として「科」があり，「目」，「綱」，「門」，「界」の順序で段階が高くなっていく。それぞれの階級の中間にも階級が設けられるときがあり，「目」と「科」の中間にはふたつの階級が設けられ，目の下の階級として「下目」，科の上の階級としては「上科」となる。すなわち，科の集団が上科，上科の集団が下目，その集団が目となる。

[2] **陥入と端細胞** 最初にザリガニ類の卵が受精した後の発生の様相を示す。卵が受精すると発生が進み，その後には卵の周囲を細胞が規則的な列をなした上皮的構造を示す外胚葉が形成される。なお胚葉細胞は層状の集団で，将来的に体の器官のもととなる。外胚葉の一部が卵内部にもぐり込み，これは陥入と呼ばれる。陥入が発生した場所を原口と呼ぶ。そしてもぐり込んだ細胞は内胚葉となり，内胚葉と外胚葉の中間には中胚葉が形成される。

軟体動物，環形動物，節足動物では卵発生中の幼生の胴部または胸腹部の後端，直腸の左右に1対または数対をなす大型の細胞が形成され，その分裂により新細胞を前方へ送り出す。そして外胚葉を生み出す細胞は外胚葉端細胞，中胚葉を増殖する細胞は中胚葉端細胞と呼ばれる。

[3] **ザリガニ類の鰓** ザリガニ類では歩脚(図1参照)の根元で頭胸甲部の内側に鰓がある。この鰓は形態と付着する部位により3区分されている。脚の底節から出るものを脚鰓(Podobranchiae)，底節と頭胸甲部の内側にある体壁の間の関節膜から出るものを関節鰓(Arthrobranchiae)，さらに上方の体壁から出るものを側鰓(Pleurobranchiae)と呼ぶ。各鰓の形と数(鰓式)は類縁関係と対応していることが多い。

[引用文献]
Ahn, D. H., Kawai, T., Kim, S. J., Rho, H. S., Jung, J. W., Kim, W., Lim, B. J., Kim, M. S. and Min, G. S. 2006. Phylogeny of Northern Hemisphere freshwater crayfishes based on 16S rRNA gene analysis. Korea. J. Genet., 28: 185-192.
Albrecht, H. 1982. Das System der europäischen Flußkrebse (Decapoda, Astacidae): Vorschlag und Begrün dung. Mitteilungen aus den Hamburgischen Zoologischen Museums und Institut, 79: 187-210.

第1章 形態分類・系統進化・生物地理学 115

Ameyaw-Akumfi, C. 1981. Courtship in the crayfish *Procambarus clarkii* (Girard) (Decapoda, Astacidea). Crustacana, 40: 57-64.
Andrews, E. A. 1906a. The annulus ventralis. Proceedings: Boston Soc. Natu. His., 5: 427-479.
Andrews, E. A. 1906b. Ontogeny of the annulus ventralis. Biol. Bull., 10: 122-137.
Andrews, E. A. 1907. The young crayfishes *Astacus* and *Cambarus*. Smith. Cont. Know., 35: 1-79.
Andrew, E. A. 1909. Sperm-transfer organs in *Cambaroides*. Biol. Bull., 17: 257-270.
Bechler, D. L. 1981. Copulatory and maternal -offspring behavior in the hypogean crayfish, *Orconectes pellucidus* Tellkumpf (Decapoda, Astacidea). Crustaceana, 40: 136-143.
Berrill, M. and Arsenault, M. 1984. The breeding behavior of a northern temperature orconectid crayfish, *Orconectes rusticus*. Anim. Behav., 32: 333-339.
Birstein J. A. and Winogradov, L. G. 1934. Presnovodnye Decapoda USSR i ikh geographicheskoe rasprostranenie (predvaritel'noe soobshchenie) (Die Süsswasserdecapoden der USSR und ihre geographische Verbreitung) (vorläufige Mitteilung). Zoologicheskii Zhurnal (Zoological Journal of Moscow), 13: 39-70 (in Russian with German summary).
Black, J. B. 1958. Ontogeny of the first and second pleopods of the male crawfish *Oroconectes clypeatus* (Hay) (Decapoda, Astacidea). Tulane Studies Zool. Bot., 6: 190-203.
Braband, A., Kawai, T. and Scholtz, G. 2006. The phylogenetic position of the East Asian freshwater crayfish *Cambaroides* within the Northern Hemisphere Astacoidea (Crustacea, Decapoda, Astacida) based on molecular data. J. Zool. System. Evol. Res., 44: 17-24.
Celada, J. D., Carral, J. M. and Gonzales, J. 1991. A study on the identification and chronology of the embryonic stages of the freshwater crayfish *Austropotamobius pallipes* (Lereboullet, 1858). Crustaceana, 61: 225-232.
Crandall, K. A., Harris, D. J. and Fetzner, J. W. Jr. 2000. The mono-phylogenetic origin of freshwater crayfish estimated from nuclear and mitochondrial DNA sequences. Proc. Royal Soc., London B267: 1679-1686.
Dole, W. 1972. Über die Blidung und Differenzierung des post-nauplialen Keimstreifs von Leptochelia spec. (Crustacea, Tanaidacea). Zoologische Jahrbücher, Anatomie und Ontogenie der Tiere, 89: 505-566.
Faxon, W. 1884. Descriptions of new species of *Cambarus*; to which is added a synonymical list of the known species of *Cambarus* and *Astacus*. Proc. Amer. Acad. Arts Sci., 20: 107-158.
Faxon, W. 1885. A revision of the Astacidae. Part I. The Genera *Cambarus* and *Astacus*. Mem. Mus. Comp. Zoöl. Harvard College, 10: i-vi+1-186+10 plates.
Fedtov, V. 2005. Obituary, in memory of Jarosiav Stravogatov. Crayfish News (The official news letter of the International Association of Astacology), 27: 3.
Fitzpatrick, J. F. Jr. 1995. The Eurasian far-eastern crawfishes: A preliminary overview. Freshwater Crayfish, 8: 1-11.
Fitzpatrick, J. F. Jr. 1997. Eurasian crayfish taxonomy revised (paper review). Crayfish News (The official news letter of the International Association of

Astacology), 19: 5-7.
Hagen, H. A. 1870. Monograph of the North American Astacidae. Illustrated Catalogue of the Museum of Comparative Zoology at Harvard College, 3: 1-109.
Hamr, P. 1992. Embryonic and postembryonic development in the Tasmanian freshwater crayfishes *Astacopsis gouldi*, *Astacopsis franklinii* and *Parastacoides tasmanicus tasmanicus* (Decapod: Parastacidae). Austra. J. Mar. Freshwater Res., 43: 861-878.
Harris J. A. 1901. Observations on the so-called Dimorphism in the males of *Cambarus* Erichson. Zoologischer Anzeiger, 24(657/658): 683-689.
Hart, C. W., Jr. 1953. Serial homologies among three pairs of abdominal appendages of certain male crayfishes (Decapoda, Astacidae). J. Morph., 93: 287-299.
Hobbs, H. H. Jr. 1942. Generic revision of the crayfish of the subfamily Cambaridae (Decapoda, Astacidae) with the description of a new genus and species. Amer. Mid. Natu., 28: 334-357.
Hobbs, H. H. Jr. 1974. Synopsis of the families and genera of crayfish (Crustacea, Decapoda). Smith. Cont. Zool., 164: 1-32.
Hobbs, H. H. Jr. 1988. Crayfish distribution, adaptive radiation and evolution. In "Freshwater Crayfish, Biology, Management and Exploitation" (eds. Holdich D. M. and Lowery, R. S.), pp. 52-82. Croom Helm, London.
Holdich, D. M. 1992. crayfish nomenclature and terminology: Recommendation for uniformly. Finnish Fish. Res., 14: 149-155.
Hopkins, C. L. 1967. Breeding in the freshwater crayfish *Paranepharus planifrons* White. NZ J. Mar. Freshwater Res., 43: 861-878.
堀彰一郎・東典子・川井唯史・大高明史, 2007. 日光市大谷川におけるニホンザリガニ生息地の発見とその由来. 日本甲殻類学会平成19年度大会講演要旨集, 27 pp.
Ingle, R. W. and Thomas, W. 1974. Mating and spawning of the crayfish *Austropotamobius pallipes* (Crustacea, Astacidae). J. Zool., London, 173: 525-538.
川井唯史. 2007. ザリガニの博物誌. 166 pp. 東海大学出版会.
Kawai, T. and Fitzpatrick, J. F. Jr. 2004. Redescription of *Cambaroides japonicus* (De Haan, 1841) (Crustacea: Decapoda: Cambaridae) with allocation of a type locality and month of collection of types. Proc. Biol. Soc. Wash., 117: 23-34.
Kawai, T. and Min, G. S. 2005. Re-examination of type material of *Cambaroides similis* (Koelbel, 1892) (Decapoda: Crustacea) with a lectotype designation, re-description, and evaluation of geographical variation. Proc. Biol. Soc. Wash., 118: 777-793.
Kawai, T. and Saito, K. 1999. Taxonomic implication of the 'form' and further morphological characters for the crayfish genus *Cambaroides* (Cambaridae). Freshwater Crayfish, 12: 82-89.
Kawai, T. and Saito, K. 2001. Observations on the mating behavior and season, with no form alternation, of the Japanese crayfish, *Cambaroides japonicus* (Decapoda, Cambaridae), in Lake Komadome, Japan. J. Crust. Biol., 21: 885-890.
Kawai, T. and Scholtz, G. 2002. Behavior of juveniles of the Japanese endemic species *Cambaroides japonicus* (Decapoda: Astacidea: Cambaridae), with observations on the position of the spermatophore attachment on adult females. J. Crust. Biol., 22: 532-537.
Kawai, T. and Tudge, C. 2008. Re-examination of the type material of *Cambaroides*

schrenckii (Kessler, 1874) (Decapoda: Cambaridae) with a lectotype designation, re-description, and discussion on its phylogenetic position. Proc. Biol. Soc. Wash., 121: 158-176.

Kawai, T., Machino, Y. and Ko, H. S. 2003. Reassessment of *Cambaroides dauricus* and *C. schrenckii* (Crustacea: Decapoda: Cambaridae). Korea. J. Biol., 7: 191-196.

川井唯史・尾坂知江子・高畠孝宗・大塚英治・瀬川涼・中田和義. 2008. 最近得られたザリガニ類の普及, 博物学, 保全に関する情報. Cancer, 17：29-34.

籠屋留太郎. 1978. 尾去沢産ザリガニの保護について. 上津野：24-36.

Kim, H. S. 1977. "Illustrated Encyclopedia of Fauna & Flora of Korea", Vol. 19: Macrura. 414pp+65 plates (in Korea). Ministry of Education and Samhwa Publishing, Seoul.

Kessler, K. 1874. Die russischen Flusskrebse (vorläufige Mittheilung). Byulleten' Imperatorskogo Moskovskogo Obschestva Ispytatelei Prirody, 48: 343-372 (in Germany).

Kessler, K. 1875. Russkie rechnye raki (Russian crayfish). Trudy Russkogo Entomologicheskogo Obschestva, 8: 228-320+5 plates (in Russian).

Koba, K. 1939. Preliminary notes on the crayfishes of Manchoukuo. Bull. Biol. Soc. Jap., 9: 291-295.

Koba, K. 1942. Notes on the crayfishes of Manchoukuo. Bull. Central Nat. Mus. Manchoukuo, 3: 53-66+plates 19-20 (in Japanese with English and Chinese summaries).

Ko, H. S. and Kawai, T. 2001. Postembryonic development of the Korean crayfish, *Cambaroides similis* (Decapoda, Cambaridae) reared in the laboratory. Korea. J. System. Zool., 17: 35-47.

Koelbel, K. 1892. Ein neuer ostasiatischer Flusskrebs. Aus den Sitzungsberichten der kaiserl. Akademie der Wissenschaften in Wien. Mathem.-Naturw. Classe, Bd. CI. Abth. 1, 101: 650-656+pl 1.

Kurata, H. 1962. Studies on age and growth of Crustacea. Bull. Hokkaido Reg. Fish. Res. Lab., 24: 1-115.

Laguarda, A. 1961. Contribucion al estudio comparativo de la formula branquial en la familia Astacidae (Crustacea: Decapoda). 76 pages, 22 plates. Facultad de Ciencias Departmento de Biologia, Universidad Nacional Autonoma de Mexico.

前川光司・後藤晃. 1982. 川の魚たちの歴史. 212 pp. 中央公論社.

Mason, J. C. 1970a. Copulatory behavior of crayfish, *Pacifastacus trowbridgii* (Stimpson). Can. J. Zool., 48: 969-976.

Mason, J. C. 1970b. Egg-laying in the Western North American crayfish, *Pacifastacus trowbridgii* (Stimpson) (Decapoda, Astacidae). Crustaceana, 19: 37-44.

Nakata, K., Tanaka, A. and Goshima, S. 2004a. Reproduction of the alien crayfish species *Pacifastacus leniusculus* in lake Shikaribetsu, Hokkaido, Japan. J. Crust. Biol., 24: 496-501.

Nakata, K., Matsubara, H. and Goshima, S. 2004b. Artificial incubation of Japanese crayfish (*Cambaroides japonicus*) eggs by using a simple, easy method with a microplate. Aquaculture, 230: 273-290.

Nakata, K., Hamano, T. Hayashi, K. and Kawai, T. 2002. Lethal limits of high temperature for two crayfishes, the native species *Cambaroides japonicus* and the alien

species *Pacifastacus leniusculus* in Japan. Fish. Sci., 68: 763-767.
西村三郎(編著). 1995. 原色検察日本海岸動物図鑑 II. 663 pp. 保育社. (十脚目の部分は西村三郎氏, ザリガニ下目については林健一氏が執筆を分担している)
岡田弥一郎. 1929. ザリガニの分布. 東京高等師範学校. 博物学雑誌, 38：18-19+ plate 1.
Okada, Y. 1933. Some observations of Japanese crayfishes. Sci. Rep. Tokyo Bunrika Daigaku, Section B, 1: 155-158+plate 14.
Ortmann, A. E. 1897. Uber 'Bipolarität' in der Verbreitung mariner Tiere. Zoologische Jahrbücher, Systematik 9: 571-595.
Ortmann, A. E. 1902. The geographical distribution of freshwater Decapods and its bearing upon ancient geography. Proc. Amer. Philo. Soc., 41: 267-400.
Ortmann, A. E. 1906. The crawfishes of the States of Pennsylvania. Mem. Carnegie Mus., 2: 343-524.
Pallas, P. S. 1772. Specilegia Zoologica, tomus 1 (fasciculus 9). G. A. Lange, Berlin, 86 pp+5 plates (in Latin).
Payne, J. F. 1996. Adaptive success within the cambarid life cycle. Freshwater Crayfish, 11: 1-12.
Penn, G. H. Jr. 1943. A study of the life history of the Louisiana re-crawfish, *Cambarus clarkii* Girard. Ecology, 24: 1-18.
Pippitt, M. R. 1977. Mating behavior of the crayfish *Oroconectes conectes nais* (Faxon, 1885) (Decapoda, Astacoidea). Crustaceana, 32: 265-271.
Price, J. O. and Payne, J. F. 1984. Postembryonic to adult growth and development in the crayfish *Orconectes neglectus chaenodactylus* Williams, 1952 (Decapoda, Astacidea). Crustaceana, 46: 176-194.
Rode, A. and Bobcock, L. E. 2003. Phylogeny of fossil and extant freshwater crayfish and some closed related nephroid lobsters. J. Crust. Biol., 23: 418-435.
Scholtz, G. 1993. Teloblasts in decapoda embryos: an embryonic character reveals the monophyletic origin of freshwater crayfishes (Crustacea, Decapoda). Zoologischer Anzeiger, 230: 45-54.
Scholtz, G. 1999. Freshwater crayfish evolution. Freshwater Crayfish, 12: 37-48.
Scholtz, G. 2000. Evolution of the nauplius stage in malacostracan crustaceans. J. Zool. System. Evol. Res., 38: 175-187.
Scholtz, G. and Kawai, T. 2002. Aspect of embryonic and postembryonic development of the Japanese freshwater crayfish *Cambaroides japonicus* (Crustacea, Decapoda) including a hypothesis on the evolution of maternal care in the Astacida. Acta Zoologica (Stockholm), 83: 203-212.
Scholtz, G. and Richter, S. 1995. Phylogenetic systematics of the reptantian Decapoda (Crustacea, Malacostraca). Zool. J. Linnean Soc., 113: 289-328.
Skorikov, A. S. 1907 (in Russia, other countries 1908). K sistematike evropeiskoaziatskikh Potamobiidae. Ezhegodnik Zoologischeskogo Muzeya Imperatorskoi Akademii Nauk, 12: 115-118.
Starovogatov, Ya. I. 1995 (published in 1996). Taxonomy and geographical distribution of crayfishes of Asia and East Europe (Crustacea, Deapoda, Astacoidei). Arthropoda Selecta, 4: 3-25 (with Russian Abstract).
Stein, R. A. 1976. Sexual dimorphism in crayfish chelae: Functional significance linked

to reproductive activities. Can. J. Zool., 54: 220-227.
Suko, T. 1953. Studies on the development of the crayfish. I. The development of secondary characters in appendages. Sci. Rep. Saitama Univ., 1B: 77-96.
Suko, T. 1958. Studies on the development of the crayfish. VI. The reproductive cycle. Sci. Rep. Saitama Univ., 2B: 213-219.
Suzuki, H. and Okano, T. 2000. A new freshwater crab of the genus *Geothelphusa* Stimpson, 1858 (Crustacea: decapoda: Brachyura: Potamidae) from Yakushima Island, southern Kyushu, Japan. Proc. Biol. Soc. Wash., 113: 31-39.
Suter, P. J. 1977. The biology of two species of *Engaeus* (Decapoda: Parastacidae) in Tasmania II. Life history and larval development, with particular reference to *E. cisternarrius*. Austra. J. Mar. Freshwater Res., 28: 85-93.
Tack, P. I. 1941. The life history and ecology of the crayfish *Cambarus immunis* Hagen. Amer. Mid. Natu., 25: 420-446.
平朝彦. 1990. 日本列島の誕生. 226 pp. 岩波書店.
Taylor, R. C. 1985. Absence of Form I and II alternation male *Procambarus spiculifer* (Cambaridae). Amer. Mid. Natu., 114: 145-151.
Thomas, W. J. 1970. The setae of *Austropotamobius pallipes* (Crustacea: Astacidae). J. Zool., London, 160: 91-142.
Thomas, W. J. 1973. The hatchling setae of *Austropotamobius pallipes* (Lereboullet) (Decapoda, Astacidae). Crustaceana, 24: 77-89.
Thomas, W. and Ingle, R. W. 1974. Mating and spawning of the crayfish *Ausropotamobius pallipes* (Crustacea: Astacidae). J. Zool., London, 173: 525-538.
Van Deventer, W. C. 1937. Studies on the ecology of the crayfish *Cambarus propinqus* Girard. Illinois Biological Monographs, 15: 1-67.
Vasilenko, S. V. and Starovogatov, Ya. I. 1995. Otrya Decapoda (Order Decapoda). In Alekseev, V. R. (ed), Opredelitel' presnovodnykh bespozvonochnykh Rossii I sopredel'nykh territory, tom 2: rakoobraznye (key to freshwater invertebrates of Russian and adjacent lands, vol. 2: Crustacea), pp. 174-183+538-551. Zoologicheskii Institut RAN, Saint-Petersburg (in Russian).
Winogradov, L. G. 1950. Opredelitel' krevetok, rakov in krabov Dal'nego Vostoka (Determination key to shrimps, crayfish, and crabs of far-east Russia). Izvestiya Tikhookeanskogo Nauchno-lssledovatel'skogo Instituta Rybnogo Khozyaistva i Okeanografii, 33: 179-358.

第2章 組 織 学

上野正樹

要　旨

　アメリカザリガニの体内諸臓器と外骨格・眼球の微細構造を系統解剖学的に，光学顕微鏡による組織写真を使って示した。これにより以下の諸臓器の機能と微細構造との関連性が明らかになった。観察した諸臓器部位は以下の通りである。循環器(心臓，背側腹動脈，動脈，細動脈)，呼吸器(鰓),消化器(胃，中腸，後腸，中腸腺)，泌尿器(触角腺，膀胱)，生殖器(精巣，卵巣)，神経(脳神経節，食道神経環，食道下神経節，末梢神経束)，筋(腹部屈筋，第一歩脚前節の筋)。そして外骨格(第一歩脚の表皮，鰓室壁の表皮)，眼球(複眼，視神経節)の組織構造も併せて示した。

1. はじめに

　組織学は体内の諸臓器の構造と機能の関連を示すので，生物学の基礎となっている。無脊椎動物の諸内臓を美しい写真で示した書籍もあり(たとえば，Frederich and Humes, 1991a, 1991b)，また節足動物の内部構造や部位を解説した国内の書籍もみられる(日本動物学会編, 1990)。ザリガニ類を対象とした伝統のある書籍(Huxley, 1879, 1880, 1881, 1974)や近年の書籍(Holdich and Reeve, 1988; Holdich, 2002)でも，体内部と体外部の名称が示され，その機能が解説されている。しかし組織学の視点で，体の各部の構造や機能を系統的に紹介し，その根拠として各臓器の微細構造の光学顕微鏡写真を添付したものはなかった。本章ではアメリカザリガニ *Procambarus clarkii* の体各部の顕微鏡レベルでの微細構造を示し，これによりザリガニ類の諸研究の基礎とする。

　なお，本章で用いた体内諸臓器の名称と定義はClarke(1973)，松香ほか(1985)，齊藤ほか(2000)を参考にした。fibreはわが国では繊維と線維の二通

りの表記があり，前者は生物学用語，後者は医学用語として使われている。本書では繊維に統一して用いた。

2. 循　環　器

　全身を巡った血液は静脈血となり，腹部体腔（腹血洞）にたまる。この血液は頭胸部上部の囲心腔内にある心臓の拍動により汲み上げられる。この過程で血液は鰓を通ってガス交換され，動脈血になって心臓に入る。心門から心臓に入った血液は背側腹動脈などの太い動脈で各臓器に運ばれる。ここで注目してほしいのは昆虫が背脈管と短い体節動脈のみをもつのに対し，ザリガニ類では動脈が発達し，細動脈はもとより毛細血管に相当する細い血管まで各組織周辺や組織内に分布していることである。とくに代謝が盛んな臓器においては直径 10 μm 以下の血管が観察される。血液は毛細部から流れ出て組織に栄養と酸素を与え，体腔中の一番低い部分すなわち腹血洞に戻る。図5，6に示すように動脈の構造は存在部位によりかなり変化が認められ，機能に応じた構造の多様性があるように思われる。

心　臓

　図1は心臓の横断面の一部を示している。心臓は厚い結合組織層に覆われた心筋の層で構成される。心筋細胞はかなりルーズに配置されており，血液が心臓内腔のみならず各心筋細胞の周囲をも直接循環できる構造になっている。心筋の拡大像を図2に示す。心筋細胞中には筋原繊維の束が認められ，これには明確な横紋構造がある。また，この細胞は非常に多くの空胞状構造をもつ。心筋細胞は筋原繊維の走る方向に細長い形をしているが，それぞれの細胞は独立しており，またところどころで互いに接している。

背側腹動脈

　心臓から直接分岐する太い動脈である背側腹動脈の横断像を図3に示す。血管壁の一部拡大像は図4に示す。動脈壁は5から6層の紡錘状をした平滑筋様の細胞層と内壁を形成する単層の扁平上皮層からなっている。心筋細胞

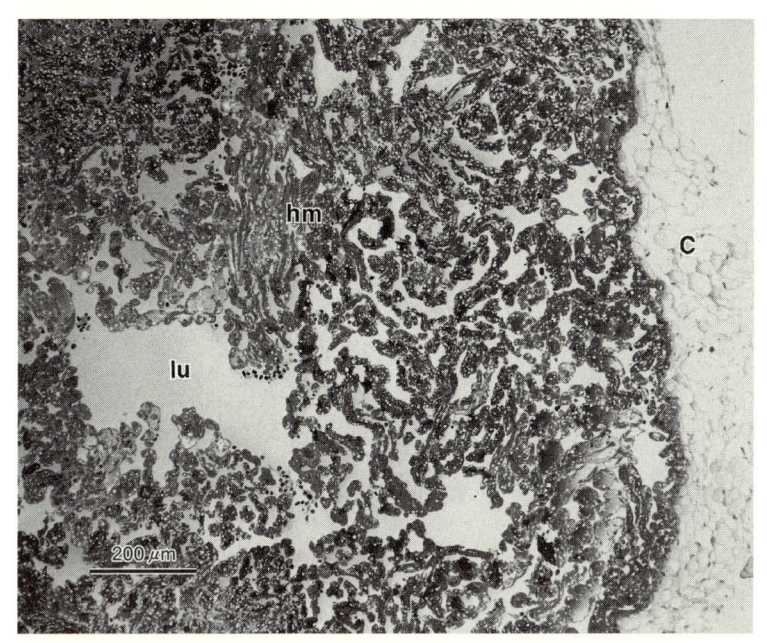

図1 心臓の横断面(上野正樹撮影)。濃く染まっている部分は心筋で,右端の淡染している部分は心臓周囲の結合組織を示す。lu:内腔,hm:心筋,C:結合組織

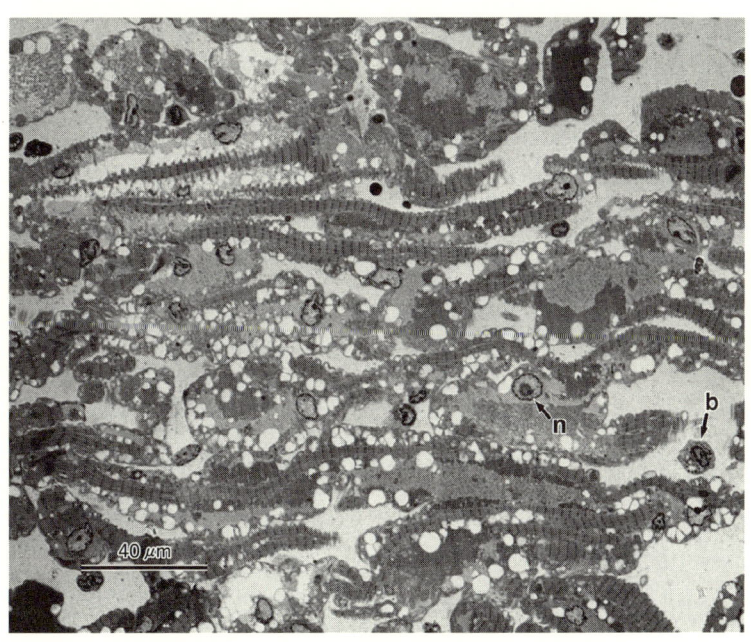

図2 心筋の細胞(上野正樹撮影)。全ての心筋は血液に直接ふれており,心筋細胞中に横紋構造をもつ筋原繊維がある。n:心筋の核,b:血球

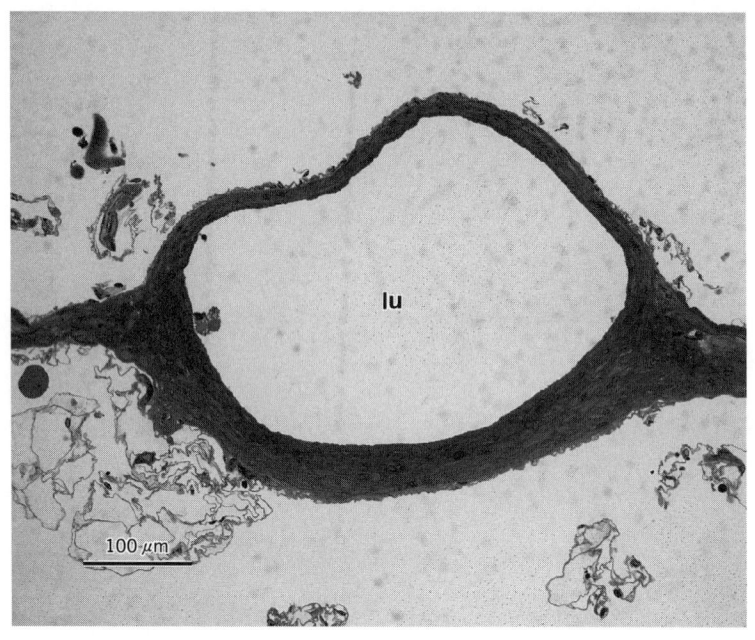

図3 背側腹動脈の横断面(上野正樹撮影)。心臓から直接出る太い動脈で,広い血管内腔をもつ。lu:血管内腔

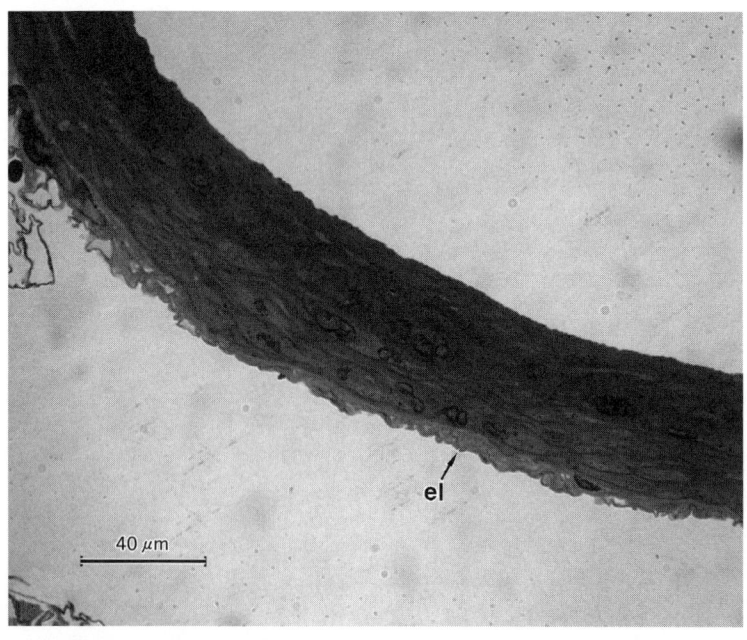

図4 背側腹動脈の血管壁(上野正樹撮影)。紡錘形の細胞層と外壁に弾性繊維状のうねった構造をもつ。el:弾性繊維様構造

第 2 章 組 織 学　125

と異なり平滑筋様細胞には光学顕微鏡では筋原繊維や横紋構造は認められない。

動　　脈

　図5は神経束中にみられた動脈である。断面の直径が約200 μm の血管で，血管壁には単層の扁平上皮細胞層が観察されるがその外側に筋細胞は認められない。

細 動 脈

　図6に第一歩脚の皮下結合組織中にみられた細動脈を示す。やや厚い単層の上皮の外側に弾性板状のうねった構造が存在する。

3. 呼 吸 器

　ザリガニ類は呼吸色素タンパクとして銅を含むヘモシアニンをもち，これは血漿中に直接溶け込んで循環している。このタンパク質が酸素と結合すると青色を呈する。したがってザリガニ類はヘモグロビンのある赤血球はもたない。このヘモシアニンが分子状の酸素と可逆的に結合する器官が鰓である。鰓は顎脚および歩脚のつけ根に存在し，羽毛のような形態をして水中に突出することで水に溶けた酸素を取り込んでいる。鰓は頭胸部左右側面内側に形成された体外に通じる空間（鰓室）に収まっている。

鰓
　図7は歩脚の付け根付近の体内にある脚鰓の先端付近の横断像を示す。断面は直径約100 μm 前後の円形で，入鰓血管と出鰓血管の2本の管を含んでいる。図8は横断像の拡大で，最外層に薄いクチクラ層があり，単層の扁平または立方上皮が裏打ちしている。しかしこの上皮はところどころで非常に薄くなっており，ヘモシアニンを含んだ血漿が水中の酸素を取り込みやすい構造になっている。また，入鰓血管と出鰓血管を隔てる仕切りの構造の基部には異物を除去する大食細胞系の細胞が認められる。図9では脚鰓の基部付

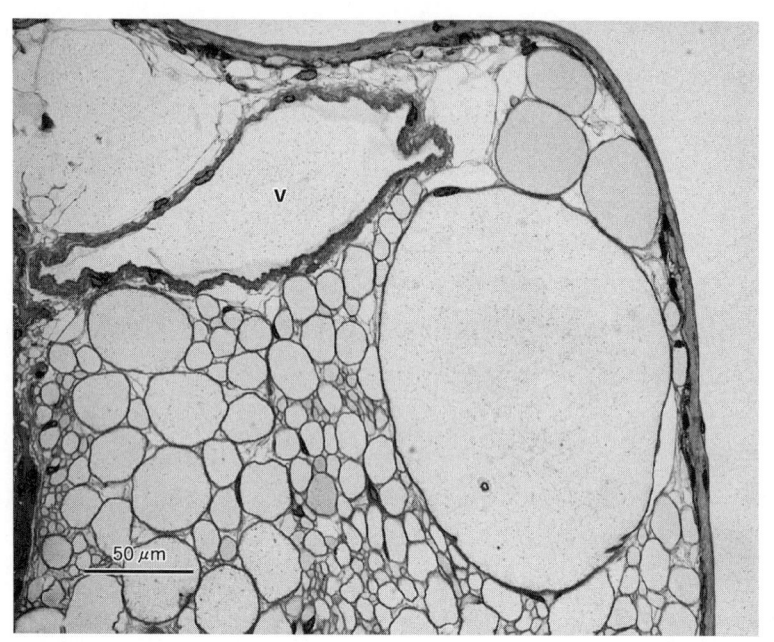

図5 神経束中の血管(上野正樹撮影)。食道下神経節中の血管で血管壁は単層の上皮細胞で覆われる。v:血管

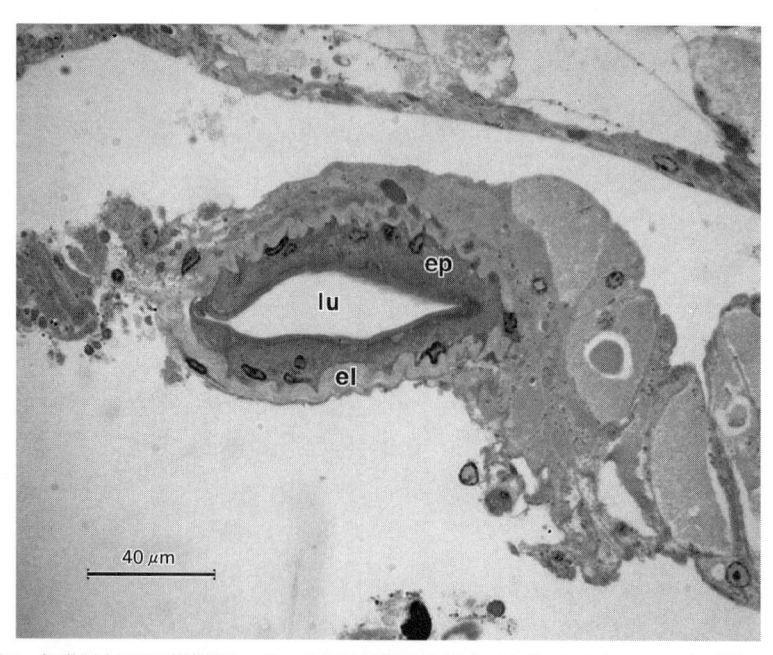

図6 細動脈(上野正樹撮影)。第一歩脚皮下結合組織中の血管で,厚めの上皮の外側にうねった弾性板状の構造をもつ。lu:血管内腔, ep:上皮, el:弾性板状構造

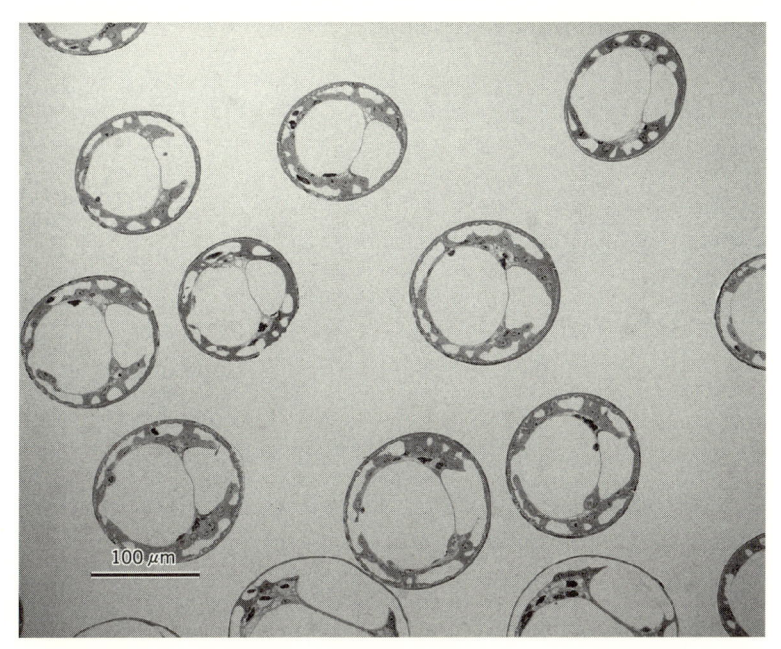

図7 脚鰓の横断面(上野正樹撮影)。脚鰓先端の横断で，全ての断面は中心部に2本の太い血管をもつ。

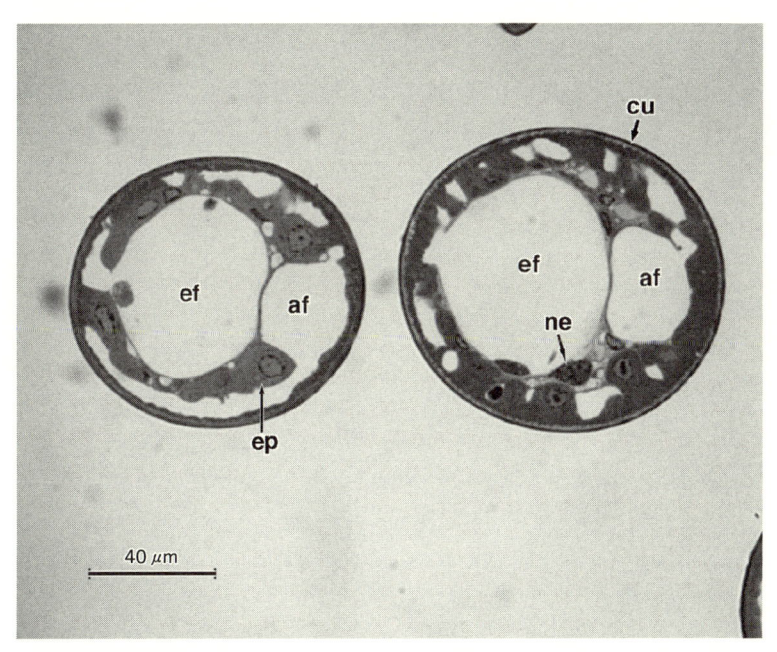

図8 鰓先端の横断面(上野正樹撮影)。入鰓血管と出鰓血管は周囲の小空間と連絡している。cu：クチクラ層，ep：上皮細胞，ne：大食細胞，af：入鰓血管，ef：出鰓血管

近の横断像で入鰓血管と出鰓血管が羽毛状の鰓の突起に接続している様子がよくわかる。

4. 消 化 器

ザリガニ類の消化器は食道より始まり，胃，中腸，後腸を経て肛門に終わる。また胃の幽門部下側には消化腺である中腸腺(肝膵臓)が開口している。

胃

図10は胃の縦断像を示す。内腔に面して単層立方上皮の細胞層があり，その外側にまばらに筋束が付着している。胃壁の拡大像を図11に示す。胃の内腔にはバクテリアが生息し，上皮の胃内腔に接する面は約 $4\,\mu m$ の薄いクチクラ層で覆われている。

中　腸

図12は中腸の横断像を示す。管壁を構成する約 $80\,\mu m$ の厚さの多列上皮と結合組織が認められる。中腸内腔は胃や後腸と異なり，クチクラ層に覆われていない。図13に拡大像を示す。上皮細胞の上部には大きさ約 $9\,\mu m$ の大きさのそろった空胞が認められる。上皮の基底側は血体腔になっており，その外側には横紋構造をもつ輪状筋層が存在する。

後　腸

図14は後腸の横断像を示す。横紋をもった輪状筋が外壁を形成している。外壁の外側に神経束や血管が付着している。後腸内腔に向かって6枚の大きなヒダが突き出しており，ヒダの表面は単層の円柱上皮で覆われている。図15はヒダの拡大像を示す。上皮の外側はクチクラ層で覆われている。基底部には結合組織と血体腔および発達した筋束が存在する。この筋はヒダの運動に関与しているものと思われる。後腸の最外層は弾性板状の構造で囲まれている。

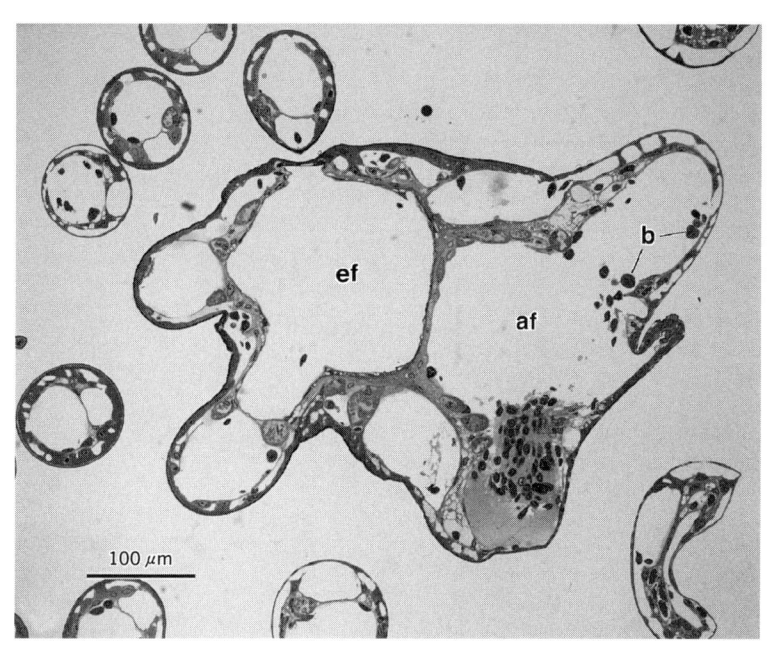

図 9 脚鰓基部の横断面(上野正樹撮影)。入鰓血管と出鰓血管が鰓の基部でそれぞれ別に末梢側に接続している。af：入鰓血管，ef：出鰓血管，b：血球

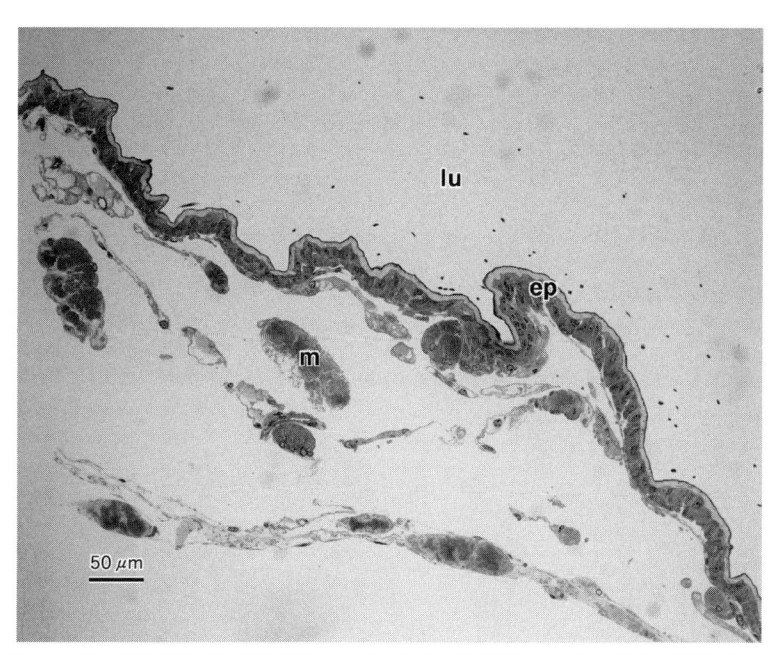

図 10 胃の縦断面(上野正樹撮影)。一層の上皮の基底側にまばらに筋束が付着する。
ep：上皮，lu：胃内腔，m：筋束

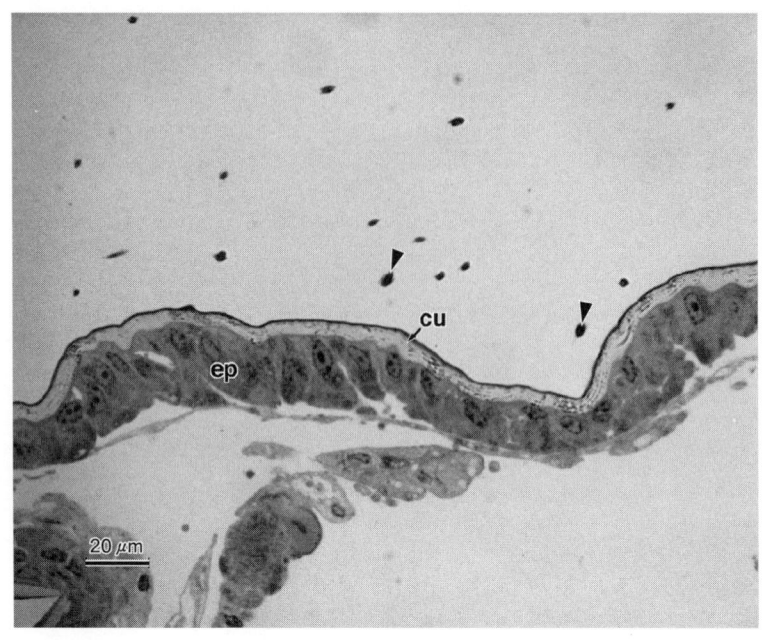

図11 胃の上皮(上野正樹撮影)。単層立方上皮であり，胃の内腔に面する側はクチクラ層で覆われる。cu：クチクラ層，ep：上皮細胞，矢じり：胃内腔内のバクテリア

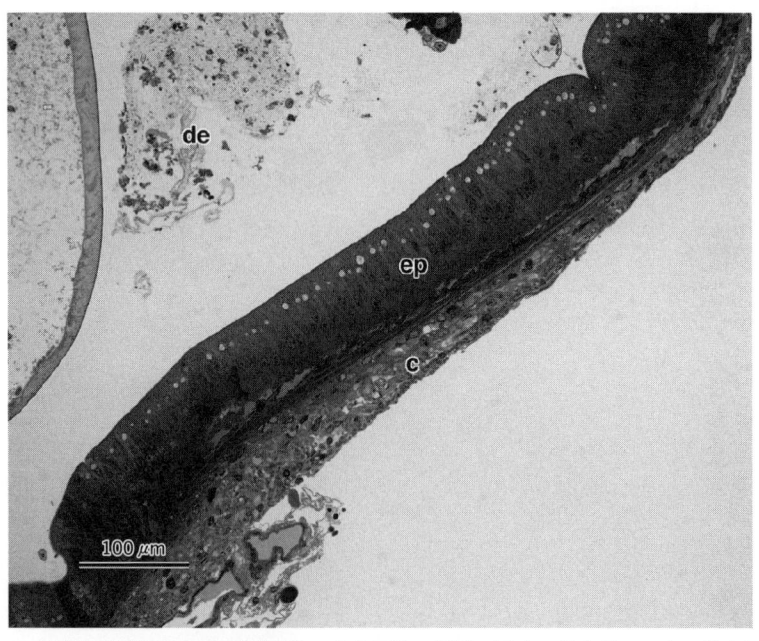

図12 中腸の横断面(上野正樹撮影)。上皮細胞は単層で厚く，基底部には密な結合組織がみられる。de：中腸内腔の食物残渣，ep：上皮細胞，c：結合組織

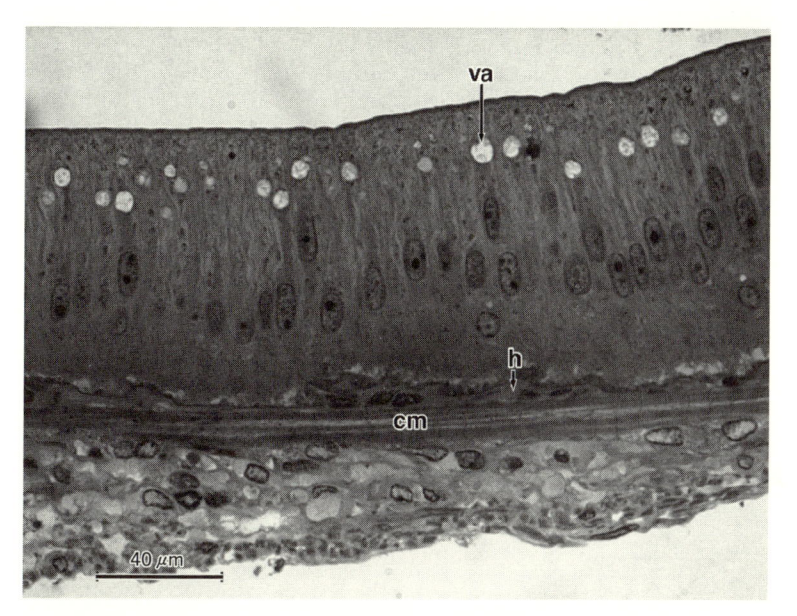

図13 中腸壁の多列円柱上皮(上野正樹撮影)。上皮細胞は上部に大形の空胞をもち，基底部の上皮と結合組織にはさまれて血体腔と輪状筋がある。va：空胞，h：血体腔，cm：輪状筋

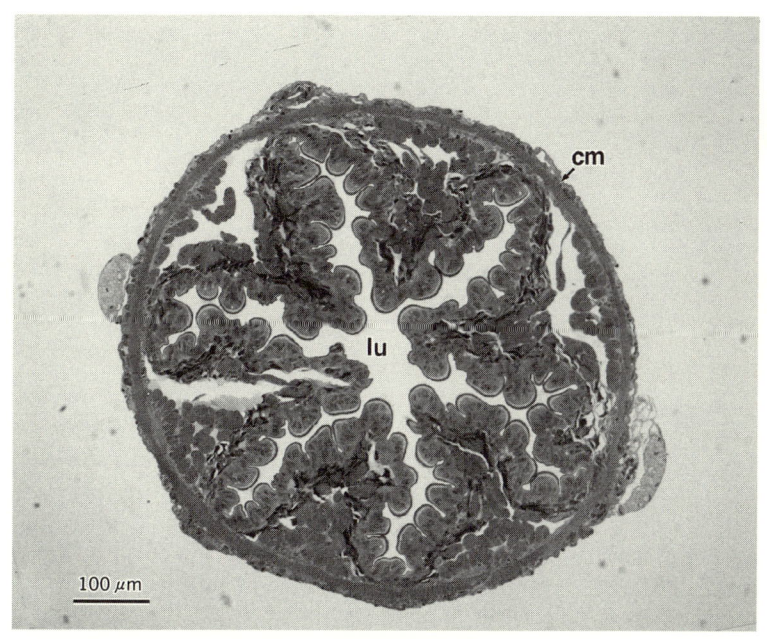

図14 後腸の横断面(上野正樹撮影)。後腸の内腔に向かって6枚の大きなヒダが突き出ている。外側を覆う結合組織中に輪状筋束がみられる。lu：後腸内腔，cm：輪状筋束

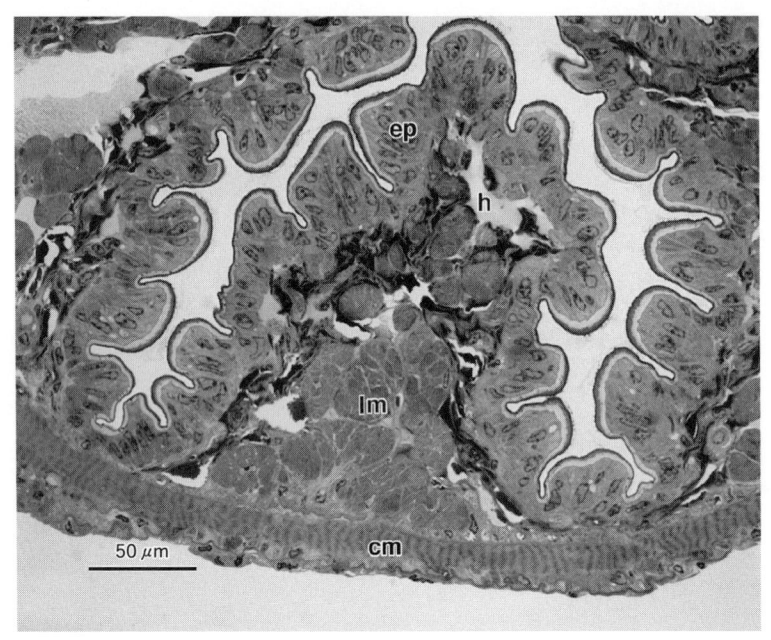

図15 後腸のヒダ(上野正樹撮影)。ヒダの表面はクチクラ層で覆われた単層円柱上皮で構成される。ヒダの中には縦走筋束が発達している。ep：後腸上皮，lm：縦走筋束，cm：輪状筋束，h：血体腔

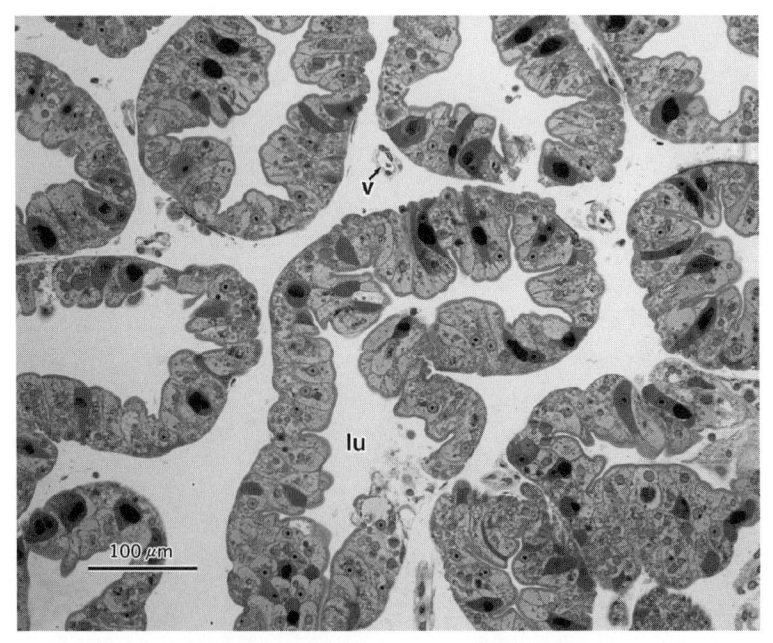

図16 中腸腺(上野正樹撮影)。中腸腺は管状腺で，不規則な形状の内腔をもつ単層円柱上皮でできている。lu：中腸腺内腔，v：血管

中腸腺（肝膵臓）

　中腸腺は消化管の周囲にある腹腔の大部分を埋める巨大な臓器で，消化酵素の分泌や栄養の貯蔵を行っている。ザリガニ類の栄養状態により，オレンジ色から黄色，濃緑色まで色調が変化する。図16は中腸腺が典型的な管状腺であることを示している。腺構造の間には血管がところどころに分布している。図17はひとつの腺の横断面を示しており，次の3種類の細胞が区別できる。①細胞内に大形の球形分泌顆粒をもち，細胞上部に微絨毛を備えるもの。②形態は①の細胞と似ているが，大形球形分泌顆粒をもたないもの。③細胞質全体が強く染色され，巨大な不整形の顆粒をもつが，微絨毛をもたないもの。

5. 泌尿器

　ザリガニ類は泌尿器として一対の触角腺をもつ。生きた状態で明るい緑色を呈することから緑腺とも呼ばれる。全体が人間の腎臓における尿のろ過・再吸収単位である腎単位一個とよく似た構造をしている。ろ過器に相当するところがcoelomosacであり，尿細管に相当する管がlabyrinthと呼ばれる。ここでは管が迷路のように折り重なっている。labyrinthを通過した尿は触角腺の上部に重なる膀胱に入る。膀胱にたまった尿は口器の上方にある一対の腎管排出孔から排泄される。ザリガニ類が外敵に襲われた際には，尾部を激しく屈伸すると同時に尿を腎管排出孔から勢いよく噴射し，すばやく逃避する。

触角腺

　図18は触角腺の縦断面の一部を示す。上方に腺構造をなすcoelomosacがあり，下方に迷路状の管の集合であるlabyrinthが示されている。図19はcoelomosacの拡大像で，単層円柱上皮でできた腺の集合になっていることがわかる。中心にやや開いた腺腔が認められる。図20は触角腺の外側に近い側のlabyrinthを示しており，管腔を形成する単層立方上皮内にはミトコンドリアが豊富に存在し，活発な代謝が伺える。管腔内はさまざまな形態

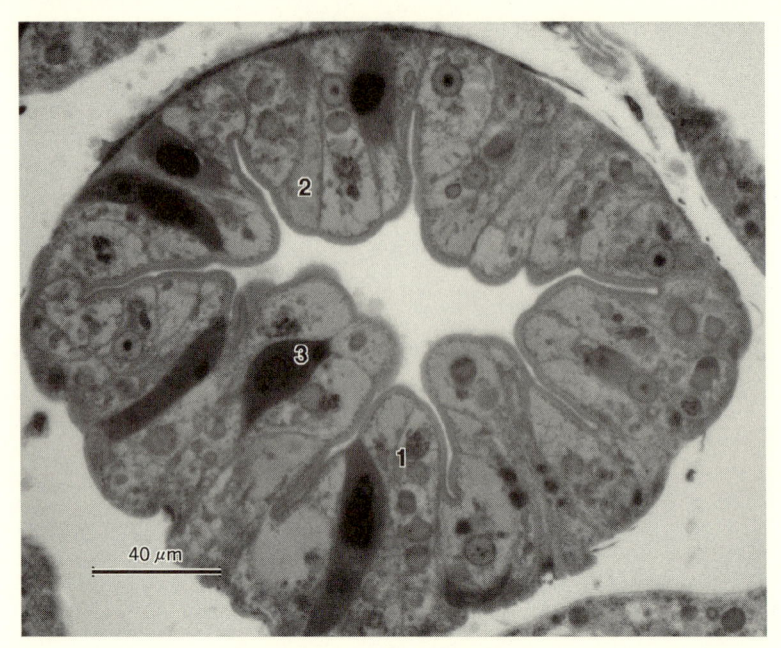

図17 中腸腺の横断面(上野正樹撮影)。3種類の細胞が区別できる。1：大形分泌顆粒と微絨毛をもつ。2：大形分泌顆粒をもたないが微絨毛をもつ。3：細胞質が強く染色され，微絨毛をもたない。

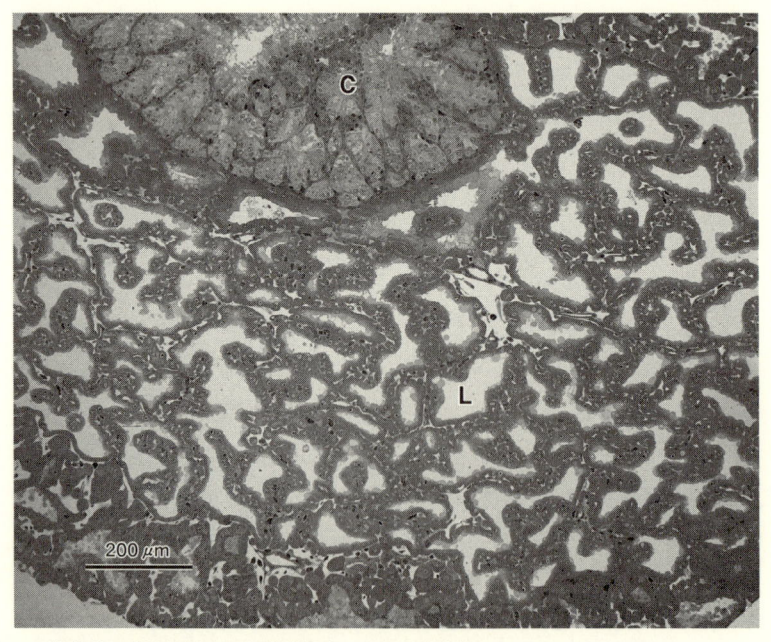

図18 触角腺の横断面(上野正樹撮影)。上部の腺構造が coelomosac であり，そのほかの入り組んだ管状構造が labyrinth と呼ばれる。C：coelomosac，L：labyrinth

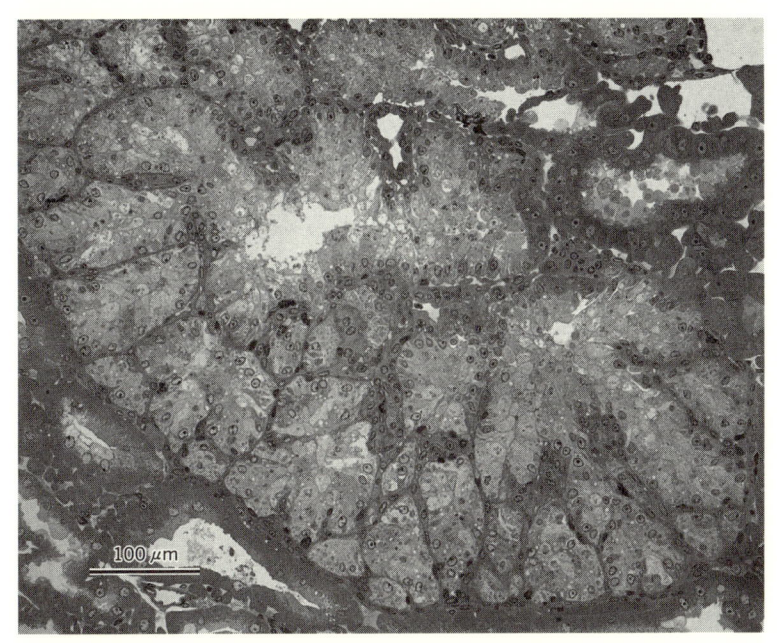

図 19 Coelomosac（上野正樹撮影）。単層円柱上皮でできた腺構造をしているが，腺腔はほとんど開いていない。

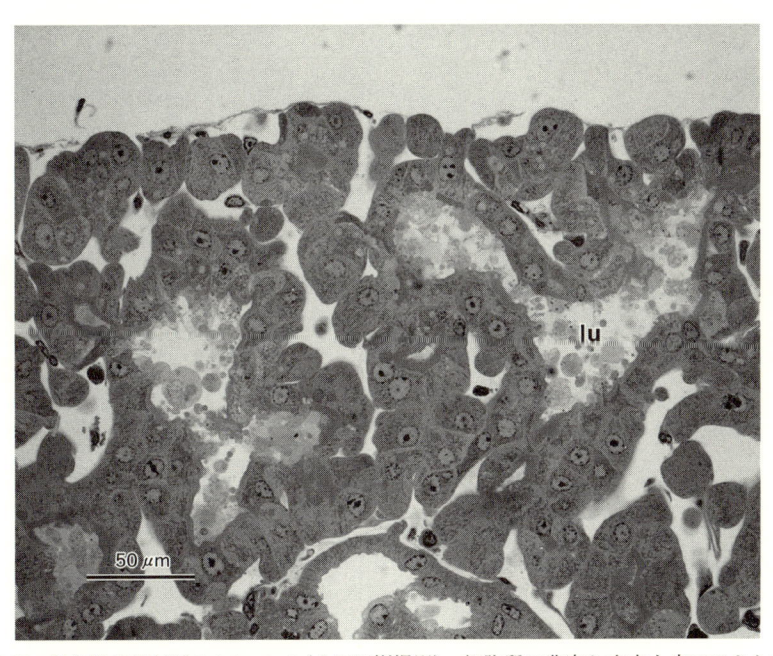

図 20 触角腺外側付近の labyrinth（上野正樹撮影）。細胞質の豊富な立方上皮でできた管状構造をもち，管腔に多くの分泌物が存在する。lu：管腔

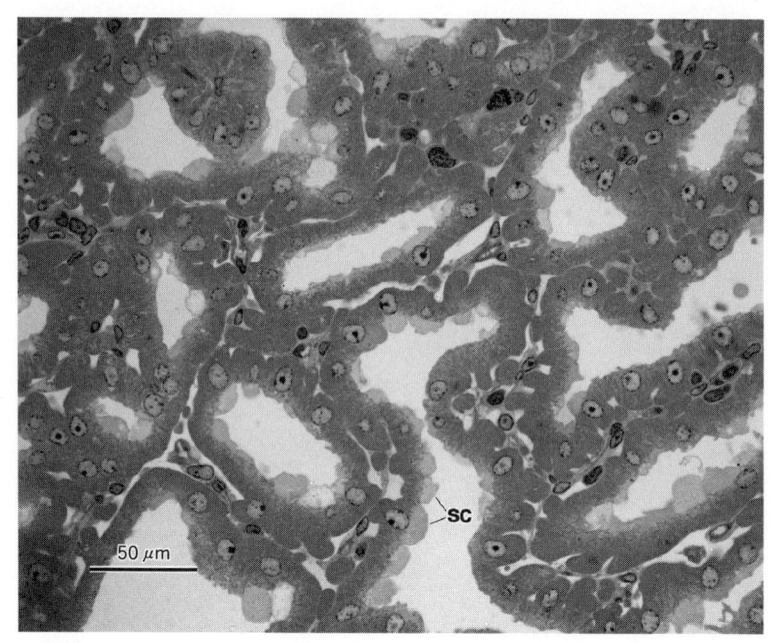

図21 触角腺の内側を占める labyrinth（上野正樹撮影）。やや扁平な立方上皮でできた管状構造をもち，広い管腔内には分泌物がある。sc：分泌物

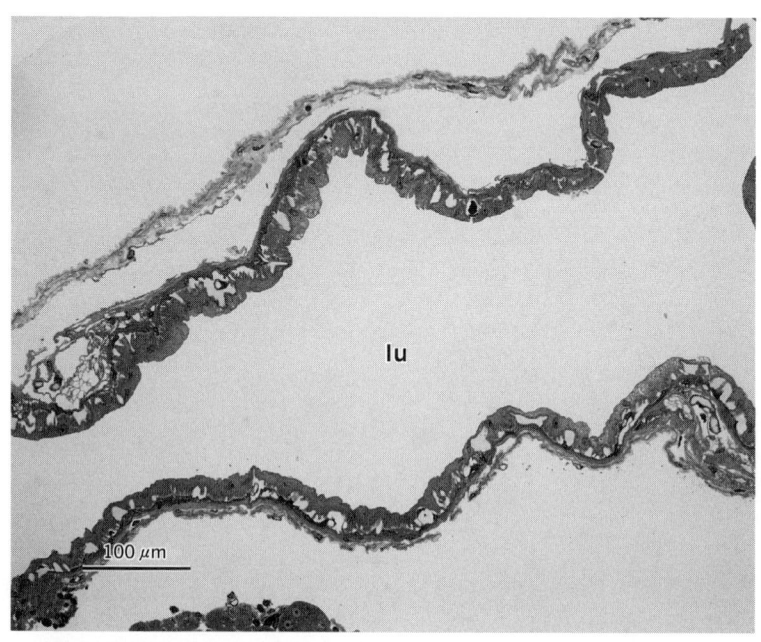

図22 膀胱の縦断面（上野正樹撮影）。膀胱壁は単層の上皮と基底部の結合組織でできている。lu：膀胱内腔

をした分泌物で満たされている。図21は触角腺の内側を占めるlabyrinthを示す。管腔を形成する立方上皮は少し扁平になり，細胞質には多数のミトコンドリアが存在する。ここでも管腔内に分泌物が分泌される様子が示されている。

膀　胱

膀胱は薄い単層上皮でできた袋で，尿が排出されたあとの膀胱壁の縦断像を図22に示す。上皮の基底側は大きい皺をつくって点状に基底部に接している様子が観察される。また，基底部には弾性板状の裏打ち構造が存在する。図23は膀胱壁の拡大像である。単層の上皮は基底部側がタコの足のように棒状に分かれており，各足先で基底部の結合組織に付着している。これは上皮細胞が膀胱内腔に尿が充満したときに横方向に引き伸ばされても細胞の形を変形させることで対応できる構造になっていることを示している。この構造はヒトの膀胱の内面を覆う移行上皮とは異なるが結果的に同じ働きをしていることになり，大変興味深い。

6. 生殖器

ザリガニ類は雌雄異体でありオスは精巣，メスは卵巣をもつ。両生殖腺とも頭胸甲部の中心にある心臓を囲む袋状の囲心腔の下方に存在する。オスの精巣は集合管と輸精管を経て第5歩脚の基部付近である底節の雄性生殖口に接続し，一方メスの卵巣は輸卵管を経て第3歩脚の基部付近である底節の雌性生殖口に接続する。

精　巣

図24は精巣の横断像で，中央の集合管を囲んで多数の精細管が観察できる。精細管管腔内にみられる丸い構造が精子である。図25ではさまざまな精子形成ステージにある精細管上皮が示され，精細管の内腔には完成した精子が観察される。精子は直径約6μmのいびつな球形をしている。図26は集合管の拡大像で，精細管でつくられた精子がこの管に集められ輸精管へと

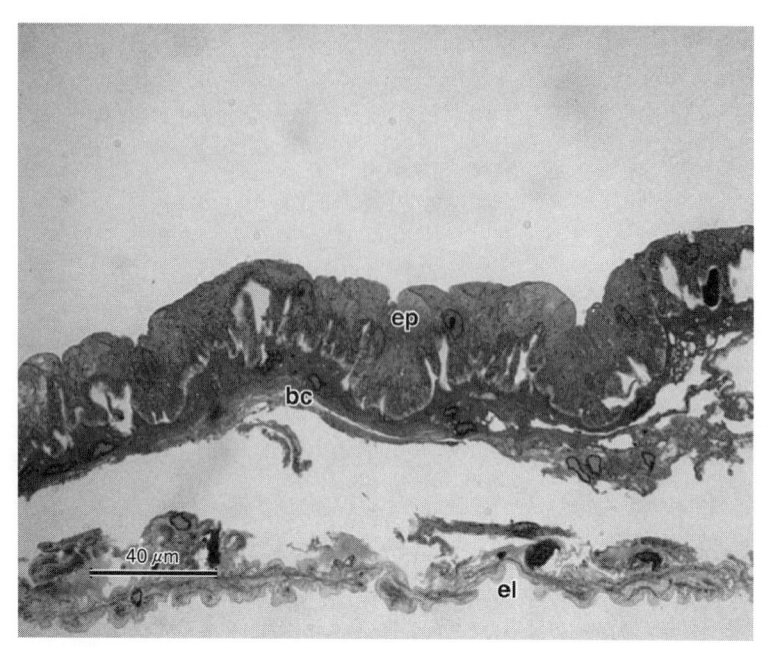

図23 膀胱壁(上野正樹撮影)。上皮細胞は基底側に大きな皺をつくって点状に基底部の細胞に接している。ep：上皮細胞, bc：基底部細胞, el：弾性板状裏打ち構造

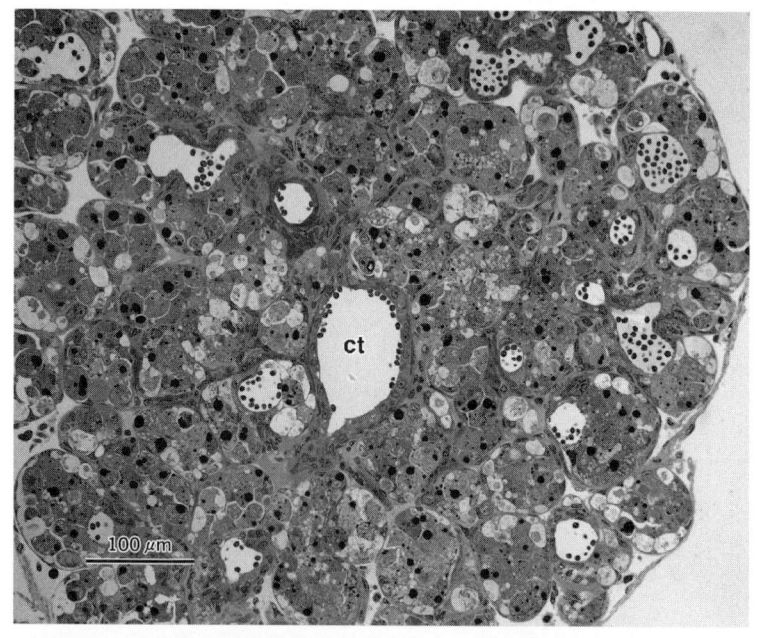

図24 精巣の横断面(上野正樹撮影)。集合管を中心に精細管が並んでいる。ct：集合管

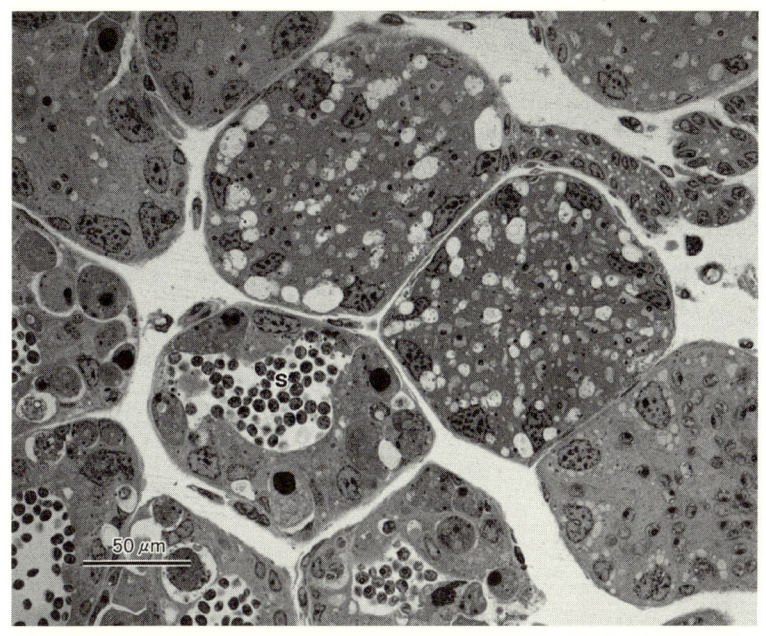

図25 精細管（上野正樹撮影）。精細管上皮はさまざまな精子形成過程を示す。精細管腔内に完成した精子が詰まっている。s：精子

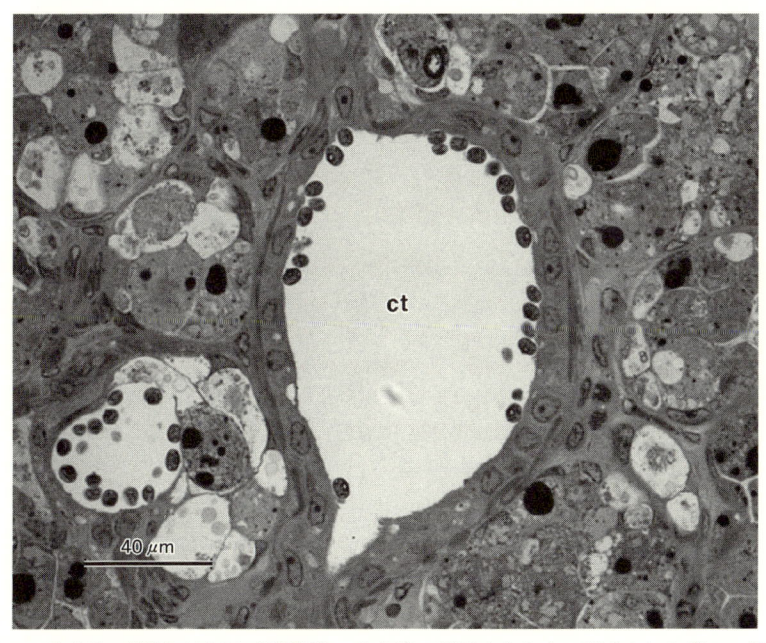

図26 集合管の横断面（上野正樹撮影）。集合管は単層立方上皮で形成された管で，精細管で形成された精子が集められる。ct：集合管内腔

運ばれる。集合管壁は単層の立方上皮で覆われている。

卵　　巣

さまざまな卵母細胞が図27に認められる。集合した卵母細胞の外側は薄い結合組織の膜で覆われている。図28は卵母細胞の拡大像を示す。単層扁平上皮細胞でできた一層の濾胞上皮で全周が取り囲まれている。細胞質内にはさまざまな小顆粒が散在する。

7. 神　　経

両眼の眼柄のつけ根の間には脳神経節があり，これを中心に神経が全身に分布している。体の正中を尾部へと伸びた神経は各体節で体節神経節をつくりそこから末梢に向かって神経繊維が束をなして分布している。脳神経節，食道神経環，食道下神経節，末梢神経系の位置や機能等の詳細は第III部第1章「脳と神経系」を参照。

脳神経節

図29は脳の断面で上部に神経細胞の集団がみえる。さまざまな太さの神経繊維が束をなし，いろいろな方向に複雑に交叉して走る様子が観察できる。

食道神経環

図30は脳から出て食道を囲む食道神経環の片側の横断面を示す。中心に直径約350 μm の巨大神経繊維が認められ，そのほかにさまざまな太さの神経繊維が束ねられている。図31はこの神経束の一部を拡大した像で，直径2〜46 μm まで実にさまざまな太さの無髄神経繊維が集合している様子が観察される。

食道下神経節

図32は食道神経環よりやや後方の神経節の横断面を示す。2本の巨大神経繊維を含むさまざまな太さの神経繊維が束になっている。図の左上から約

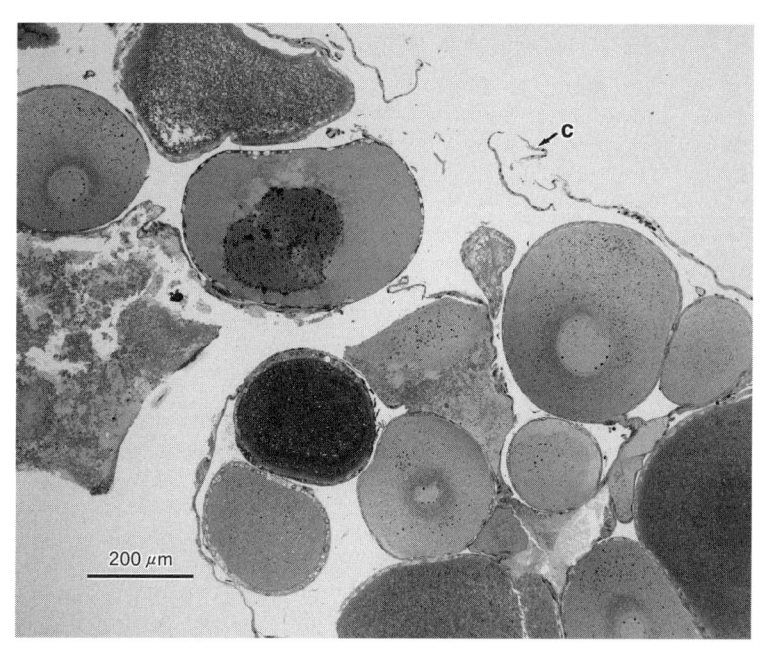

図 27　卵巣(上野正樹撮影)。複数の卵母細胞が薄い結合組織の膜で包まれている。
　　c：結合組織の膜

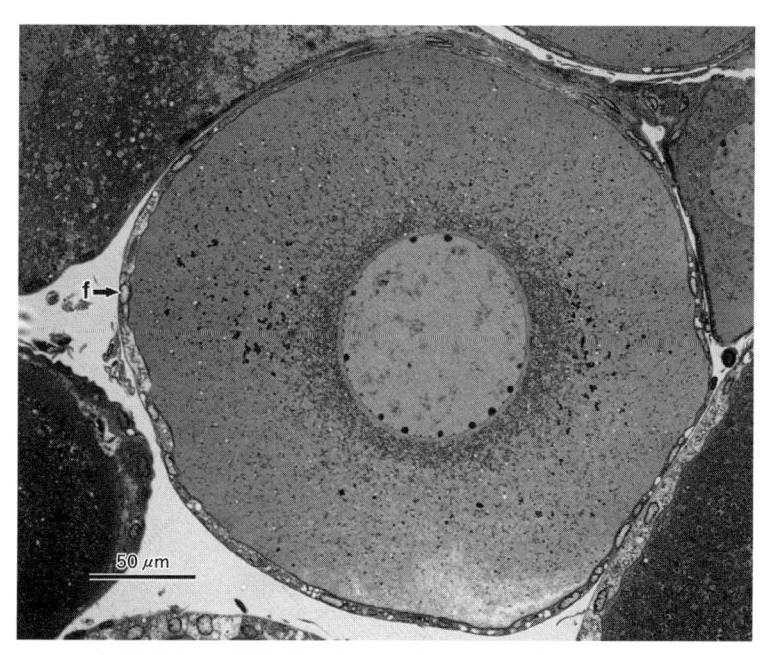

図 28　卵母細胞(上野正樹撮影)。単層扁平上皮である濾胞上皮に囲まれている。
　　f：濾胞上皮

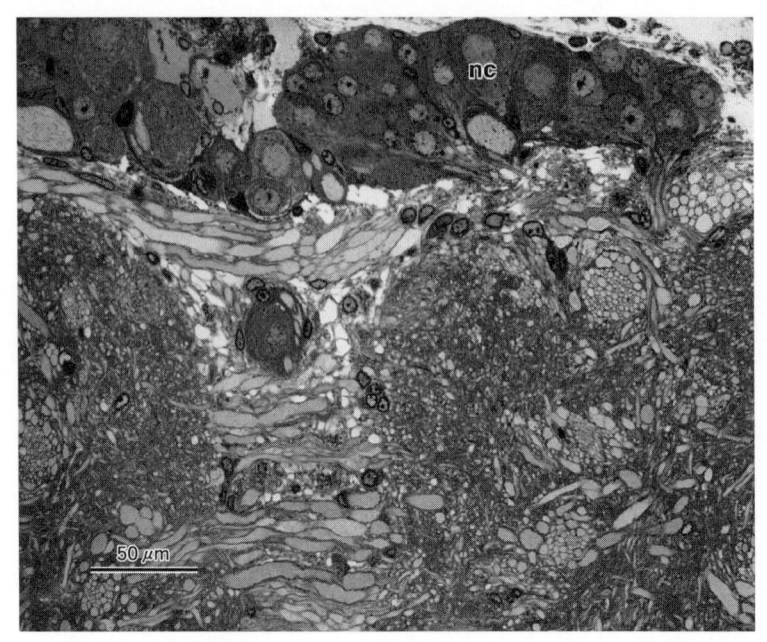

図 29　脳神経節(上野正樹撮影)。大形の神経細胞とさまざまな太さの神経繊維が複雑に交差している。nc：神経細胞

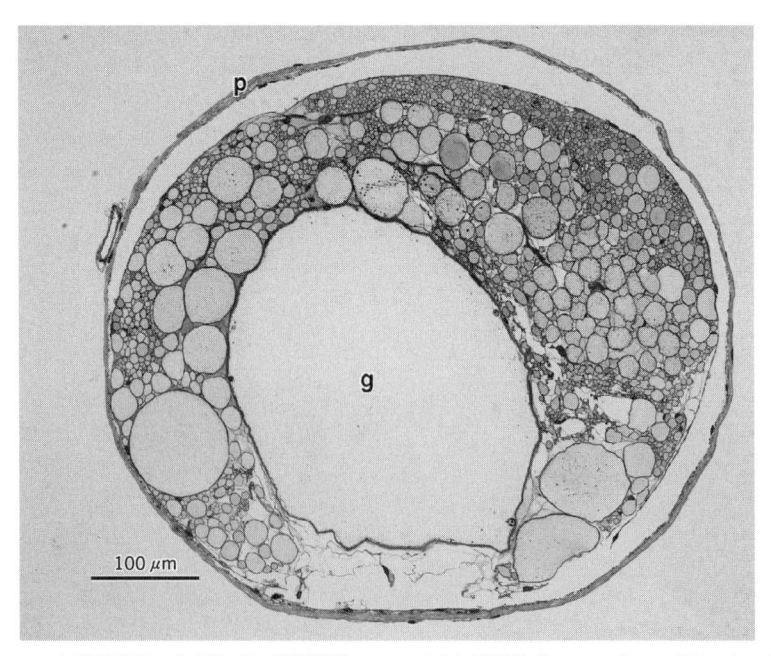

図 30　食道神経環の片側(上野正樹撮影)。1本の巨大神経繊維とさまざまな直径をもつ無髄神経繊維が，結合組織の周膜で束ねられている。g：巨大神経繊維，p：神経周膜

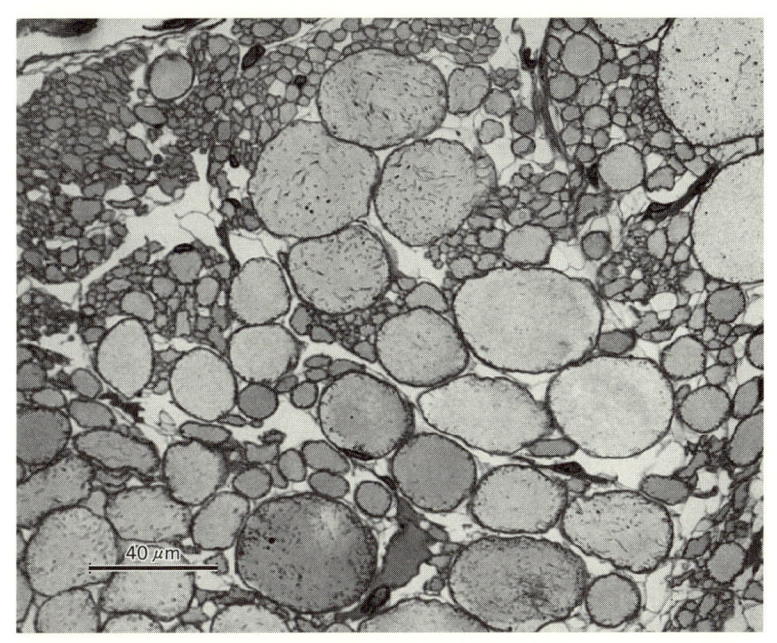

図31 食道神経環の一部(上野正樹撮影)。直径 2〜46 μm のさまざまな太さの無髄神経繊維が多数束ねられている。

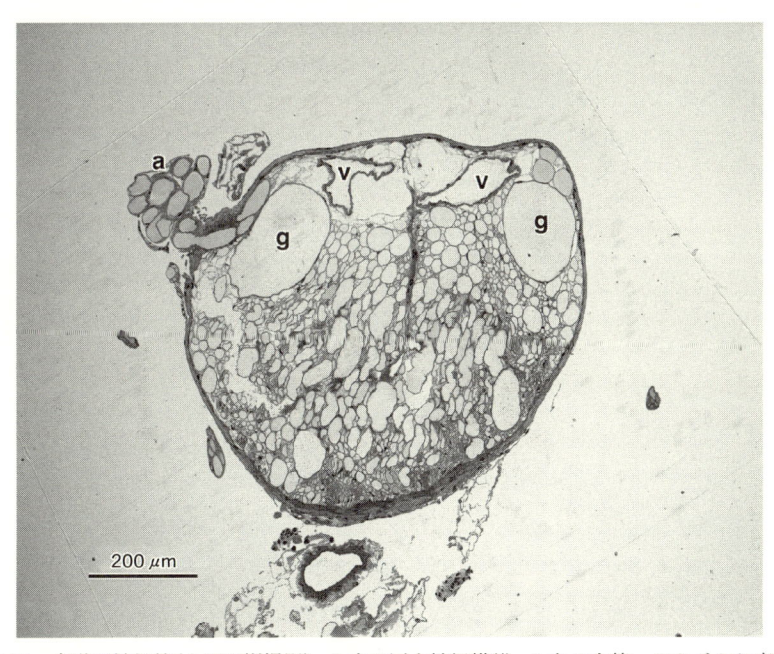

図32 食道下神経節(上野正樹撮影)。2本の巨大神経繊維,2本の血管,さまざまな直径の神経繊維が束ねられている。g:巨大神経繊維,v:血管,a:末梢に向かう神経繊維束

10本の神経繊維が末梢側に出ていく様子がわかる。

末梢神経束

図33は後腸外側にみられた神経束を示す。直径約2〜8 μm の70本ほどの神経繊維が束ねられている。

8. 筋

ザリガニ類の筋には，外骨格につくものはもとより，消化管を形成している輪状筋や縦走筋，そして心筋にいたるまでことごとく横紋構造が観察される。消化管の筋については図13と15に，心筋については図2に触れたので，ここでは外骨格につく筋に絞って紹介する。外骨格を動かす目的をもつ筋でもその部位によって働きが異なる。たとえば第一歩脚のハサミの運動にあずかる筋は早い動きだけではなく，持続的な収縮ができるはずであり，尾部の筋は危険から逃れるためにより素早い収縮と弛緩が必要とされる。

腹部屈筋

図34は腹部屈筋の一部を示す。さまざまな方向に向けて走る筋束が認められる。ザリガニ類の筋では筋束内に血管や神経などが認められないことを除くと，ヒトの骨格筋に構造が似かよっている。図35は筋原繊維の方向に沿った断面を示す。核が必ずしも筋細胞の周囲にあるわけではないことがわかる。横紋のピッチは約1.4 μm である。

第一歩脚前節の筋

図36はハサミを動かす筋の横断像を示す。筋細胞は多核であり，細胞1個の大きさが200 μm を超える。細胞間の結合組織はわずかしか認められず，血管も神経も観察されない。この筋の一部の拡大像を図37に示す。横紋のピッチは約4.2 μm であり，核の大部分は細胞周囲にあるが，筋細胞の中ほどにあるものもある。腹部屈筋に比べると横紋のピッチが大きいことと筋細胞全体に筋原繊維が詰まっている点が異なっている。

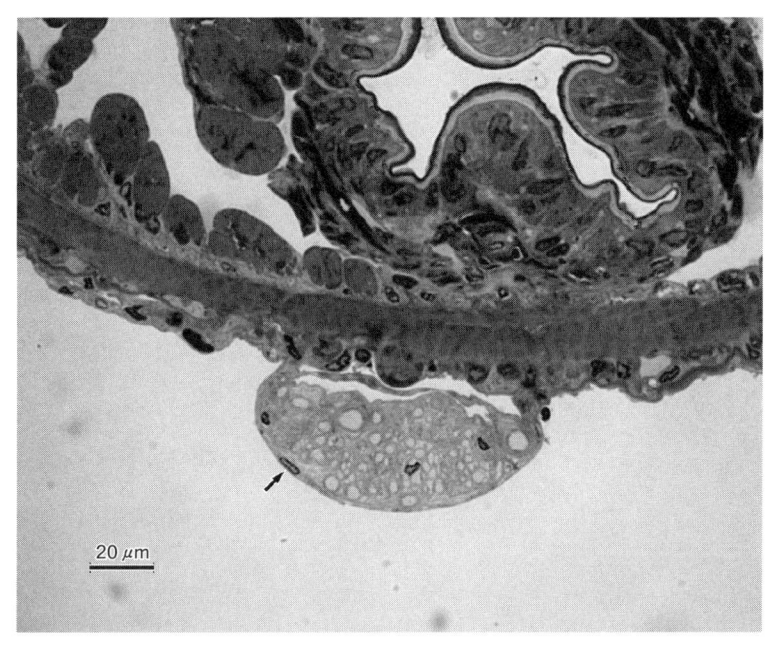

図33 末梢神経束(上野正樹撮影)。後腸の外壁に付着する神経束で約70本の神経繊維が神経周膜に囲まれている。矢印：神経周膜の核

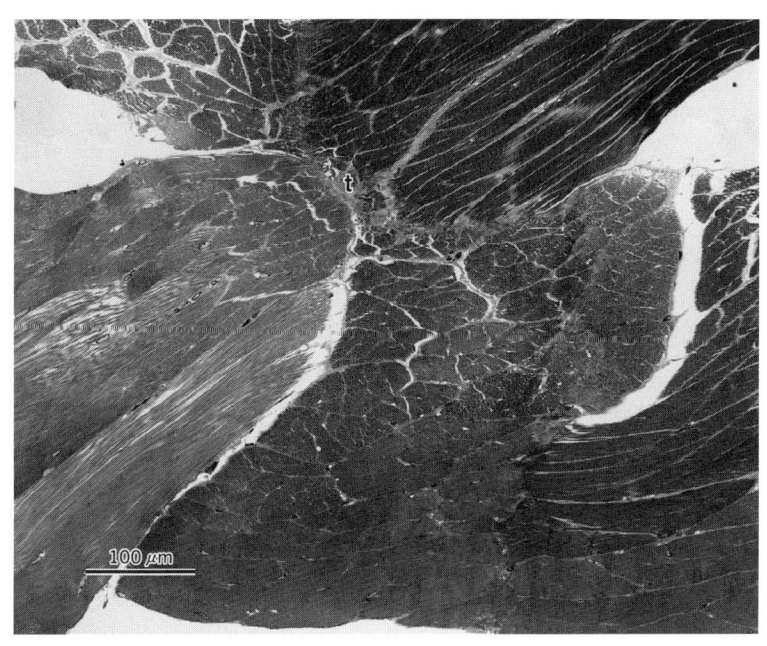

図34 腹部屈筋(上野正樹撮影)。異なった方向へ走る筋が腱様構造に付着している。
t：腱様構造

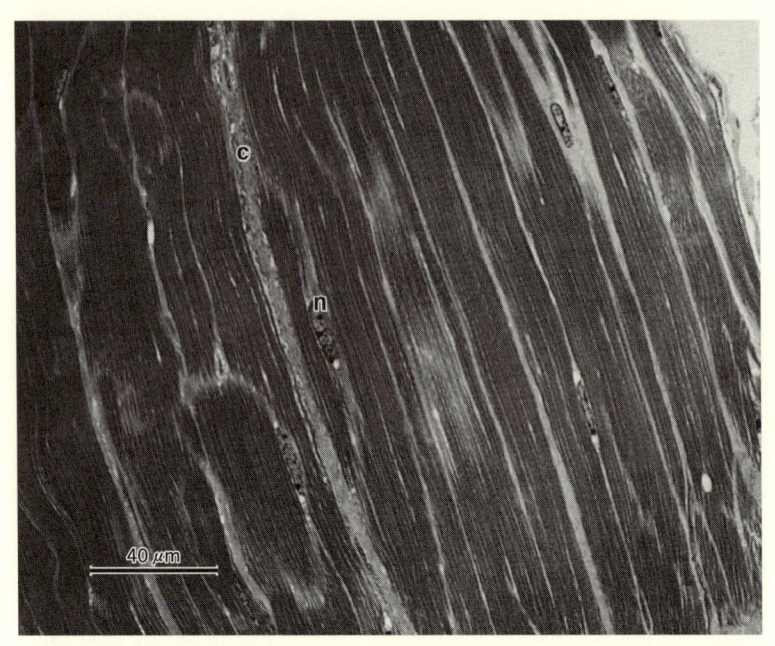

図35 腹部屈筋の縦断面(上野正樹撮影)。筋細胞中にはわずかな結合組織と横紋構造をもつ多量の筋原繊維が認められる。c：結合組織，n：筋細胞の核

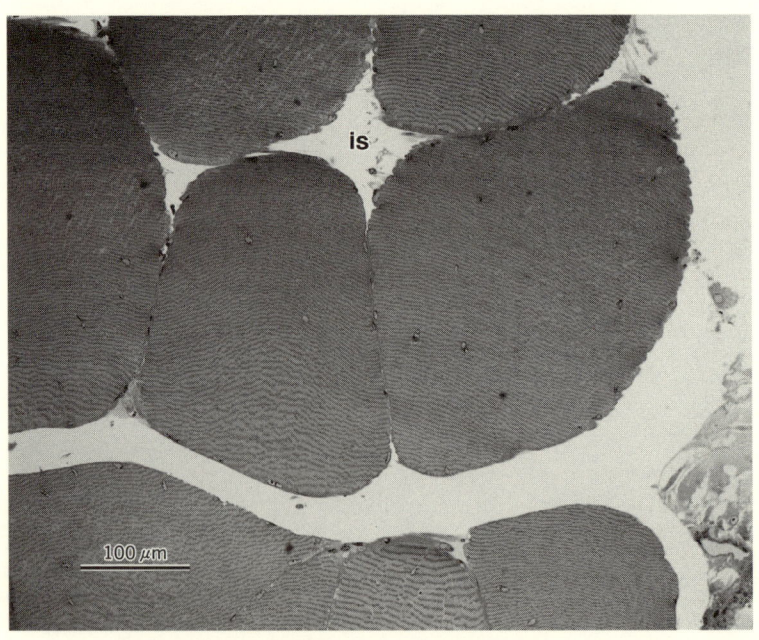

図36 ハサミを閉じる筋(上野正樹撮影)。第一歩脚前節のハサミにつく筋で，筋細胞どうしは互いに密着する面と広い細胞間隙をはさんで接する面をもつ。is：細胞間隙

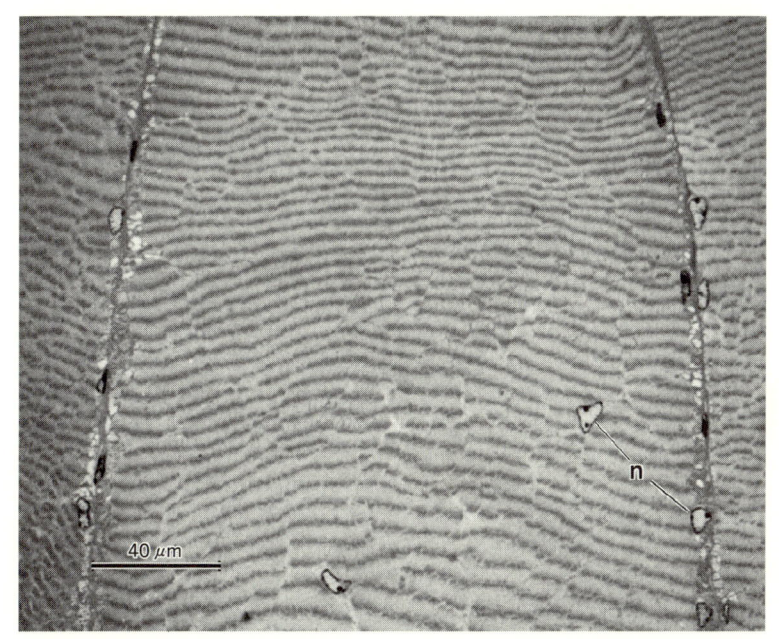

図37 筋細胞の横紋と核(上野正樹撮影)。ハサミを閉じる筋は，細胞内のほとんどが筋原繊維で占められる。大部分の核は細胞周囲に追いやられているが，筋細胞の中ほどにあるものも観察される。n：筋細胞の核

9. 外 骨 格

　ザリガニ類は全身をキチン質でできたクチクラ層で覆われている。頭胸甲や歩脚，腹部背板などのクチクラ層は主に炭酸カルシウムを主成分とするカルシウム塩で石灰化している。硬い外骨格は外敵や共食いから身を守るのに役立っている。キチン質の層やカルシウム塩は表皮細胞より脱皮のたびに分泌される。頭胸甲の側面の内側に鰓を入れている部分は表皮が下端で折れ曲がり，血液の流れるスペース(血体腔)を介して二枚の表皮が向かい合う構造となっている。

第一歩脚前節の表皮

図38は脱皮後の表皮の断面を示している。厚さ約55 μm の外骨格はまだ石灰化していない。上皮はほぼ単層で，厚さは50～60 μm の細長い形状をしており，基底側には結合組織細胞がいり組んで付着している。この結合組織は他方では皮下の筋にも付着しており，筋と上皮および外骨格をしっかり結びつける構造になっている。図39は拡大像で，上皮の外骨格に接する側に多数の空胞が認められる。ほとんどの表皮細胞がその側面で血漿の流れる血体腔に接しているように観察される。これは体液中からのミネラルを効率よく新外骨格に運搬するのに役立つ構造と考えられる。

鰓室壁の表皮

図40は鰓室の壁で甲皮の折れ返った部分を示している。外骨格に接する側は厚さが約40 μm の多列上皮で覆われている。血体腔をはさんで，折れ返った部分も基本的構造は同様だが，クチクラ層は極端に薄く約2 μm であり，上皮は扁平で，厚さは2～10 μm である。2枚の上皮層にはさまった血体腔はかなり広いスペースで，体液が容易に移動できる構造になっている。これは脱皮時に起こるミネラルなどの大量運搬に役立っているものと推測できる。

10. 眼　球

ザリガニ類は一対の複眼をもつ。複眼は体外に突出した眼柄の先についており，眼柄内の動眼筋により眼柄が動かされることで広い視野を得ている。

複　眼

図41は複眼の縦断像の一部を示す。複眼の基部には視神経節があり，さらに深部には発達した動眼筋が認められる。複眼上部の拡大像を図42に示す。外側から角膜レンズ(厚さ約20 μm)，ガラス体(厚さ約55 μm)，視細胞(厚さ600 μm 以上)の順に並んでいる。視細胞の周囲にはメラニン色素顆粒を含んだ近位色素細胞が観察される。

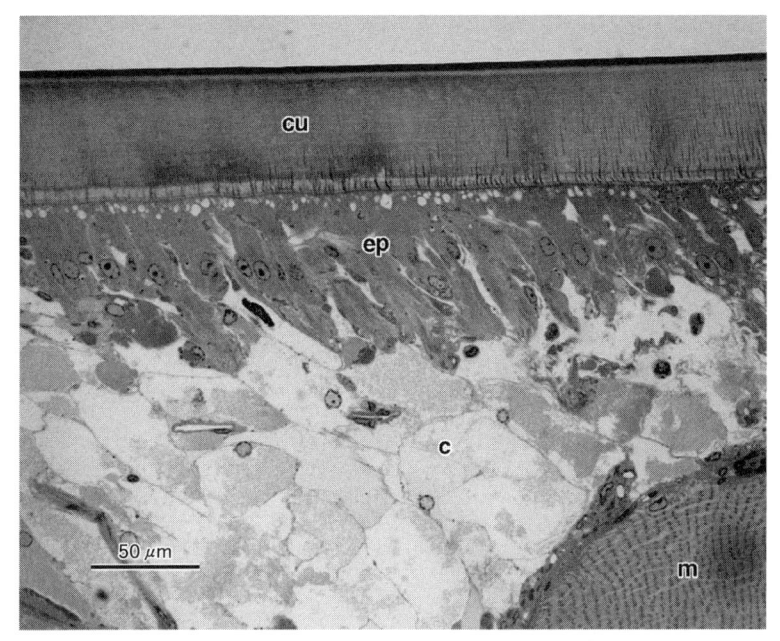

図 38 表皮の縦断面(上野正樹撮影)。脱皮後の第一歩脚前節の表皮でクチクラ層,上皮,基底部の結合組織からなる。cu:クチクラ層,ep:上皮,c:結合組織,m:筋

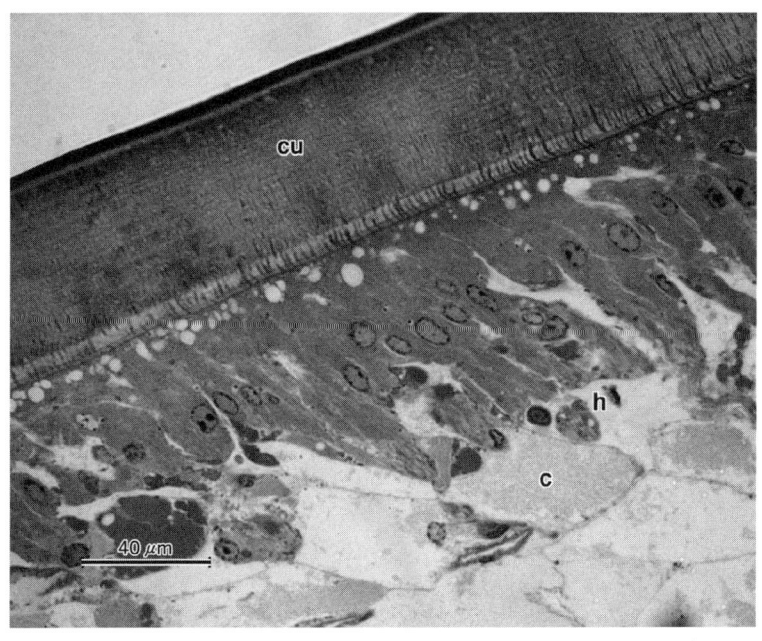

図 39 表皮細胞(上野正樹撮影)。上皮細胞は単層で,上部はクチクラ層,基底部は結合組織または血体腔に接している。cu:クチクラ層,c:結合組織,h:血体腔

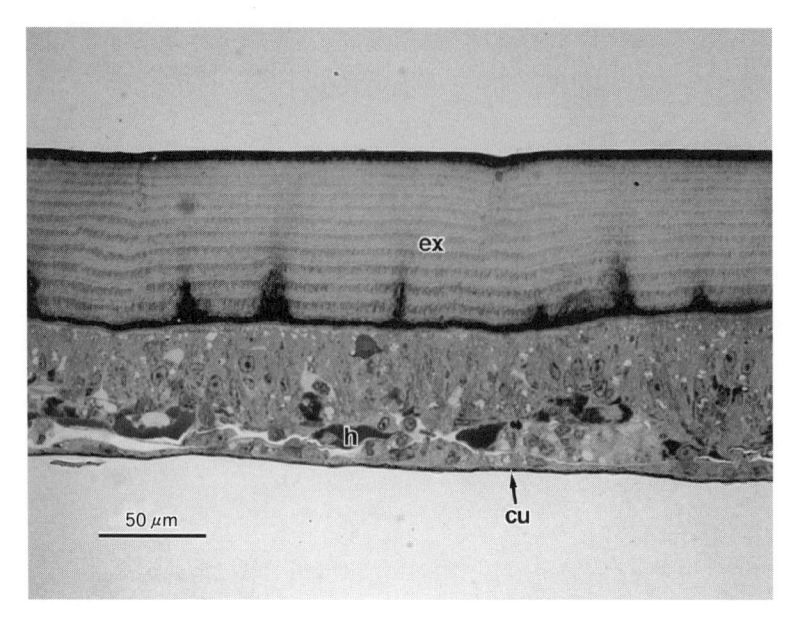

図40 鰓室の壁(上野正樹撮影)。甲皮の折れ返った部分が壁を形成し，2枚の表皮が血体腔をはさんで向かい合っている。ex：クチクラ層(外骨格)，cu：クチクラ層(鰓側)，h：血体腔

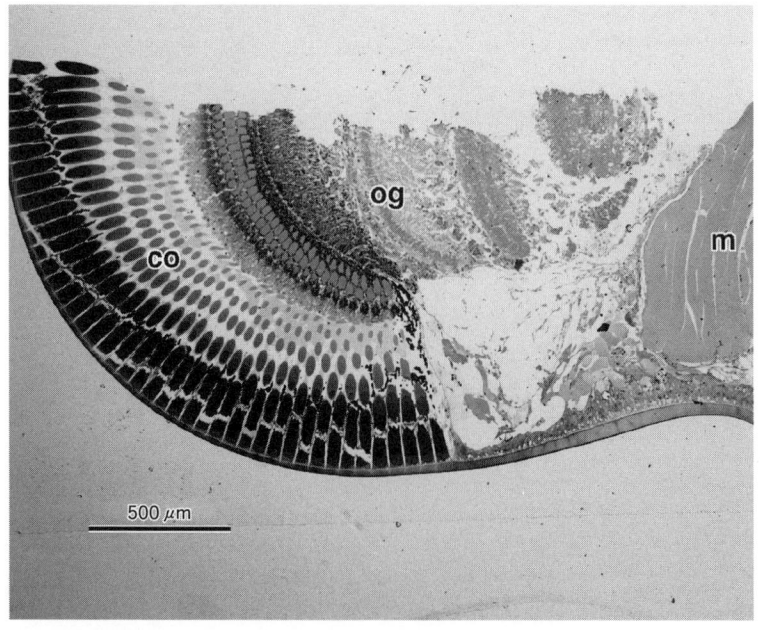

図41 眼球の縦断面(上野正樹撮影)。発達した複眼と視神経節があり，つけ根の眼柄内に動眼筋が認められる。co：複眼，og：視神経節，m：動眼筋

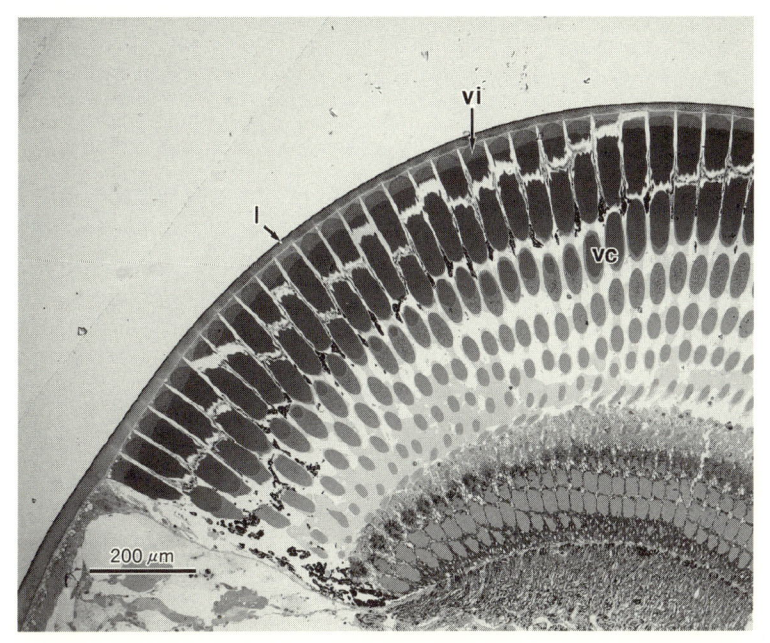

図42 複眼(上野正樹撮影)。外側から内側に角膜レンズ，ガラス体，視細胞の順に配列している。l：角膜レンズ，vi：ガラス体，vc：視細胞

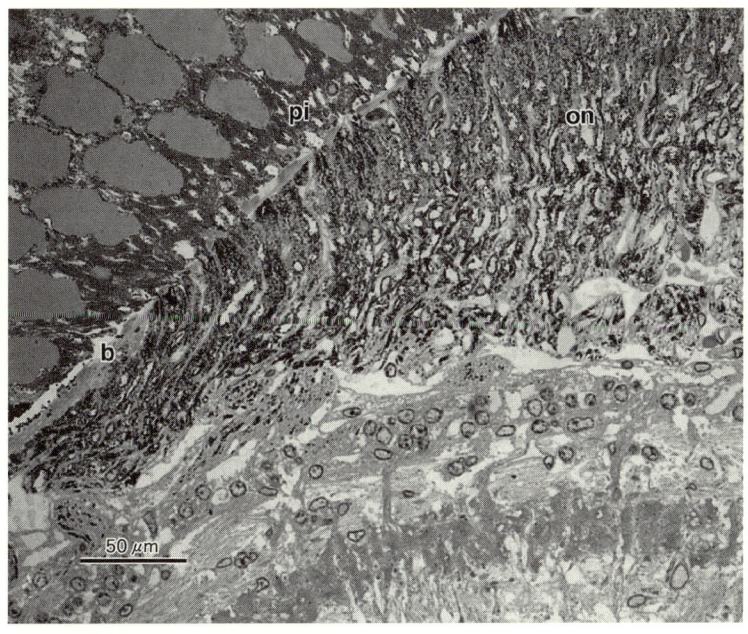

図43 視神経節(上野正樹撮影)。複眼の基部には複雑な神経のネットワークが構築されている。b：基底膜，on：視神経，pi：近位色素細胞

視神経節

複眼下部の構造を図 43 に示す。基底膜をはさんで上部には近位色素細胞に囲まれた視細胞と視神経が分布し、下部のさまざまな神経細胞と複雑なネットワークを構築している様子が観察される。

[引用文献]

Clarke, K. U. 1973. The Biology of the Arthropoda. 270pp. Edward Arnold (Publishers) Ltd., London,(北村實彬・高藤晃雄共訳. 1979. 節足動物の生物学. 246 pp. 培風館.)

Frederich, W. H. and Humes, A. G. 1991a. Microscopic Anatomy of Invertebrates, Vol. 9, Crustacea. 652pp. A John Wiley & Sons, Inc., Publication, New York.

Frederich, W. H. and Humes, A. G. 1991b. Microscopic Anatomy of Invertebrates, Vol. 10, Crustacea. 459pp. A John Wiley & Sons, Inc., Publication, New York.

Holdich, D. M. 2002. Background and functional morphology. In "Biology of Freshwater Crayfish". (ed. Holdich, D. M.). pp. 3-52. Blackwell Science, London.

Holdich, D. M. and Reeve, I. D. 1988. Functional morphology and anatomy. In "Freshwater Crayfish: Biology, Management and Exploitation". (ed. Holdich, D. M. and Lowery, R. S.). pp. 11-51. Croom Helm, London.

Huxley, T. H. 1879, 1880, 1881, 1974. The Crayfish: an Introduction to the Study of Zoology. Kegan Paul, London (1974 edition published by The MIT Press, Cambridge, Massachusetts, 371pp.).

松香光夫・大野正男・北野日出男・後閑暢夫・松本忠夫. 1985. 昆虫の生物学. 240 pp. 玉川大学出版部.

日本動物学会編, 1990. 動物解剖図. 137 pp. 丸善.

斉藤哲夫・松本義明・平嶋義宏・久野英二・中島敏夫. 2000. 新応用昆虫学三訂版. 261 pp. 朝倉書店.

第III部

神経生理・行動学

脳と神経系
ザリガニの脳と神経における構造と機能の連関をめぐって

第 *1* 章

高畑雅一

要　旨

　アメリカザリガニ *Procambarus clarkii* は50年以上にわたって神経生理学，行動生理学の実験材料として用いられ，研究を先導する多くの概念・作業仮説の形成に役立ってきた。本章では，その神経系の細胞構築および構成要素である神経細胞（ニューロン）に関する基本的知見を紹介するとともに，神経回路網の働きについて概説する。また，ほかの実験動物と比較して本種の生理学研究上での特徴について述べる。

1. はじめに

　アメリカザリガニをはじめとする甲殻類動物は，半世紀以上にわたって神経生理学，感覚・行動生理学の実験材料として用いられてきた。それは，甲殻類では神経活動を記録することがきわめて簡単であるからである。感覚刺激に対する中枢応答は，縦連合と呼ばれる神経軸索束から容易に細胞外的に記録することが可能であり，中枢ニューロンでのシナプス活動も，細胞が大きいため，ガラス管微小電極によって容易に細胞内誘導することができる。いずれの記録法を用いるにせよ，実験用標本の作成は容易で，通常の実験であれば数分ないし十数分で完了する。標本の維持も簡単で，脳以外の中枢神経系および末梢神経系については，単離した神経系を生理食塩水中に浸すだけで，実験に十分な時間生かしておくことができる。今日生理学においてin vitro 実験系と呼ばれる手法のいわば先取りであった。さらに in vivo 実験系(in situ 実験系)，すなわち神経系を単離せず本来の体内位置に保存し

たまま微小電極法を適用する全体標本においても，生理食塩水の灌流によって十分な時間の実験が可能となる。また，細胞外および細胞内記録用電極を用いた単一細胞刺激実験も容易に行うことができる。これらの実験上の利点を生かした研究により，たとえば感覚情報処理における側方抑制や labeled line theory，運動出力発現における command neuron hypothesis など，今日の神経科学理解の基礎を築いた重要な概念・仮説が提唱されてきた。

ザリガニがもつこれら実験動物としての利点は，多くその神経系の構造に起因するものである。以下では，ザリガニの神経系の特徴を，構造と機能の側面から紹介する。なお，実験動物としてのザリガニに関する体系的な著作としては，山口恒夫の『ザリガニはなぜハサミをふるうのか』(2000)を参照されたい。

第Ⅲ部「神経生理・行動学」は専門性がきわめて高く，専門用語が多くならざるを得ない。専門用語に関しては初学者でも充分に理解できるように本文中に * を付し，各章末に「専門用語の解説」を添付して補足した。加えて各章で関連性が強く系統だった説明をしているので，第1章から第3章の順で読んでいただくことで，十分な理解が可能となる。

また第Ⅲ部では，ザリガニ類のうち主にアメリカザリガニを題材として使っている。そして神経生理の領域では，各種のザリガニ類を単に「ザリガニ」と記述することが多い。そこでとくに理由がないときは，第Ⅲ部では，アメリカザリガニをはじめとしたザリガニ類を「ザリガニ」と記した。

2. 中枢神経系と末梢神経系

甲殻類の神経系は，ヒトを含む脊椎動物と同様，中枢神経系と末梢神経系に区別される。甲殻類の場合，中枢神経系は，複数の神経節とそれらを結合する縦連合で構成される。ザリガニ成体では，13個の神経節を含み，このなかで食道上神経節は脳神経節とも呼ばれ，3つの神経節が融合してできたものと考えられている。食道下神経節，腹部第6(最終)神経節も，それぞれ6つおよび2つの神経節が融合して形成される。なお，口胃神経節や心臓神経節などは中枢神経系から離れて存在する。末梢神経系は，体表クチクラ下

部に存在する感覚神経細胞体とその軸索束，および神経節から筋に伸びる運動神経軸索束からなる。

はしご状神経系

脳を含む中枢神経系の構造を理解する上で，「はしご状神経系」という見方は非常に有益である。甲殻類のなかでも比較的原始的な形態を示すアルテミア（通称ブラインシュリンプ，シーモンキーなど。無甲類）では，中枢神経系は文字通り「はしご」の形状をしている（図1A）。すなわち縦方向に伸びる「縦連合」が支柱であり，横方向に伸びる「横連合」が踏ざんである。甲殻類は体節性および左右相称性を示す動物であり，横連合はそれぞれひとつの体節に対応し，縦連合は左右側に対応する。縦連合および横連合とも，その実体は神経軸索の束である。神経細胞（ニューロン）は一般に，細胞体，樹状突起，軸索の3つの部位からなるが，縦連合と横連合が交わる部分に細胞体と樹状突起が存在し，神経節を形成する。アルテミアなど無甲類（ホウネンエビ目）では，各体節で左右の神経節が横連合で結合され，それぞれが体の長軸方向に縦連合で結合される，という形をとっている。

ザリガニでは，左右の神経節は融合しており，実体顕微鏡下での解剖においては，外見上ひとつのかたまりとして認識される（図1B）。そのため，神経節が2本の縦連合でつながった形となり，さらに胸部，腹部では左右の縦連合が1本に融合しているため，ザリガニの中枢神経系は，「2本の支柱と複数の踏ざん」という本来のはしご状形態からは逸脱している。最前方の神経節である脳は，脳神経節とも呼ばれ，3つの神経節が縦方向に融合して形成される。組織学的には，前大脳，中大脳，後大脳と呼ばれ，それぞれで左右の構造物が横連合で結合した形となっている。前大脳からは動眼神経および前内側神経，中大脳からは第1触角神経，後大脳からは第2触角神経と表皮神経がそれぞれ末梢に伸びる。

微小脳としての甲殻類脳

水波誠は，その著書『昆虫―驚異の微小脳』(2006)のなかで，外骨格をもつ動物の脳を「微小脳」と呼び，その特徴を脊椎動物脳（巨大脳）と比較して

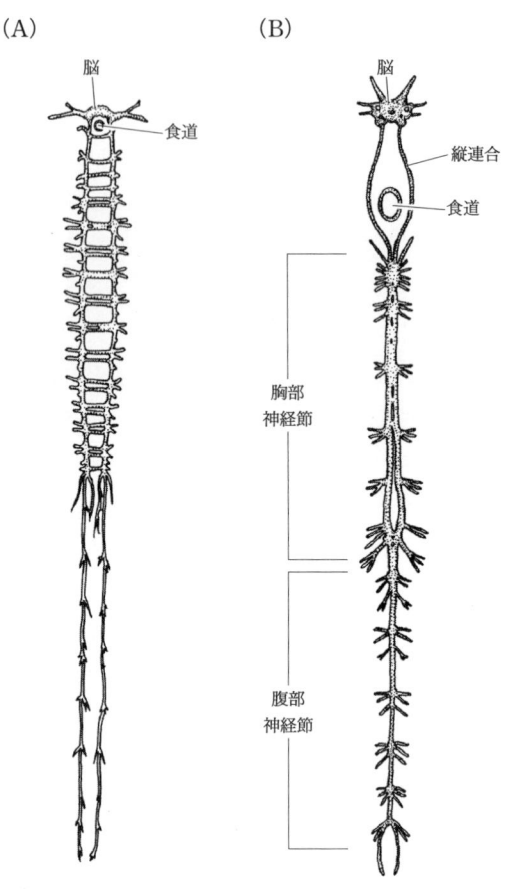

図1 はしご状神経系（Brusca and Brusca, 2003 より）。(A)無甲類（アルテミア）の中枢神経系 はしご状形態をよく残している。(B)十脚類（ザリガニ）の中枢神経系 左右神経節および縦連合が融合している。

詳細に論じている。ザリガニを含む甲殻類の脳は，この定義によっても，また実質的な昆虫との比較によっても，微小脳として理解される。その最も明らかな特徴は，巨大脳と比較したときのサイズの小ささであり，含まれる細胞の少なさであろう。ほかにもザリガニの脳は，微小脳の一般的特徴を多数備えている。ここでは微小脳としてのザリガニの脳の構造と機能についてまとめる。

　ザリガニの脳の構造は，基本的には昆虫と同じだが，ザリガニやウミザリ

ガニ，カニなどの甲殻綱十脚目では，複眼が眼柄と呼ばれる可動性の付属肢様構造物に存在し，そのなかに視神経節(optic ganglia)と呼ばれる4つの神経節(視葉板，外髄，内髄，終髄)が存在する(図2)。視神経節を視葉板，外髄，内髄の3つとし，終髄と半楕円体を合わせて側方前大脳とする見方もある。側方前大脳は，ヤドカリの仲間では，脳本体に含まれることがあるからである。これら神経節は左右1対存在し，それぞれの眼柄のなかでは不対性であり，はしご状を示さない。眼柄内の神経節は，いわば昆虫脳の視覚情報処理にかかわる部位(視葉)が眼柄に出張った形になっており，前大脳から出る視索(視神経)は，脳と眼柄神経節の連絡路である。ここでは，これら眼柄神経節は前大脳の一部[*1]として取り扱う。

脳を含むすべての神経節は，①細胞体のクラスター部，②樹状突起および

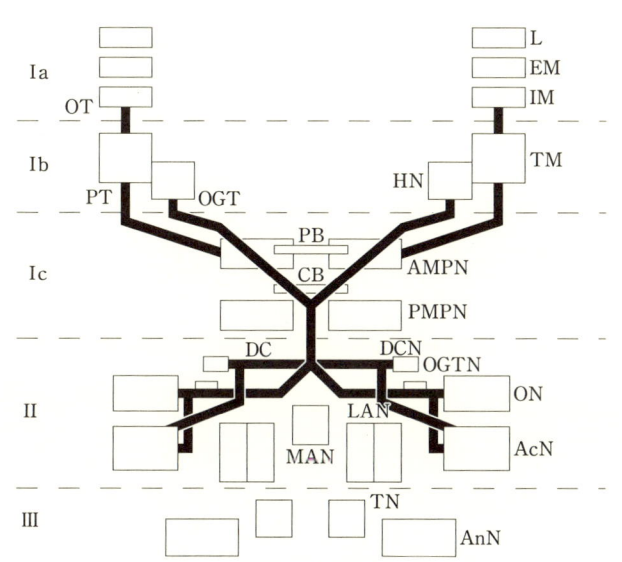

図2 ザリガニ脳の主要ニューロパイルと神経索(Sandeman et al., 1992 より)。
Ia-c：前大脳，II：中大脳，III：後大脳，AcN：付属葉，AMPN(PMPN)：前(後)方内側前大脳ニューロパイル，AnN：第2触角ニューロパイル，CB：中心体，DC：中大脳横連合，DCN：中大脳横連合ニューロパイル，EM：外髄，HN：半楕円体，IM：内髄，L：視葉板，LAN(MAN)：外(内)側第1触角ニューロパイル，OGT：嗅脳索，OGTN：嗅脳横連合ニューロパイル，ON：嗅覚葉，OT：視神経索，PB：前大脳橋，PT：前大脳索，TM：終髄，TN：表皮神経ニューロパイル

軸索終末が重なり合う神経交繊毛(ニューロパイル)部，そして③軸索束からなる神経索，の3部位で構成される。脳内の3領域(前・中・後大脳)はいずれもこの構成を示す。細胞体のクラスターは，脳全体で17(Sandeman et al., 1992)ないし19個(Tautz and Tautz, 1983)に区別され，いずれも表面に分布する。アメリカザリガニを用いたTautz and Tautz(1983)によると，背側に3対(中大脳2，後大脳1)，腹側に4対(前大脳1，中大脳2，後大脳2)がみられ，中心線上に不対の2グループ(前大脳1，後大脳1)，左右側面に1対(中大脳)，そして前面側に不対の1グループ(前大脳)が存在する。ニューロパイルは，脳神経節の大部分を占め，情報処理が行われる重要な部位である。主なものに，前大脳では前方および後方内側前大脳ニューロパイル，中心体，前大脳橋，中大脳では内側および外側第1触角ニューロパイル，嗅覚葉，付属葉，後大脳では第2触角ニューロパイルと表皮神経ニューロパイルが，それぞれ挙げられる(図3)。眼柄内の5つの神経節(視葉板，外髄，内髄，終髄，半楕円体)もそれぞれニューロパイル構造を示す。神経索は，ニューロパイルどうしを結合する連絡路で，視索(内髄と終髄を連絡)，前大脳索(終髄および半楕円体と大脳本体を連絡)，嗅球索(終髄および半楕円体と嗅覚葉および付属葉を連絡)は代表的な前大脳の神経索であり，中大脳横連合は左右の付属葉を連絡する。

　脳内での情報処理(計算)にかかわるのは，ニューロパイル部である。後述するように，甲殻類においては，中枢ニューロンの細胞体は，情報処理に直接的に関与することはない。核を含み，生存および機能に必要な種々のタンパク質の製造にかかわるいわばハウスキーパーとしての役割を果たしている。軸索は，情報処理(計算)結果を，活動電位というデジタル信号で脳内外に伝える役割をもつ。ニューロパイルでは，樹状突起と軸索終末とが複雑に絡み合った状態となっており，ここで神経回路網が形成される。ニューロパイルのなかで感覚系の名称を含むもの，たとえば嗅覚葉や触角葉は，その感覚情報処理に主としてかかわると考えられる。付属葉は，感覚ニューロンからの直接的な軸索投射がなく，また，脳内運動ニューロンの樹状突起も投射しない。そして，前大脳のニューロパイルにも，感覚ニューロンからの直接的な軸索投射がない。中心複合体(中心体と前大脳橋を含む)は，下行性の運動制

第1章 脳と神経系　161

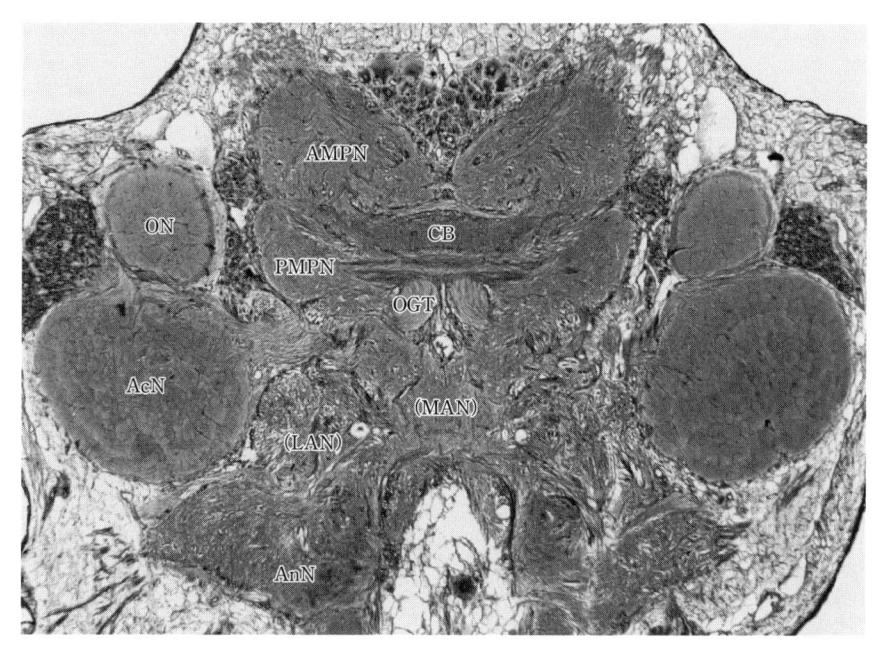

図3 アメリカザリガニの脳の水平断面(加賀谷勝史原図)。Davidson法で固定した脳に改変Holmes法を適用して鍍銀染色を行った。AcN：付属葉，AMPN(PMPN)：前方(後方)内側前大脳ニューロパイル，AnN：第2触角ニューロパイル，CB：中心体，LAN：外側第1触角ニューロパイル，MAN：内側第1触角ニューロパイル，OGT：嗅球索，ON：嗅覚葉

御信号形成にかかわると考えられているが，詳細は不明である。昆虫では，偏光情報にもとづく定位行動にかかわるとする報告がある。なお，眼柄内の半楕円体を除く4つの神経節は視覚情報の処理にかかわる。半楕円体は，昆虫で記憶にかかわる高次中枢であるキノコ体[*2]と相同であるとの説があるが，半楕円体の機能・働きについての詳細は不明である。

腹部神経索――神経節と縦連合

脳から後方に伸びる環食道縦連合は明確に左右1対存在し，食道よりも後方で食道下神経節を経て，胸部および腹部神経節と連絡する。これらの神経節と縦連合を合わせて腹部神経索(腹髄)と呼ばれる。胸・腹部神経節には，末梢からの感覚ニューロン軸索が投射するのみならず，その感覚情報処理の

ための介在ニューロン回路網が存在し，また運動ニューロン樹状突起も投射する。腹部神経索は，脊椎動物の脊髄に対応する機能的構造物とみなすことができる。脊髄固有介在ニューロンに対応する腹部固有介在ニューロンも知られている。胸・腹部神経節は，脳と同様に細胞体クラスター，ニューロパイル，神経索などの構造を示すが，脳ほど複雑な組織構築は示さない。腹側に細胞体クラスター，背側に樹状突起のニューロパイルが存在し，神経索は水平面内で左右を結ぶ前後の横連合が主なものである（図4）。

縦連合は，大規模な軸索の束である（図5A）。脳を含む各神経節には，節内に投射する感覚ニューロンの軸索束や節外に出て筋支配する運動ニューロン軸索の束などがあり，これらは神経根と呼ばれる。たとえば腹部神経節（第6神経節を除く）では，3対の神経根が存在する。縦連合は，神経根と同様の神経軸索束ではあるが，そこに感覚および運動ニューロン軸索以外に介在ニューロン軸索をも含む点で異なっている。神経根は末梢神経系に属するが，縦連合は中枢神経系に属する。縦連合に含まれる介在ニューロンには，たとえば脳から胸・腹部神経節へ投射する下行性ニューロンや，胴・腹部神経節から脳に投射する上行性ニューロンがある。また腹部の第5神経節から第6神経節に投射する腹部固有の下行性介在ニューロンも知られている。

縦連合内の特定の介在ニューロンは，どの個体でも横断面内の特定の位置に存在する。Cornelis Adrianus Gerrit Wiersma（1905〜1979）は腹部神経索全域にわたってこの点を調査し，横断面をいくつかの領域に分け，番号を振って（図5B），それぞれに「マーカー」ユニット[3]を設定した。明確な感覚刺激に対して特徴的な応答を示すユニットがマーカーとなる。神経索を少しずつ削って細くしていき，目的とするユニット活動がマーカー活動とともに記録されるならば，そのユニットはマーカーと同じ領域に存在すると考えられる。この方法を用いて，Wiersmaと共同研究者たちは，腹髄内を走行する各種ユニットの存在部位を明らかにすることができた。脊椎動物では，ネコ脊髄灰白質の横断面をBror Rexedが領域分けしているが，無脊椎動物の腹髄で領域分けがなされているのはアメリカザリガニだけである。Rexedの領域は組織切片でみられる層構造にもとづいているが，Wiersmaの領域は縦連合を手技によって細分化するときの針の入れ方と特徴的なユニットにも

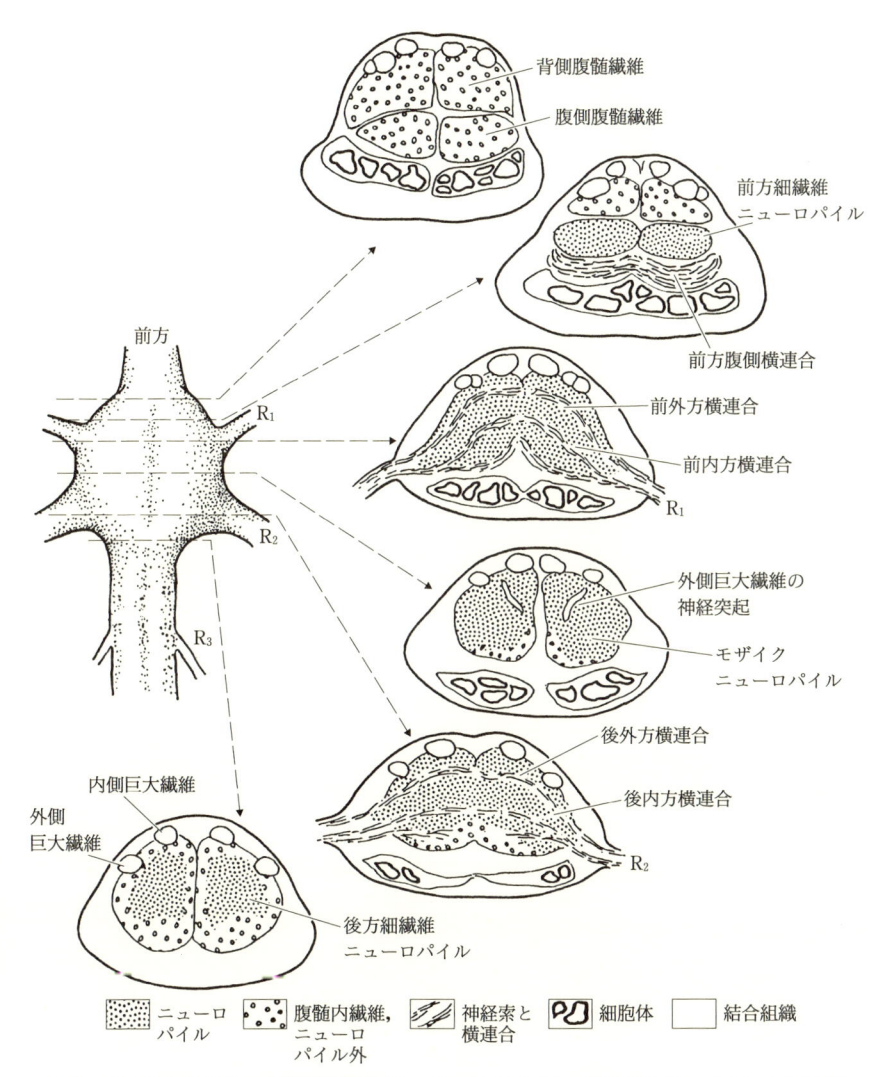

図4 アメリカザリガニの腹部神経節(Kendig, 1967 より)。神経節の各レベルにおける横断面組織の概略を示す。外見ではひとつにみえるが，組織学的には左右の神経節とそれらをつなぐ横連合構造が明瞭である。左右神経節はそれぞれ細胞体集団(腹側)とニューロパイル(背側)からなる。

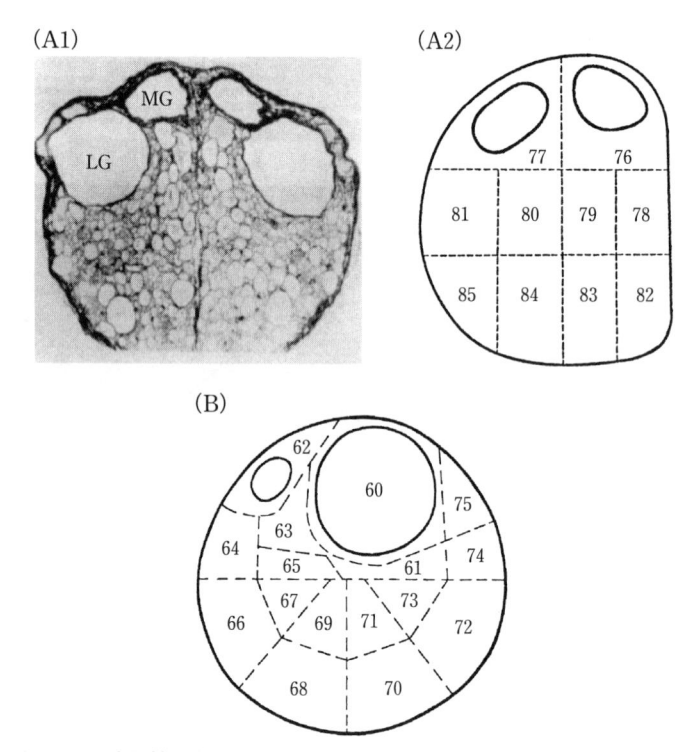

図5 ザリガニの腹部神経索。A1：腹部縦連合の左右横断面(Kennedy, 1971 より)。腹部では左右縦連合が融合して1本にみえるが，組織切片で観察すると，左右性は明らかである。大小の輪状構造は軸索の横断面である。A2：腹部縦連合左側横断面における領域区分(Wiersma and Hughes, 1961 より)，B：環食道縦連合左側横断面における領域区分(Wiersma, 1958 より)

とづいている。このような標準としての領域が確立しているため，異なる実験者が報告する特定ユニットの位置を互いに確認することが可能となり，中枢神経系内での情報経路の機能解剖学的な同定が飛躍的に進んだ。

3. ニューロンの構造と機能

一般に神経細胞(ニューロン)は，感覚・運動・介在ニューロンに区別される(表1)。感覚ニューロンは，特定の刺激を「受容」するための特別な変換

表1 ニューロンの分類

ニューロン(神経細胞)	感覚ニューロン		
	介在ニューロン	スパイク発生型	投射型
			局在型
		スパイク非発生型＝局在型	
	運動ニューロン		

装置を備えている。たとえば振動刺激を受容する機械感覚ニューロンや化学物質を受容する化学感覚ニューロンなどである。運動ニューロンは筋細胞に接続して，その収縮を制御する。これら以外のニューロンはすべて介在ニューロンとされる。この区別は，甲殻類のみならずすべての動物(脊椎動物を含む)の神経細胞にあてはまる。そして，個々のニューロンの働きは，ザリガニや昆虫やナメクジなど無脊椎動物とヒトを含む哺乳類や魚類など脊椎動物との間で，驚くほど共通している(後述)。

運動ニューロンと感覚ニューロン

甲殻類中枢神経系の運動ニューロンは，ほかの節足動物や軟体動物と同様に単極型の形態を示す。すなわち，細胞体から1本の突起が伸び，これが分枝して樹状突起を形成するとともに直進して1本の軸索となる。図6(A)に示すのは運動ニューロンであるが，細胞体と樹状突起を神経節のなかにもつ中枢ニューロンである。細胞体から1本の細い突起が伸びて，太い樹状突起肥厚部に接続している。この細い突起を一次突起と呼ぶ。樹状突起肥厚部は統合部位と呼ばれ，一方で細くなりながら軸索に連続し，反対方向では，2次突起を多数分枝しながら細くなっていく。一方，末梢神経系のニューロンは，一般に双極型の形態を示す(図6B)。細胞体から一方に突起が中枢神経系に向かって伸び，もう1本がこれと逆方向に伸びてクチクラ体表にある感覚毛に附着する。慣例的に前者を軸索，後者を樹状突起と呼ぶ。とくに後者は，中枢ニューロンの樹状突起のような複雑な分枝を示さないにもかかわらず樹状突起と称される。

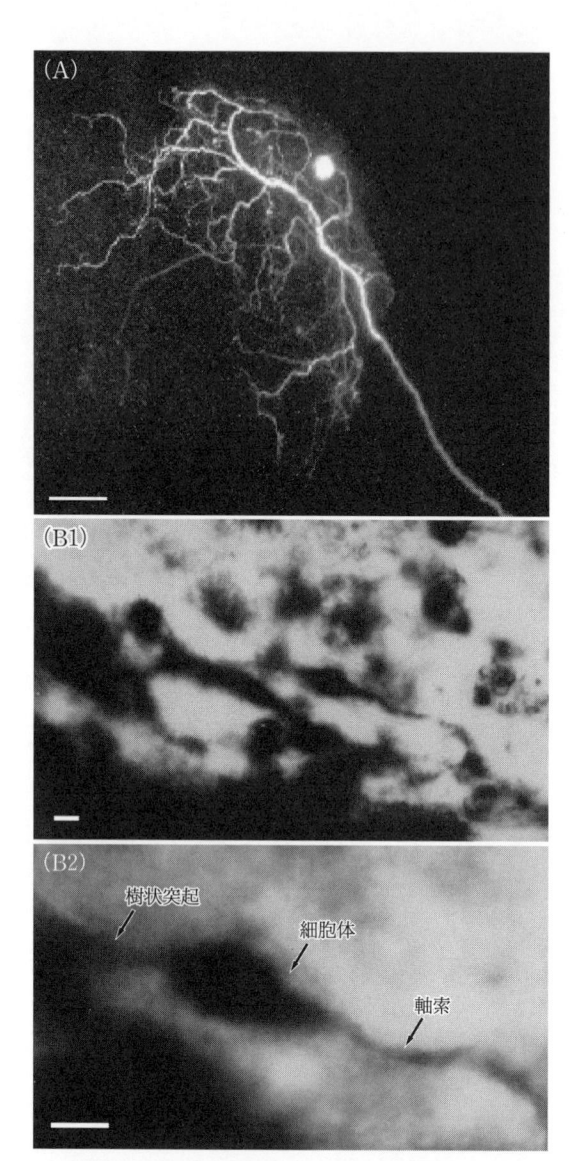

図6 ザリガニの運動および感覚ニューロンの形態。(A)尾扇肢運動ニューロン(蛍光色素 Lucifer yellow を用いた細胞内染色；Murayama and Takahata, 1998 より)，(B)平衡胞感覚ニューロン(メチレンブルーによる超生体染色；高畑雅一原図)。細胞体は平衡胞底面の結合組織内に存在する(B1)。多数みえる円形構造は感覚毛の基部を示す。強拡大(B2)で，細胞体から伸びる軸索と樹状突起が識別される。口絵13参照

運動ニューロンの構造と機能

運動ニューロンの単極型形態は，その樹状突起におけるシナプス統合を理解するうえで興味深いものである。図7は，脊椎動物の多極型運動ニューロン(A)と節足動物の単極型運動ニューロン(B)を示す。一般に中枢ニューロンでは，樹状突起に多数のシナプスが形成され，シナプス前細胞からの信号を神経伝達物質として受け取る。典型的な興奮性シナプスでは，伝達物質を

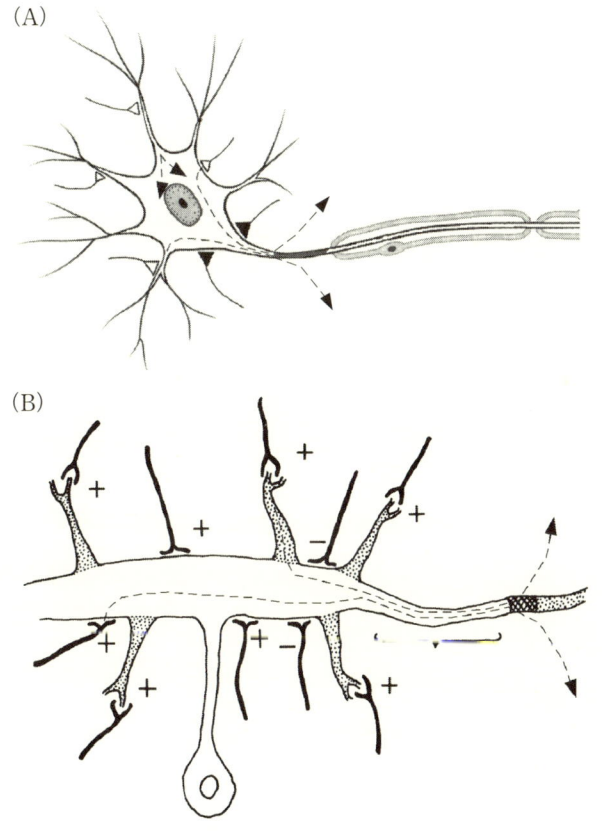

図7 運動ニューロンにおけるシナプス電流の広がり。(A)脊椎動物の運動ニューロン模式図。白三角は興奮性シナプス，黒三角は抑制性シナプスを示す。黒い部分は軸索起始部。(B)ザリガニの運動ニューロン模式図(Evoy, 1977 より)。＋は興奮性シナプス，－は抑制性シナプスを表す。黒い部分が軸索起始部である。

受容した結果生じる細胞外から細胞内への陽イオン流(シナプス電流と呼ばれる)が，細胞内を拡散していく．その一部は細胞膜のイオンチャンネルを通って細胞外に戻り，一部は膜の脂質二重層の充電(放電)で消費されながら，軸索の起始部に到達し，この部分の膜を脱分極する．脊椎動物では，多数の樹状突起からのシナプス電流はすべて細胞体に流入し，そこから軸索方向に流れ出ていく(図7A)のに対し，ザリガニでは，樹状突起からのシナプス電流はすべて樹状突起の統合部位に流入して軸索に広がっていく(図7B)．細胞体や統合部位は膜面積が大きいため，個々のシナプス電流が膜を脱分極する(放電する)大きさ，すなわち電流で生じる電位変化は非常に小さなものとなる．単位面積あたりの膜が受け取るイオン量が少ないためである．したがってこれらの部位では，多数のシナプス電流が同時的に流入してきた時にのみ，それらを「統合」して大きな膜電位変化(シナプス電位)が生じることになる．いわば多数のシナプス活動のコンセンサスとしての膜電位変化である．

　軸索の起始部は直径が小さく，かつ，その膜には，電位依存性のナトリウムおよびカリウムチャンネルが高密度で分布する．活動電位の発生[*4]と伝播のメカニズムについては，紙幅の都合でここで説明することができないので，ほかの参考書ないし教科書を参照されたい．活動電位が発生するためには，膜がある程度以上脱分極しなければならない．この限界値を閾値と呼ぶ．細胞体または統合部位で生じたシナプス電位は，そこから細い軸索に流入するときには，膜面積が小さいため，イオン流の消費が小さく，きわめて効率的に軸索起始部膜を放電させて脱分極する．この脱分極が閾値を超えれば，活動電位が発生して軸索を伝導していく．閾値に達しない場合は，シナプス電位は電気緊張的に減衰していき，通常は数 mm 以内で消失してしまう．ニューロンが発火する(活動電位を発生する)部位は，一般に軸索起始部であり，そこから軸索末端のほうへ順行性に，樹状突起のほうへ逆行性に，それぞれ伝播する．樹状突起膜の性質は，ニューロンによって大きく異なる．活動電位発生のためのイオンチャンネルを低密度ではあるがもつものもある一方，種々の電位またはリガンド依存性チャンネルをもつものもある．しかし，一般には，軸索と同じ意味での興奮性(活動電位を発生する性質)をもつことはない．ニューロンの働きを理解するための第一歩としては，樹状突起膜は

基本的には受動的性質(抵抗と容量の並列接続による分布定数回路で表される電気的性質)を示すと考えるべきであろう。

　脊椎動物の運動ニューロンでは，細胞体で生じたシナプス電位は，ほとんど変化することなくほぼ忠実に軸索起始部に伝えられる。軸索の膜面積が小さく，シナプス電流はほとんど消費されないからである。したがって，細胞体での膜電位変化を記録すれば，そのニューロンが活動電位を発生するか否か，あるいは，活動電位発生にいたるプロセスを知ることができる。甲殻類の運動ニューロンにおける樹状突起肥厚部が「統合部位」と呼ばれるのは上と同様のことがいえるためである。

感覚ニューロンの構造と機能

　樹状突起は，クチクラ表面の感覚毛に接続する。機械感覚毛の場合は，感覚毛の動きが樹状突起に伝わるよう感覚毛可動基部に付着し，化学感覚毛の場合は，感覚毛表面の小さな穴から入ってくる化学物質が樹状突起膜の受容体と結合できるよう感覚毛内に突起を伸ばす。感覚ニューロンの構造そのものは単純であるが，その機能については不明の点が多く残されている。刺激を受容した結果，樹状突起膜のイオン透過性が変化して，膜を横切るイオン流(受容器電流)が生じる。これは運動ニューロンのシナプス電流に対応するものであるが，感覚ニューロンでは，このイオン流による電位変化(受容器電位)がニューロンのどの部位で活動電位を発生させるかが確定していない。平衡胞感覚ニューロンでは，細胞体にガラス管微小電極を刺入して調べたところ，感覚刺激に対する活動電位は観察されたが受容器電位に対応する緩徐電位は記録されなかった(Takahata, 1981)。この結果は，刺激に対する活動電位が樹状突起遠位部で生じていることを示唆している。活動電位が遠位樹状突起で生じ，細胞体を通り越して軸索に伝播する場合，細胞体の大きな膜面積は，おそらくハイカットフィルターとして機能することになるであろうが，ほかの感覚ニューロンでのスパイク発生部位も含めて詳細については今後の研究が必要である。

介在ニューロンの構造と機能

　介在ニューロンは，ひとつの神経節内に細胞体と樹状突起をもち，ほかの神経節に軸索を伸ばす投射性のものと，軸索をもたずにひとつの神経節内に留まる局在性のものとに大別される。前者は，基本的には運動ニューロンと同様の形態を示す。後者は，細胞体と樹状突起のみから構成され，この場合，樹状突起の代わりに単に神経突起と呼ばれることもある。局在性の介在ニューロンは，活動電位を発生するスパイク発生（スパイキング）型と，活動電位を発生しないスパイク非発生（ノンスパイキング）型とに大別される。図8に，介在ニューロン，とくに局在性のものを中心として，その形態のいくつかを示す。運動ニューロンと同様，樹状突起でのシナプス入力からシナプス統合を経て，シナプス出力（投射性では軸索末端，局在性では樹状突起遠位部）にいたるまでの経路に，細胞体は含まれない。

　投射性の介在ニューロンは，基本的には，運動ニューロンと同様に働く。すなわち，樹状突起で受け取られたシナプス入力は，樹状突起から軸索起始部のスパイク発生部位に電気緊張的に拡散する（図9A）。上述したように，この拡散の過程で電位は減衰するが，スパイク発生部位に到達した段階で閾値を超えるならば，そこで活動電位が発生し，シナプス統合の結果が，軸索を介してほかのニューロンに伝えられる。局在性のスパイキング介在ニューロンについては，スパイク発生部位が不明であり，シナプス入力から出力にいたる経路が解明されていない。一方，ノンスパイキング介在ニューロンの場合，出力シナプスは各樹状突起の遠位部に存在し，そこでの伝達物質放出は，活動電位ではなくその部位の膜電位変化によって直接的に制御される（Takahata et al., 1981）。シナプス電位が樹状突起を拡散する場合，ある程度以上の距離になると減衰が著しく，十分な膜電位変化が出力シナプス部で起こらないことになる。ノンスパイキング介在ニューロンがすべて局在性であり，投射性のものが存在しないという事実は，そのような事情を反映している。このタイプの介在ニューロンでは，シナプス電位がどのような波形で樹状突起を拡散するかが非常に重要な機能的意味をもつことになる（図9B）。

図8 ザリガニ介在ニューロンの形態。(A) 脳内の下行性投射型介在ニューロンWiersmaの環食道神経連合62および64野を胸部へ下行する介在ニューロン群を示す(山根晋作原図)。断端からニッケルイオンを軸索内を逆行させ、銀増感法を適用した。(B) 脳内の局在性ノンスパイキング介在ニューロン (Fujisawa and Takahata, 2007より)。NGI(薄いグレー)とそれに絡みつく別の細胞。共に活動電位を発生しない。両細胞にそれぞれ異なる蛍光色素を充填したガラス管微小電極を刺入して電気泳動的に染色。(C) 脳内の局在性スパイキング介在ニューロン (Fujisawa and Takahata, 2007より)。NGIに対して単シナプス的に抑制接続する。(D) 腹部第6(最終)神経節内のLDS (Local Directionally Selective)細胞 (Hikosaka et al., 1996より)。尾扇体表の機械感覚毛からシナプス入力を受ける感覚性のノンスパイキング介在ニューロンである。(E) 腹部第6神経節内の前運動性ノンスパイキング介在ニューロン(高畑雅一原図)。尾扇肢支配の運動ニューロン活動を制御する。ニッケルイオンの細胞内注入及び銀増感法による。(F) 脳内の局在性スパイキング介在ニューロン (Fujisawa and Takahata, 2007より)。NGIと単シナプス的に興奮接続する。矢印(B-F)は、細胞体を示す。BのNGI(薄いグレー)は、脳の外(眼柄神経節)に存在する。バーは、1mm:A、100μm:B~F。口絵14参照

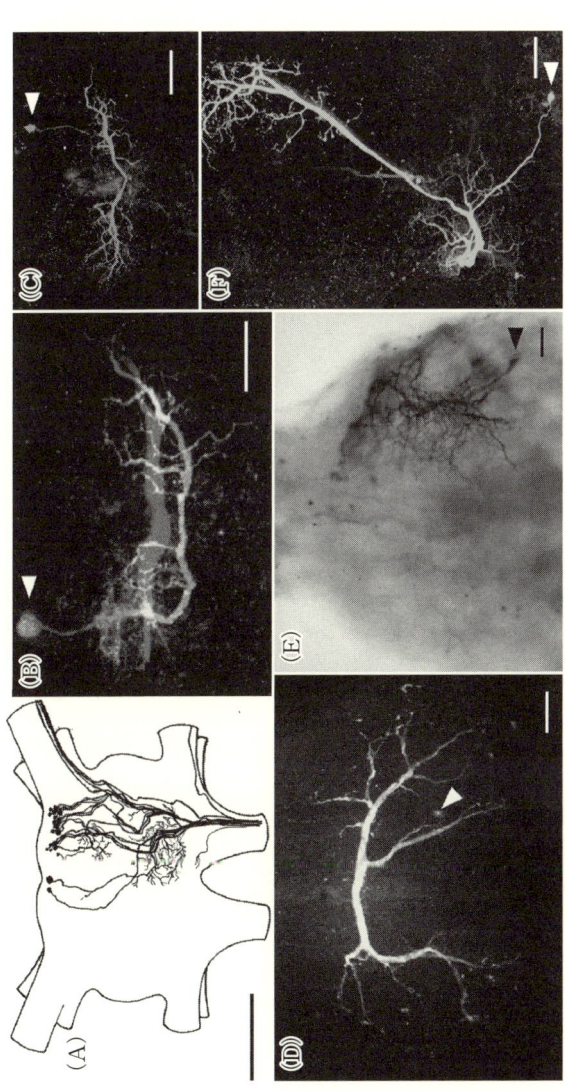

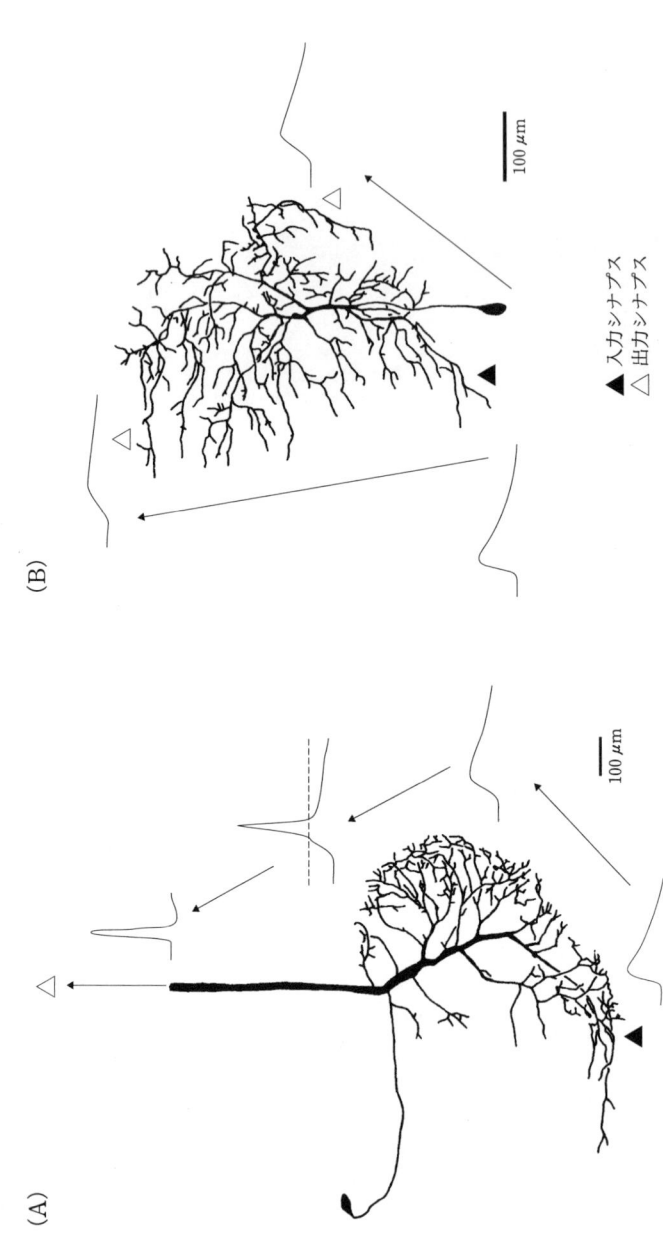

図9 介在ニューロン樹状突起におけるシナプス電位拡散の模式図（高畑雅一原図）。(A) 投射性介在ニューロン。樹状突起で生じたシナプス電位は、樹状突起を減衰しながら軸索起始部へ広がる。そこで閾値を超えれば活動電位として軸索を伝導し、軸索末端で伝達物質を放出する。(B) 局在性ノンスパイキング介在ニューロン。活動電位を発生することはなく、シナプス電位がその大きさと時間経過によって、直接出力シナプス部での伝達物質放出を制御する。樹状突起上をシナプス電位がどのように拡散するかは、このタイプのニューロンにとって非常に重要である。

▲ 入力シナプス
△ 出力シナプス

スパイク発生型・非発生型介在ニューロン

　局在性介在ニューロンは，スパイク発生型および非発生型の間で，一見したところ，形態学的な差異はないように思われる(図10A1, B1)．しかし，ニューロン形態を三次元形態計測により定量化し，その解剖学的データと神経生理学実験データとを組み合わせて計算機シミュレーションによって調査した結果，両者の樹状突起構造には明確な差異があることが判明した．解剖学的構造にもとづき，突起での電位減衰を定常状態解析で計算し，その比率の対数を用いて突起構造を再構築する形態電気緊張変換 morphoelectrotonic transform した結果を図10に示す．両タイプの介在ニューロンについて，樹状突起を末端から肥厚部方向(図10A2, B2)および肥厚部から末端方向(図10A3, B3)にシナプス電位が拡散するときの機能的な突起長がグレーで描かれている．一見したところ，両者に差異は見られないようであるが，各枝を集団として，その平均値を比較したところ，末端の入力シナプス部から統合部位への求心性拡散において，ノンスパイキング介在ニューロンとスパイキング介在ニューロンとで統計的に有意な差異が検出された．すなわち，ノンスパイキング介在ニューロンの樹状突起形態は，スパイキング介在ニューロンと比較して，電気緊張的に小さくコンパクトにできていることが判明した．したがって前者では，活動電位を用いなくても，樹状突起全域にシナプス電位が減衰しきらないで伝わるように樹状突起が設計されていると考えられる．しかし，それでは，遠くに信号を伝える必要がない局在性介在ニューロンが活動電位を発生する理由は何であろうか？　構造を少し設計変更すれば，活動電位を用いることなく樹状突起全域の膜電位を制御することが可能であるにもかかわらず，わざわざ活動電位を発生するという事実は，活動電位が信号の伝達手段ではなく情報処理のために用いている可能性を示唆する．しかし現時点では，局在性ニューロンにおける活動電位の機能的意義については不明である．

4. 同定ニューロン

　無脊椎動物神経系の特徴は，神経細胞(ニューロン)数が少なく，かつ，

(A1)　　　　　(A2)　　　　　(A3)

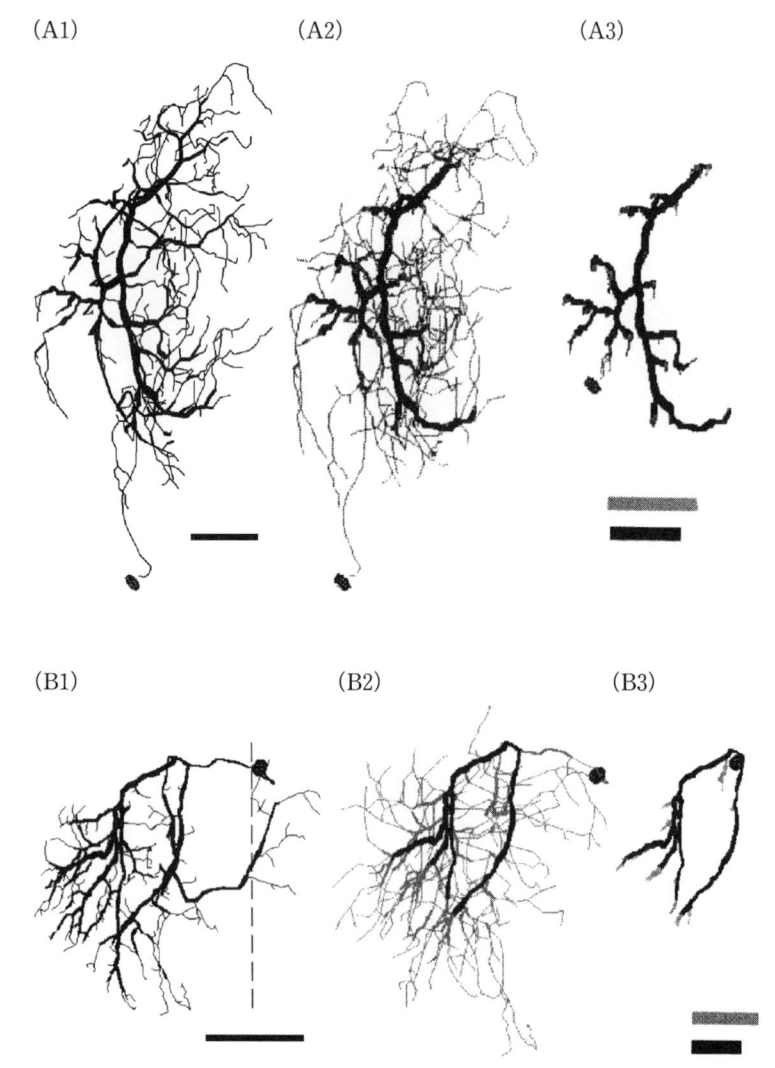

(B1)　　　　　(B2)　　　　　(B3)

図10 局在性介在ニューロン樹状突起の電気緊張的構造。(A)ノンスパイキング介在ニューロン(Hikosaka and Takahata, 1998 より)。水平面投射したニューロン構造(A1)を，各突起末端から統合部位への求心方向(A2)および統合部位から各突起末端への遠心方向(A3)に形態電気緊張変換した結果を示す。(B)スパイキング介在ニューロン(Hikosaka and Takahata, 2001 より)。水平面投射(B1)から求心(B2)および遠心方向(B3)に形態電気緊張変換した。形態電気緊張変換における黒い部分は，樹状突起の統合部位を表す。バーは，100 μm：A1・B1，100 μm：A2・A3，B2・B3 の黒：0.2 単位(A2・A3，B2・B3 の灰色：1/$_{e0.2}$ の減衰)

個々の細胞が大きいため，それぞれを同定することができる点にある。このため，別々の実験個体で得られた中枢ニューロンの応答や形態を厳密に細胞レベルで比較することが可能となる。動物行動の発現・制御機構の研究で無脊椎動物実験系が用いられる理由のひとつはこの点にある。前述したWiersmaらの研究で報告されたユニットも，機能とその走行領域にもとづいて同定されるニューロンと考えられるが，最も一般には，神経系内での細胞体の位置や個々のニューロンの形態にもとづいて同定される。

しかしながら，最も厳密な意味で同定が可能であるのは，運動ニューロンだけである。ある特定の筋肉を支配する運動ニューロンは，筋肉直前で軸索束を切断して，そこから逆行性に色素を注入することによって，その筋肉にinnervateする運動ニューロンのすべてを染色可視化することが可能である。断端面の組織像を調べることで，軸索が全部で何本存在するかを確定することができるため，形態的に類似の細胞が重複している場合[*5]も，個々のニューロンを区別同定することが可能である。しかし，介在ニューロンの場合，同定作業は容易ではない。総数を確定することが困難であるからである。投射性の場合，軸索断端から逆行性標識しても，ニューロン数が多すぎて，細胞体の数から総数を推定するのが困難となる。局在性の場合，軸索断端からの逆行性標識は適用できない。逆行性標識の代わりに，たとえばメチレンブルーやトルイジンブルーなどで神経節全体を染色して細胞体の数を推定する方法もあるが，小さな細胞体が集合しているときなど，この推定はむずかしい。さらに，局在性の場合，ほとんど同じ形態の細胞が複数互いに絡み合って存在する(図11)。このような場合，少なくとも，形態学的に個々の細胞を区別同定することは不可能である。局在性ニューロンでのみ発現する遺伝子を確定できれば，そのプロモーター領域を介して，導入遺伝子(たとえば蛍光タンパク質の遺伝子)を発現させることで局在性ニューロンを選択的に識別できるかもしれないが，その場合にも，「局在性ニューロンでのみ発現する遺伝子」をいかにして同定するかが問題となろう。

大型で特異的な形態をもつ介在ニューロンは，組織学的知見によって数を確定できるため比較的同定が行いやすい。ザリガニの腹部最終神経節で同定されるLDS細胞と呼ばれる局在性ノンスパイキング介在ニューロンは，典

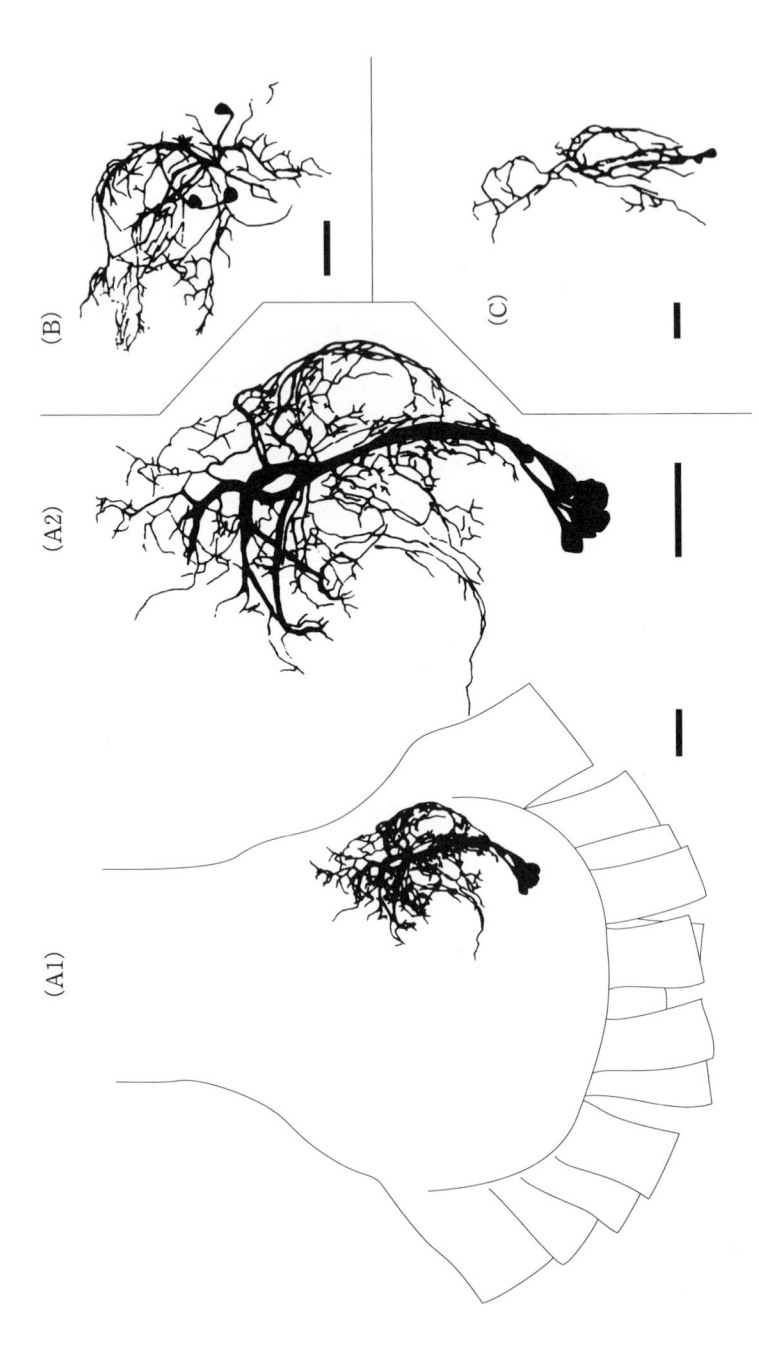

図 11 局在型介在ニューロンのクラスター (Hisada et al., 1985 より)。(A) 腹部最終神経節のノンスパイキング介在ニューロンが形成するクラスターの神経節内での位置 (A1) とその強拡大 (A2) 細胞内ニッケルイオン注入の後に銀増感法を適用した。ニューロン間の連絡のためニッケルイオンが複数細胞に広がり、それらが同時に染色されたもの。PL タイプと呼ばれる介在ニューロン。(B) 同じ神経節のノンスパイキング介在ニューロン AL タイプと呼ばれる介在ニューロンのクラスター。(C) AL タイプの別クラスター。バー：100 μm

型的な同定介在ニューロンである．図 8D にその形態を示す．異なる個体で得られたこの細胞形態を比較してみると，その樹状突起の分枝パターンや突起長などに個体間変異が認められる(図12)．LDS 細胞は，各個体で同じ機能的役割を担っているが，その形態はかなり異なることがわかる．図 13 は，神経節内での樹状突起の分布状態を空間ヒストグラムで示す．樹状突起の投射部位の違いは，LDS 細胞の前シナプス細胞の軸索終末の神経節内部位が一定であるとすれば，LDS 細胞へのシナプス入力の有無ないし強弱の違いを意味する．生理学実験では，確かに，個体によって同一感覚刺激に対する

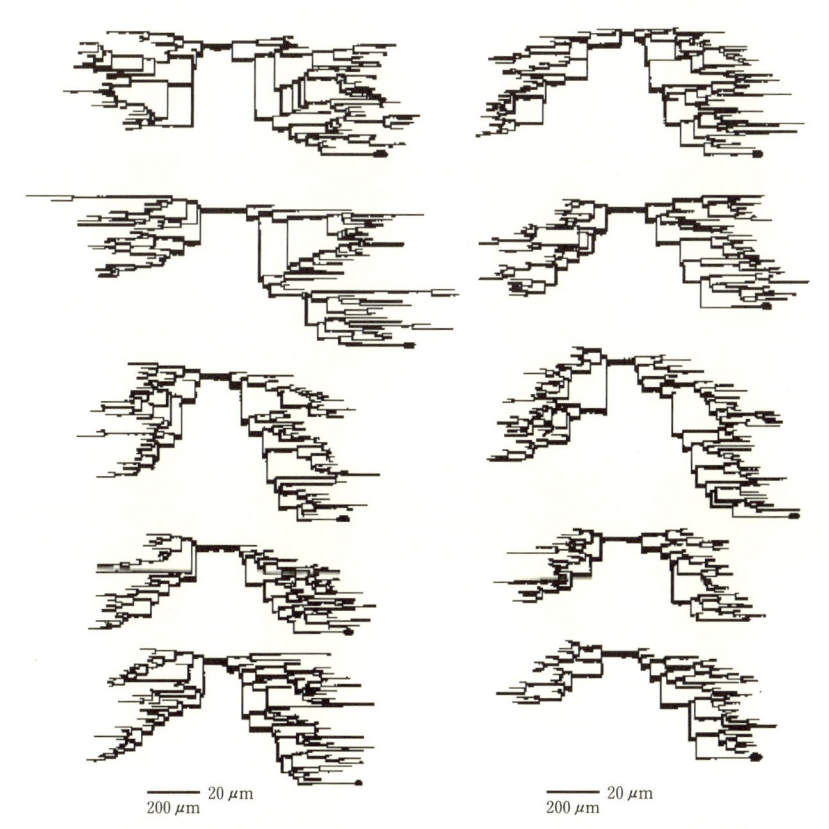

図12 LDS 細胞の解剖学的構造における個体間変異(Hikosaka et al., 1996 より)．細胞形態の個体間変異 10 個体での細胞形態を解剖学的実長によるデンドログラム表示で示す．

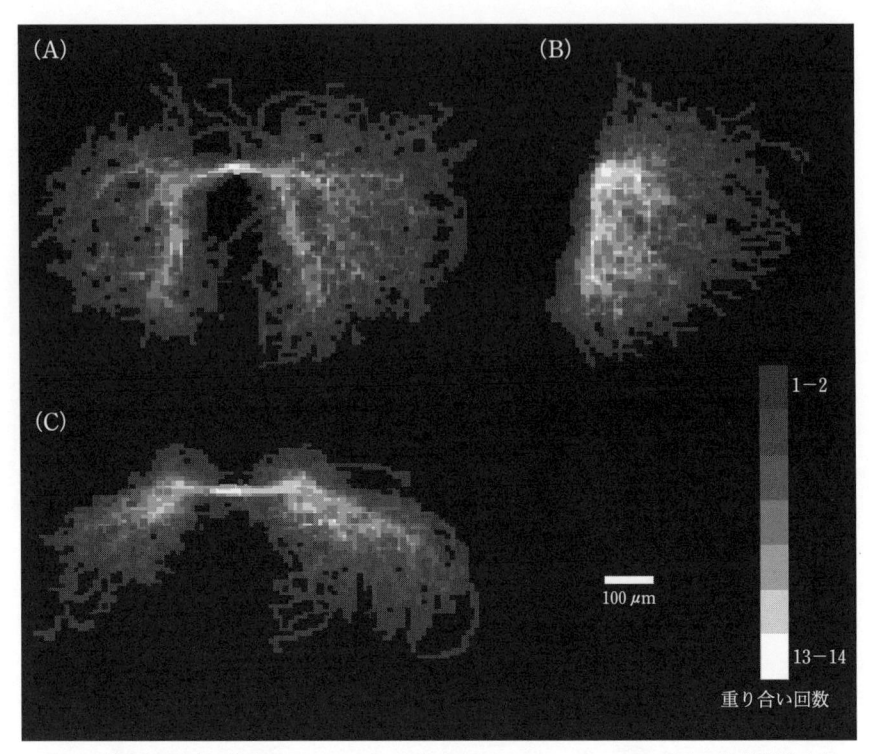

図 13 腹部最終神経節内における LDS 細胞(Hikosaka et al., 1996 より)。細胞樹状突起の個体間変異 14 個体での三次元形態計測結果を水平面(A)，矢状面(B)，横断面(C)に投射して重ね合わせた。重り合い回数が多い部分(薄い灰色)ほど，個体間で変異が少ないことを示す。口絵 15 参照

LDS 細胞の応答の大きさが異なることが知られている。しかし，この差異が形態的変異にもとづくものかどうかは，現時点では不明である。今後の研究が待たれるが，ここでは，これとは正反対の可能性，すなわち，LDS 細胞は形態学的な差異を示すが，この差異は，機能解剖学的には電気緊張的構造として補償されている可能性も視野に入れておかなければならない。いずれにせよ，個々のニューロンの同定可能性は，ザリガニやその他節足動物の行動の脳神経制御の研究において，高い精度の解析とその結果の明確な解釈を可能としている。

5. 神経回路網

　脳および中枢神経系による行動制御を支えるのは，これまでに述べてきた3種のニューロン(運動，介在，感覚ニューロン)が形成する神経回路網である。脳はしばしばコンピュータにたとえられるが，神経回路網は，ニューロンのシナプス接続によって形成される生物学的実体であり，その意味ではコンピュータのハードウェアに相当する。その一方，神経回路網は，特定の入力を受けると，それを回路網に埋め込まれた一定の規則によって処理し，その結果を出力するという「情報処理能力」をも有している。しかし，生物体の外部からプログラム(ソフトウエア)を入力して生物にこれを実行させるという意味でのソフトウエアに相当する実体は存在しない。神経系による情報処理の具体的な手続きは，すべて，回路網というハードウエアに直接書き込まれているのである。すなわち，「ニューロンがどのように接続するか」によって，その結果としてつくられる回路網の情報処理機能が決まる。学習などで情報処理の内容が変化する場合には，この回路網そのものが変化[*6]する。神経系は，いわば自己書き換え可能 ROM(読み取り専用メモリー)ないしファームウエアともみなされ得るが，実際には，プログラムを構成する個々の「命令」にあたる生物学的実体が存在しない以上，脳・神経系をコンピュータにたとえるアナロジーには限界があるということを知るべきであろう。脳・神経系のもつ情報処理の内容がどのようなものであるかは，神経回路網を解剖学的・生理学的に解析することによって初めて明らかとなる。ここでは，ザリガニの姿勢制御にかかわる神経回路を例として，行動制御での神経回路網の働きについて以下に概説する。

下行性感覚運動路の多重ゲート制御

　ザリガニは，体が傾くと，正常な姿勢を回復するために付属肢および体幹で姿勢制御行動を起こす(図14A～C)。これらの行動は，姿勢反射あるいは平衡反射とも呼ばれるが，その名称のように機械的な「反射」として起こるのでは決してなく，体が傾いたときのザリガニの行動状態によって大きく影響

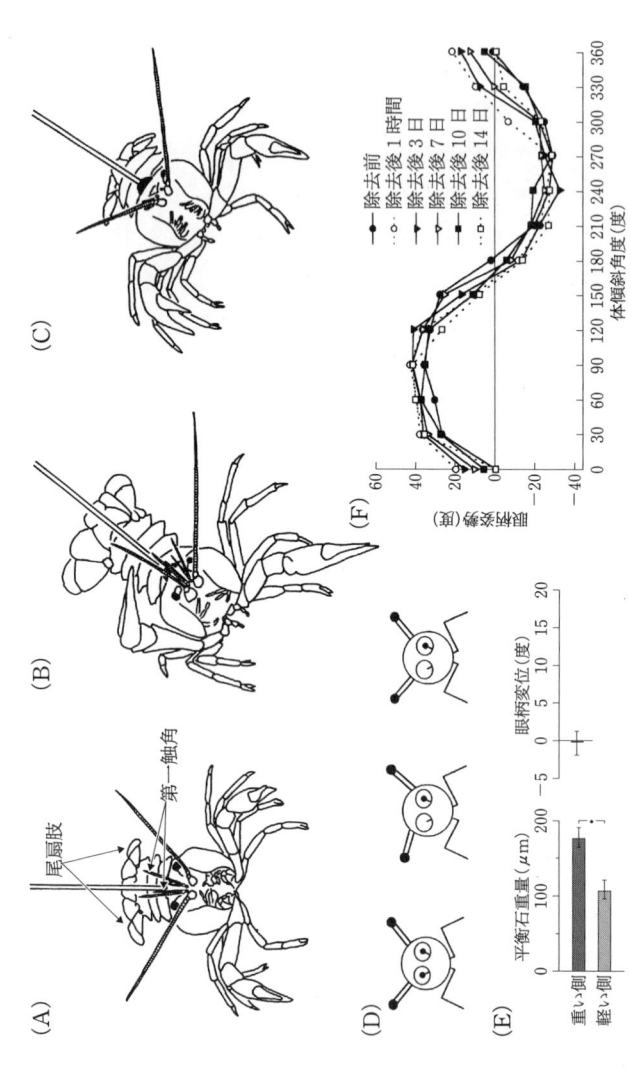

図 14 ザリガニの姿勢制御行動. (A)・(B) 体が長軸回りに傾いたときに付属肢が示す姿勢制御行動. ヨーロッパ産ザリガニ *Astacus astacus* で調べた Kühn (1914) にもとづくが, 尾扇肢の舵取り運動をアメリカザリガニの場合について追加. (C) 平衡石を除去した状態で, B と同じ体傾斜を与えたときの反応. (D) 片側平衡石除去にともなう眼柄姿勢の変化. 除去直後には除去側に眼柄姿勢がシフトして左右非対称となる(中). しかし, 2 週間後には, 再び左右対称の眼柄姿勢を示す(右). (E) 体傾斜に対する眼柄姿勢の変化と中枢性補償 (Sakuraba and Takahata, 1999 より). 正常個体を長軸回りに傾けると, 眼柄姿勢は, 傾斜角度に応じて変化する. これは補償運動と呼ばれ, 視野を一定に保つ働きをする. 片側平衡石を除去すると, この補償運動は除去側にシフトするが, 中枢性補償の成立とともに, 再び正常個体と同様の運動に戻る. (F) 正常個体における左右平衡石の重量(左)と水平位置での眼柄姿勢(右) (Sakuraba and Takahata, 2000 より). 左右平衡胞からの感覚情報が左右不均衡であるにもかかわらず, 眼柄姿勢は左右対称を示す.

される。姿勢制御行動は，全身の付属肢が動員される大がかりな行動であり，その制御は，脳から胸部，腹部へ情報を伝える投射性介在ニューロンの回路網が担う（図15）。ザリガニでは，姿勢の変化は，平衡感覚器である平衡胞（後述）によって検知され，その情報は脳に伝えられる。胸部および腹部にこの情報を伝えるのは，下行性平衡感覚性介在ニューロンである。この介在ニューロンは，腹部最終（第6）節の付属肢（以下，尾扇肢と呼ぶ）の筋を支配する運動ニューロンに体傾斜情報を伝え，姿勢制御のための舵取り運動を引き起こす。しかし，この介在ニューロンから運動ニューロンへのシナプス接続は，前者のスパイク（活動電位）が後者にスパイクを惹起できるほど強力ではない。そのためには，歩行運動/腹部姿勢運動系からの持続的な興奮性シナプス入力が必要である。運動ニューロンでは，下行性平衡感覚入力と歩行/腹部姿勢運動系入力がシナプス加算することによって，はじめてスパイ

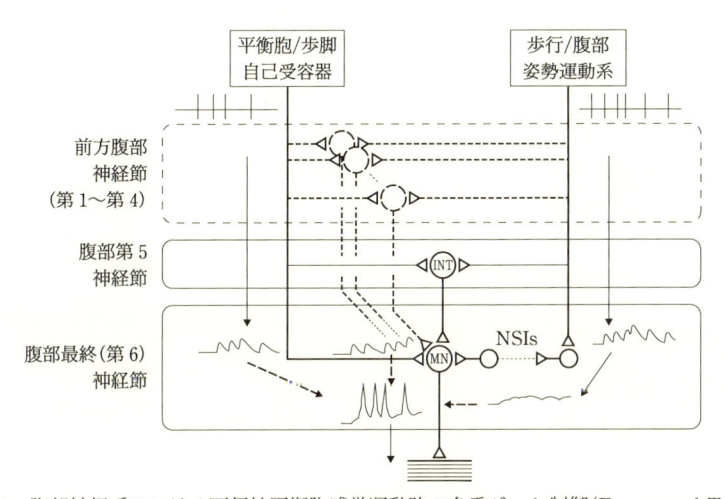

図15 腹部神経系における下行性平衡胞感覚運動路の多重ゲート制御（Fraser and Takahata, 2002 より）。腹部最終神経節内の運動ニューロン（MN）への下行路入力は，閾値下のシナプス電位しか引き起こさない。運動ニューロンを興奮させるためには，腹部最終神経節ではノンスパイキング介在ニューロン（NSIs）を介して，また，前方の神経節では腹部固有介在ニューロン（INT）を介してそれぞれ伝えられる歩行/腹部運動系からの信号が，それぞれの部位で，下行性平衡胞信号とシナプス加算することで，運動ニューロンへの下行性入力が増強される結果として興奮が起こる。シナプス加算は，いわば回路のスイッチを開閉するゲート機構として働く。

クが発火して筋収縮を引き起こす。すなわち，尾扇肢舵取り運動は，体傾斜が適切な行動文脈[*7]のなかで生じたときにのみ発現する。

　無麻酔全体標本の腹部神経系にガラス管微小電極を刺入して調査した結果，このシナプス加算は，腹部最終神経節だけでなく，前方の腹部神経節でも起こることが判明した。前方の神経節では，平衡胞入力と歩行/腹部運動系入力が収斂するのは運動ニューロンではなく，下行性腹部固有介在ニューロン[*8]である。この介在ニューロンは尾扇肢運動ニューロンに投射するので，前方の各神経節からの下行性腹部固有介在ニューロンは，あたかもカスケード状に次々に尾扇肢運動ニューロンに興奮性シナプス入力を伝える。これらすべてが加算されることで，持続性の興奮性入力で順応を起こした運動ニューロンの活動電位発火を確実なものにしていると考えられる。それぞれの神経節において，歩行/腹部運動系入力は，平衡感覚性下行経路での信号の流れをオン/オフするゲート(スイッチ)としての役割を担う。全体としては，多重ゲート機構によって，舵取り運動制御のための下行性平衡感覚運動路における信号の流れがコントロールされることになり，このような回路網設計は，姿勢制御を機械的な単純反射から行動文脈に応じて柔軟に対処できるようにするための適応戦略のひとつと考えることができる。

脳内局在性介在ニューロン回路網

　脳から下行する感覚運動路における情報伝達が，動物の行動状態に応じて胸部・腹部神経節内で修飾されるメカニズムを図15でみた。これは「ゲート制御による行動の切り替え」の典型的な例であり，ザリガニの行動が高度な適応性や柔軟性をもつための神経回路網機構のひとつである。同様な機構として，神経回路の並列構成がある。脳内で下行性平衡胞感覚運動路に平衡胞感覚情報を伝達する神経回路は，多数の局在性介在ニューロンで構成される。そのなかには，動物の行動状態や感覚条件とは無関係に，常にある受容器からの感覚情報を伝えるものがある一方で，これらの状態や条件によって活動が大きく影響されるものもある。そして，脳内の平衡胞感覚運動路では，それらが並列的に配置されている(図16)。

　この並列接続は，一見すると，神経系の特徴である重畳性[*9]の単なる一

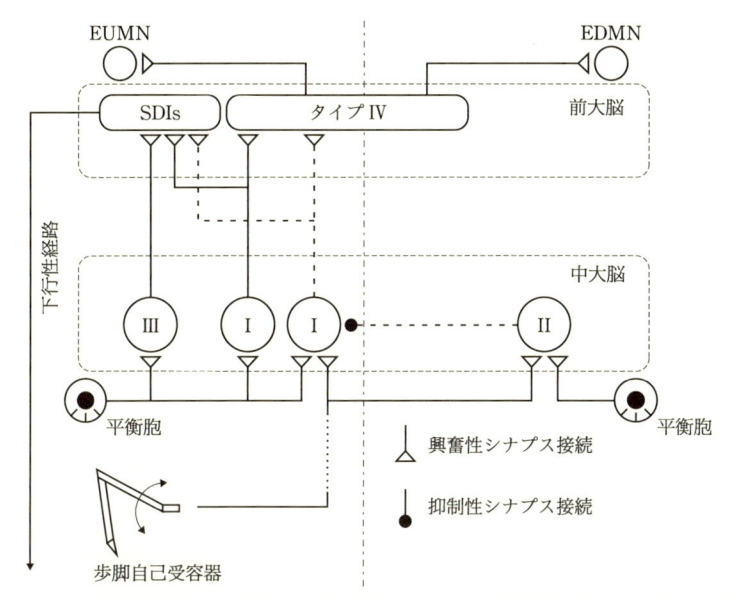

図 16 ザリガニ脳内の局所的平衡胞感覚運動路における並列接続（Hama and Takahata, 2005 より）。タイプ I 介在ニューロンは，行動状態に依存せずに平衡胞感覚情報を下行性平衡胞感覚運動路に伝達するが，タイプ III 介在ニューロンは行動状態に大きく依存してその情報伝達を変化させる。タイプ II 介在ニューロンはタイプ I ニューロンへの反対側からの抑制を媒介すると推定される。SDI：平衡感覚性下行介在ニューロン，EUMN：眼柄上挙筋運動ニューロン，EDMN：眼柄下制筋運動ニューロン

例にも思われるが，脊椎動物のような多数ニューロン系における重畳的並列回路とは，その機能的意義において本質的に異なる。重畳的並列回路は主として，①ニューロンの部分的欠損に対する耐性，および ②意思決定のためのコンセンサス形成，というふたつの機能を実現するために用いられる。脊椎動物のみならず，ザリガニや昆虫など無脊椎動物でもみられる神経回路網である。しかし，図 16 に示す並列回路は，これらの機能を，少なくとも主目的としたものではない。並列接続するニューロンの活動の行動文脈依存性が異なっているという点が，その決定的な特徴である。この並列回路は，ザリガニの行動状態および感覚条件に応じて，平衡胞感覚情報を腹髄下行路に伝達する働きをしている。下行性平衡胞感覚運動路そのものが，それ自体では尾扇肢運動ニューロンに閾値下のシナプス興奮しか引き起こせないように，

脳内局所回路においても，行動文脈非依存性の介在ニューロン(図16-I)自体は，下行性介在ニューロンに弱いシナプス興奮しか引き起こすことができない。介在ニューロンを確実に発火させる(活動電位を発生させる)には，行動文脈にさまざまに依存するほかの並列介在ニューロン活動とのシナプス加算が必要となる。すなわち，図16の神経回路網により，ザリガニの脳から胸部・腹部に伝えられる平衡感覚情報は，脳から下行する段階ですでに行動文脈依存性をもつことになり，この並列回路は，ザリガニ姿勢制御の適応的柔軟性をさらに高める働きをしているものと考えられる。腹髄下行性の平衡胞感覚運動路が，脳から出たばかりの環食道縦連合レベルで，行動・感覚条件依存的な活動を示すことは，ザリガニの無麻酔全体標本に脳内細胞内記録法(Hama and Takahata, 2003)および光テレメトリによる細胞外記録法(Hama et al., 2007)を適用した調査によって確かめられている。また，この下行路も，脳内局在性の神経回路と同様に，行動文脈依存性および非依存性ニューロン活動の並列回路として構成される(Hama et al., 2007)。

学習による行動変化を支える神経回路網の可塑性

　動物行動の適応的柔軟性が最も高度な形で表れたものが学習である。学習とは，経験によって行動を適応的に変化させるプロセスを指し，その具体的な内容は非常に多様である。ここで取り上げるのは，平衡感覚器の部分欠損にともなって脳で起こる中枢性補償と呼ばれる現象である。甲殻類は，非常によく発達した平衡感覚器をもつ。この感覚器は平衡胞と呼ばれ，左右の第1触角基節背面部に存在する(図14A)。平衡胞底面には機械感覚毛が並び，その上に平衡石が乗っている状態なので，体が傾くと平衡石が感覚毛を倒して，それが刺激となって感覚ニューロンが活動電位を発生する。触角や眼柄，歩脚，遊泳肢，尾扇肢などでみられる姿勢制御行動は，左右平衡胞からの感覚情報によって制御される。いずれかの平衡胞が損傷を受けた場合，左右の平衡感覚情報に不均衡が生じ，その結果，動物は不適切な姿勢・行動を示すようになる。しかし，時間がたつと，感覚情報の不均衡に変化はないにもかかわらず，姿勢・行動が正常時と同様の左右対称性を回復する(図14D，E)。この過程を中枢性補償と呼び，脊椎動物でも，前庭器官の片側損傷にとも

なって起こることが知られており，前庭補償と呼ばれる．

　甲殻類は脱皮で成長するが，平衡胞は脱皮ごとに作り替えられ，平衡石も，脱皮のたびに砂粒を体の外から毎回取り込み，分泌物でこれらを固めてつくらなければならない．毎回，平衡胞に入る砂粒が同量とは限らないし，左右同じとも限らない．実際に正常のザリガニで，左右の平衡石の重さを測定してみると，左右で大きな違いがみられた．それにもかかわらず，水平位置での眼柄姿勢は左右対称であった(図14F)．このことは，平衡胞の部分欠損という異常時のみならず，脱皮という生理現象においても，左右平衡胞入力の中枢性補償というプロセスが働いていることを示しており，その重要性が示唆される．しかしながら，この補償のメカニズムは，脊椎動物を含めてその詳細が不明のままである．

　平衡胞感覚ニューロンは，中大脳の外側第1触角ニューロパイル(副嗅覚葉とも呼ばれる)に投射し，そこで UGLI-1 と命名された局在性スパイキング介在ニューロンに単シナプス的に接続すると考えられる．UGLI-1 は，NGI (nonspiking giant interneuron の略；Okada and Yamaguchi, 1988) と呼ばれる大型の局在性ノンスパイキング介在ニューロンと単シナプス的に接続し，NGI は単シナプス的に眼柄運動ニューロンを興奮させる．この3シナプス性感覚運動路のなかで，NGI は，平衡胞入力以外に視覚，歩脚自己受容器入力を受け，多種感覚情報の統合の場として機能しているため，中枢性補償のプロセスにおいては，最も変化が期待されるニューロンである．そこで，片側平衡胞除去から補償が成立するまでの間に，NGI の固有性質とシナプス活動にどのような変化がみられるかを調査した．その結果，入力抵抗や膜時定数[*10]に変化がみられることが判明したが，シナプス入力にも統計的に有意な変化が多数みられた (Fujisawa and Takahata, 2007)．紙幅の関係で詳細については触れることができないが，この結果は，中枢性補償の過程でNGI の膜性質のみならず，その上流の細胞のスパイク活動が変化することを示唆している．

　NGI の上流，すなわち前シナプス細胞としては，図17A に示すようにUGLI-1 がまず挙げられる．UGLI-1 は，平衡石除去にともなう中枢性補償の過程で，どのような活動変化を示すだろうか？　この点については，残念

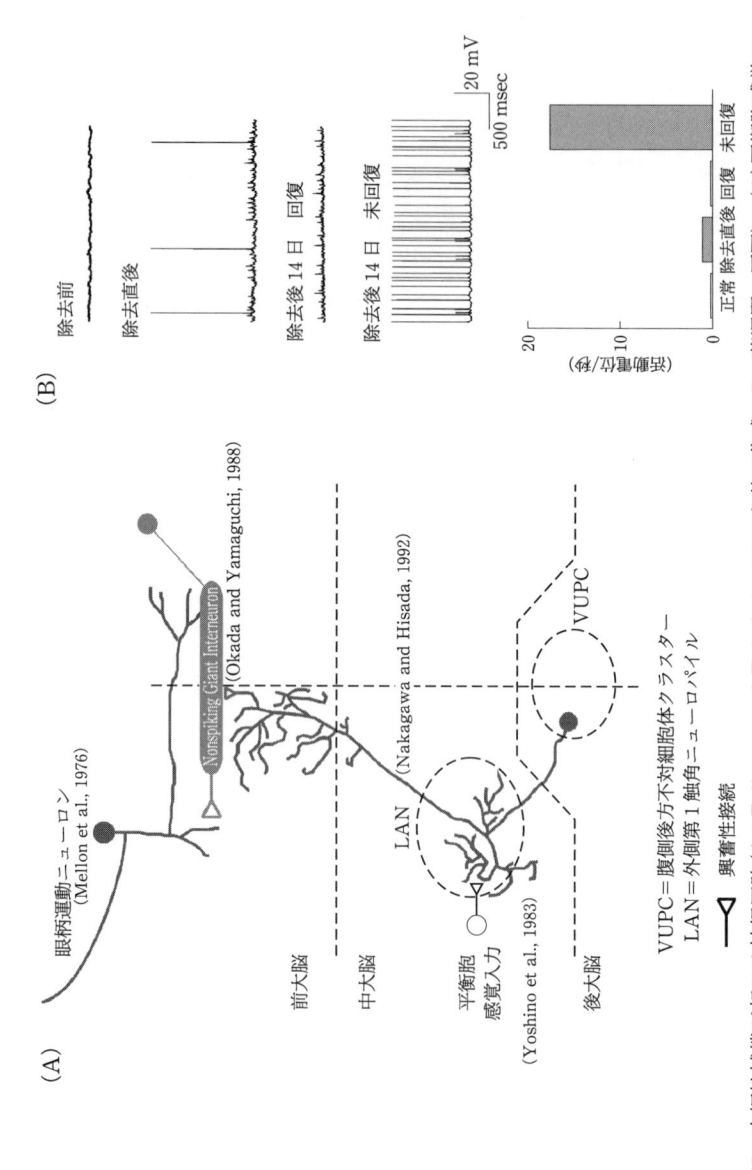

図17 中枢性補償が起こる神経回路（A：Fujisawa and Takahata, 2007 を基に作成，B：藤澤賢一原図）．(A) 平衡胞感覚ニューロンから眼柄運動ニューロンへの脳内シナプス回路．LAN：副嗅覚葉の別名，VUPC：腹側不対後部クラスター．(B) 片側平衡石除去後の UGLI-1 活動の変化．とげとげ状の大きな電位変化が活動電位，小さなとげはシナプス電位．下のグラフは，活動電位の発射頻度を比較したもの．現時点では統計処理ができるほどの十分なデータが得られていない．

ながら今の段階では断片的な知見しか得られていない。平衡石除去と同側のUGLI-1について，水平位置での自発活動を調査した中間結果を図17Bに示す。除去前は，ほとんど自発的な放電をしないが，除去後は一時的に自発放電が高まる。しかし，14日後の回復個体では，ふたたび自発放電がみられなくなっている。未回復個体では，自発放電が消失していない（むしろ増加しているようにみえるが，統計的な検定にはいたっていない）。なお，自発放電頻度以外の差異は，現時点では認められていない。解剖学的所見から，UGLI-1の上流には，平衡胞感覚神経しか存在しないと考えるのが妥当である。平衡石除去後に感覚神経活動がどう変化するかを追跡した例はないが，これまでの実験結果から，平衡石除去直後に一過的な活動変化をした後，除去前とは異なる一定レベルに活動が収束すると推定される。その具体的変化がどのようなものであろうとも，感覚神経活動そのものが時間とともに左右対称を回復するとは考えにくい。平衡石除去直後に視覚刺激および自己受容覚刺激を遮断した状態で飼育すると，眼柄姿勢の左右対称性回復は起こらない(Sakuraba and Takahata, 1999)からである。ここで，ザリガニの平衡感覚細胞は，無脊椎動物のなかで甲殻類と同様に精緻な平衡覚受容器を発達させた軟体動物頭足類の平衡感覚細胞とは異なり，遠心性制御を受けない点に注意したい。したがって，UGLI-1の活動変化は，その上流細胞の活動変化を反映したものではないと考えられる。しかし，UGLI-1にどのような固有性質の変化が生じたのかという点については，今後のさらなる研究が必要である。

6. おわりに

アメリカザリガニでの研究結果にもとづいて，その神経系，ニューロン，神経回路網の構造と機能について概説した。Robert Evans Snodgrass(1875～1962)以来，二枝形付属肢をもつ甲殻類は，単枝形付属肢をもつ昆虫（六脚類）や多足類（ムカデ，ヤスデなど）とは別グループを形成するものと考えられてきた(Snodgrass, 1938)。しかし，分子系統分類学が進み，いずれのタイプの付属肢形態も共通の遺伝子 *Distal-less* によって調節され，そのおおもとの設計プランは共通であることが判明した。Brusca and Brusca(2003)は，

昆虫の単枝形付属肢が甲殻類の二枝形付属肢から生じたものであるという説を裏づける証拠が得られていると述べている。彼らは，前述の進化発生生物学(Evo-devo)的データ以外に，①リボソーム DNA の塩基配列にもとづく分子生物学的データ，②脳の構造に関する神経解剖学的データ，③スウェーデンの上部カンブリア系オルステン，カナダの中部カンブリア系バージェス，中国雲南省昆明近郊の下部カンブリア系澄江などの地層から産出する化石の古生物学的データなどを挙げて，①甲殻類の出現が三葉虫以前に遡り，最初の節足動物が甲殻類であること，②昆虫類は甲殻類から進化したこと，そして③昆虫類と甲殻類とは姉妹関係にあること，などの可能性に言及している。とくに，Strausfeld(1998)による神経解剖学的データは，脳内構造を昆虫と軟甲類(ザリガニ，オマールエビ，カニなど十脚類を含む)とで比較して得られた結論であるところが非常に興味深い。昆虫は無脊椎動物のなかで最も複雑で高次の行動を示す。最近の Menzel et al.(2007)の研究では，昆虫の微小脳は選択的注意，概念の形成，個体識別など高度な認知機能を有することが明らかにされている。Brusca and Brusca(2003)が紹介している系統関係が正しければ，甲殻類，とくにザリガニなど十脚類は，昆虫が示す高度な認知機能の原初的な形態を示す可能性が高い。その脳神経機構を同定ニューロンレベルで明らかにすることができれば，認知機能の進化の理解は格段に深まるものと期待される。

[専門用語の解説]
- [*1] **眼柄神経節は前大脳の一部**　脳神経節は本来，頭部のクチクラ内(節足動物)ないし頭骨内(脊椎動物)に存在する単一構造物を指すため，眼柄神経節が脳の一部であるという状況は，一見，理解しづらいが，脳の一部が眼柄内にまで広がっていると考えれば，あながち不自然な解剖学的理解ではないであろう。
- [*2] **キノコ体**　昆虫の前大脳に含まれる構造物。異種感覚統合や学習・記憶形成など高次脳機能にかかわると考えられている。
- [*3] **「マーカー」ユニット**　神経活動を縦連合から細胞外誘導すると，種々の振幅の神経活動が記録される。振幅は，それぞれの神経軸索の直径に依存し，また，電極からの距離にも依存する。同じ振幅の活動は，通常は，同一の神経軸索の活動を表すものと考えられ，ユニットと呼ばれる。
- [*4] **活動電位の発生**　活動電位は，そのすばやい時間経過から「スパイク」，「インパルス」などとも呼ばれ，その発生は「発火」，「点火」とも呼ばれる。一度発生すると，減衰す

ることなく軸索を伝導するようすを火の広がりにたとえているのである。
- *5 **形態的に類似の細胞が重複している場合** 脊椎動物の脳・中枢神経系のニューロン構築がまさにこの状態となっている。たとえば、小脳の出力ニューロンであるプルキンエ細胞は、どれも非常に類似した特徴的形態を示し、ヒトで1,000万個以上存在するとされる。
- *6 **回路網そのものが変化** 解剖学的な変化(光学あるいは電子顕微鏡で観察される)だけではなく、チャンネルタンパク質や受容体、セカンドメッセンジャー系など形態変化としては観察されない分子レベルの変化も含む。
- *7 **行動文脈** 刺激が与えられたときおよびその前後における行動状態(運動・感覚のみならず内的状態までを含む)を指す。
- *8 **下行性腹部固有介在ニューロン** 細胞体、樹状突起、軸索終末のすべてが腹部に限定されて存在しているようなニューロンは、腹部固有ニューロンと呼ばれる。
- *9 **重畳性** 同一の機能をもつニューロンが複数個存在することにより、一部が欠損しても脳機能を維持できるようにした状態を指す。むだなようだが、機能維持には非常に重要である。
- *10 **膜時定数** ニューロンの働き(シナプス統合作用)を規定する主要な物理的要因。入力抵抗は、ニューロンの細胞膜を通ってイオンが移動するとき(シナプス入力時)の総電気抵抗で、細胞膜の単位面積あたりの電気抵抗(生物学的にはイオンが通れるチャンネルタンパク質分子の個別的イオン透過性とその密度)と細胞構造によって決まる。同じ量のイオンが移動するならば、入力抵抗が大きいほど膜電位変化(シナプス電位と呼ばれる)は大きくなる。膜時定数は、イオンの移動(シナプス電流と呼ばれる)で生じるシナプス電位の時間経過を規定する膜性質で、膜の単位面積あたりの抵抗と容量の積で定義される。膜時定数が大きいほど、シナプス電位の時間経過がゆっくりしたものになる。最も簡単な場合、入力抵抗と膜時定数の変化は、ニューロンが受け取る信号の変化を意味する。実際には、これら物理的要因のほかに生理的要因(たとえば種々の電位・リガンド感受性イオンチャンネル)が存在し、シナプス統合に重要な影響を与えている。

[引用文献]

Brusca, R. C. and Brusca, G. J. 2003. Invertebrates (second ed.). 936pp. Sinauer. Sunderland, Massachusetts.

Evoy, W. H. 1977. Crustacean motor neurons. In "Identified Neurons and Behavior of Arthropods" (ed. Hoyle, G.), pp. 67–86. Plenum Press, New York.

Fraser, P. J. and Takahata, M. 2002. Statocysts and statocyst control of motor pathways in crayfish and crabs. In "Crustacean Experimental Systems in Neurobiology" (ed. Wiese, K.), pp. 89–108., Springer, Berlin.

Fujisawa, K. and Takahata, M. 2007. Physiological changes of premotor nonspiking interneurons in the central compensation of eyestalk posture following unilateral sensory ablation in crayfish. J. Comp. Physiol. A, 193: 127–140.

Fujisawa, K. and Takahata, M. 2007. Disynaptic and polysynaptic statocyst pathways to an identified set of premotor nonspiking interneurons in the crayfish brain. J. Comp. Neurol., 503: 560–572.

Kendig, J. J. 1967. Structure and function in the third abdominal ganglion of the crayfish *Procambarus clarkii* (Girard). J. Exp. Zool., 164: 1–20.

Kühn, A. 1914. Die reflektorische Erhaltung des Gleichgewichtes bei Krebsen. Verh. Dt. Zool. Ges., 24: 262–277.

Hama, N. and Takahata, M. 2003. Effects of leg movements on the synaptic activity of descending statocyst interneurons in crayfish, *Procambarus clarkii*. J. Comp. Physiol. A, 189: 877-888.

Hama, N. and Takahata, M. 2005. Modification of statocyst input to local interneurons by behavioral condition in the crayfish brain. J. Comp. Physiol. A, 191: 747-759.

Hama, N., Tsuchida, Y. and Takahata, M. 2007. Behavioral context dependent modulation of descending statocyst pathways during free walking as revealed by optical telemetry in crayfish. J. Exp. Biol., 210: 2199-2211.

Hikosaka, R., Takahashi, M. and Takahata, M. 1996. Variability and invariability in the structure of an identified nonspiking interneuron of crayfish as revealed by three-dimensional morphometry. Zool. Sci., 13: 69-78.

Hikosaka, R. and Takahata, M. 2001. Quantitative analyses of anatomical and electrotonic structures of local spiking interneurons by three-dimensional morphometry in crayfish. J. Comp. Neurol., 432: 269-284.

Hisada, M., Takahata, M. and Nagayama, T. 1984. Local non-spiking interneurons in the arthropod motor control systems: Characterization and their functional significance. Zool. Sci., 1: 681-700.

Kennedy, D. 1971. Fifteenth Bowditch Lecture "Crayfish Interneurons". Physiologist, 14: 5-30.

Mellon, De. F. 1977. The anatomy and motor nerve distribution of the eye muscles in the crayfish. J. Comp. Physiol., 121: 349-366.

Menzel, R., Brembs, B. and Giurfa, M. 2007. Cognition in invertebrates. In "Theories, Development, Invertebrates" (eds. Striedter, G. F. and J. L. R. Rubenstein), pp. 403-442. Evolution of Nervous Systems: a comprehensive reference, vol. 1. (ed. in chief, Kaas, J. H.). Academic Press, New York.

水波誠. 2006. 昆虫―驚異の微小脳. 291 pp. 中央公論社.

Murayama, M. and Takahata, M. 1998. Neuronal mechanisms underlying the facilitatory control of uropod steering behaviour during treadmill walking in crayfish. I. Antagonistically regulated background excitability of uropod motoneurones. J. Exp. Biol., 201: 1283-1294.

Nakagawa, H. and Hisada, M. 1992. Local spiking interneurons cotrolling the equilibrium response in the crayfish *Procambarus clarkii*. J. Comp. Physiol. A, 170: 291-302.

Okada, Y. and Yamaguchi, T. 1988. Nonspiking giant interneurons in the crayfish brain: morphological and physiological characteristics of the neurons postsynaptic to visual interneurons. J. Comp. Physiol. A, 162: 705-714.

Rexed, B. 1954. A cytoarchitectonic atlas of the spinal cord in the cat. J. Comp. Neurol., 100: 297-379.

Sakuraba, T. and Takahata, M. 1999. Effects of visual and leg proprioceptor inputs on recovery of eyestalk posture following unilateral statolith removal in the crayfish. Naturwissenschaften, 86: 346-349.

Sakuraba, T. and Takahata, M. 2000. Motor pattern changes during central compensation of eyestalk posture after unilateral statolith removal in crayfish. Zool. Sci., 17: 19-26.

Sandeman, D., Sandeman, R., Derby, C. and Schmidt, M. 1992. Morphology of the brain of crayfish, crabs, and spiny lobsters: A common nomenclature for homologous structures. Biol. Bull., 183: 304-326.
Snodgrass, R. E. 1938. Evolution of the Annelida, Onychophora and Arthropoda. Smith. Misc. Coll., 97: 1-159.
Strausfeld, N. J. 1998. Crustacean-insect relationships: The use of brain characters to derive phylogeny amongst segmented invertebrates. Brain Behav. Evol., 52: 186-206.
Takahata, M. 1981. Functional differentiation of crayfish statocyst receptors in sensory adaptation. Comp. Biochem. Physiol., 68A: 17-23.
Takahata, M., Nagayama, T. and Hisada, M. 1981. Physiological and morphological characterization of anaxonic non-spiking interneurons in the crayfish motor control system. Brain Res., 226: 309-314.
Tautz, J. and Müller-Tautz, R. 1983. Antennal neuropile in the brain of the crayfish: morphology of neurons. J. Comp. Neurol., 218: 415-425.
Wiersma, C. A. G. 1958. On the functional connections of single units in the central nervous system of the crayfish, *Procambarus clarkii* (Girard). J. Comp. Neurol., 110: 421-471.
Wiersma, C. A. G. and Bush, B. M. H. 1963. Functional neuronal connections between the thoracic and abdominal cords of the crayfish, *Procambarus clarkii* (Girard). J. Comp. Neurol., 121: 207-235.
Wiersma, C. A. G. and Hughes, G. M. 1961. On the functional anatomy of neuronal units in the abdominal cord of the crayfish *Procambarus clarkii* (Girard). J. Comp. Neurol., 116: 209-228.
山口恒夫. 2000. ザリガニはなぜハサミをふるうのか―生きものの共通原理を探る. 238 pp. 中央公論社.
Yoshino, M., Kondoh, Y. and Hisada, M. 1983. Projection of statocyst sensory neurons associated with crescent hairs in the crayfish *Procambarus clarkii* Girard. Cell Tissue Res., 230: 37-48.

第2章 神経機構

長山俊樹

要　旨

　ザリガニは定型的な行動パターンをよく示し，行動発現時，行動パターンが何らかの外的・内的要因で修飾される際の神経機構を調べる際のよい研究モデルである。とくに，腹部最終付属肢の尾扇肢はさまざまな行動遂行時に多様なパターンの応答を示す。ここでは回避行動発現の際，尾扇肢運動がどのような神経機構によって制御されているのかを生理・形態・薬理・生化学的に解析し，相反的並列回路の機能的意義について考察する。

1. アメリカザリガニの神経系

　アメリカザリガニ *Procambarus clarkii* に代表される節足動物は定型的な行動をよく示し，その神経系も比較的単純なことから，動物行動の基盤となる神経機構解析のよい研究モデルとなっている。

　ヒトをはじめとする脊椎動物の脳内には10億とも100億ともいわれるニューロン neuron が存在し，その個々のニューロンの接続・役割について具体的に解析することはきわめて困難である。一方，ザリガニは体節構造を示し，その神経系は各体節ごとにニューロンの集合体である神経節 ganglion を形成，各神経節が縦連合 connective によって連結されたはしご状神経系となっている(図1；ザリガニ類と同じ甲殻類のアルテミア *Artemia sarina* では神経節の構造が一層明瞭なはしご状となっている)。各神経節は比較的少数のニューロンで構成され，ザリガニ腹部最終神経節では約650個のニューロンからなっている。先の細いガラス管電極を直接ニューロンに刺し，その電気活動を記録，その後蛍光色素ルシファーイエローのような染色液を注入

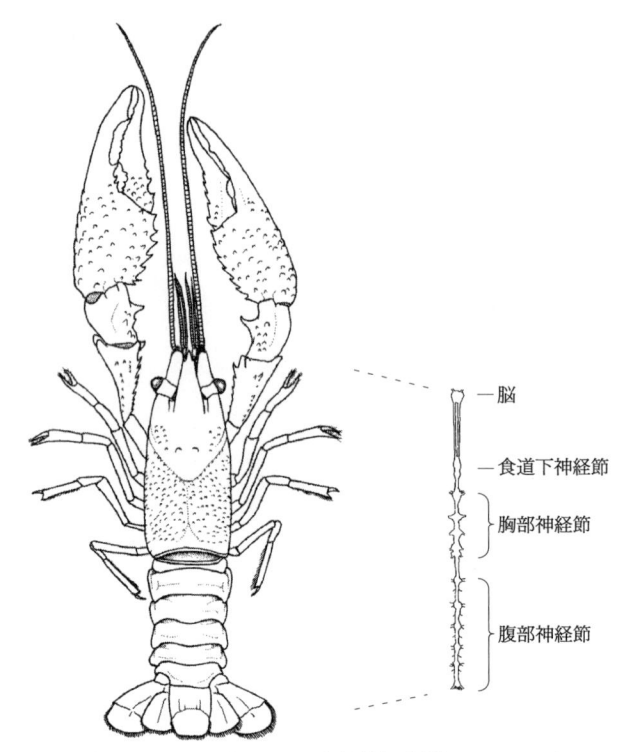

図1 アメリカザリガニの中枢神経系(林, 1990 より)

する細胞内染色法の確立以来,多くの中枢ニューロンをその形態・生理学的特徴から同定することが可能となった.図2はザリガニ腹部最終神経節に細胞体をもち,反対側に樹状突起を広げ,前方の神経節へ向け軸索を縦連合内へ投射する上行性介在ニューロン VE-1 の染色像(図2A)と,4匹のザリガニからそれぞれ得た VE-1 のスケッチ像(図2B)である.すべてのザリガニでVE-1 はほぼ同じ位置に細胞体をもち,主要分枝の数,およびその広がり具合もよく似ている.

　動物は光や音・接触覚といった外界からの情報を刺激という形で受け取り,感覚ニューロンがその情報を中枢へ伝達する.脳・中枢では多くの介在ニューロンによって形成される有機的・選択的接続である神経回路を通し,情報は適切に処理・統合され,多くの運動ニューロンの活動性を制御するこ

第 2 章 神経機構 195

(A) 軸索 細胞体 樹状突起

(B)

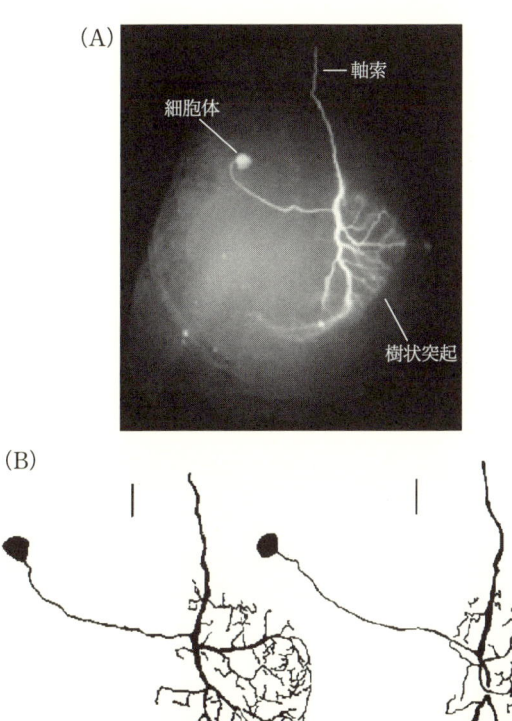

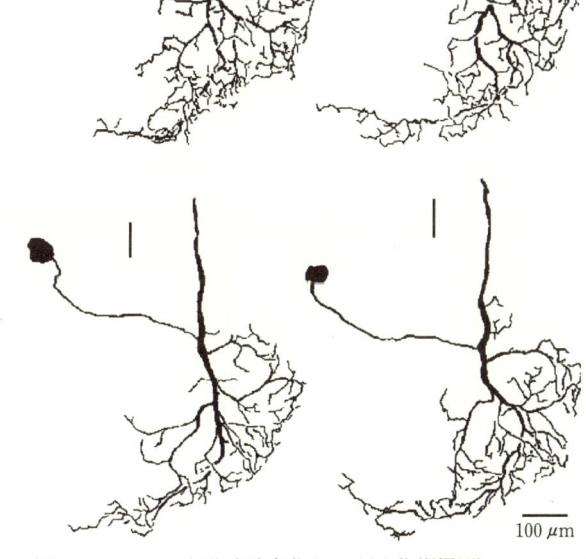

100 μm

図 2 ザリガニ中枢ニューロンの細胞内染色像(A，長山俊樹撮影)とそのスケッチ像(B)。
口絵 16 参照

とで，それらが支配する筋肉を協調的に収縮・弛緩させ，その場に即した適切な応答が引き起こされる。したがって同定ニューロンを用いることで，ある行動が起こる際の個々のザリガニニューロンにおける働きについて，その機能と構造の両面から系統立てて解析していくことができ，神経ネットワークを構成するニューロン群全体の相互作用を詳細に解析することが可能となる。

2. 尾扇肢運動

ザリガニ最終体節の付属肢である尾扇肢は平衡反射の際の左右非対称的な舵取り運動や後方への遊泳時の一過性の素早い開閉運動などさまざまな行動遂行時に多種多様な応答パターンを示す。尾部への機械的接触刺激に対し，ザリガニはその刺激強度によってふたつの異なった応答パターンを示す。捕食者からの攻撃といった尾部への強烈な機械的刺激に対してはテイルフリップ tailflip で応答する逃避行動 escape behaviour を示し，ほかのザリガニの後方からの接近といったもっと弱い尾部への接触刺激に対しては別の応答である回避行動 avoidance reaction を示す。

逃避行動

逃避行動は一個の巨大ニューロン LG(lateral giant)[1] が発火することで起こるきわめて定型的な動きである(長山，2008)。前方の腹部がす早く屈曲し，倒立前転して体の向きを180度変えてから(＝LG フリップ)腹部の伸展・屈曲を繰り返し反対方向へ泳いで退く(図3)。このとき，尾扇肢は腹部の屈曲と同時にす早く開閉し，ボートのオールの要領で尾部を床に向けてたたきつけ，その反動で体を浮き上がらせる。この素早い尾扇肢の動きは相動筋 phasic muscle の収縮によって引き起こされる(Nagayama et al., 2002)。LG は尾扇肢外肢 exopodite の相動筋を支配する productor 運動ニューロンに電気シナプス[2] を形成しているのに対し，尾扇肢外肢の持続筋 tonic muscle 支配の reductor 運動ニューロンに対しては出力をもたない(図4)[3]。一方，次に述べる回避行動時の尾扇肢運動は持続筋の収縮によって引き起こされる。つま

第2章 神経機構 197

刺激

図3 ザリガニのLG由来のテイルフリップ

198　第Ⅲ部　神経生理・行動学

(A)

LG スパイク

5th-6th con

10 mV

LG

20 mV

pro mn

↑腹部第2-第3神経節間縦連合刺激　1 m sec

LG　200 μm

pro mn　200 μm

(B)

LG スパイク

5th-6th con

nerve root 2

＊

red mn

2 mV

↑腹部第2-第3神経節間縦連合刺激　2 m sec

red mn　200 μm

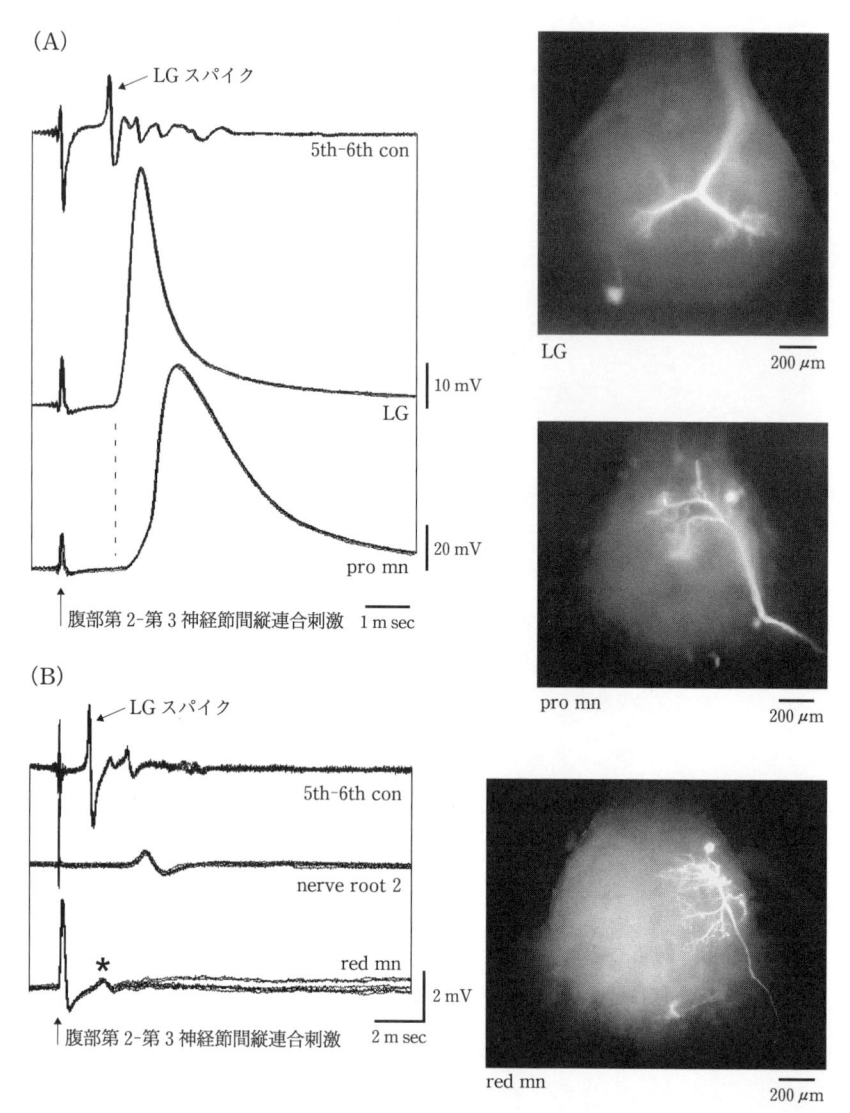

図4　LG の尾扇肢運動ニューロンへの出力パターン。相同筋支配の productor 運動ニューロンは LG スパイクに，スパイク応答するのに対し(A)，持続筋支配の reductor 運動ニューロンは顕著な応答を示さない(B)。写真は長山俊樹撮影。pro mn：閉筋支配の productor 運動ニューロン，red mn：同じく閉筋支配の reductor 運動ニューロン，5th–6th con：腹部第5～第6神経節間縦連合の略号，nerve root2：第2神経根。口絵17参照

り，逃避行動と回避行動発現時の尾扇肢の動きはそれぞれ独立した神経回路によって制御されている。

回避行動

　ザリガニは尾扇肢への弱い接触刺激に対しては回避行動を示すが，その応答パターンはザリガニが成長するにつれ，齢依存的 age-dependent に逃避型のダート dart 応答から防御型のターン turn 応答に切り替わる(図5)。ダート応答では，尾部への機械的接触刺激に応答して両側の尾扇肢を閉じながら，ザリガニは腹部を軽く伸展させ，歩脚を使って前方へ歩いて逃げる(図5A)。両側の尾扇肢は接触後すぐに閉じ始め，約1秒後に最大となる。その後尾扇肢は再び開き始め，2秒を経過したころ元の状態に戻る。歩脚を使った前進はその後も続くが，その間再び尾扇肢を閉じながら歩行するということはない。また，停止していたザリガニが自発的に歩行を開始するときも閉じるという尾扇肢の動きは観察されず，この尾扇肢が閉じるという動きはダート応答時に特有の運動パターンである(Nagayama et al., 1986)。

　体長(頭部先端の額角から尻尾の末端)7 cm 以下のザリガニは尾部への接触刺激に対して，もっぱらダート応答を示す(図6白丸)。8 cm を超え始めるとターン応答(図6黒丸)を示す個体が徐々に観察されるようになり，ターン応答発現の確率は体長の増加とともに増えていく。10〜12 cm の個体ではほぼ同じ確率で，ある場合はダート応答，別の場合はターン応答を示すようになり，もっと大型の個体になると，今度はターン応答する個体の割合が有意に大きくなる。つまり齢依存的に応答パターンが切り替わる。

　ターン応答はダート応答に比べ比較的ゆっくりした応答で(図5B)，刺激された側の尾扇肢と反対側の尾扇肢を完全に閉じ，刺激側の尾扇肢を若干開きながら刺激源に向かってハサミをもち上げながら振り返る。この時約30%の個体では腹部を伸展させたままターンし，残り70%の個体は腹部を屈曲させる。振り返り威嚇姿勢をとるまで4〜6秒ほどかかり，その後もその場に踏みとどまり，しばらく威嚇を続ける。

　ダート応答時にも若干観察されたが，ターン応答の際，ある試行では尾扇肢の非対称的開閉運動のみが観察されるケースがある。つまり，尾扇肢運動

(A) ダート応答

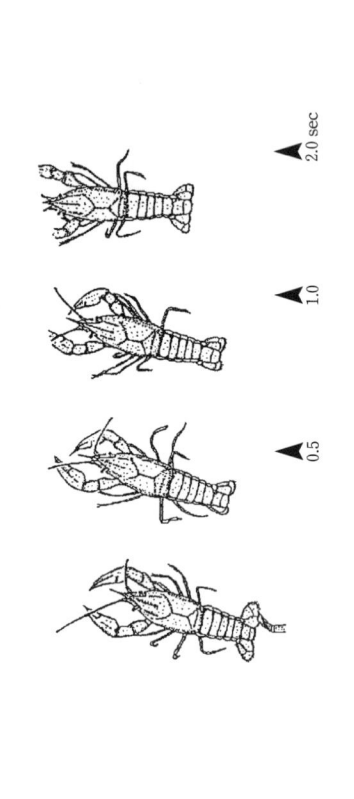

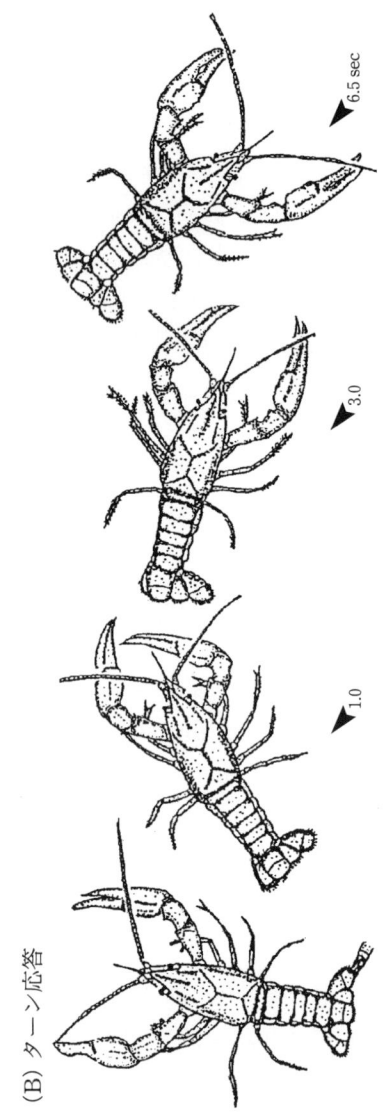

▲0.5 ▲1.0 ▲2.0 sec

(B) ターン応答

▲1.0 ▲3.0 ▲6.5 sec

図5 ザリガニの回避行動。ダート応答(A)とターン応答(B)

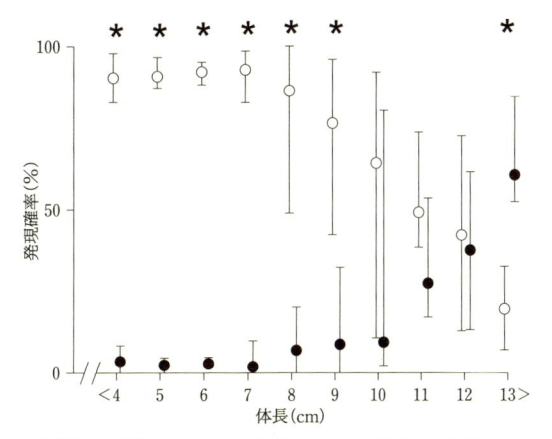

図6 回避行動の齢依存性応答パターンの変化。バーは最小-最大値，シンボルは中央値。○ダート，●ターン，* $p<0.05$

系・腹部運動系・歩脚運動系の運動中枢はそれぞれ半独立的に活動し，複数の運動中枢が直列的に連動し，回避行動が成り立っているのである。

ターン応答を示していた大型ザリガニのハサミを除去すると，2～3日経過すると，接触刺激に対し再びダート応答をするように応答パターンが変化する。その後1週間たってもダート応答が優先的に引き起こされる。このことは大きなハサミがある・ないといった自己受容感覚入力が直接このダート／ターンの行動切り替えに関わっているのではなく，何らかの液性要因が関与した神経回路の可塑的なスイッチの切り替えが起こっている可能性が示唆される(Nagayama et al., 1986)。

3. 尾扇肢運動制御の神経回路

尾部への機械接触刺激に対し，小型ザリガニは両側の尾扇肢を閉じながら前進歩行するダート応答を示す。この時の尾扇肢の動きは基本的に腹部最終神経節の局所神経回路 local circuit によって制御されている。というのは腹部最終神経節と第5腹部神経節間の縦連合を切断しても，接触刺激に対する尾扇肢を閉じるというパターンに何の変化もみられないのである。

尾扇肢表面には数千本の感覚毛がはえており，それぞれ感覚ニューロン sensory neurone の支配を受けている。毛が特定の方向に倒れると感覚ニューロンはスパイクを発し，そのスパイクは軸索上を伝わって腹部最終神経節内に伝達される。このとき，感覚ニューロンの軸索は集まって感覚神経束 sensory bundle をつくり，神経根 nerve root のなかを通って神経節内に投射する。尾扇肢外肢 exopodite 支配の感覚ニューロンならば二番目の神経根 nerve root 2 の感覚神経束，内肢 endopodite 支配の感覚ニューロンは nerve root 3 というように，尾扇肢の各パート表面の感覚毛を支配する感覚ニューロンの中枢内投射経路は決まっている(Calabrese, 1976)。

　尾扇肢が閉じたり開いたりするのは，閉筋 closer muscles・開筋 opener muscles のふたつの拮抗筋 antagonist muscles が収縮するからで，どのように開閉運動が起こるのかは筋収縮を制御している運動ニューロンの相反的なスパイク発射パターンおよびその頻度に依存している。尾扇肢運動ニューロンは細胞体・樹状突起が腹部最終神経節内に位置し，軸索を末梢の筋肉に伸ばす。閉筋支配の closer 運動ニューロンの軸索は第 2 番目の神経根 nerve root 2 の運動神経束 motor bundle を通って，一方，開筋支配の opener 運動ニューロンの軸索は 3 番目の神経根 nerve root 3 を通って筋繊維に到達し，そこで神経-筋接合部をつくっている(図7)。この回避行動発現時の尾扇肢の動きは持続筋の収縮によって起こり，相動筋は関与していない。

　ダート応答時の尾扇肢の運動パターンは，第 2 神経根の感覚神経束に連続的に電気ショックを与え，そのときの閉筋・開筋運動ニューロンの活動を，電気生理学的手法を用いてモニターすることで再現できる(図8)。閉筋支配の closer 運動ニューロンは reductor 運動ニューロンと呼ばれる同定ニューロンで，図 4B のような形態をしている。一方，開筋支配の opener 運動ニューロンは 1 から 4 ユニットが持続的にスパイクを発している。図 8 の矢印の部分で第 2 神経根感覚神経束に 20 Hz 10 発の短いパルスを与えて感覚ニューロンを電気刺激すると，閉筋支配の closer 運動ニューロンのスパイク発射頻度は増加し(図8A)，開筋支配の opener 運動ニューロンのスパイク発射は抑制される(図8B)。8 図の上のトレースはそれぞれ第 2，第 3 神経根からの細胞外記録で，大きさ(振幅)の異なる複数の運動ニューロンのスパイ

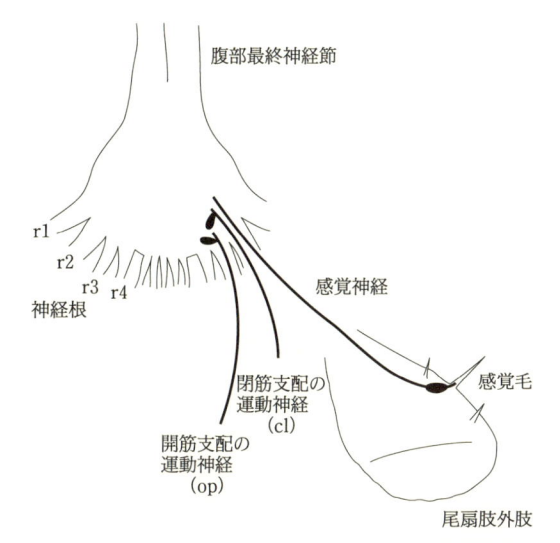

図7 ザリガニ尾扇肢の感覚・運動ニューロンの神経根投射様式。r1～4：第1～第4神経根，cl：閉筋支配のcloser運動ニューロン，op：開筋支配のopener運動ニューロンの略号

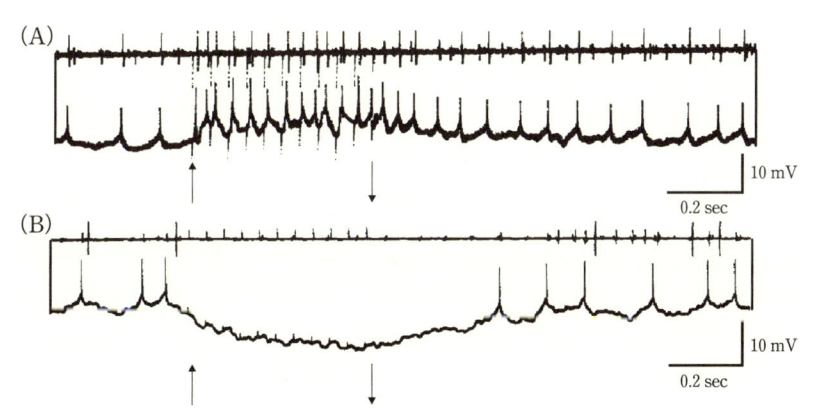

図8 回避行動ダート応答時の尾扇肢運動パターン。(A)閉筋支配のcloser運動ニューロン，(B)開筋支配のopener運動ニューロンの細胞外誘導と細胞内記録。矢印の間で第2神経根感覚神経束に電気刺激を与えている。

クが観察される。下のトレースはそのなかの一個の運動ニューロンからの細胞内記録で，closer，reductor 運動ニューロンは感覚刺激によって，脱分極をともなうスパイク増加がみられ(図8A)，opener 運動ニューロンでは持続的過分極によりスパイク発射が抑制されているのがわかる[*4](図8B)。

では尾扇肢運動ニューロンは直接感覚ニューロンから接触情報を受け取っているのだろうか？　答えは否である。細胞内記録した感覚ニューロン・運動ニューロンから連続切片を作成し，それぞれのニューロンにおける分枝の中枢内投射を組織学的に再構築した。その結果，図9Aのように感覚ニューロンの中枢内投射は神経節の腹側半分に限定され，一方，運動ニューロンは背側部にのみ樹状突起を広げ(図9B)，両者の間に直接のオーバーラップはみられない。上行性介在ニューロン，スパイキング局在性介在ニューロン，ノンスパイキング局在性介在ニューロンという3つのグループの介在ニューロンがこの感覚ニューロンと運動ニューロンの間に存在し，これら局所回路ニューロン経由で感覚情報は運動ニューロンに伝達されている(Nagayama et al., 1994)。

局所回路ニューロンの同定
(1)上行性介在ニューロン

上行性介在ニューロン ascending interneurone は細胞体を腹部最終神経節内にもち，軸索を前方神経節，多くは脳まで伸ばす intersegmental な介在ニューロンで，約130個(65対)存在し，そのうちの約50%，30個の上行性介在ニューロンが同定されている(図10)。上行性介在ニューロンはその細胞体の位置から rostral，medial，caudal の3グループに分類でき，RC-9 を除き，全ての上行性介在ニューロンは細胞体と反対側に primary neurite を伸ばし，反対側の縦連合を通って軸索が脳に向かって伸びていく。約2/3のニューロンはCA-1のように軸索側，つまり細胞体とは反対側にのみ樹状突起を広げている。CA-3，CI-4，RC-5，RC-9，RC-10 という5個のニューロンは細胞体のある側に樹状突起を広げ，CA-2，RC-6，RO-5，RO-6，RO-7，NE-2 の6個のニューロンは両側に樹状突起を広げている。

RO-4 を除く全ての上行性介在ニューロンは樹状突起が広がっている側の

(A) 感覚ニューロン

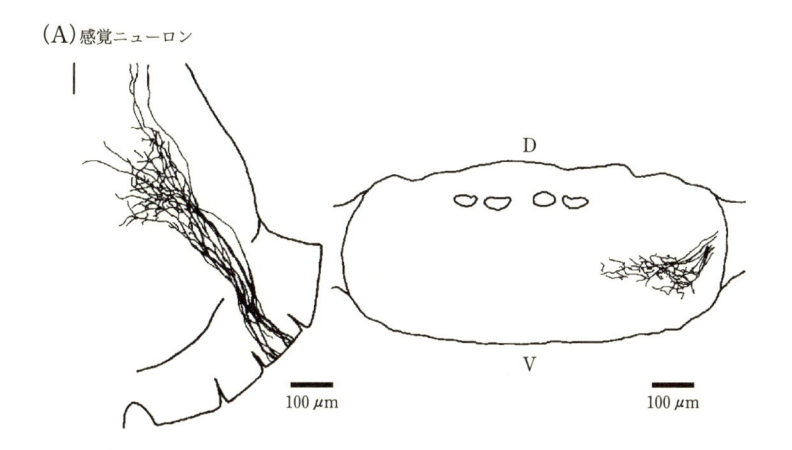

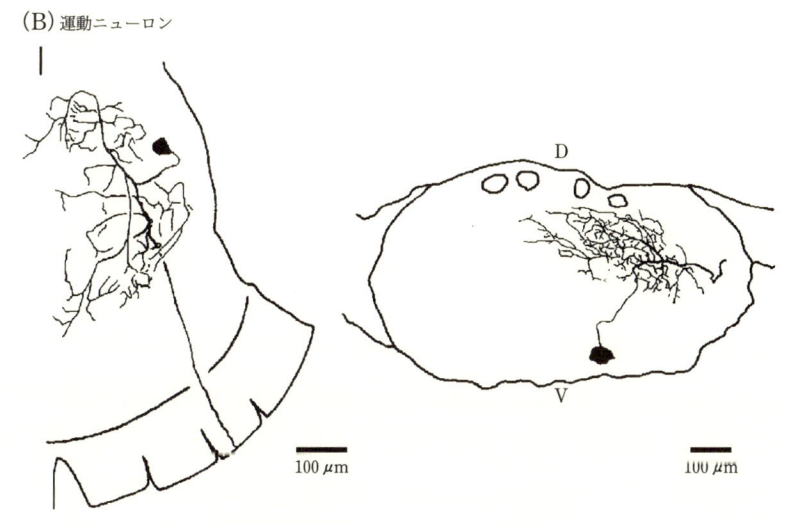

(B) 運動ニューロン

図9 感覚ニューロンと尾扇肢閉筋支配の closer, reductor 運動ニューロンの中枢内投射パターン。(A) 10本の尾扇肢外肢感覚ニューロンは順次細胞内染色し，その全体像をスケッチ後，連続切片を作成し再合成。(B) 閉筋支配の reductor 運動ニューロンは細胞内染色後，連続切片を作成し再合成した。D：背側，V：腹側

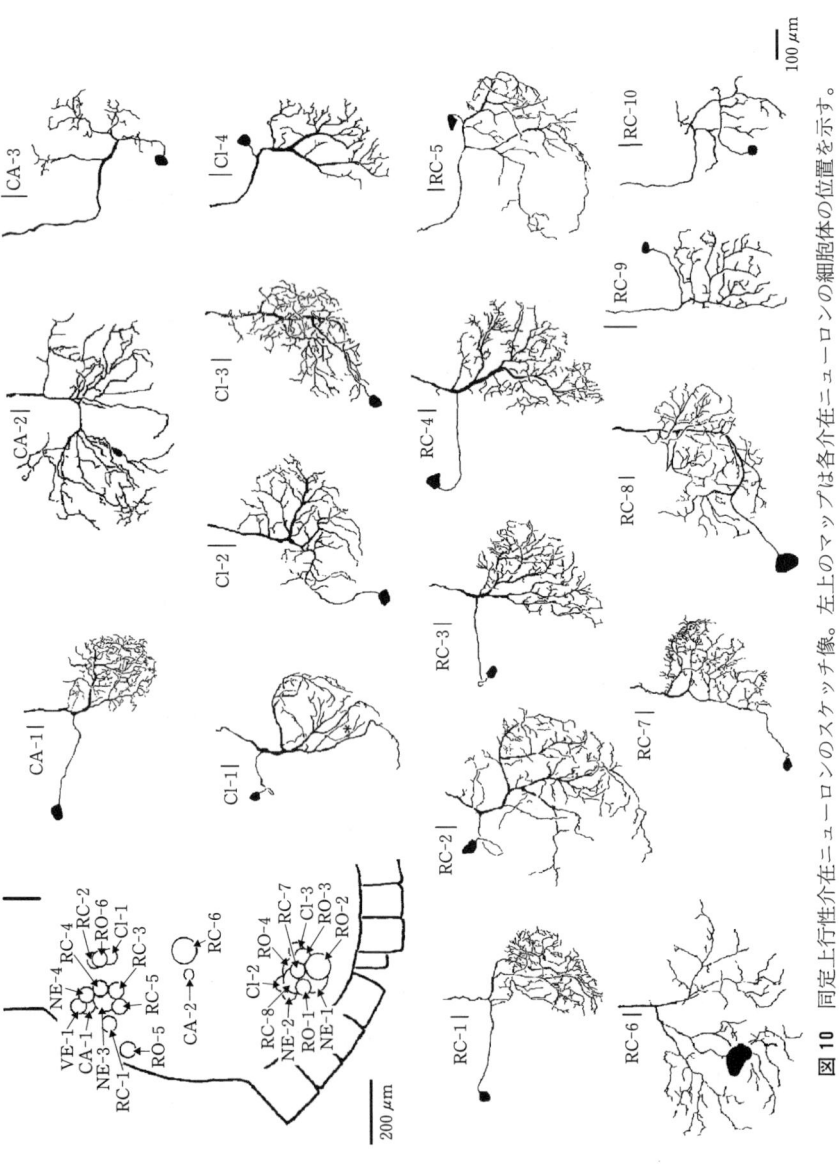

図10 同定上行性介在ニューロンのスケッチ像。左上のマップは各介在ニューロンの細胞体の位置を示す。

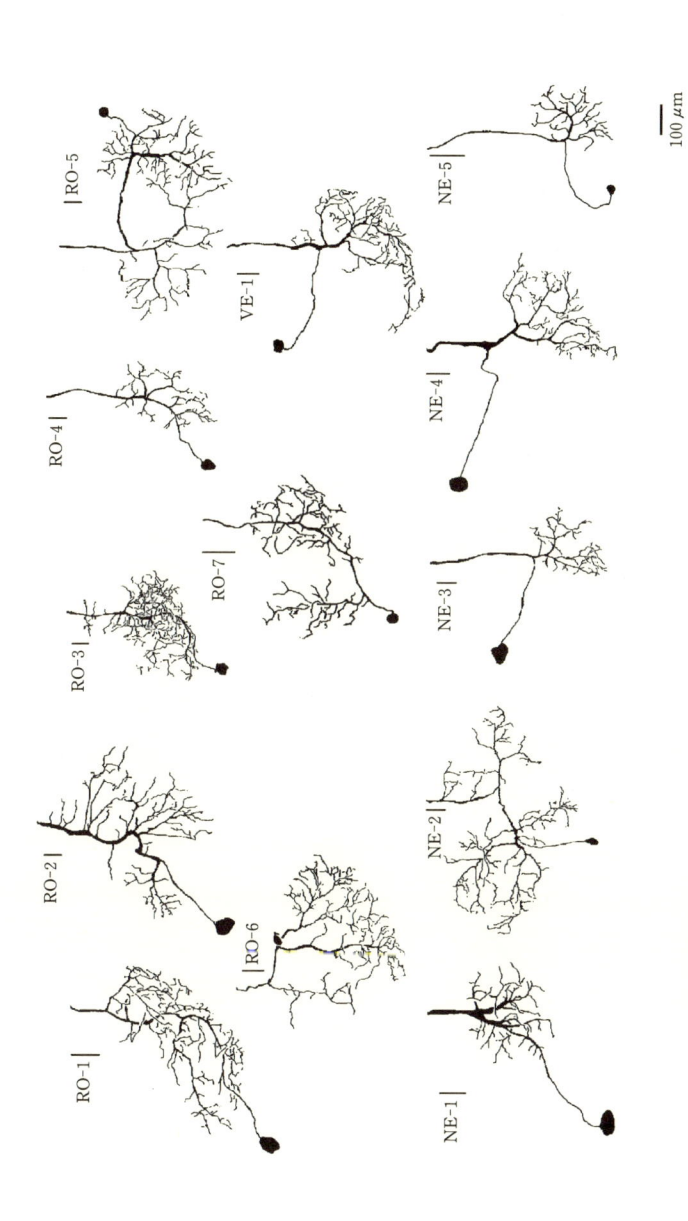

図10（つづき） 同定上行性介在ニューロンのスケッチ像。左上のマップは各介在ニューロンの細胞体の位置を示す。

尾扇肢から興奮性の接触感覚入力を受け取っており，反対側からは樹状突起が片半球にのみ広がるニューロンでは抑制性，両側性のニューロンでは興奮性入力を受け取っている。後述するが，ほとんどの場合，上行性介在ニューロンは尾扇肢運動ニューロンに直接のシナプスは形成していないが，間接的な出力効果をもち，closer, opener 運動ニューロンへの出力効果から CA, CI, RC, RO, VE, NE の 6 つのグループに分類される (Nagayama et al., 1993a)。また多くのニューロンは前方の腹部神経節でも突起を広げ，腹部伸展筋 extensor muscle・屈曲筋 flexor muscle 支配の運動ニューロンに対しても出力効果をもつ (図 11)。これは VE-1 へ記録電極を通して脱分極性の電流を注入し，VE-1 にスパイク発射を引き起こした際の腹部最終神経節 (G 6) での尾扇肢 closer, opener 運動ニューロンの活動性，同時に前方の腹部第 3 (G 3)，第 4 (G 4)，第 5 (G 5) 神経節での腹部 extensor, flexor 運動ニューロンのスパイク応答を記録したものであるが，G 6 では closer 運動ニューロンのスパイク頻度が電流注入によって増加し，opener 運動ニューロンのスパイク頻度が減少している。一方，前方の G 3 から G 5 では extensor 運動ニューロンのスパイク発射頻度が増加し，flexor 運動ニューロンでは興奮性の運動ニューロンのスパイク発射は抑制され，新たに抑制性運動ニューロンがスパイク応答している。このように上行性介在ニューロンは尾扇肢運動パターン形成の局所回路ニューロンであるとともに，腹部姿勢系制御の神経要素ともなっており，尾扇肢運動系・腹部姿勢系の協調的活性化を制御している (Aonuma et al., 1994)。

(2) スパイキング局在ニューロン

腹部最終神経節の 50〜60% のニューロンは軸索状の突起をもたず，その全構造がこの神経節内に収まる局在性介在ニューロンで，スパイクを発するスパイキング局在ニューロンと正常な生理状態としてスパイクを全く生じないノンスパイキング介在ニューロンの 2 種類に分類できる。

20 個のスパイキング局在ニューロンがすでに同定されていて，細胞体の位置により，anterior, medial, posterior の 3 つのグループに分けられる (図 12)。細胞体の直径は 15〜30 μm と比較的小さく，anterior と posterior

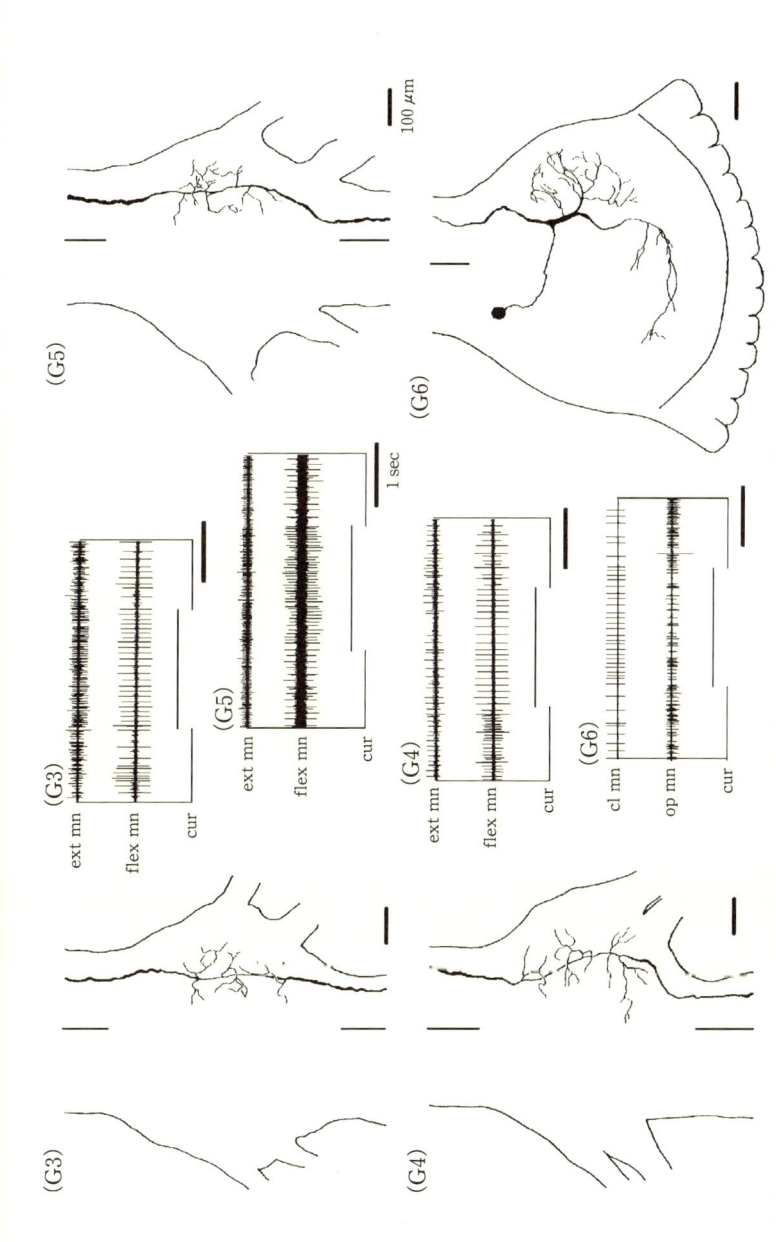

図11 上行性介在ニューロン VE-1 の出力効果。腹部第6神経節(G6)では閉筋支配の closer 運動ニューロン(cl mn)を興奮させ,開筋支配の opener 運動ニューロン(op mn)を抑制する。同時に前方の腹部第3(G3),第4(G4),第5(G5)神経節の腹部伸展筋支配の extensor 運動ニューロン(ext mn)を興奮させ,屈曲筋支配の興奮性 flexor 運動ニューロン(flex mn)を抑制し,抑制性 flexor 運動ニューロンを興奮させる。cur：注入電流モニターの略号

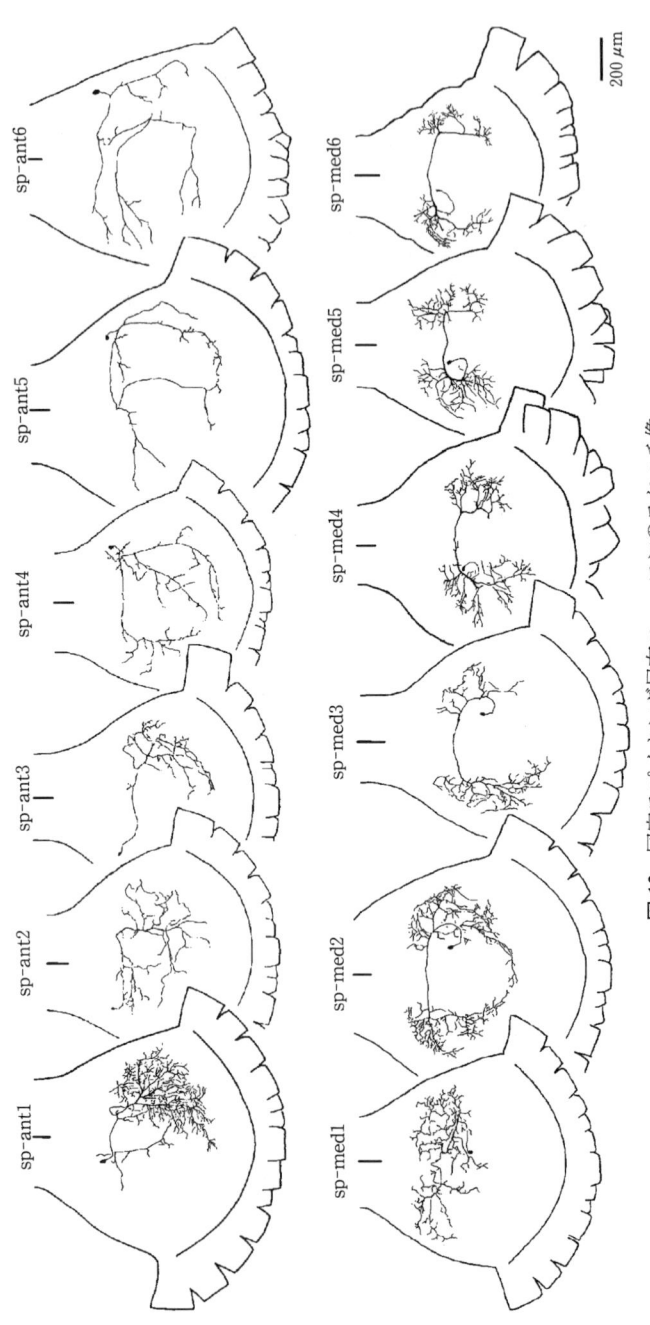

図12 同定スパイキング局在ニューロンのスケッチ像

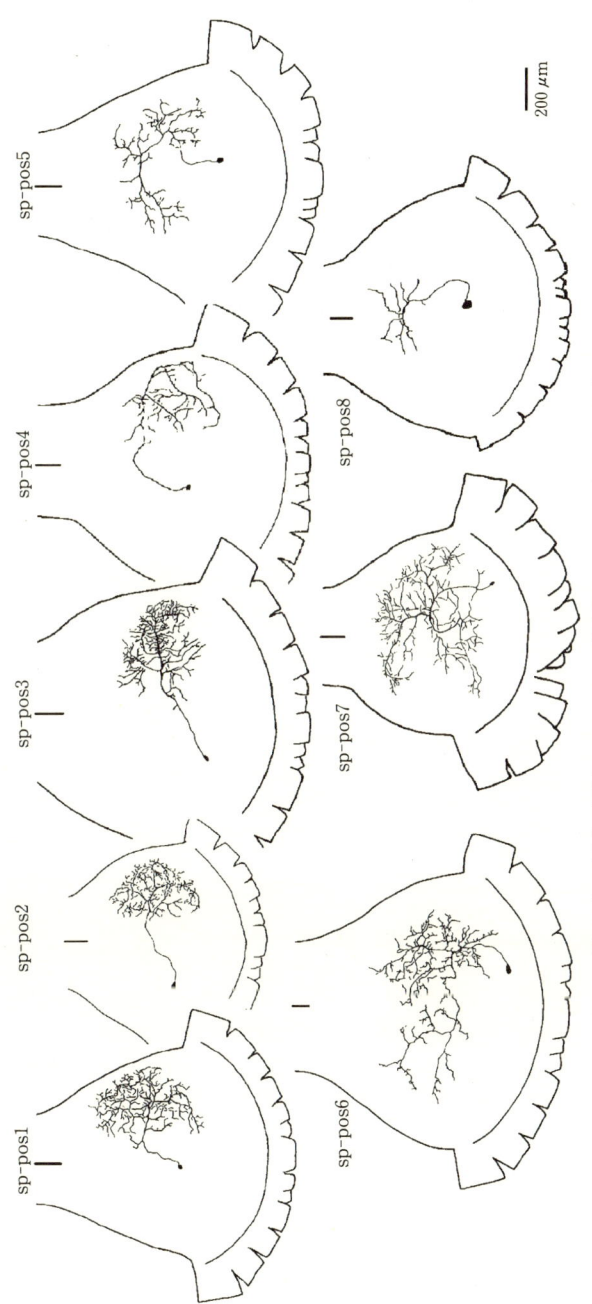

図 12（つづき） 同定スパイキング局在ニューロンのスケッチ像

グループの主要突起は細胞体と反対側に分枝しているのに対し，medialグループでは両側に枝を広げている(Nagayama et al., 1993b)。

　anteriorとposteriorグループのスパイキング局在ニューロンは細胞体と反対側の尾扇肢から興奮性の感覚入力を受けており，上行性介在ニューロン同様，尾扇肢運動ニューロンに対して直接シナプス接続しているわけではないが，間接的に尾扇肢を閉じる方向の出力効果をもっている．図13はsp-ant1からの細胞内記録であるが，感覚刺激に対しスパイク応答し，このときcloser運動ニューロンのスパイク発射頻度は増加し，opener運動ニューロンの活性は抑制される尾扇肢を閉じる方向への相反的な尾扇肢運動パターンが生じる（図13A）．sp-ant1へ人為的に脱分極性電流を注入すると，sp-ant1は高頻度でスパイクを発射し，感覚刺激時と同様の尾扇肢を閉じる方向への相反的な尾扇肢運動パターンが生み出される（図13B）．一方，両側性のmedialグループのうち，sp-med1, 2, 3は両側の尾扇肢から興奮性入力を受け取り，両側の尾扇肢運動ニューロンに間接的出力をもつのに対し，sp-med4, 5, 6は細胞体が位置する側の尾扇肢から興奮性の感覚入力を受け取り，反対側からは抑制性入力を受け取っている(Nagayama and Hisada, 1985)．出力は細胞体と反対側の尾扇肢運動ニューロンに限られ，細胞体側の分枝が入力部，反対側が出力部とその機能が分極化している．たとえば図14A-1のsp-med1は細胞体の位置する左側感覚刺激に対しスパイク応答し（図14A-2），

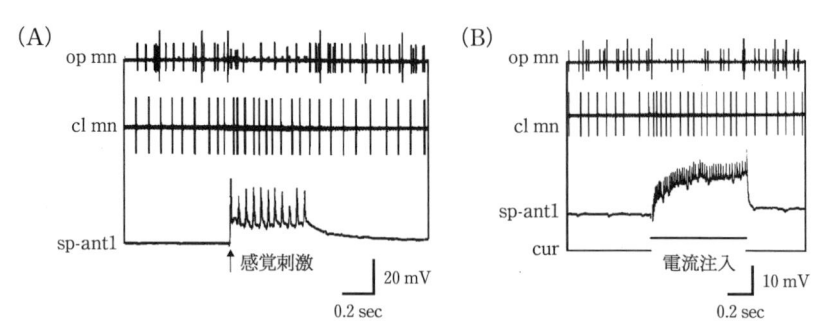

図13 スパイキング局在ニューロンsp-ant1の入出力様式．(A)第2神経根感覚神経束への電気刺激に対するsp-ant1の応答．(B)sp-ant1への脱分極性電流注入．尾扇肢を閉じる方向への相反的運動パターンが形成される．op mn：opener運動ニューロン，cl mn：closer運動ニューロン，cur：注入電流モニター

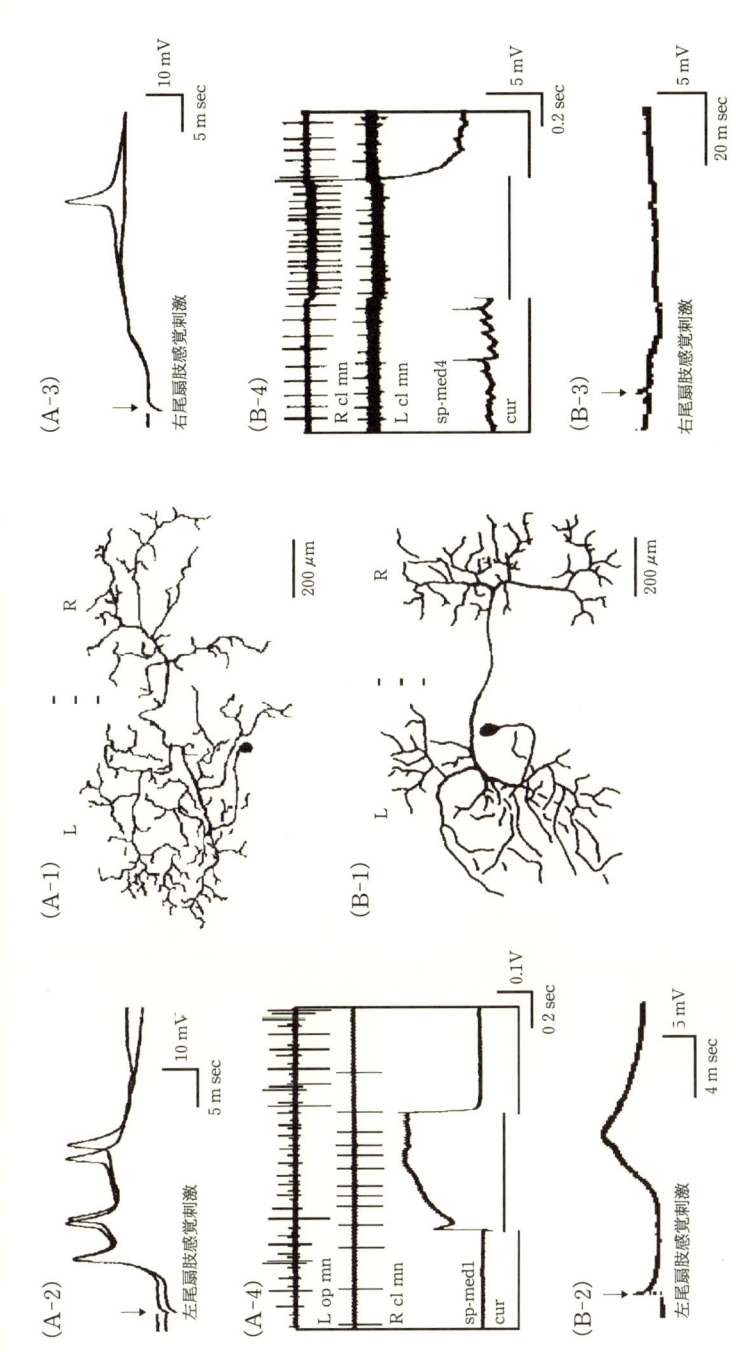

図14 2タイプの両側性スパイキング局在ニューロン sp-med グループ。(A) sp-med1 の形態 (A-1) と細胞体側 (A-2)・反対側 (A-3) からの感覚刺激に対する sp-med1 の応答。A-4, sp-med1 への電流注入に対する細胞体側 (L op mn) と反対側側 (R cl mn) 尾扇肢運動ニューロンのスパイク応答。(B) sp-med4 の形態 (B-1) と細胞体側 (B-2)・反対側 (B-3) からの感覚刺激に対する sp-med4 応答。B-4 は sp-med4 への電流注入に対する細胞体側 (L cl mn) と反対側 (R cl mn) 尾扇肢運動ニューロンのスパイク応答。R:右側, L:左側, op mn:opener 運動ニューロン, cl mn:closer 運動ニューロン, cur:注入電流モニターの略号

反対側の右側感覚刺激に対しては EPSP[*5] 応答する(図 14A-3)。sp-med1 への電流注入により，左側 opener 運動ニューロン，右側 closer 運動ニューロンともにそのスパイク発射頻度が変化する(図 14A-4)。一方，sp-med5(図 14B-1)は細胞体が位置する左側感覚刺激に対し，EPSP に乗った形でスパイク応答し(図 14B-2)，反対側の右側感覚刺激に対しては IPSP(抑制性シナプス電位)応答する(図 14B-3)。脱分極性電流注入により細胞体が位置する側の左側 closer 運動ニューロンのスパイク活動性にはほとんど変化がみられないが，右側 closer 運動ニューロンのスパイク発射頻度が増加する(図 14B-4)。

(3) ノンスパイキング介在ニューロン

ノンスパイキング介在ニューロンは，活動電位を全く発することなく，自らの膜電位変化に従って，正常なニューロン機能を果たすことのできる，節足動物の運動系に特徴的なニューロンである(Nagayama et al., 1984)。そのほとんどは 10〜15 μm といったきわめて小さい直径の細胞体をもち，密度の濃い細かな突起をひとつの神経節内にのみ広げる局在性ニューロンであり，腹部最終神経節の両側に枝を広げる両側型 bilateral type と細胞体が位置する側にのみ突起を広範囲に広げる片側型 unilateral type に分けられる。

両側型のノンスパイキング介在ニューロンは数が少なく，側抑制の機能を果たす LDS と呼ばれる感覚性介在ニューロン(図 15A)のほか 2 個の前運動性ノンスパイキングニューロンが同定されている(Nagayama and Hisada, 1988)。LDS は両側性のスパイキング局在ニューロン sp-med5 同様，細胞体が位置する側の感覚ニューロンから興奮性入力を受け，反対側からは顕著な入力を受けない。尾扇肢運動ニューロンに対しては顕著な出力はもたず，細胞体と反対側の上行性介在ニューロンに対し抑制性のシナプスを形成する。細胞体側の突起はスムーズで，電子顕微鏡による微細構造の観察では入力シナプスしか分布していない。一方反対側の突起には多くの瘤状構造の varicosities が見られ，入力シナプスと出力シナプスがひとつの枝上に混在している(Kondoh and Hisada, 1986)。

個々のスパイキング局在ニューロンがそれぞれユニークな形態を示し同定可能なのに対して，多くの片側性ノンスパイキング介在ニューロンはよく似

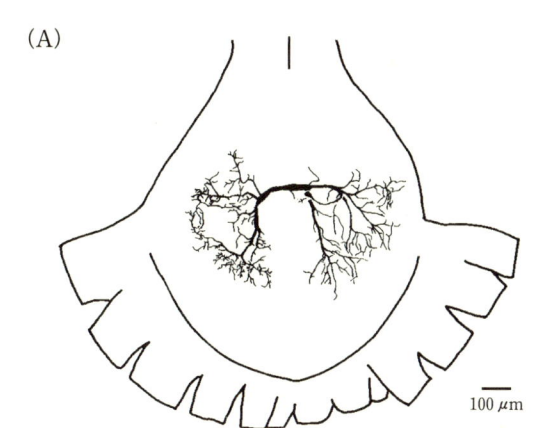

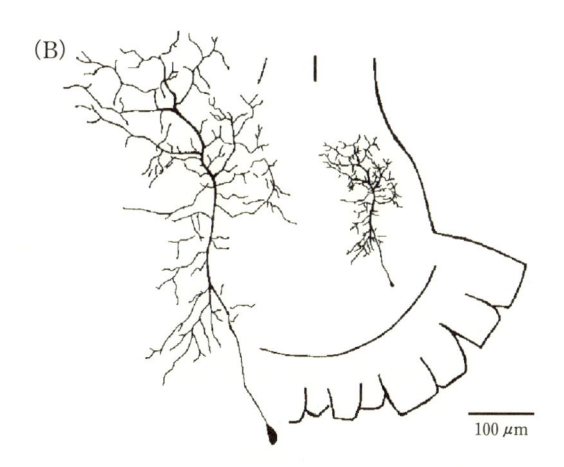

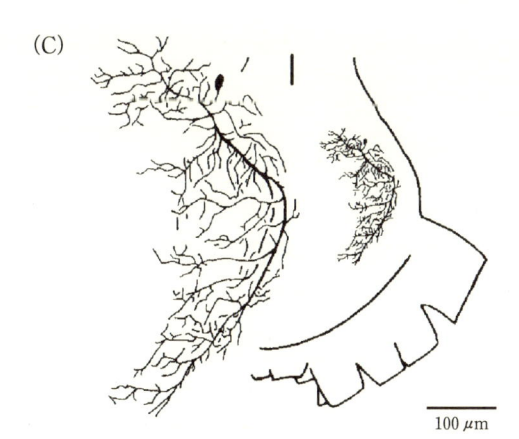

図 15 3グループのノンスパイキング介在ニューロン。(A)感覚性介在ニューロン LDS，(B) PL ニューロン，(C) AL ニューロン

た形態的特徴を示す．片側性ノンスパイキングニューロンは細胞体と同側にのみ広範囲に細い枝を分枝し，その細胞体の位置およびその基本構造の違いから大きく PL(図15B)，AL(図15C)という2グループのニューロンに分類できる．PL ニューロンは神経節の後側方部に細胞体をもち，細胞体から神経節の前方に向かって主要突起を伸ばす．10〜12個のよく似た形態のニューロンが，クラスターを形成するように集団で同じ部位に位置する細胞体から重なるように主要分枝を前方へ広げている．主要突起の数およびその分枝パターンから3つのサブセット，PL-1，PL-2，PL-3に分けることができ(図16A)，それぞれ複数個のニューロンが存在し，サブセットとして同定可能である(Nagayama et al., 1997)．AL グループは弓矢様の構造をし，細かい突起を中央部に向かって広げている．この主要分枝パターンはすべての AL ニューロンで共通だが，細胞体の位置は PL ニューロンほどタイトにパッキングされずにいくつかの部位に分散して存在しており，細胞体が後側方部に位置する AL-I，中央部に位置する AL-II，あるいは前側方部に位置する AL-III の3つのサブグループにさらに分けることができる(図16B)．

　上行性介在ニューロン，スパイキング局在ニューロンが感覚情報として主に興奮性入力しか受け取っていないのに対し，約半数のノンスパイキング介在ニューロンは感覚刺激に対して IPSP 応答する．図17A は興奮性入力を受け取るノンスパイキング介在ニューロンの応答で，ノンスパイキング介在ニューロンへの脱分極性電流注入により，EPSP の振幅が小さくなり，過分極性電流注入で大きくなる(図17A2)．図17B は抑制性入力を受け取るノンスパイキング介在ニューロンの応答で，脱分極性電流注入により IPSP 振幅は増加し，1 nA の過分極性電流注入では振幅が小さくなる．2 nA 以上の電流注入で IPSP の向きは逆転し，脱分極性の応答を示すようになり，このシナプス電位の逆転という現象は典型的な化学シナプスを介した情報伝達の特徴である．また IPSP では比較的一様に膜電位が過分極するのに対し，EPSP の方は峰状に到達時間の異なる複数の入力源から入力を受けている．

　ノンスパイキング介在ニューロンは通常のスパイキング介在ニューロンよりも浅い静止電位(マイナス40〜60 mV)をもっている．ノンスパイキング介在ニューロンは膜電位が脱分極することで，化学伝達物質 neurotransmitter

第 2 章 神経機構 217

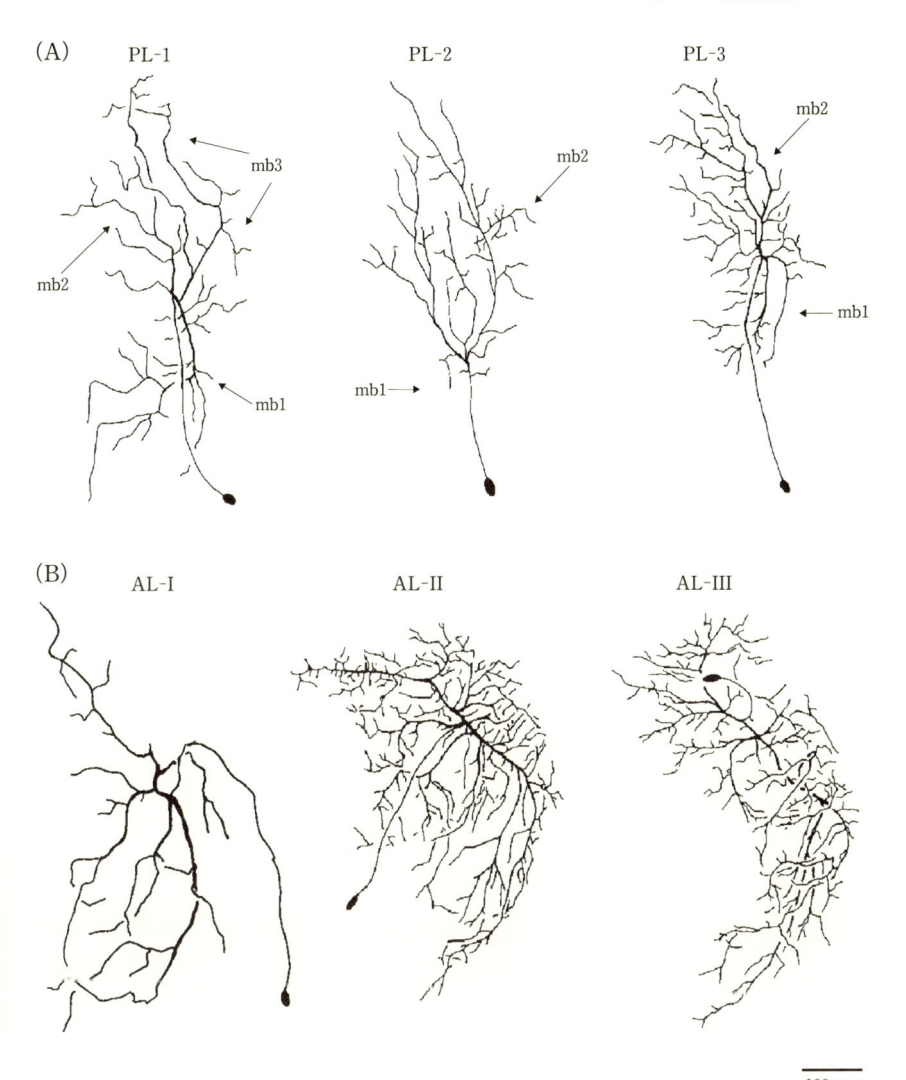

図 16 (A) PL ニューロンはその主突起 (mb) の分枝数およびその投射パターンから PL-1, PL-2, PL-3 の 3 つのサブセットに分類できる。(B) AL ニューロンはその細胞体の位置から AL-I, AL-II, AL-III という 3 種類のサブグループに分類できる。

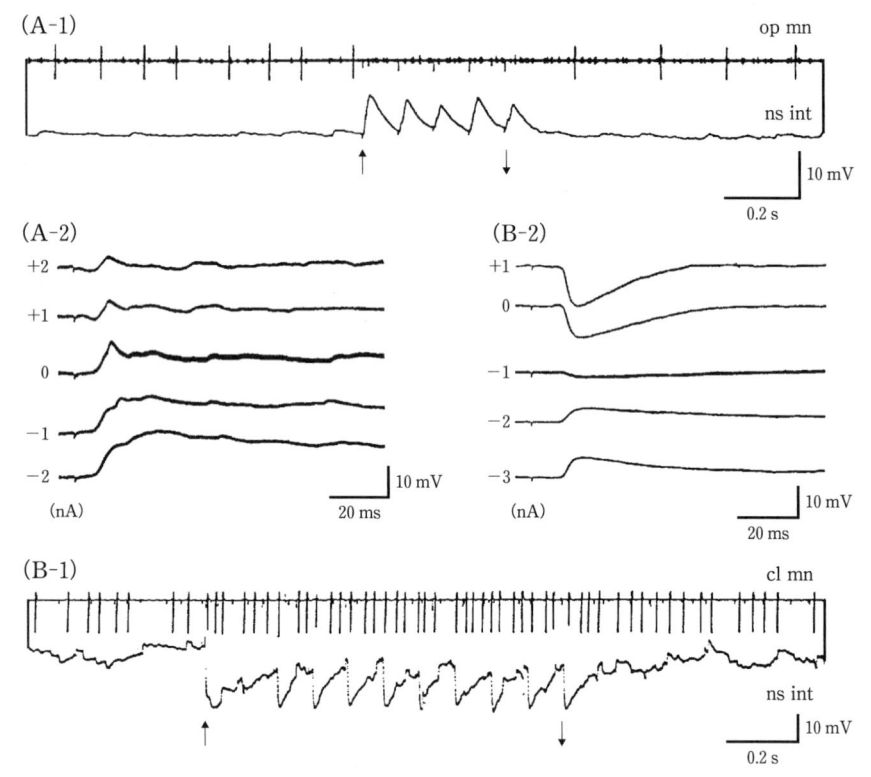

218　第Ⅲ部　神経生理・行動学

図17　感覚刺激に対するノンスパイキング介在ニューロンの応答性。(A)ノンスパイキング介在ニューロンの興奮性応答。(B)抑制性応答。op mn：opener 運動ニューロン，ns int：ノンスパイキング介在ニューロン，cl mn：closer 運動ニューロン

を放出し，シナプス後ニューロンの膜電位を制御している。したがって，スパイキング介在ニューロンでは一つひとつのスパイクに対応してシナプス後ニューロンに棘状のシナプス電位が不連続的に生ずるのに対し(図18A)，ノンスパイキングニューロンでは，膜脱分極によってシナプス後ニューロンの膜電位は円滑かつ持続的に変化する(図18B)。つまり，スパイキングニューロンはデジタル的制御，ノンスパイキングニューロンはアナログ的制御といえる。脊椎動物の感覚系(網膜や嗅球など)のニューロンの多くも実質的にはスパイクを発することなく，このノンスパイキング介在ニューロンとほとんど同じように機能している。

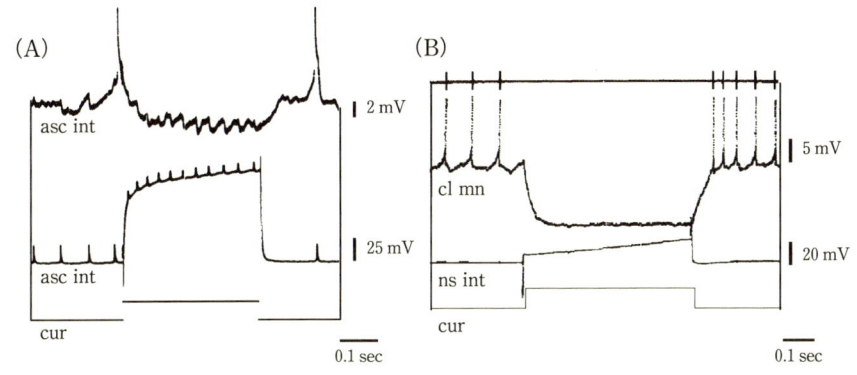

図 18 スパイキング介在ニューロンとノンスパイキング介在ニューロンの出力様式。(A)上行性介在ニューロンから別の上行性介在ニューロンへの抑制性出力。シナプス前ニューロンのスパイクに合わせ，シナプス後ニューロンに櫛の歯状の IPSP が生じる。(B)ノンスパイキング介在ニューロンから尾扇肢運動ニューロンへの抑制性出力。ノンスパイキング介在ニューロンへの電流注入の間中，運動ニューロンの膜電位は持続的に過分極する。asc int：上行性介在ニューロン，cl mn：closer 運動ニューロン，ns int：ノンスパイキング介在ニューロン，cur：注入電流モニター

　ノンスパイキング介在ニューロンの出力機能のうち，その最大の特徴は一様で持続的な膜電位変化をシナプス後ニューロンに作り出せるという点にある。つまり，ノンスパイキングニューロンの出力効果は自らの膜電位変化に依存して漸次的である(図19)。ノンスパイキングニューロンに 3 nA の脱分極性電流を注入すると，運動ニューロンには 5 mV ほどの持続的な膜過分極が生じる(図19a)。さらにノンスパイキングニューロンへの注入電流量を 7 nA(図19b)，10 nA(図19c)と増加させていくと運動ニューロンの膜過分極の振幅もある程度までそれに比例して大きくなる。

　また，静止膜電位状態において抑制性伝達物質を持続的に放出しているノンスパイキングニューロンも多く存在し，自らの脱分極によってさらに伝達物質放出量が増え，シナプス後ニューロンをさらに過分極させる(図20A)。一方で自らが過分極すると，抑制性伝達物質の放出量が減少するので，抑制が抑制されて，つまり脱抑制によってシナプス後ニューロンは逆に脱分極する(図20B)という，両方向性 bidirectional の出力効果をもつことができる(図20C)。したがって，スパイク列というデジタル的信号で符号化された感覚情

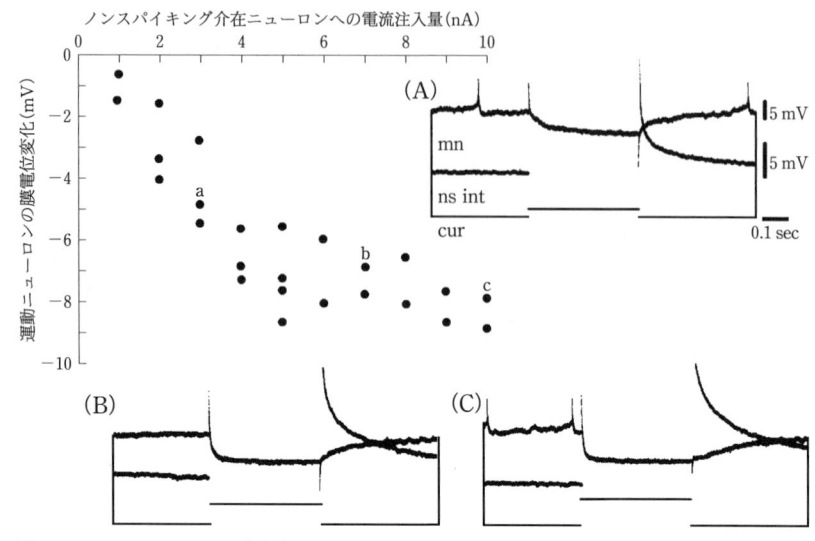

図19 ノンスパイキング介在ニューロンの漸次的出力効果。ノンスパイキング介在ニューロンへの電流注入強度を横軸に，シナプス後ニューロンである運動ニューロンの膜過分極振幅を縦軸にプロットすると，ノンスパイキング介在ニューロンの膜電位変化に比例して，漸次的に運動ニューロンの膜電位が過分極する。挿入図はノンスパイキング介在ニューロンへaでは3nA，bは7nA，cは10nAの電流を注入した際の運動ニューロンの膜電位変化。mn：運動ニューロン，ns int：ノンスパイキング介在ニューロン，cur：注入電流モニター

報は，一度ノンスパイキング介在ニューロンというインターフェイスの仲介によるアナログ的情報処理の過程を経て，より円滑化された運動出力へと変換される。よってノンスパイキング介在ニューロンは一種の整流作用をもつロー・パス・フィルターとして機能していると考えることもできる。

感覚入力受容機構

ではノンスパイキング介在ニューロンをはじめとする局所回路ニューロンはどのような形で感覚情報を受け取っているのだろうか？ 感覚神経束を一律に電気刺激しただけでは，入力受容の実体は判然としない。感覚受容機構の詳細を明らかにするには単一感覚毛を局所的・選択的に刺激し，それに対する感覚ニューロン，局所回路ニューロンの応答を同時に解析すればよい。最終付属肢，尾扇肢外肢は，その末端部を除き，腹側クチクラおよび結合組

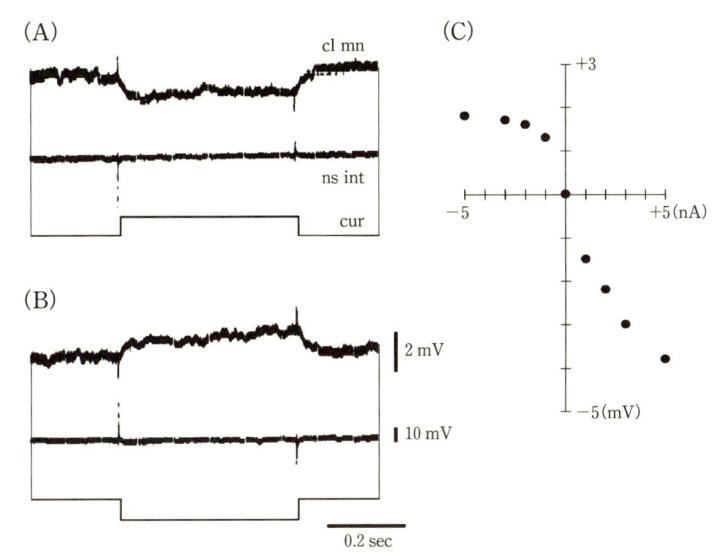

図20 ノンスパイキング介在ニューロンの両方向性出力効果。(A)ノンスパイキング介在ニューロンへの脱分極性電流注入により閉筋支配の尾扇肢 closer 運動ニューロンは膜過分極する。(B)同じノンスパイキングニューロンへ過分極性電流を注入すると、運動ニューロンは膜脱分極する。(C)ノンスパイキングニューロンへの電流注入量を横軸に、運動ニューロンの膜電位変化を縦軸にプロットしたもの。このノンスパイキングニューロンは運動ニューロンに対し、両方向性の出力効果をもっている。cl mn：closer 運動ニューロン，ns int：ノンスパイキング介在ニューロン，cur：注入電流モニターの略号

織を注意深く取り除いて感覚神経束を露出し、その2か所から感覚ニューロンの活動を細胞外誘導する。尾扇肢外肢末端上の感覚毛は、その先端に微針を取りつけたロッドを油圧マニピュレータで垂直方向に僅かに駆動することで、限定的かつ選択的に刺激する。感覚毛の刺激部位および細胞外電極の記録位置は、双眼実体顕微鏡に備えつけた CCD カメラよりビデオ撮影し、実験終了後、パーソナル・コンピューターで画像処理し、細胞外電極の二点間の距離を測定、その距離と外部誘導スパイクの記録時間差から感覚ニューロンの伝導速度を算出する(Nagayama and Sato, 1993; Nagayama, 1997)。

図21は、以上の実験概略のもと、その結果の一例を示したものであるが、細胞体が神経節の前側方部に位置する AL タイプのノンスパイキング介在ニューロン(図21A)からの記録である。図21Bのように感覚ニューロンのス

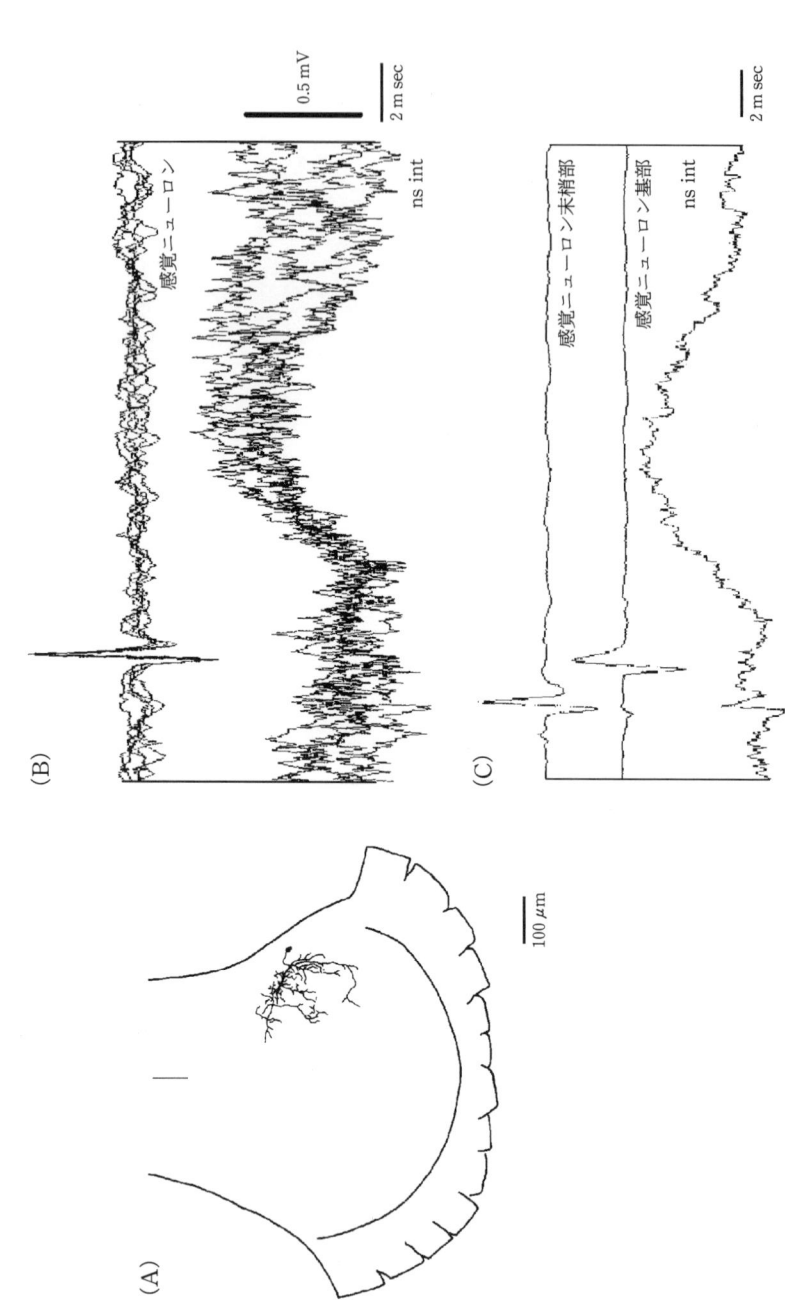

図 21 AL ノンスパイキング介在ニューロンへのダイレクトな感覚入力。(A) AL ニューロンのスケッチ像。(B) 単一感覚毛刺激で生じた感覚ニューロンのスパイクをプレトリガーにしてノンスパイクニューロン(ns int)の応答を 6 回重ね書きしたもの。毎回同じ潜時で EPSP が生じる。(C) B の応答を 22 回加算平均したもの。感覚ニューロンのスパイク応答は感覚神経束の末梢部と基部の 2 か所からもモニターしている。

パイクをプレトリガーにして AL ニューロンの応答を重ね書きすると，常に同じ潜時で脱分極性の膜電位変化 EPSP が記録される．ノンスパイキングニューロンの単一感覚毛刺激に対する応答はきわめて微弱なので，よく応答を加算平均して解析する(図21C)．感覚ニューロンのスパイクに引き続き3.5 ミリ秒の遅れで EPSP が観察される．細胞外電極の二点間の距離は 2.3 mm で，記録されたスパイクの時間差は 1.5 ミリ秒，したがって，この感覚ニューロンの伝導速度は 1.5 m/秒となる．末梢部の細胞外電極から神経節までの距離は 3.6 mm あり，感覚ニューロンのスパイクが腹部最終神経節に到達してから，ノンスパイキングニューロンの EPSP 立ち上がりまでの遅れは約 1.1 ミリ秒ということになる．伝達物質放出の時間を考慮に入れれば，シナプス遅延は 1 ミリ秒以下と計算でき，この感覚毛支配の感覚ニューロンと AL ニューロンはダイレクトなシナプス接続であると結論できる．多くのノンスパイキング介在ニューロンのシナプス遅延時間は 0.8〜1.3 ミリ秒と算出され，ノンスパイキング介在ニューロンは直接感覚ニューロンから興奮性入力を受け取ることが明らかになった．

多くのノンスパイキング介在ニューロンは近隣の複数の感覚毛から同時に興奮性入力を受け取っている．図 22 は感覚性のノンスパイキングニューロン LDS の単一感覚毛刺激に対する応答であるが，LDS は比較的大型のニューロンであり，1 mV 以上の EPSP が記録できる．尾扇肢外肢(尾扇肢は二又状に分かれているが，その外側)の異なる二点に刺激を与え，それぞれ別の感覚ニューロンのスパイクをプレトリガーにして LDS の応答を重ね書きすると，それぞれ常に同じ潜時で EPSP が記録される．感覚ニューロンのスパイクから EPSP 立ち上がりまでの時間が異なっているのは感覚ニューロン伝導速度の違いの反映であり，大きな振幅の活動電位をもつ感覚ニューロン A のほうが，B に比べその伝導速度が速い．しかし，ある 1 本の感覚毛刺激に対し，形態が非常に類似した 2 個の PL タイプのノンスパイキング介在ニューロンから順次応答を記録したところ，ダイレクトな接続が認められたのはひとつのニューロンだけで，もう一方のノンスパイキング介在ニューロンには顕著な膜電位変化が観察されない場合もある(図23)．つまり，ノンスパイキング介在ニューロンは，その感覚毛群を支配する全ての感

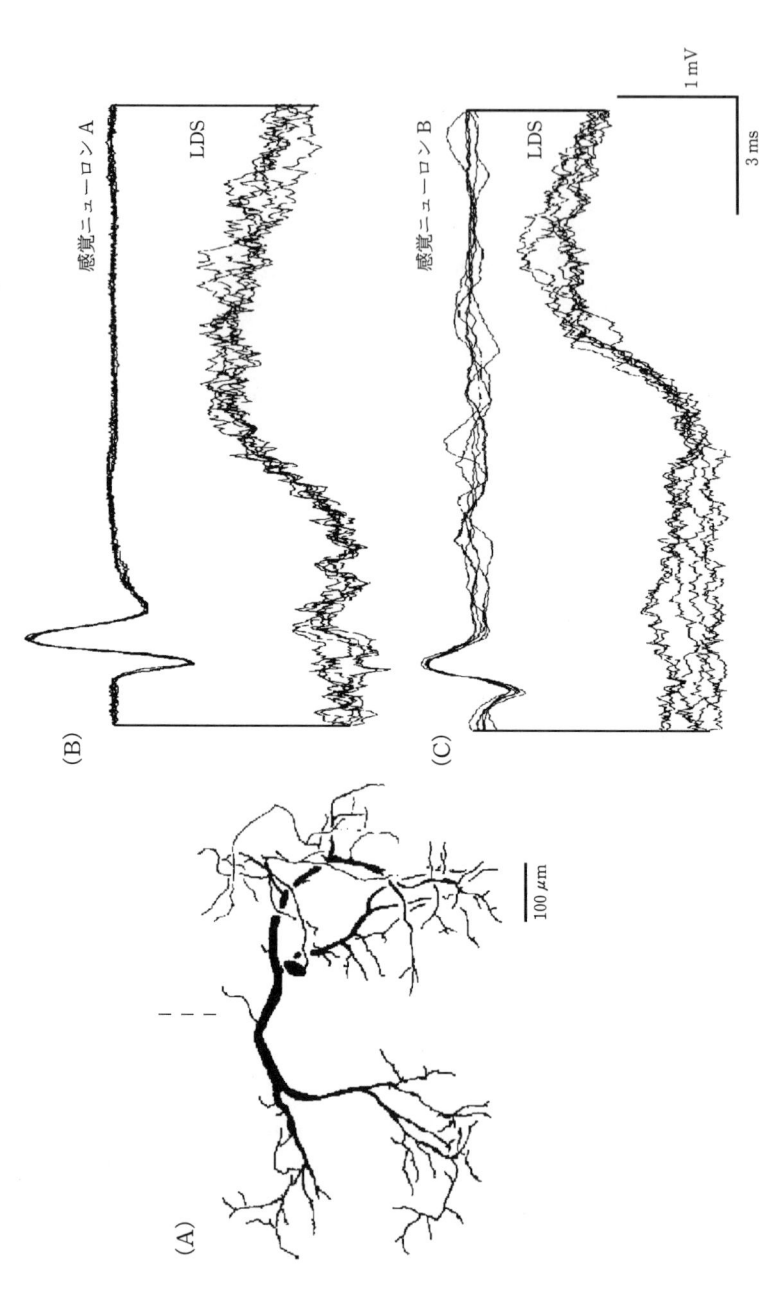

図22 感覚性ノンスパイキング介在ニューロンLDSへのダイレクトな感覚入力。(A) LDSのスケッチ像。(B)・(C), それぞれ別の感覚ニューロンのスパイクをプレトリガーにしてLDSの応答を重ね書きしたもの。(B), (C)ともに毎回同じ潜時で感覚ニューロンのスパイクに引き続き, LDSにEPSPが生じる。

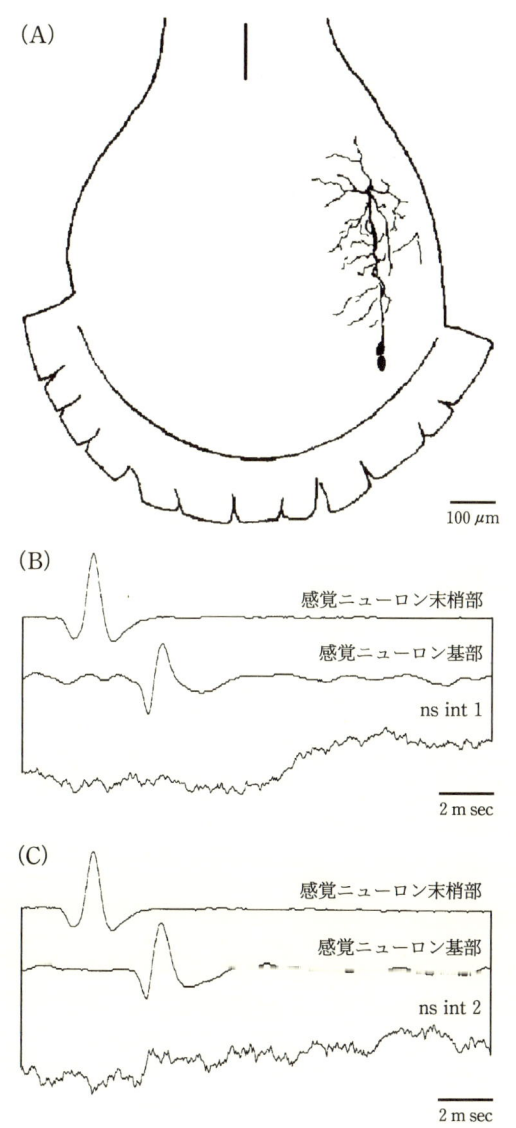

図23 PLノンスパイキング介在ニューロンへの選択的な感覚入力。(A)2個のPLニューロンから順次細胞内記録・染色した際のスケッチ像。(B)1番目のPLニューロン(ns int 1)の単一感覚毛刺激に対する応答の加算平均記録。1ミリ秒以下のシナプス遅延時間のEPSPが記録される。(C)2番目のPLニューロン(ns int 2)の同一感覚毛刺激に対する応答の加算平均記録。(B)と同じ感覚ニューロンに対し，顕著なシナプス電位は記録されない。

(A)

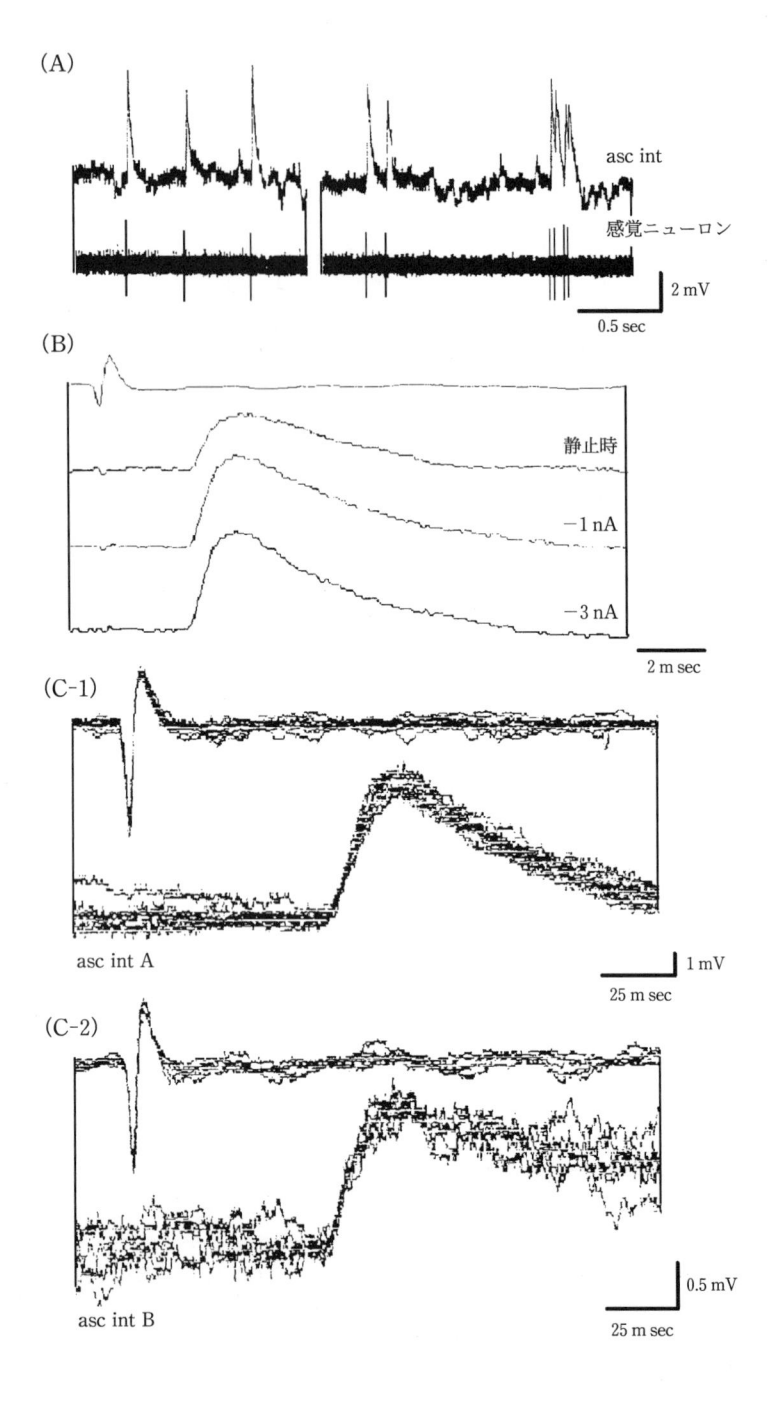

asc int

感覚ニューロン

2 mV
0.5 sec

(B)

静止時
−1 nA
−3 nA

2 m sec

(C-1)

asc int A

1 mV
25 m sec

(C-2)

asc int B

0.5 mV
25 m sec

(D-1)

感覚ニューロン1

1 mV
25 m sec

(D-2)

感覚ニューロン2

0.5 mV
25 m sec

(D-3)

感覚ニューロン3

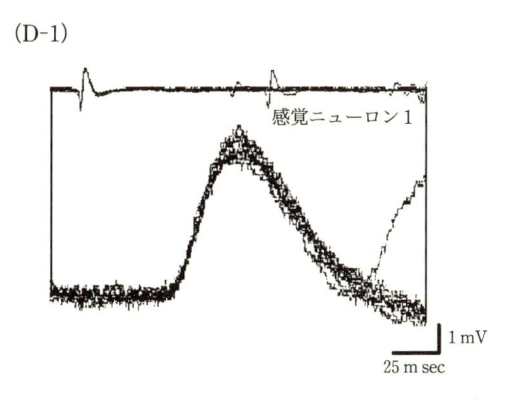

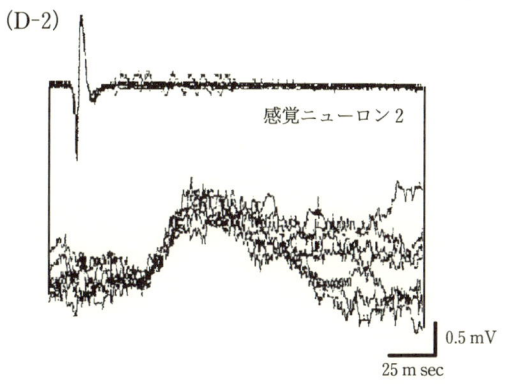

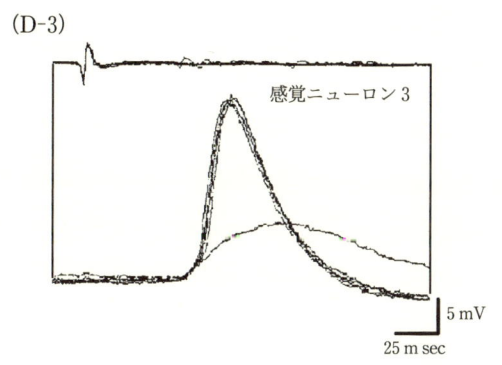

5 mV
25 m sec

図24 上行性介在ニューロンへのダイレクトな感覚入力。(A)感覚ニューロンのスパイクに1:1で応答し,上行性介在ニューロン(asc int)には数ミリVの大きなEPSPが記録される。(B)EPSP振幅は過分極性電流注入によって大きくなる。この図はそれぞれ感覚ニューロンのスパイクをプレトリガーにして64回加算平均したもの。(C)入力の発散。単一感覚ニューロンは2つの上行性介在ニューロン(asc int Aとasc int B)にダイレクトな興奮性シナプスを形成している。(D)入力の収斂。ひとつの上行性介在ニューロンは少なくとも3つの感覚ニューロンから興奮性入力をダイレクトに受け取っている。

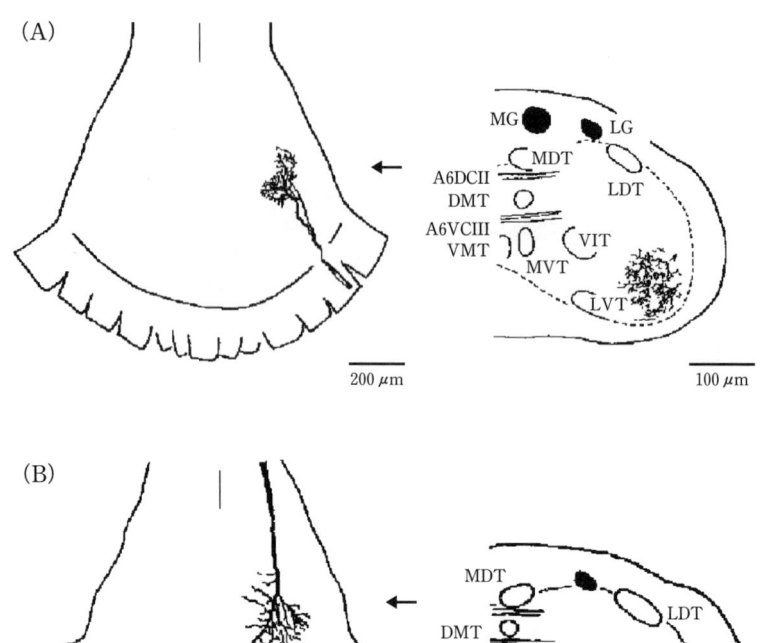

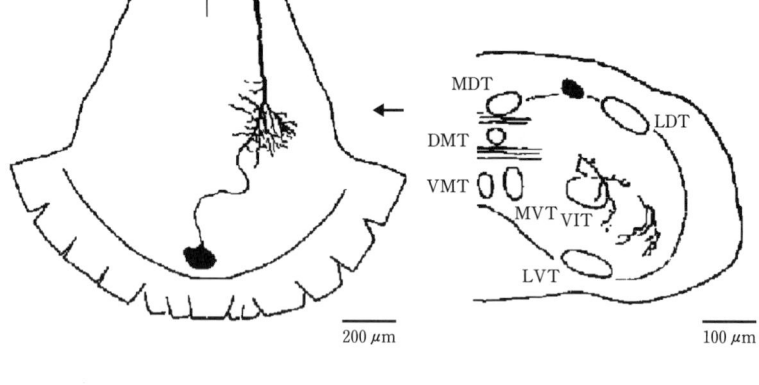

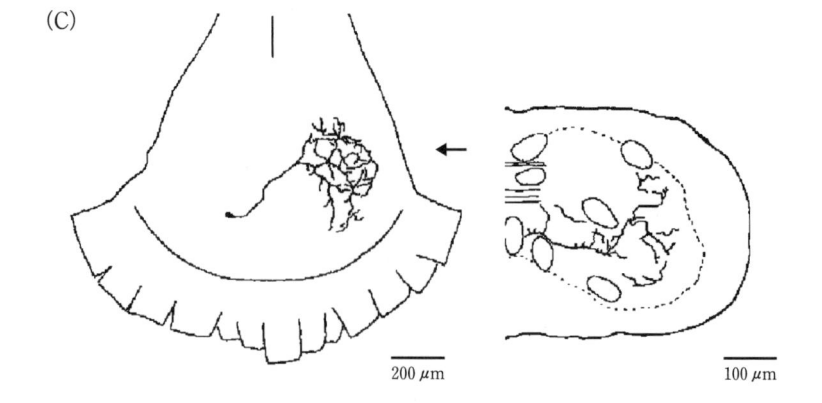

228　第Ⅲ部　神経生理・行動学

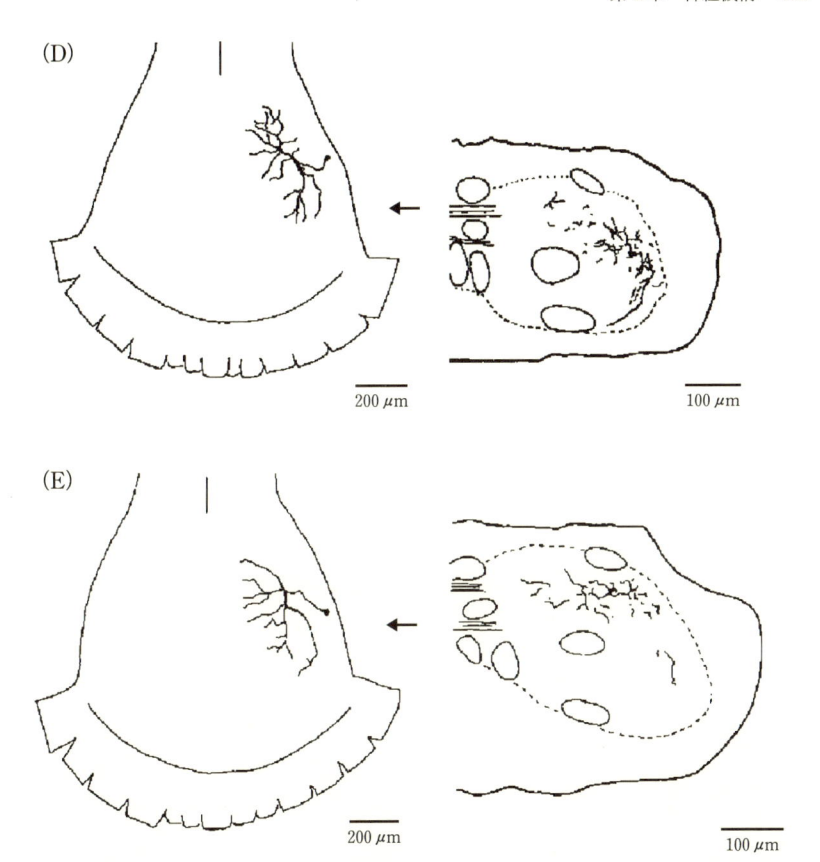

図 25 局所回路ニューロンの中枢内分枝投射パターン。各ニューロンの全体像が左側に，矢印の部分での垂直切片の再合成図が右側に描かれている。(A)5本の感覚ニューロンを順次染色したもの，(B)上行性介在ニューロン NE-1，(C)スパイキング局在ニューロン sp-pos2，(D)興奮性入力を受け取る AL タイプのノンスパイキング介在ニューロン，(E)抑制性入力を受け取る AL タイプのノンスパイキング介在ニューロン。A6DCII：A6 dorsal commissure II，A6VCIII：A6 ventral commissure III，DMT：dorsal medial tract，LDT：lateral dorsal tract，LG：lateral giant，LVT：lateral ventral tract，MDT：medial dorsal tract，MG：medial giant，MVT：medial ventral tract，VIT：ventral intermediate tract，VMT：ventral medial tract の略号

覚ニューロンとダイレクトなシナプスを形成しているわけではなく，特定の感覚ニューロンとのみ選択的にダイレクトなシナプスを形成している．

　スパイク発射型の上行性介在ニューロン，スパイキング局在ニューロンも尾扇肢感覚毛から興奮性の入力をダイレクトに受け取っている(図24)．とくに上行性介在ニューロンは一本一本の樹状突起の直径が太く，数mVのEPSPが記録でき(図24A)，ノンスパイキング介在ニューロンのEPSPと比較するとその立ち上がりまでの時間が早く，持続時間もきわめて短い．過分極性電流注入によってEPSPの振幅は増大し，化学的シナプスを介した情報伝達であることがわかり(図24B)，実際にはアセチルコリンが感覚ニューロンの化学伝達物質となっている(Ushizawa et al., 1996)．ひとつの感覚ニューロンは複数の上行性介在ニューロンとダイレクトなシナプスを形成し，図24Cのようにふたつの介在ニューロンに同じ潜時のEPSPが記録される．つまり，情報の発散 divergence of inputs が起こっている．また，ひとつの介在ニューロンは多くの感覚ニューロンから同時に興奮性入力を受け取っており(図24D)，入力の収斂 convergence of inputs も起こっている．各感覚ニューロンによって引き起こされるEPSPの振幅は同一ではなく，1mV程度の小さいものから，スパイクを引き起こすほど大きなものまで，符号化の重みに違いがみられる．

　このようにノンスパイキング介在ニューロン，スパイキング局在ニューロン，上行性介在ニューロンという局所回路ニューロンは感覚ニューロンからダイレクトな興奮性入力を受け取っている．同一レベルでの連続切片の再構成で各介在ニューロンの分枝パターンを比較すると(図25)，感覚ニューロンの終末分枝は lateral ventral tract (LVT) と ventral intermediate tract (VIT) というトラクト[6]にはさまれたごく限られた腹部表層側のニューロパイル内に限局され(図25A)，この部位には感覚ニューロンからダイレクトな興奮性入力を受け取っている上行性介在ニューロンの樹状突起(図25B)，スパイキング局在ニューロン(図25C)，ノンスパイキング介在ニューロン(図25D)の主要分枝が投射しており，生理学的結果同様に解剖学的にもダイレクトなシナプス形成が支持される．

　興奮性入力ばかりではなく，約半数のノンスパイキング介在ニューロンは

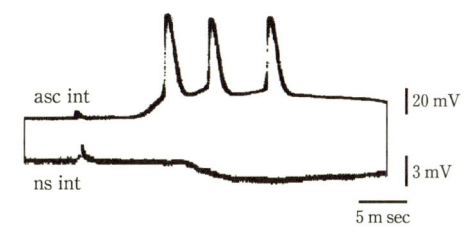

図 26 ノンスパイキング介在ニューロンへの抑制性入力。第 2 神経根感覚神経束への電気刺激に対する上行性介在ニューロン(asc int)の興奮性応答と，ノンスパイキング介在ニューロン(ns int)の抑制性応答

接触感覚情報として抑制性入力を受け取っている(図17)。しかし，刺激からIPSPが起こるまでの潜時はきわめて長く，ダイレクトな接続とは考えられない。図26は第2神経根感覚神経束への電気刺激に対する上行性介在ニューロンとノンスパイキング介在ニューロンからの同時記録であるが，上行性介在ニューロンの興奮性応答から2ミリ秒ほど遅れてノンスパイキングニューロンに抑制性応答が観察される。感覚入力としてIPSPを受け取るノンスパイキング介在ニューロンは実際感覚ニューロンが投射している腹部表層のニューロパイル内にはほとんど枝を伸ばしていない(図25E)。

運動出力形成機構

局所回路ニューロン間のシナプス相互作用を知るうえで，同定ニューロンを用いた同時細胞内記録法はきわめて有効な手段であり，一つひとつデータを積み重ねていくことで神経回路の詳細を構築することができる。

(1) スパイキング局在ニューロンの出力様式

スパイキング局在ニューロンの基本構造およびその生理学的特性はノンスパイキング介在ニューロンときわめて異なっている。一部の両側性のニューロンを除いて，ノンスパイキング介在ニューロンは細胞体が位置する側にのみ分枝を広げる片側性のニューロンであるのに対し，多くのスパイキング局在ニューロンは細胞体と反対側に分枝を広げている。すべてのスパイキング局在ニューロンが感覚情報として興奮性の入力を受け取っているのに対し，

約半数のノンスパイキング介在ニューロンは感覚入力として抑制性のIPSPを受け取る。

同定スパイキング局在ニューロンsp-ant1のスパイク発射に引き続き，1対1対応で必ず同じ潜時でノンスパイキング介在ニューロンにIPSPが観察される(図27A)。スパイキング局在ニューロンのスパイクのピークからノンスパイキング介在ニューロンのIPSP立ち上がりまでの遅延時間は約0.7ミリ秒ときわめて短い。またIPSP振幅はノンスパイキング介在ニューロンへの脱分極性電流注入で大きくなり，過分極で小さくなり(図27B)，化学的シナプスを介したダイレクトなシナプス接続であるとがわかる。一方，ノンスパイキング介在ニューロンからスパイキング局在ニューロンへの出力効果というのはなく，両者の間のシナプス相互作用は常にスパイキング局在ニューロンからノンスパイキング介在ニューロンへの抑制性接続という，一方向・一極性のものであった(Nagayama, 1997)。スパイキング局在ニューロンからノンスパイキング介在ニューロンへの出力効果は常に抑制性であり，興奮性の接続はみつかっていない。また，スパイキング局在ニューロンは一部の上行性介在ニューロンに対しては抑制性出力をもっていたが，運動ニューロンへのダイレクトな出力は確認されていない。

(2)上行性介在ニューロンの出力様式

上行性介在ニューロンへの電流注入によって尾扇肢運動ニューロンにはさまざまなパターンの運動出力が形成されるが，上行性介在ニューロンから運動ニューロンへのダイレクトなシナプス接続はほとんど観察されなかった。

図28は同定上行性介在ニューロンRO-1とALタイプのノンスパイキング介在ニューロンからの同時記録の例であるが，上行性介在ニューロンの主要分枝とノンスパイキング介在ニューロンの後方部の分枝が数か所でオーバーラップしている(図28A)。RO-1のスパイクに対応し，同じ潜時で必ずノンスパイキング介在ニューロンにEPSPが記録される(図28B)。また上行性介在ニューロンへの電流注入で生じたノンスパイキング介在ニューロンの膜脱分極中，その入力抵抗が約70%に減少しており(図28C)，コンダクタンス[*7]増加をともなうダイレクトな化学的シナプスが形成されていることが

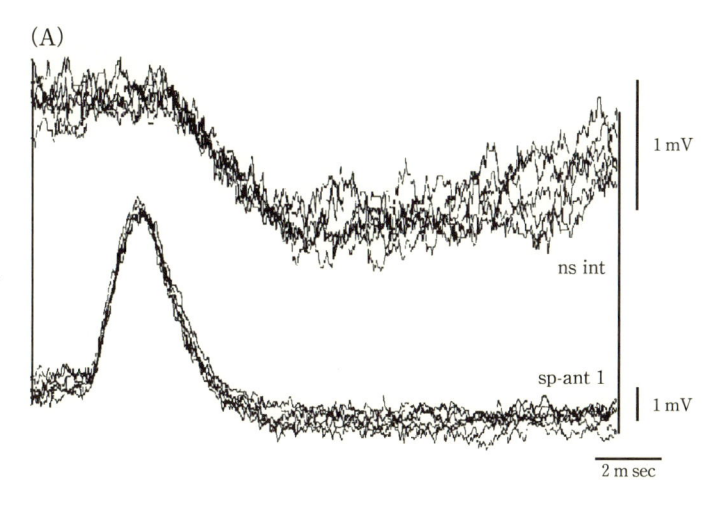

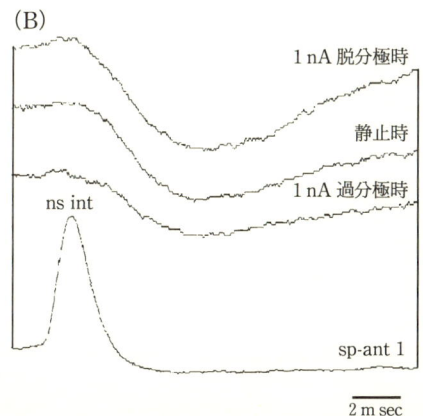

図27 スパイキング局在ニューロン sp-ant1 からノンスパイキング介在ニューロンへのダイレクトな抑制性出力。(A)スパイキング局在ニューロン sp-ant1 のスパイクをプレトリガーにしてノンスパイキング介在ニューロン(ns int)の応答を重ね書きすると，常に約 0.7 ミリ秒の潜時で IPSP が記録される。(B)IPSP の振幅はノンスパイキング介在ニューロンへの脱分極性電流注入で大きくなり，過分極性電流注入で小さくなる。

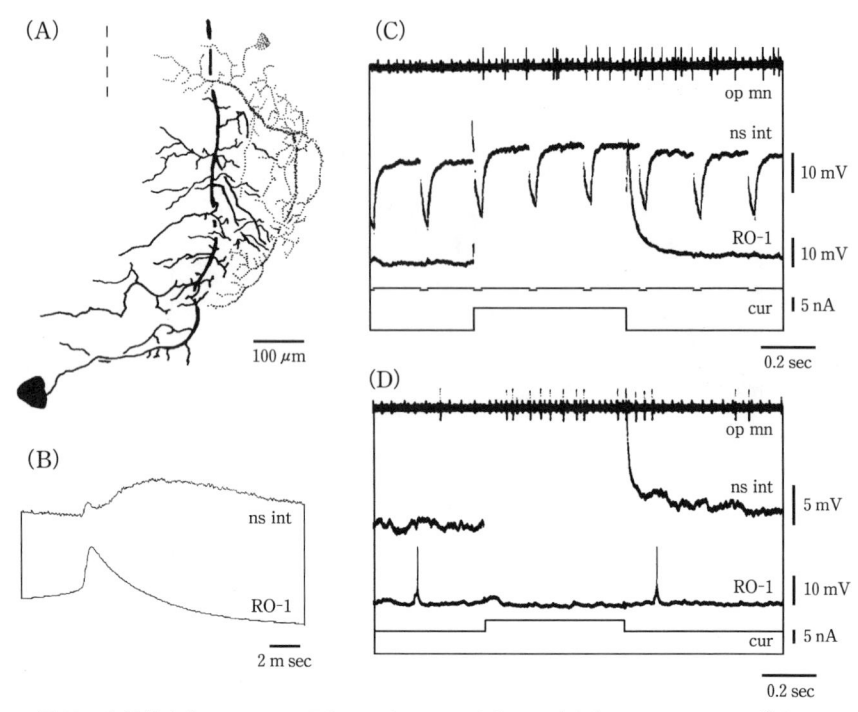

図 28 上行性介在ニューロン RO-1 からノンスパイキング介在ニューロンへのダイレクトな興奮性出力．(A)実線は上行性介在ニューロン RO-1 の，破線は AL タイプのノンスパイキング介在ニューロンのスケッチ像．(B)RO-1 のスパイクをプレトリガーにしてノンスパイキング介在ニューロンの応答を加算平均すると，1 ミリ秒以下の短い潜時で EPSP が記録される．(C)ノンスパイキング介在ニューロンに短い過分極性の矩形波電流を繰り返し注入して入力抵抗を測定すると，RO-1 による膜脱分極の間，入力抵抗が約 30％減少する．(D)ノンスパイキング介在ニューロンへの脱分極性電流注入により，尾扇肢 opener 運動ニューロンのスパイク発射頻度は増加するが，上行性介在ニューロン RO-1 には顕著な膜電位変化はみられない．op mn：opener 運動ニューロン，ns int：ノンスパイキング介在ニューロン，cur：注入電流モニターの略号

わかる．電流注入によりこのノンスパイキングニューロンを脱分極させると，尾扇肢 opener 運動ニューロンのスパイク発射頻度は増加するが，上行性介在ニューロン RO-1 の膜電位はほとんど変化せず，ノンスパイキング介在ニューロンから上行性介在ニューロンへのシナプス接続はみられなかった．確認された上行性介在ニューロンとノンスパイキング介在ニューロンとのシナプス相互作用は常に上行性介在ニューロンからノンスパイキング介在

ニューロンへの興奮性接続という一方向・一極性のものであった(Nagayama, 1997)。

上行性介在ニューロンはまた別の上行性介在ニューロンに対してもダイレクトな接続を形成しているが，興奮性・抑制性の両方がみられる。たとえばRO-6のスパイクに対し，CI-1はEPSP応答するのに対し(図29A)，CI-1のスパイクに対しRC-5はIPSP応答する(図29B)。両方の接続ともにシナプス相互作用は一方向性で，化学的シナプスを介している。抑制性出力をもつ上行性介在ニューロンは抑制性神経伝達物質であるGABAに対する免疫組織学的染色でラベルされるのに対し，興奮性出力をもつ上行性介在ニューロンは染色されない(Aonuma and Nagayama, 1999)。また，上行性介在ニューロンに抑制性出力をもつニューロンはノンスパイキング介在ニューロンに対しては一切出力効果をもっていない。つまり上行性介在ニューロンからノンスパイキング介在ニューロンへの出力は常に興奮性シナプスを形成していることから，抑制性シナプスを形成する上行性介在ニューロンの機能は，この回避行動発現のための局所回路というより，ほかの別の回路と関係しているといえる。上行性介在ニューロンのうち，その一部は外部受容器からの機械的接触感覚情報のほかに，尾扇肢自身の動きによって活性化する自己受容器，弦音器官(chordotonal organ)からも入力を受けている(Nagayama and Newland, 1993)。そのうちの一部の上行性介在ニューロンは入力として抑制性情報を受け取っており，また機械感覚ニューロンも自己受容感覚ニューロンか

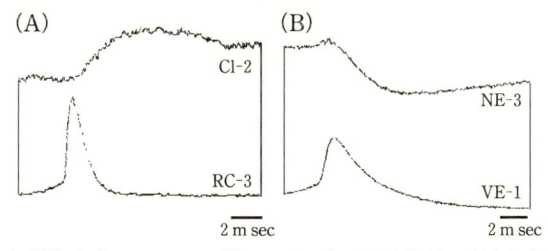

図29 上行性介在ニューロン間のシナプス相互作用。(A)上行性介在ニューロンRC-3はCI-2にダイレクトな興奮性シナプスを形成する。(B)別の上行性介在ニューロンVE-1はNE-3にダイレクトな抑制性シナプスを形成する。

らPAD(primary afferent depolarization)と呼ばれる抑制性入力を受け取っている(Newland et al., 2000)。抑制性出力をもつこれら上行性介在ニューロンの多くは，自己受容器から興奮性入力を受け取っており，とくに速い時間経過でスパイク応答する。したがって，抑制性出力をもつ上行性介在ニューロンの機能のひとつとして，外部受容・自己受容感覚情報の統合という役割が想定される。

(3) ノンスパイキング介在ニューロンの出力様式

尾扇肢運動ニューロンに対してダイレクトな出力効果をもつのは，230頁の「局所回路ニューロン同定」の節で述べたように，ノンスパイキング介在ニューロンであり，その出力パターンには興奮性・抑制性の両方がある(図30)。図30Aのノンスパイキング介在ニューロンへ脱分極性電流を注入すると，尾扇肢opener運動ニューロンの膜電位は過分極し，同時にスパイク発射は抑制される。一方，図30Bのノンスパイキング介在ニューロンへの脱分極性電流注入ではopener運動ニューロンの膜電位は脱分極し，スパイク発射頻度が増加する。

抑制性出力は化学シナプスを介しており，図31Aのようにノンスパイキング介在ニューロンへの脱分極性電流注入で生じる運動ニューロンの膜過分極の振幅は，運動ニューロンへの脱分極性電流注入で大きくなり，1 nA，2 nAといった弱い過分極性電流注入で小さくなり，3 nAの過分極性電流注入で脱分極方向に逆転する。化学シナプスの場合，神経伝達物質の放出には外部カルシウムイオンの流入が必要で，図31Bのように外液をCa^{++}フリーのリンガー液に置換すると，ノンスパイキングニューロンによって引き起こされる運動ニューロン膜過分極の振幅は時間を追うごとに徐々に小さくなる。外液を正常リンガー液に戻し，しばらくたつと振幅は再び大きくなる。興奮性出力のシナプス特性は少し変わっていて，典型的な化学シナプスの特徴を示さず，電気シナプスを介したシナプスである可能性が高い。

ノンスパイキング介在ニューロンはほかのスパイク発生型の局所回路ニューロンから入力を受けるが，それらのニューロンへの顕著な出力効果は認められない。しかし，ノンスパイキング介在ニューロンどうしの間ではシ

(A), (B) の電気生理記録図

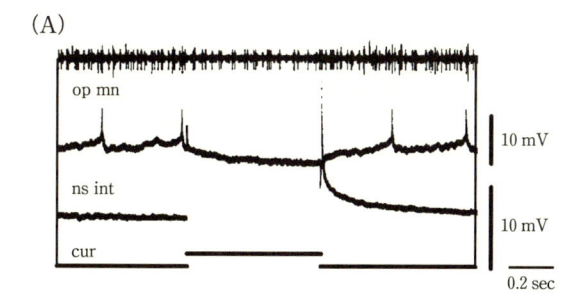

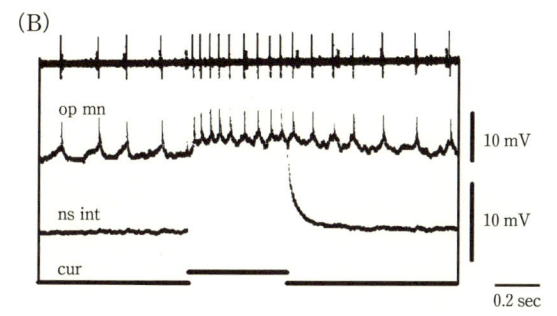

図 30 ノンスパイキング介在ニューロンから尾扇肢運動ニューロンへの出力効果。(A)ノンスパイキング介在ニューロンへ脱分極性電流を注入すると，尾扇肢 opener 運動ニューロンの膜電位は過分極し，スパイク発射が抑制される。(B)別のノンスパイキング介在ニューロンの脱分極により，尾扇肢 opener 運動ニューロンは膜脱分極し，そのスパイク発射頻度も増加する。op mn：opener 運動ニューロン, ns int：ノンスパイキング介在ニューロン, cur：注入電流モニターの略号

ナプス相互作用があり，興奮性・抑制性両方の出力シナプスを形成する(Namba and Nagayama, 2004)。抑制性シナプス接続は典型的な化学的シナプスの特徴を備え(図32)，後シナプス側のノンスパイキング介在ニューロンへの過分極性電流注入によってシナプス前ニューロンによって誘起される膜過分極の振幅は徐々に減少する(図32A)。また，外液を Ca^{++} フリー液に置換すると，シナプス後ニューロン側の膜過分極の振幅は減少し，外液を正常リンガー液に再置換することで回復する(図32B)。ノンスパイキング介在ニューロン間の抑制性シナプス接続は一方向性で，介在ニューロン1への脱分極性電流注入により，介在ニューロン2に膜過分極が引き起こされるが

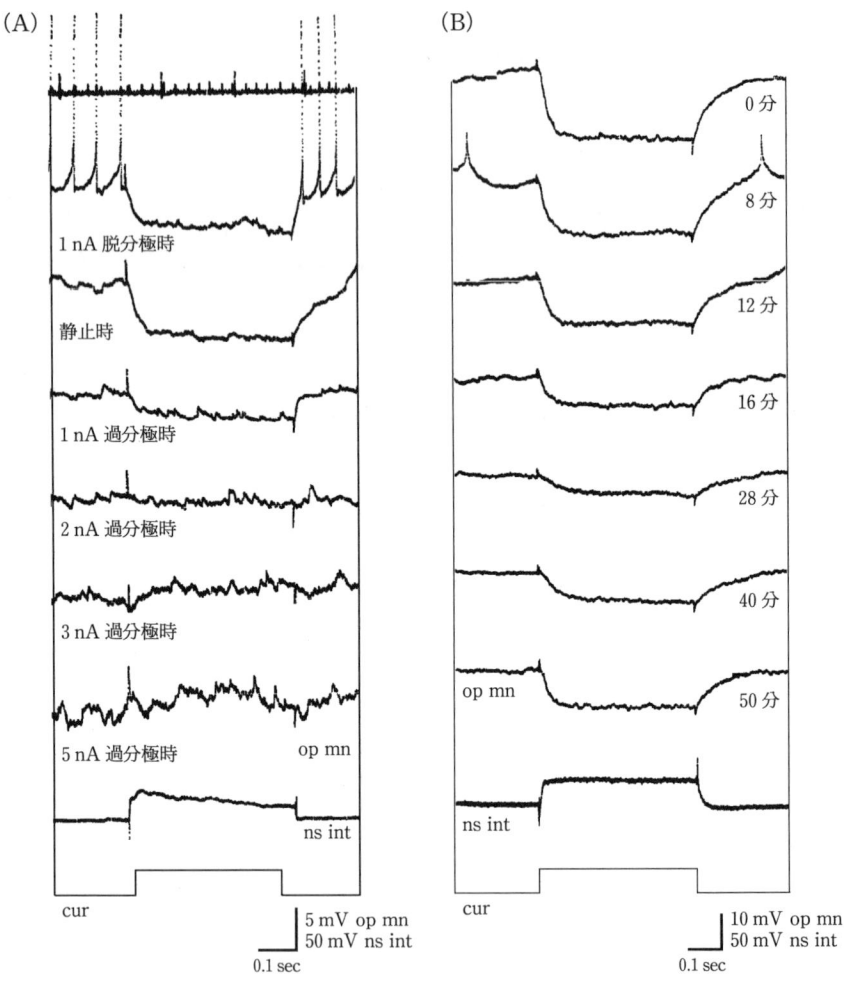

図 31 ノンスパイキング介在ニューロンから尾扇肢運動ニューロンへの化学シナプスを介した抑制性出力．(A)運動ニューロンへの脱分極性電流注入により，ノンスパイキング介在ニューロンによって引き起こされる膜過分極の振幅は大きくなり，1, 2 nA といった弱い過分極性電流注入で小さくなり，3 nA 以上の強い電流強度で逆転する．(B)ノンスパイキング介在ニューロンによって引き起こされた運動ニューロンの膜過分極は外液を Ca^{++}-フリーのリンガー液に置換するとその振幅は小さくなり，正常リンガー液再置換後に回復する．op mn：opener 運動ニューロン，ns int：ノンスパイキング介在ニューロン，cur：注入電流モニターの略号

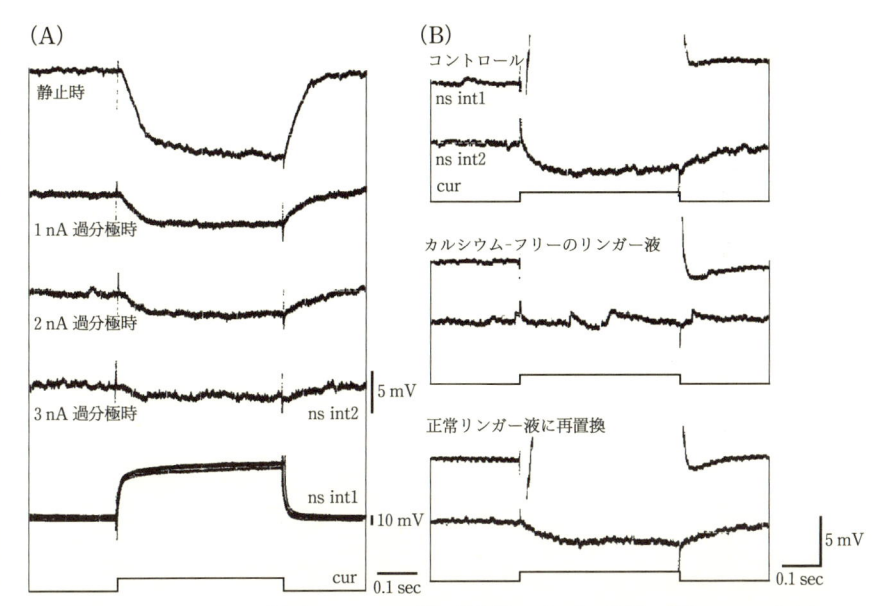

図32 ノンスパイキング介在ニューロン間の抑制性シナプス接続。(A)ノンスパイキング介在ニューロン1(ns int1)への脱分極性電流注入により，ノンスパイキング介在ニューロン2(ns int2)に膜過分極が引き起こされるが，その振幅は介在ニューロン2への過分極性電流注入で小さくなる。(B)ノンスパイキング介在ニューロン1への脱分極性電流注入により引き起こされたノンスパイキング介在ニューロン2の膜過分極の振幅は，外液をCa^{++}-フリーのリンガー液に置換すると小さくなり，その後正常リンガー液に再置換すると回復する。cur：注入電流モニターの略号

(図33A)，介在ニューロン2に脱分極性電流を注入しても介在ニューロン1の膜電位に顕著な変化は観察されない。介在ニューロン1は介在ニューロン2を過分極すると同時に尾扇肢closer運動ニューロンにスパイク発射を引き起こす。介在ニューロン2へ過分極性電流を注入すると，介在ニューロン1の膜電位は変化しないが，尾扇肢closer運動ニューロンはスパイク応答する(図33B)。介在ニューロン1は興奮性の感覚入力を受け取り，介在ニューロン2は抑制性入力を受け取っている(図33C)。よってこの場合，図33Dのような直列的な神経回路が想定され，介在ニューロン1の脱分極により，運動ニューロンに対し抑制性出力をもつ介在ニューロン2の膜過分極を引き起こし，その抑制効果を抑制することで，運動ニューロンの活動性を高めてい

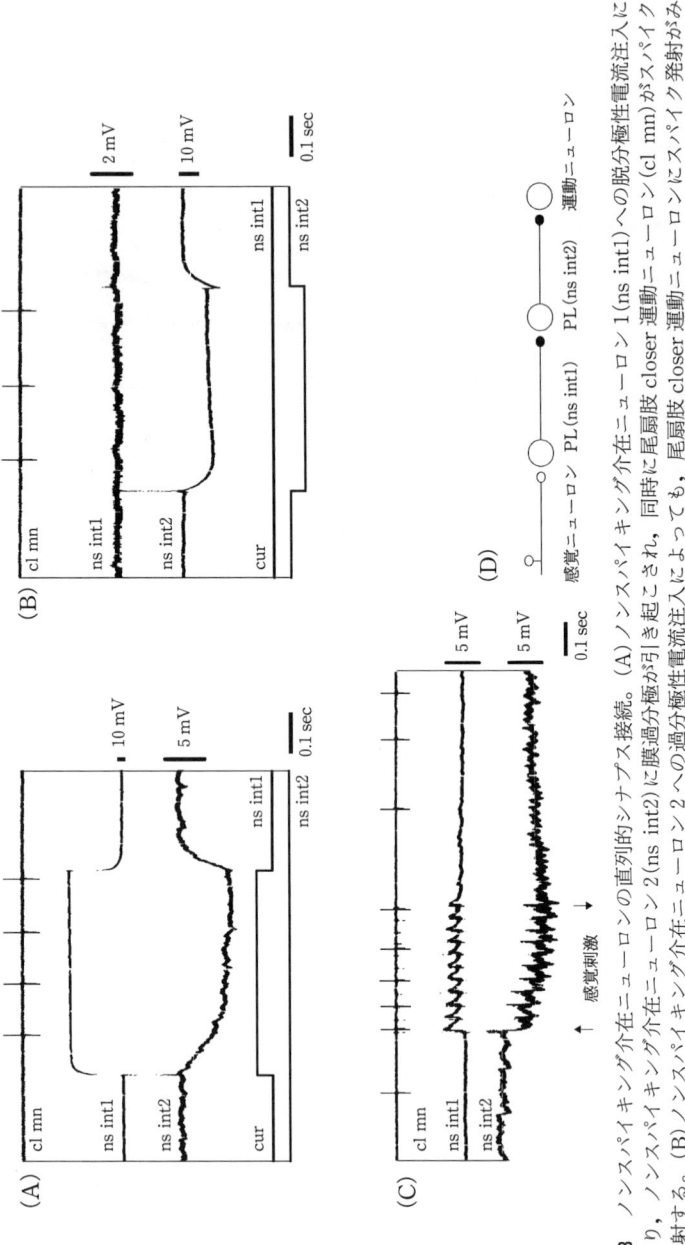

図33 ノンスパイキング介在ニューロンの直列的シナプス接続。(A) ノンスパイキング介在ニューロン1 (ns int1) への脱分極性電流注入により，ノンスパイキング介在ニューロン2 (ns int2) に膜過分極が引き起こされ，同時に尾肢扇肢 closer 運動ニューロン (cl mn) がスパイク発射する。(B) ノンスパイキング介在ニューロン2への過分極性電流注入によっても，尾肢扇肢 closer 運動ニューロンにスパイク発射がみられるが，ノンスパイキング介在ニューロン1の膜電位には顕著な変化はみられない。(C) 第2神経根感覚神経束の電気刺激に対し，ノンスパイキング介在ニューロン1は興奮性応答し，介在ニューロン2は抑制性応答する。(D) このふたつのノンスパイキング介在ニューロンは直列的に局所神経回路に組み込まれ，介在ニューロン1は介在ニューロンを脱抑制することで，間接的に尾肢 closer 運動ニューロンの活動性を高めている。cur: 注入電流モニターの略号

る。

　一方，興奮性シナプス相互作用は図34のように両方向性で介在ニューロン1への脱分極性電流注入で介在ニューロン2の膜電位が脱分極し(図34A)，介在ニューロン2への脱分極性電流注入で今度は介在ニューロン1が膜脱分極する(図34B)。後シナプス側のノンスパイキング介在ニューロンへ脱分

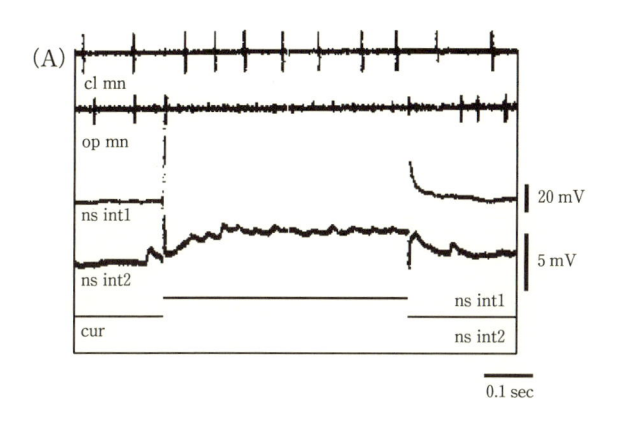

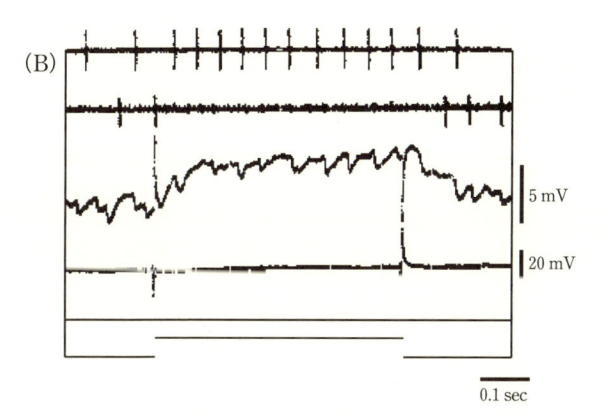

図34　ノンスパイキング介在ニューロン間の興奮性シナプス接続。(A)ノンスパイキング介在ニューロン1(ns int1)への脱分極性電流注入により，ノンスパイキング介在ニューロン2(ns int2)に膜脱分極が引き起こされる。(B)ノンスパイキング介在ニューロン2への脱分極性電流注入によっても，ノンスパイキング介在ニューロン1に膜脱分極を引き起こされる。cl mn：closer運動ニューロン，op mn：opener運動ニューロン，cur：注入電流モニターの略号

極・過分極どちらの向きの電流を注入してもシナプス前ニューロンによって誘起される膜脱分極の振幅には変化がみられない，あるいは後シナプス側のノンスパイキング介在ニューロンへの脱分極性電流注入によって，シナプス前ニューロンにより誘起される膜脱分極の振幅が逆に大きくなる傾向にあり，ノンスパイキング介在ニューロン間の興奮性接続は電気的シナプスを介している可能性が高い．

局所神経回路

多くのノンスパイキング介在ニューロンは尾扇肢からの機械的接触情報を感覚入力として受け，膜電位変化という情報変換の過程を経て，漸次的に運動ニューロンの活動性を調節して回避行動発現を引き起こす，尾扇肢運動制御の局所神経回路の主要神経要素となっている．ある感覚毛からの興奮性入力はその感覚毛を支配する感覚ニューロンからダイレクトに，別の感覚毛からの情報は上行性介在ニューロンを経由して間接的に伝えられ，抑制性の感覚情報はスパイク発生型の局在性介在ニューロンを介して伝達されている（図35）．

その多様な入・出力パターン，運動ニューロンへの電流注入効果，形態学的特徴から，ノンスパイキング介在ニューロンは最も主要な前運動性神経要素である尾扇肢運動パターン制御器 motor pattern organizer として機能しているといえる．スパイキング局在ニューロンは，感覚ニューロンからダイレクトに興奮性入力を受け取り，ノンスパイキング介在ニューロンに対してダイレクトな抑制性出力をもつことから，信号反転器 signal inverter として感覚信号の符号を興奮から抑制に反転させ，特定のノンスパイキング介在ニューロンにその信号を供給していると考えられる．上行性介在ニューロンは腹部最終神経節内でノンスパイキング介在ニューロンに対して興奮性の出力をもつと同時に，上行する軸索にそってスパイク情報がより前方の神経節へ伝達され，腹部姿勢制御の運動ニューロン，歩脚の運動ニューロンへも出力をもち（Aonuma et al., 1994），回避行動発現時において，神経節全体の間のコーディネーター intersegmental coordinator として機能している．ノンスパイキング介在ニューロンは直接感覚ニューロンから興奮性入力も受け取っているの

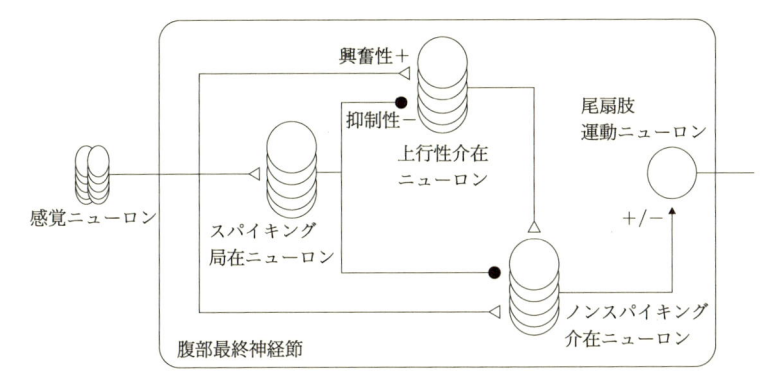

図35 ザリガニ回避行動発現時の尾扇肢運動パターン構築の局所神経回路

で，上行性介在ニューロンからノンスパイキング介在ニューロンへの興奮性シナプスは，一見回路として不必要とも考えられるが，①ノンスパイキング介在ニューロンの伝達物質放出の過程が膜電位に依存していること，②スパイク伝播と異なり，シナプス電位は電気緊張的に減衰しながら膜上を伝わっていくこと，③入力部である感覚ニューロンとのシナプス接続は神経節の腹側側ニューロパイルであるのに対し，運動ニューロンへの出力シナプスは背側側ニューロパイルであり，空間的にきわめて長い距離があることから，実際には個々の感覚ニューロンによって引き起こされた EPSP はかなりの程度減衰して出力部まで伝播される。上行性介在ニューロンはノンスパイキング介在ニューロンに比べ，より多くの感覚ニューロンから興奮性入力を受け取っており，感覚情報をスパイク列に変換，より背側部でノンスパイキング介在ニューロンとシナプス接続していることから，ノンスパイキング介在ニューロンへの興奮性感覚入力を補償し，より効率的に運動ニューロンの活動性を制御させる，信号増幅器 signal enhancer として機能していると考えるのが妥当であろう。そして次に述べる PL，AL という2グループのノンスパイキング介在ニューロンが形成する相反性並列回路によって尾扇肢が閉じるか開くといった開閉運動が制御されている (Nagayama and Hisada, 1987)。

相反的並列回路

　PL，AL という2グループのノンスパイキング介在ニューロンはともに接触感覚入力を受け取り，尾扇肢運動ニューロンに出力している．感覚神経束への電気刺激に対し，興奮性あるいは抑制性応答を示すノンスパイキング介在ニューロンへの脱分極性電流注入に対し，尾扇肢運動ニューロンのスパイク発射頻度がどう変化するか2グループのノンスパイキングニューロンで比較して，その入―出力連関をみてみると，全く逆の効果をもっていた（図36）．

　興奮性入力を受け取る PL ニューロン 15 個への脱分極性電流注入で 14 個の PL ニューロンは尾扇肢 closer 運動ニューロンのスパイク発射頻度を増加させたのに対し，同じ符号の入力を受け取る AL ニューロンへの脱分極性電流注入では 20 例のうち 17 個で closer 運動ニューロンのスパイク発射頻

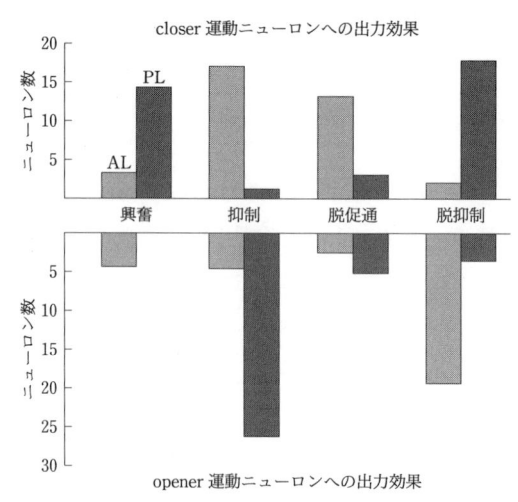

図36　PL，AL 2 グループのノンスパイキング介在ニューロンの入-出力連関．感覚刺激に対し，興奮性入力を受け取る AL ニューロンの多くは尾扇肢 closer 運動ニューロンに抑制性の出力効果をもつのに対し，興奮性入力を受け取る PL ニューロンは尾扇肢 closer 運動ニューロンを興奮させる．感覚刺激に対し，抑制性入力を受け取る AL ニューロンの多くは尾扇肢 closer 運動ニューロンを興奮させ，一方，PL ニューロンは抑制する．尾扇肢 opener 運動ニューロンに対して，AL ニューロンは主に脱抑制経路を形成し，PL ニューロンは抑制性経路を形成する．

度を減少させた。つまり PL ニューロンは主に興奮性経路 excitatory pathway としてこの局所回路に組み込まれているのに対し，AL ニューロンは抑制性経路 inhibitory pathway を形成する。

　抑制性入力を受け取る 21 個の PL ニューロンでは，わずか 3 例だけが脱分極性電流注入により，closer 運動ニューロンのスパイク発射頻度を増加させ，残り 18 個の PL ニューロンは closer 運動ニューロンのスパイク発射を抑制した。一方，15 個の AL ニューロンのうち 13 個は closer 運動ニューロンのスパイク発射頻度を増加させ，AL ニューロンは主に興奮性出力をもつニューロンの活動が抑制される脱促通経路 disfacilitatory pathway としてこの回路に組み込まれ，PL ニューロンは抑制性出力をもつニューロンの活動が抑制される脱抑制経路 disinhibitory pathway を形成する。この抑制性入力を受け取るニューロンのうち，PL ニューロンの多くは過分極性電流注入によって逆に closer 運動ニューロンのスパイク発射頻度を増加させたが，AL ニューロンでは顕著な出力効果がみられるためには 3〜5 nA という比較的大きな通電量が必要であった。

　尾扇肢 opener 運動ニューロンに対する効果でも同様の PL，AL ニューロンによる経路構成のかたよりが認められた。興奮性入力を受け取る 25 個すべての PL ニューロンは opener 運動ニューロンに対して抑制性経路を形成するのに対し，8 個の AL ニューロンのうち半数は興奮性経路を形成した。抑制性入力を受け取る 20 個の AL ニューロンの 18 個が脱抑制経路を形成したのに対し，8 個のうち 5 個の PL ニューロンは脱促通経路として組み込まれていた。

　PL，AL 両ノンスパイキング介在ニューロンが形成する経路の機能は相反的，つまりちょうど正反対になっていて，PL ニューロンは closer 運動ニューロンには興奮性・脱抑制経路を，opener 運動ニューロンに対しては主に抑制性経路を形成し，尾扇肢を閉じる方向への運動パターンを生み出している。一方，AL ニューロンは closer 運動ニューロンに対しては抑制性・脱促通，opener 運動ニューロンには主に脱抑制経路として組み込まれ，こちらは尾扇肢を開く方向の運動パターンを生み出す。行動レベルでみれば尾扇肢は閉じる動きを示すのであるが，神経レベルでみれば，相反的並列回路

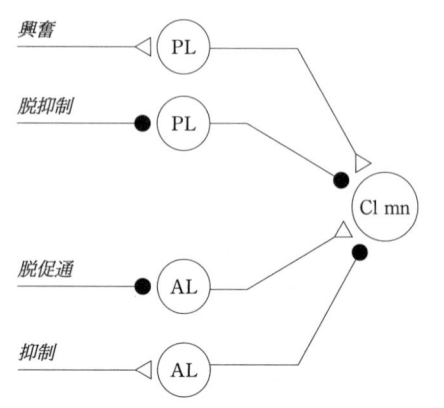

図37 PL，AL 2グループのノンスパイキング介在ニューロンによって形成される相反的並列回路。CL mn：closer 運動ニューロンの略号

　opposing and parallel pathway を形成し(図37)，尾扇肢が閉じる回路ばかりではなく，尾扇肢が開く回路も同時に活性化されている。そして，このふたつの相反的チャンネルにおける活性化度合いの違いによって尾扇肢がどう動くのかが決定されており，PL・AL 両ニューロン間の活性化バランス activity balance に変化が生じれば，同じ刺激に対しザリガニはターン応答の際に尾扇肢が開くといった正反対の尾扇肢運動を行う神経情報も潜在的に供給されていることになる。小型ザリガニでは PL ニューロン経由の神経経路の活性化度合いがより強く，閉じる方向の神経経路がより優勢となり，結果として尾扇肢が閉じる運動パターンが生み出されるのだといえる。脱抑制性経路に含まれる PL ニューロンの多くは静止膜レベルで抑制性伝達物質を放出していて，感覚入力を受け過分極することで伝達物質の放出量が減り運動ニューロンを脱抑制により興奮させている。これに対し，抑制性経路に組み込まれた AL ニューロンではその多くが静止レベルでは不活性で，ある程度脱分極しなければ出力閾値を超え，運動ニューロンに抑制効果を発揮できない。このように PL・AL ニューロンの活性化のバランスに違いがみられる。
　この相反的並列回路は行動修飾時の神経スイッチにおけるひとつの原理と考えられ，同様の相反的並列回路がヒルの蠕動運動系，昆虫の歩脚姿勢制御

系，脊椎動物の顎咀嚼系・呼吸系(Nagayama and Burrows, 1990; Appenteng, 1991; Büschges and Schmitz, 1991)で相次いで報告されてきた。

腹部伸展系による回避行動修飾機構

　ザリガニの回避行動はザリガニが休息時のような静止状態にあるときにのみ起こる応答で，ザリガニが遊泳中または歩行中，あるいはハサミをもち上げ威嚇姿勢をとっているときに同じ刺激を与えても，回避行動は解発されず，尾扇肢にもこれといった動きの変化はみられない(図38A)。ザリガニが静止状態にあるときには80％近くの個体でダート応答が引き起こされるのに対し，ザリガニが威嚇姿勢をとっているときには30％以下の個体でしか尾扇肢への機械的刺激に応答しない(図38B)。遊泳・歩行・威嚇姿勢に共通しているのが腹部の姿勢で，ザリガニは腹部をピーンと強く伸展させている。つまり，腹部が持続的に緊張しているか否かで回避行動が起こるかどうかが決まっている。

　腹部の伸展は脳から腹部最終神経節へ向かって軸索を走らす下行性の介在ニューロンによって引き起こされる(Namba et al., 1995)。3個の腹部伸展誘起

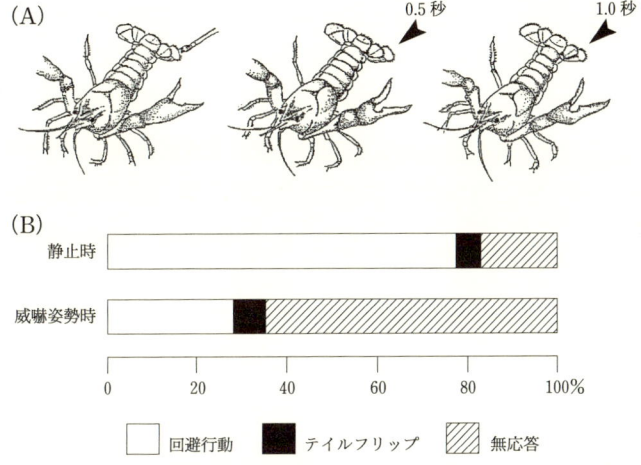

図38　腹部伸展時の尾扇肢回避行動の修飾。(A)ハサミをもち上げ威嚇中のザリガニの尾扇肢へ接触刺激を与えても，顕著な尾扇肢の動きは引き起こされない。(B)静止時・威嚇姿勢時の尾扇肢への接触刺激に対するザリガニの応答パターン

下行性介在ニューロン*8 が同定されており(図39A), それらの軸索は腹部縦連合の側方部を走行し(図39B), 腹部最終神経節の背側部に投射・終末している(図39C, D)。そこでそれらの軸索を含む縦連合の小片を単離し,選択的に電気刺激することで, 人為的に腹部伸展状態を引き起こすことができる。

スパイキング局在性ニューロンおよび上行性介在ニューロンは感覚ニューロンからは興奮性の入力を受け取るのに対し(図40A-1), ほとんどの場合,腹部伸展誘起下行性介在ニューロンからは顕著な入力は受け取っていない(図40A-2)。一方, ノンスパイキング介在ニューロンは興奮性(図40B)あるいは抑制性応答を示し(図40C), 選択的に下行性入力を受け取る。

腹部伸展中の尾扇肢運動ニューロンの活動性は主にノンスパイキング介在ニューロンによって制御されている(Namba et al., 1994, 1997)。図41のノンスパイキング介在ニューロンへの脱分極性電流注入によって尾扇肢 closer 運動ニューロンは膜過分極を示す(図41A)。しかし, このノンスパイキング介在ニューロンへの過分極性電流注入は運動ニューロンに顕著な出力効果をもっていない(図41B)。下行性介在ニューロンを電気刺激すると, このノンスパイキング介在ニューロンは膜脱分極し, このとき尾扇肢 closer 運動ニューロンは 6 mV 程度の膜過分極を示す(図41C)。事前に 5 nA の過分極性電流をノンスパイキング介在ニューロンに注入しておき, 下行性介在ニューロンを電気刺激すると, 引き起こされる尾扇肢 closer 運動ニューロンの膜過分極の振幅がとくにその開始部において半分以下に減少する(図41D)。このノンスパイキング介在ニューロンへの過分極性電流注入それ自身には顕著な出力効果はないが, 興奮性の下行性入力を受けたときに, 回路からこのノンスパイキング介在ニューロンの出力効果を取り除く効果がある。それによって尾扇肢 closer 運動ニューロンの抑制が一部解除されたことを意味する。

そこで PL・AL グループそれぞれのノンスパイキング介在ニューロンがどのような符号の下行性入力を受け取っているかみていくと(図42), 接触感覚情報として抑制性入力を受け取る(図43A)PL ニューロンは, 興奮性の下行性入力を受け取っていた(図43B)。感覚刺激単独時にはスパイク発射頻度が増加する尾扇肢 closer 運動ニューロンも, 下行性介在ニューロン刺激中

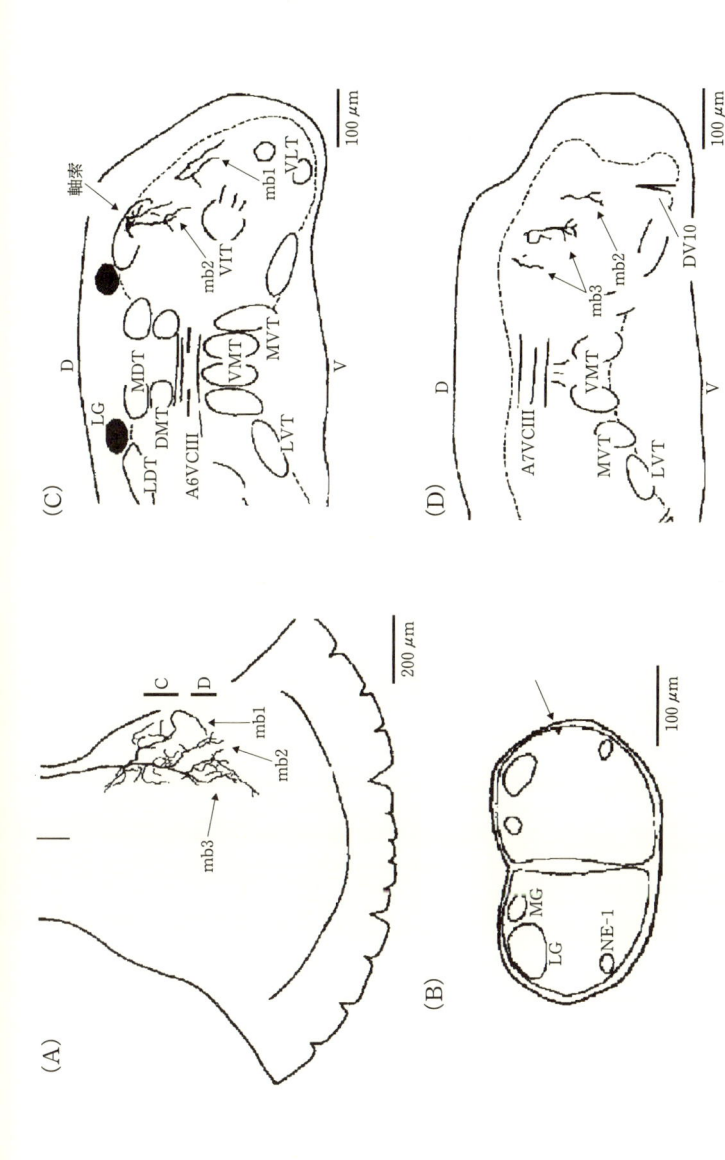

図 39 腹部伸展起下行性介在ニューロン。(A) 腹部伸展誘起下行性介在ニューロン A1 の腹部最終神経節内での細胞内染色像。(B) 第 5〜第 6 腹部神経節間縦連合における軸索の走行部位。(C)・(D) 下行性介在ニューロン A1 の中枢内分枝投射パターン。(A) のバー C・D で示された領域の垂直切片の再合成図。A6VCIII : A6 ventral commissure III, A7VCIII : A7 ventral commissure III, DMT : dorsal medial tract, D : 背側, DV : dorsoventral tract, LDT : lateral dorsal tract, LG : lateral giant, LVT : lateral ventral tract, mb1〜3 : 主要突起 1〜3, MG : medial giant, MVT : medial ventral tract, V : 腹側, VIT : ventral intermediate tract, VLT : ventral lateral tract, VMT : ventral medial tract の略号

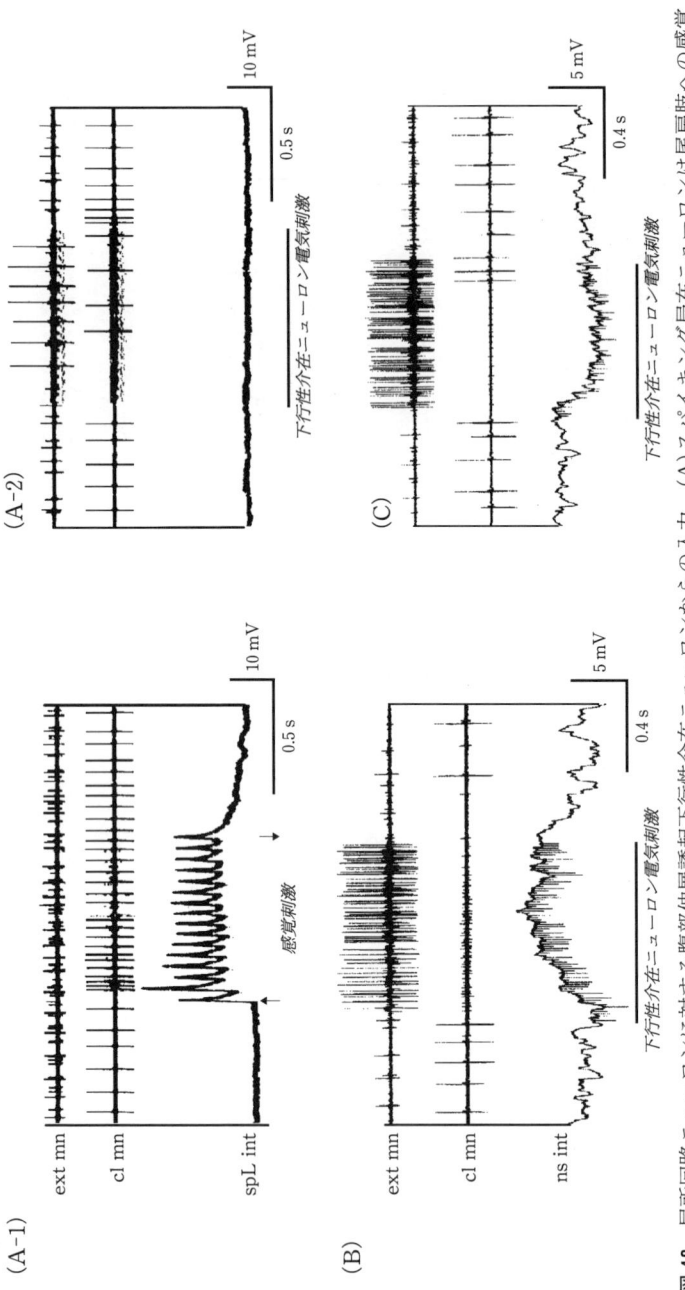

図 40 局所回路ニューロンと下行性介在ニューロンからの入力．(A) スパイキング局在ニューロンは尾肢への感覚刺激に対して興奮性応答を示すが (A-1)，腹部伸展誘起下行性介在ニューロンへの電気刺激に対しては顕著な応答を示さない (A-2)．(B) ノンスパイキング介在ニューロンの興奮性応答．(C) ノンスパイキング介在ニューロンの抑制性応答．バーの間，3 個の腹部伸展誘起下行性介在ニューロンの軸索が走行する縦連合の小片部位を単離し，100 Hz で電気刺激している．腹部伸展筋支配の extensor 運動ニューロンは発火し，尾肢 closer 運動ニューロンのスパイク発射が抑制される．ext mn：extensor 運動ニューロン，cl mn：closer 運動ニューロン，spL int：スパイキング局在ニューロン，ns int：ノンスパイキング介在ニューロンの略号

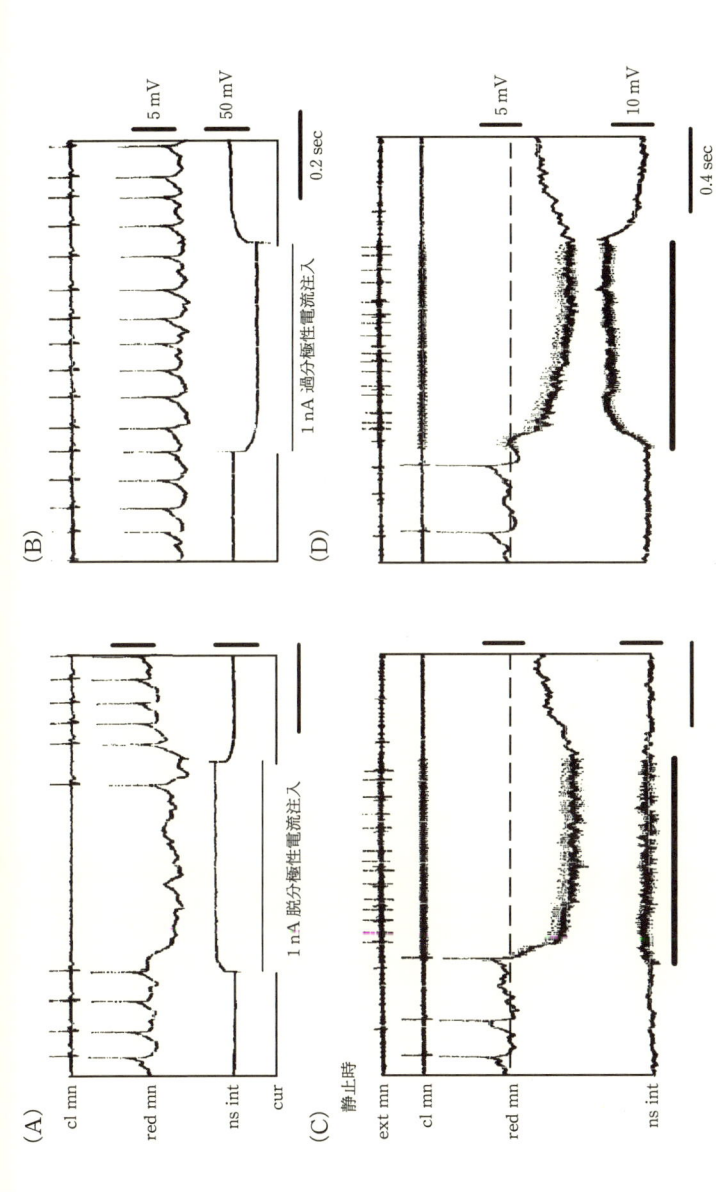

図41 腹部伸展下行性入力に対するノンスパイキング介在ニューロンの応答。(A) ノンスパイキング介在ニューロンへの1 nA脱分極性電流注入によって尾肢closer, reductor運動ニューロンの膜は過分極する。(B) ノンスパイキング介在ニューロンへの1 nA過分極性電流注入では運動ニューロンに顕著な膜電位変化は生じない。(C) 下行性介在ニューロンの刺激によってノンスパイキング介在ニューロンは膜脱分極し, closer, reductor運動ニューロンは膜過分極する。(D) ノンスパイキング介在ニューロンへの5 nA過分極性電流を注入して, このノンスパイキング介在ニューロンに対する下行性入力の効果をキャンセルすると, 下行性入力に対するcloser, reductor運動ニューロンの膜過分極の大きさは減少する。cl mn: closer運動ニューロン, ext mn: extensor運動ニューロン, red mn: closer, reductor運動ニューロン, ns int: ノンスパイキング介在ニューロンの細胞内記録, cur: 注入電流モニターの略号

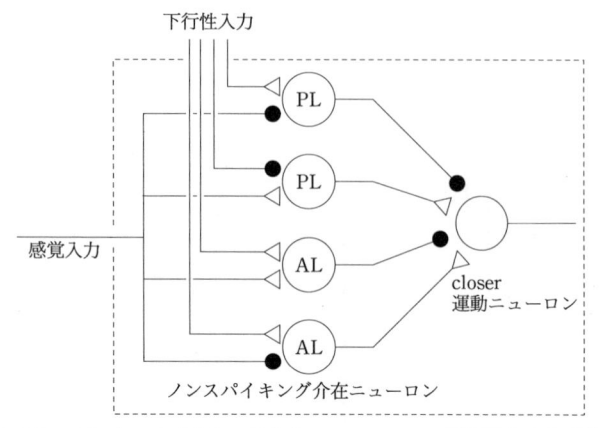

図42 PL，AL ノンスパイキング介在ニューロンへの下行性入力と感覚入力

に感覚刺激を与えても顕著な活動性の増大はみられなくなる(図43C)。また興奮性の感覚入力を受け取る(図44A)PLニューロンは，抑制性の下行性入力を受け取り(図44B)，感覚刺激に対する尾扇肢 closer 運動ニューロンの活性化は同時に下行性介在ニューロンが興奮しているときにはみられない(図44C)。つまり，PLニューロンでは感覚ニューロンと下行性介在ニューロンからちょうど符合が逆になった入力を受け取っている。感覚刺激の間，PLニューロンは尾扇肢を閉じる方向への膜電位変化が生じるのに対し，腹部伸展時には逆符号の下行性入力を受け取ることで，感覚入力の効果はかなりの程度打ち消されてしまう。

抑制性感覚入力を受け取る AL ニューロンもやはり逆符号の興奮性の下行性入力を受け取っているが，興奮性の感覚入力を受け取る AL ニューロンは同じ興奮性の下行性入力を受け取っていた(図45C, D)。このタイプの AL ニューロンは相反的並列回路では抑制性経路を形成しているが，感覚入力単独ではあまり強い抑制効果を発揮できない。たとえば 1 nA の脱分極性電流注入では尾扇肢 closer 運動ニューロンのスパイク発射頻度を若干減少させるだけで，顕著な抑制効果がみられるには 3 nA という強い電流注入量が必要である(図45A, B)。しかし，腹部伸展時には下行性入力を受けすでに膜が脱分極しているから，今度は感覚入力によって尾扇肢 closer 運動ニューロ

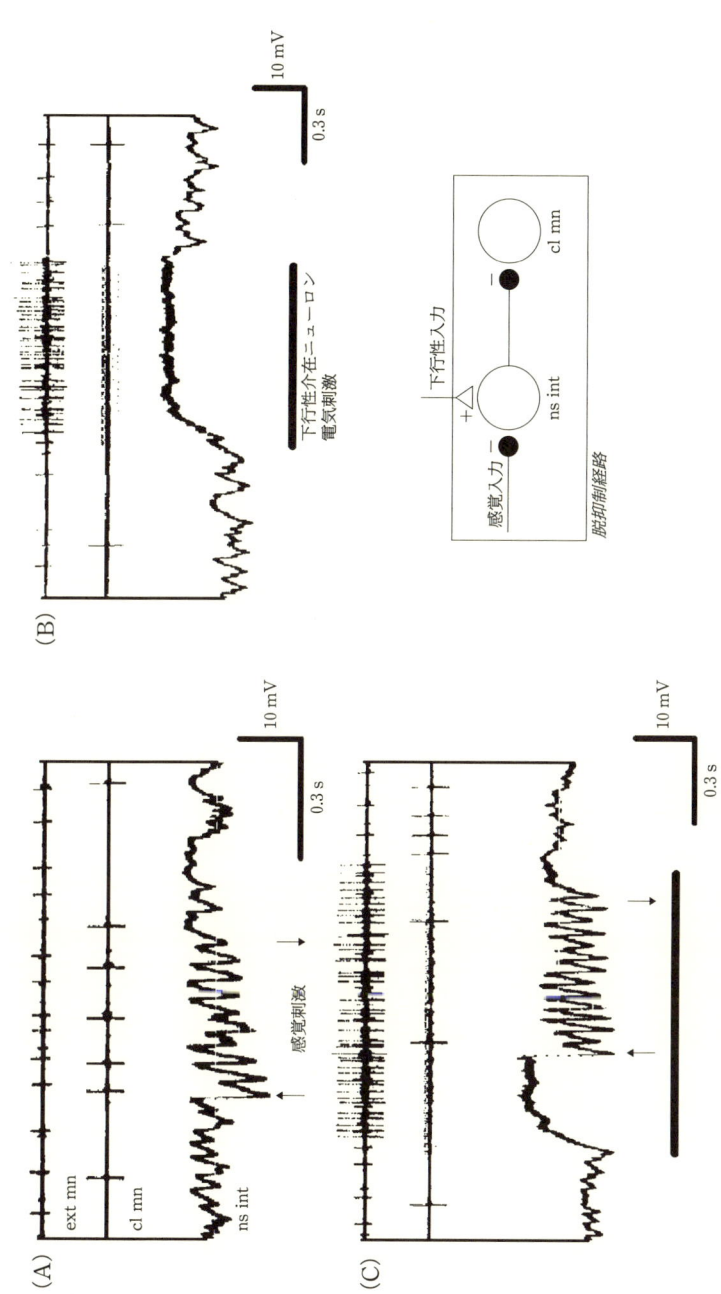

図 43 脱抑制性経路を形成する PL ノンスパイキング介在ニューロンへの下行性入力。(A) 感覚刺激に対する PL ニューロンの抑制性応答。(B) 下行性介在ニューロン刺激に対する PL ニューロンの興奮性応答。(C) 感覚ニューロンと下行性介在ニューロンの同時刺激。腹部伸展中に感覚刺激を与えても、感覚刺激単独で与えたときのような closer 運動ニューロンのスパイク頻度の増加はみられない。ext mn : extensor 運動ニューロン, cl mn : closer 運動ニューロン, ns int : ノンスパイキング介在ニューロンの略号

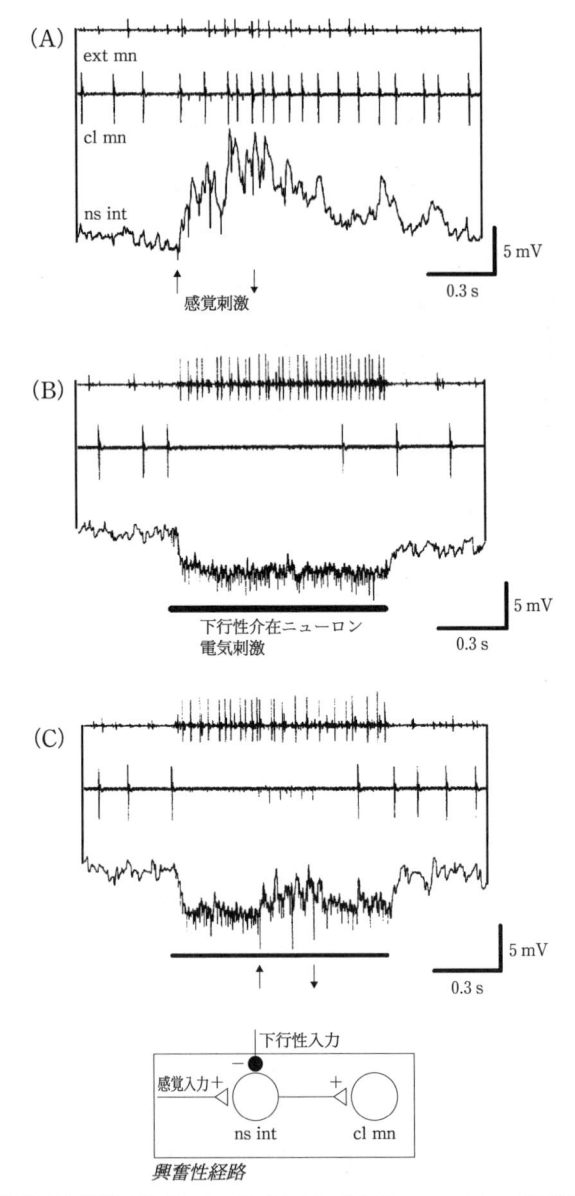

図44 興奮性経路を形成する PL ノンスパイキング介在ニューロンへの下行性入力。(A) 感覚刺激に対する PL ニューロンの興奮性応答。(B) 下行性介在ニューロン刺激に対する PL ニューロンの抑制性応答。(C) 感覚ニューロンと下行性介在ニューロンの同時刺激。腹部伸展中に感覚刺激を与えても，感覚刺激単独で与えたときのような closer 運動ニューロンのスパイク頻度の増加はみられない。ext mn：extensor 運動ニューロン，cl mn：closer 運動ニューロン，ns int：ノンスパイキング介在ニューロンの略号

図 45 抑制性経路を形成する AL ノンスパイキング介在ニューロンへの下行性入力。(A)・(B), AL ニューロンへの下行性入力。(A: 1 nA, B: 3 nA) による尾肢皮 closer 運動ニューロンの抑制効果。(C)感覚刺激に対する AL ニューロンの興奮性応答。(D)下行性介在ニューロン刺激に対する AL ニューロンの興奮性応答。(E)感覚ニューロンと下行性介在ニューロンの同時刺激。下行性ニューロンによる EPSP 応答との加算によって感覚刺激時には AL ニューロンはより大きな振幅の EPSP 応答する。ext mn : extensor 運動ニューロン, cl mn : closer 運動ニューロン, ns int : ノンスパイキング介在ニューロン, cur : 注入電流モニターの略号

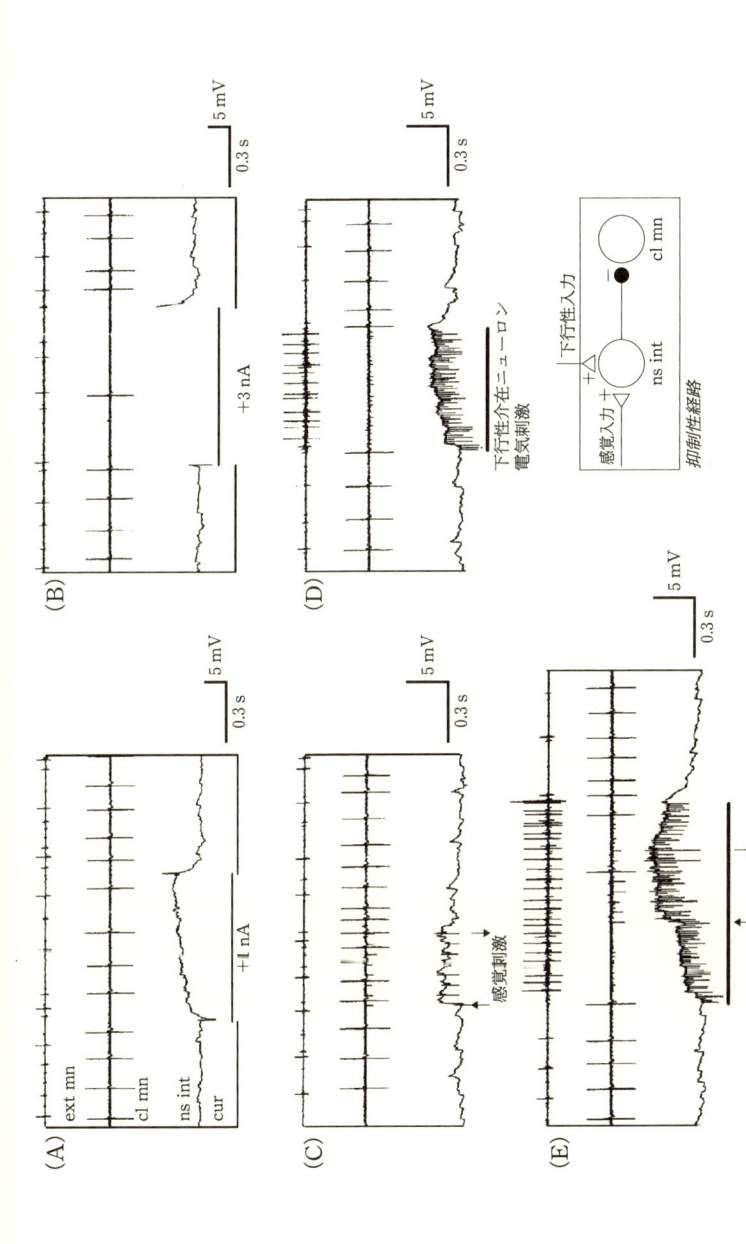

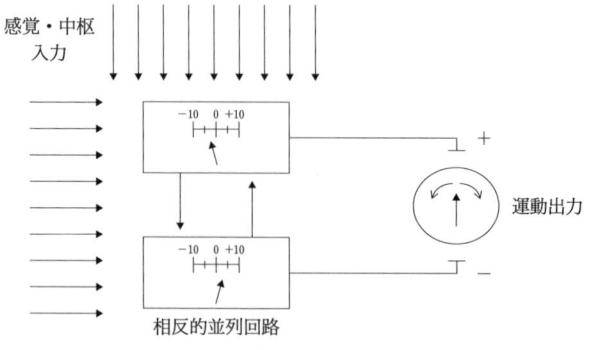

図 46 尾扇肢運動修飾の相反的並列回路

ンに強い抑制効果を発揮できるようになる(図 45E)。

　ノンスパイキング介在ニューロンは末梢・中枢から多種多様な入力を受け,外部環境・内部状態を常時モニターしながら尾扇肢運動ニューロンの活動性を持続的に調節している。ある特定の信号が伝達されると,PL・ALニューロン間の相反的並列型シナプス統合作用の結果として,その場に即した適切な尾扇肢運動パターンが形成されている(図 46)。一見,単純そうにみえるザリガニの尾扇肢運動も,相反性並列回路という実に巧妙で効率的な神経スイッチによって,そのときそのときにおける最も適切な制御がなされているのである。

[専門用語の解説]
- [*1] **巨大ニューロン**　軸索がほかのニューロンに比べ極端に太く,縦連合中を縦走する二対の介在ニューロン。1対は縦連合の背側中央部を頭部の脳から腹部最終神経節に向け下行する MG(medial giant)と呼ばれる巨大ニューロンで,もう一対は縦連合の背側側方部を腹部最終神経節から脳に向かって上行する LG(lateral giant)。両方のニューロンとも逃避遊泳を引き起こす。
- [*2] **電気シナプス**　化学的神経伝達物質の仲介なしに,ギャップ結合と呼ばれる低抵抗のチャンネルを通して,ひとつのニューロンから次のニューロンへ電流が直接流れることで情報を伝える伝達様式。
- [*3] **相動筋,持続筋**　持続筋は緊張性の比較的ゆっくりとした姿勢の維持などに使われ,相動筋は一過性かつ比較的速い動きに使われる。
- [*4] **脱分極,過分極**　たとえば刺激に対し,ニューロンが興奮すると,興奮部分の膜電位は

静止電位から急激にしかも一過的にプラス方向に変化し，このことを脱分極と呼ぶ。逆に膜電位がさらにマイナス方向に変化することを過分極と呼ぶ。
*5 **EPSP と IPSP** 興奮性伝達では，興奮性入力を受け取ることでシナプス後ニューロンに脱分極が生じ，閾値を超えて活動電位が発生する確率が増加する。この脱分極方向のシナプス電位を興奮性シナプス電位 EPSP(excitatory postsynaptic potential) と呼ぶ。一方，抑制性伝達ではシナプス後ニューロンを過分極させ，活動電位の発生確率を下げ，興奮しにくくさせるので，過分極方向のシナプス電位を抑制性シナプス電位 IPSP(inhibitory postsynaptic potential) と呼ぶ。
*6 **トラクト** 上行性・下行性介在ニューロンの軸索はただやみくもに縦連合内を走行しているのでなく，背側・腹側各5つあるトラクト(背側 MDT, LDT, DLT, DIT, DMT, 腹側 VLT, VIT, VMT, LVT, MVT)と呼ばれる連絡通路のうちのどれかを通って前後の神経節へ軸索を伸ばしている。
*7 **コンダクタンス** 膜のイオン透過性を表わす尺度。
*8 **腹部伸展誘起下行性介在ニューロン** 脳に細胞体をもち，軸索を腹部最終神経節まで伸ばしている下行性の介在ニューロンで，これらが高頻度でスパイク放電することで腹部の伸展運動が引き起こされる。

[引用文献]

Aonuma, H. and Nagayama, T. 1999. GABAergic and non-GABAergic spiking interneurones of local and intersegmental group in the crayfish terminal abdominal ganglion. J. Comp. Neurol., 410: 677-688.

Aonuma, H., Nagayama, T. and Hisada, M. 1994. Output effects of identified ascending interneurons upon the abdominal postural system in the crayfish *Procambarus clarkii* (Girard). Zool. Sci., 11: 191-202.

Appenteng, K. 1991. Parallel antagonistic proprioceptive pathways to jaw-elevator motoneurons. In "Locomotor Neural Mechanisms in Arthropods and Vertebrates" (eds. Armstrong, D. M. and Bush, B. M. H.), pp. 222-230. Manchester University Press, Manchester.

Büschges, A. and Schmitz, J. 1991. Nonspiking pathways antagonize the resistance reflex in the thoraco-coxal joint of stick insects. J. Neurobiol., 22: 224-237.

Calabrese, R. L. 1976. Crayfish mechanoreceptive interneurons: I. The nature of ipsilateral excitatory inputs. J. Comp. Physiol., 105: 83-105.

林健一. 1990. アメリカザリガニ. 動物解剖図(日本動物学会編), pp. 104-109. 丸善.

Kondoh, Y. and Hisada, M. 1986. Regional specialization in synaptic input and output in an identified local nonspiking interneuron of the crayfish revealed by light and electron microscopy. J. Comp. Neurol., 254: 259-270.

Nagayama, T. 1997. Organization of exteroceptive inputs onto nonspiking local interneurones in the crayfish terminal abdominal ganglion. J. Exp. Zool., 279: 29-42.

長山俊樹. 2008. 甲殻類の逃避行動. 昆虫ミメティックス(下澤楯夫・針山孝彦), pp. 533-541. NTS.

Nagayama, T. and Burrows, M. 1990. Input and output connections of an anteromedial group of spiking local interneurons in the metathoracic ganglion of the locust. J. Neurosci., 10: 785-794.

Nagayama, T. and Hisada, M. 1985. Crayfish local bilateral spiking interneurons: Role in contralateral uropod motor pattern formation. Zool. Sci., 2: 641-651.

Nagayama, T. and Hisada, M. 1987. Opposing parallel connections through crayfish local nonspiking interneurons. J. Comp. Neurol., 257: 347-358.

Nagayama, T. and Hisada, M. 1988. Bilateral local non-spiking interneurons in the terminal (sixth) abdominal ganglion of crayfish, *Procambarus clarkii* Girard. J. Comp. Physiol. A, 163: 601-607.

Nagayama, T. and Newland, P. L. 1993. A sensory map based on velocity thresholds of sensory neurones from a chordotonal organ in the tailfan of the crayfish. J. Comp. Physiol. A, 172: 7-15.

Nagayama, T. and Sato, M. 1993. The organization of exteroceptive information from the uropod to ascending interneurones of the crayfish. J. Comp. Physiol. A, 172: 281-294.

Nagayama, T., Takahata, M. and Hisada, M. 1984. Functional characteristics of local non-spiking interneurons as the pre-motor elements in crayfish. J. Comp. Physiol. A, 154: 499-510.

Nagayama, T., Takahata, M. and Hisada, M. 1986. Behavioral transition of crayfish avoidance reaction in response to uropod stimulation. Exp. Biol., 46: 75-82.

Nagayama, T., Isogai, Y., Sato, M. and Hisada, M. 1993a. Intersegmental ascending interneurones controlling uropod movements of the crayfish *Procambarus clarkii*. J. Comp. Neurol., 332: 155-174.

Nagayama, T., Isogai, Y. and Namba, H. 1993b. Physiology and morphology of spiking local interneurones in the terminal abdominal ganglion of the crayfish. J. Comp. Neurol., 337: 584-599.

Nagayama, T., Namba, H. and Aonuma, H. 1994. Morphological and physiological bases of crayfish local circuit neurones. Histol. Histolpath., 9: 791-805.

Nagayama, T., Namba, H. and Aonuma, H. 1997. Distribution of GABAergic premotor nonspiking local interneurones in the terminal abdominal ganglion of the crayfish. J. Comp. Neurol., 389: 139-148.

Nagayama, T., Araki, M. and Newland, P. L. 2002. Lateral giant fibre activation of exopodite motor neurones in the crayfish tailfan. J. Comp. Physiol. A, 188: 621-630.

Namba, H. and Nagayama, T. 2004. Synaptic interactions between nonspiking local interneurones in the terminal abdominal ganglion of the crayfish. J. Comp. Physiol. A, 190: 615-622.

Namba, H., Nagayama, T. and Hisada, M. 1994. Descending control of nonspiking local interneurons in the terminal abdominal ganglion of the crayfish. J. Neurophysiol., 72: 235-247.

Namba, H., Nagayama, T. and Takahata, M. 1995. Terminal projection of descending interneurones controlling uropod movements of the crayfish *Procambarus clarkii* Girard. Zool. Sci., 12: 523-534.

Namba, H., Nagayama, T. and Takahata, M. 1997. Non-spiking local interneurones mediate abdominal extension related descending control of uropod motor neurones in the crayfish terminal abdominal ganglion. J. Comp. Physiol. A, 180: 463-472.

Newland, P. L., Aonuma, H. and Nagayama, T. 2000. The role of proprioceptive signals in the crayfish escape circuit. Zool. Sci., 17: 1185-1195.

Ushizawa, T., Nagayama, T. and Takahata, M. 1996. Cholinergic transmission of mechanosensory afferents in the crayfish terminal abdominal ganglion. J. Comp. Physiol. A, 178: 1-13.

第3章

視覚と行動
視覚・感覚生理

岡田美徳

要　旨

　ザリガニは個体間に順位のある社会に棲んでいる。ここでは，ザリガニの視覚系に注目し，複眼の構造と機能，脳へいたる経路での視覚性ニューロンの形態とこれらのニューロンのもつ明・暗・偏光等の視覚情報，脳内の視覚情報処理と出力形成機構，および逃避や順位を決定する闘争等の行動における視覚情報の役割や視覚性行動と神経系との関わりについて紹介する。

1. ザリガニの闘争と視覚

　ザリガニはほかの個体と遭遇すると激しく闘争することで知られている。ザリガニは闘争行動を通して個体間の順位を決定し，それ以降のよけいな闘争を減少させている(Issa et al., 1999)。闘争はまず相手を確認することから始まり，互いにハサミをひろげさらに鋏脚を左右にひろげて互いの大きさを競い合う"meral spread"といわれる行動を示す。闘争では体が大きい個体のほうが高い順位を得る傾向が強く，視覚が関与しているのが明白にわかる。
　しかし闘争自体は視覚入力に関係なく生じる。ペイントにより盲にしたザリガニの闘争行動と正常な眼のザリガニの闘争行動には差がみられない(Bovbjerg, 1956)とする報告もある。Bruski and Dunham(1987)は闘争における視覚の役割を調べるため，周囲の明るさを変えて赤外線カメラで行動を観察した。その結果，暗所では相手に接近したり相手を追いかけたりするなど視覚が関わっていると思われる行動が減少し，触角による接触や，ハサミや体をぶつける行動が増加した。この結果から視覚入力は闘争で互いに相手を

傷つけないように働いていると推測される。また暗順応した眼ではこのような繊細な行動が失われることから，この繊細な行動調節には分解能の高い明順応した眼を必要としている。相手の大きさの認識以外に視覚が働いているとする報告もある。北アメリカ産ザリガニ類 Orconectes viliris はハサミの長節の一部が白い。闘争においてハサミが開くとこの白色が目立って相手との闘争をより激しいものにし，ハサミが閉じて白色が目立たないと相手との闘争は弱いものになる(Rubenstein and Hazlett, 1974)。

ウミザリガニ(通称ロブスター) Homarus americanus でも目隠しした個体間の闘争は眼の見える個体間の闘争より激しいものになると報告されている(Kaplan et al., 1993)。

視覚情報で優劣の差が決められない場合には闘争行動はさらに激しいものとなる。"meral spread" から次のより激しい闘争に移行する前に両者は触角の基部にある膀胱(別名は Green Gland や触角腺。詳しくは第Ⅱ部「組織学」参照)の開口部から互いに尿を放出する　(Breithaupt and Eger, 2002)。

順位を決定する闘争ではハサミの大きさは勝負の結果に強く影響するため，オスのハサミは大きく目立つようになったと考えられる。Wilson et al. (2007)は，ザリガニ類におけるハサミのはさむ力を同サイズの雌雄で比較して物をはさむ力はメスの方が大きいことを見出し，"オスのハサミはみかけ倒し" だとしている。

このように視覚は闘争においても一定の役割を果たしている。以下では視覚系を構成している神経路について述べ，行動に関わる神経機構について言及する。

2. ザリガニの眼

ザリガニの眼は 3000～4000 個の個眼を含み，ほぼ半球状の形をしている複眼である。個眼表面の基本的形態は四角形である(図1)。複眼には，入射した光が隣接するほかの個眼へ侵入しないタイプの連立像眼と，暗順応時に隣接する個眼からの入射光が周囲の個眼から中央の個眼に侵入するタイプの重複像眼とがある(Exner, 1891)。重複像眼は夜行性の動物にみられる。各個

眼は8個の視細胞をもっており,視細胞の軸索は視葉へ伸びている。

個眼の構造

ザリガニの個眼表面は四角形をし,これに続いて角膜・円錐晶体・視細胞が配列している。個眼間は色素細胞で区切られ,円錐晶体と視細胞との間は離れている。暗順応時には,円錐晶体の周りの色素細胞の色素は円錐晶体の部分にのみ広がり,視細胞の周囲を取り囲んでいた色素が移動して,円錐晶体と視細胞の間には透明な層が形成され重複像眼に特有な構造となり,隣接する個眼へ入射した光をも受容できるようになる。明順応時には,視細胞および透明層の周囲は色素で囲まれ,各個眼は光学的に隔離され,連立像眼と同じ構造となる。

重複像眼で像が形成されるためには中心となる個眼の周囲の個眼からの光路が曲がる必要がある。甲殻類の円錐晶体は透明で屈折性をほとんど示さない。Vogt(1975)はこの光路の曲がりが個眼の壁に作られた鏡の反射によることをザリガニでみつけた。Vogtとは独立にLand(1976)は,反射を利用した重複像眼を,エビやイセエビなどの体の長い十脚類でみつけた。反射型の重複像眼では直交する2枚の鏡による反射の性質を利用しているので,重複像形成のためには個眼面は四角形であることが必要とされている(Vogt, 1977, 1980)。屈折型の重複像眼の個眼面は6角形のみが報告されている。

重複像眼ではどの程度受容角度が広がるのか? 明順応時と暗順応時の視細胞の受容角度が2種類のザリガニで測定されている。オーストラリア産のザリガニ類(通称ヤビー)*Cherax destructor* では,明順応した視細胞で5°,暗順応した視細胞で16°(Walcott, 1974)。アメリカザリガニ *Procambarus clarkii* では,明順応した視細胞で2.7°,暗順応した視細胞で8.8°(Glantz, 1991)。暗順応時にもせいぜい数個隣の個眼からの光を受け取っているにすぎない。この制約は,角膜表面の大きさに対し,四角形の薄膜柱の深さが2~3倍あることによると思われる。視細胞の光感度が入射光量に比例するので両者ともかなり感度を増加させていることがうかがえる。

個眼の分布と形態

　ザリガニの複眼が重複像眼となるためには，個眼は正四角形であることが必要であった。個眼が大きいほど受容する光の量が増加し，感度を上げることができる。一方，空間上の2点を区別する能力(分解能)は個眼間角度によって決まり，この値が小さいほど分解能は向上する。個眼間角度を小さくするためには個眼の大きさを小さくする必要がある。複眼をもっている動物はこのふたつの要素を折衷させてそれぞれの環境に棲んでいる。個眼面を大きくしてなおかつ個眼間角度を小さくする方法がある。すなわち複眼を一様な球面でなく部分的に球面の曲率を小さくする，たとえばラグビーボールのような形態の複眼とすることにより，部分的に大きな個眼で，個眼間角度の小さな形状とすることができる。シオマネキの複眼は上下方向に細長く，複眼の赤道近くで高い分解能をもっている(Zeil et al., 1986)。ザリガニの複眼はほぼ半球状であるが，個眼の大きさおよび形態は一様でない(図1, 2)。ほぼ四角形の個眼は複眼の赤道近くに展開している。複眼の両極(背側と腹側)では個眼は四角形を保っていないので，この部分では重複像眼は形成されないことになる。四角形以外の個眼では，個眼軸にそって入射する光のみをとらえていると想像される。

　ひとつの個眼内には8個の視細胞がある。このうちの7つの視細胞の光感受部位である感桿は隣接している(Eguchi, 1965)。大きな視細胞が存在することが個眼の感桿部位での切断像から判明し，この視細胞を1番として反時計回りに番号をふられている。ただし，視細胞の配置は複眼の赤道面の上と下では上下対称，左右の複眼では左右対称の位置になっている。

　感桿の微絨毛の方向は複眼中央部の個眼の視細胞1, 4, 5が水平方向で，ほかの4個はこれと直行する方向に微絨毛を出している(Eguchi, 1965)。これらの微絨毛の方向は偏光応答性に関わっている。8番めの視細胞は，ほかの視細胞とは離れた位置(遠位側)に感桿をもっている。視細胞からの細胞内記録により，視細胞が光照射により脱分極性の応答をすること，また光の直進方向に対し垂直あるいは水平方向に振動する偏光に対してそれぞれ感度が高い2種類の視細胞が存在することが明らかになった(Waterman and Fernández, 1970)。Glantz(2007)は複眼上のいろいろな部位の視細胞から偏光応答を記録

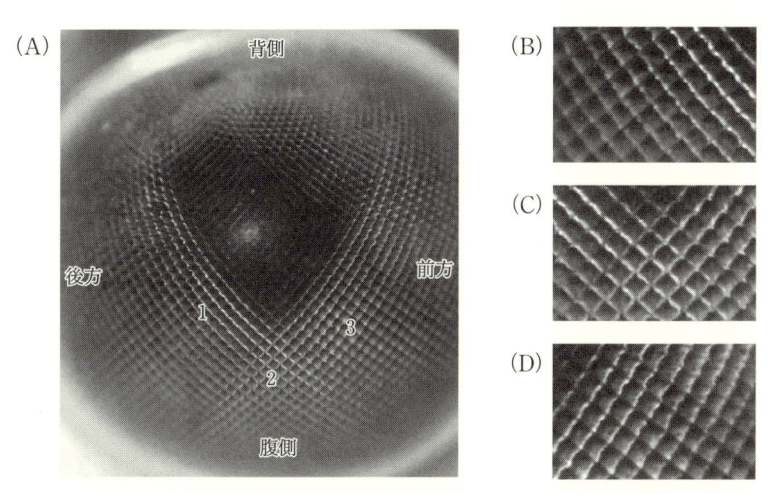

図1 複眼と複眼のさまざまな部位の個眼像(岡田美徳撮影)。四角形の個眼の4辺の上端部が(C)でみられる。(B)と(D)では1辺の上端部が明瞭にみられる。個眼の配列方向に注意。個眼の大きさと形の詳細は図2を参照。(B),(C),(D)はそれぞれ(A)の1,2,3の拡大像

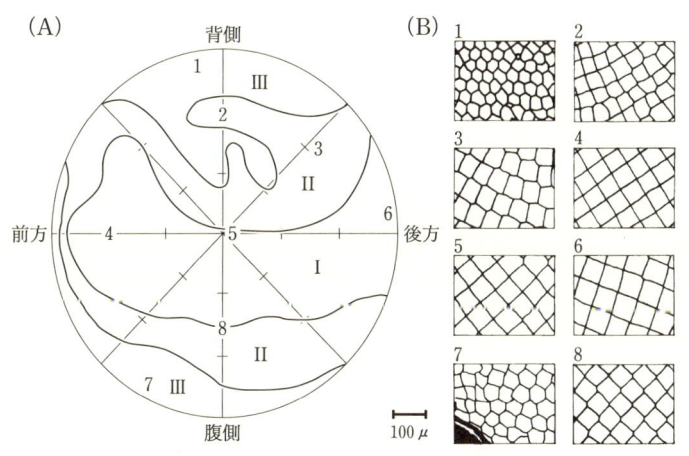

図2 個眼表面の形態。(A)個眼の分布図。Ⅰ：個眼面が規則的な形の部位,Ⅱ：個眼面が少し変形している部位,Ⅲ：個眼面が非常に不規則な形状を示す複眼の部位,(B)複眼上のいろいろな部位の個眼表面の形

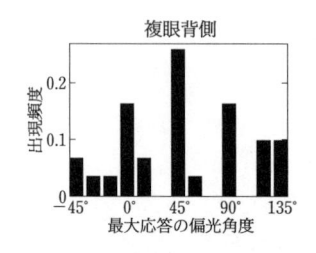

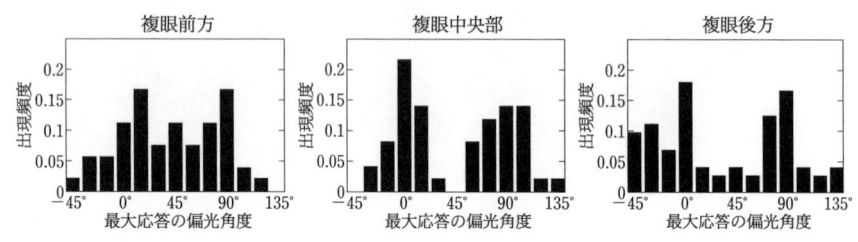

図3 複眼上の4つの部位の視細胞の最大偏光応答角度の出現頻度(Glantz, 2007より)。横軸は偏光角度(15°間隔に表示)。縦軸はそれぞれの部位の出現頻度を示す。標本数は，背側部：31，前方部：72，中央部：51，後方部：54

し，最大応答を示す偏光角度の出現頻度を調べた(図3)。最大応答を示す偏光の角度は必ずしも水平または垂直の2方向ではない。複眼の赤道に近い部分では，複眼の中央部，前方部，後方部ともに水平方向および垂直方向の偏光に対して最大応答を示すものの出現頻度が最大となった。複眼の背側では45°にもピークがみられた。昆虫が偏光を用いて物をみていることは広く知られている。昆虫の偏光視の生理的研究が急速に進んでいる(Wehner and Labhart, 2006)。いくつかの昆虫では偏光受容に特化した部位が複眼の背側に存在する。この部位の個眼はほかの部位の個眼とは異なり2方向の互いに直交する微絨毛を発達させている。ザリガニの個眼では直交する微絨毛をもつのが基本構造であり，偏光視には都合のよい構造になっている。

視細胞間には機能的な結合が存在することが古くからいわれている(Muller, 1973)。田辺・山口(1982, 1983)は細胞内誘導と細胞内染色の併用により染色液を注入した視細胞のみならずほかの個眼の視細胞が同時に染色されること(ダイカップリング)を，また視細胞の軸索がつくる束にダイカップリングの原因となる物質の移動が可能である機能結合(ギャプジャンクション)をみ

つけている。しかしながら，中枢側のニューロンにこれらの結果がどのように反映されているかは不明である。

3. 視葉の構造と視覚情報処理

複眼の視細胞で受容された視覚情報は，直接脳へ伝達されるのではなく，眼柄内にある複数の視神経節を経由して視神経を通り，脳へ伝達されている。

ザリガニの眼柄内には4つの神経節があり，遠位側から視葉板(ラミナ)，外髄，内髄，終髄と命名されている。この4つを総称して視葉という。図4は視神経からコバルトを注入させ可視化したニューロンをトレースしたものである。染色されたニューロンには脳から視葉へ走行するニューロンと，視葉から脳へ走行するニューロンが含まれており，いくつかは集団で走行している。外髄には中央に分枝を広げる集団と，これより中枢側に分枝を広げる

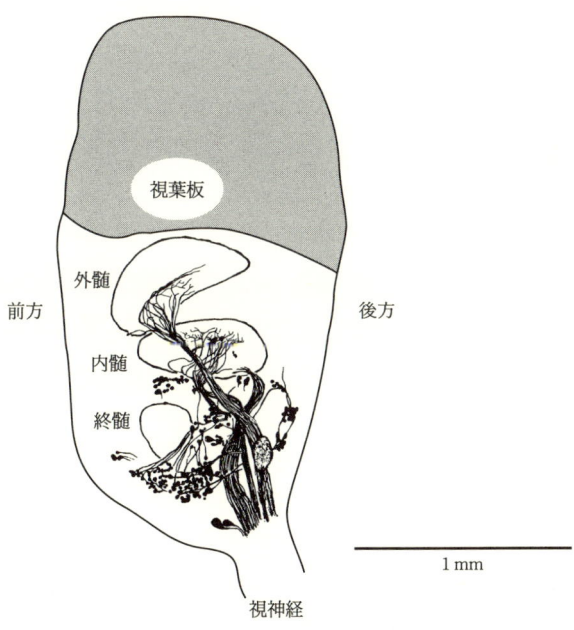

図4 視葉内を走行するニューロンの背面像。外髄と内髄に樹上突起をもつニューロン群が束になって走行する。

2つの集団がある。これらのニューロンは，外髄の前方側から終髄の後方へ斜めに集団で走行している。内髄に分枝を広げるニューロン群は，外髄から中枢へ走行するニューロン群と合流している。このほか，内髄の後方から終髄の前方へ走行するニューロン群がみられる。このニューロンの走行は前2者と大きく異なるので機能が全く異なるニューロンであると想像される。終髄の視覚情報処理系での役割は不明である。

外髄と内髄には柱状（カラム）構造が存在し，複眼上の位置情報が温存されている。ただし，視葉板と外髄および外髄と内髄の間には神経の交差（キアズマ）が形成されているので，外髄では前後の位置が逆転している。視葉内のいろいろなニューロンが形態的に弁別されている(Straufeld and Nässel, 1981)。また，少数のニューロンについて生理的解析が行われている。

視葉板

視細胞1～7の軸索は視葉板に終末している。この終末部位には視葉板の単極細胞の樹状突起が広がっている。7個の視細胞終末と5個の単極細胞はひとつのカートリッジという構造を形成する。ただしカートリッジを形成する視細胞の軸索はひとつの個眼から由来するのではなく，3つの隣接する個眼から由来する。ひとつの個眼からは視細胞1，6，7，8が，ほかのふたつの個眼からはそれぞれ視細胞2，3と4，5が参加している(Nässel, 1976)。ただし視細胞8の軸索はこのカートリッジを通過して外髄まで走行する。視葉板に終末する視細胞の軸索の形態から，4本の軸索終末が視葉板の外層に，3本が内層に終末していることが明らかになった。視細胞の微絨毛の方向が垂直方向のものが4本，水平方向のものが3本であったことから外層には水平方向の視細胞が終末しており，内層には垂直方向の視細胞が終末していると想定した(Waterman, 1981)。細胞内誘導法と細胞内染色法により，これとは異なる結論が得られている(Sabra and Glantz, 1985)。

視葉板の単極細胞は受容野への光照射により過分極性の応答を示し，周囲への照射により逆向きの応答が生じる。この周辺抑制には視葉板の横方向に分枝を広げているアマクリン細胞が関わっている。アマクリン細胞の軸索は視細胞軸索の終末と連絡し単極細胞の応答性を調節している。ひとつのカー

トリッジ内には5本の単極細胞があるが，このうちの1本のみが光照射によりスパイクを発生させる(Wang-Benett and Glantz, 1987a)。縞模様のパターンの動きに対して視細胞と単極細胞はともに緩電位応答を示す。視細胞は縞模様の方向に選択性を示さず，単極細胞は垂直方向のパターンの動きによく応答するものが多いが，その応答には方向選択性がみられない(Glantz and Bartels, 1994)。連続して偏光方向が変化する刺激条件では，視細胞の応答は光強度に影響されるが，単極細胞では光強度の変化による影響は少ない。どちらの細胞も水平あるいは垂直の偏光に最大応答を示すものの出現頻度が高い。単極細胞の記録の10%は垂直と水平の両方にピークを示した(Glantz, 1996a)。これらの結果は，単極細胞は視細胞より光刺激に対する応答が複雑になっていることを示している。

外　髄

外髄には外髄内にその構造の全体が局在するアマクリン細胞，外髄に細胞体をもち外髄内に柱状の分枝を広げて内髄の方向に軸索を伸ばしているニューロン(トランスメダーラニューロン)，外髄に樹状突起をもち視葉板へと軸索を投射させているニューロン(タンジェンシャルニューロン)，外髄内に樹状突起を広げて視神経束中を走行し脳へ投射している上行性ニューロン，脳から外髄へ走行する下行性ニューロンなどがある。

視神経中の上行性ニューロンには，複眼への光照射に応答する光感覚ニューロン，光のオフに反応する暗感覚ニューロンがある(Wiersma and Yamaguchi, 1966)。光感覚ニューロンは同側の複眼上に受容野をもち，その受容野の違いから14本に区別されている(図5A)。暗感覚ニューロンには同側の複眼上に異なる受容野をもつ5本が知られ，これらのニューロンは樹状突起を外髄に広げている(Yamaguchi et al., 1984)。光感覚ニューロンの受容野は樹状突起の広がりにより決定されている(Kirk et al., 1982, 1983; Yamaguchi et al., 1984)。光感覚ニューロンは光の照射に応答するばかりでなく，受容野の周囲への照射により活動が抑制される。この抑制には，外髄に樹上突起を大きく広げているアマクリン細胞が関わっている(Waldrop and Glantz, 1985)。光感覚ニューロンは①周期的な縞模様パターンの一定方向への動きに対して，

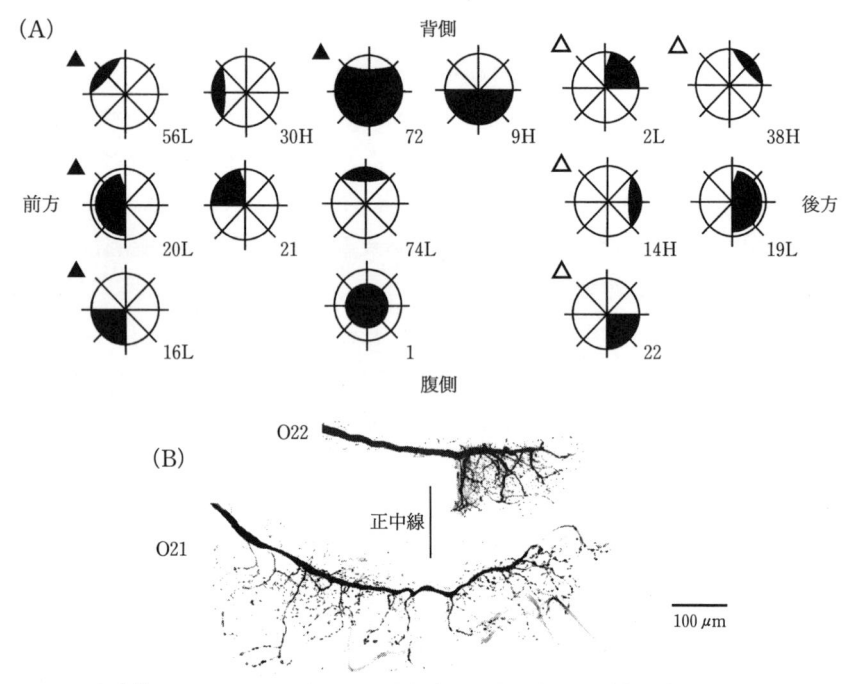

図5 光感覚ニューロンの受容野と脳内投射。(A)14種の光感覚ニューロンの受容野(Wiersma and Yamaguchi, 1966 より)と光感受性の閾値(Felnāndez-de-Migel and Arēchiga, 1992 より)。各数字はそれぞれの光感覚ニューロンのコード番号。Lは閾値が低いことを，Hは高いことをそれぞれ示す。(B)光感覚ニューロンの脳内投射。複眼の後方に受容野をもつ光感覚ニューロンは主として反対側の前大脳に軸索分枝を広げる(Aの△)。複眼の両側または前方に受容野をもつニューロンは前大脳の両側に分枝を広げる(Aの▲)。

縞模様の陰影に応じて膜電位を周期的に変化させるが，逆方向への動きに対して膜電位の変動の大きさは小さなものとなり，スパイクの発火頻度も減少して方向選択性を示す(図6A, B)，②応答性は縞模様のコントラストおよび運動速度に依存する，などの特徴をもっている(Glantz et al., 1995)。光感覚ニューロンは受容野の中心への光照射で発火頻度が増大するタイプ(オンセンタータイプ)のニューロンであるので，どの方向から受容野の中心に向かおうが発火頻度が増大する(図6C, D, E)ため，ドラムの運動と光源の移動とは異なった要素があるように思える。光感覚ニューロンおよび暗感覚ニュー

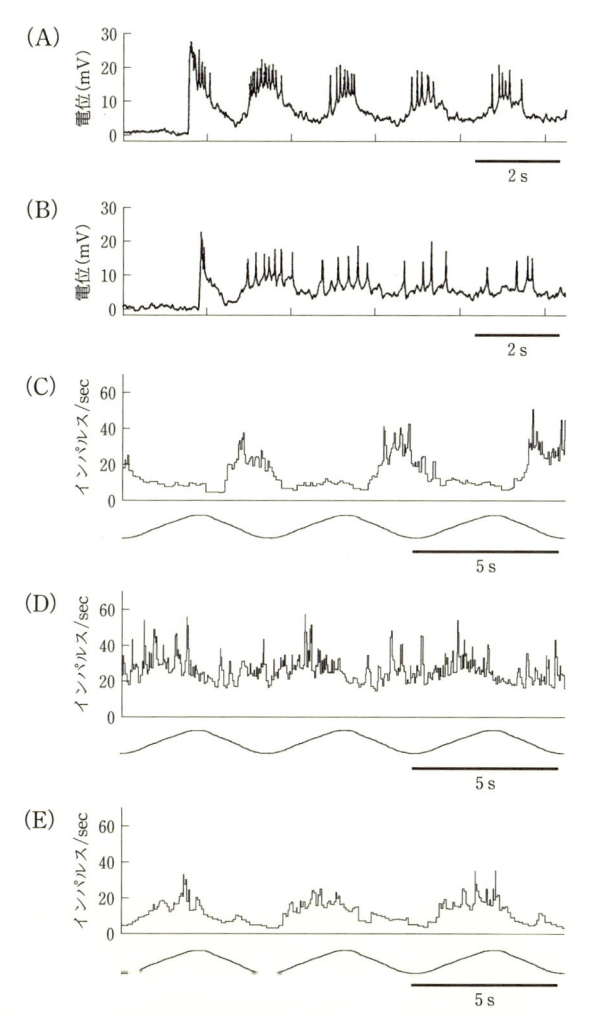

図6 光感覚ニューロンの運動刺激に対する応答。(A)と(B)は縦縞をもったドラムの一定方向の動きに対する応答の細胞内記録(Glantz et al., 1995 より)。(A)と(B)はそれぞれドラムの逆向きの動きに対する応答。膜電位の平均値には明確な違いがみられないが、スパイク数は(A)が多い。(C), (D), (E)は複眼の背側30°, 赤道, 腹側30°の位置を上下方向に振幅8°で動く小光源に対する光感覚ニューロンO14のスパイク頻度の継時的変化。縦軸はスパイクの発火頻度。それぞれの記録の下段はランプの動きのモニターで、上向きの振れはランプの下向きの動きを示す。(C)と(E)ではスパイク頻度のピークの位置が異なっている。

ロンはともに偏光に対して応答を示す。これらの感覚ニューロンは水平と垂直の両方の偏光情報を受け取っているとする報告(Waterman, 1984)と，光感覚ニューロンはもっぱら垂直方向の偏光情報を，暗感覚ニューロンは水平方向の偏光情報を伝えるとする報告(Glantz and McIsaac, 1998)がある。光感覚ニューロンの最大応答を示す偏光角度は光感覚ニューロンにより少しずつ異なる(Glantz and Schroeter, 2007)ので，いろいろな偏光角度の情報が中枢へ伝えられている可能性が残っている。

　タンジェンシャルニューロンは細胞体と小さな樹状突起を外髄にもち，軸索終末を視葉板にもつ。このニューロンは光照射に対して過分極性の応答をし，応答の遅れは光感覚ニューロンより大きい(Wang-Benett and Glantz, 1987b)。また，周期的な縞模様パターンの一定方向への動きに対して光感覚ニューロンと同様な応答特性を示す(Glantz, 1994)。タンジェンシャルニューロンは偏光に対する応答特性からタイプⅠとタイプⅡにさらに分けられる(Glantz, 1996b)。タイプⅠニューロンは視細胞や単極細胞と同程度の偏光感度である。このタイプの多くのニューロンは偏光板の回転に応答し膜電位を変化させるが，偏光板の回転方向が変わると応答が著しく減少する。タイプⅡニューロンは非常に高い偏光感度を示すが，このタイプの多くのニューロンは偏光板の回転方向を変えても反応に大きな変化を示さず，偏光の回転方向を識別しない。

内　髄

　内髄からは運動感覚ニューロンが派生している。このニューロンは同側の複眼上における受容野の違いにより11種に区別されている。一定方向の運動に対し順応を，また同一刺激の繰り返しに対し慣れを示す(Wiersama and Yamaguchi, 1966, 1967)。このニューロンの接近する物体に対する応答を解析し以下の結果を得た(Glantz, 1974)。一定の大きさの円盤状目標が動き出して接近するとき，ハサミを上げる威嚇行動の発現の遅れは目標の速度に反比例する。目標の運動開始から反射が生じるまでの時間(遅れ)と運動速度の積は一定である。すなわち目標がある地点に到達したときに反応が生じる。大きさの異なる目標を同じ距離から接近させた場合大きい目標ほど反応が早く生

じた．反応が生じたときにおける目標のみかけの大きさ(直径)は異なるが，最初のみかけの大きさと反応が生じたときにおけるみかけの大きさの差は一定となった．

このニューロンは繰り返し点滅する刺激に対し慣れを示し応答を停止するが，刺激の停止後特異な応答を示す(Yamaguchi et al., 1973; Shimozawa, 1975; Shimozawa et al., 1977)．この現象は運動パターンの記憶と関係していると想像される．ザリガニの脳内からも停止した刺激に対する特異な応答を示すニューロンがいくつか存在することが報告されている(Ramón et al., 2001)．脳内から記録されたニューロンと運動ニューロンとの関係は不明であるが，この種の応答はかなり広くみられることを示唆している．視葉内のニューロンの光照射に対する応答と情報の流れは模式的に図7に示されている．

Wiersma and Yamguchi(1966)は視神経からさらに多くの視覚性ニューロンを報告している．記録している側とは反対の複眼に受容野をもつ光感覚ニューロン，反対側にあるいは両側の複眼に受容野をもつ運動感覚ニューロン，体を傾けると視覚刺激に対する受容野が変化するニューロン(空間感覚

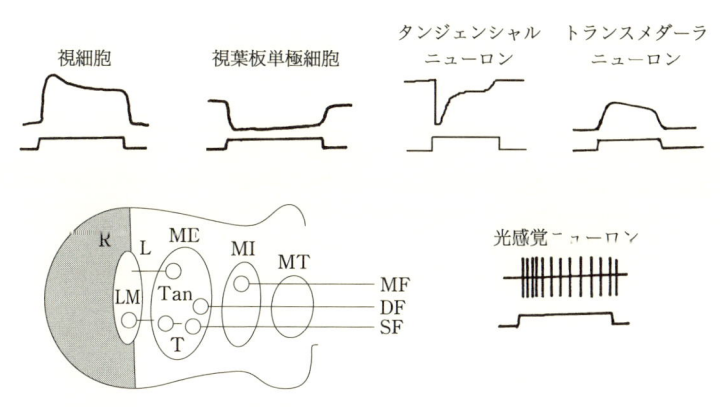

図7 視覚情報の視葉内伝達の模式図．視細胞，視葉板単極細胞，トランスメダーラニューロン，タンジェンシャルニューロンと光感覚ニューロンの光照射に対する応答と，それぞれのニューロンの樹状突起部位と軸索の走行を模式的に示している．DF：暗感覚ニューロン，L：視葉板，LM：視葉板の単極細胞，ME：外髄，MI：内髄，MF：運動感覚ニューロン，MT：終髄，R：網膜，SF：光感覚ニューロン，T：トランスメダーラニューロン，Tan：タンジェンシャルニューロン

ニューロン：space-constant fiber），視覚刺激にも機械刺激にも応答する多種感覚ニューロン，また遠心性の機械感覚ニューロンなどである。視神経を走行する機械感覚ニューロンは内髄あるいは外髄に軸索を広げているものがある(岡田ほか，1982)。

4. 脳内の視覚性ニューロン

ザリガニの脳は発生学的に前大脳・中大脳・後大脳の3つに区分されている(図8A)。いくつかのニューロパイルはそこに投射している感覚ニューロンと関連づけ，視葉・触角葉などと命名されている。しかしながら，葉と命名されているもので明瞭な構造を認識できるのは嗅葉と付属葉のみで，ほかはニューロパイルの境界が不明瞭な構造である(Sandeman, 1982)。この2葉は薬品処理で透明にした脳標本で容易に観察される(図8, 10)。前大脳には視覚性のニューロンが投射しているニューロパイルと動眼ニューロンのニューロパイルなどが含まれる。中大脳には小触角および平衡胞の感覚ニューロンが投射しているニューロパイルが含まれる。嗅葉と付属葉も中大脳に含まれる。後大脳には触角や甲羅からの機械感覚ニューロンが投射してそれぞれニューロパイルを形成している。脳と胸部神経節とは縦連合で連絡連結されている。

感覚ニューロンは通常左右の半球にひとつずつあるニューロパイルのうちの同側のニューロパイルに終末する(Calabrese, 1976)。下行性の多種感覚ニューロンは受け取るそれぞれの感覚の種類に対応したニューロパイルに樹状突起をもっていることが想定される。実際脳内ではどのような神経路が形成されているか以下に記述する。

視覚性ニューロンの脳内投射

前大脳には視覚性介在ニューロンが終末するニューロパイルが1対存在し，ここに左右それぞれの視覚性介在ニューロンが終末していると想定されていた。脳へ走行する3種の視覚性介在ニューロンのうち暗感覚ニューロンのみが軸索の終末を前大脳の同側にもつ。光感覚ニューロンは前大脳の視葉部分

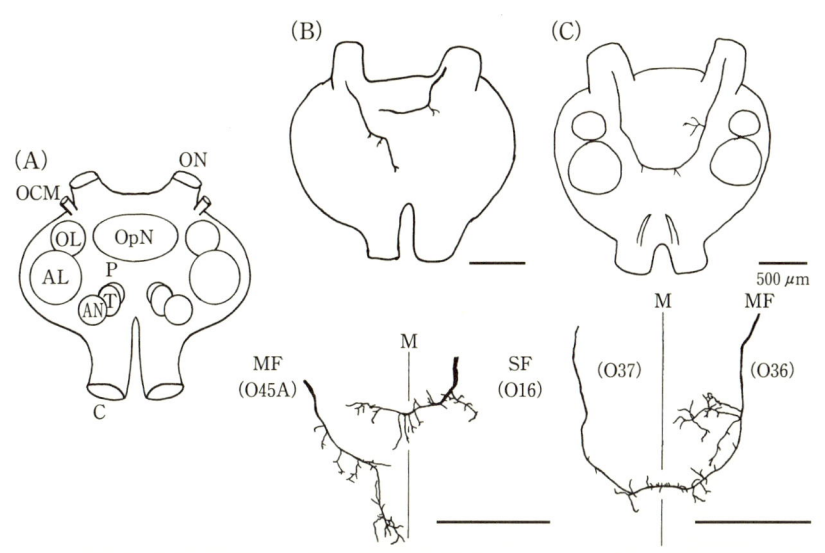

図8 脳の模式図と視覚性介在ニューロンの脳内投射。(A)ザリガニ脳の背面像の模式図(Sandeman, 1982を改変)。(B)光感覚ニューロン(O 16)は前大脳の反対側まで軸索末端を広げている。運動感覚ニューロン(O 45 A)は同側にのみ軸索を広げ末端は中大脳にまで達する。(C)多種感覚ニューロンの脳内走行。このニューロンは中大脳付近でUターンし，反対側の視神経へ走行している。右側の視神経束で記録するとO 36，左側で記録するとO 37とコード番号が変わる。下段はそれぞれのニューロンの拡大図。AL：付属葉，AN：触角神経のニューロパイル，C：縦連合，M：正中線，MF：運動感覚ニューロン，OCM：動眼ニューロン，OL：嗅葉，ON：視神経，OpN：視神経のニューロパイル，P：副嗅葉，SF：光感覚ニューロン，T：テグメンタムニューロンのニューロパイル

に投射しているが，軸索はすべて反対側まで走行している(図5B, 8B)。防御反射に関わる運動感覚ニューロンは脳の同側を走行し後大脳に終末する(図8B)。

　図8Cのニューロンは右側(同側)の複眼への視覚刺激と機械感覚刺激の両方に応答するニューロン(O 36)と同定されていたが，反対側の視神経束へも走行していることにより，左側から記録した場合には反対側の複眼に受容野をもつニューロン(O 37)と同一ニューロンであると結論した。このニューロンの反対側半球への移行部位は前大脳の視葉ではなく中大脳または後大脳部にあった。このニューロンの眼柄内の形態については不明である。

光感覚ニューロンの軸索分枝にはさらに次のような特徴がみられた。複眼の後方に受容野をもつ O 14, O 38, O 21 の軸索分枝は主に反対側の前脳半球にみられ，受容野が複眼の前方や両側にまたがるものは，同側と反対側の両側に分枝を出している(図5)。同じ受容野をもつ左右の光感覚ニューロンの分枝の一部は脳内の同じ部位を近接して走行しているのがみられる。また O 14 と O 38 は後述する巨大ニューロン群が形成するクラスターの後方を走行した後，軸索分枝を反対側半球に広げる(Yamaguchi et al., 1984)。このような構造の特徴の機能は不明である。

　光感覚ニューロンのうちの特定のニューロンが下行性ニューロンや動眼ニューロンの入力(Wood and Glantz, 1980; Glantz et al., 1984; Yamaguchi and Okada, 1990)となっている。前大脳の光感覚ニューロンの終末部には巨大なニューロン群が存在する。このニューロンはスパイク発火を示さない非スパイク発火型の巨大介在ニューロンで，ノンスパイキング巨大介在ニューロン(以下 NGI と記述する)と名づけた(図9)。3 対の NGI は光感覚ニューロンの投射部位に存在し，クラスターを形成している。巨大な樹上突起は脳の左右方向に走行し，正中線付近での直径はおよそ 50 ミクロンに達する。2次・3次の分枝を脳の両半球に出している。視神経へ走行する分枝は視神経の末端または終髄にまで伸びており，先端には細胞体が存在する。細胞体と樹上突起を結ぶ分枝にはさらなる分枝の派生はみられない。これらの NGI は，細胞体と同側の複眼への光照射で過分極性の緩電位応答を示し，反対側の複眼への光照射では脱分極性の緩電位応答を示す。光感覚ニューロンと NGI の同時記録により，光感覚ニューロンの特定のものと直接シナプス結合していることが判明している(Okada and Yamaguchi, 1988)。NGI とシナプス結合している光感覚ニューロンの受容野は，いずれも複眼の後方にある。NGI は体のローリングなどに対してもよく応答する多種感覚ニューロンである(Okada et al., 1994; Furudate et al., 1996)。平衡胞からの入力による応答性は角速度の高いほうで大きく，平衡胞からの影響を遮断したザリガニの体をローリングすると視覚性入力による小さい角速度で大きな応答が生じ(図14B)，感覚入力の種類により応答性が異なる。NGI と同様前大脳に太いニューロンがエビ類で確認されている。このような巨大ニューロンと反射型

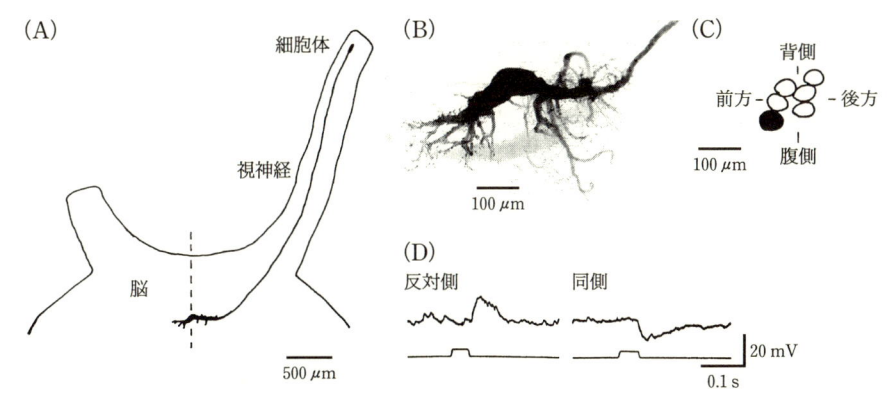

図9 スパイク非発火型巨大介在ニューロン(NGI)の形態と光照射に対する応答。(A) NGI の全体像。細胞体を視神経束末端または終髄にもち，樹状突起とは軸索(neurite)で連絡している。(B)樹状突起部の拡大像。(C)正中線での脳の矢状断像。6個のニューロンがクラスターを形成している。染色されたニューロンは黒く書かれている。(D)同側の複眼への光照射により過分極性の応答が，反対側の複眼への光照射により脱分極性の応答が生じる。

の重複像眼をもつ動物との関係に興味がもたれる。

脳内の視覚路

脳から下行する縦連合中には視覚刺激に応答するニューロンが18本ある(Wiersma and Mill, 1965)。このうち純粋に視覚刺激にのみに応答するのは少数で，大部分が機械感覚刺激などの刺激にも応答する多種感覚ニューロンであった。ほとんどのニューロンが両側の複眼への視覚刺激に応答し，同側の複眼への光照射のみに応答するものは報告されていない。このなかには防御反射に関わっているニューロン(C 99)も含まれる(Atwood and Wiersma, 1967)。Wood and Glantz(1980)は脳から下行するニューロンの視覚刺激に対する応答性と光感覚ニューロンとの関係について調べ，下行性ニューロンは光感覚ニューロンから入力を受け取っていること，刺激の繰り返しで慣れが生じること，受容野は複眼全体におよぶほど大きいなどの特徴をもつことを明らかにしている。また下行性ニューロン間のスパイク発火の相関関係から光感覚ニューロンと下行性ニューロンの間には神経回路網が形成されており，両

ニューロンは直接連絡しているのではなくいくつかのシナプスを経由したものであることを述べている。

Glantz et al. (1981)は脳から縦連合へ下行する多種感覚ニューロンの樹上突起部位と感覚入力との関係を調べ，樹状突起と視覚性の下行性ニューロンの入力とは必ずしも一致しないことを明らかにした。感覚ニューロンの脳内投射は視覚性ニューロンでみられたように同側のみのものや反対側に広がっているものがある。同側と反体側への投射は平衡胞からの感覚ニューロンでも報告されている(Yoshino et al., 1983)。また次に述べるような脳内局所介在ニューロンの存在は下行性ニューロンの樹状突起の存在部位と受け取る感覚入力の種類が一致しない原因となっている。

脳内の視覚性神経回路網を形成するニューロンのひとつが図10に示されている。このニューロンは中大脳に細胞体と小さな樹上突起をもち，軸索を前大脳の両側に広げて，左右それぞれの眼への照射によりスパイク発火の増加が生じる。光に対する応答は光感覚ニューロンの応答とは異なり，過渡応答部分をもっていない。このニューロンは中大脳から前大脳へ平衡胞からの情報を伝達しているニューロン(Nakagawa and Hisada, 1992; Hama and Takahata, 2005)と非常に似た形態をもっている。近年，中大脳に樹状突起を広げ細胞体を前大脳にもつ，細胞体と同側の眼への照射でスパイク発火の増加，反対側の眼への照射では抑制されるニューロンが報告され(Fujisawa and Takahata, 2007)，脳内の局所介在ニューロンについて知見は増えつつある。しかしながら，これらの脳内局所介在ニューロンがどのようなニューロンから情報を受け取っているか，また反対側の複眼に受容野をもつ視覚性介在ニューロンの脳内走行など不明な点が多く，下行性ニューロンに入力している神経回路などについては今後の解析が必要である。

5. 視覚性ニューロンと行動

視覚性の動物では，運動物体に対して頭部や眼を動かし，対象を追跡する行動がみられる。また移動中に体の回転がともなう場合には，体の回転に先行して眼を体の回転方向にすばやく移動させる動き(サッケード)が，ヒトや

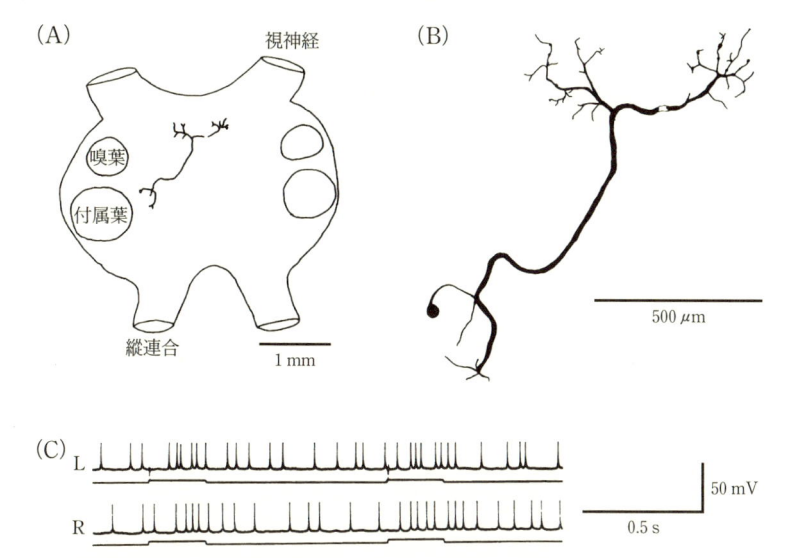

図10 光照射に応答する脳内局所介在ニューロン。(A)局所介在ニューロンの脳内走行。(B)拡大図。細胞体は中大脳にある。(C)光照射に対する応答。左右の複眼への照射に対してともにスパイク発射を増加させる。Lは左眼を照射したときの応答、Rは右眼を照射したときの応答。それぞれのトレースの上段は細胞内記録、下段は光照射のモニター(上向きの振れは光のオンを示す)。

魚類など脊椎動物から軟体動物・節足動物で広くみられる。サッケードと次のサッケードの間には体の回転方向とは逆向きの眼の運動が生じ、眼は空間上の一定の方向に保たれ、凝視の状態が出現する。この運動により、動物は対象を明確にとらえることができる(Land, 1999)。ザリガニも体の回転がともなう場合(ヨーイング)には、左右の眼柄は同期して体の回転方向へのすばやいサッケードが生じる(図11A, B, C)。サッケード後、眼柄は緩やかに体の回転方向とは逆向きの運動を示し、眼を空間の一定の方向に保ち凝視の状態となる(図11D, E)。この眼柄の運動はザリガニも視覚性の動物であることを物語っている。

眼柄運動と視覚入力

眼柄運動は凝視を保つために生じたが、そのほか眼を常に一定の位置に保つためにも生じる。通常眼を一定の位置に保つためには、平衡感覚や体の各

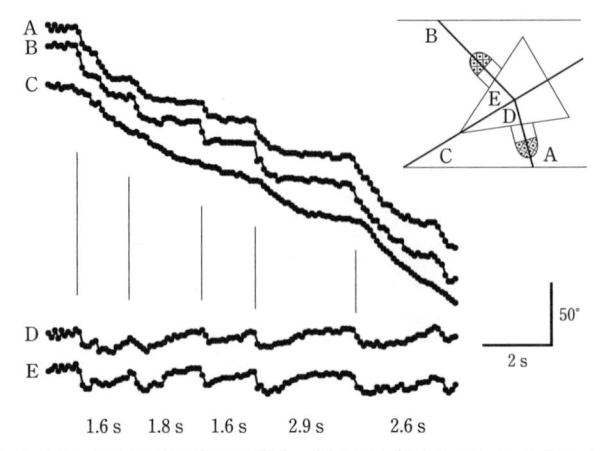

図 11 自由歩行中の体と眼柄の向きの変化。挿入図に描かれているように A は左眼柄，B は右眼柄，C は体軸の方向の継時的変化。D は左眼柄の，E は右眼柄の体軸に対する角度の変化をそれぞれ示す。縦の直線はサッケードの発生を示す。

部の自己受容感覚からの入力が使われているが，視覚入力もこれらの入力を補完するために使われている。

　眼柄内の約10本の筋肉によって眼柄はさまざまな動きを示す(Robinson and Nunnemacher, 1966; Sugawara et al., 1971; Mellon, 1977)。これらの筋肉を支配している運動ニューロンには体の上下軸を中心にした回転ヨーイング，左右軸を中心にした回転ピッチング，前後軸を中心にした回転ローリングに応答するものと，眼の周囲への接触刺激等により眼柄のひっこめ反射に関わっているものの4セットがある。

　眼柄のヨーイング運動は脳から直接派生している運動ニューロンにより支配されており，主に視覚刺激によって駆動される。ドラムや光源の水平方向の運動に対して，眼柄はヨーイング方向の追跡運動と，これとは逆方向のすばやい運動であるサッケードを示す。サッケードの出現頻度は追跡運動の応答性に関係し，低速度で運動する刺激で増加する。サッケードはローリング運動を支配している動眼ニューロンでもその出現が報告されている(Higuchi, 1973)。ヨーイングに関わる動眼ニューロンの樹上突起は視葉へ分枝を伸ばしていない(図12A)ので光感覚ニューロンとは直接の関係がないと思われる。

ヨーイング方向のザリガニの眼柄運動では最大応答は 0.23 度/秒の小光源の動きで得られた(Okada and Yamaguchi, 1985)。カニでは太陽の運行速度をも追跡しうるほど低速の運動に対しても応答がみられた(Horridge, 1966)。カニの眼柄の視葉から方向選択性をもち，低速度のドラムの動き(0.01 度/秒)に応答するニューロンが記録されている(Sandeman et al., 1975)。ザリガニでは縦連合中から一定の方向の運動に応答するニューロンが報告されている(Fraser, 1977)が，動眼ニューロンの入力となる低速度の運動に応答する運動検出ニューロンはまだみつかっていない。

体のピッチングやローリングによって生じる眼柄運動は主に平衡胞からの

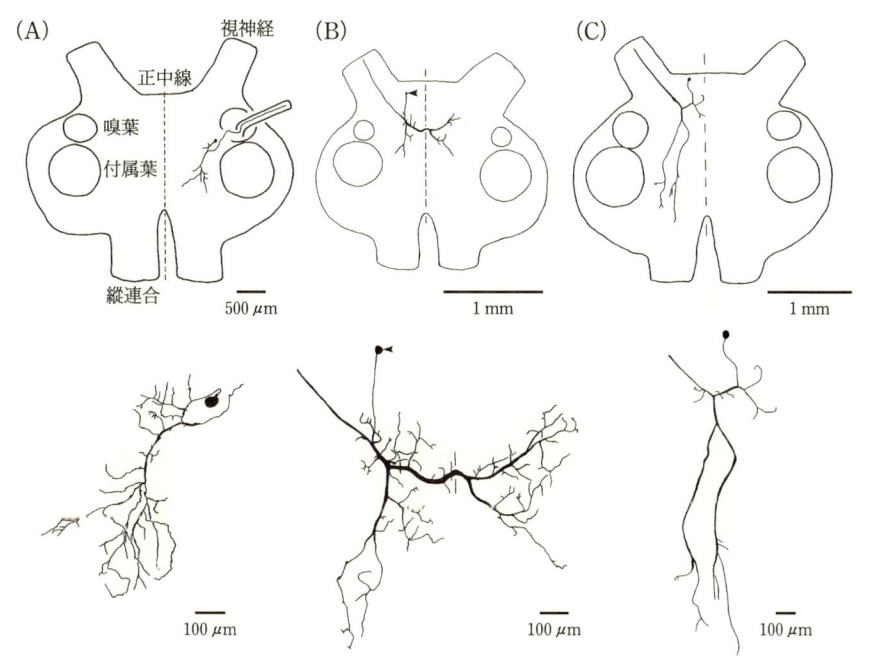

図12 眼柄運動を支配する動眼ニューロン。(A)反時計回りの方向への光源の動きで発火し，動眼ニューロンへ軸索を走行させるニューロン。視神経のニューロパイル域には樹状突起を広げない。(B)脳の前方の細胞体クラスター中に細胞体をもち，細胞体と同側の複眼への光照射でスパイク発火したニューロン。樹状突起は視神経のニューロパイル内に広がる。(C)同側の複眼後方への照射に応答したニューロン。樹状突起は前大脳から後大脳に広がる。

入力により支配されている。これらの運動は複眼からの視覚入力の影響も受けており，ピッチング運動では複眼の前後の光照射が，ローリング運動では左右の複眼への光照射が関わっている(Wiersma and Yamaguchi, 1967; Wiersma and Oberjat, 1968; Hisada and Higuchi, 1973)。動眼ニューロンの細胞体の位置は詳しく調べられている(Mellon et al., 1976)が，それぞれのニューロンの樹上突起の特徴については明らかにされていない。図12B，Cはそれぞれ細胞体の位置と複眼への光刺激による応答性からそれぞれローリング方向とピッチング方向の動きに関わる運動ニューロンの候補である。Bの樹上突起は前大脳に広がっているが，Cの樹上突起は中大脳の方へ伸びている。平衡胞からの情報は脳内局所介在ニューロンによって前大脳に伝えられているので，中大脳へ下行する運動ニューロンの分枝がどのような情報を受け取っているのか不明である。

片方の眼を照射すると，照射された眼は下方へすばやく動き，照射中眼柄はほぼ同じ位置を保ち続ける。このとき反対側の眼柄には上方への動きが生じている。光源のオフにより左右の眼柄は元の位置に緩やかに戻る(図13)。この反応の大きさは光源の複眼に対する位置に依存し，側方(中央)が照射されるとき最も大きくなる。ランプの運動に対しては眼柄の追跡運動がみられる。この追跡運動はランプの運動速度が低いほうで大きな反応となる。ランプの複眼に対する位置も反応に影響をおよぼし，複眼の赤道付近で最も大き

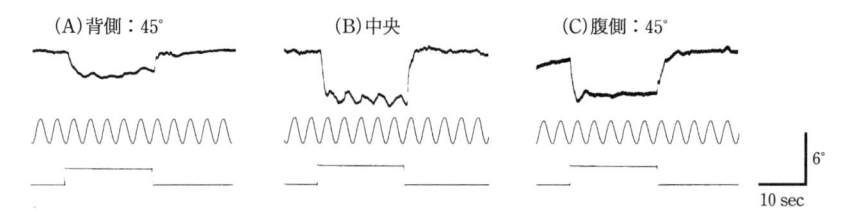

図13 片側の複眼への光照射と小光源の運動によって生じた眼柄運動。複眼への光照射により照射された側の眼柄には下向きの運動が生じる。光照射と運動に対する反応は複眼の側方が刺激されるとき最も大きなものになる。光源の位置：(A)複眼の背側45°，(B)複眼中央，(C)複眼の腹側45°。各記録の上段は眼柄の動き(下向きの振れは眼柄の下向きの動きを示す)を，中段は光源の動き(下向きの振れは光源の下向きの動きを示す)を，下段は光のオン・オフ(上向きの振れは光源のオンを示す)を示す。

な反応が生じる。これらの結果は動眼ニューロンへの視覚情報は明るさに関わるものと運動に関わるものの2系統あることを示唆している。NGIへの電流注入はローリングに関わる動眼ニューロンのスパイクの発火頻度を変化させる(Yamaguchi and Okada, 1990)ので，ローリング運動では光感覚ニューロン，NGI，運動ニューロンの神経路が存在する。図14は体のローリング運動中の光感覚ニューロンとNGIの応答を示す。光感覚ニューロンは低速度の運動に対しても一定方向への運動中発火を持続させるが応答の周波数特性は不明確である。NGIの体のローリングに対する応答は明らかに低い周期で大きい(図14B)。この2種の運動が明るさの変化によるものか運動によるものか明らかになっていない。

ピッチング方向の眼柄運動でも光感覚ニューロンを経由する経路(Glantz et al., 1984)と，低速で運動する刺激により応答する運動検出ニューロン(Miller et al., 2002)を経由するふたつの経路が想定されている。しかしながら運動情報を伝えているニューロンについては明らかになっていない。

光感覚ニューロンは偏光に対して応答する。眼柄のピッチング運動を支配している動眼ニューロンは光感覚ニューロンと同様垂直方向の偏光によく応

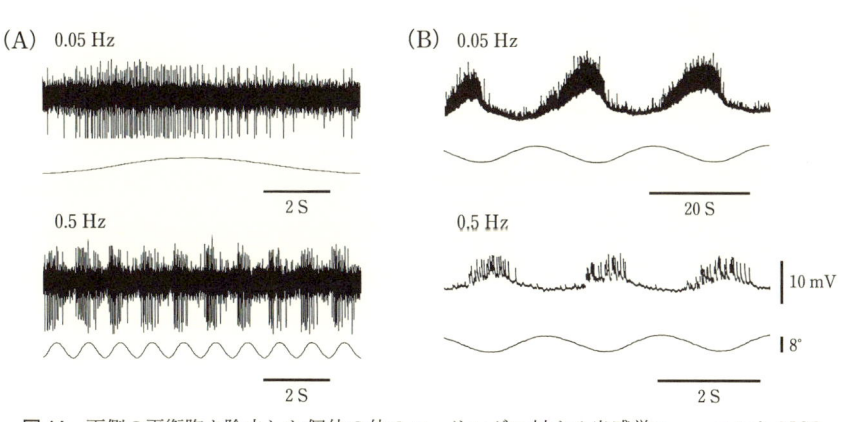

図14 両側の平衡胞を除去した個体の体のローリングに対する光感覚ニューロンとNGIの応答。(A)光感覚ニューロン右O 14の応答(細胞外記録)。(B)右NGIの応答(細胞内記録)。それぞれのトレースの上段はニューロンの応答，下段は体の傾きのモニター(上向きの振れは反時計方向の体の回転運動)。(A)では右の複眼が上向きに動くとき発火頻度が上昇。(B)では左の複眼が上向きに動くとき膜電位が上昇

答する(Glantz, 2001)。スナガニでも側方からの垂直の偏光をもった光は水平の偏光の光より大きな眼柄運動を起こす(Schöne and Schöne, 1961)。動眼ニューロンは垂直と水平の両方における偏光の情報を受ける(須川・山口, 1981)という結果もある。このような異なる結果が生じた原因は不明である。

液晶ディスプレイパネル上に再現された偏光によるパターンの動きが眼柄運動を駆動する(Glantz and Schroeter, 2006, 2007)ことから，ザリガニにとって周囲と偏光角度が異なる部分の動きは陰影のある物体の動きと同等であると判明した。これまでに述べてきた偏光は光の垂直と水平の成分が同じ位相の直線偏光であった。このふたつの成分の位相が90°ずれている円偏光と呼ばれる偏光がある。この円偏光を識別する機構が口脚類のモンハナシャコ *Odontodactylus scyllarus* でみつかっている(Chiou et al., 2008)。ザリガニでも円偏光を識別する能力があることが行動実験から示唆されている(Tuthill and Johnsen, 2006)。

行動と視覚性ニューロン

Atwood and Wiersma(1967)は片側の縦連合中から8本の指令ニューロンの存在を報告し，このうち3本(コード番号CM 4, CM 10, CM 12)は防御反射に関わる動きを起こすと述べている。Glantz(1977)は接近する物体に応答する3本の縦連合中のニューロンを繰り返し電気刺激するとハサミを上げる防御反射を起こすことを見出した。これらのうち，1本のニューロンは縦連合中の走行部位からWiersma and Mill(1965)による視覚刺激に応答するニューロン(コード番号C 99)と，あるいはAtwood and Wiersma(1967)の防御反射に関わるニューロン(コード番号CM10)に相当するとした。C 99の発火なしに防御反射が起きたとする報告もあり(Notvest and Page, 1984)，さらなる詳細な研究が必要である。

Edwards et al.(2003)はザリガニの順位制に関わる神経機構について概説し，接近する物体によって両方の鋏脚をひろげる防御反射は，闘争行動における"meral spread"と同等と考えられるとしている。さらに激しい闘争に移行するか，逃走するかの決定はどこで行われているか不明である。

ザリガニは穴を掘って日中は穴の中で暮らしている。日没後あたりが暗く

なると，ザリガニは巣穴から出て活発に動き回る。Fernández-de-Miguel and Aréchiga(1992)はこの巣穴から出てくる行動を調べ，巣から出る行動が誘引される明るさと複眼の中央部に受容野がある光感覚ニューロンの閾値が近いこと，また巣穴への退避を起こす明るさは複眼の周囲に受容野がある光感覚ニューロンの閾値に近いことを明らかにした(図5A)。これらの行動は数分を要するゆっくりとしたものであるが，複眼と腹部への同時照射は反応を早くした。第6腹部神経節には光受容器(caudal photorecetor：以下CPRと記す)があり，光照射により付属肢の運動を発生させる(Prosser, 1934; Welsh, 1934)。CPRの細胞内通電は歩行をつかさどっている指令ニューロンを発火させる(Simon and Edwards, 1990)。しかしCRPだけの照射では後方への反応は遅い(Edwards, 1984)。また指令ニューロンの直接刺激では応答の遅れは数秒である(Bowerman and Larimer, 1974)。複眼あるいは腹部への光照射によるゆっくりとした後退運動の開始には，光感覚ニューロンやCPRと指令ニューロンの間に，反応を遅くしている脳内神経回路が想定されている(Fernández-de-Miguel and Aréchiga, 1992)。

　ザリガニの行動に視覚情報が関わっていることを述べてきた。視覚情報は図7のような経路を経て脳へ伝達されている。光感覚ニューロンや暗感覚ニューロンは外髄から派生し前大脳に終末し，眼柄運動には特定の光感覚ニューロンが直接関わっている。光感覚ニューロンの情報には，脳内の神経路を経由して下行性のニューロンに伝達されるものもある。一方，運動感覚ニューロンは外髄より中枢側にある内髄から派生している。内髄では防御反射に必要な情報や刺激パターンの情報抽出を行っていると想定される。脳内局所型視覚性ニューロンの存在により，脳内での視覚性の神経回路が形成され，光感覚ニューロンや暗感覚ニューロンからの情報はこの脳内神経回路を経由することによりザリガニの前進や後退などに必要な情報へと変換されていることが示唆される。この神経路の具体的な解析が今後行われることを期待したい。

[引用文献]

Atwood, H. L. and Wiersma, C. A. G. 1967. Command interneurons in the crayfish central nervous system. J. Exp. Biol., 46: 249-261.

Bovbjerg, R. V. 1956. Some factors affecting aggressive behavior in crayfish. Physiol. Zool., 29: 127-136.

Bowerman, R. F. and Larimer, J. L. 1974. Command fibers in the circumoesophageal connectives of crayfish. I. Tonic fibers. J. Exp. Biol., 60: 95-117.

Breithaupt, T. and Eger, P. 2002. Urine makes the difference: Chemical communication in fighting crayfish made visible. J. Exp. Biol., 205: 1221-1231.

Bruski, C. A. and Dunham, D. W. 1987. The importance of vision in agonistic communication of the crayfish *Orconectes rusticus*. I. An analysis of bout dynamics. Behaviour, 103: 83-107.

Calabrese, R. L. 1976. Crayfish mechanoreceptive interneurons. I. The nature of ipsilateral excitatory inputs. J. Comp. Physiol., 105: 83-102.

Chiou, T-H., Kleinlogel, S., Cronin, T., Caldwell, R., Loeffler, B., Siddiqi, A., Goldizen, A. and Marshall, J. 2008. Circular polarization vision in a stomatopod crustacean. Current Biol., 18: 429-434.

Edwards D. H. 1984. Crayfish extraretinal photoreception. I. Behavioural and motoneuronal responses to abdominal illumination. J. Exp. Biol., 109: 291-306.

Edwards, D. H., Issa, F. A. and Herberholz, J. 2003. The neural basis of dominance hierarchy formation in crafish. Microscopy Res. Tech., 60: 369-376.

Eguchi, E. 1965. Rhabdom structure and receptor potentials in single crayfish retinular cells. J. Cell. Comp. Physiol., 66: 411-430.

Exner, von S. 1891. Die Physiologie der facettierten Augen von Krebsen und Insecten. Franz Deuticke, Vienna (Wien).

Fernández-de-Miguel, F. and Aréchiga, H. 1992. Sensory inputs mediating two opposite behavioural responses to light in the crayfish *Procambarus clarkii*. J. Exp. Biol., 164: 153-169.

Fraser, P. J. 1977. Directionality of a one way movement detector in the crayfish *Cherax destructor*. J. Comp. Physiol., 118: 187-193.

Fujisawa, K. and Takahata, M. 2007. Disynaptic and polysynaptic statocyst pathways to an identified set of premotor nonspiking interneurons in the crayfish brain. J. Comp. Neurol., 503: 560-572.

Furudate, H., Okada, Y. and Yamaguchi, T. 1996. Response of non-spiking giant interneurons to substrate tilt in the crayfish, with special reference to multisensory control in the compensatory eyestalk movement system. J. Comp. Physiol. A, 179: 635-643.

Glantz, R. M. 1974. Defense reflex and motion detector responsiveness to approacing targets: The motion detector trigger to the defense reflex pathway. J. Comp. Physiol., 95: 297-314.

Glantz, R. M. 1977. Visual input and motor output of command interneurons of the defense reflex pathway in the crayfish. In "Identified Neurons and Behavior of Arthropods" (ed. Hoyle, G.), pp. 259-274. Prenum Presss, New York.

Glantz, R. M. 1991. Motion detection and adaptation in crayfish photoreceptors. A spatiotemporal analysis of linear movement sensitivity. J. Gen. Physiol., 97: 777-

797.
Glantz, R. M. 1994. Directional selectivity in a nonspiking interneuron of the crayfish optic lobe; Evaluation of a linear model. J. Neurophysiol., 72: 180-193.
Glantz, R. M. 1996a. Polarization sensitivity in crayfish lamina monopolar neurons. J. Comp. Physiol. A, 178: 413-425.
Glantz, R. M. 1996b. Polarization sensitivity in the crayfish optic lobe: Peripheral contributions to opponency and directionally selective motion detection. J. Neurophysiol., 76: 3404-3414.
Glantz, R. M. 2001. Polarization analysis in the crayfish visual system. J. Exp. Biol., 204: 2383-2390.
Glantz, R. M. 2007. The distribution of polarization sensitivity in the crayfish retinula. J. Comp. Physiol. A, 193: 893-901.
Glantz, R. M. and Bartels, A. 1994. The spatiotemporal transfer function of the crayfish lamina monopolar neurons. J. Neurophysiol., 71: 2168-2182.
Glantz, R. M. and McIsaac, A. 1998. Two-channel polarization analyzer in the sustaining fiber-dimming fiber ensemble of crayfish visual system. J. Neurophysiol., 80: 2571-2583.
Glantz, R. M. and Schroeter, J. P. 2006. Polarization contrast and motion detection. J. Comp. Physiol. A, 192: 905-914.
Glantz, R. M. and Schroeter, J. P. 2007. Orientation by polarized light in the crayfish dorsal light reflex: Behavioral and neurophysiological studies. J. Comp. Physiol. A, 193: 371-384.
Glantz, R. M., Kirk, M. and Viancour, T. 1981. Interneurons of the crayfish brain: The relationship between dendrite location and afferent input. J. Neurobiol., 12: 311-328.
Glantz, R. M., Nudelman, H. B. and Waldrop, B. 1984. Linear integration of convergent visual inputs in an oculomotor reflex pathway. J. Neurophysiol., 52: 1213-1225.
Glantz, R. M., Wyatt, C. and Mahncke, H. 1995. Directionally selective motion detection in the sustaining fibers of the crayfish optic nerve: Linear and nonlinear mechanisms. J. Neurophysiol., 74: 142-152.
Hama, N. and Takahata, M. 2005. Modification of statocyst input to local interneurons by behavioral condition in the crayfish brain. J. Comp. Physiol. A, 191: 747-759.
Higuchi, T. 1973. The responses of oculomotor fibres in statocystectomized crayfish, *Procambarus clarkii*. J. Fac. Sci. Hokkaido Univ. Ser. VI. Zool., 18: 507-515.
Hisada, M. and Higuchi, T. 1973. Basic response pattern and classification of oculomotor nerve in the crayfish, *Procambarus clarkii*. J. Fac. Sci. Hokkaido Univ. Ser. VI. Zool., 18: 481-494.
Horridge, G. A. 1966. Optokinetic responses of the crab, *Caricinus* to a single moving light. J. Exp. Biol., 44: 263-274.
Issa, F. A., Adamson, D. J. and Edwards, D. H. 1999. Dominance hierarchy formation in juvenile crayfish, *Procambarus clarkii*. J. Exp. Biol., 202: 3497-3506.
Kaplan, L. J., Lowrance, C. Basil, J. and Atema, J. 1993. The role of chemical and visual cues in agonistic interactions of the American lobster. Biol. Bull., 185: 320-

321.
Kirk, M. D., Waldrop, B. and Glantz, R. M. 1982. The crayfish sustaining fibers. I. Morphological representation of visual receptive fields in the second optic neuropil. J. Comp. Physiol., 146: 175-179.
Kirk, M. D., Waldrop, B. R. and Glantz, M. 1983. The crayfish sustaining fibers. II. Responses to illumination, membrane properties and adaptation. J. Comp. Physiol., 150: 419-425.
Land, M. F. 1976. Superposition images are formed by reflection in the eyes of some oceanic decapod crustacea. Nature (London), 263: 764-765.
Land, M. F. 1999. Motion and vision: Why animals move their eyes. J. Comp. Physiol. A, 185: 341-352.
Mellon, DeF. 1977. The anatomy and motor nerve distribution of the eye muscles in the crayfish. J. Comp. Physiol., 121: 349-366.
Mellon, DeF., M. Tufty, R. and Lorton, E. D. 1976. Analysis of spatial constancy of oculomotor neurons in the crayfish. Brain Res., 109: 587-594.
Miller, C. S., Johnson, D. H., Schroeter, J. P., Myint, L. L. and Glantz, R. M. 2002. Visual signals in an optomotor reflex: systems and information theroretic analysis. J. Comput. Neurosci., 13: 5-21.
Muller, K. 1973. Photoreceptors in the crayfish compound eye: Electrical interactions between cells as related to polarized-light sensitivity. J. Physiol., 232: 573-595.
Nakagawa, H. and Hisada, M. 1992. Local spiking interneurons controlling the equilibrium response in the crayfish *Procambarus clarkii*. J. Comp. Physiol. A, 170: 291-302.
Nässel, D. R. 1976. The retina and retinal projection on the lamina ganglionaris of the crayfish *Pacifastacus leniusculus* (Dana). J. Comp. Neurol., 167: 341-360.
Notvest, R. R. and Page, C. H. 1984. Role of the hemigiant neurons in the crayfish defense response. Brain Res., 292: 57-62.
Okada, Y. and Yamaguchi, T. 1985. Eyestalk movements in the crayfish, *Procambarus clarkii*. Comp. Biochem. Physiol., 81A: 157-164.
Okada, Y. and Yamaguchi, T. 1988. Nonspiking giant interneurons in the crayfish brain: morphological and physiological characteristics of the neurons postsynaptic to visual internreuons. J. Comp. Physiol. A, 162: 705-714.
Okada, Y., Furudate, H. and Yamaguchi, T. 1994. Multimodal responses of the nonspiking giant interneurons in the brain of the crayfish *Procambarus clarkii*. J. Com. Physiol. A, 174: 411-419.
岡田美徳・古我知成・山口恒夫. 1982. ザリガニ視神経節終髄を構築する神経について. 動物学雑誌, 91：452.
Prosser, C. L. 1934. Action potentials in the nervous system of the crayfish. J. Cell Comp. Physiol., 4: 363-377.
Ramón, F., Hernández, O. H. and Bullock, T. H. 2001. Event-related potentials in an invertebrate: Crayfish emit 'omitted stimulus potentials'. J. Exp. Biol., 204: 4291-4300.
Robinson C. A. and Nunnemacher, R. F. 1966. The musclature of the eyestalk of the crayfish, *Orconectes virilis*. Crustaceana, 11: 77-82.
Rubenstein, D. I. and Hazlett, B. A. 1974. Examination of the agonistic behaviour of

the crayfish *Orconectes virilis* by character analysis. Behaviour, 50: 193-216.
Sabra, R. and Glantz, R. M. 1985. Polarization sensitivity of crayfish photoreceptors is correlated with their temination sites in the lamina ganglionaris. J. Comp. Physiol. A, 156: 315-318.
Sandeman, D. C. 1982. Organization of the central nervous system. In "The Biology of Crustacea, Vol. 3" (ed. Bliss, D. E.), pp. 1-61. Academic Press, New York.
Sandeman, D. C., Kien, J. and Erber, J. 1975. Optokinetic eye movements in the crab, *Caricinus maenas*. II. Responses of optokinetic interneurons. J. Comp. Physiol., 101: 259-274.
Schöne, H. and Schöne, H. 1961. Eyestalk movements induced by polarized light in the ghost crab, *Ocypode quadrata*. Science, 134: 675-676.
Shimozawa, T. 1975. Response entrainment of movement fibers in the optic tract of crayfish. Biol. Cybernetics, 20: 213-222.
Shimozawa, T., Takeda, T. and Yamaguchi, T. 1977. Response entrainiment and memory of temporal pattern by movement fibers in the crayfish visual system. J. Comp. Physiol., 114: 267-287.
Simon, T. W. and Edwards, D. H. 1990. Light-evoked walking in crayfish: Behavioral and neuronal responses triggered by the caudal photoreceptor. J. Comp. Physiol. A, 166: 745-755.
Strausfeld, N. J. and Nässel, D. R. 1981. Neuroarchitectures seving compound eyes of crustacea and insects. In "Hand Book of Sensory Physiology, Vol. VII 6/B" (ed. Autrum, H.), pp. 1-132. Springer-Verlag, Berlin.
須川誠・山口恒夫. 1981. 偏光に対するザリガニ動眼ニューロンの応答. 動物学雑誌, 90： 508.
Sugawara, K., Hisada, M. and Higuchi, T. 1971. Eyestalk muscukature of the crayfish, *Procambarus clarkii*. J. Fsc. Sci. Hokkaido Univ. Ser. VI. Zool., 18: 45-50.
田辺秀・山口恒夫. 1982. ザリガニ視細胞間の機能的結合と受容野. 動物学雑誌, 91： 451.
田辺秀・山口恒夫. 1983. ザリガニ複眼における視細胞間結合とその結合部位. 動物学雑誌, 92：531.
Tuthill, J. C. and Johnsen, S. 2006. Polarization sensitivity in the red swamp crayfish *Procambarus clarkii* enhances the detection of moving transparent objects. J. Exp. Biol., 209: 1612-1616.
Vogt, K. 1975. Zur Optik des Flußkrebsauges. Z Naturforsch., 30 c: 691.
Vogt, K. 1977. Ray path and reflection mechanisms in crayfish eyes. Z. Naturforsch, 32 c: 466-468
Vogt, K. 1980. Die Spiegeloptik des Flußkrebsauges. J. Comp. Physiol., 135: 1-19.
Walcott, B. 1974. Units studies on light-adaptation in the retina of the crayfish, *Cherax destructor*. J. Comp. Physiol., 94: 207-218.
Waldrop, B. and Glantz, R. 1985. Nonspiking local interneurons mediate surround inhibition of crayfish sustaining fibers. J. Comp. Phsiol. A, 156: 763-774.
Wang-Benett, L. T. and Glantz, R. M. 1987a. The functional organization of the crayfish lamina ganglionaris. I. Nonspiking monopolar cells. J. Comp. Physiol. A, 161: 131-145.
Wang-Benett, L. T. and Glantz, R. M. 1987b. The functional organization of the cray-

fish lamina ganglionaris. II. Large-field spiking and nonspiking cells. J. Comp. Phisyol. A, 161: 147-160.
Waterman. T. H. 1981. Polarization sensitivity. In "Handbook of Sensory Physiology, Vol. VII/6B" (ed. Autrum, H.), pp. 281-469. Springer-Verlag, Berlin.
Waterman, T. H. 1984. Natural polarized light and vision. In "Photoreception and Vision in Invertebrates" (ed. Ali, M. A.), pp. 63-114. Plenum, New York.
Waterman, T. H. and Fernández, H. R. 1970. E-vector and wavelength discrimination by retinular cells of the crayfish *Procambarus*. Z. verg. Physiologie, 68: 154-174.
Wehner, R. and Labhart, T. 2006. Polarization vision. In "Invertebrate Vision"(eds Warrant, E. and Nilson, D. E.), pp. 291-348. Cambridge, New York.
Welsh, J. H. 1934. The caudal photoreceptor and responses of the crayfish to light. J. Cell Comp. Physiol., 4: 379-388.
Wiersma, C. A. G. and Mill, P. J. 1965. Descending neuronal units in the commissure of the crayfish central nervous system; and their integration of visual, tactile and proprioceptive stimuli. J. Comp. Neurol., 125: 67-94.
Wiersma, C. A. G. and Oberjat, T. 1968. The selective responsiveness of various crayfish oculomotor fibers to sensory stimuli. Comp. Biochem. Physiol., 26: 1-16.
Wiersma, C. A. G. and Yamaguchi, T. 1966. The neuronal components of the optic nerve of the crayfish as studied by single unit analysis. J. Comp. Neur., 128: 333-358.
Wiersma, C. A. G. and Yamaguchi, T. 1967. Integration of visual stimuli by the crayfish central nervous system. J. Exp. Biol., 47: 409-431.
Wilson, R. S., Angilletta, M. J. Jr., James, R. S., Navas, C. and Seebacher, F. 2007. Dishonest signals of strength in male slender crayfish (*Cherax dispar*) during agonistic encounters. Ame. Natur., 170: 284-291.
Wood, H. L. and Glantz, R. M. 1980. Distributed processing by visual interneuron of crayfish brain. I. Response characteristics and synaptic interactions. J. Neurophysiol., 43: 729-740.
Yamaguchi, T., Ohtsuka, T., Katagiri, Y. and Shimozawa, T. 1973. Some spatial and temporal properties of movements fibers in the optic tract of the crayfish. J. Fac. Sci. Hokkaido Univ. Ser. VI. Zool., 19: 31-49.
Yamaguchi, T. and Okada, Y. 1990. Giant brain neurons of the crayfish: their functional roles in the compensatory oculomotor system. In "Frontiers in Crustacean Neurobiology" (eds. Wiese, K. et al.), pp. 193-199. Birkhäuser, Berlin.
Yamaguchi, T., Okada, Y., Nakatani, K. and Ohta, N. 1984. Functional morphology of visual interneurons in the crayfish central nervous system. In "Animal Behavior: Neuro-Physiological and Ethological Approaches" (eds. Aoki, K. et al.), pp. 109-122. Springer-verlag, Tokyo.
Yoshino, M., Kondoh, Y. and Hisada, M. 1983. Projection of statocyst sensory neurons associated with crescent hairs in the crayfish *Procambarus clarkii* Girard. Cell Tissue Res., 230: 37-48.
Zeil, J., Nalbach, G. and Nalbach, H.-O. 1986. Eyes, eye stalks and the visual world of semi-terrestrial crabs. J. Comp. Physiol. A, 159: 801-811.

第 IV 部

環境生態学

第1章

在来種の生息環境

布川雅典

要　旨

　ニホンザリガニは，かつては多くの場所でみられたものの，その生息場所は年々減少している。ニホンザリガニの生息環境についてはこれまで定性的な記述を中心とした報告が多くなされている。このような生息場所の環境が明らかになってきたことに加え，ニホンザリガニの絶滅危惧種への指定により，これらの生息場所の保全対策が必要となっている。その場合に適切な保全対策がなされるためには，定性的記述に加え定量的な環境把握が重要となってくるだろう。本章では，道内各地のニホンザリガニの生息場所から得られた環境変量を用いて数量的解析を行うことで，これらの生息場所の特性を定量的に把握し整理しようとするものである。

1. ニホンザリガニの生息場所

生息場所の概要

　北海道は日本最北地であるものの，6月下旬～8月上旬の日中は日差しが強くなる。そのような時期に，草本や木本が繁茂した渓畔域に進入するにはそれなりの覚悟がいる。植生密度がかなり高く，林の内部に到達するまでに，多くの労力を必要とするのである。そのような労力をいとわず歩を進めていくと，水辺植生に被覆された水面にたどり着く。こうした水面は多くの場合わずかに流れを認める程度で，水深数センチ，水面幅は数十センチである。この細流の河床は落葉期に河畔植生から落下した落葉で覆われている。このようなおよそ川とはいえないような流れには，年間最高気温が記録される夏期であっても水温の低い水が存在する。多くの場合が20℃を下回る水温である。そこは年間における水温変動が小さな湧水で涵養されている場合が多

い。そのため，渇水期でも河川水が枯渇することなく，わずかではあるが流下する水面が認められる。そこで，敷きつめられた落葉を除去し，河床底質（川底の礫や砂利）をあらわにしていくと，全国的に知られているものより体長が小さなザリガニ類が出現する。この個体の目と目の間の突起部分（額角）を確かめる。北海道でこの額角が鋭くとがっている個体の多くは，ウチダザリガニ Pacifastacus leniusculus であり，北アメリカ太平洋側が原産の外来種である。額角の角度に鋭さがなく，鈍角を呈するのが本文で紹介するニホンザリガニ Cambaroides japonicus である（川井，2003）。ただし，北海道東部の河川ではこのニホンザリガニを発見するには努力がいるだろう。そこではウチダザリガニが急激に分布を拡大してきている（蛭田・林，1982；斎藤，1996；蛭田，1998）からだ。

　ところで，ニホンザリガニの生息場所はこのような場所だけではないことはよく知られている。もう少し水面幅が大きな，いわゆる小川がそれにあたる。このような小川は水面幅が数十センチ，水深も前述の細流よりも深く，数センチから 50 cm 程度である。もちろん河畔に植物が生い茂り，低水温なのは前述と同じであるが，河床底質には落葉だけでなく，倒木やこぶし大からキャベツ大の河床礫がみられ，ときには深みに砂がみられるような河川である。さらには，この深みに対して相対的に水深の小さな瀬も存在している。このような小川において，河床礫を攪乱すると，川の濁りが消え始めるころには，やはりザリガニが出てくることがある。

　また，ニホンザリガニはもう少し規模が大きな河川にも生息しているようだ。しかし，前述の小川のように河床礫を攪乱することでその姿をみつけることはかなり難しい。おそらく，生息個体数が上述の細流や小川よりも少ないことも要因のひとつであろう。川幅が数 m 以上になる河川には，全く生息していないわけではないようだ。それをあらためて思い知らされた事例があった。河川名は伏せておくが，河川生態系の保全と土砂災害防止あるいは山地保全を目的として床固工の改良工事を行った河川において起こったできごとである。その工事を行う前には生物調査を行ったものの，ニホンザリガニは発見されなかった。工事では現在水が流れている澪筋が工事とともに大きく変化することになっていた。工事の開始とともに次第に従来の澪筋の流

量は減少していった。その流水が著しく減少した澪筋には，流水が存在していたときにはみることができなかったさまざまな水生昆虫や魚類の幼魚などがみえ始めてきた。このような状態になった時に数センチのザリガニ類も出現したのである。額角を確かめてみると，まぎれもなくニホンザリガニだった(布川，未発表)。もちろん当該河川の河川管理者は本種が絶滅危惧種であることは既知であり，その後そのニホンザリガニは安全なところへ移された。このように，河川水面幅が十数メートル程度の河川でもみつかることもあるがそれはまれである。この河川よりも河川規模が大きくなると生息数は限られてくるようである。

さらに，ほかにもニホンザリガニの生息地がある。それは湖沼である。それも山上のカルデラ湖が多い。彼らの適応できる水温の保持という条件から，水温が高くなる平地の池沼では生息できないのかもしれない。そのような山上の湖では夏期と冬期とでは生息する場所が異なっていることが知られている(川井，2007)。夏期は湖岸の転石の下に，冬期は湖底深くの底質上に生息しているようだ(川井，2007)。ニホンザリガニは適応水温が5～20℃程度だといわれているので，冬期に凍結する湖岸では生息できないのかもしれない。

生息場所の整理

ニホンザリガニの生息場所の概要は以上のようである。ここで，これまで調査・公表されてきたニホンザリガニの記録をもとに，その生息場所を整理した。表1は北海道および青森県において本種が出現した生息場所の環境特性をまとめたものである。ニホンザリガニが出現した場所の周囲における植生，その出現場所が湖沼であるかどうか，出現河川の流路延長または本流に流入するまでの流路延長あるいは湖沼の場合はその面積(m^2またはkm^2)，ニホンザリガニが出現した付近の水面幅(m)，同所の水深(cm)，同所の底質のタイプまたは粒径(mm)および出現地点の河川水温を記載した。記載された出現場所は全道各地と青森県七戸町であり，総数41か所である。河川水温は調査した時期の河川水温を記載しているために，出現場所によってばらつきがある。また，出現地点の河川名や湖沼名を明らかにすると，破壊的な採集を招く恐れがあり，ニホンザリガニの個体および生息環境保全のために具

表1 北海道および青森県におけるニホンザリガニが出現した河川および湖沼の生息場所環境

出現場所[a]	周辺植生	生息場所タイプ	流路延長[b] (km)	水面幅 (m)	水深 (cm)	底質タイプ[c]	河川水温 (°C)	参考文献
網走管内	広葉樹	河川	6	2	15	20〜30 mm, 100〜300 mm	13.6	1
釧路市内	広葉樹	河川	—	0.5〜1.0	5	礫, 砂, 巨礫	—	1
夕張市内	広葉樹	河川(護岸)	—	0.3	1.0以下	礫, 100 mm	—	1
駒止湖	—	湖沼	0.04 km²	—	500	小礫(＞4.0 mm)	0.7-21.4	2
然別湖	—	湖沼	—	—	100-300	—	11.7-13.5	3
後志管内の湖沼 A	広葉樹	湖沼	—	—	0〜50	砂, 礫, 転石	—	4
後志管内の湖沼 B	抽水植物, 針葉樹, 広葉樹	湖沼	—	—	0〜50	シルト, 砂, 転石	—	4
後志管内の湖沼 C	針葉樹, 広葉樹	湖沼	—	—	0〜50	シルト, 砂, 転石	—	4
後志管内の湖沼 D	抽水植物, 針葉樹, 広葉樹	湖沼	—	—	0〜50	シルト, 砂, 転石	—	4
後志管内の湖沼 E	針葉樹, 広葉樹	湖沼	—	—	0〜50	砂, 礫, 転石	—	1
後志管内の湖沼 F	針葉樹, 広葉樹	湖沼	—	—	0〜50	砂, 礫, 転石	—	4

[1]川井ほか(2007), [2]川井(1993), [3]中田ほか(2001), [4]川井ほか(2004), [5]ニホンザリガニ研究グループ(2005), [6]山田ほか(2008), [7]川井(1994), [8]川井ほか(2004), [9]川井(1995), [10]川井ほか(2001), [11]川井(1992), [12]川井・中田(2001), [13]川井ほか(2000)。a：生息場所保全のために具体的な場所は明らかにされていない。b：湖沼の場合は面積をそのまま使用した。c：底質のカテゴリーは以下の通り。ただし、このカテゴリーで表現しない場合は、主な粒径や文献での表現をそのまま使用した。巨礫：256 mm以上、中礫：粒径20 mm以上、礫：粒径10 mm以上20 mm未満、小礫：粒径2 mm以上10 mm未満、粗砂：粒径0.1 mm以上2.0 mm未満、細砂：粒径0.09 mm以上0.1 mm未満、シルト：粒径0.09 mm未満

表 1（続き）

出現場所[a]	周辺植生	生息場所タイプ[a]	流路延長[b] (km)	水面幅 (m)	水深 (cm)	底質タイプ[c]	河川水温 (°C)	参考文献
小樽市	広葉樹	河川	—	5 m 以上	25 cm 以上	64～16 mm	—	5
小樽市	市街地	河川	—	1～3 m	5～15 cm	256～64 mm	—	5
小樽市	—	河川	—	1 m 以下	5 cm 以下	粗細砂	—	5
美唄市	広葉樹	河川	—	0.7	4.7	砂礫、中礫	17.2	6
足寄町	針葉樹	湖沼	250 m²	—	—	中砂	12	7
えりも町	広葉樹	湖沼	300 m²	—	—	巨礫	15.9	7
奥尻町	広葉樹	河川	0.1	1	—	小礫	17.4	7
上川町	広葉樹	河川	0.25	0.5	1 未満	小礫	10.8	7
旧厚田町	広葉樹	河川	1	1	5	小礫	15.6	7
共和町	広葉樹	湖沼	62 m²	—	—	シルト	9.8	7
釧路市	広葉樹	河川	300	1	10	小礫	12.1	7
札幌市	広葉樹	河川	0.1	3	3	小礫	15	7
白老町	針葉樹	河川	0.1	2	1	小礫	12.1	7
滝川市	広葉樹	河川	0.002	0.4	1 未満	砂	11.6	7
津別町	広葉樹	河川	0.03	0.3	1	粗砂	12.1	7
弟子屈町	広葉樹	湖沼	77,500 m²	—	—	小礫	17	7
中標津町	広葉樹	河川	0.02	0.5	1	小礫	18.9	7
増毛町	広葉樹	河川	0.1	0.5	5	小礫	10.7	7

[1]川井ほか(2007)，[2]川井(1993)，[3]中田ほか(2003)，[4]川井ほか(2004)，[5]ニホンザリガニ研究グループ(2005)，[6]山田ほか(2008)，[7]川井(1994)，[8]川井ほか(2004)，[9]川井ほか(2001)，[10]川井(1995)，[11]川井(1992)，[12]川井・中田(2001)，[13]川井ほか(2000)。a：生息場所保全のために具体的な場所は明らかにされていない。b：湖沼の場合は面積を示している。c：底質のカテゴリーは以下の通り。ただし、このカテゴリーで表現が難しい場合、主な粒径や文献での表現をそのまま使用した。巨礫：256 mm 以上、中礫：粒径 20 mm 以上、礫：粒径 10 mm 以上 20 mm 未満、小礫：粒径 2 mm 以上 10 mm 未満、粗砂：粒径 0.1 mm 以上 2.0 mm 未満、細砂：粒径 0.09 mm 以上 0.1 mm 未満、シルト：粒径 0.09 mm 未満。

表 1 （続き）

出現場所[a]	周辺植生	生息場所タイプ	流路延長[b] (km)	水面幅 (m)	水深 (cm)	底質タイプ[c]	河川水温 (°C)	参考文献
八雲町	針葉樹	河川	0.05	0.8	3	小礫	18.7	7
余市町	広葉樹	河川	0.2	1	5	小礫	15.4	7
礼文町	広葉樹	河川	0.3	0.5	5	小礫	8.5	7
江別市	広葉樹	河川	—	0.3	1	粗砂, 細砂	14.2	8
江別市	広葉樹	河川	—	0.3	1	粗砂, 細砂	16.5	8
江別市	広葉樹	河川	—	0.5	4	粗砂, 細砂	6.2	8
江別市	広葉樹	河川	—	0.2	1	粗細砂・礫	13.8	8
旧厚田・旧浜益村内	広葉樹	河川	0.1〜0.15	1	1	5〜10 mm, 300 mm	—	9
鹿追町		湖沼	—	—	500	—	—	10
札幌市厚別区	広葉樹	河川	0.1	1.5	—	0.25〜0.50 mm 0.125〜0.25 mm	15	11
青森県七戸町	—	河川	—	0.5〜1.0	1	—	16.2	12
音更町	—	湖沼	48.6 m²	—	2	シルト	14	13

[1]川井ほか(2007), [2]川井(1993), [3]中田ほか(2003), [4]川井ほか(2004), [5]ニホンザリガニ研究グループ(2005), [6]山田ほか(2008), [7]川井(1994), [8]川井ほか(2004), [9]川井ほか(2001), [10]川井ほか(2001), [11]川井(1995), [12]川井・中田(2001), [13]川井ほか(2000)。a：生息場所保全のために具体的な場所は明らかにされていない。b：湖沼の場合は面積をそのまま使用した。c：底質のカテゴリーは以下の通り。ただし、このカテゴリーで表現が難しい場合は、主な粒径や文献での表現をそのまま使用した。巨礫：256 mm以上、中礫：粒径20 mm以上、粒径10 mm以上20 mm未満、小礫：粒径2 mm以上10 mm未満、粗砂：粒径0.1 mm以上2.0 mm未満、細砂：粒径0.09 mm以上0.1 mm未満、シルト：粒径0.09 mm未満

体的には示していない。

　整理された情報からみると，ニホンザリガニの生息場所は河川と湖沼とに大別されることがわかる。これまでもニホンザリガニは清澄な水環境である湖沼や河川源頭部(たとえば，三宅，1982；川井，2007)に生息することが知られている。さらに表1をみると水面幅と水深から河川の出現場所はさらに分類されるようだ。水面幅が小さく，水深が浅い場所は先述のような細流である。水面幅と水深が細流よりも大きい場所は小川である。

生息場所タイプの分類

　表1は，これまで述べてきたニホンザリガニの生息場所の概要をつかむうえでは有用かつ重要なものである。小川や細流という表現は漠然と想像することができる。多くの場所においてニホンザリガニの保全が必要である背景には，道路や河川構造物による生息場所環境の破壊があげられる。その際，近年行われているのが，河川再生手法のひとつで，代替地生息場所の確保や創出を行ったうえで，破壊される場所に生息する個体群をそれらの代替地へ移住させる方法である。この行為自体には，本来の生息場所を安易に破壊することにつながることや個体群の遺伝子多様性の攪乱等を考えれば賛否両論があるだろう。このような問題があるものの，現実にすでにこのような手法が採用され始めており，それを実行する場合には現在，モデルとなる生息地の諸元つまり，生息環境変量の定量的な値が必要となっている。上記の小川や細流といった表現は定性的であり，実際の代替地の探索や創出の際には参考になるが，直接的に活用されにくい。そこで，定量的に生息場所特性を示すことになるが，その手始めとして，実際に現在の生息場所の環境変量を定量的に把握し，それらを用いてニホンザリガニの生息場所を分類することが必要であろう。

　表1ではニホンザリガニが出現した場所の生息場所環境について示した。そこでは出現場所として河川と湖沼に大別された。上述されているように河川の生息場所はさらに分けられて，源流近くの細流ともう少し規模が大きい小川に分けられる(表1)。このような河川の生息場所を把握するには水面幅や水深などが目安になるだろう。さらにはこれらの環境変量以外にも生息場

所を分類する環境変量があるかもしれない。河川の物理環境特性を表す変量にはいくつかあるが，河床底質や流速が使われることも多い。ここではニホンザリガニが生息していた北海道内の44か所（小川27か所，細流17か所）の河川において，これらの変量を含む環境変量を使用した多変量解析により生息場所を分類し，それぞれの生息場所を分離する変量を明らかにすることで，ニホンザリガニの生息場所である小川と細流におけるそれらの変量の値を概観することを試みた。

2. 生息場所タイプの分類方法

データ収集地

今回，生息場所の環境特性を明らかにするために利用した生息場所の環境データは，離島を含む北海道内を流れる河川（以下調査河川と呼ぶ）から収集したものである。離島は礼文島，天売島，焼尻島および奥尻島を含んでいる。これらの調査河川では，河床礫をめくる方法により，ニホンザリガニが生息していることを確認している。選んだ調査河川には，前述のように，流下する流れというよりも，ちょろちょろとした水流がわずかにある流れである細流や，これとは異なる河道特性をもつ小川を含んでいる。細流および小川は，ともに渓畔には草木が生い茂り，低水温であることは前述と同じであるが，小川の河床底質には落葉だけでなく，倒木やこぶし大からキャベツ大の河床礫がみられる。また小川には規模は大きくはないが相対的に水深が浅く流速が早い瀬と，その逆の相対的に深い水深と遅い流速により代表される淵が交互に現れる河川形態をもつ場合もある。両生息場所ともに渓畔・河畔植生は落葉広葉樹と草本が多く，また最大値と最小値を除いた河川水温の平均値は小川が14.9℃，細流が15.7℃であった。データの収集は，ニホンザリガニが活発に活動する時期における平水時に行った。

環境変量

最大水面幅は，ニホンザリガニの出現した周囲の最大の水面幅を用いた。出現場所付近の最大の水深が1cm未満の場合は最大水深を1cmとした。

同様に流速が5 cm/s 未満のものは5 cm/s とした。出現場所付近の単位面積あたりで最も優占する底質あるいは2番目，3番目に優占する底質を中礫(粒径20 mm 以上)，礫(粒径10 mm 以上20 mm 未満)，小礫(粒径2 mm 以上10 mm 未満)，粗砂(粒径0.1 mm 以上2.0 mm 未満)，細砂(粒径0.09 mm 以上0.1 mm 未満)，そしてシルト(粒径0.09 mm 未満)として記録した。さらにそれぞれに対して6～1の粒径コードを割り当て，それを底質の変量(底質粗度)として用いた。優占底質がふたつ以上ある場合はそれらの平均値を底質粗度として用いた。

統計解析

ニホンザリガニの生息場所の特性を示す物理環境変量を用いて主成分分析を行った。用いた物理環境変量は「環境変量」で記述された，最大水面幅，最大水深，流速および底質粗度である。主成分分析とは多くの変量を，できるだけそれらの情報の損失を少なくしながら，ひとつあるいは複数個の総合的指標を用いてそれらの変動を説明しようとする統計解析手法である(田中・脇本，1998)。本解析では，ニホンザリガニの生息場所タイプ(小川と細流)を分離するにはどのような環境変量に注目すればよいのかを明らかにするために，この主成分分析を使用する。

また，ニホンザリガニの生息場所タイプごと(小川と細流)に各生息環境変量の違いを明らかにするために，最大水面幅，最大水深，流速および底質粗度を変量として Mann-Whitney の U 検定を行った(Mann and Whitney, 1947)。Mann-Whitney の U 検定はノンパラメトリックな解析のひとつで，独立な二群の変数を比較する有意差検定である。比較する各群の正規性と量群の等分散性を仮定できない場合にはノンパラメトリックな解析が使用されるが，近年はこのような条件に厳格に従っている例はあまりみかけないことから，両群の n が10倍以上異なる数であるか，はずれ値や極端な分布の偏りがある場合を除けば Student の t 検定を用いてもよいとする場合もある(清水, 2004)。しかし，本研究のデータはほとんどの変量で正規性と等分散性が仮定できず，かつはずれ値や極値をもつことから Mann-Whitney の U 検定を採用した。すべての統計解析は SPSS® 12.0 を用いて行った。

3. 生息場所タイプの環境特性

生息場所タイプ

　ニホンザリガニの生息場所である小川と細流は実際に河川に行けばその違いはわかるのだが，今回行った多変量解析によっても両者を明瞭に分離する主成分軸が明らかになった。主成分軸1軸と2軸の寄与率はそれぞれ，45.7%と26.6%となり，両軸で各調査地の値のばらつきを説明できる累積寄与率は70％以上となった(図1)。主成分分析によって算出された主成分得点を用いて主成分1軸と2軸で表現した散布図(図1)では，主成分1軸では小川と細流は明確には分離されていないものの，主成分2軸によって小川と細流が明らかに分離されている。主成分2軸において0.0を境に，値が大きな部分に小川と認識された調査河川が分布し，細流とされた調査河川は主成分2軸の0.0より小さな部分に分布した。各主成分得点と各生息変量との相関係数を示した表2から明らかなように，主成分2軸は流速との間に強い正の相関関係が認められた。このことから，小川の河川環境は細流に比べ流速

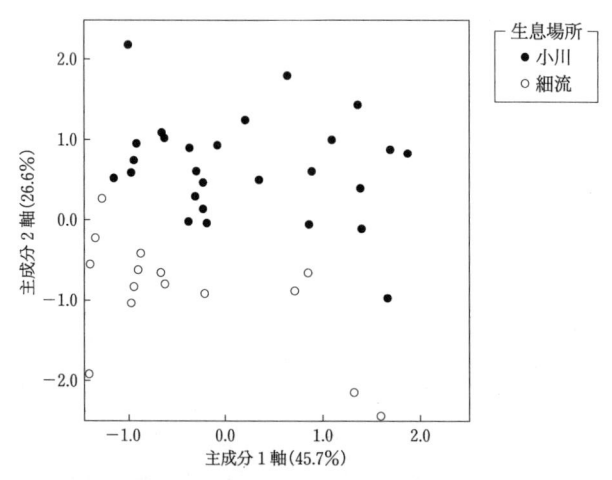

図1　河川生息場所の物理変量を用いた主成分分析による小川と細流の分布。物理環境変量は最大水面幅，最大水深，流速および底質粗度を用いた(本文参照)。

表2 各物理環境変量と主成分軸1および2との相関係数

物理環境変量	主成分軸1	主成分軸2
最大水面幅	0.84	−0.03
最大水深	0.85	0.15
流速	0.20	0.88
底質粗度	−0.52	0.54

が早い傾向があるといえる。主成分1軸上で主成分得点の値をみると，小川と細流の明らかな違いはないが，小川の分布は主成分1軸上に均等に分布しているのに対して，多くの細流が主成分1軸上における値が小さな部分に分布していることがわかる(図1)。また，主成分1軸とは最大水面幅と最大水深との間に強い正の相関関係が認められた(表2)。このことから，細流は水面幅が小さく，水深が浅い場所が多いといえる。

生息場所タイプ間の環境変量

次に主成分分析で用いた生息場所変量それぞれについて，小川と細流との値の違いを検討してみた。Mann-WhitneyのU検定結果によると小川と細流との間で有意な差が認められた変量は最大水深と流速のみであった(図2)。最大水面幅は平均値では小川で大きかったが，各群の値の変動が大きかったことから有意な結果にならなかった。小川の最大水面幅の範囲は15〜400cm，細流のそれは30〜100cmとなっており，小川と認識される場所では細流よりも水面幅が小さいものから細流の水面幅の最大値よりも4倍も大きな場所もあった。最大水深は細流よりも小川で大きかった。細流の平均水深は1.7cmしかなく，小川の平均値2.4cmの約2/3であった。細流は非常に浅い場所であるといえる。また，細流を流れる流水の流速の平均値も3.4cm/sと止水かと思われるほど小さかった。一方小川の流速の平均値(13.9cm/s)は細流の流速より約3倍も大きかったものの，絶対値としては決して大きな値ではなかった。ニホンザリガニの動きは鈍く，大きな流速では流されてしまうこともあると報告されており(川井，2007)これも規模の大きな河川で生息できない理由かもしれない。底質粗度は生息場所タイプによる違い

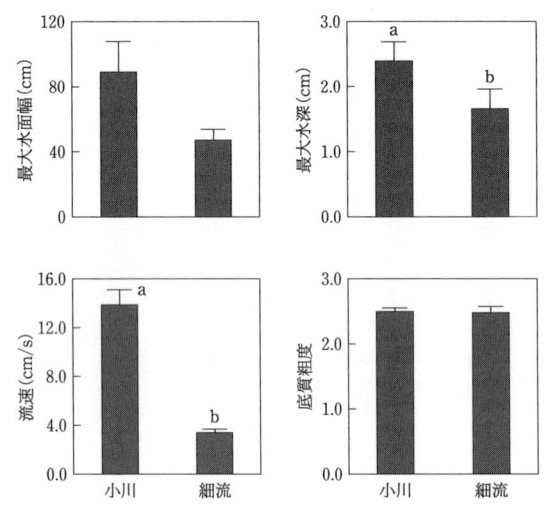

図2 各生息場所タイプにおけるニホンザリガニの物理環境変量の平均値と標準誤差。棒の上の英文字が異なる場合は両者の値に違いがあることを示す。Mann-Whitney 検定 $p<0.05$

が認められなかった(図2)。しかし，細流では細砂とシルトが目立つ場所が多いように感じられた(川井，未発表)。河床底質の測定は定性的な観測を元に数値化したもので，細粒成分が多い細流や小川ではその実情をうまく表現しきれなかった可能性がある。小川の底質はほとんどの場所で，粗砂と細砂が優占しており，一方細流では粗砂と細砂とで底質が構成されている場所が多いものの，数か所では細砂とシルトあるいは細砂と礫で構成されていた。このように，ほとんどが細砂で構成されていたとしてもそのほかに少し大きな礫あるいは小さなシルトなどがあると記載されれば，値はそれらの平均値となり，結果として底質の評価である値は大きくは変わらなくなる。さらに，今回はニホンザリガニが出現した場所の底質を代表させて値を記録したことも，実情を反映できなかった原因であるように思われる。出現した場所の周囲をいくつかの部分に分割し，底質を記録しておけば，その平均値と標準偏差を用いて，河床に優占する細砂中に礫が部分的に存在する状態であるか，あるいは細砂と礫が同程度に河床に存在する状態かが明らかにできるだろう。あるいは河床材料をもち帰り適当な見開きのふるいでふるった後に粒径加積

曲線を作製し検討することでも河床状況を表現できうるだろう。しかし，細流や小川ではその河床面積が小さいため，一般的に河川調査で行われている河床材料の採取量(新谷，2001)ではニホンザリガニの河川環境を著しく破壊することにつながり，安易に行うべきではない。いずれにしても，ニホンザリガニの生息場所変量のひとつとして河床材料の粒径組成を計測する場合には，その測定と解釈に工夫と注意が必要となってくるだろう。

4. 抽出された環境変量とその取り扱い

　主成分分析により，小川と細流とを分離する環境変量が明らかになった。小川は流速が細流に比べて大きい場所として認識することができ，反対に細流は流速が遅い場所といえる。また，小川は水面幅および水深にばらつきが存在していた。細流は水面幅および水深が大きい場所があるものの，多くの場所でこれらの値は小さかった。これらの傾向は，4種類の環境変量を生息場所タイプで比較した結果(図2)ともおおよそ一致する。

　小川と細流を分離する変量として多変量解析からは流速のみが抽出された。さらに，生息場所タイプ間での環境変量の比較では流速に加えて最大水深も有意な差が認められ，小川より細流で小さかった。しかし，最大水面幅は生息場所タイプを分離する変量とはならなかった。細流は最大水面幅が比較的小さな部分に多く分布していたものの，小川の最大水面幅の分布は大きく変動していた(図2)。本研究で小川と細流を定性的に分けて記載する基準は，小川が小規模ながらも瀬淵構造をもつ河川であり，細流はそのような河川形態をもたない流れというものであった。瀬淵構造は一般に0.1〜2％(1/1000〜1/50)程度の河床勾配でみられ，さらに勾配が大きくなる(＞2％)と河床に段差ができるステッププールやカスケードがみられる(Bisson et al., 2006)。後者になると，その場の地質や河床底質にも関係するが，流量が増加した場合に河床の縦浸食が卓越するようになり，水面幅を広げるような横断形が作られにくい。今回の小川として認識された場所もそのような河川地形学的プロセスをもつような場所があったと考えられる。

　今回，生息場所タイプを環境特性，とくに物理変量を用いて分離すること

を試み，その結果，これらのタイプを明確に分離する変量を抽出できた。しかし，主成分軸1軸ではこの軸に関係する変量では明確にはタイプを分離できない場合もあった。もし河川地形学的プロセスによって生息場所タイプの違いを説明できるとすると，今回使用した変量だけではそのプロセスを表現するには不十分であったことを意味する。つまり，このプロセスを表現するために必要な変量を追加するべきかもしれない。

　各生息場所タイプにおける各環境変量の平均的な値が明らかになった。小川は細流に比べ相対的に水深が深く，河床には粗砂(粒径：0.1 mm 以上2.0 mm 未満)と細砂(粒径 0.09 mm 以上 0.1 mm 未満)が優占している場所である。一方細流は小川に比べ水深および流速が小さく，底質は粗砂と細砂が優占している場所が多いものの，なかには細砂とシルト(粒径 0.09 mm 未満)，細砂と礫(粒径 10 mm 以上 20 mm 未満)である場所もみられ，小川よりも底質の値に変動が認められた。ただし，底質の測定精度により実際の河床の状態を表現しきれていない可能性がある。

　本章で小川と細流を分離する目的は，ニホンザリガニの保全対策のための定量的な手法を用いた変量の抽出であった。さらに，生息場所タイプ間の環境変量の違いとその値を示すことが目的であった。そこで，生息場所タイプを分離するために利用した変量に関しては，小川と細流についてそれぞれの平均値と標準誤差を提示した(図2)。蛇足ながらこれらの値について述べてみたい。ここでは示した値は平均値であって，当然その値ひとつだけがその生息場所に存在していることを示してはいない。事業などで質の低下した小川を再生・改良しようとして，図2で示した水面幅，水深，流速および底質粗度を参考に小川を創出したとしても，ほとんどの場合，ニホンザリガニの最適な生息場所とはならないであろう。水生生物を含む生物の生息場所の環境特性は場所により不均一である。ある種にとって最適な場がある種にとって不適となっている。生息場所特性が多様であれば，つまり環境の異質性が大きいと，多様な生物種が生息しているのが一般的である。瀬淵構造も生息場所の多様性のひとつである。これらのことを考えれば，本章で示した平均値はひとつの参考値であると理解できるだろう。

　ニホンザリガニが生息する河川を手本として，全く同じ環境特性をもつ河

川を創出することは今のところ不可能であろう。そのため，安易に生息場所を創出することを考えるよりはその生息場所を保全することをまず優先して考えるべきである。次にやむを得なく生息場を創出する場合は，少なくとも数タイプの環境特性をもち，その場の平均値として参考値に近い生息場所を創出するよう努力すべきだと考えられる。この平均値に近づくような不均一性が必要である。そのような場所をどのように創出すればよいかという問題は残されており，技術論として今後早急に必要となる課題である。

次に，本章では，この解析を行ううえで前提となる環境特性があった。それは今回使用した変量データは，河畔・渓畔植生が広葉樹や草本が多く，水温がニホンザリガニにとって適温である場所からとられていることである(第2節生息場所タイプの分類方法のデータ収集地を参照)。また，水質に関してはデータがないもののニホンザリガニの生息に問題がない水質である。このような環境特性が満たされたうえで，今回行った解析結果が参考になるということもつけ加えておく。さらには，後に詳細を記述するが，今回検討していない環境特性は地下水あるいは伏流水動態に関するものである。ニホンザリガニは巣穴を掘る場合も多く(川井，2003；川井・中田，2001)，その巣穴内で冬期を過ごす個体も少なくない。この巣穴が湧水あるいは伏流水により涵養されていることも多く，そのため厳冬期にも生息することができると考えられている(川井，未発表)。今回のデータではこれらの検討を行っていないために，この点に関しては本研究の結果には限界がある。

5. 生息場所の保全

留意すべき観点

止水におけるニホンザリガニの個体数密度の急激な低下(川井，1994；川井，1996)が報告され始めてから時間が経過している。流水環境においても潜在的には劇的な減少を引き起こす可能性をもっており，現実にそれは顕在化している(川井，1996)。今回の調査でほんの小さな沢(細流)でもニホンザリガニの生息場所となっていることを報告した。このような細流は人目につくことも少なく，その場に流れがあることを地元の人でも知らない場合が多い。

そのため，道路建設工事あるいは治山・治水，砂防工事などで地表攪乱や河川を改変する場合に，施工主体である行政機関や調査委託を受けた環境コンサルタント会社の技術者がそのような生息場所の存在を知らずに工事施工計画を作ってしまう可能性がある。これを避けるためには施工場所の地形図や踏査により細流の有無を精査する以外に現在のところは効果的な方法がないように思われる。細流が発見されれば，生息数調査が行われる可能性があるが，そのときにも潜在的な問題は残っている。ニホンザリガニの小さな個体の発見は難しく，小さな個体群は発見されずに見落とされる可能性がある。さらに，調査時期によっては，礫をひっくり返すなどのみつけどりではわずかしか発見できない時期もある。一般に気温が下がり始める10月中旬や下旬になると夏季に発見できた個体がみつけにくくなるようである。9月上旬に比べ10月下旬では同じ調査区間で1/10の個体数しか確認できなかった例もある(山田ほか，2008)。発見されにくいといった問題を回避するためには調査技術の熟練した調査者が行う以外に，味噌などの誘因物質を利用した採取法を採用する(川井・中田，2001)，あるいはニホンザリガニ用のトラップなど(山田ほか，2008)の開発を急ぐ必要がある。

　ニホンザリガニの生息場所の提示とその生息変量を定量化することで，個体群移植のための代替河川や代替生息場所の創出が完璧に可能になるというわけではないことも，ここで改めて断っておかなければならない。今回示された生息場所変量は主に夏期に計測されたものである。小川のニホンザリガニは夏期には石礫などの下などに生息するため目につきやすいが，冬期には巣穴を作りそこで生活するものもいる。その巣穴は湧水により涵養され(川井，2003)，厳冬期でも数度の水温だと考えられる。つまり，冬以外の期間に生息環境をみるとニホンザリガニの分布に適しているような河川でも，湧水や伏流水が河畔域を涵養しない場所では冬期水温が低すぎるかあるいは凍結してしまう可能性があり，通年でみると生息環境として適さないことが考えられる場合もある。代替地を用意する場合にはこのような点も重要だと思われる。じっさい，河床勾配の変化した周辺にニホンザリガニの巣穴が多数発見されることや(布川，未発表)，生息環境が良好な小川においても生息数が少ないといった事例も知られている(山田，未発表)。これらの事例が湧水や伏流

水の存在だけによって説明されるとは考えられないが，湧水や伏流水の分布や欠如が一因である可能性は否定できない。アメリカ合衆国のミズーリ州では，河川水が消滅する季節になるとザリガニ2種 *Orconectes williamsi, Orconectes meeki meeki* は河床下約30 cmの間隙水域を河川水が回復するまで利用することも知られている(DiStefano et al., 2009)。生息場所として適した代替地の選択や創出をしていくためには，ニホンザリガニの生息環境の調査解析をある季節だけの結果で説明するだけではなく，調査は難しいが冬期も含めた周年的な視点で解明する必要がある。

保全された生息場所と自然再生

治山・砂防施設の設置がニホンザリガニの生息環境破壊につながる可能性についてはすでに述べた。ここでは，逆に人為的に作られた施設によって間接的に生息場所が保全される可能性について紹介する。北海道内陸部には農業用貯水池が点在している地域がある(ニホンザリガニの生息場所環境と個体数保全のために詳細は伏せておく)。これらの貯水池には水利権が設定されており，土地改良区や近隣の農家によって厳しく管理維持されている。農業施設のひとつであるから本来よく管理されていたが，米作が基幹産業になるにしたがってこのような貯水池はますます重要な施設として守られてきた。このような状況があるため，その貯水池の周囲は護岸などはなされているものの，大きな開発を免れてきた経緯がある。また貯水池には小川や細流が流入しており，これらからの流入水で貯水池が涵養されている場合も多い。これらの河川には現在もニホンザリガニが生息している場合がある。これは，河畔の広葉樹，湧水などによる水温安定，冬期の積雪による河川水の不凍結などに加え，河畔・渓畔域開発が貯水池上流におよばなかったことと河川への人の立ち入りが制限されていたことなどが関係しているのかもしれない。その貯水池周辺の小河川では，生息数が確認できないか，著しく少ないことからも，貯水池の設置と管理の歴史がニホンザリガニの生息数の保全に何らかの関係がある可能性がある。

また，河川に作られた治山・砂防施設の上流部も貯水池上流部と同様の状況が展開されている可能性がある。標津川や釧路湿原の自然復元事業で問題

視されている事例(中村，2003)が，ニホンザリガニの生息環境の保全を考える場合にも該当するだろう．北海道東部の標津川流域下流では，治水上あるいは氾濫原の効率的な土地利用をすすめる観点から，蛇行河川であった標津川を直線化する改修を行った．その結果，周辺には元の河道が河跡湖(三日月湖)として点在するようになった．このような人工的に創出された河跡湖は標津川の場合，本川から分離されて数十年経過している．このような特殊な環境には，その環境に依存して生息する希少な動植物が発見されることが多い．何十年も止水環境として存在する間に，周囲の土地利用が変化し，既存の湖沼などの止水環境が減少することで，その流域内において止水生態系自体が稀有な存在となったのだろう．その結果，人工的な河跡湖に希少動植物の個体群が維持され続けたという皮肉な結果になったと考えられる．

　わが国の山地河川は勾配も大きく，その周辺に古くからの集落も成立してきた．そのため，高度経済成長期を迎えた1960年代から全国的に多くの治山・砂防施設が建設されてきた．北海道の場合は，本州に比べ比較的勾配が緩い河川も多く，集落も本州ほど危険渓流などに密接して存在している状況は少ないものの，インフラなどや下流域の保全対象を考慮して，多くの治山・砂防施設が作られてきた．これらのなかには，設置から数十年以上経たものも多く存在し，構造物上流部が下流部とは異なる河川環境となっている可能性は大きい．構造物下流ではすでにニホンザリガニが生息場所として利用できる生息環境は存在しないものの，上流域には河畔・渓畔植生による被覆や湧水などによる冷水温の維持がなされている小河川もあるだろう．その場合には現在の生息環境に依存してニホンザリガニの個体群が維持されている可能性がある．

　このようなことから現在残存するニホンザリガニ個体群を保全する場合には次のようなことが重要な視点になってくると思われる．まずは，地域別に河畔植生，河川地形，地質，土地利用，河川構造物などのさまざまな情報を網羅した地理情報システム(GIS：Geographic Information System)とつながった個体群分布のデータベースを作成することが必要となる．この場合の個体群分布は，前述の季節性を考慮した注意深い個体数調査によるデータを基本にすることが重要である．このようなデータベースからニホンザリガニの生息

域が明らかにされるだろう。ただし，このデータベースを公開するかどうかは，個体群保全の観点から慎重な判断が必要である。このような地域において，水路網の発達や放棄農地の出現により，貯水池の埋め立てあるいは改良・改築がなされる場合や，河川環境への配慮あるいは土砂貯留能力改善を目的とした河川構造物の改良（堤体切り下げ，スリット化）を実施する場合にはとくにニホンザリガニの生息環境に対する注意が必要であろう。施設の改良や改築を行うことで，その施工中やその後の河川環境が，施工まで良好に保たれていた生息環境よりも，破壊あるいは質の低下が生じる可能性が高い。とくに近年盛んになっている治山・砂防堰堤の改良を行った場合などは，土砂貯留能力の向上以外に河川環境への配慮を目的に行ったにもかかわらず，皮肉にも絶滅危惧種の生息数を減少あるいは，最悪の場合絶滅につなげる可能性がある。このようなことが生じないように，安易な自然再生を推し進めるのではなく，流域全体を見据えた自然再生事業の検討と絶滅危惧種への配慮が必要である。

生態系プロセスからみた保全

　ニホンザリガニは2000年に環境省から絶滅危惧II類に指定され，その個体群と生息環境の保全が図られている。希少な生物となっていることから，この種の保全は絶対的なものである。この点は多くの人々の支持を得るだろう。しかし，ニホンザリガニの価値は絶滅危惧種であるということだけではないと思われる。今回記したように，ニホンザリガニの生息地は河川上流あるいは源頭部である。細流においてはこの種が最大の個体であることは間違いないだろう。落葉を利用する生物群集としては落葉食の水生昆虫やヨコエビ類も同じ生息場所に生息している。ニホンザリガニやこれらの底生動物は落葉を直接採餌する破砕食者 shredder (Merritt and Cummins, 1996；布川, 2009) と呼ばれ，河畔植生が牧草地である河川よりも落葉広葉樹に覆われている河川で多く出現する（布川・井上, 1999）。破砕食者は魚類が生息している河川では食物連鎖のなかで落葉から魚類へと，あるいは捕食性底生動物を介して魚類へと落葉から得たエネルギーを仲介する役割を担っている。また，破砕食者は落葉をかみ砕くことでそのサイズを小さくする役割も担っている。この

行動により，細粒状になった有機物がさらにこれを餌資源とする底生動物群集に利用され，食物網へとエネルギーがとり込まれていく(阿部・布川，2005)手助けもしている。北海道中央部には200 m区間に100匹以上のニホンザリガニ個体数が生息している小川もあることから(山田ほか，2008)，そのような河川では，個体群の現存量を考慮すると森林生態系と河川生態系のエネルギー循環の担い手としての役割は底生動物よりも重要になってくるだろう。ニュージーランドの南島オタゴ州における源頭域での研究によれば，ザリガニの一種 Paranephrops zealandicus の重量あたりの落葉処理能力は，ほかの底生動物より低いものの，現存量として優占することから，その重要性が高い(Nisikawa and Townsend, 2001)ことが知られている。

　ところで，近年生態学の一分野である生態系改変 ecosystem engineering (Jones et al., 1994)を行うさまざまな生物が指摘されている。河床底質に関係するものでも，ビーバーダムによる細粒土砂の捕捉(Naiman et al., 1986)，サケ科魚類による河床浸食(Montgomery et al., 1996)あるいは造網性水生昆虫による河床礫の安定化(Statzner, 1999；田代ほか，2004；Takao et al., 2005；Nunokawa et al., 2008；Johnson et al., 2009)が周辺に生息する動植物に影響を与えることあるいはその可能性が報告されている。このうちニホンザリガニではないが北アメリカ産でヨーロッパに導入されているザリガニの一種 Orconectes limosus も河床の細粒土砂を巻き上げることが知られており(Statzner et al., 2003)，これも生態系改変だと認識されている。このように，ニホンザリガニは単に希少価値だけで保全対象となるものではなく，山地河川の生態系プロセスの担い手としてその重要性が再認識されるべきである。これからのニホンザリガニ個体群あるいは生息場所の保全は，個体群自体だけの保全にとどまらず，生態系プロセスを担保するような方法・工法の開発が望ましいだろう。そのためには，ニホンザリガニの生態系プロセスに関する役割と重要性を既存研究から整理し，それから明らかになる未解決な主題についての研究を推進することと，同時に保全技術の開発・発展を図らなければならない。

[引用文献]
阿部俊夫・布川雅典. 2005. 春期の渓流における安定同位体を用いた食物網解析. 日本林学会誌, 87：13-19.
新谷融. 2001. 土砂生産源の粒度調査. 流域動態の認識とその方法 (新谷融・黒木幹男編), pp. 77-81. 北海道大学図書刊行会.
Bisson, P. A., Montgomery, D. R. and Buffington, J. M. 2006. Valley segments, stream reaches, and channel units. In "Methods in Stream Ecology (2nd eds.)", (ed. Hauer, F. R. and Lamberti, G. A.), pp. 23-49. Academic Press, San Diego.
Distefano, R. J., Magoulick, P. D., Imhoff, E. M. and Larson, E. R. 2009. Imperiled crayfishes use hyporheiczone during seasonal drying of an intermittent stream. J. N. Am. Benthol. Soc., 28: 142-152.
蛭田眞一. 1998. 道東と英国のザリガニ事情. 環境教育, 1：181-195.
蛭田眞一・林浩之. 1982. 道東のザリガニ類について. 釧路博物館報, 276：114-116.
Johnson, M. F., Reid, I., Rice, S. P. and Wood, P. J. 2009. Stabilization of fine gravels by net-spinning caddisfly larvae. Earth Surf. Process. Landforms, 34: 413-423.
Jones, C. G., Lawton, J. H. and Shachak, M. 1994. Organisms as ecosystem engineers. Oikos, 69: 373-386.
川井唯史. 1992. ザリガニ *Cambaroides japonicus* (De Haan, 1841) の巣穴. 甲殻類の研究, 21：65-71.
川井唯史. 1993. 駒止湖におけるニホンザリガニ *Cambaroides japonicus* の生息環境. 帯広百年記念館紀要, 11：1-6.
川井唯史. 1994. 北海道におけるニホンザリガニ *Cambaroides japonicus* の分布状況と生息地の環境. 上士幌町ひがし大雪博物館研究報告, 16：21-24.
川井唯史. 1995. 北海道におけるニホンザリガニ *Cambaroides japonicus* の隠れ家の特性と抱卵数. 上士幌町ひがし大雪博物館研究報告, 17：73-77.
川井唯史. 1996. 北海道におけるニホンザリガニ *Cambaroides japonicus* の分布と道東での生息地消失状況. 釧路市博物館紀要, 20：5-12.
川井唯史. 2003. 知られざるニホンザリガニの生息環境. 甲殻類学—エビ・カニとその仲間の世界 (朝倉彰編), pp. 255-275. 東海大学出版会.
川井唯史. 2007. ザリガニの博物誌—里川学入門. 166 pp. 東海大学出版会.
川井唯史・堀繁久・水島未記・永安芳江. 2004. 野幌森林公園におけるニホンザリガニの分布と個体群の現状. 北海道開拓記念館調査報告, 43：33-38.
川井唯史・川尻洋志・熊谷隆文・芦刈治将. 2007. ニホンザリガニの青色変異個体. 美幌博物館研究報告, 14：55-62.
川井唯史・古河崇・新井章吾. 2004. 北海道後志管内の湖沼におけるニホンザリガニの生息状況. 札幌市豊平川サケ科学館館報, 16：19-23.
川井唯史・中田和義. 2001. ニホンザリガニの味噌による採集と巣穴利用. 青森自然誌研究, 6：49-52.
川井唯史・中田和義・平田昌克・音更川グラウンドワーク研究会. 2000. 十勝中部におけるザリガニ類の分布. 帯広百年記念館紀要, 18：1-8.
川井唯史・中田和義・鈴木芳房. 2001. 札幌市周辺におけるニホンザリガニ *Cambaroides japonicus* (De Haan, 1841) の生息地数の減少状況. 札幌市豊平川サケ科学館館報, 13：21-26.
Mann, H. B. and Whitney, D. R. 1947. On a test of wether one of two variables is stochastically larger than the other. Ann. Math. Staist., 18: 50-60.

三宅貞祥. 1982. 原色日本大型甲殻類図鑑(Ⅰ). 261 pp. 保育社.
Merritt, R. and Cummins, K. W. 1996. An introduction to the aquatic insects of North America, (3rd ed.). 862 pp. Kendall-Hunt, Dubuque, IA.
Montgomery, D. R., Buffington, J. M., Peterson, N. P., Schuett-Hames, D. and Quinn, T. P. 1996. Stream-bed scour, egg burial depths, and the influence of salmonid spawning on bed surface mobility and embryo survival. Can. J. Fish. Aquat. Sci., 53: 1061-1070.
Naiman, R. J., Melillo, J. M. and Hobbie, J. E. 1986. Ecosystem alteration of boreal forest streams by beaver (*Casfor canadensis*). Ecology, 67: 1254-1269.
中村太士. 2003. 河川・湿原における自然復元の考え方と調査・計画論―釧路湿原および標津川における湿地, 氾濫源, 蛇行流路の復元を事例として. 応用生態工学, 5：217-232.
中田和義・川井唯史・五嶋聖治. 2003. 北海道然別湖で再発見されたニホンザリガニ. 上士幌町ひがし大雪博物館研究報告, 25：61-66.
ニホンザリガニ研究グループ. 2005. 北海道小樽市におけるニホンザリガニの生息状況. 小樽市博物館紀要, 18：1-15.
Nisikawa, U. and Townsend, C. R. 2001. The Significance of the crayfish *Paranephrops zealancus* as shredders in a New Zealand headwater stream. J. Crustacean Biol., 21: 354-359.
布川雅典・井上幹生. 1999. 北海道北部の小河川における河畔植生と底生昆虫群集との対応様式. 陸水学雑誌, 60：385-397.
Nunokawa, M., Gomi, T., Negishi, J. N. and Nakahara, O. 2008. A new method to measure substrate coherent strength of *Stenopsyche marmorata*. Landsc. Ecol. Eng., 4: 125-131.
布川雅典. 2009. 摂食機能群による水生昆虫の分類. 川の百科事典(高橋裕・岩屋隆夫・沖大幹・島谷幸宏・寶馨・玉井信行・野々村邦夫・藤芳素生編), pp. 428-428. 丸善.
斎藤和範. 1996. 北海道におけるザリガニ類の分布とその現状. 北方林業, 48：5-18.
清水信博. 2004. もう悩まない！ 論文が書ける統計. 150 pp. 星雲社.
Statzner, B., Arens, M., Champagne, J., Morel, R. and Herouin, E. 1999. Silk-producing stream insects and gravel erosion: Significant biological effects on critical shear stress. Water Resour. Res., 35: 3495-3506.
Statzner, B., Peltret O. and Tomanova, S. 2003. Crayfish as geomorphic agents and ecosystem engineers: effect of a biomass gradient on baseflow and flood-induced transport of gravel and sand in experimental streams. Freshwater Biol., 48: 147-163.
Takao, A., Negishi, J. N., Nunokawa, M., Gomi, T. and Nakahara, O. 2005. Potential influences of a net-spinning caddisfly (Trichoptera:Stenopsyche marmorata) on stream substratum stability. J. North. Am. Benthol. Soc., 25: 545-555.
田中豊・脇本和正. 1998. 多変量統計解析法. 296 pp. 現代数学社.
田代喬・渡邉慎多郎・辻本哲郎. 2004. 造網型トビケラの棲み込みによる河床の固結化. 河川技術論文集, 10：489-494.
山田浩行・布川雅典・川井唯史. 2008. ニホンザリガニ(*Cambarides japonicus*)の小河川における生息環境の選好性と効率的な調査手法について(予報). 第7回「野生生物と交通」研究発表会論文集, 57-60.

第2章 外来種の生息環境
特定外来生物ウチダザリガニの生態系での機能，原産国における現状

Bondar, Carin A. / 訳 川井唯史

要　約

　Pacifastacus leniusculs は日本国内ではウチダザリガニと呼ばれ，英語圏ではシグナルクレイフィッシュと称され，アジア・ヨーロッパの20か国以上に導入されている。そのため世界で最も繁栄に成功したザリガニ類のひとつとされている。本種はもともと北アメリカの西側だけに生息していた。しかしながら，今やウチダザリガニはさまざまな淡水域の環境への進入に成功している。そこで著者は，ウチダザリガニの一般的な生物的特性の概要を紹介し，とくに生息域の環境，生息域での摂餌選択性，繁殖生態，一般的な生態についても検討する。ウチダザリガニの生息域の環境は多様であり，流れのない湖などの止水域と流れのある流水域の両方で出現する。生息域においては一般的に豊富に存在するデトリタスを摂食するので通常は餌不足には陥らず，しかも非常に強い繁殖力を有するため，侵入した生息地で大繁殖を遂げることが多い。本種は捕食者であり，デトリタスも食べる雑食性である。そのため生態学的に重要な位置を占める。しかも河川の川岸を自ら掘ってしまうので河川の環境も変えてしまう習性をもつ。日本において繁殖して分布域の拡大をしているウチダザリガニは，日本の在来種ニホンザリガニ *Cambaroides japonicus* に悪影響を与える。ウチダザリガニとニホンザリガニの種間関係を検討し，静かに進行しているウチダザリガニによる悪影響を検討する。

1. ウチダザリガニとは

　ウチダザリガニ *Pacifastacus leniusculus* (Dana, 1852) は，ザリガニ上科ザリガニ科ウチダザリガニ属の一種である(本章では国外に生息するものも含めて *P. leniusculus* をウチダザリガニと表記する)。ウチダザリガニ属は，すべて北アメリカの在来種であり，ロッキー山脈の西側に分布する(Bott, 1950)。ウチダザリガニの天然の分布域は，ブリティッシュ・コロンビア州の南側か

ら(Hamr, 1998；Bonder et al., 2006)，カリフォルニア州の北側(Elser et al., 1994)，そしてモンタナ州とユタ州の西側(Johnson, 1986；Sheldon, 1989)である(図1, 2)。しかし，この生物は20世紀初頭以降，ヨーロッパやアジアの多くの場所に広く移入された(Svardson, 1995；Abrahamsson, 1966)。ウチダザリガニは，*P. leniusculus leniusculus*，*P. l. trowbridgii*，*P. l. klamathensis*(Miller, 1960)の3亜種を含む。形態的な区分としては額角，鉗脚，棘の大きさや鋭さ，全長があり(Hamr, 1998)，それらの分布域の違い(Miller and Van Hyning, 1970)でも識別できる。しかし，本種を亜種として扱うことに関してはいくつもの疑問が呈されている。その具体的な理由のひとつは，亜種間の中間形が出現していることであり，これは移入先でも頻繁にみられている(Riegel, 1959；Kawai et al., 2004)。

ヨーロッパとアジアのいくつかの国へのウチダザリガニの導入にともない，ザリガニ真菌症(*Aphanomyces astaci*による水カビ病)も持込まれている。これは北アメリカ産のザリガニ類における一種の風土病であり，実験による確証は得られていないが，ウチダザリガニが水カビ病に感染しても，病気になった個体が致死にいたるほど深刻ではない。その一方，あくまでも室内実験の結果であるが，ヨーロッパ(Kozubiková et al., 2003)やアジア(Unestam,

図1　北アメリカに生息するウチダザリガニ(Carin. A. Bondar 撮影)

第 2 章　外来種の生息環境　317

図 2　北アメリカのコロンビア川水系のウマティラ川(A, B)。この河川ではウチダザリガニ(C)が大量に生息する。河川の外観は北海道の河川と類似する。すべて 2008 年 8 月布川雅典撮影。口絵 19 参照

1969)原産のザリガニ類が水カビ病に感染すると致命的となる。以上のことからウチダザリガニは，国外に移出されると，恐ろしい病気のキャリアになる危険性が高い。実際，ヨーロッパでは在来のザリガニ類の個体群がウチダザリガニの導入にともなって急激に死滅し，死滅個体から水カビの菌が単離されることも多い。なお，日本国内における水カビ病に関しての考え方は川井(2007)を参考にしてもらいたい。

　本章では最初にウチダザリガニの一般的な生物学を示す。ここでは本種の生息地の特徴，摂食，個体群生態，繁殖について記している。またウチダザリガニは，淡水のさまざまな環境で生息することができる。このことは生息可能な水質や底質の幅が広く，化学環境や物理環境への適応性が広いことを意味している。ウチダザリガニの生息環境であるが，本種は流水域と止水域の両方に出現する。そして両生息環境におけるほかの生物への影響に関しての調査例は多く，生態学的な知見の多くは，移入された場所において得られている(Bonder et al., 2005, 2006 ; Zhang et al., 2004)。ウチダザリガニの生態学的研究の多くは，分布域の環境，生態系システムのなかにおける生態学的機能・役割の知見である。ウチダザリガニは多様な淡水域の環境に適応できるので，生態学的な機能などの研究は多様な環境下で得られており，そして類型化されている。たとえば植物の生産が基礎となる生態系，水底のデトリタスの量が基盤となる生態系での機能の違いが比較・検討されている。

　最後に，日本におけるウチダザリガニの導入の詳細について総括し，日本の在来生態系における，それらの存在の生態学的検討と影響評価を紹介する。そしてヨーロッパのいくつかの地域，および日本においてもウチダザリガニは実際に生態系を変化(悪化)させる原因となっていること，在来の植物相や動物相に与える悪影響の評価に関しても紹介する。

　なお，本章では天然分布域を中心として，世界的な視点でウチダザリガニに関しての情報を総括する。そして補足的に日本に分布するウチダザリガニの関しての情報を紹介する。なお国内のウチダザリガニに主眼を置いた詳細な情報は第Ⅳ部第3章「生理・生態学」に詳しく紹介されている。

2. 一般的な生物学

生息地の環境
(1)化学的環境
　ウチダザリガニは，北アメリカにおいては，小川，大きな河川，湖，池，湿地，河口域近くを含む数多くの淡水生態系に分布する(Miller, 1960；Goldman and Rundquist, 1977；Shimizu and Goldman, 1983)。河口域において彼らは21‰の塩分濃度まで耐性がみられる(Holdich et al., 1997)。ウチダザリガニは塩分の影響がある環境下においては，体内のイオン濃度を調整して一定に保つ能力がある(Kerley and Pritchard, 1967)。ウチダザリガニの強い耐塩性に関しては第II部第1章「形態分類・系統進化・生物地理学」にも記述されている。

　またウチダザリガニはヨーロッパにおいて，北はフィンランドから南はスペインまで著しく異なった環境に棲むことが知られているので，低温に対しても，高水温に対しても広い範囲の温度耐性があると示唆される。具体的には，33℃以下の水温帯の生息地に出現するので，この水温までは耐えることができる(Becker et al., 1975)が，それ以上に水温が高くなる場所には棲めないと予想されている(Lewis, 2002)。そして事実，Nakata et al.(2002)によるウチダザリガニの室内水槽環境下における高温耐性実験では31.1℃が生理的な水温の限度であった(この実験の詳細に関しては第IV部第3章「生理・生態」に書かれている)。海岸近くに生息する個体群は，一般的に内陸に存在する湖に棲む個体群より高い高温耐性を示す(Goldman, 1973)。彼らは幅広い温度耐性を有するが好適な水温帯はあり，一般的には25℃以下を好む(Hogger, 1988)。しかし水温が最も低下する冬の4～5℃以下の環境下でも活性を残している(Shimizu and Goldman, 1983)。ウチダザリガニの成長や活性は水温により著しく影響を受け，最高の成長と活性レベルを示すのは，22.8℃前後との報告がある(Firkins and Holdich, 1993；Westman et al., 1993)。

　一方ウチダザリガニは高いレベルの水中での溶存酸素量を必要とし(Nystrom, 2002；Usio, 2006a)，これが不足する環境で生存する能力に乏しいの

で(Huner and Lindquist, 1995)，環境が安定して酸素量が常に豊富なカルデラ湖などを好むのかもしれない。また多くのザリガニ類もそうであるが，本種においても水中のpHとカルシウム濃度に対して敏感であり(Lodge and Hill, 1994；Kirjavainen and Westman, 1999)，水中におけるpHのレベルは直接的に生残や生長に影響する(Usio, 2006a)ので，生息域においてpHが低いと，生息にとってマイナス要因となる。そのためかpHが低い小川では，ウチダザリガニの捕食者である魚が不在で，その意味では生息環境が好適であっても，本種の生息密度が低い傾向がある。しかし，ウチダザリガニが好むpHが高い環境条件であっても魚が分布している場合は，ウチダザリガニは捕食を避けるため，本来は嫌いな低いpHの環境へ逃げる(Usio, 2006a)。すなわち彼らの生息密度は化学的(pH)環境要因と生態学的(魚類による捕食)要素の両方の影響を受けていることが分かる。

　カルシウムの溶存濃度は水中のpHにより影響を受ける。またpHは地域により大きく異なり，ある地域に限っても日周変動や季節的な変動を示すことがある。また甲殻類では通常，外骨格に大量のカルシウム分が含まれているが，脱皮にともなって外骨格を脱ぎ捨てることになり，脱皮後は速やかに外骨格にカルシウムをとり込む必要がある。そのため，ザリガニ類のカルシウム要求は変動することになる。なおザリガニ類の生息域において，水中のpHが通常6.0を超えるような場所で，カルシウムの溶存含有量が5 mg/Lを超えているようだと，脱皮にともなって一次的に失われる外骨格のカルシウムの取り込みに関しての調整が必要となる(Lowery and Holdich, 1988)。亜硝酸塩NO_2は一般的に動物に対して有害な物質であり，この濃度が高いと多くの動物は障害を受けて死にいたることもある。さらに，四酸化硫黄SO_4^{-2}も有毒な物質であり，この濃度が高いと多くの動物が生理的な障害を受ける。ウチダザリガニは，高い亜硝酸塩濃度NO_2に対しても敏感であるが，同様に四酸化硫黄SO_4^{-2}に対してもきわめて過敏に反応する(Rallo and Garcia-Arberas, 2002)。

　ウチダザリガニは基本的に夜行性であり，夜は水温が低下するので活性が高まり，そのため酵素消費量が増大する傾向がある(Styrishave et al., 2007)。しかしながらほかの種(たとえばヨーロッパの在来種ザリガニ類 *Astacus*

astacus)のように厳密な夜行性ではない(Abrahamsson, 1983；Styrishave et al., 2007)。ウチダザリガニが夜行性であることは，Nystrom(2005)も実験観察から明らかにしており，日中よりも夜間のほうがシェルターの外へ出ている行動がより多くなっている。Nystrom(2005)は，夜間の行動が活発化する理由として水温とは違う要素を考えている。すなわち捕食者の影響を避けるための夜行性行動とみている。

(2)底質環境

生息地における底質の違いは，彼らの生息密度と体サイズの両方に強く影響をおよぼしている。Nystrom et al.(2006)はウチダザリガニが豊富に生息する湖において，彼らの生息地の底質から多くのことが推定できることを見出している。彼らは，小川におけるウチダザリガニの豊富さを効果的に予想するための要素として，捕食者から逃がれるための隠れ家としての生息域にある底質の大きさに注目した。底質は，あるひとつの生息域において，ザリガニ類の全体の現存量を制限する最も重要な要素のひとつといえる(Kirjavainen and Westman, 1999)。ウチダザリガニは，一般的に転石の底質を好み(Flint, 1975a, 1975b；Klosterman and Goldman, 1983；Shimizu and Goldman, 1983；Lewis and Horton, 1997)，また平坦な水底や軟らかい底質を避ける傾向がある(Goldman and Rundquist, 1977；Elser et al., 1994)。加えて，数多くの個体は転石の周辺に集まり，また，沈水した木にも集まる(Lowery and Holdich, 1988；Guan and Wiles, 1996；Kirjavainen and Westman, 1999)。Bubb et al.(2006)によると，ウチダザリガニは同じ水底でも，大きな玉石や転石が点在する場所においては，隠れ場所の下に籠っている。

ザリガニ類は光を嫌う傾向があるので原則的に隠れ場所を求める傾向にある。そのため日光が強く入る昼間，安定した隠れ場所を必要としていることがわかる。ただしザリガニ類の生息空間の選択場所は底質だけではない。Mason(1979)は，ウチダザリガニの生息地の選択性において，底質以外にも，流れの向きと強さが含まれていると述べており，これはLight(2005)も主張している。

移　　動

　ウチダザリガニは，異なった生息域間への移動が，季節的に行われている。これは，流水域である小川に棲む個体群(Light, 2005)と止水域である湖に棲む個体群(Flint, 1975a)の両方で記録されている。冬期に浅所から深所へザリガニが移動するとの仮説は，タホ湖において示されている。この理由としては，ザリガニ類が冬期に最も水温が低下する湖岸の厳しい環境を避けるため，比較的水温が高い深所へ移動するのだとみられている。一方 Light(2005)は移動がみられる別の要素を提示している。すなわち夏季には昇温するため高い生長を遂げることができる浅瀬は，魚などの捕食者から逃れる要素も兼ね備えている。そのため大きな河川に生息する個体は夏場に浅いクリークへ移動すると考えられている。Bubb et al.(2004)によると，英国のある小川では，真夏の期間，ウチダザリガニの移動が最大になったと記録している。Bubb et al.(2004)は，水温は本種において移動を促進させる最も大きな要因のひとつとして考えている。ウチダザリガニは夏の期間に移動が最大となり，一か月で 300 m 以上動いたケースもみられた(Bubb et al., 2006)。

　Bubb et al.(2006)は，ウチダザリガニがさまざまな淡水の環境において拡散できることの理由のひとつとして，高い移動能力があると考えている。ウチダザリガニは自然の生息域では，巣穴に棲む種類として分類されていないが，多くの研究者は，生息地の環境において，ウチダザリガニの巣穴の存在を記録している(Kirjavainen and Westman, 1999；Guan, 1994)。また英国の小川の川岸に掘られた数多くの大きな巣穴は，川岸を侵食している可能性が高い(Lewis, 2002)と論じられている。川岸は生態系にとって重要な河畔林などを有するので，その侵食は地域の生態系において深刻な悪影響となる。

　ウチダザリガニは，ほかのいくつかのザリガニ類で報告されているように，体サイズの違いにより生息場所の嗜好性が変化している。Lewis and Horton(1997)はオレゴン州にある湖で，稚エビは底質が玉石や転石の場所を好み，成体は底質が砂や泥の場所を好むことを確認した。ウチダザリガニの稚エビは多様な大きさの転石が点在する浅所に限って分布しており，これに対して成体は深い場所を中心に生息しているが，この違いは，大型個体は，陸上に棲む鳥などの捕食者からの影響を避けるため深い場所へ行くと考えられ

ている(たとえば Englund and Krupa, 2000 ; Skurdal et al., 1988 ; Mason, 1974 ; Goldman, 1973)。成体のウチダザリガニは水温に依存して出現し,繁殖のために深い場所から浅所に移動することがある。その理由として卵の胚発生は通常6.8°C未満では抑制されるためであり(Abrahamsson and Goldman, 1970),卵の発生を進行させるため必要性が生じて深浅移動を行っていると考えられる。これに加えて水深が深くなることにより通常は光も弱くなり,これは岩の表面に付着する藻類の発育の減退にもつながるので,水深が深くなることは餌の制限要因にもなる。そのため,水深が深くなると繁殖と成長の両面でウチダザリガニの分布量を減少させる(Abrahamsson and Goldman, 1970)。湖におけるウチダザリガニの個体群は一般的に河川や小川における個体群よりも大きくなる。しかしながら,個体群のサイズは場所により大きく異なる(たとえば Abrahamsson and Goldman, 1970 ; Goldman and Rundquist, 1977 ; Elser et al., 1994 ; Nystrom, 2002)。ウチダザリガニは好む生息環境に集まってしまう傾向があり(Hogger, 1988),ある面積に対して均一に分布していない。これは一定面積における個体数の密度を推定することを大変難しくしている。

摂　餌

　ウチダザリガニを初めとした多くのザリガニ類は雑食性であり,底生昆虫,藻類,植物由来のデトリタス,ほかのザリガニ類,落葉,流木を含むさまざまなものを食べる(Guan and Wiles, 1996 ; Bondar et al., 2005)。多くのウチダザリガニは,1日あたり,自分の体重の0.22〜6.02%の餌を消費する(Mason, 1975 ; Guan and Wiles, 1996)。研究者たちは,いくつかのザリガニ類において摂餌選択性が体サイズ(成長段階)によって異なることを記述している(Westman et al., 1993 ; Lodge and Hill, 1994 ; Momot, 1995)。とくにウチダザリガニでの研究例もあり(Mason, 1975 ; Guan and Wiles, 1996 ; Bondar et al., 2005),成体は一般的に落葉を最も好み,ハンノキやモミジの葉や,カシや,トネリコの葉も好む(Mason, 1975)。Guan and Wiles(1996)によると,基本的に共食いは成体になると増大する傾向があり,とくに脱皮直後や,脱皮がみられる成長時期になると増大する。稚エビや当歳エビ(その年に生まれた稚エビ)は,原則的にベントス性の昆虫を中心とした動物食性であり,しかしながら落葉上の

デトリタスは彼らの重要な摂食物である。

　ウチダザリガニの摂餌生態は，生息環境により著しく影響を受ける。したがって，その環境の変化は摂餌生態の変化につながる。そのため環境の変化に連動して，ウチダザリガニの生態学的な役割も変化する。すなわち，生息地に供給される落葉などの餌が多いとデトリタス食者となり落葉の分解者として機能し，彼らの餌となる生物が多いと彼らは捕食者となり落葉の分解者としての機能は低下し，彼らの生態学的な役割は変化する。

繁殖，成長，抱卵数

　ウチダザリガニの個体群における成熟が始まる年齢やサイズ，産卵の回数や時期，抱卵数，成長，寿命や個体群動態の特性は，彼らが生息するオレゴン，ワシントン，カリフォルニア，ネバダ，ブリティッシュ・コロンビア，スウェーデン，フィンランドにおいて地域差があると考えられている(McGriff, 1983；Lewis, 2002，なお日本におけるウチダザリガニの繁殖周期や抱卵数は第Ⅳ部第3章「生理・生態学」を参照)。これらの生息地において，交尾がみられ始める年齢には差がある(Miller, 1960；Kirjavainen and Westman, 1995；Söderbäck, 1995)。多くの研究は，成熟開始の年齢が2歳(Abrahamsson, 1971；Shimizu and Goldman, 1983；McGriff, 1983；Reynolds et al., 1992；Söderbäck, 1995；Lewis and Horton, 1997)と報告し，3歳とする研究には(Abrahamsson and Goldman, 1970；Flint and Goldman, 1975；Kirjavainen and Westman, 1995)がある。成熟がみられ始めるサイズにも地域差があり，全長60～90 mmのオスとメスにおいて，成熟の開始が報告されている(Miller, 1960；Abrahamsson, 1971；Mason, 1975；McGriff, 1983；Hogger, 1986；Kirjavainen and Westman, 1999)。ちなみにウチダザリガニの雌雄の成体は，最大で全長150～180 mmにも達する(Miller and Van Hyning, 1970；McGriff, 1983)。

　メスの成熟は，尾部腹側の白いセメントグランド(cement gland；詳しくは第Ⅵ部第2章「理科教育」参照)の存在により外見の目視による観察で容易にわかる一方，オスの成熟は体内の精巣における精子の存在の観察により確認できる(Abrahamsson, 1971)。そのため目視観察ではオスの成熟はわからず，顕微鏡での観察が必要となる。加えて，メスは成熟にともない腹部の幅が，オス

や未成熟の個体と比較して相対的に広くなり，これにより抱卵時に卵を数多く抱くことができる。オスの鉗脚(大きなハサミ)は成熟にともない，未成熟な個体やメスと比較して相対的に成長が早くなり大型化する(Mason, 1975)。

メスの成熟した個体が毎年産卵するかどうかについては，異なる意見がある。いくつかの研究(たとえばAbrahamsson and Goldman, 1970)では，成熟サイズに達した個体は毎年産卵する説を主張しており，しかしほかの研究者(Miller, 1960)は，異論を唱えている。Mason(1975)は，メスが毎年産卵せずに，一生のうち合計3～4回産卵すると主張している。多くのアメリカ，ヨーロッパ，そして日本における研究例によると，10月に交尾が始まると報告されている(Svardson, 1995；Abrahamsson, 1971；Flint, 1975a；Mason, 1975, 1977；Shimizu and Goldman, 1983；Söderbäck, 1995；Lewis and Horton, 1997；Nakata et al., 2004)。しかしながら流水域に生息する個体群は，静止水域の個体群に比べて3週間ほど産卵の始まりが早いとの報告がある(Lewis, 2002)。そのため同じ地域・国においても生息場所の環境により産卵時期には，多少の違いが存在する。Mason(1970)は，ウチダザリガニにおける交尾活動を詳しく記録しており，それによると交尾行動は2～3週間の期間にわたって集中的に行われる。何人かの研究者(Mason, 1975；Shimizu and Goldman, 1983；Westin and Gydemo, 1986；Reynolds et al., 1992)は，秋になり水温が低下して10～15°Cになると繁殖シーズンが開始されると考えている。すなわち水温が繁殖の開始に影響すると考えている。しかしながらほかの研究(Lewis and Horton, 1997)では，日照時間が繁殖シーズンの開始に最も関与する要因であると報告している。これらのことから繁殖シーズンが始まる要因は複数ある可能性がある。

繁殖シーズンにおけるセメントグランドの発達，交尾行動，交尾後のメスの腹部における精包の付着，産卵はウチダザリガニの成熟メスに連続的に観察される。この一連の行動は短期間内に連続的に行われ，交尾直後にはメスの腹部に精包がみられ，交尾から産卵までの期間は数日から数週間以内と短い(Guan and Wiles, 1996)。産卵の後，卵はメスの腹部で抱かれて保護される，いわゆる抱卵行動を示す。成熟メスの抱卵数はバラツキが大きく，1個体当り100～400粒である(Kirjavainen and Westman, 1999)。一般的に，メス1個体

当りの抱卵数は，体サイズが大きくなるにしたがって数が多くなる(Mason, 1975；Söderbäck, 1995；Nakata et al., 2004)。Lewis and Horton(1997)の報告では，平均105±12粒の卵が1個体のメスによって抱卵され，卵を抱く成熟したメスで最小の大きさの頭胸甲長は30 mmであるとされ，Abrahamsson and Goldman(1970)の報告では，成熟サイズに達した最小のメス個体の抱卵数は平均110粒であるとされている。しかしながらMomot and Gowing(1977)は，メスが抱く卵数と個体群密度の間に負の相関があると報告している。すなわち一定の面積で数多くのウチダザリガニが生息していると，1個体当りのメスが抱く卵の数は少なくなってしまう。Reynold et al.(1992)によると，ウチダザリガニにおける抱卵数の平均はヨーロッパ産の在来種であるザリガニ類の一種 *Astacus astacus* より約20%多く，ヨーロッパではウチダザリガニが *A. astacus* の生息地を奪う例が数多く報告されているが，繁殖力の違いが生息地において種が置換する原因のひとつとなっていると思われる。抱卵メスは通常，約7か月にわたり抱卵し(Mason, 1975)，孵化は多くの個体群で4〜5月ごろに起こる(Miller, 1960；Mason, 1963；Abrahamsson and Goldman, 1970；Shimizu and Goldman, 1983；Söderbäck, 1995；Lewis and Horton, 1997)。しかしながら，冷涼な気候下では孵化が6月末〜7月までずれ込むことが報告され(Flint and Goldman, 1975a；McGriff, 1983)，このような孵化時期のずれはカナダのブリティッシュ・コロンビア川におけるウチダザリガニのいくつかの個体群(筆者による個人的な観察)，そして日本の北海道にある然別湖(Nakata et al., 2004)で観察されている。ウチダザリガニの卵が孵化するのには，約200日を要すると仮定されている(Mason, 1977；Lewis and Horton, 1997)。孵化した稚エビの重さは，Söderbäck(1995)によると，10〜16 mgである。前述したように各メス個体における抱卵数は多いが，孵化した稚エビの数は成長にしたがい徐々に死亡して減少し，生存率は高くはない。Cukerzis(1978)によると，*A. astacus* では1個体のメスによる1回の産卵があっても，そのうち約10〜15個体の稚エビしか天然の条件下では生き残れない。

　卵から孵化したI齢の稚エビは，直ちに自らの卵黄から栄養を吸収する生活を始め(卵黄は稚エビの餌として体内に充分に貯えられている)，自ら動くことはない(Lewis, 2002)。I齢の稚エビは1回脱皮した後にII齢となり，そ

の後しばらくして母親の腹部から離れ始め，もし危険を感じたならすぐに母親に戻るが，母親から離れるその間隔は徐々に長くなり，最終的には母親から独立する(Reynolds et al., 1992)。母親はフェロモンを発して稚エビを集めているとの説もある(Stebbig et al., 2003)。生まれてから1年間に，稚エビは13～14回脱皮し(Mason, 1974)，その結果として生後1年目で全長約20.3 mmに成長する(Kirjavainen and Westman, 1999)。その次の年，脱皮の数は明らかに減少して半分以下となり，2年目は5～6回/年となり，3年目は3回/年となり，4年目は1～2回/年となる。すなわち年齢と共に年間の脱皮の頻度は徐々に低下していく。脱皮による体の伸長は2.5～4.5 mmの間にあるが(Mason, 1974)，体が大きいと1回の脱皮当りの伸長量も大きいので，McGriff(1983)は全長64 mm以上の個体だと6.6 mm伸長すると示唆した。脱皮による伸長はほかにも水温の影響を受け，高水温下では1回の脱皮に伴う伸長量は大きくなる(Shimizu and Goldman, 1983)。脱皮の頻度には雌雄差があり，ウチダザリガニでは成熟サイズに達して，産卵したメスでは毎年1回しか脱皮しないが(Kirjavainen and Westman, 1999)，その結果としてメスの成長はオスに比べてわずかに遅くなる。成体のオスについてはほとんどが年間2回の脱皮を行い，最初の1回めは7月前，2回めは8月中旬～9月に行われる(Shimizu and Goldman, 1983；Söderbäck, 1995)。抱卵した(腹部に卵を抱えた)メスは，孵化後，腹部に抱いた稚エビが離れた後に1回だけ脱皮し，その期間は，通常7月か8月になる。ただしウチダザリガニは，個体群により成長率に著しい差がある(Abrahamsson and Goldman, 1970；McGriff, 1983)ことも留意しなければならない。

ザリガニ類の生息地における密度は，成長率だけでなく，成熟に達する年齢やサイズ，生活史，抱卵数にも影響をおよぼす(たとえば，Hogger, 1988；Lowery and Holdich, 1988)。したがって，密度はザリガニの個体群動態に重要な要因となる。ウチダザリガニの生活史は実にさまざまである可能性が高いと考えられている。Mason(1970)によると，寿命は最長でも5～6年としているが，Shimizu and Goldman(1983)，Lowery and Holdich(1988)，Huner and Lindquist(1995)の研究論文では，寿命は9～10年以上と報告されている。Belchier et al.(1998)は，リポフスチンの技術(大型甲殻類の脳内に年齢に応

じてたまる脂肪褐色色素を利用して年齢を推定する方法)を利用して，ウチダザリガニのイギリスの小川における個体群の寿命を最大で16年と考えた。標高が高く，水温が低い環境下においてウチダザリガニの個体群は，温かい水温よりも一層長い寿命となる(Mason, 1970)。そして生残率に関する研究を紹介すると，稚エビから成熟するまでの生存率は21〜33%と推定した研究例がある(Abrahamsson and Goldman, 1970；Abrahamsson, 1971)。しかしながらLowery and Holdich(1988)は，生息地において彼らの生存率を求めるのはきわめて難しいと記している。

3. 一般生態

ウチダザリガニの止水域下の生態

ウチダザリガニは原則的に生産性の高い止水域に棲み，本種が生息していると，そこの生態系には直接的，間接的に明らかな影響がある。ウチダザリガニが生息することにともなう影響はふたつに分かれ，ひとつは原則的に生産性の高い場所での影響であり，ほかのひとつはデトリタスが多い場所での影響である。前者の研究は藻類や大型の植物に対するザリガニの直接的な摂食による影響を注目しており(たとえばFlint and Goldman, 1975；Feminella and Resh, 1989；Elser et al., 1994)，大型植物と関連した無脊椎動物への直接的，間接的な影響も研究されている(たとえばMomot, 1984；Nystrom and Strand, 1996)。基礎生産力の高いフィールドでの調査結果から，ウチダザリガニの摂食による間接的ではあるが明瞭な影響が明らかになっている。本種は鍵種[*1]の消費者であり(Nystrom et al., 1996)，ここでは栄養循環がウチダザリガニにより明らかに制御されている(Nystrom et al., 1999；Nystrom et al., 2001)。たとえば，本種はモノアラガイの仲間である*Lymnaea*属の主要な捕食者であり(Nystrom and Perez, 1998)，Nystrom et al.(2001)はウチダザリガニが巻貝を捕食した結果，巻貝の餌である付着藻類が増大することを確認している。巻貝はザリガニ類よりもはるかに強力な付着藻類の消費者であるため，栄養循環の潤滑化を担っている。これらの研究の示していることとして，限られた栄養の水系で，雑食性の捕食者としての能力をウチダザリガニが発揮するとき

は，中間的な消費者(たとえば巻貝)が得る1個体当りの基本的な餌資源の量はウチダザリガニが不在のときと比べて著しく大きくなる。

Nystrom et al.(1996)の研究によると，スウェーデンの42地点の湖沼において操作実験したところ，湖底堆積物中に生息する無脊椎動物(たとえばミミズ類)では，ザリガニ類により繁殖が促進されたようで，ウチダザリガニが存在して生息密度調整が施され，高い密度を維持する生息状況にあった。加えて動くことのできる昆虫は，ザリガニ類の生息密度の高い池でも生存できる可能性が高く，そのため彼らはウチダザリガニの捕食から逃げられるとの仮説が立てられている。これはAbrahamsson(1966)が最初に論じている。同様に強力な泳力を有する捕食性の水生昆虫であるアメンボ類やゲンゴロウ類はウチダザリガニによる影響を受けない。ウチダザリガニによる直接的な捕食の拠証が得られているほかの無脊椎動物は，落葉などを食べるヨコエビ類，カゲロウ類，アミカやユスリカ類，トビケラ類に属する生物であり，ほかの動物を捕食するマツモムシ類，コバンムシ類，ミズムシ類なども，ウチダザリガニによって選択的に捕食されている(Nystrom et al., 1996)。ウチダザリガニの生息密度が高い水系で，大型植物が濃密に生育しているような場所でも，大型のヤゴ類はみつかっている。このことは，ヤゴ類の大型化がザリガニ類により間接的に促進されたか，またはヤゴ類がウチダザリガニによる捕食を単に回避できた結果なのかもしれない。

ウチダザリガニの生態学的な役割は，本種が生息する各湖の性状によって異なってくる。Stenroth et al.(2008)によるスウェーデンにある18地点の湖沼での研究によると，湖岸の広さと大型個体の栄養状況には関連性があり，広い湖岸では多くの個体を収容することができる。安定同位体を利用した研究が明らかにしたこととして，広い湖岸をもつ湖に棲むウチダザリガニは狭い湖岸に棲む個体よりも，より多く摂食することができる。狭い湖岸においては小さな個体と大きな個体は同じ生息空間で影響し合っていて，このとき，大型の個体は餌が多い場所を占有し，小型の個体を排除して棲む(Stenroth et al., 2008)。

ウチダザリガニの流水下の生態

　食物連鎖における本種の間接的，直接的な影響は次のように示されている。ウチダザリガニは，いくつかの無脊椎動物に対しての捕食者として存在し(Guan and Wiles, 1996；Usio et al., 2006b)，また彼らは落葉の分解者として，生態系における別の役割を併せもつ(Bondar et al., 2005；Stenroth and Nystrom, 2003；Zhang et al., 2004)。しかし，ウチダザリガニやほかのザリガニ類の一般的な生態学的な役割や機能を予測することは，流水環境下ではきわめて難しい(Stenroth and Nystrom, 2003)。事実，小さな小川での無脊椎動物の群集に対する，本種の影響について得られた結果は，実にさまざまであることを次に示す。Mason(1963)はカナダの小さな河川において，ウチダザリガニの餌のうち実に60％は，動物が占めていることを明らかにした。ここでは本種が底生の動物に対して重要な影響を与えていると考えてよい。これに対してMomot(1995)は別のことを示している。ウチダザリガニが生息する密度が低い河川において，生息する無脊椎動物の現存量がきわめて多いにもかかわらず，ウチダザリガニは無脊椎動物をあまり食べていなかった。そのため，ここでは本種が動物群集に与える影響は強くないと考えられる。

　デトリタスを基本とした河川において，ほかの生物はウチダザリガニからの直接的な捕食影響を強く受けやすいことが記録されている。しかし，この影響は出現する生物のタイプに左右されるので，一様ではない。Guan and Wiles(1996)はイギリスの小川におけるウチダザリガニが好むタイプのエサは，ユスリカ類，カゲロウ類，トビケラ類であることをみつけた。これとは多少異なり Stenroth and Nystrom(2003)は，スウェーデンの小川でウチダザリガニは共通してヒルを食べていることを観察し，加えてほかの動きの鈍い無脊椎動物である貝類，ヤゴ，トビケラ類のような生物を好むことも明らかにした。Crawford et al.(2006)はスコットランドの小川において，ウチダザリガニは，ユスリカ類，ハエ類，カワゲラ類に対して，食べることで負の影響を与えて，大型無脊椎動物における群集構造に明らかな影響をおよぼしていることを発見した。

　胃内容物観察と安定同位体を用いた研究により，Bondar et al.(2005)はウチダザリガニがカナダの小川において，いくつかの無脊椎動物に対して，直

接的な捕食はしていないことを見出した。稚エビのレベルでは，すべてのウチダザリガニはユスリカと同じように餌生物としての栄養段階に属している。それにもかかわらず，ある科学的な観察にもとづく仮説では，稚エビの主要なタンパク源となるエサはユスリカであると考えられている。同じ餌生物の段階にあるのに，奇妙なことである(Guan and Wiles, 1996；Hollows et al., 2002；Stenroth and Nystrom, 2003)。加えて Bondar et al.(2005) は，生息地の湖沼において，外部への逃亡や外部からの侵入ができないような籠網を設置し，その囲いのなかに入れたウチダザリガニをサンプリングした。そして籠網の内と外における基質の生物相を比較し，加えて籠の内に収容したウチダザリガニと採集した天然の個体において胃内容物を比べることで，本種の主な餌はデトリタスと生物膜(石などの基質上にバクテリアや付着藻類が大量に繁殖して膜を形成したもの)であることを明らかにした。彼らはデトリタスを食べ，しかも基質上の生産物である生物膜も食べるので生態系のなかでは重要な位置を占めていると考察されている。先述のようにカナダの小川において，ウチダザリガニの主な餌はデトリタスと生物膜であったが，当歳の稚エビで行われた，いくつかの選択実験下の結果において，ある条件下では木質のチップに生息するユスリカ幼虫を選んで食べていた(Bondar et al., 2006)。しかし，成体のウチダザリガニが存在するときは，稚エビの摂餌を始めとした各種の行動は抑制され，その年に生まれた小型の個体は，餌を選択して食べることができずに明らかに長い時間待ち，注意していることを示す行動が観察され，稚エビの行動に対して，成体の存在は大きな影響をおよぼしていることが示された。

　ウチダザリガニの攻撃的な習性として，小さな個体が高い密度で分布している状況下において，大きな個体による共食い(小型個体の捕食)が知られており，小さな河川環境では共食いも含めた捕食による生態学的影響が明瞭であることを疑いなく示している。事実，Bonder et al.(投稿中)では，生息地に籠網をしかけて逃亡や侵入ができない状況をいくつかつくり，それらの籠に現存量を変化させるように，いくつかの段階に分けたウチダザリガニを収容したところ，本種の現存量が著しく異なった収容状況にもかかわらず，無脊椎動物群集は統計的に同様であった。これは籠網中の個体間での激しい干

渉や共食いがほかの無脊椎動物を食べるよりも優先的に行われたので，無脊椎動物へ影響は少なかったのかもしれない。

　ウチダザリガニは好みの環境に集まる傾向がある。そこは流れが緩く，多くの木の破片や湖などの外から運ばれてくる生物体や泥炭など外生性のデトリタスがたまっているような場所である(Light 2005)。このような生息地の環境は，単に餌を利用する条件がよいだけではなく，小さな個体の隠れ家を供給している場所としても重要である。

　小さな河川の生態系では，通常は魚やザリガニ類が優占して出現する。そのような小川においてザリガニ類と魚の関係がいくつか研究されているが，それらの結論はそれぞれで本質的な違いがみられるので一般性がみつかりにくい。カットスロートトラウト(マス類の一種 Oncorhynchus clarki)とザリガニ類を生息地の河川内に設置した籠網に収容した実験結果によると，魚はザリガニ類に対して，また逆にザリガニ類は魚に対して何の障害も与えなかったと結論されている(Zhang et al., 2004)。しかし，この研究では成体のザリガニ類が用いられており，カットスロートトラウトと稚エビの関係については評価されていない。Bondar and Richerdson(投稿準備中)は，とても大きな規模の網囲いを生息地の河川に設置して，その中に各成長段階のカットスロートトラウトとウチダザリガニの供試個体を同時に収容する実験を行い，両者間の影響評価を行った。その結果，成体のウチダザリガニと成魚の間ではわずかな相互作用が認められ，これは統計的に有意であった。しかし現存量の視点で解析を進めると，成体のザリガニは稚魚に明らかな悪影響を与えた。同様に稚エビは稚魚に対してマイナスの影響を与え，Bondar and Richerdson(投稿中)によると，ふたつの生物は，相互の干渉があると推察している。事実，Guan and Wiles(1996)は，ウチダザリガニの出現は魚類の生息に悪影響を与えると考えており，イギリスの小川における実験観察によると，ザリガニ類の出現にともない，ドジョウ(Barbatula barbatula)とカジカ(Cottus gobio)の密度が低下し，両者には負の相関があるとした。しかし，Stenroth and Nystrom(2003)によるスウェーデンの囲い網の中での実験によると，ブラウントラウト Salmo trutta の稚魚はウチダザリガニと同居しても負の影響を受けなかった。同様に Degerman et al.(2007)はスウェーデンのいくつか

の小川で実験観察を行い，ウチダザリガニが分布して，その密度が高くても魚の出現密度には影響しないことを明らかにした。Degerman et al.(2007)は，いくつかの研究例に共通性がみられないことを主張し，その傾向が生じる原因の考察として，小さな河川においてザリガニ類と魚の相互干渉の研究をしても，各研究者による方法論に違いがあるので，その違いが結果の差異に結びつくとの見解を示した。

4. 移入種の導入

ザリガニ類の世界的な分布は，20世紀における各地での移入により，大きな変革をとげている。事実，各地域における外来種の導入は，世界のザリガニ類の在来種の個体群減少や絶滅の危機に直結する原因の半分から3分の1を占めているとの報告もある(Bubb et al., 2004)。事実，近年においてヨーロッパの5つの在来種すべては，侵入して定着した移入種により脅やかされていると考えられている。世界で最も広く定着した移入種はウチダザリガニである。1960年以降，ヨーロッパでは20か国以上に導入され，日本では1920年代から放流されている。コロンビア川水系(北アメリカ西海岸側に位置するいくつかの州を経由して太平洋に注ぐ河川)のウチダザリガニ個体群が，食料としての利用を目的に1926~1930年にかけて5回，日本に運ばれた(Ohtaka et al., 2005; Kawai et al., 2002)。この数回におよぶ導入により，ふたつの地域個体群が定着した。ひとつは本州中部の滋賀県淡海池であり，もうひとつは北海道の摩周湖である(Ohtaka et al., 2005)。両方とも山上に位置する水温の低い止水域であった。しかし彼らは1980年代以降，従来とは異なった新しい環境に生息域を形成した。それは釧路湿原であり，日本国内における最大の湿地である(Usio, 2006a)。釧路湿原は環境保全関係者からも重要視されていたため，ラムサール条約(国際的な湿地環境の保護に関する条約)にも指定されており，湿地保全において最も重要であるにもかかわらず，この湿原の区域内にウチダザリガニが侵入している(Kawai et al., 2002)。

2001年にウチダザリガニは福島県からも発見され，これは非公式な放流により個体群が形成されたと考えられている(Kawai et al., 2004)。この地域個

体群は尖角(両眼の間の突起である額角がさらに鋭角状となった部分)の形態と，随伴種のヒルミミズ類として，北アメリカ産のヒルミミズ類の一種 *Sathodrilus attenuatus* だけが付着することが北海道の個体群と同様である。そのため福島県と北海道の個体群では密接な関係が示唆される(ヒルミミズ類についての生物学的な知見は第V部第3章「群集生物保全」を参照)。そのため本来は放流が好ましくないにもかかわらず，福島県に北海道の個体群が非公式に放たれたと考えられている(Kawai et al., 2004)。

　日本ではザリガニ類としては唯一の在来種であるニホンザリガニ *Cambaroides japonicus* と，ふたつの移入種(ウチダザリガニとアメリカザリガニ *Procambarus clarkii*)が分布している。ウチダザリガニの個体群は，水温が低い北日本が基本的な分布場所になっている。しかし，最近確認された北海道帯広市近くにある第二鈴蘭川のウチダザリガニ生息地は温泉排水による暖水域となっていて，本種はさまざまな環境へ侵入できることが実証された(Nakata et al., 2005；ウチダザリガニ，アメリカザリガニの混生状況に関しての問題点は，第VI部第1章「環境教育」を参照)。在来種であるニホンザリガニの分布域の大きな減少は，ウチダザリガニが出現した前後にみられるので，直接的な証拠はないものの外来種による悪影響が懸念されている(Kawai et al., 2002)。ニホンザリガニは，昔から北日本(具体的には北海道，青森県，岩手県，秋田県)の小川や湖でみられていたが，ウチダザリガニの導入が原因して，いくつかの区域では個体群が消失しているものと思われる。Kawai et al.(2002)によると，ニホンザリガニが死亡する原因にはいくつかの可能性があり，それらのなかにはウチダザリガニによる直接的な捕食，ザリガニの真菌病がもち込まれたことによる病死，そして隠れ家をめぐっての生息地競合が懸念されている(Nakata and Goshima, 2003；2006)。巣穴や隠れ家の利用は，魚やほかの無脊椎動物からの捕食を避けるためにウチダザリガニにとっては重要である(Söderbäck, 1995)。ニホンザリガニの生息地において，もし隠れ家が限られているならば，ニホンザリガニはウチダザリガニとの隠れ家の争奪において劣ることが知られている(Usio et al., 2001)。加えて Nakata and Goshima (2006)は，実験的にウチダザリガニはニホンザリガニを活発にしかも選択的に捕食することを確かめた。そのほかにも Nakata et al.(2004)はウチダザリ

ガニが日本国内においても高い繁殖率をもち，このことが日本で急速に本種の分布域が拡大した原因のひとつであると考えている．さらにニホンザリガニはウチダザリガニと比較して桁違いに抱卵数が少なく，成熟までに時間がかかるので，繁殖力が圧倒的に低いことも減少原因のひとつと考えている（ウチダザリガニによる日本国内の生態系への悪影響に関しては第Ⅳ部第3章「生理・生態学」を参照）。

ニホンザリガニは水産庁と環境省などによって「希少種」（名称は省庁などにより異なる）としての指定を受けている．加えて，ふたつの北アメリカ産のヒルミミズ類（*Sathodrilus attenuatus* Holt, 1981 と *Xironogiton victoriensis* Gelder and Hall, 1990）が最近，日本にも分布することが記録された（Ohtaka et al., 2005）。前者は福島県，石川県（現在はみられない）のウチダザリガニに付着が確認されており，後者は長野県産のウチダザリガニに随伴している．異なったヒルミミズ類の付着組成は，北アメリカから日本へ数回の移入を行ったことが原因していると考えられる[*2]（Kawai and Kobayashi, 2005；ヒルミミズ類の詳細は第Ⅴ部第3章「群集生物保全」を参照）。それらの外来のヒルミミズ類による在来生態系への影響はまだ評価されていない．

5. 移入種としての影響についての結論

ウチダザリガニが導入された地域においては，数多くの研究例がある．しかし，ほとんどの地域において未解明な課題が残っている．たとえば北アメリカにおけるザリガニ類の風土病である水カビ病の媒介者としてのウチダザリガニの危険性，本種と随伴して移入した外来ヒルミミズ類による国内在来生態系への悪影響の研究は日本においてとくに必要であり，ウチダザリガニによるほかの在来生態系に対しての潜在的な悪影響も何らかの評価をしなければならない．皮肉なことに，北アメリカ太平洋側におけるウチダザリガニの在来の生息地では，本種は希少種であり保全が必要であるもの，対策のための基礎知見は不足している（Bondar et al., 2005）。カナダの太平洋側における在来のウチダザリガニ個体群でも絶滅の危険があり（Hamr, 1998），そのためにも在来の分布域におけるウチダザリガニの基礎生物学は保全を進めるう

えできわめて重要である。この知見は同時に国外においては，とくにウチダザリガニの蔓延が深刻な日本においては，外来種対策の基礎知見となるので二重の意味がある。

[専門用語の解説]
訳者が日本の読者の理解が深まるように補足を行った。
*1 **鍵種(キーストーン種)** 保全生態学の領域でとくに注目されている言葉であり，その種の侵入や喪失が生物群集の性状を変えてしまうような「要」となり，その生態系システムの構造や構造にとりわけ大きな影響を与える種を指している。なお，ギリシャ・ローマ時代以来の西欧建築物に特徴的なアーチ構造を支える楔型の「要石」をたとえて，キーストーン種と呼ばれている。通常，キーストーン種になる種は体が大きく，個体数が少ないことが条件となる。その点，ザリガニ類は淡水で生活する可動性の無脊椎動物のなかで通常は最大であるため，摂食量が多くなり，典型的なキーストーン種となる。
*2 **移入マーカーとしてのヒルミミズ類** ヒルミミズ類はザリガニ類だけに付着する共生生物であり，種特異性はきわめて強く例外はほとんどみられない。また地域により種組成が異なることが多いので，移入により由来したザリガニ類の個体群において，その移入先が不明な場合，ヒルミミズ類の種組成が移入先の推定に役立つことが多い。
　ヒルミミズ類の種組成は移入回数の推定にも役立つ。たとえば日本国内に分布するアメリカザリガニは北アメリカからの移入回数が1回だけあり，日本全国のアメリカザリガニからはヒルミミズ類は未発見である。そのため，ヒルミミズ類の種組成は全国で統一されており，輸入回数が一回であることと整合性がある。これに対してウチダザリガニはヒルミミズ類の付着状況が地域により異なっている。具体的には滋賀県淡海池の個体ではヒルミミズ類の付着がみられず，北海道の摩周湖ではヒルミミズ類の付着がみられる。このことはウチダザリガニが複数回移入されたことを示唆している。そして実際，ウチダザリガニは複数回，輸入・放流されていることが保存されている公式文書で確認できる。このようにヒルミミズ類の種組成を観察することは移入の回数を推定するのに有効な手法となる。ヒルミミズ類の詳細に関しては第V部第3章「群集生物保全」を参照。

[引用文献]
Abrahamsson, S. A. 1966. Dynamics of an isolated population of the crayfish, *Astacus astacus* Linne. Oikos, 17: 96-107.
Abrahamsson, S. A. A. 1971. Density, growth and reproduction in populations of *Astacus astacus* and *Pacifastacus leniusculus* in an isolated pond. Oikos, 22: 373-380.
Abrahamsson, S. A. A. 1983. Trapability, locomotion, and dial pattern of activity of the crayfish *Astacus astacus* and *Pacifastacus leniusculus* Dana. Freshwater Crayfish, 5: 239-253.
Abrahamsson, S. A. A. and Goldman, C. R. 1970. Distribution, density, and production of the crayfish *Pacifastacus leniusculus* (Dana) in Lake Tahoe, California-Nevada. Oikos, 21: 83-91.
Becker, C. D., Genoway, R. G. and Merril, J. A. 1975. Resistance of the north-western

Crayfish *Pacifastacus leniusculus* (Dana) to elevated temperatures. Trans. Amer. Fish. Soc., 2: 374-387.
Belchier, M., Edsman, L., Sheehy, M. R. J. and Shelton, P. M. J. 1998. Estimating age and growth in long-lived temperate freshwater crayfish using lipofuscin. Freshwater Biol., 39: 439-446.
Bondar, C. A., Bottriell, K., Zeron, K. and Richardson, J. S. 2005. Does trophic position of the omnivorous signal crayfish (*Pacifastacus leniusculus*) in a stream food web vary with life history stage or density? Can. J. Fish. Aqua. Sci., 62: 2632-2639.
Bondar, C. A., Zeron, K. and Richardson, J. S. 2006. Risk-sensitive foraging by juvenile signal crayfish (*Pacifastacus leniusculus*). Can. J. Zool., 84: 1693-1697.
Bott, R. 1950. Die flusskrebse Europas (Decapoda, Astacidae). Adhandlungen der Senckenbergischen Naturforschenden Gesellschaft, 483: 1-36.
Bubb, D. H., Thom, T. J. and Lucas, M. C. 2004. Movement and dispersal of the invasive signal crayfish *Pacifastacus leniusculus* in upland rivers. Freshwater Biol., 49: 357-368.
Bubb, D. H., Thom, T. J. and Lucas, M. C. 2006. Movement, dispersal and refuge use of co-occurring introduced and native crayfish. Freshwater Biol., 51: 359-1368.
Crawford, L., Yeomans, W. and Adams, C. E. 2006. The impact of introduced signal crayfish *Pacfiastacus leniusculus* on stream invertebrate communities. Aqua. Cons. Mar. Freshwater Eco., 16: 611-621.
Cukerzis, J. M. 1978. On acclimatization of *Pacifastacus leniusculus* (Dana) in an isolated lake. Freshwater Crayfish, 4: 451-458.
Degerman, E., Nilsson, P. A., Nystrom, P., Nilsson, E. and Olsson, K. 2007. Are fish populations in temperate streams affected by crayfish?- A field survey and prospects. Environ. Biol. Fish., 78: 231-239.
Elser, J. J., Junge, C. and Goldman, C. R. 1994. Population structure and ecological effect of the crayfish *Pacifastacus leniusculus* in Castle Lake, California. Great Basin Nat., 54: 162-169.
Englund, G. and Krupa, J. J. 2000. Habitat use by crayfish in stream pools: influence of predators, depth and body size. Freshwater Biol., 43: 75-83.
Feminella, J. W. and Resh, V. R. 1989. Submersed macrophytes and grazing crayfish: an experimental study of herbivory in a Californian freshwater marsh. Holarctic Eco., 12: 1-8.
Firkins, I. and Holdich, D. M. 1993. Thermal studies with three species of freshwater Crayfish. Freshwater Crayfish, 9: 241-248.
Flint, R. W. 1975a. The natural history, ecology and production of the crayfish *Pacifastacus leniusculus* in a subalpine lacustrine environment. 157pp. PhD Thesis, University of California, Davis.
Flint, R. W. 1975b. Growth in a population of the crayfish *Pacifastacus leniusculus* from a subalpine lacustrine environment. J. Fish. Res. Board Can., 32: 2433-2440.
Flint, R. W. and Goldman, C. R. 1975. The effects of a benthic grazer on the primary productivity of the littoral zone of Lake Tahoe. Limn. Oceanogra., 20: 935-944.
Goldman, C. R. 1973. Ecology and physiology of the Californian crayfish *Pacifastacus leniusculus* (Dana) in relation to its suitability for introduction into European waters. Freshwater Crayfish, 1: 106-120.

Goldman, C. R. and Rundquist, J. C. 1977. A comparative ecological study of the Californian crayfish *Pacifastacus leniusculus* (Dana) from two subalpine lakes. Freshwater Crayfish, 3: 51-80.

Guan, R. 1994. Burrowing behavior of signal crayfish, *Pacifastacus leniusculus* (Dana), in the River Great Ouse, England. Freshwater Forum, 4: 155-168.

Guan, R. and Wiles, P. 1996. Growth, density and biomass of crayfish, *Pacifastacus leniusculus*, in a British lowland river. Aquatic Living Resources, 9: 265-272.

Hamr, P. 1998. Conservation status of Canadian freshwater crayfishes. 87pp. World Wildlife Fund Canada and the Canadian Nature Federation, March 1998.

Hogger, J. B. 1986. Aspects of the introductions of 'signal crayfish', *Pacifastacus leniusculus* (Dana), into the southern United Kingdom. 1. Growth and survival. Aquaculture, 58: 27-44.

Hogger, J. B. 1988. Ecology, population biology and behavior. In "Freshwater Crayfish: Biology, Management and Exploitation" (eds. Holdich, D. M. and Lowery, R. S.), pp. 114-144. Croom Helm, London.

Holdich, D. M., Harliglu, M. M. and Firkins, I. 1997. Salinity adaptations of crayfish in British water with particular reference to *Austropotamobius pallipes*, *Astacus leptodactylus*, and *Pacifastacus leniusculus*. Estuarine, Coast. Shelf Sci., 44: 147-154.

Hollows, J. W., Townsend, C. R. and Collier, K. J. 2002. Diet of the crayfish *Paranephrops zealandicus* in bush and pasture streams: insights from stable isotopes and stomach analysis. NZ J. Mar. Freshwater Res., 36: 129-142.

Huner, J. W. and Lindquist, O. V. 1995. Physiological adaptations of freshwater crayfishes that permit successful aquacultural enterprises. Amer. Zool., 35: 12-19.

Johnson, J. E. 1986. Inventory of Utah crayfish with notes on current distribution. Great Basin Naturalist, 46: 625-631.

川井唯史. 2007. ザリガニの博物誌. 166 pp. 東海大学出版会.

Kawai, T. and Kobayashi, Y. 2005. Origin and current distribution of the alien crayfish, *Procambarus clarkii* (Girard 1852) in Japan. Crustaceana, 78: 1143-1149.

Kawai, T., Mitamura, T. and Ohtaka, A. 2004. The taxonomic status of the introduced North American signal crayfish, *Pacifastacus leniusculus* (Dana 1852) in Japan, and the source of specimens in the newly reported population in Fukushima Prefecture. Crustaceana, 77: 861-870.

Kawai T, Nakata, K. and Hamano, T. 2002. Temporal changes of the densities in two crayfish species, the native *Cambaroides japonicus* (De Haan) and the alien *Pacifastacus leniusculus* (Dana), in natural habitats of Hokkaido, Japan. Freshwater Crayfish, 13: 198-206.

Kerley, D. E. and Pritchard, A. W. 1967. Osmotic regulation in the crayfish, *Pacifastacus leniusculus*, stepwise acclimated to dilutions of seawater. Comp. Biochem. Physiol., 20: 101-113.

Kirjavainen, J. and Westman, K. 1995. Development of an introduced signal crayfish (*Pacifastacus leniusculus* (Dana)) population in the small Lake Karisjarvi in central Finland. Freshwater Crayfish, 10: 140-150.

Kirjavainen, J. and Westman, K. 1999. Natural history and development of the introduced signal crayfish, *Pacifastacus leniusculus*, in a small, isolated Finnish Lake, from 1968 to 1993. Aquatic Living Resources, 12: 387-401.

Klosterman, B. J. and Goldman, C. 1983. Substrate selection behavior of the crayfish *Pacifastacus leniusculus*. Freshwater Crayfish, 5: 254-267.

Kozubíková, E., Petrusek, A., Ďuriš, Z., Martín, M.P., Diéguez-Uribeondo, J., Oidtmann, B. (2008): The old menace is back: recent crayfish plague outbreaks in the Czech Republic. Aquaculture, 274: 208-217.

Lewis, S. D. 2002. *Pacifastacus*. In "Biology of Freshwater Crayfish" (ed. Holdich, D. M.), pp. 511-540. Blackwell Science, London.

Lewis, S. D. and Horton, H. F. 1997. Life history and population dynamics of signal crayfish, *Pacifastacus leniusculus*, in Lake Billy Chinook, Oregon. Freshwater Crayfish, 11: 34-53.

Light, T. 2005. Behavioral effects of invaders: alien crayfish and native sculpin in a California stream. Biol. Invasions, 7: 353-367.

Lodge, D. M. and Hill, A. M. 1994. Factors governing species composition, population size, and productivity of cool-water crayfishes. Nordic J. Freshwater Res., 69: 111-136.

Lowery, R. S. and Holdich, D. M. 1988. *Pacifastacus leniusculus* in North America and Europe, with details of the distribution of introduced and native crayfish species in Europe. In "Freshwater Crayfish: Biology, Management and Exploitation" (ed. Holdich, D. M. and Lowery, R. S.), pp. 283-308. Croom Helm, London.

Mason, J. C. 1963. Life history and production of the crayfish, *Pacifastacus leniusculus trowbridgii* (Stimson), in a small woodland stream. 204pp. Master's thesis, Oregon State University.

Mason, J. C. 1970. Copulatory behavior of the crayfish, *Pacifastacus leniusculus* (Stimson). Amer. Mid. Natur., 84: 463-473.

Mason, J. C. 1974. Aquaculture potential of the freshwater crayfish, (*Pacifastacus*). I. Studies during 1970. 440 pp. Fisheries Research Board of Canada. Technical Report.

Mason, J. C. 1975. Crayfish production in a small woodland stream. Freshwater Crayfish, 2: 449-479.

Mason, J. C. 1977. Artificial incubation of crayfish eggs. Freshwater Crayfish, 3: 119-132.

Mason, J. C. 1979. Effects of temperature, photoperiod, substrate, and shelter on survival, growth, and biomass accumulation of juvenile *Pacifastacus leniusculus* in culture. Freshwater Crayfish, 4: 73-82.

McGriff, D. 1983. Growth, maturity and fecundity of the crayfish, *Pacifastacus leniusculus*, from the Sacramento-San Joaquin Delta. Calif. Fish Game, 69: 227-242.

Miller, G. C. 1960. Taxonomy and certain biological aspects of the crayfish of Oregon and Washington. 216pp. Master's thesis, Oregon State University.

Miller, G. C. and J. M. Van Hyning. 1970. The commercial fishery for fresh-water crawfish, *Pacifastacus leniusculus* (Astacidae), in Oregon, 1893-1956. Res. Rep. Fish. Com. Oregon, 2: 77-89.

Momot, W. T. 1984. Crayfish production: a reflection of community energetics. J. Crust. Biol., 4: 35-54.

Momot, W. T. 1995. Redefining the role of crayfish in aquatic ecosystems. Rev. Fish. Sci., 3: 33-63.

Momot, W. T. and Gowing, H. 1977. Production and population dynamics of the crayfish *Orconectes virilis* in three Michigan lakes. J. Fish. Res. Board Can., 34: 2041-2055.

Nakata, K. and Goshima, S. 2003. Competition for shelter of preferred sizes between the native crayfish species *Cambaroides japonicus* and the alien crayfish species *Pacifastacus leniusculus* in Japan in relation to prior residence, sex difference, and body size. J. Crust. Biol., 23: 897-907.

Nakata, K. and Goshima, S. 2006. Asymmetry in mutual predation between the endangered Japanese native crayfish *Cambaroides japonicas* and the North American invasive crayfish *Pacifastacus leniusculus*: A possible reason for species replacement. J. Crust. Biol., 26: 134-140.

Nakata, K., Hamano, T., Hayashi, K. I. and Kawai, T. 2002. Lethal limits of high temperature for two crayfishes, the native species *Cambaroides japonicas* and the alien species *Pacifastacus leniusculus* in Japan. Fish. Sci., 68: 763-767.

Nakata, K., Tanaka, A. and Goshima, S, 2004. Reproduction of the alien crayfish species *Pacifastacus leniusculus* in lake Shikaribetsu, Hokkaido, Japan. J. Crust. Biol., 24: 496-501.

Nakata, K., Tsutsumi, K., Kawai, T. and Goshima, S. 2005. Coexistence of two North American invasive crayfish species, *Pacifastacus leniusculus* (Dana, 1852) and *Procambarus clarkii* (Girard, 1852) in Japan. Crustaceana, 78: 1143-1149.

Nystrom, P. 2002. Ecology. In "Biology of Freshwater Crayfish" (ed. Holdich D. M.), pp. 192-235. Blackwell Science, London.

Nystrom, P. 2005. Non-lethal predator effects on the performance of a native and an exotic crayfish species. Freshwater Biol., 50: 1938-1949.

Nystrom, P. and Perez, J. R. 1998. Crayfish predation on the common pond snail (Lymnaea stagnalis): the effect of habitat complexity and snail size on foraging efficiency. Hydrobiologia, 368: 201-208.

Nystrom, P. and Strand, J. A. 1996. Grazing by a native and an exotic crayfish on aquatic macrophytes. Freshwater Biol., 36: 673-682.

Nystrom, P., Bronmark, C. and Graneli, W. 1996. Patterns in benthic food webs: a role for omnivorous crayfish? Freshwater Biol., 36: 631-646.

Nystrom, P., Bronmark, C. and Graneli, W, 1999. Influence of an exotic and a native crayfish species on a littoral benthic community. Oikos, 85: 545-553.

Nystrom, P., Svensson, O., Lardner, B., Bronmark, C. and Graneli, W. 2001. The influence of multiple introduced predators on a littoral pond community. Ecology, 82: 1023-1039.

Nystrom, P., Stenroth, P., Holmqvist, N., Berglund, O., Larsson, P. and Graneli, W. 2006. Crayfish in lakes and streams: individual and population responses to predation, productivity and substratum availability. Freshwater Biol., 51: 2096-2113.

Ohtaka, A., Gelder, S. R., Kawai, T., Saito, K., Nakata, K. and Nishino, M. 2005. New records and distributions of two North American branchiobdellidan species (Annelida: Clitellata) from introduced signal crayfish, *Pacifastacus leniusculus*, in Japan. Biol. Invasions, 7: 149-156.

Rallo, A. and Garcia-Arberas, L. 2002. Differences in abiotic water conditions between

fluvial reaches and crayfish fauna in some northern rivers of the Iberian Peninsula. Aquatic Living Resources, 15: 119-128.
Reynolds, J. D., Celada, J. D., Carral, J. M. and Matthews, M. A. 1992. Reproduction of astacid crayfish in captivity-current developments and implications for culture, with special reference to Ireland and Spain. Inverte. Repro. Develop., 22: 253-256.
Riegel, J. A. 1959. The systematics and distribution of crayfishes of California. Calf. Fish Game, 45: 29-50.
Sheldon, A. L. 1989. Reconnaissance of crayfish populations in western Montana. Montana Department of Fish, Wildlife and Parks.
Shimizu, S. J. and Goldman, C. R. 1983. *Pacifastacus leniusculus* (Dana) production in the Sacramento River. Freshwater Crayfish, 5: 210-228.
Skurdal, J., Qvenild, T., Taugbol, T. and Garnas, E. 1988. Can catch per unit effort data (CPUE) forecast yield in an exploited noble crayfish *Astacus astacus* L. population? Freshwater Crayfish, 8: 257-264.
Söderbäck, B. 1995. Replacement of the native crayfish *Astacus astacus* by the introduced species *Pacifastacus leniusculus* in a Swedish lake: possible causes and mechanisms. Freshwater Biol., 33: 291-304.
Stebbig, P. D., Bentley, M. G. and Watson, G. J. 2003. Mating Behavior and evidence for a female released courtship pheromone in the signal crayfish *Pacifastacus leniusculus*. J. Chem. Ecol,. 29: 465-475.
Stenroth, P., Holmqvist, N., Nystrom, P., Berglund, O., Larsson, P. and Graneli, W. 2008. The influence of productivity and width of littoral zone on the trophic position of a large-bodied omnivore. Oecologia, 156: 681-690.
Stenroth, P. and Nystrom, P. 2003. Crayfish in a brown water stream: effects on juvenile trout, invertebrates and algae. Freshwater Biol., 48: 466-475.
Styrishave, B., Bojsen, B. H., Witthofft, H. and Andersen, O. 2007. Diurnal variations in physiology and behaviour of the noble crayfish *Astacus astacus* and the signal crayfish *Pacifastacus leniusculus*. Mar. Freshwater Behave. Physiol., 40: 63-77.
Svardson, G. 1995. The early history of signal crayfish introduction into Europe. Freshwater Crayfish, 8: 68-77.
Unestam, T. 1969. Resistance to the crayfish plague in some American, Japanese and European crayfishes. Rep., Inst. Freshwater Res., Drottningholm, 49: 202-209.
Usio, N., Konishi, M. and Nakano, S. 2001. Species displacement between an introduced and a 'vulnerable' crayfish: the role of aggressive interactions and shelter competition. Biol. Invasions, 3: 179-185.
Usio, N., Nakajima, H., Kamiyama, R., Wakana, I., Hiruta, S. and Takamura, N. 2006a. Predicting the distribution of invasive crayfish (*Pacifastacus leniusculus*) in a Kusiro Moor marsh (Japan) using classification and regression trees Ecol. Res., 21: 271-277.
Usio, N., Suzuki, K., Konishi, M. and Nakano, S. 2006b. Alien vs. Endemic crayfish: roles of species identity in ecosystem functioning. Archiv für Hydrobiologie, 166: 1-21.
Westin, L. and Gydemo, R. 1986. Influence of light and temperature on reproduction and moulting frequency in the crayfish, *Astacus astacus*. Aquaculture, 52: 43-50.
Westman, K., Savolainen, R. and Pursianen, M. 1993. A comparative study on the

reproduction of the noble crayfish, *Astacus astacus* (L), and the signal crayfish, *Pacifastacus leniusculus* (Dana), in a small forest lake in southern Finland. Freshwater Crayfish, 9: 466-476.

Zhang, Y., Negishi, J. N. and Richardson, J. S. 2004. Detritus processing, ecosystem engineering, and benthic diversity: a test of predator-omnivore interference. J. Anim. Ecol., 73: 756-766.

生理・生態
基礎生態・繁殖・生理

第3章

中田和義

要　旨

　本章ではまず，国内でみられるザリガニ類3種の基礎的な生態について解説する。日本全国に広く定着しているアメリカザリガニの生態については，既往の普及書によってすでに多くの解説がなされているため，ここでは主に，絶滅危惧在来種ニホンザリガニと北アメリカ産外来種ウチダザリガニの基礎生態・繁殖・生理に焦点をあてる。とくに，近年，在来生態系への影響が大きな問題となり，2006年に特定外来生物に指定されたウチダザリガニに関しては，国内に定着した個体群の繁殖生態・生理や，ニホンザリガニにおよぼす影響について，主に筆者らの調査研究から明らかとなった知見にもとづき，詳しく述べることにする。

1. 生息場所

　今や日本全国の水域で普通にみられるほどまでに分布域をひろげたアメリカザリガニ *Procambarus clarkii* は，環境への適応性が高く，河川・湖沼・水田・農業用水路・ため池など，実にさまざまな環境に定着している。アメリカザリガニは，比較的劣悪な水質条件をともなう環境に分布する場合も多い。環境に対するこのような強い適応力によって，放流されると幅広い環境に定着できるため，現在のような日本全国での広い分布が形成されたと考えることができる。

　ただし，北海道においては，アメリカザリガニはどこにでもみられるというわけではない。北海道におけるアメリカザリガニの定着場所は，現在までのところ温泉水が流入する一部の河川に限られており(図1)，道外における

図1 北海道におけるアメリカザリガニの生息地(堤公宏氏撮影)。温泉水が流入する。口絵20参照

定着場所とは状況が大きく異なる。この理由としては、アメリカザリガニは高水温性であるため、冬期に水温が著しく低下する北海道の一般的な河川や湖沼では越冬できないためと考えられる。アメリカザリガニが生息する北海道の河川の水温は、温泉水の流入によって一年中高く、真冬の1月でさえも18℃程度もあるといった(中田ほか,2001)、北海道の通常の河川では起こりえない高水温条件となっている。こうした安定した水温により、北海道に定着したアメリカザリガニは冬期でも脱皮成長することが確認されている(中田ほか,2001)。そのため、北海道のアメリカザリガニは、道外に定着しているアメリカザリガニよりも個体群増殖速度が速い場合もありうるかもしれない。

一方、ニホンザリガニ *Cambaroides japonicus* の生息環境は、アメリカザリガニのそれとは大きく異なる。ニホンザリガニの生息場所は、きわめて清澄な水環境をともなう小河川や湖沼に限られている(図2)。湧水の影響を強く受ける場合が多く、真夏でも水温は20℃を大きく超えることはない。また、

図2 ニホンザリガニの生息地(中田和義撮影)。口絵21参照

周囲は広葉樹に囲まれている場合が多く，生息地はそれらの植物の落葉や枝で満たされる。周囲の広葉樹が，水面への直射日光を遮る役割を果たし，真夏の水温上昇を防いでいる。このように，ニホンザリガニとアメリカザリガニの生息環境は，基本的に大きく異なっている。

これまでのところ，両種の共存例は確認されていない。ときおり，関東や九州の平地でニホンザリガニが発見されたとの問い合わせを受けることがあるが，もちろん，すべてアメリカザリガニである。今後，ほかの外来ザリガニ種が定着する可能性は否定できないが，基本的に，ニホンザリガニの分布域(北海道と東北地方北部)から離れた水域でみられるザリガニは，ウチダザリガニ *Pacifastacus leniusculus* でなければ，アメリカザリガニであると考えてほぼ間違いない。ニホンザリガニの生息地における環境の詳細については第Ⅳ部第1章「在来種の生息環境」を参照していただきたい。

特定外来生物のウチダザリガニは，一般に冷水性とみなされており，冬期

図3 ウチダザリガニが定着している北海道の湖(中田和義撮影)。冬期間は結氷するほど水温が低下する。口絵22参照

に結氷するほど水温が低下する北海道の湖においても，越冬可能である(図3)。こうした低水温に対する耐性から，道内の広い範囲に定着できたと考えられる。ニホンザリガニとは生息場所選好性もよく似通っている。したがって，ニホンザリガニの生息場所に放流されれば定着することが可能なのである。なおウチダザリガニの生息環境の詳細に関しては，第Ⅳ部第2章「外来種の生息環境」を参照していただきたい。

2. 水温と分布の関係——高温耐性

一般に水温は，水生生物の分布・成長・代謝・生活史などに大きく影響し，それらの制限要因となる場合もある。ニホンザリガニの分布は北海道や東北地方北部に限られているが，こうした限られた範囲の分布を規定する要因の

ひとつが水温にあることは，容易に想像できるだろう。また，生息場所の保全・創出や，ニホンザリガニの保全のための飼育においては，本種の高温耐性についての知見は不可欠となる。一方，特定外来生物のウチダザリガニについても，高温耐性に関する情報は，定着可能な範囲を予測するうえで重要となる。そこで筆者らは，ニホンザリガニと北海道に定着したウチダザリガニを用いて，高温耐性を明らかにするための室内実験を実施した(Nakata et al., 2002)。

ここでまず，一般的に知られる水生生物の高温耐性の指標を紹介する。高温耐性の代表的な指標としては，①初期致死温度(ILT：incipient lethal temperature)，②臨界致死温度(CTM：critical thermal maximum)，③最終致死温度(UULT：ultimate upper lethal temperature)の3通りが知られている。このうち初期致死温度と臨界致死温度が，魚類などの高温耐性試験における指標としてよく用いられている。これら3通りの致死温度の違いは，実験方法にある。初期致死温度は，実験個体を一定期間馴致水温で飼育したのち，突然，高水温下に移した際に死亡にいたる水温である(半数致死水温を初期致死温度とする場合が多い)。一方，臨界致死温度は，実験個体を一定期間馴致水温下で飼育したのち，比較的速い，かつ一定の速度で水温を上昇させていく場合に(たとえば30分に1°C)，死亡にいたる水温である。また，最終致死温度は，実験個体を一定期間馴致飼育したのち，ゆっくりとした速度で水温を上昇させていく場合に(たとえば1週間に1°C上昇)，死亡にいたる水温である。いずれの高水温耐性試験においても，馴致飼育時の水温が，致死水温に影響する。

実験が終わるまでに時間はかかるが，上記3指標のなかでは，最終致死温度が最も正確な高温耐性を示しているといわれている。そこで筆者らが実施した高温耐性試験では，ニホンザリガニとウチダザリガニの最終致死温度を求めることにした(Nakata et al., 2002)。

この高温耐性試験では，ニホンザリガニ・ウチダザリガニともにそれぞれ20個体を使用し，個体別に実験水槽を用意した。実験に先立ち，2週間，水温16°Cでの馴致飼育を行った。馴致期間の終了後，水温を1週間に1°Cの速度で緩やかに上昇させていった。実験は全供試個体が死亡するまで継続した。

図4 高水温が原因と考えられる異常脱皮によって死亡したニホンザリガニ
（Nakata et al., 2002 を一部改変）

そして，半数致死温度を最終致死温度とした。

その結果，ニホンザリガニとウチダザリガニとでは，高水温に対する耐性が大きく異なっていた。ウチダザリガニのほうがニホンザリガニよりも高い水温で生残できたのである。ニホンザリガニではまず，21℃において，高水温の影響と考えられる脱皮不全によって死亡した個体がみられた(図4)。すなわち，20℃を超えると生存に影響が生じると考えられた。その後，25℃を超えると生残率が急落した。最終致死温度は 27℃であった。

これに対してウチダザリガニでは，30℃まではすべての実験個体が生残した。30℃を超えると死亡個体が初めてみられ始め，最終致死温度は 31.1℃と算出された。すなわち，ウチダザリガニは，結氷するほどの低水温から 30℃程度までの高水温まで生残可能であり，水温に対して非常に高い適応力をもっていると考えることができよう。

以上の結果から，どのようなことがいえるだろうか？　まずニホンザリガニについては，水温20℃を超えると生存に影響が生じる可能性が高いことは，本種の自然分布域によく反映されていると考えることができる。すなわち，過去の長い歴史において一度でも 20℃を大きく超えたことがある環境では，個体群として存続できないのである。このことは，ニホンザリガニが九州などの南方に分布しない事実からも裏づけられる。

一方のウチダザリガニが，結氷下の低水温から 30℃程度までの高水温に

耐えられるという事実は，何を意味するだろうか？　ニホンザリガニとは対照的に，北海道以南にも広く定着できることを示しているのである。筆者らがこの実験を行った当時は，ウチダザリガニの主要分布域は北海道内であった。その一方で，昭和初期ごろに滋賀県淡海湖に放流されたウチダザリガニの個体群(現地ではタンカイザリガニとの和名で知られる)は，現在も残存している。そのため筆者らは，本研究を取りまとめた論文(Nakata et al., 2002)を公表後に，放流さえされればウチダザリガニは北海道以南にも定着できる可能性が高く，分布域を国内の広い範囲にひろげる危険性があると警鐘を鳴らしていた。当時の筆者らの予測は，その後，残念ながら現実となってしまい，2008年現在で，北海道以南(福島県・長野県など)においてもウチダザリガニの定着個体群が確認されている(Usioほか, 2007)。とくに福島県の磐梯国立公園内の湖沼では，個体群密度が非常に高まっていることが確認されている(阿部ほか, 2006)。

3. 北海道における外来ザリガニ2種の共存例

　一般に冷水性と考えられているウチダザリガニであるが，前節で述べた筆者らの高温耐性試験によって，比較的高い水温条件下でも生存可能なことが示された。このことを裏づける事例が筆者らの野外調査によって確認されたので，紹介する。
　第1節で述べたように，北海道内におけるアメリカザリガニの定着域は，温泉水が流入する一部の水域に限定されている(Nakata et al., 2005)。そのような北海道内のアメリカザリガニ生息地のひとつとして，北海道十勝支庁管内の音更町を流れる鈴蘭川水系の第2鈴蘭川が挙げられる(図1)。第2鈴蘭川は，源流域付近に温泉水が流入する流路長約3 kmの小河川であり，第1鈴蘭川に合流する。
　第2鈴蘭川は，温泉水流入の影響によって，冬期間でも水温は低下しない。この河川におけるザリガニ類調査を筆者と共同で進めた堤公宏氏(株式会社ズコーシャ)が，第2鈴蘭川に水温用のデータロガー(水温を一定間隔で自動的に連続測定記録する機器)を設置し，冬期を中心に水温を継続的に計測し

たところ，北海道の真冬に相当する12〜2月末であったにもかかわらず，水温は30℃前後で推移した。なお，同じ時期に，堤氏が近郊の河川にデータロガーを設置して水温を連続測定したところ，平均水温は5℃を下回っており，第2鈴蘭川との水温差は25℃にも達していた。通常の北海道の河川においては，冬期間は上記例のように5℃以下にまで水温が低下し，逆に夏期は最高でも20℃程度までにしか水温が上昇しないことを考慮すると，温泉水が流入する北海道の河川がいかに特殊な環境であるかを理解できよう。

筆者と堤氏は，2005年の春に，こうした特殊な環境をもつ第2鈴蘭川にアメリカザリガニが定着しているとの情報を入手した。そこで，第2鈴蘭川に2か所の調査地点を設定し，2005年4月と8月に，タモ網を用いてザリガニ類の捕獲調査を実施した。その結果，情報は確かであり，多数のアメリカザリガニが確認された。そして，驚いたことに，ウチダザリガニも同時に捕獲された(図5)。すなわち，第2鈴蘭川においては，外来ザリガニ2種のアメリカザリガニとウチダザリガニが共存していたのである。両種はともに，小型個体から大型個体まで，さまざまな体サイズの個体が確認されたことから，両外来種ともに第2鈴蘭川において繁殖していると考えられた(Nakata et al., 2005)。温水性のアメリカザリガニが温泉水の流入する高水温域に定着可能なことは容易に理解できるが，一方で，一般に冷水性と考えられているウチダザリガニがこのような高水温域に定着できることは通常では考えにくい。また，高水温性のアメリカザリガニと冷水性のウチダザリガニの共存例は世界的にも珍しく，アジアでは最初の発見例となった(Nakata et al., 2005)。

第2鈴蘭川におけるウチダザリガニの分布は，一見，非常に珍しいようにも思える。しかしここで，前節で紹介した高温耐性試験の結果を思い出してほしい。すなわち，ウチダザリガニは冷水性といわれているものの，少なくとも短期間であれば，30℃程度までなら高水温下でも生存可能なのである(Nakata et al., 2002)。ここで紹介した，温泉水が流入する第2鈴蘭川におけるアメリカザリガニとウチダザリガニの共存例は，これまでの常識をくつがえす事例であったとともに，筆者らによる高温耐性試験の結果から示された「ウチダザリガニが高水温でも生存可能である」との結論を実際に裏づける事例でもあった。また，温泉水が流入する高水温下にウチダザリガニが生息

図5 北海道の第2鈴蘭川で混獲された外来ザリガニ2種のアメリカザリガニとウチダザリガニ(中田和義撮影)。口絵23参照

できる事実は，本外来種が国内の広い範囲に定着できる可能性をあらためて浮き彫りにしたのである。

4. 好適な流速条件

一般に流速条件は，生物の生息地選択や，その環境に生息する生物の群集構造の決定に大きく影響する。ザリガニ類の生息地選択においても流速は重要な条件のひとつとなり，速い流れの環境に生息するザリガニ類ほど高流速に対する耐性をもち，逆に緩やかな流れの環境に生息するザリガニ類は低流

速を好み，速い流れに対する耐性をもたない傾向がある(Maude and Williams, 1983)。したがって，希少なザリガニ類の保全のための生息地の保全・創出や飼育においては，生息環境の流速条件には十分に配慮する必要がある。すなわち，保全対象となるザリガニ種にとっての好適な流速条件に加えて，流速に対する耐性についても明らかにしておくことが求められる。なお，ザリガニ類の生息環境においては，平水時はもちろんのことであるが，大雨による出水時の流速についても考慮しなくてはいけない。つまり，出水時における避難場所となる生息空間の流速が，保全対象となるザリガニ種が流されずに耐えられる流速条件となるように環境を保全・創出する必要がある。

したがって，ニホンザリガニの保全を考慮した生息地の保全・創出や飼育を行ううえでも，ニホンザリガニの生息にとっての好適な流速条件と，本種が耐えうる流速について明らかにしておくことが求められる。そこで筆者らは，これらの条件を明らかにすることを目的に，独自の実験装置を考案・製作し，実験を行った(Nakata et al., 2003)。ここではこの実験の概要を紹介し，ニホンザリガニにとっての好適な流速条件について解説する。

実験では，まず図6のような実験装置を製作した。小型水槽に，ニホンザリガニにとっての好適なサイズの人工巣穴(詳細は次節を参照)を2個取りつけた構造となっている。そして，この実験セットをさらに大型水槽に沈め，実験を実施した。

ポンプの電源を入れると矢印の方向の水流が発生する。巣穴Aの左側開口部は蓋をしてふさいであるため，巣穴Aの中の流速は基本的に0 cm/秒

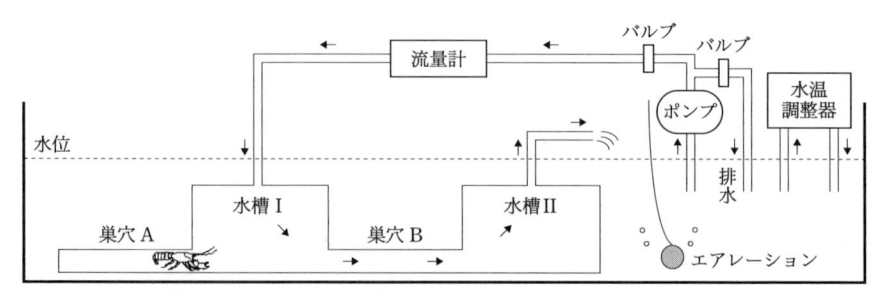

図6 ニホンザリガニにとっての好適な流速条件を明らかにする実験で製作した実験装置 (Nakata et al., 2003を一部改変)

となる．それに対して，巣穴Bの中には矢印のような右方向の水流が生じる．流量計をみながら実験装置の2個のバルブを調整することで，巣穴Bの流速を自由に調節できる仕組みとなっている．この実験では，巣穴Bの流速を0 cm/秒，5 cm/秒，10 cm/秒，20 cm/秒，30 cm/秒の，5通りに設定した．そして，水槽Ⅰにニホンザリガニを1個体だけ入れて，流れのない巣穴Aと水流をともなう巣穴Bのどちらを選択するかについて，流速別に観察記録を続けた．詳細は次節で述べるが，筆者らの研究によってニホンザリガニは夜行性であることが判明していたため(Nakata et al., 2001)，実験個体が巣穴に隠れる時間帯は日中と判断し，観察は毎日日中の3時間ごとに実施し，実験個体が観察時にいずれかの巣穴中において合計20回確認されるまで継続した．ここでは，小型個体から大型個体までのさまざまな体サイズを含むニホンザリガニを雌雄10個体ずつ合計20個体用いた．体サイズや性差によって，流速に対する好みや耐性が異なる可能性があることを考慮してのことである．

　先述のとおりニホンザリガニは夜行性であるため(詳細は次節参照)，夜間は巣穴から出て実験水槽内を動き回る．すなわち，巣穴Aから水槽Ⅱにいたる範囲を移動する(図6)．この場合，巣穴Bの流速がニホンザリガニにとって速すぎると，ザリガニは水槽Ⅱへと流されてしまい，巣穴Bに戻ることができなくなる．本来，ニホンザリガニは日中に隠れ家に入る習性をもつため，観察時間の日中においても巣穴外に連続して出ていることは通常ではあまりない．そこで，観察時に，水槽Ⅱにおいて5回連続で確認された場合には，巣穴Bの流速は実験個体が流出するほど速すぎると判断し，このような実験個体を「流出個体」として記録し，その時点で観察を終了した．

　実験の結果，巣穴Bの流速を5 cm/秒とした場合は，水流のある巣穴Bを統計学的に有意に多く選択した実験個体がみられたが，流速が10 cm/秒以上になると，巣穴Bを選択的に利用する実験個体は全く認められなかった．この傾向には，体サイズや性差による違いはみられなかった．このことから，ニホンザリガニにとっての好適な流速は，5 cm/秒以下の非常に遅い流れであることが判明した．

　また，流出個体数については，流速が速くなるにしたがって有意に多くな

る傾向が認められた。とくに流速が20 cm/秒になると約半数の実験個体が流出個体として記録され，さらに流速30 cm/秒になると大半の実験個体が水流によって水槽Iに流され巣穴に戻ることができなかった。これらの結果から，ニホンザリガニの生息環境の保全・復元においては，流速5 cm/秒以下の緩やかな流れを確保し，大雨による出水時であっても流速が20 cm/秒を超えることがないように配慮する必要があると考えられた。

　以上の結果から，ニホンザリガニはきわめて緩やかな流れを好み，流速が20 cm/秒程度になると水流によって流されてしまう可能性が高いと結論づけられた(Nakata et al., 2003)。実際，ニホンザリガニの個体群密度が高い生息地においては，流れが緩やかな場合が多い。ニホンザリガニが好む流速が非常に遅いことは，野外における本種の生息地選択にも反映されていると考えることができよう。

5. 隠れ家――巣穴構造，隠れ家サイズ選好性

　ザリガニ類を含む多くの底生甲殻類の生活にとって，隠れ家は非常に重要である。なぜなら，捕食者から逃れるための場所になるので，生残に大きく影響するためである。また，種類によっては隠れ家や巣穴が産卵場所になる場合もある。したがって，底生甲殻類の生息空間の保全においては，十分な量の隠れ家を維持することが重要となる。

　また，底生甲殻類においては，自ら巣穴を掘る種類も多い。よく知られているところでは干潟に生息するアナジャコ *Upogebia major* の巣穴が挙げられよう。ザリガニ類も環境によっては自ら巣穴を掘る。わが国でみられるザリガニ類3種，すなわちニホンザリガニ・アメリカザリガニ・ウチダザリガニも，巣穴を掘ることが知られている。ここでは，ニホンザリガニの巣穴の詳細について解説する。

　底質がシルト分で伏流水がしみ出す河川湧水域に生息するニホンザリガニは，巣穴を掘ることが多い。一方，湖沼においては，通常，ニホンザリガニは巣穴を掘らず，転石や倒木などの下や隙間に潜む場合が多い。おそらく湖沼においては，転石などの隠れ家となるものが多いため，わざわざ巣穴を掘

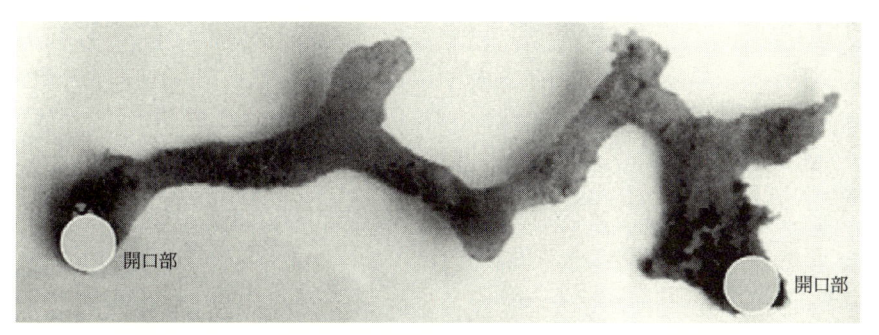

図7 ニホンザリガニの天然巣穴の巣型(川井，1992を一部改変)

らずしても，十分な量の隠れ家があるということなのだろう。

　徳島大学の浜野龍夫教授(当時は水産大学校)は，甲殻類の巣穴の型を取る画期的な方法を開発した(浜野，1990)。この方法は，巣穴の開口部からポリエステル樹脂を流し込み，樹脂が固まったのちに巣型を取りだすというものである。川井唯史博士は，浜野(1990)のこの方法を用いてニホンザリガニの巣型を取り，本種の巣穴構造を明らかにした(川井，1992)。それによると，ニホンザリガニの巣穴構造は，基本的にはふたつの開口部を結ぶ棒状・直管型となっており，全体の形状として「T」や「Y」字型を呈している(図7)。巣穴開口部は水面際に位置し，巣穴の中にはきわめて弱い水流が生じる。巣穴の大きさについては，巣穴の横幅(長さ)の平均は約42 cm，奥行きは平均24 cm程度であったという(川井，1992)。最大でも全長7〜8 cm程度のニホンザリガニであるが，比較的長い巣穴を掘る。

　このように，ニホンザリガニは自ら掘った巣穴や転石などの下に潜んでおり，本種の生活のうえで，隠れ家は欠かすことのできないものとなっている。したがって，ニホンザリガニの保護を目的とした生息環境の保全・創出において，あるいは保全のための飼育を行ううえでは，生息・飼育環境中に適切な隠れ家を与える必要がある。この場合，隠れ家が適切であるためには，その大きさが好適であることがとくに重要となる。そこで筆者らは，ニホンザリガニの隠れ家サイズ選好性について明らかにすることを目的とした実験学的な研究を行った(Nakata et al., 2001)。ここではその概要を紹介する。

　上述したように，ニホンザリガニの天然巣穴の形状が基本的には棒状で直

管型であることから，好適な隠れ家の大きさを解明するためには，隠れ家の内径と長さに対する選好性について明らかにする必要がある．そこで，市販されている直管型の塩ビ管を便宜的に人工的な隠れ家(人工巣穴)として実験に用い，内径と長さの異なる人工巣穴に対する選好性実験を実施した．

実験ではまず，巣穴内径に対する選好性実験を行った．内径 13 mm，20 mm，30 mm，40 mm，50 mm の人工巣穴を円形水槽の側面に等間隔かつランダムな順序で配置し，この水槽にニホンザリガニ 1 個体を入れて，ザリガニがどの内径を好むかを観察記録した．実験に使用したニホンザリガニについては，体サイズや雌雄の違いによって内径に対する選好性が異なる可能性があると考え，雌雄ともにさまざまな体サイズの実験個体を用意した．観察は 6 時間ごとに実施し(3, 9, 15, 21 時の 1 日 4 回)，昼夜による巣穴サイズ選好性に違いがないかを検証することにした．

その結果，ニホンザリガニは，どの内径でもよいというわけではなく，特定の内径に対する強い選好性を示した．雌雄による内径選好性の違いはなかったが，体サイズと好適な巣穴内径の間には正の相関関係が認められた．つまり，体サイズが大きい個体ほど大きな内径を好む傾向が認められた．統計学的解析によって，ニホンザリガニにとっての好適な内径を算出するための回帰式が得られた．すなわち，ニホンザリガニの全長(額角の先端から尾節末端までの長さ)を X (mm)，好適な内径を Y (mm) とすると，$Y = 0.49X + 3.42$ という関係があった(Nakata et al., 2001)．したがって，最大サイズである全長 8 cm 程度のニホンザリガニの場合では，上記の式から，好適な巣穴の内径は約 4 cm と算出される．

なお，昼夜の巣穴占有状況を比較したところ，日中は大半の実験個体が巣穴内に隠れていたが，逆に夜間においては，大半のザリガニが巣穴から出て活発な行動を開始した．巣穴占有率は，昼夜間で統計学的にも有意差が認められた．すなわち，ニホンザリガニは夜行性であることが判明した．一般に甲殻類は夜行性である場合が多いが，ニホンザリガニもその例外ではなかった．

巣穴の内径に対する好みが判明したので，次に，巣穴の長さに対する選好性実験を行った．ニホンザリガニの体サイズ(全長)の 1 倍，2 倍，3 倍，4

倍の人工巣穴を小型水槽に取りつけて，水槽中にニホンザリガニ1個体を入れて，実験個体がどの巣穴長を選択するかについて観察記録するという実験である。内径選好性の実験からニホンザリガニが夜行性であることが判明していたので，観察は，ニホンザリガニが主に巣穴に入る日中のみに行った。また，ザリガニの成長段階によって巣穴長に対する選好性に違いがみられる可能性もあることから，前実験と同様に，さまざまな体サイズのニホンザリガニを実験個体として使用し，体サイズの違いによって巣穴長の選好性が異なるかどうかについても検証することにした。

　実験の結果，巣穴内径に対する選好性と同様に，どの長さでもよいというわけではなく，特定の巣穴長に対する明瞭な選好性が認められた。雌雄・体サイズにかかわらず，全長の2倍以下の巣穴長に対する選択回数に比べ，全長の3倍以上の巣穴長が選択された回数が，統計学的に有意に多かった。すなわち，ニホンザリガニにとっての好適な巣穴長は，全長の3倍以上と結論づけられた(Nakata et al., 2001)。

　以上の実験結果から，ニホンザリガニにとっての好適な隠れ家のサイズが明らかとなった。それにより，保全を目的とした飼育に用いる人工的な隠れ家の適切なサイズを明らかにすることができた。ここで得られた知見は，野外における生息地の保全・創出にも応用可能なものである。

　ここで，この実験で明らかとなった好適な隠れ家サイズと，天然巣穴サイズ(川井，1992)を比較してみたい。まず内径については，本研究で明示された好適なサイズは1〜4 cmであったが，天然巣穴の内径は4〜7 cm程度であることが確かめられており，天然巣穴のほうがやや大きい。すなわち，天然では本来の好みよりも大きい内径の巣穴に潜んでいることになる。この違いはおそらく，たとえばザリガニの生活活動によって巣穴の内壁が削られることなどが原因として考えられるだろう。

　次に巣穴長については，天然巣穴の長さは20〜70 cm程度(平均約42 cm)であり，これはニホンザリガニの体サイズ(全長)の約6〜20倍に相当する。ここで紹介した実験で明らかとなった好適な巣穴長は，ニホンザリガニの全長の3倍以上であり，3倍と4倍では選好性に違いはみられなかったことから，極端にいえば天然巣穴の長さは全長の3倍程度でよいはずだが，実

際には本来の好みよりもはるかに長い巣穴を掘っていることになる。Grow (1981)は，実験によって，ザリガニ類(*Cambarus diogenes diogenes*)の巣穴掘削行動について詳細に明らかにした。それによると，*C. diogenes diogenes* の巣穴掘削の行動パターンは地下水位によって大きく変化した。巣穴が地下水位にすぐに達して巣穴内に水が充満すると，さらに下部まで巣穴を掘り続けることはせずに，底質表層に追加的に開口部を構築した。しかし，地下水位が低い位置にある場合には，巣穴内に水が充満するまで下部方向に巣穴を掘り続けたという。このように，*C. diogenes diogenes* の巣穴の構造は地下水位に大きく依存していたのである。ニホンザリガニが巣穴を掘る環境も，地下水の影響を強く受ける水域である。生息地によって状況は大きく異なるので一概にはいえないが，地下水位も，ニホンザリガニの天然巣穴が本来の好みよりも長くなる一因かもしれない。また，野外には石や植物の根などのような巣穴を掘るうえでの障害物も認められるため，それらの障害物を避けて必要なスペースを確保するために巣穴を掘り続けることで，巣穴が長くなるということもあるかもしれない。このように，天然生息地における居住環境が本来の好みとは異なる例は，実はよくあることである。

　ところで筆者らは，ウチダザリガニについても同様の方法で隠れ家サイズ選好性実験を行い，ニホンザリガニの結果と比較した。その結果，ウチダザリガニの体サイズに応じた内径に対する選好性は，ニホンザリガニのそれと大きな違いはみられなかったが，長さに対する好みは異なっていた。ニホンザリガニが全長の3倍以上の巣穴長を選択的に利用したのに対して，ウチダザリガニの場合は全長の2倍以上の巣穴長を好んで選択した(中田ほか，2003b)。すなわち，ウチダザリガニはニホンザリガニよりも狭い空間を隠れ家として利用することが可能なのである。このことは，ニホンザリガニに比べてウチダザリガニがより高密度に生息可能なことを示唆するものである。

6. 食　性

　ザリガニ類は基本的に雑食性である。すなわち，動物性の餌も植物性の餌も餌資源として利用する。したがって，淡水生態系の食物網において大型の

底生生物であるザリガニ類が果たす役割は非常に大きく，群集構造の決定に直接的かつ間接的に影響するため，キーストーン種として位置づけられる(たとえば Parkyn et al., 1997)。このため，外来ザリガニの侵入は在来生態系にとって大きな脅威となる(詳細は第10節を参照)。

ニホンザリガニの食性に関しては，川井唯史博士による先駆的な研究例がある(Kawai et al., 1995)。それによると，ニホンザリガニの胃内容物は，広葉樹の落葉由来のデトリタスが中心であった。また，水槽内で餌を与えずに飼育して空腹にさせたニホンザリガニを野外の生息地に放したところ，すぐに落葉や落枝を食べ始めたという。このように，天然生息地におけるニホンザリガニの餌は，植物質が中心となっている。ただしこの場合，ニホンザリガニは落下してから間もない落葉や落枝を食べるというわけではなく，陸域から落下後，しばらく時間を経過して腐食した落葉・落枝を摂食する。しかし，なぜ，栄養に乏しいはずの落葉などを主食とするのだろうか？ その理由としては，落葉や落枝そのものから栄養分を吸収しているのではなく，そこに増殖する微生物がニホンザリガニにとっての貴重な栄養源になっていると考えられている。

図8 陸上から水面落下したコエゾゼミを捕食するニホンザリガニ(中田和義撮影)

では，ニホンザリガニは，動物質性の餌を利用しないのだろうか？　実は，決してそんなことはない。たとえば，ニホンザリガニがエゾサンショウウオ *Hynobius retardatus* を捕食する行動が確認されている(Sato, 1990)。また，筆者は北海道におけるある生息地において，おそらく寿命間近なために陸域から水面に落下したが，まだなお生き続けるコエゾゼミ *Tibicen bihamatus* を捕食するニホンザリガニを目撃したことがある(図8)。実際，水槽飼育において動物質性の餌を与えると，ニホンザリガニはすぐに嗅覚によって反応して餌に近づき，好んで摂食し始める。本来は動物質性の餌も好むのだが，生息地においては落葉や落枝に遭遇する頻度のほうがはるかに高いため，植物由来のデトリタスが主要な餌になっているというのが実情かもしれない。

7. 脱皮，成長，寿命

脱皮成長か？　それとも繁殖か？——成長と繁殖の資源配分

本項では，ザリガニ類の脱皮や成長について生態学的な視点から考えることにしたい。甲殻類が成長するためには，脱皮が必要となる。ザリガニ類は生きている限り脱皮成長を続けるが，脱皮間隔(脱皮してから次の脱皮までの期間)は小型個体ほど短く，逆に大型個体ほど長くなる。脱皮をして成長することに資源を回すのか？　それとも成長よりも繁殖(生殖腺の発達)を優先させて資源を回すのか？　すなわち繁殖と成長に対する資源配分は，一般にトレードオフの関係にあると考えられる。また，脱皮の時期は，季節の影響を受ける場合が多い。甲殻類における繁殖と成長に対する資源配分パターンや季節との関連性については，たとえばヤドカリ類などにおいて，精力的に研究が進められている(たとえば Wada et al., 2008)。

ザリガニ類の場合，繁殖可能な体サイズになるまでは繁殖よりも成長に資源を回すことによって高頻度で脱皮成長するが，逆に成熟サイズに達してからは繁殖を優先して資源を配分する必要があるため，脱皮間隔が長くなるということも考えられよう。しかし，この考え方は現段階では仮説にすぎない。筆者は今後，ザリガニ類における繁殖と成長の資源配分パターンについて解明したいと考えている。

国内でみられるザリガニ類の成長速度，成熟サイズ，寿命

　ニホンザリガニの成長と寿命については，川井唯史博士が明らかにしている(Kawai et al., 1997)。川井氏の研究によると，ニホンザリガニの脱皮は水温が比較的高めに推移する 6〜10 月に行われる。1 年間のうちの脱皮回数は，雌雄による違いはみられず，稚エビ(頭胸甲長 1 cm 未満)で 2〜3 回，未成体(頭胸甲長 1〜1.8 cm)で 1〜2 回，成体(頭胸甲長 1.8 cm 以上)で 1 回である。甲殻類には年齢形質がないため，統計学的な解析による推定となるが，本種の寿命はオス 11 齢，メス 10 齢と推定されている。比較的長寿である。

　甲殻類の年齢推定に関しては，近年新たな手法が確立され，加齢とともに脳内神経細胞に蓄積するリポフスチンと呼ばれる物質を年齢形質として用いることで，より精度の高い年齢推定が可能となることが示されている(たとえば Kodama et al., 2005)。なおリポフスチンに関しては第Ⅳ部第 2 章にも書かれている。ニホンザリガニについても，今後，リポフスチン密度を年齢形質として年齢推定を行う研究が待たれるところである。

　ニホンザリガニのメスが繁殖可能となる体サイズ(生物学的最小形)は，生息地間で違いがみられることが確認されている。北海道内の小河川と湖および秋田県内の小河川での生物学的最小形は，頭胸甲長 18 mm であった(川井ほか，1990, 1994)。通常，この体サイズに達するまでには 5 年ほどを要する。一方，筆者らが北海道内の別の湖で行った調査結果からは，ニホンザリガニの生物学的最小形は頭胸甲長約 15 mm であることが示され，ほかの生息地のそれよりも小型であった(Nakata and Goshima, 2004)。すなわち，地域個体群によって繁殖可能なメスの最小サイズが異なっていた。このような違いがみられる理由は現在のところ不明である。詳細は後述する(第 8 節を参照)が，通常，ニホンザリガニの抱卵数は小型個体ほど少ない傾向がある(Nakata and Goshima, 2004)。このことからすると，生物学的最小形が小型な個体群は，産卵数が少なくても早めに繁殖し始める個体群と考えることができよう。逆に生物学的最小形が大きい個体群については，繁殖を遅らせてでも成長して産卵数を多めに確保しているのかもしれない。このあたりに，地域個体群によって成熟サイズが異なる生態学的要因が潜んでいるかもしれない。あるいは，環境要因(水温，水質，餌資源量など)が個体群間の成熟サイズの違いに

影響する可能性もあるだろう。

　では，国内に定着した外来ザリガニ2種(アメリカザリガニとウチダザリガニ)の成長や寿命などは，ニホンザリガニに比べてどうだろうか？　国外における研究例によると，ウチダザリガニの場合，生後1～3年ほどで成熟サイズに達する(Lewis, 2002)。またアメリカザリガニの場合も，生後1～2年ほどで繁殖可能となる(たとえば須甲, 1982)。繁殖可能となる最小成熟サイズは，個体群によって変動はあるが，ウチダザリガニでは頭胸甲長3 cm程度(Lewis, 2002)，アメリカザリガニでも同じく頭胸甲長3 cm程度(Oluoch, 1990)である。このように，繁殖可能となる頭胸甲長1.5～2 cmに成長するまでに5年ほど必要とするニホンザリガニに比べると，外来ザリガニ2種ともに成長速度が非常に速いことが理解できよう。詳細は次節で述べるが，こうした成長の速さが，外来ザリガニ類が定着後に個体群密度を急増させ，分布範囲を急速に拡大させるひとつの要因となる。

　寿命については，ウチダザリガニでは4～8年程度(Lewis, 2002)，アメリカザリガニでは最大で約4年(Huner, 2002)と推定されている。寿命が10年ほどのニホンザリガニは，これら外来ザリガニ2種に比べ，成長が遅くて寿命が長い種であるといえる。

8. 繁殖生態，生活史

ニホンザリガニの繁殖生態，生活史

　ニホンザリガニの生活史は図9のとおりである。交尾期は9～10月ころであり(交尾行動の詳細は後述する)，オスはメスの腹部にある受精嚢(環状体)に精包を付着させる(図10)。交尾したメスは，受精嚢(環状体)に精包を付着させたまま越冬する。北海道の湖沼の生息地においては，その多くが冬期に

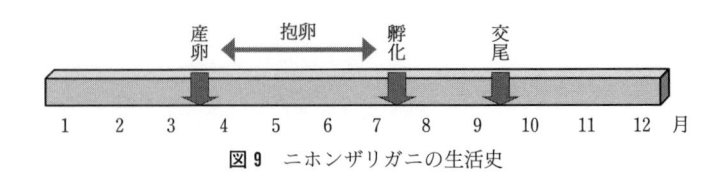

図9　ニホンザリガニの生活史

図 10 メスの腹部に付着した精包(中田和義撮影)。口絵 24 参照

結氷するので,交尾を終えたメスは環状体に精包を付着させたままの状態で,結氷下で越冬することになる。翌春の 3〜5 月になり水温が上昇すると,メスは産卵する。産卵時の母親ザリガニは,環状体に付着する精包と受精させた卵を,歩脚を用いて腹部へ運び,抱卵を開始する(図 11)。

　第 7 節で述べたように,ニホンザリガニのメスは頭胸甲長 1.5〜2 cm 程度になると成熟して産卵可能となる。本種の抱卵数は 20〜80 個程度であり,ほかの多くの甲殻類種と同様に,抱卵数と体サイズとの間には正の相関関係がある(Nakata and Goshima, 2004)。すなわち,大型メスほど多くの卵を産む。解析の結果,ニホンザリガニの頭胸甲長を X(mm),抱卵数を Y とすると,$Y = 6.21X - 72.38$ という関係があることが明らかとなっている(Nakata and Goshima, 2004)。詳細は後述する(第 9 節参照)が,ニホンザリガニの抱卵数は,数百個もの卵を産む外来ザリガニ 2 種に比べると,はるかに少ない。

　生息地間によって卵発達の進行速度には違いがみられるが,通常,6 月ごろには卵の発生が進み発眼卵となる(川井ほか,1994;中田ほか,2004)。さらに 7 月ごろになると,卵は孵化して稚エビとなる(図 12)。7 月になると抱稚仔メスを確認できることも多いが,8 月ごろには稚エビが親から離れて独立行

364　第Ⅳ部　環境生態学

図11　ニホンザリガニの抱卵メス(中田和義撮影)

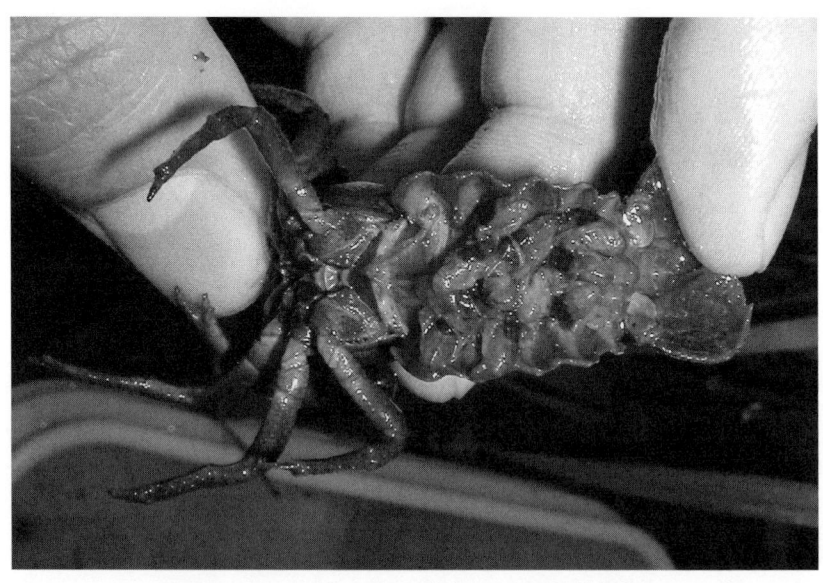

図12　ニホンザリガニの抱稚仔メス(中田和義撮影)

動を開始し，抱稚仔メスはみられなくなる。なお，産卵時期や卵の発生速度は，一般に，水温や光条件などの影響を受けて決定される。これらの環境条件は，同じ地域であっても毎年同様とは限らない。したがって，ニホンザリガニの生活史パターンは，異なる生息地間ではいうまでもないが，同一の生息地であっても年変動がみられる場合もある。

筆者らは，ニホンザリガニの卵の簡便な人工孵化法を開発することを目的とし，組織培養用のマイクロプレートを用いて卵を個別に飼育する実験を水温別(5℃，10℃，15℃，20℃)に行った(Nakata et al., 2004a)。その結果，水温15℃の滅菌水を用いた実験区において高い孵化率が認められたが，5℃と10℃では孵化率が低かった。また水温20℃では，卵にカビが発生するなどして死卵となる場合が多かった。この実験から，水温15℃の滅菌水を用いることで，ニホンザリガニの卵の人工孵化が可能なことが明らかとなった。この実験は同時に，卵の発生において水温条件が非常に重要であることを示唆しているともいえるであろう。すなわち，わずか数度の水温の違いが卵の発生速度や孵化率に影響するのである。このことからも，生息地間で生活史のパターンが異なる場合があることや，同一の生息地においても生活史に年変動がみられる場合があることが理解できる。

以上のように，ニホンザリガニは「年1回産卵型」の生活史をもつ。また，ニホンザリガニの成熟メスは，秋の交尾から夏の稚エビの独立行動開始にいたるまで，1年の大半の時間を繁殖に割くことになる。

ニホンザリガニの繁殖行動

甲殻類の交尾行動については，さまざまな分類群において，行動生態学的な研究が進められている。たとえば，オスはどのようなメスを配偶者として選好するのか，あるいは逆に，メスはよりよいオスと交尾する機会を得るためにどのような戦略を取るのかなど，興味深いテーマも多い。ザリガニ類についても，ニホンザリガニの繁殖に関しては行動生態学的な研究はあまり行われていないが，国外では盛んに行動研究が進められている。ニホンザリガニについても，今後，行動生態学的な研究が行われることが期待されるところである。ここでは，ニホンザリガニの交尾行動について詳細に紹介する。

川井(1989)は，ニホンザリガニの交尾行動について，水槽内で詳細に観察した。それによると，次のような交尾行動がみられた。

①オスはまずメスの背後から近づいていき，片方のハサミでメスの歩脚をはさむ。

②その後，オスは自ら仰向けとなり，両方のハサミでメスの歩脚をはさむ。

③オスは歩脚でメスの腹部を抱え，徐々に前進していき，交尾肢をメスの環状体に接触させられる位置まで移動する。

④オスは歩脚でメスの頭胸甲部を抱える。交尾肢をメスの環状体に接触させ，精包を付着させる。このときメスは腹部を丸めているが，オスは腹部を伸ばし，尾扇を曲げてメスの腹部を包む。

⑤オスは交尾肢を環状体に接触させる行動と，歩脚でメスの頭胸甲部を把握する行動を中止する。

⑥オスは反転し，通常の姿勢となる。

　これらの一連の行動が終了するまでには145分間ほどの時間を必要とする(川井，1989)。このように，長時間におよんで交尾が続く場合が多い。筆者は，日中の野外の生息地において，ニホンザリガニの交尾を観察したことがあるが(図13)，野外における交尾行動も，川井(1989)で観察されたパターンと同様であった。また，野外調査で採集されたニホンザリガニをまとめて同一の容器内に入れておくと，繁殖期の場合は，日中であっても容器内で交尾を開始することも多い。ニホンザリガニは夜行性であるが(Nakata et al., 2001)，川井(1989)でも昼夜ともに交尾が確認されているし，筆者による観察からも日中の交尾が確認されたことから，ニホンザリガニの交尾は昼夜を問わず行われているようである。

　ところで，ニホンザリガニの交尾姿勢はオスが下に入りメスが上となるが，世界のザリガニ類をみても，そのような交尾姿勢は非常に珍しい。大半のザリガニ類で，オスが上になりメスが下に位置する交尾姿勢を取る。ニホンザリガニの交尾姿勢は，ニホンザリガニを含むアジアのザリガニ類に特徴的なものである。

　一般に甲殻類の交尾は，性フェロモンに誘発されて行われる。たとえばヤドカリ類では，繁殖期に成熟メスが分泌する性フェロモンが，オスによるメ

図 13 湖でみられたニホンザリガニの交尾(中田和義撮影)。口絵 25 参照

スに対する交尾前ガード行動を誘発することが知られている。ザリガニ類においても，性フェロモンの存在を明らかにした次のような実験例がある。Stebbing et al. (2003a)は，①ウチダザリガニの成熟メスを飼育した水，②ウチダザリガニの未成熟メスを飼育した水，③ザリガニを飼育しない水，を用意した。それぞれの水を，水槽での生物飼育に用いるエアレーション用のエアーストーンを介してウチダザリガニの成熟オスがいる水槽内に入れて，オスによるエアーストーンに対する反応を観察した。その結果，ウチダザリガニのオスは，成熟メスの飼育水に対して，運動量と，エアーストーンを抱える行動を有意に増加させ，エアーストーンに精包を付着させたオスも確認された。この結果から，ウチダザリガニの性フェロモンの存在が示唆された(Stebbing et al., 2003a)。

　先述したとおり，野外調査で捕獲したニホンザリガニを同一容器内に大量

に入れておくと，周囲に他個体がいても，容器内でオスが成熟メスをみつけて交尾を開始する場合も多いが，こうした例は本種の繁殖期である秋にみられる。詳細は不明であるが，オスは性フェロモンを感知し，容器内にいる大量のザリガニのなかから成熟メスをみつけて交尾を開始したのかもしれない。なお，ウチダザリガニの性フェロモン研究の応用として，外来ザリガニ駆除のための性フェロモントラップの開発研究も進められている(Stebbing et al., 2003b)。

ニホンザリガニの卵巣卵の発達

筆者らは，ニホンザリガニの卵巣卵の発達状況について観察を行った(Nakata and Goshima, 2004)。組織学的観察の結果，ニホンザリガニの卵巣卵の発達様式は，複数の発達段階の卵母細胞が同時に存在する「非同時発生型」であることが明らかとなった。また，本種が年1回産卵型であることから，当初の予測では，卵巣内で発達した卵母細胞の大半が産卵されると考えていた。しかしながら，産卵してから間もないメスの卵巣内にも，非常によく発達した卵巣卵が多数残存していることが判明した(Nakata and Goshima, 2004；図14)。

では，なぜ，卵巣内にある発達した卵母細胞のすべてを産卵時に排卵しないのだろうか？　残念ながら，その謎はまだ解けていない。一度にできるだけ多く産卵するほうが適応度は高いと考えられるので，非常に不思議である。今後の研究において，進化生態学的および繁殖生物学的な視点から，この謎解きを試みたいと考えている。

外来種ウチダザリガニの繁殖生態・生活史

国内でみられる外来ザリガニ2種のうち，アメリカザリガニの繁殖に関しては，川井(2007)などの普及書に詳しくまとめられているので，ここでは省略する。本項ではウチダザリガニの繁殖生態・生活史について詳細に解説することにしたい。なお世界各地のウチダザリガニの繁殖・生活史における生態学な一般性や地域的な多様性に関しては，第Ⅳ部第2章「外来種の生息環境」に詳しく書かれている。本章では国内に定着したウチダザリガニの生態

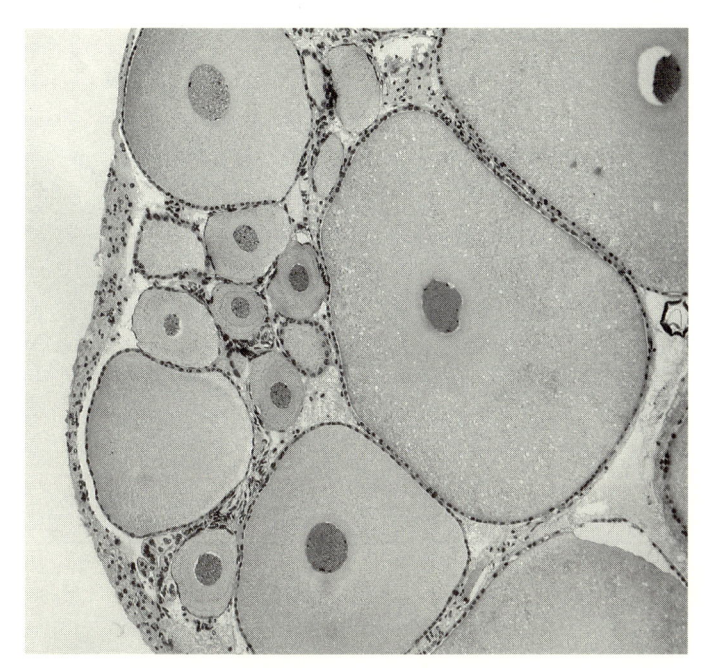

図14 ニホンザリガニの卵巣卵(Nakata and Goshima, 2004 を一部改変)

に視点の中心をおいて解説を進める。

　筆者らは，野外調査と室内実験によって，北海道の然別湖に定着したウチダザリガニの繁殖生態・生活史を明らかにした(Nakata et al., 2004b；図15)。ここでは，然別湖での調査結果にもとづき，国内に定着したウチダザリガニの繁殖生態・生活史を紹介する。

　然別湖においては，ウチダザリガニは10月中旬に成熟した雌雄が出会って交尾する。秋に交尾して翌春に産卵するニホンザリガニの繁殖パターンとは大きく異なり，ウチダザリガニの場合は，通常，交尾してから数日間以内には産卵する。その後，数か月におよんで抱卵期間が続く。然別湖は冬期に完全結氷するため，産卵したメスは結氷下で卵を抱えたまま越冬することになる。

　ウチダザリガニの抱卵数は，体サイズとの間に正の相関関係があり，およそ70〜500個程度である。解析の結果，頭胸甲長を X (mm)，抱卵数を Y

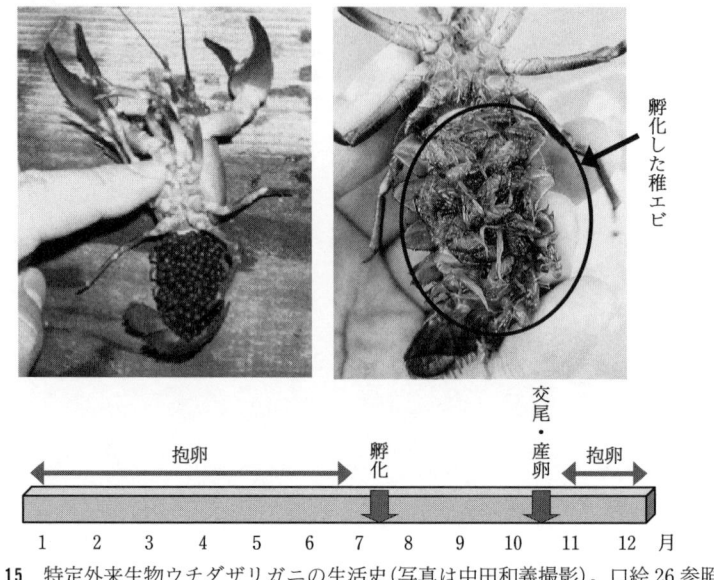

図15 特定外来生物ウチダザリガニの生活史(写真は中田和義撮影)。口絵 26 参照

とすると，$Y=14.6X-353.9$ という回帰式が得られた(Nakata et al., 2004b)。

卵の発生段階としては，しばらく未発眼卵の状態が続く．春になって解氷が進み，水温が上昇し始める6月になると，卵は発眼卵となる．その後，およそ1か月間，発眼卵の状態が続くが，7月中旬ごろには卵が孵化する．しばらくすると稚エビは親から離れて独立行動を開始する(Nakata et al., 2004b)．なお，卵の発生速度や孵化時期などの生活史特性は，ニホンザリガニのそれと同様に，ウチダザリガニの場合も水温などの環境条件の影響を強く受けて決定されるため，生息地間で異なることがある．たとえば北海道の春採湖に定着したウチダザリガニの個体群では，卵の孵化が6月中旬に確認された例もある．一方，摩周湖では，ウチダザリガニの抱卵・抱稚仔メスが8月上旬に採集された例もある(浜野ほか，1992)．また同一の生息地であっても，その年の気候条件などによっては，繁殖周期が年変動する場合もある．

以上のように，ウチダザリガニもニホンザリガニと同様に，「年1回産卵型」であるが，両者の生活史には大きな違いがある．すなわち，交尾してから産卵にいたるまでの期間が，ウチダザリガニではごく短期間であるのに対

して，ニホンザリガニの場合は数か月間におよぶほど長い。言い換えれば，ニホンザリガニの成熟メスは精包を体部に付着させたまま越冬するのに対して，ウチダザリガニでは卵を抱えた状態で越冬することになる。

　ここで，国外におけるウチダザリガニの生活史についてみてみよう。Lewis(2002)は，北アメリカとヨーロッパに生息するウチダザリガニの生活史について既往文献にもとづき整理した。それによると，産卵時期については大半が10月であった。一方，卵の孵化時期は生息地間で違いがみられ，たとえばアメリカ合衆国のサクラメント川では3月末〜4月上旬，イギリスの定着地では5月下旬，スウェーデンでは6〜7月，フィンランドでは7月上旬であった。先述した然別湖におけるウチダザリガニの生活史と比較すると，産卵期は同様であるが，然別湖に定着したウチダザリガニの卵の孵化は，国外の生息地に比べて遅いといえよう。この理由は，然別湖は結氷期が長いため(年変動があるが，通常は12月下旬〜5月中旬ごろ)，低水温が長期におよび続くためと考えられる。

ニホンザリガニとウチダザリガニの繁殖生態の違い

　ザリガニ類一般の繁殖パターンとしては，ウチダザリガニのように交尾してから間もなく産卵する例は多いが，ニホンザリガニのように交尾をしてもすぐに産卵せずに精包を体部に付着させ越冬するという例は，実はアジアのザリガニ類でしかみられない。アメリカザリガニも，交尾してから間もなく産卵する。なぜニホンザリガニがこのような特異的な生活史をもつのかは不明であるが，非常に興味深いところでもある。

　一般に，より多くの卵を確実に受精させるためには，活性の高い精子を用いる方がよいと考えられる。ニホンザリガニの精子は，すぐに産卵して受精に用いなくても，長期におよんで高い活性を保持することが可能なのだろう。ニホンザリガニが特異な生活史をもつ理由の解明や，ほかのザリガニ類との精子活性の比較などについては，今後の研究の課題と考えている。

在来ザリガニと外来ザリガニの繁殖力の比較

　ここで，国内でみられるザリガニ類の繁殖力について整理してみたい。図

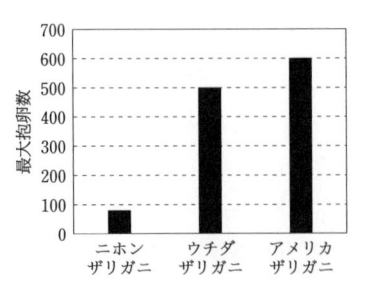

図16 国内でみられるザリガニ類3種の最大抱卵数比較

16に，国内でみられるザリガニ類3種の最大抱卵数を示した。ニホンザリガニの抱卵数は20～80個程度である(Nakata and Goshima, 2004)のに対して，ウチダザリガニの抱卵数は70～500個にもおよぶ(Nakata et al., 2004b)。これらの2種は「年1回産卵型」である。また，年複数回産卵が可能なアメリカザリガニの抱卵数は，全長6 cmで50個，9 cmで300個，12 cmでは600個以上に達する(Huner, 2002)。

これら3種の抱卵数を比較すると，ニホンザリガニに比べ外来ザリガニ2種の繁殖力がいかに高いかが理解できよう。抱卵数のみならず，繁殖可能となる成熟サイズに達するまでに必要とする期間も，ニホンザリガニでは5年ほど必要とするのに対して，ウチダザリガニとアメリカザリガニでは，1～3年である。

このように，ニホンザリガニは，何らかの影響を受けて個体数が急減すると，成長が遅く繁殖力が低いことによって，容易には個体群密度を回復できない種であることが理解できよう。一方，ウチダザリガニとアメリカザリガニは，いったん定着すると，その繁殖力の高さによって個体群密度を急増させることが可能であり，分布域の拡大が起こりやすい種であると考えることができる。

9. ニホンザリガニを取り巻く外来種問題

外来種の侵入は，在来生物に対してさまざまな悪影響を与えうる。たとえば，種間競争による在来種の排除，直接捕食，病原菌の導入などを通じて，

外来種は在来種に大きな被害をもたらす。

ニホンザリガニ個体群の絶滅要因のひとつとして，外来種による捕食の影響が挙げられる。近年までに，複数の外来種によるニホンザリガニに対する捕食事例が報告されている。ここでは，外来種によるニホンザリガニに対する影響について，これまでに報告された事例にもとづき，外来種別にまとめてみることとする。なお，ウチダザリガニがニホンザリガニにおよぼす影響については，次節で詳しく述べる。

ブラウントラウト

ブラウントラウト *Salmo trutta*(図17)は，ヨーロッパおよび西アジア原産の外来魚である。国内には，明治から昭和初期にかけて，カワマス *Salvelinus fontinalis* あるいはニジマス *Oncorhynchus mykiss* の卵に混じって移入されたといわれている。北海道では，1980年に初めて発見されて以来，すでに30を超える水系で本外来魚の定着が確認されている(外来魚調査プロジェクトチーム，2002)。本種は，環境省の要注意外来生物としてリストアップされている(2009年現在)。

ブラウントラウトは魚食性が強く，在来生物への影響としては，魚類に対

図17 移入種ブラウントラウト(中島歩氏撮影)。口絵27参照

するものを中心に報告がなされている。たとえばイトヨ *Gasterosteus aculeatus*，アメマス *Salvelinus leucomaenis*，ヒメマス *Oncorhynchus nerka* などを捕食することが明らかとなっている(三沢ほか，2001)。また，北海道の千歳川支流では，在来種のアメマスからブラウントラウトへの種の置き換わりが起きている(鷹見ほか，2002)。甲殻類への影響に関しては，あまり知られていなかった。

　筆者は，共同研究者の中岡利泰氏(えりも町郷土資料館)とともに，ニホンザリガニが生息する北海道の湖にブラウントラウトが定着していることを確認した。そして，ブラウントラウトによるニホンザリガニへの捕食の有無について，ブラウントラウトの胃の内容物を観察することで調べた。その結果，ブラウントラウトの胃の内容物からはニホンザリガニが出現し，ブラウントラウトがニホンザリガニを捕食する事実が初めて明らかとなった(中田ほか，2006)。ブラウントラウト1尾あたりの胃の内容物からは，最大で4個体のニホンザリガニが出現した(図18)。したがって，ブラウントラウトはニホン

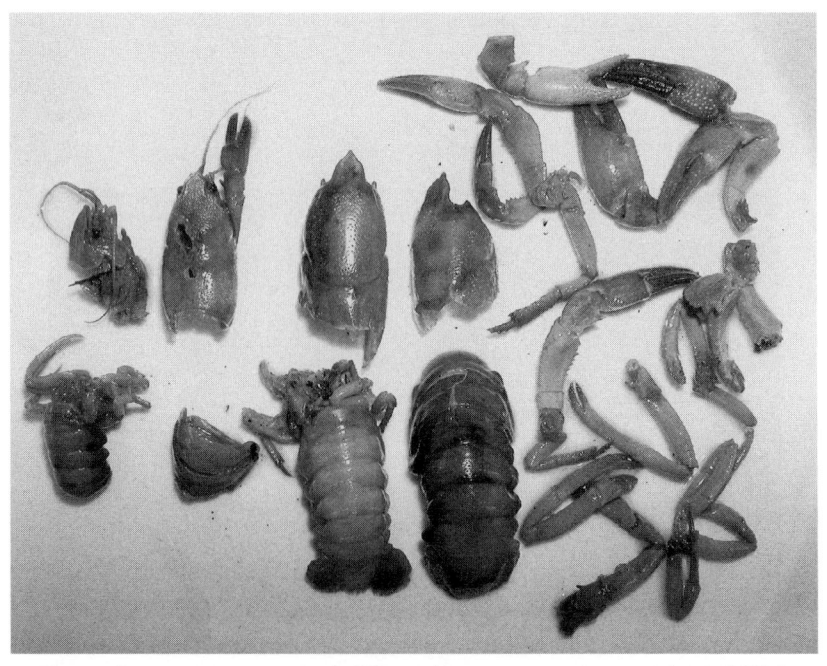

図18　ブラウントラウトの胃の内容物から出現したニホンザリガニ(中田和義撮影)

ザリガニを好んで積極的に捕食すると考えられる。ブラウントラウトが捕食を通じてニホンザリガニの個体群におよぼす影響は非常に強く、個体群の絶滅要因になる可能性もある。なお、ブラウントラウトがザリガニ類を好んで捕食することは、国外でも報告されている(Faragher, 1983)。

以上から、ニホンザリガニの個体群を保全するうえでは、ブラウントラウトの侵入には十分に注意を向ける必要がある。また、ブラウントラウトがすでに定着したニホンザリガニの生息地では、早急な対策が求められる。

アライグマ、アメリカミンク

アライグマ *Procyon lotor* とアメリカミンク *Neovison vison* は、ともにわが国に定着した北アメリカ産の外来ほ乳類である。両外来種ともに在来生態系におよぼす影響が非常に大きいため、特定外来生物に指定されている。

アライグマとアメリカミンクは、北海道の広い範囲に定着しており、それらの分布範囲にはニホンザリガニの生息地も含まれる。この2種の外来種は甲殻類を好んで捕食することが知られている。アライグマは手先が器用であるため、ニホンザリガニを捕らえる能力は高いと考えられる。またアメリカミンクは水中を泳ぐのが上手く、ニホンザリガニを捕らえる能力はアライグマと同様に高いと考えられる。そのため、アライグマとアメリカミンクの定着は、ニホンザリガニにとっては大きな脅威になると考えられている。実際、北海道野幌森林公園で捕獲されたアライグマの胃の内容物からは、ニホンザリガニが確認されている(堀・的場, 2001)。

外来ほ乳類の生態学を専門とする北海道大学大学院文学研究科大学院生の竹下毅氏らは、ウチダザリガニが分布域を拡大している釧路湿原において、糞の分析から、アメリカミンクがウチダザリガニを捕食している事実を突き止めた(竹下ほか, 未発表)。言い換えれば、特定外来生物(アメリカミンク)が特定外来生物(ウチダザリガニ)を捕食するという、きわめて異常な状況となっているのである。アメリカミンクについては、ウチダザリガニを捕食する事実からしても、ニホンザリガニを捕食している可能性は非常に高いと考えられる。詳細は次節で述べるが、北海道の然別湖では、ウチダザリガニが特定外来生物に指定されたことを受けて、カニ篭と呼ばれる漁具を用いて、

図19 ウチダザリガニを防除するために設置した漁具内に侵入して溺死したアメリカミンク(中田和義撮影)

ウチダザリガニの防除を実施している。この防除において一度，回収したカニ篭内においてアメリカミンクが溺死していたことがあった(図19)。このアメリカミンクはおそらく，カニ篭で捕獲されたウチダザリガニを捕食するためにカニ篭内に侵入したものの，脱出できずに死亡したものと思われる。このことからしても，アメリカミンクがザリガニ類を好んで捕食することがうかがえる。

ニホンザリガニの個体群密度が非常に高い北海道のある湖の湖岸において，何らかの生物による捕食を受けて死亡したニホンザリガニの捕食残骸が大量に発見されたことがある(図20)。捕食されたザリガニは，大型個体が中心であった。これまでこの湖では，このような捕食痕が確認されたことはなかったため，何らかの外来生物による捕食と予測された。また，先に述べたとおり，ニホンザリガニは夜行性であり日中は隠れ家にこもっていることを考慮すると(第5節参照)，捕食者も夜行性の生物である可能性が高いと思われた。

そこで筆者は，先に登場した竹下毅氏や中岡利泰氏らと調査チームを組み，捕食者を特定するための野外調査を実施することにした。調査では，捕食者は外来ほ乳類であると予測して，湖周辺に自動撮影装置を設置し，捕食者の

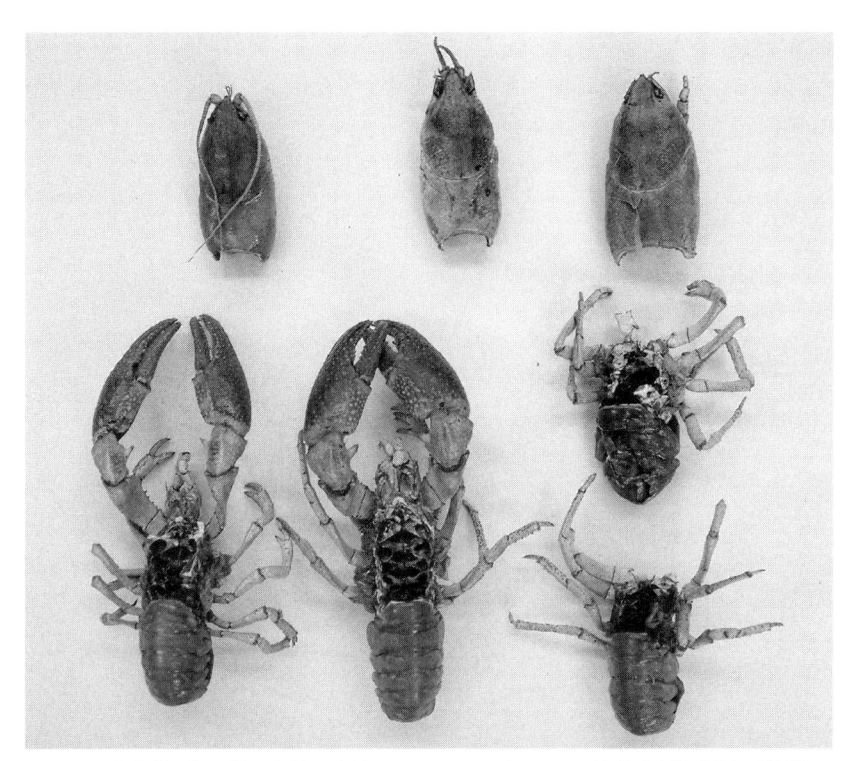

図20 北海道の湖の岸で大量に発見されたニホンザリガニの捕食痕(中岡利泰氏撮影)

撮影を試みた。また，ニホンザリガニの採集調査，捕食痕の確認，ほ乳類の糞の分析などについてもあわせて実施した。

　自動撮影装置にはニホンザリガニを捕食している写真や映像は写ることはなく，残念ながら捕食者の特定にはいたらなかった。しかし，湖岸におけるアメリカミンクの目撃証言が得られたことに加えて，湖岸で採取した動物の糞について，DNAによる種判定法(Shimatani et al., 2008)を適用することによりアメリカミンクのものであることが判明し，周辺にアメリカミンクが生息していることが確認された(北海道大学大学院生・嶋谷ゆかりさんの協力による：竹下ほか，未発表)。これらのことを考え合わせると，ニホンザリガニに対する捕食者はアメリカミンクであった可能性がきわめて高いと考えられた。なおこの研究は，公益信託増進会自然環境保全研究活動助成基金の助成を受けて

実施したものである。

　以上のように，アライグマとアメリカミンクについては，ニホンザリガニの保全においてとくに注意を要する外来種といえる。

10. 特定外来生物ウチダザリガニがニホンザリガニにおよぼす影響

　前節では，ニホンザリガニに対して捕食を通じて悪影響をおよぼす外来種を紹介した。実は，外来種のなかでもとくにニホンザリガニに対する影響が大きく，かつ特定外来生物に指定されているのが，ウチダザリガニである。ウチダザリガニの繁殖力がニホンザリガニに比べてはるかに高いことについては，すでに紹介したとおりである。本節では，ウチダザリガニの分布の現状や，ウチダザリガニがニホンザリガニにおよぼす影響について，筆者らによる研究例も紹介し詳しく述べることにする。

ウチダザリガニの移入の経緯と分布の現状

　ウチダザリガニは，1926～1930年にかけての合計5回，アメリカ合衆国のコロンビア川流域から，当時の農林省水産局によって優良水族移植との名目でわが国に輸入された(川井ほか，2002)。食用ガエルの餌として北アメリカから輸入されたアメリカザリガニとは，輸入の経緯が大きく異なる。輸入個体は29道府県(当時の東京府を含む)の水産試験場に配布され，このうち4道府県において天然水域への放流が行われた。放流されたウチダザリガニについては，生残できなかった例も多いが，北海道の摩周湖と滋賀県の淡海湖では，移入当初の個体群が現在も残存している(淡海湖の個体群は，タンカイザリガニという標準和名で知られている)。

　その後ウチダザリガニは，人為的放流が続けられたことで，北海道を中心とする広い範囲に定着し，2007年現在で，道内では河川・湖沼にかかわらず約30の水系においてウチダザリガニの定着個体群が確認されている(Usioほか，2007)。道外においても，先述した淡海湖に加えて，福島県・長野県でもウチダザリガニが確認されている。このうち福島県磐梯国立公園内の湖で

は，ウチダザリガニの個体群密度が非常に高まっている(阿部ほか，2006)。本外来種は，繁殖力の高さに加えて，環境に対する比較的高い適応性をもっていることで，一度定着し再生産が行われると急激に増殖し，定着場所において分布域を急拡大することが特徴として挙げられる。駆除を行うにも，発見されたときには個体群密度が増大していてすでに手遅れとなる場合が多いのが実情である。

　北海道の然別湖(図21)には，かつてはニホンザリガニが生息していた。当時の然別湖におけるニホンザリガニは，湖畔の観光ホテルで食材として利用されるほど，個体群密度が高かった。しかしながら，然別湖では現在までにニホンザリガニの個体群は絶滅したと考えられており，その一方で，外来種のウチダザリガニが定着し，分布範囲を急拡大させている(Kawai et al., 2002；中田ほか，2002)。

　然別湖においてウチダザリガニが最初に発見されたのは，1990年ごろである。ウチダザリガニは当時，放流地点と考えられている場所付近のみにわ

図21　ウチダザリガニが定着した北海道の然別湖(中田和義撮影)

ずかに生息している程度であった(Kawai et al., 2002)。推定放流地点付近のウチダザリガニの生息密度は，1998年ごろまでは低い状態で推移し，1名による30分間の徒手調査(隠れ家となる石をめくりながらザリガニを探す方法)で数個体が捕獲されるに過ぎなかった。しかしながら，1999年ごろより，推定放流地点付近のウチダザリガニの個体数は急増し始めた。2000年を過ぎたころには，「石をめくれば必ずウチダザリガニがみつかる」といっても過言ではないほど，個体数が増加した。

然別湖におけるウチダザリガニの分布範囲は，2000年ごろまでは推定放流場所付近に留まっていたが，2001年には，この場所から北側に0.65 km，南側に1.75 kmほど分布範囲が拡大した(中田ほか，2002；図22)。その後，毎年ウチダザリガニの分布域は拡大し続け，2007年現在で，図22に示す範囲までひろがった(中田ほか，未発表データ)。この分散速度からすると，何も対策を講じなければ湖北側に位置するヤンベツ川にまでウチダザリガニが分布

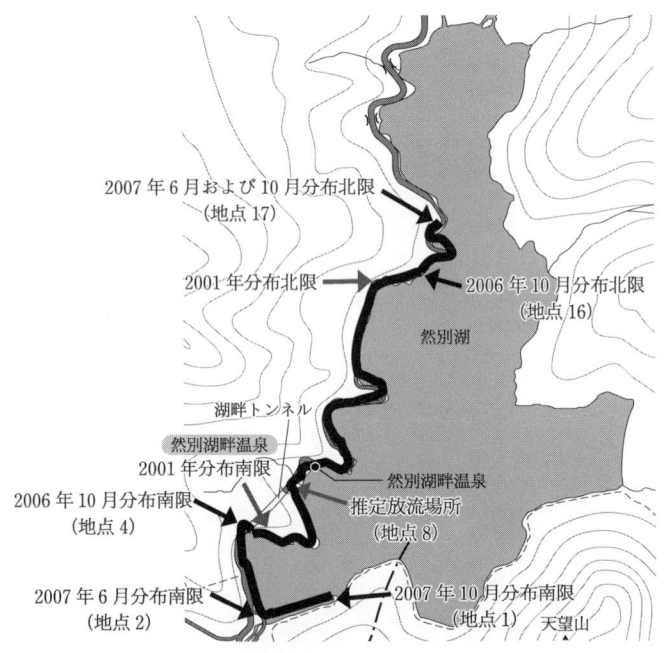

図22 北海道然別湖におけるウチダザリガニの分布域拡大状況
(国土地理院発行の地図を基に作成)

域をひろげるのは時間の問題と考えられる。ヤンベツ川は，然別湖に固有の希少魚であるミヤベイワナ Salvelinus malma miyabei が産卵場所としている。詳細は後述するが，ウチダザリガニは魚卵も好んで捕食するため (Holdich, 1999)，ミヤベイワナへの影響も懸念される。そこで然別湖では，ミヤベイワナの保全も目的として，ウチダザリガニが特定外来生物に指定された2006年より，本外来種の防除が進められている。

このようにウチダザリガニは，個体群密度が増加し，いったん分布域を広げ始めると，その勢いはとどまるところを知らないかのように増していく。これはウチダザリガニの多くの定着地でみられる特徴である。また，北海道では，かつてはニホンザリガニが生息していたのにその個体群が絶滅し，逆にウチダザリガニが定着し急増する，すなわち，種の置き換わりが起きている例も非常に多い。

ウチダザリガニが在来生態系におよぼす影響

第6節でも述べたが，ザリガニ類は基本的に雑食性である。そのため，淡水生態系の食物網において大型の底生生物であるザリガニ類が果たす役割は大きく，群集構造の決定に直接的・間接的に強く影響する。すなわち，ザリガニ類はキーストーン種として位置づけられる (たとえば Parkyn et al., 1997)。そのような生態特性をもつザリガニ類が外来種として定着した場合，在来生態系がこうむる影響は甚大と考えられる。国外においては，外来ザリガニによる在来生物への悪影響例は数多く報告されている (たとえば Holdich, 1999)。外来ザリガニによる在来生態系に対する弊害としては，たとえば，①餌や空間をめぐって在来生物と競合関係になる，②病原菌や寄生虫をもち込む，③巣穴を掘ることで生息環境に損傷を与える，④植生帯を破壊する，⑤漁業に被害をもたらす，⑥魚卵を捕食する，などが挙げられる (Holdich, 1999)。また，両生類の卵が外来ザリガニ類によって捕食の被害を受けることも報告されている (Nyström, 1999)。

ウチダザリガニは，ヨーロッパ各国にも外来種として広く定着し，在来生物に対して甚大な被害をもたらしているため，ヨーロッパではとくに危険な外来ザリガニの一種として認識されている (Holdich, 1999, 2000)。とりわけ大

きな問題となっているのがヨーロッパ産在来ザリガニ類に対する影響である。ヨーロッパ各国では，ウチダザリガニの侵入後に在来ザリガニ個体群が絶滅する例が頻繁に起きているのである。ヨーロッパにおいて在来-外来ザリガニ間でみられる種の置換に関しては，古くから，ヨーロッパの研究者によって種置換要因の解明を目的とした研究が進められてきた。それらの研究から，主な種置換要因として，①餌や隠れ家などの限られた資源をめぐる種間競争で，外来ザリガニが在来ザリガニに対して優位となり，在来種を競争的に排除する，②外来ザリガニが在来ザリガニを直接捕食する，③ウチダザリガニを含む北アメリカ産ザリガニ類が保菌する通称「ザリガニペスト」と呼ばれる水カビがウチダザリガニの侵入によって蔓延することで，ザリガニペストに対する耐性をもたない在来ザリガニが感染して死亡する，などが明らかとされた(Holdich, 1999, 2000)。

では，わが国に定着したウチダザリガニは，在来生態系に何らかの影響を与えているのだろうか？　結論としては，すでに多くの被害が確認されている。たとえば，北海道の阿寒湖では，ウチダザリガニが特別天然記念物のマリモ *Aegagropila linnaei* に穴を空けて隠れ家として利用することが報告されている。また，ウチダザリガニは水生植物を切断・捕食するため，水域の植物群落を大きく衰退させている可能性が示唆されている。北海道の春採湖では，ウチダザリガニの侵入後に沈水植物群落が大きく衰退しており，水草を産卵場所とする魚類への間接的影響が生じていると考えられている。さらには，先述のとおりウチダザリガニは雑食性であるため，植物に対する影響のみならず，在来魚の卵を食べることや，漁網にかかった漁獲物を捕食することなども懸念される。また，ヨーロッパでの事例と同様に，ウチダザリガニの侵入後に絶滅危惧在来種のニホンザリガニの個体群が絶滅する例も多く(Kawai et al., 2002)，ウチダザリガニの侵入がニホンザリガニ個体群絶滅の一因となっている可能性が非常に高い(種置換要因の詳細は後述する)。

このような背景から，ウチダザリガニは，2006年2月に特定外来生物に指定された。北海道におけるウチダザリガニの定着地では，2006年より，環境省が主体となって本種の防除を行っている。防除初年度の2006年度においては，北海道の洞爺湖・支笏湖・然別湖・春採湖で防除が実施され，カ

ニ籠やダイバーによる捕獲によって，合計5,586個体のウチダザリガニが駆除された(Usioほか，2007)。2007年度以降も，これらの4湖に加えて，複数の水系において防除が進められている。

ウチダザリガニが特定外来生物に指定された大きな理由のひとつが，絶滅危惧在来種のニホンザリガニに対する悪影響である。これら2種の置き換わりの要因としては，先述したヨーロッパの例をふまえると，①餌や隠れ家をめぐる種間競争，②直接捕食，③ザリガニペストの感染，にあることが予測されよう。筆者らは，これまでの研究で，想定された種置換要因のうち①と②に着目し，ウチダザリガニがニホンザリガニの生息地に侵入した場合におよぼす影響について検証した(Nakata and Goshima, 2003, 2006)。次項からは，ウチダザリガニがニホンザリガニにおよぼす影響について，主に筆者らによる研究で得られた知見にもとづき解説する。

ニホンザリガニとウチダザリガニによる隠れ家をめぐる種間競争
──性差，体サイズ，先住効果の影響

ザリガニ類にとって，隠れ家は生活に不可欠となる重要な資源である(詳細は第5節参照)。ニホンザリガニとウチダザリガニの両種ともに，自ら掘った巣穴の中や石などの下に隠れていることが多い(川井，1992; Guan, 1994)。また，ニホンザリガニとウチダザリガニによる隠れ家サイズ選好性はよく似通っている(Nakata et al., 2001；中田ほか，2003b)。ウチダザリガニは繁殖力の高さから定着地において急増し，しかも高密度に生息できるため，ウチダザリガニの個体群密度が高まると，両種が利用できる隠れ家の量も限られてくると考えられる。したがって，ニホンザリガニの生息地に外来種のウチダザリガニが侵入した場合には，両種による隠れ家をめぐる種間競争が頻繁に起きると予測される。

ザリガニ類の隠れ家をめぐる種間競争では，競争において優位となる種が劣位種を隠れ家から排除し，その結果として，劣位種は魚類などの捕食者に食べられる確率が高まることで，高い死亡率が生じる(Garvey et al., 1994；Söderbäck, 1994)。さらにザリガニ類においては，隠れ家をめぐる種間競争の優劣が，野外でみられるザリガニ種の置き換わりを引き起こす可能性も示唆

されている(たとえば Capelli and Munjal, 1982)。

そこで筆者らは,「外来種のウチダザリガニがニホンザリガニの生息地に侵入すると隠れ家をめぐる種間競争が起きて,この競争でウチダザリガニが優位となることが,ニホンザリガニ個体群絶滅の一因になる」との仮説を立てた。そして,この仮説を検証するための実験学的な研究を実施した(Nakata and Goshima, 2003)。

ザリガニ類における隠れ家をめぐる種間競争では,競争の優劣に強く影響すると考えられるいくつかの要因が挙げられる。すなわち,①性差,②体サイズ,③先住効果である。ザリガニ類の隠れ家をめぐる競争の優劣に体サイズと雌雄の違いが影響することは,過去の研究からも実際に示されている(Peeke et al., 1995 ; Vorburger and Ribi, 1999)。ザリガニ類の闘争においてはハサミの大きさが勝敗に大きく影響することが明らかとなっているが(Gherardi et al., 2000),体サイズが同じであっても,ハサミはオスのほうがメスよりも大きいのが一般的である。そのため,雌雄の違いは隠れ家をめぐる競争に影響すると考えられる。また体サイズの違いについては,隠れ家をめぐる競争では大型個体のほうが小型個体よりも有利であると予測される。

③の先住効果(effect of prior residence)とは,縄ばりを占有した個体(先住者)が侵入者に対して闘争において有利となる現象をいう。縄ばりを占有した先住者は,自分よりも体の大きな個体が侵入してきても,縄ばりの防衛に成功する場合が多い。甲殻類の隠れ家をめぐる競争における先住効果は,たとえば,ロブスター(Peeke et al., 1998)やシオマネキ類(Takahashi et al., 2001)で報告されているほか,ウチダザリガニの成体においても報告されている(Peeke et al., 1995)。しかし,外来‒在来ザリガニ種間の隠れ家をめぐる競争における先住効果について調べた研究例はなかった。

以上の背景をふまえて,筆者らは,性差,体サイズ差,先住効果がニホンザリガニとウチダザリガニの隠れ家をめぐる競争におよぼす影響に着目して,以下のふたつの実験(実験1と2)を行った(Nakata and Goshima, 2003)。

実験1では,ニホンザリガニとウチダザリガニの隠れ家をめぐる競争に雌雄差と先住効果がおよぼす影響に着目した。体サイズがほぼ等しい,同種および異種によるペアを,次の組み合わせで用意した(各組み合わせにつき20

ペア).
　①ニホンザリガニのオス vs. ニホンザリガニのメス(同種ペア)
　②ウチダザリガニのオス vs. ウチダザリガニのメス(同種ペア)
　③ニホンザリガニのオス vs. ウチダザリガニのメス(異種ペア)
　④ウチダザリガニのオス vs. ニホンザリガニのメス(異種ペア)
　これらのペアのうち1個体(先住個体)を，ペアのいずれの個体にとっても好適となるサイズの隠れ家(第5節参照)をひとつだけ与えた実験水槽に入れた．24時間後，先住個体が隠れ家に入っていた場合に，ペアのうち残りのもう1個体(侵入個体)を実験水槽に入れた．この操作により，実験水槽内に隠れ家がひとつしかないので，ペア個体間で隠れ家をめぐる競争が生じる．そして，日中の1時間ごとに合計9回，どちらの個体が隠れ家を占有しているかを観察記録した．9回の観察のうち，隠れ家占有率が55％を超えた個体を勝者とした．一連の実験が終了してから，ペア個体を個体別にストック水槽に移し，その2日後に，同一のペアを用いて先住個体と侵入個体を逆にして同様の手順で実験を行った．
　実験1の結果，体サイズがほぼ等しい同種ペアの競争では，ニホンザリガニ，ウチダザリガニともに，オスの先住個体が隠れ家を統計学的に有意に多く占有した．すなわち，オスが先住個体となった場合に先住効果が認められた．しかし，メスが先住個体となった場合には先住効果は確認されなかった．したがって，同種間では，体サイズがほぼ等しい個体間による隠れ家をめぐる競争においては，オスが有利であることが示された．
　しかし，体サイズがほぼ等しい異種ペア間の競争では，ニホンザリガニのオスが先住個体の場合も，侵入個体のウチダザリガニのメスに隠れ家を奪われることが多かった(図23)．また，ニホンザリガニのメスが先住個体の場合は，侵入個体であるウチダザリガニのオスの半数に，隠れ家を奪われた．これに対して，ウチダザリガニが先住個体であった場合には，雌雄にかかわらず，ウチダザリガニは有意に多く隠れ家を占有し続けて，ニホンザリガニのオスが侵入個体の場合でもほとんど隠れ家を奪うことはできなかった．すなわち，ウチダザリガニが先住個体の場合には，雌雄にかかわらず，先住効果が認められた．

図 23 隠れ家をめぐって競争するニホンザリガニとウチダザリガニ(中田和義撮影)。口絵 28 参照

　実験 2 では，ニホンザリガニとウチダザリガニによる隠れ家をめぐる競争に，体サイズ差と先住効果がおよぼす影響に着目した。一方の体サイズを全長で 5〜10 mm ほど大きくした同種および異種によるオスのペアを，次の組み合わせで用意した(各組み合わせにつき 20 ペア)。これらのペアは，同様の隠れ家サイズを好む個体による組み合わせとなっている。
　①大型のニホンザリガニ vs. 小型のニホンザリガニ(同種ペア)
　②大型のウチダザリガニ vs. 小型のウチダザリガニ(同種ペア)
　③大型のニホンザリガニ vs. 小型のウチダザリガニ(異種ペア)
　④大型のウチダザリガニ vs. 小型のニホンザリガニ(異種ペア)
　これらに加えて，比較対照区として，体サイズがほぼ等しい個体による次の組み合わせのペアも用意した。
　⑤ニホンザリガニ vs. ニホンザリガニ
　⑥ウチダザリガニ vs. ウチダザリガニ
　⑦ニホンザリガニ vs. ウチダザリガニ
　なお，実験方法・手順は，実験 1 と同様とした。
　実験 2 の結果，体サイズの異なるペアによる隠れ家をめぐる競争では，同

サイズの場合とは大きく異なり，同種・異種および先住個体であるか侵入個体であるかにかかわらず，大型個体が有意に多く隠れ家を占有した。すなわち，隠れ家をめぐる競争の勝敗には，先住効果よりも，体サイズの優位性が強く影響した。ニホンザリガニに比べて最大体サイズが大きく，成長が速いウチダザリガニは，隠れ家をめぐる種間競争では有利になると考えられる。

以上の実験1と2の結果から，ニホンザリガニとウチダザリガニによる隠れ家をめぐる競争では，ウチダザリガニが優位となることが示された(Nakata and Goshima, 2003)。ニホンザリガニの生息地にウチダザリガニが侵入した場合には，隠れ家から排除されたニホンザリガニが捕食者の捕食を受けやすくなるなどの影響が予測され，隠れ家をめぐる競争の優劣が，北海道各地で起きているウチダザリガニ侵入後のニホンザリガニ個体群絶滅の一因になっていると考えられた。

では，いったいなぜ，隠れ家をめぐる競争でウチダザリガニが優位となるのであろうか？ 先述したとおり，ザリガニ類の闘争においてはハサミの大きさが勝敗に大きく影響し(Gherardi et al., 2000)，このことが種置換につながる場合もある(Garvey and Stein, 1993)。そこで，ウチダザリガニとニホンザリガニのハサミの長さと幅について，雌雄それぞれ計測し，大きさを比較してみた。その結果，ハサミの長さ・幅ともに，ウチダザリガニのオス＞ウチダザリガニのメス＞ニホンザリガニのオス＞ニホンザリガニのメスの順の大小関係があった(Nakata and Goshima, 2003)。この順序は，隠れ家をめぐる競争の優劣にもよく一致している。

このことに加えて，ウチダザリガニはザリガニ類のなかでも攻撃性の強い種であり(Tierney et al., 2000)，実際，ウチダザリガニはニホンザリガニに比べて攻撃性が強いことも判明している(Usio et al., 2001)。こうした強い攻撃性も，隠れ家をめぐる競争でウチダザリガニが優位となる要因のひとつと考えられる。

ウチダザリガニはニホンザリガニを捕食するか？
——外来-在来ザリガニ種間における相互捕食の非対称性

外来種と在来種の近縁種間で起きる相互捕食の非対称性は，在来種個体群

を絶滅に導く場合がある。そのような例は，たとえば，ヨコエビ類(たとえばDick et al., 1993)，テントウムシ類(Snyder et al., 2004)，トカゲ類(Gerber and Echternacht, 2000)などで報告されている。ヨコエビ類では，外来種が在来種を積極的に捕食し，外来種による強い捕食圧が在来ヨコエビ個体群を絶滅に追いやることが明らかとなっている(たとえばDick et al., 1993)。

　ヨーロッパにおける在来-外来ザリガニ種の置き換わりの一因が，外来ザリガニによる在来ザリガニに対する捕食にあることは先に述べたとおりである。ウチダザリガニがヨーロッパ産在来ザリガニを捕食することについても確認されている(Holdich et al., 1995)。この事実と，ヨコエビ類における種置換の例をふまえると，北海道各地でみられるニホンザリガニとウチダザリガニの種置換についても，ウチダザリガニがニホンザリガニを積極的に捕食することが一因となりうると予測される。そこで筆者らは，そもそも，ウチダザリガニがニホンザリガニを積極的に捕食するのか否かについてと，捕食が起きる場合には，両種による相互捕食の強度について明らかにすることを試みた(Nakata and Goshima, 2006)。この研究ではふたつの実験を行い，①同種および異種のペアによる捕食と，②同種および異種から構成される実験個体群内の捕食について，それぞれ検討した。

　実験ではまず，ニホンザリガニとウチダザリガニそれぞれについて，体サイズによってクラス分けした。これは，先に紹介した「隠れ家をめぐる種間競争」の実験結果からも示されたとおり，大型個体は小型個体に比べ闘争において有利になると考えられるため，捕食が起きる場合にも，大型個体による小型個体に対する捕食頻度が高くなると予測したためである。最大全長が，ニホンザリガニでは8 cm，ウチダザリガニでは15 cm程度であることから，次のように全長を基準にクラス分けした。

　ニホンザリガニ小型個体(SCJ)：＜5 cm
　ニホンザリガニ大型個体(LCJ)：5〜8 cm
　ウチダザリガニ小型個体(SPL)：＜5 cm
　ウチダザリガニ中型個体(MPL)：5〜8 cm
　ウチダザリガニ大型個体(LPL)：8 cm＜
　まず実験1では，同種・異種間の捕食に体サイズがおよぼす影響について

調べた。体サイズでクラス分けした上記5通りのグループで総当たりとなるように組み合わせることで，次のような同種および異種による15通りのペアを用意した。

①SCJ vs. SCJ，②SCJ vs. LCJ，③LCJ vs. LCJ，④SPL vs. SPL，⑤SPL vs. MPL，⑥SPL vs. LPL，⑦MPL vs. MPL，⑧MPL vs. LPL，⑨LPL vs. LPL，⑩SCJ vs. SPL，⑪SCJ vs. MPL，⑫SCJ vs. LPL，⑬LCJ vs. SPL，⑭LCJ vs. MPL，⑮LCJ vs. LPL

各組み合わせについて，それぞれ10ペアを用意した。

これらのペアを実験水槽に同時に入れて，捕食が起きるかどうかを観察した。実験水槽には，実験個体の体サイズに合わせて好適なサイズの隠れ家(Nakata et al., 2001；中田ほか，2003b)を2個入れた。また，実験個体には，翌日に残餌が認められる程度の十分な量の人工飼料を，実験期間の10日間，毎日投与して飽食させた。ここで与えた人工飼料は，ニホンザリガニがよく好んで摂餌することが確かめられており，また，この飼料を摂餌したニホンザリガニは良好に成長することが確認されている(中田ほか，2003a)。このように，隠れ家もあって餌も十分にある環境とすることで，基本的には捕食が起こりにくい状況とした。

実験2では，次のような同種および異種から構成される実験個体群を用意して，捕食が起きるかどうかについて検証した。

実験個体群1：ニホンザリガニ10個体(SCJ 5個体＋LCJ 5個体)

実験個体群2：ウチダザリガニ10個体(SPL 4個体＋MPL 4個体＋LPL 2個体)

実験個体群3：ニホンザリガニ7個体(SCJ 4個体＋LCJ 3個体)＋ウチダザリガニ3個体(SPL，MPL，LPLを1個体ずつ)

実験個体群4：ニホンザリガニ5個体(SCJ 3個体＋LCJ 2個体)＋ウチダザリガニ5個体(SPLとMPL 2個体ずつ＋LPL 1個体)

実験個体群5：ニホンザリガニ3個体(SCJ 2個体＋LCJ 1個体)＋ウチダザリガニ7個体(SPL 3個体＋MPLとLPL 2個体ずつ)

このような5通りの実験個体群を，大型実験水槽(129×83×21 cm)に同時に入れて，共食いや捕食の有無について30日間観察記録した。実験1と

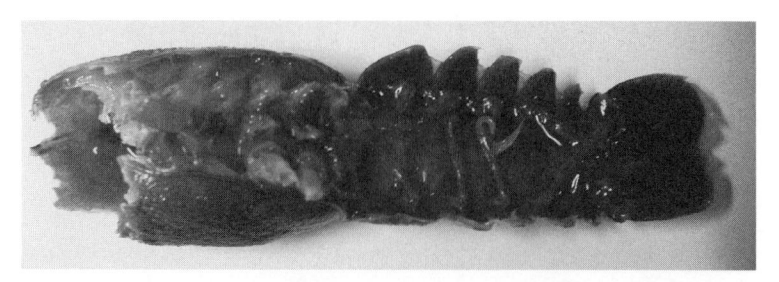

図24　ウチダザリガニに捕食されたニホンザリガニの残骸（中田和義撮影）

同様に，十分な量の好適なサイズの隠れ家と人工飼料を与え，捕食が起こりにくい環境とした。

ペアによる実験1の結果，同種間ではほとんど共食いは起きなかった。これに対して異種によるペアでは，ウチダザリガニによって捕食され死亡したニホンザリガニが多数認められた(図24)。とくに，ニホンザリガニの小型個体(SCJ)とウチダザリガニの大型個体(LPL)のペア10組では，10個体のうち6個体のニホンザリガニが，ウチダザリガニによって捕食された。その一方で，ニホンザリガニによって捕食されたウチダザリガニは，ニホンザリガニの大型個体(LCJ)とウチダザリガニの小型個体(SPL)のペアで，10個体のうちわずかに1個体にすぎなかった。

実験2の結果，同種から構成された実験個体群では，共食いの頻度は低かった。これに対して，異種から構成された実験個体群では，捕食を受けて死亡したニホンザリガニが続出した。ニホンザリガニの死亡率は，実験個体群3と4では50％，そして実験個体群5では100％，つまり，すべてのニホンザリガニが，ウチダザリガニによる捕食を受けて死亡したと考えられた(図25)。一方で，ウチダザリガニの死亡個体は全く認められなかった。

実験1，2ともに，ザリガニ類が好んで食べる人工飼料を飽食させていたにもかかわらず，ウチダザリガニによるニホンザリガニに対する強い捕食圧が認められた(Nakata and Goshima, 2006)。ウチダザリガニは同種の小型個体が水槽内に認められてもそれらは捕食せずに，ニホンザリガニを選択的に好んで捕食するかのようにもみえる。今後の研究において，その理由を解明したいと考えているところである。

図25 ニホンザリガニを捕食するウチダザリガニの大型個体(中田和義撮影)。口絵29参照

　以上をまとめると，ウチダザリガニによるニホンザリガニに対するきわめて強い捕食圧が確認され，とりわけウチダザリガニの大型個体において，ニホンザリガニへの捕食頻度が高かった。これらの結果から，天然生息地においても，ウチダザリガニがニホンザリガニの生息地に侵入すれば，ウチダザリガニはニホンザリガニを積極的に捕食し，このことが北海道各地でみられるウチダザリガニとニホンザリガニの種置換の一因になっていると考えることができる。

　以上，特定外来生物ウチダザリガニと絶滅危惧在来種ニホンザリガニの種置換要因に関して，隠れ家をめぐる競争と，捕食－被食関係についての研究例を紹介した。このほかに，ヨーロッパ産在来ザリガニ個体群絶滅の大きな要因として，ザリガニペスト(水カビ)が挙げられることは先に述べたとおり

である。本章で紹介した筆者らによる室内実験では，ウチダザリガニとニホンザリガニを最大 30 日間ほど同一水槽内で混成飼育した。ヨーロッパの例からすると，ウチダザリガニが保菌するザリガニペストが原因で死亡するニホンザリガニが出現しても，何ら不思議ではない。実際，北ヨーロッパで行われた室内実験では，ニホンザリガニにこの水カビを接種すると，ニホンザリガニは死亡した (Unestam, 1969)。このためか，新聞やテレビでは，北海道の各地でみられるニホンザリガニ個体群の絶滅がウチダザリガニの保菌するザリガニペストによって起きていて，このことが科学的に証明されているかのように報じられることも多い。しかしながら，筆者らによる室内実験では，ウチダザリガニが保菌するザリガニペストが原因となって死亡したニホンザリガニは全く認められなかった (Nakata and Goshima, 2003)。ニホンザリガニとウチダザリガニを同一水槽内で飼育しても，ザリガニペストによる死亡が起きないとの例は，実はよく耳にすることである。

　川井唯史博士がヨーロッパの専門家から聞いたところによると，ザリガニペストには多くの系統があり，北アメリカ産以外のザリガニ類に致死性を示す系統と，致死性が低い系統，さらには致死性を示さない系統があるという (川井, 2007)。詳細は全くの不明であるが，日本に侵入したウチダザリガニが保菌するザリガニペストが，致死性が低いのか，あるいは致死性を示さない系統である可能性もあるのかもしれない。詳細を科学的に明らかにすることは，今後の研究における重要な課題である。しかし，予防のためにも，国内に定着したウチダザリガニの保菌するザリガニペストが強い致死性をもつことも想定しておく必要があると考える。

[引用文献]

阿部友典・杉本嘉寛・栂井龍一・中谷勇. 2006. 磐梯朝日国立公園の湖沼に生息するウチダザリガニ *Pacifastacus leniusculus*. Cancer, 15: 21-24.

Capelli, G. M. and Munjal, B. L. 1982. Aggressive interactions and resource competition in relation to species displacement among crayfish of the genus *Orconectes*. J. Crust. Biol., 2: 486-492.

Dick, J. T. A., Montgomery, W. I. and Elwood, R. W. 1993. Replacement of the indigenous amphipod *Gammarus duebeni celticus* by the introduced *Gammarus pulex*:

Differential cannibalism and mutual predation. J. Anim. Ecol., 62: 79-88.
Faragher, R. A. 1983. Role of crayfish *Cherax destructor* Clark as food for trout in Lake Eucumbene, New South Wales. Aust. J. Freshwater Res., 34: 407-417.
外来魚調査プロジェクトチーム. 2002. 北海道における外来魚の調査について. 魚と水, 38：5-7.
Garvey, J. E. and Stein, R. A. 1993. Evaluating how chela size influences the invasion potential of an introduced crayfish (*Orconectes rusticus*). Amer. Mid. Natur., 129: 172-181.
Garvey, J. E., Stein, R. A. and Thomas, H. M. 1994. Assessing how fish predation and interspecific prey competition influence a crayfish assemblage. Ecology, 75: 532-547.
Gerber, G. P. and Echternacht, A. C. 2000. Evidence for asymmetrical intraguild predation between native and introduced *Anolis* lizards. Oecologia, 124: 599-607.
Gherardi, F., Acquistapace, P. and Barbaresi, S. 2000. The significance of chelae in the agonistic behaviour of the white-clawed crayfish, *Austropotamobius pallipes*. Mar. Freshwater Behav. Physiol., 33: 187-200.
Grow, L. 1981. Burrowing behavior in the crayfish, *Cambarus diogenes diogenes* Girard. Anim. Behav., 29: 351-356.
Guan, R. 1994. Burrowing behaviour of signal crayfish, *Pacifastacus leniusculus* (Dana), in the river Great Ouse, England. Freshwater Forum, 4: 155-168.
浜野龍夫. 1990. ポリエステル樹脂を使用して底生動物の巣型をとる方法. 日本ベントス学会誌, 39：15-19.
浜野龍夫・林健一・川井唯史・林浩之. 1992. 摩周湖に分布するザリガニについて. 甲殻類の研究, 21：73-87.
Holdich, D. M. 1999. The negative effects of established crayfish introductions. In "Crayfish in Europe as Alien Species" (eds. Gherardi, F. and Holdich, D. M.), pp. 31-47. A. A. Balkema, Rotterdam.
Holdich, D. M. 2000. The introduction of alien crayfish species into Britain for commercial purposes - an own goal? Crustacean Issues, 12: 85-97.
Holdich, D. M., Rogers, W. D., Reader, J. P. and Harlioglu, M. M. 1995. Interactions between three species of freshwater crayfish (*Austropotamobius pallipes*, *Astacus leptodactylus* and *Pacifastacus leniusculus*). Freshwater Crayfish, 10: 46-56.
堀繁久・的場洋平. 2001. 移入種アライグマが捕食していた節足動物. 北海道開拓記念館研究紀要, 29：67-76.
Huner, J. V. 2002. *Procambarus*. In "Biology of Freshwater Crayfish" (ed. Holdich, D. M.), pp. 541-584. Blackwell Science, Oxford.
川井唯史. 1989. ザリガニの交尾習性. 南紀生物, 31：99-100.
川井唯史. 1992. ザリガニ *Cambaroides japonicus* の巣穴. 甲殻類の研究, 21：65-71.
川井唯史. 2007. ザリガニの博物誌―里川学入門. 166 pp. 東海大学出版会.
川井唯史・浜野龍夫・松浦修平. 1994. 北海道の小川と小湖におけるニホンザリガニ *Cambaroides japonicus* の脱皮時期と繁殖周期. 水産増殖, 42：215-220.
Kawai, T., Hamano, T. and Matsuura, S. 1995. Food habits of the Japanese crayfish *Cambaroides japonicus* (Decapoda, Astacoidea) in a stream in Hokkaido, Japan. Fish. Sci., 61: 720-721.
Kawai, T., Hamano, T. and Matsuura, S. 1997. Survival and growth of the Japanese

crayfish *Cambaroides japonicus* in a small stream in Hokkaido. Bull. Mar. Sci., 61: 147-157.
川井唯史・三宅貞祥・浜野龍夫. 1990. 分布南限のザリガニ *Cambaroides japonicus* (De Haan, 1841) の個体数密度と再生産に関する研究. 甲殻類の研究, 19: 55-61.
Kawai, T., Nakata, K. and Hamano, T. 2002. Temporal changes of the density for two crayfish species, the native *Cambaroides japonicus* (De Haan) and the alien *Pacifastacus leniusculus* (Dana), in natural habitats of Hokkaido, Japan. Freshwater Crayfish, 13: 198-206.
川井唯史・中田和義・小林弥吉. 2002. 日本における北米産ザリガニ類(タンカイザリガニとウチダザリガニ)の分類および移入状況に関する考察. 青森自然誌研究, 7: 59-71.
Kodama, K., Yamakawa, T., Shimizu, T. and Aoki, I. 2005. Age estimation of the wild population of Japanese mantis shrimp *Oratosquilla oratoria* (Crustacea: Stomatopoda) in Tokyo Bay, Japan, using lipofuscin as an age marker. Fish. Sci., 71: 141-150.
Lewis, S. D. 2002. *Pacifastacus*. In "Biology of Freshwater Crayfish" (ed. Holdich, D. M.), pp. 511-540. Blackwell Science, Oxford.
Maude, S. H. and Williams, D. D. 1983. Behavior of crayfish in water currents: hydrodynamics of eight species with reference to their distribution patterns in Southern Ontario. Can. J. Fish. Aquat. Sci., 40: 68-77.
三沢勝也・菊地基弘・野澤博幸・帰山雅秀. 2001. 外来種ニジマスとブラウントラウトの支笏湖水系の生態系と在来種に及ぼす影響. 国立環境研究所研報, 167: 125-132.
Nakata, K. and Goshima, S. 2003. Competition for shelter of preferred sizes between the native crayfish species *Cambaroides japonicus* and the alien crayfish species *Pacifastacus leniusculus* in Japan in relation to prior residence, sex difference, and body size. J. Crust. Biol., 23: 897-907.
Nakata, K. and Goshima, S. 2004. Fecundity of the Japanese crayfish, *Cambaroides japonicus*: ovary formation, egg number and egg size. Aquaculture, 242: 331-339.
Nakata, K. and Goshima, S. 2006. Asymmetry in mutual predation between the endangered Japanese native crayfish *Cambaroides japonicus* and the North American invasive crayfish *Pacifastacus leniusculus*: A possible reason for species replacement. J. Crust. Biol., 26: 134-140.
Nakata, K., Hamano, T., Hayashi, K., Kawai, T. and Goshima, S. 2001. Artificial burrow preference by the Japanese crayfish *Cambaroides japonicus*. Fish. Sci., 67: 449-455.
Nakata, K., Hamano, T., Hayashi, K. and Kawai, T. 2002. Lethal limits of high temperature for two crayfishes, the native species *Cambaroides japonicus* and the alien species *Pacifastacus leniusculus* in Japan. Fish. Sci., 68: 763-767.
Nakata, K., Hamano, T., Hayashi, K. and Kawai, T. 2003. Water velocity in artificial habitats of the Japanese crayfish *Cambaroides japonicus*. Fish. Sci., 69: 343-347.
中田和義・浜野龍夫・池田至・酒見宗茂・三代健造. 2003a. ニホンザリガニ稚仔の成長と生残に及ぼす3種の配合飼料の効果. 水大校研報, 51: 55-60.
中田和義・浜野龍夫・川井唯史・平田昌克・音更川グラウンドワーク研究会・高倉裕一・鏡坦・堤公宏. 2001. 北海道十勝地方におけるザリガニ類の分布および個体数密度の経年変化. 帯広百年記念館紀要, 19: 79-88.
中田和義・石川慎也・倉沢栄一・中岡利泰. 2004. 北海道豊似湖におけるニホンザリガニ

の繁殖生態. えりも町郷土資料館調査研究報告, 1:1-6.
Nakata, K., Matsubara, H. and Goshima, S. 2004a. Artificial incubation of Japanese crayfish (*Cambaroides japonicus*) eggs by using a simple, easy method with a microplate. Aquaculture, 230: 273-279.
中田和義・中岡利泰・五嶋聖治. 2006. 移入種ブラウントラウトが淡水産甲殻類に及ぼす影響—絶滅危惧種ニホンザリガニへの捕食. 日水誌, 72:447-449.
中田和義・太田徹・浜野龍夫. 2003b. ウチダザリガニによる人工巣穴の選択性. 水大校研報, 51:61-67.
Nakata, K., Tanaka, A. and Goshima, S. 2004b. Reproduction of the alien crayfish species *Pacifastacus leniusculus* in Lake Shikaribetsu, Hokkaido, Japan. J. Crust. Biol., 24: 496-501.
中田和義・田中全・浜野龍夫・川井唯史. 2002. 北海道然別湖におけるウチダザリガニの分布. 上士幌町ひがし大雪博物館研究報告, 24:27-34.
Nakata, K., Tsutsumi, K., Kawai, T. and Goshima, S. 2005. Coexistence of two North American invasive crayfish species, *Pacifastacus leniusculus* (Dana, 1852) and *Procambarus clarkii* (Girard, 1852) in Japan. Crustaceana, 78: 1389-1394.
Nyström, P. 1999. Ecological impact of introduced and native crayfish on freshwater communities: European perspectives. In "Crayfish in Europe as Alien Species" (eds. Gherardi, F. and Holdich, D. M.), pp. 63-85. A. A. Balkema, Rotterdam.
Oluoch, A. O. 1990. Breeding biology of the Louisiana red swamp crayfish *Procambarus clarkii* Girard in Lake Naibasha, Kenya. Hydrobiologia, 208: 85-92.
Parkyn, S. M., Rabeni, C. F. and Collier, K. J. 1997. Effects of crayfish (*Paranephrops planifrons*: Parastacidae) on in-stream processes and benthic faunas: A density manipulation experiment. NZ. J. Mar. Freshwater Res., 31: 685-692.
Peeke, H. V. S., Figler, M. H. and Chang, E. S. 1998. Sex differences and prior residence effects in shelter competition in juvenile lobsters, *Homarus americanus* Milne-Edwards. J. Exp. Mar. Biol. Ecol., 229: 149-156.
Peeke, H. V. S., Sippel, J. and Figler, M. H. 1995. Prior residence effects in shelter defence in adult signal crayfish (*Pacifastacus leniusculus* (Dana)): Results in same- and mixed-sex dyads. Crustaceana, 68: 873-881.
Sato, T. 1990. Temperature and velocity of water at breeding sites of *Hynobius retardatus*. Jap. J. Herpetol., 13: 131-135.
Shimatani, Y., Takeshita, T., Tatsuzawa, S., Ikeda, T. and Masuda, R. 2008. Genetic identification of mammalian carnivore species in the Kushiro Wetland, eastern Hokkaido, Japan, by analysis of fecal DNA. Zool. Sci., 25: 714-720.
Snyder, W. E., Clevenger, G. M. and Eigenbrode, S. D. 2004. Intraguild predation and successful invasion by introduced ladybird beetles. Oecologia, 140: 559-565.
Söderbäck, B. 1994. Interactions among juveniles of two freshwater crayfish species and a predatory fish. Oecologia, 100: 229-235.
Stebbing, P. D., Bentley, M. G. and Watson, G. J. 2003a. Mating behaviour and evidence for a female released courtship pheromone in the signal crayfish *Pacifastacus leniusculus*. J. Chem. Ecol., 29: 465-475.
Stebbing, P. D., Watson, G. J., Bentley, M. G., Fraser, D., Jennings, R., Rushton, S. P. and Sibley, P. J. 2003b. Reducing the threat: the potential use of pheromones to control invasive signal crayfish. Bull. Fr. Peche Piscic., 370-371: 219-224.

Takahashi, M., Suzuki, N. and Koga, T. 2001. Burrow defense behaviors in a sand-bubbler crab, *Scopimera globosa*, in relation to body size and prior residence. J. Ethol., 19: 93-96.

鷹見達也・吉原拓志・宮腰靖之・桑原連. 2002. 北海道千歳川支流におけるアメマスから移入種ブラウントラウトへの置き換わり. 日水誌, 68：24-28.

Tierney, A. J., Godlesky, M. S. and Dunham, D. W. 2000. Comparative analysis of agonistic behavior in four crayfish species. J. Crust. Biol., 20: 54-66.

Unestam, T. 1969. Resistance to the crayfish plague in some American, Japanese and European crayfishes. Rep. Inst. Freshwater Res. Drottningholm, 49: 202-209.

Usio, N., Konishi, M. and Nakano, S. 2001. Species displacement between an introduced and a "vulnerable" crayfish: The role of aggressive interactions and shelter competition. Biol. Invasions, 3: 179-185.

Usio, N.・中田和義・川井唯史・北野聡. 2007. 特定外来生物シグナルザリガニ (*Pacifastacus leniusculus*) の分布状況と防除の現状. 陸水学雑誌, 68：471-482.

Vorburger, C. and Ribi, G. 1999. Aggression and competition for shelter between a native and an introduced crayfish in Europe. Freshwater Biol., 42: 111-119.

Wada, S., Oba, T., Nakata, K. and Ito, A. 2008. Factors affecting the interval between clutches in the hermit crab *Pagurus nigrivittatus*. Mar. Biol., 154: 501-507.

第 V 部

保 全 学

第1章 国内の保全

蛭田眞一

要　旨

　ニホンザリガニと深いかかわりのある北海道を中心に,「ザリガニ」についての関心度の変遷を概観し, この動物の保全に関係して実施されてきた法的措置, 研究, 民間の活動および行政の対策などを紹介する。そして, ニホンザリガニの未来を考えながら, この動物とその生息地保全のためにすべきことを提言する。

1. はじめに

　国内のザリガニ保全ということは, 唯一の在来種であるニホンザリガニ *Cambaroides japonicus* の保全という意味になる。広辞苑では, 保全とは「保護して安全にすること」とされているが, 野生生物の場合, 保全とは「絶滅させないこと」である。

　なぜニホンザリガニを保全する必要があるのであろうか？　ニホンザリガニは生息域である北海道と東北地方北部の自然を担ってきたわが国固有の生物である。固有性は長い時間(歴史)のなかで育まれたもので, 一度失われると取り戻すことができない。ニホンザリガニでは生息水系ごとに遺伝的な内容も固有性を有していることがわかってきている(東, 2006)。また現在は, 生息環境の消失と悪化, 捕獲, 外来種の影響などで人里では姿を見かけなくなってしまっていて, 人との関係がほとんど維持できなくなっているが, かつては薬や食材として人の生活と深くかかわっていたという歴史があった(中田, 2004；川井, 2007)。このような歴史的価値, すなわち文化は誰もが尊重することであり, それはニホンザリガニを保全するということに素直につ

ながる。そしてそれはとりもなおさず生物多様性を保全するということになる(平川・樋口, 1997)。ニホンザリガニ保全にかかわる考えや活動, 研究等については, 川井(2002, 2007), 中田(2001, 2007)がすでに述べているので参照されたい。

2. ザリガニについての関心

話を先に進める前に, ニホンザリガニ, そして必ずといってよいほど一緒に話題にのぼるウチダザリガニ *Pacifastacus leniusculus* について, 北海道新聞紙上にこれらの名称が載った記事の数についてみてみよう。現在入手できる1988年以降の北海道新聞データベースから検索した結果を図1に示した。ザリガニについての一般的関心の度合いを反映していると考えてよいであろう。グラフが示すように, 1990年代半ばから話題に取り上げられることが多くなり, 2000年からその数が急増している。2000年は環境省によりニホンザリガニが「絶滅危惧種」に指定された年であり, 2006年2月には外来種ウチダザリガニが「特定外来生物」に指定されている。1988年にウィルソンとピーターが編集した本の表題として使用された"Biodiversity(生物

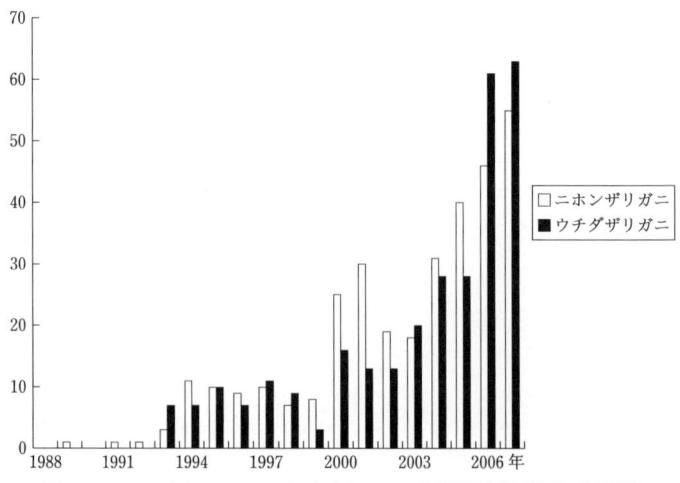

図1 ニホンザリガニ, ウチダザリガニの新聞記事数(北海道新聞)

多様性)"という言葉が一般に広く浸透していった90年代に，わが国に生息する在来種ニホンザリガニは生物多様性保全，固有種保全という視点で関心をもたれるようになっていった。2000年以降はほかの希少野生生物と同様に，わが国固有の存在として，そしてほかの生物とのネットワーク(生物間相互作用)関連の研究対象として，一般市民および研究者の関心をひいて現在にいたっていると考えられる。もっとも，それ以前からザリガニ研究者たちはニホンザリガニについてのデータを集めており，本種の生息に危機感をもっていた(たとえば川井，1996；小宮山，1993；図2)。

ここで確認しておきたいことは，確かにウチダザリガニの導入そして生息

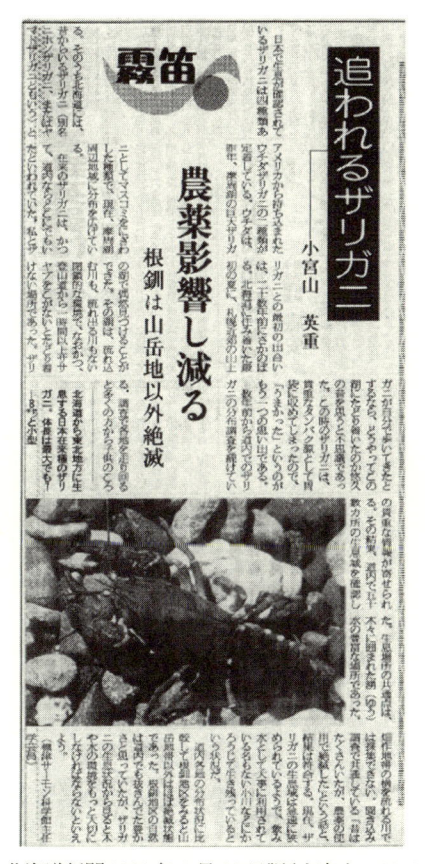

図2　北海道新聞1993年3月26日版(小宮山，1993より)

分布拡大がニホンザリガニ個体群の減少に大きくかかわってはいるが，ニホンザリガニが絶滅危惧種の指定を受けるまでになった主たる原因は人間の諸活動であるということである。住宅地や農地利用，種々の整備事業などにより水環境が悪化したり，生息地そのものが消失したからである。

3. レッドデータブック

前述のように，ニホンザリガニは生息地の滅失，乱獲および環境悪化などにより，各地で個体群の減少・絶滅が生じている。そのため，ニホンザリガニは以下に挙げるような法的指定を受けている。それぞれのレッドデータブックに記されている内容を引用するが，本種のおかれている状況を確認していただきたい。

水産庁(1998年)：危急種
〈資源状況〉

生息地数でみると北海道釧路市で1975年の20％に，青森県七戸町では1970年代の33％以下，秋田県と岩手県では生息数の減少は見られていないが，個体数は過去最盛期の10％程度に減少している。

〈現状評価〉

本種の生息地や個体数の急激な減少が始まったのは，わが国の開発，ウチダザリガニの分布域拡大等が急展開した過去20〜30年間のことである。その結果，本種は，すでに述べたような僅かな生息地に，少数ずつ生き残っているのが現状である。しかも本種は繁殖力が弱く，生息環境の破壊やウチダザリガニの分布域拡大が止まるところを知らないわが国の水系で，個体群を維持することはきわめて困難なことと考えられることから，本種は危急種と判断される。(執筆者：川井唯史　北海道立中央水産試験場)

環境省(2000年)：絶滅危惧II類(VU)
〈分布域とその動向〉

全体の分布域に大きな変化はないが，多くの生息地で個体数の減少が認められ，北海道や青森県各地では絶滅したと考えられる生息地も少な

くない．個体数密度の高い生息地はほとんどなくなっているのが現状である．

〈生息地の現況とその動向〉

分布南限の秋田県大館市の生息地も含めて，いずれの生息地も環境の破壊が深刻である．

〈存続を脅かしている原因とその時代的変化〉

急激な減少が始まったのは，宅地開発，その結果の生活排水の流入，さらには農薬の使用が目立つようになったここ20～30年のことである．

〈保護対策〉

秋田県大館市の生息地は，分布南限地として国の天然記念物に指定されている．本来の指定地が本種の生息に適さない状況になっているが，大館市は市内に残るもう1か所の生息地の状況を調査し，その結果に基づいて保護と増殖を試みている．

青森県(2000年)：最重要希少生物Bランク(環境省：絶滅危惧Ⅱ類 VU：絶滅の危険が増大している種に対応)

県内では，絶滅の危険が増大している野生生物：生息・生育数がかなり少なく，生息・生育環境もかなり限られた種で，将来県内での絶滅が危惧される種．

岩手県(2001年)：Bランク　絶滅の危機が増大している種(環境省レッドデータブック新カテゴリーの「絶滅危惧Ⅱ類」の基準に相当)

現在の状態がもたらした圧迫要因が引き続き作用する場合近い将来Aランクに移行することが考えられるもの．

4. 保全のための研究

当然のことであるが，ニホンザリガニを保全するためには，本種の生活史や生息環境そしてほかの生物との関係など，すべての生物学的・生態学的研究分野の情報が必要不可欠である．後述するようにニホンザリガニ保全のためであることを明記した研究も増えつつある．ニホンザリガニについての知見は，川井唯史(北海道立稚内水産試験場)，中田和義(土木研究所)によるところ

が大きい。

生物・生態学的研究

ニホンザリガニの生活史(環)の全般な記述は上田(1970)，川井ほか(1990)，蛭田(1996)，中田(2001)，林(2006a)，川井(2007)などが参考になる。また，交尾(行動)については川井(1989)，Kawai and Saito(2001)，産卵生態については川井(1994c)，脱皮・成長については川井(1992b, 1999)，Kawai(2000)，川井ほか(1994)などを参照されたい。

自然状態での生息環境の把握も保全のためには必要な情報である。生息環境に関するものでは，川井(1992a)による巣穴についての報告やUsio(2007)の微小生息環境に関する分析がある。また，小川生態系における役割については，Usio et al.(2006)の研究がある。生態に関しての詳細は第Ⅳ部第3章「生理・生態学」を参照していただきたい。

生息調査

生息調査はニホンザリガニの将来を考えるうえで基礎となる情報を提供する。たとえば，川井(1996：北海道における分布と道東での生息地消失)，川井(1993a：利尻島での記録)，川井ほか(2001：札幌周辺の生息地の減少)，Kawai et al.(2002：ウチダザリガニとニホンザリガニの分布の変化)などである。ニホンザリガニは離島を含む北海道全域に分布しており，それらの生息場所をみてみると，小石が豊富な川底や湖底，自ら巣穴を掘ることのできるような泥地までさまざまな環境であることがわかる(川井, 1993b, 1994a, b)。生息環境の詳細に関しては第Ⅳ部第1章「在来種の生息環境」を参照していただきたい。

コラム1　昭和と平成時代におけるニホンザリガニ生息地数の減少

川井唯史

ニホンザリガニは各行政機関から希少種に指定されており，その理由として生息地数の減少が背景となっている。本種の生息域は大まかにいえば，小規模な河川の源流

部と湖沼である。筆者が小学生のころ，北海道の東部に位置する釧路市に住んでおり，夏休みの自由研究として市内のニホンザリガニの分布を調べた。

それから10年ごとに各生息地を観察することで，生息地数の減少傾向が明らかになり(図1)，その原因が推定できた。30年ほど前には市内で広く出現していたニホンザリガニは，その後の宅地造成にともない，市内の中心部から順に姿を消した。2006年には郊外の生息地からも姿を消し，現在は春採湖の湖畔の生息地だけが残されている。このことから市の中心部に生息していたニホンザリガニは，過去数十年の開発により急速に姿を消したと考えられる(川井，2007)。なお，春採湖には天然記念物のヒブナが生息しているため，開発がおよびにくい。このような状況は北海道内の各地で報告されている。なお，函館市と隣の七飯町では古くからニホンザリガニと人間が共存した例が認められている(川井，2007)。このことから，ニホンザリガニは里山の生物であり，人間との共存の可能性はあるといえる。しかし，この可能性は高いとはいえない。むしろ何らかの工夫や法律的な保護に欠けると，生息地が容易に失われてしまうと考えられる。

湖沼の生息地も激減している(図2；Kawai et al., 2002)。北海道におけるニホンザリガニのかつての生息状況については，北海道大学総合博物館に保管してある標本，そして北海道水産試験場による調査で多くのことがわかる。本種は70年ほど前には北海道のほとんどの湖で確認されていた。これが現状では，ニホンザリガニが生息する湖沼が大幅に減少している。なお，湖沼でニホンザリガニが減少した主な原因は想像の域を出ておらず，有効な打開策はめどすらない。

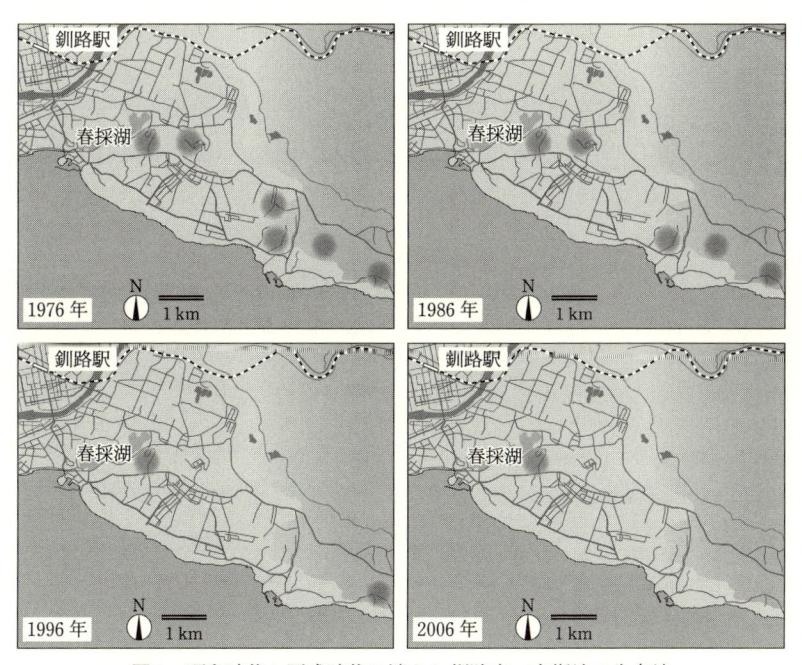

図1　昭和時代と平成時代に消えた釧路市，市街地の生息地

引用文献
川井唯史, 2007. ザリガニの博物誌. 166 pp. 東海大学出版会.
Kawai, T., Nakata, K. and Hamano, T. 2002. Temporal changes of the density for two crayfish species, the native *Cambaroides japonicus* (De Haan) and the alien *Pacifastacus leniusculus* (Dana), in natural habitats of Hokkaido, Japan. Freshwater Crayfish, 13: 198-206.

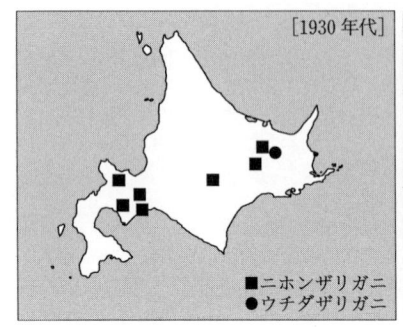

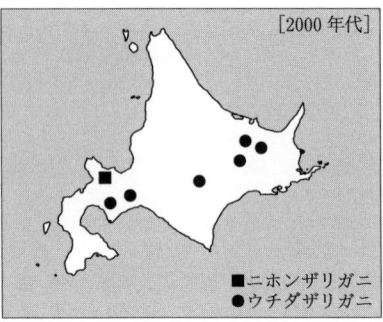

図2 昭和時代に消えた北海道内の湖の生息地(Kawai et al., 2002 を基に作成)

増　殖

　ニホンザリガニ保全のための個体群回復の手段である増殖に関する研究については，中田(2007)に自身の研究成果を報告しながらまとめられており，詳細は第Ⅳ部第3章「生理・生態」を参照されたい。
　増殖の技術は大きく分けてふたつあり，天然の環境収容力の保全・増大，そして人工的な稚エビの育成・放流である。前者に関しては，人工巣穴サイズの選好実験で，ニホンザリガニが好む巣穴のサイズは体長依存的であり，また，好適な流速条件の検討も行われている。ザリガニの英語名 crayfish の cray は crack (岩などの割れ目)，crevice (地表・氷河・岩などの深い割れ目) を意味する語から由来していて，crayfish は隙間に棲む水生生物という意味になる。名称の由来が示すように，ザリガニの生息には日中隠れる場所が必要なのである。上述の研究成果は野外における環境収容力を増大する面，そして好適な生息環境を維持・増大する面での増殖技術開発の基礎となる。加えて屋内での飼育技術向上にも大きく寄与するものとなる。そのほかにもニホンザリガニ卵の人工孵化法開発，孵化に好適な水温の解明，稚エビ

の成長・生残が良好な飼育飼料の検討が行われている。この分野についての研究はさらに蓄積していく必要があると考える。

　ニホンザリガニの飼育方法については，西村ほか(2002)と林(2006b)が参考になる。前者はウチダザリガニおよびアメリカザリガニ *Procambarus clarkii* についても扱っており，後者には生活史の解説と鮮明な生態写真も提供されている。そのほか，本種の生物学を扱った論文・報告書には部分的に飼育に関する情報が提供されているものもある。念頭におくべきことは，ニホンザリガニは希少種であるので，その採取と飼育については十分配慮しなければならないということである。なお，特定外来生物であるウチダザリガニは許可なく飼育することは禁じられている。

コラム2　外来生物法と外来ザリガニ類

中田和義

　2005年6月1日に，「特定外来生物による生態系等に係る被害の防止に関する法律」(外来生物法)(平成16年法律第78号)が施行された。環境省のホームページによると，外来生物法の目的は，「特定外来生物による生態系，人の生命・身体，農林水産業への被害を防止し，生物の多様性の確保，人の生命・身体の保護，農林水産業の健全な発展に寄与することを通じて，国民生活の安定向上に資すること」であり，「そのために，問題を引き起こす海外起源の外来生物を特定外来生物として指定し，その飼養，栽培，保管，運搬，輸入といった取扱いを規制し，特定外来生物の防除等を行う」とされている。

　雑食性で大型の底生生物である外来ザリガニ類がわが国の在来生態系に定着した場合，在来生物が受ける被害は甚大であると考えられる。わが国にはすでに，外来ザリガニ類のなかでも在来生態系への影響力がとくに大きいことがヨーロッパでも広く認識されているウチダザリガニが北海道を中心に広く定着しており，分布域を急拡大させている(詳細は第IV部第3章「生理・生態」参照)。したがって，わが国においても，外来ザリガニ類の新たな定着や分布域の拡大に対する早急な対策が必要と考えられてきた。

　このような背景があり，2006年2月1日には，ウチダザリガニを含む外来ザリガニ類の2属2種が特定外来生物に二次指定された。ウチダザリガニ以外では，*Cherax* 属のザリガニ類約40種，*Astacus* 属のザリガニ類3種，そしてアメリカ産の *Orconectes rusticus* が特定外来生物に指定された。これらのザリガニ類については，飼育・運搬・保管・輸入・野外への放流などが厳罰付きで規制され，違反した場合には，3年以下の懲役または300万円以下の罰金が課せられる。

　特定外来生物に指定された外来ザリガニ類の多くは，以前はペットショップやホームセンターに加えて，インターネット上でも生きた個体が普通に販売されていたため，誰もが容易に入手することができた。在来生態系への悪影響がとりわけ大きな問題と

なっているウチダザリガニについても，このような販売経路が確立されていた。こうした入手のしやすさが，あとを絶たないウチダザリガニの新たな定着の一因となっていたのはいわれもない事実である。

　それでは，ウチダザリガニが特定外来生物に指定されたことで，新たな定着は起きないと考えてもよいのだろうか？　実はそう単純ではない。ウチダザリガニと在来種のニホンザリガニは，とりわけ小型個体においては形態が比較的よく似かよっていることもあり，児童・大人にかかわらず，ウチダザリガニをニホンザリガニと誤認して，定着場所で採集し飼育を始める例が多いのである(第Ⅵ部第1章「環境教育」参照)。もちろん，こうした飼育者は外来生物法に違反してウチダザリガニを飼育しているとの自覚は全くないのだが，れっきとした法律違反となってしまう。こうした誤認飼育は，ほかの特定外来生物のザリガニ類でも起こりうることであろう。すなわち，外来生物法によって特定外来生物に指定しただけでは，外来ザリガニ類の新たな定着を防ぐことはできないのである。

　したがって，そうした外来ザリガニ類の飼育や放流を防ぐためには，外来種と在来種の見分け方や，外来ザリガニ問題についての市民への普及啓発が必要不可欠なのである。そのためには，外来ザリガニ類を環境教育や生物教育の教材とし，ザリガニ類の種ごとの形態的特徴や外来ザリガニ類による在来生物への影響などについて，早急に普及していく必要がある。北海道ではすでに，ウチダザリガニを教材とした環境教育が，行政やNPOなどによって進められている。今後，そのような動きがさらに活発になっていくことが望まれる。

5. 保全活動の諸形態

整備事業とニホンザリガニ

　農業廃水路整備，河川改修工事などの工事現場にニホンザリガニの生息が確認された場合，多くは一時的も含む「引っ越し」が行われている。生息環境が類似している上流部へ移動させ，工事終了後に戻す場合，自然保護団体等に飼育を委嘱し，工事終了後に戻す場合，そして救出作戦と称して完全に引っ越しさせる場合がある。引っ越し作業には近隣の小学校児童が関わっていることがあり，地域の自然との触れ合いを通して保全意識涵養の場としていることもある。

　また，ザリガニの生息確認にともなって工法を検討する例がある。たとえば，北見市の通称北見バイパス工事では，工事に先立つ引っ越しの後，ニホンザリガニ生息域をまたぐようにアーチ状の構造物(図3)をつくり，生息地の川底には直接触れない工法をとっている。帯広の川西道路ではニホンザリガニを含む動物の通り道(誘導路)を確保している。また，厚沢部町土橋自然

図3　アーチカルバート（豊島ほか，2008より）。口絵30参照

観察教育林整備事業では，ニホンザリガニが生息可能となるように，川底と川岸(片側)を覆っていたコンクリートを取り除く工事を行っている。隠れ家となる場所と餌となる落葉が供給される環境をつくり出そうとしたのである。十勝管内の農業廃水路整備工事では，ニホンザリガニが隠れる隙間をつくるため，粗い金網にごつごつした石を詰め込んだ「布団かご」を用水路の溝に敷きつめる工法を採用している。このほか，種々の整備事業でニホンザリガニの生息が確認された場合，ニホンザリガニそのものはもちろん，その生息環境をできるだけ維持するように配慮した工事を行うようになってきていることは確かなようである。

　ニホンザリガニの生息環境に配慮した工法が本格的に採用され始めたのは2005年くらいからである。そのため，どのような場所でどのような工法が最も適しているのか，あるいは生息環境に配慮した工法の有効性に関するモニタリングの実施など，今後の課題も多い。

コラム3　移植の功罪

川井唯史

　ニホンザリガニの生息地は人家と近接していることが多いため，土砂崩れ防止のための工事やインフラ整備としての道路工事が影響をおよぼす場合が多い。この際に対策としてよく行われるのはニホンザリガニの移植である。これは一見してわかりやすく，子どもが行うとその様子は美しく環境教育上の利点はある。

　移植を実施するのに最も安全なのは，隣接してニホンザリガニが出現する小川を移植先とすることと一見して考えられる。しかし河川には環境収容力があり，生息できるニホンザリガニの個体数は，川における隠れ家(転石等)の数と巣穴を掘れる川岸の面積や流れる水の量などで決まっていると思われる。ほかの場所のニホンザリガニを導入されたら，既存の個体群が圧迫されてしまう危険性もある。移植の翌年に，移植先のニホンザリガニの密度が移植前と同じであれば，これは移植失敗と評価すべきである。しかもこれは単なる失敗ではすまされない。ニホンザリガニは移動性が低く，河川毎に遺伝子が固有であることもあり得るので，隣接する河川の個体でも，移植により遺伝情報が混乱する可能性がある。加えて随伴生物のヒルミミズ類(詳細は第V部第3章「群集生物保全」参照)の種組成は河川ごとに異なるので，これらの面でも撹乱を与えている危険性もある。

　では，移植個体の放流先をニホンザリガニが生息していない河川にすることも考えられる。しかし，ニホンザリガニが生息していない小川には，それなりの理由があるはずである。たとえば人間の目につきにくい冬期に湧水が枯れている可能性もある。そう考えると，年間を通じて環境を測定し，ニホンザリガニの生息に適した場所であることを確かめる必要がある。そこで生息できそうな河川で実験的に少数個体を放流して様子をみるくらいの慎重さが望まれる。

　しかし，これらの確認作業は年単位で観察が必要となり実行は困難をきわめる。そのため，苦肉の策として代替の生息地を創出することとなるが，これは技術開発研究の段階であり現段階では実現が難しい。移植はこのような危険と困難をともなうため，最後の手段であり，移植を行うからといって工事が許容されるものではないことを再度確認しておきたい。

市民グループ，民間団体の保全活動

　1996年に結成された札幌市の自然保護団体「豊平川ウォッチャーズ」は豊平川本流・支流の生物生息調査の一環としてニホンザリガニ生息アンケートを実施し，報告のあった地点を一つひとつ確認することから豊平川周辺域での生息状況調査を実施してきた。その過程で，種々の環境整備工事現場でニホンザリガニの生息を確認した場合，行政(北海道や札幌市)に対して，保全に向けた対策をとるよう要求してきた。要求が十分に達成されることは難しい状況だが，このような地道な活動が保全意識の広がりをもたらしている

ことは確かなことである。

　帯広を拠点とする「NPO法人コミュニティシンクタンクあうるず」の活動のひとつに「ニホンザリガニを守ろう」というものがあり，2006〜2007年にかけて「北海道横断ザリガニシンポ」(札幌—芽室—釧路—札幌)と「あうるず自然学校：ザリガニ捕獲大作戦バスツアー in 然別湖」を実施している。ニホンザリガニ保全とウチダザリガニ対策にかかわっている官民諸団体や研究者による北海道内のザリガニについての情報交換の場として機能しているが，この活動がこれからも継続していくことを期待している。この活動ではニホンザリガニは人里近くにある川，つまり身近な水辺環境を代表する生物として位置づけられている。そういえば，釧路市の憩いの場である春採湖に注ぐかつての小川にはザリガニがたくさんいたというお年寄りの話を思い出す。まさに人里で歴史を共にしてきた生物なのである。ついでながら北海道のザリガニ研究と保全活動を牽引している川井唯史氏と中田和義氏は「あうるず」のザリガニ活動の中心となっている。そして中田氏による第VI部第1章「環境教育」では，ザリガニを通じての市民への教育が詳しく述べられているので，そちらを参考にしていただきたい。

　このほか，各地で固有種保全の勉強を兼ねたニホンザリガニ生息調査が行われている(川井，2007；齋藤，2006)。次項で述べるが，川井(2007：148)が述べているように，これらの情報はいずれかの機関等で集約し，データベース化できればと考える。その際，データの収集プロトコルを検討し，比較検討の可能な情報として扱うことができるデータとなるようにすべきであろう。その意味でも前述の「あうるず」のような活動がきっかけになるかもしれない。

コラム4　ボランティア活動と保全

川井唯史

市民モニタリングの重要性

　各種の土木工事の着工が決定した後に，ニホンザリガニがみつかったからといって，工事が中断する例は，現状ではあまりみられない。そして何らかの工事を行うと，全く影響がないということはありえず，道路が完成してしまってから深刻な影響が出始めて，最終的にはニホンザリガニが消えた例も散見される。

　そのためニホンザリガニの保全にとって，市民ボランティアの役割は大きい。地域

のニホンザリガニ生息地を把握しておき，希少な環境を保全していることを行政側に主張することで，工事計画を立ち上げること自体を抑止するのは有効と思われる。また，工事が始まってしまったら，ニホンザリガニの生息環境に対して各種の配慮を求めることも重要だろう。なお，環境への配慮をすると，施工費用は高くなる。工事は税金で行われるため費用は極力安くする必要があり，市民からの要望がないと，生態系への十分な配慮がなされない危険性もある。そして，工事終了後は慎重なモニタリングを実施し，工法の総括・評価を行い，工法改良の糧となる情報を発信するのが望まれる。ニホンザリガニの生息地では各種の工事を抑制するような条例の制定は理想であるが，このための活動の母体となるのも，やはり市民団体と考えられる。

筆者の知る範囲内では，当初，地域でのボランティア活動の組織は，専門家の講演によるザリガニ類の勉強会が中心であった。次に博物館や行政機関が核となり，子どもを集めたザリガニ観察会を通じて地域の自然を考えていく姿に発展してきた。北海道東部の美幌町ではボランティアの方が主体となり美幌博物館と共同して保全の基礎となるニホンザリガニの分布調査が行われている(鬼丸・伊藤，2007)。そして北海道北部の枝幸町でも2008年に，小学生と高校生のボランティアを中心としてニホンザリガニの調査を行っている(村山ほか，2008)。

外来種除去

近年では外来種のウチダザリガニの生息域が拡大し，環境保全のため除去の必要性が生じてきた。これには莫大な予算と時間がかかるため，地域の博物館や行政機関では対応に限界がでてきた。そのため，より重要となってきたのがボランティアによる

図1 枝幸町歌登地区におけるウチダザリガニの除去とニホンザリガニの調査(川井唯史撮影)。(A)測定するボランティア参加者，(B)ウチダザリガニを手にする小学校の先生と生徒，(C)除去用の籠，(D)ウチダザリガニを探す子どもたち。口絵31参照

活動である。除去やモニタリングは営利活動になりがたい側面がある。加えて半永久的な継続が必要であり、コストがかかるので、各行政機関も取り組みが難しくなっている。そのためボランティアの活動が今後ますます期待される。

先述の枝幸町では、地域のリーダーが結束して交付金を受け、酪農家や小学校、JA歌登が中心となり、町の文化財保護委員会や枝幸高校のボランティアを集めてウチダザリガニの除去事業を実施している。中心的人物は次のように話している。「ここにいたるまでの過程で、各リーダーは地域の環境の将来に向けて何度も検討を重ねている。また既存の補助金方式では数あるメニューのなかから地域が選択していく形であり、いかに補助金を受けるかが議題の中心であった。交付金システムになってからは、地域の方が自分の頭で地域の将来をいっそう考え、自らの責任で実施していく必要性が生じている」。枝幸の取り組みは、きわめて画期的である。

ダイバーによる除去活動

北海道のほぼ中央部に位置し、サミットの会場にもなった洞爺湖にもウチダザリガニが侵入している。ここでは環境省が行うウチダザリガニ対策に、子どものレンジャーがボランティアとして参画している。最初に環境省の自然保護官による外来種に関しての説明があり、その後、除去した外来種の測定を子どもが行っている(図2A、B)。これは子どもたちに外来種問題の理解を深める、最高の教育となる。先述の枝幸町においても地元の小学生や女子高校生がボランティアで活動し、ニホンザリガニの分布調査とウチダザリガニの除去的なモニタリングを実施しており(図2C)、地元のボランティアもこの調査の補助として参画している(図2D)。子どもは将来の

図2 ボランティアによる外来種ウチダザリガニの除去とニホンザリガニの基礎調査(川井唯史撮影)。(A)子どもによる除去の事前講習、(B)除去個体の測定、(C)ニホンザリガニの測定を行う枝幸高校の女子生徒、(D)測定を補助する地元のボランティア。口絵31参照

環境保全の中核となる人材なので，これは未来の保全活動へのきわめて有効な投資である。

先述の洞爺湖では，ボランティアのダイバーによるウチダザリガニのモニタリング的な除去も行われている。2008年の2月，冬用の重装備をしたダイバーは，吹雪のなかで除去活動の潜水を行った(図3A)。ダイバーの意識がきわめて高いことがうかがわれる。意外にもほとんどの参加者は若い女性ダイバーである(図3B)。ウチダザリガニは石の陰に潜んでいることが多いため，観察が難しく，また数多くの個体を一網打尽にすることが困難である。そのため採集は籠に頼らざるを得ない。そしてウチダザリガニが卵をもつ時期の中心は冬であるため，この時期の除去の効果は大きい。しかし冬はウチダザリガニが活発に活動しないので籠による漁獲が困難になるジレンマがある。その点，ダイバーによる観察や採集は季節による影響を受けにくい(図3C, D)。喜ばしいことに，冬の除去活動に参加した人びとの感想は共通しており，「勉強になったので，また来たい」であった。

ボランティアによる除去の将来

外来種の除去で重要なことは継続することであろう。これまで外来種の根絶に成功した例は世界的にも珍しい。特にウチダザリガニはヨーロッパと北アメリカの太平洋側の南部に持ち込まれており，各地で除去が行われているが，根絶に成功した例は見当たらない。そのため外来種の除去に完了はなく，相当な努力を永続する必要がある。参加者をマンネリ化させず，しかも駆除を安定的に継続するなど解決すべき課題が多いので，長期的継続は容易ではない。環境教育を全面にだす，あるいは除去の目的が明確な場所を優先的に進めるなどの工夫が不可欠であり，外来種対策には今後検討す

図3 (A)北海道南西部に位置する洞爺湖の冬の湖岸，(B)冬の湖に潜る女性ダイバー，(C)湖底で採集されたウチダザリガニ，(D)湖底を探索する女性ダイバー。すべて川井唯史撮影。口絵31参照

べき事項が数多くある。

引用文献
鬼丸和幸・伊藤誠哉. 2007. 美幌町におけるニホンザリガニの生息状況. 美幌博物館研究報告, 13：1-8.
村山良子・朝倉克美・笠井淳彦・神尾恵美子・齊藤光行・渡辺恵子・村山要介・仲沢真紀子・高畠孝宗. 2008. 枝幸町目梨泊地区におけるニホンザリガニの分布について. オホーツクミュージアムえさし調査報告, 1：1-7.

6. ニホンザリガニの未来にむけて

　北海道そして東北北部の自然をつくり，担ってきたニホンザリガニに対してはできる限り生息地を奪わないように配慮することが必要である。以前は人里（里川）で普通にみられたザリガニは生息地改変に対して敏感であるようで，その意味では環境指標生物とみなすことができるであろう。ウチダザリガニも含めてできるだけ多くの人びとの関心と正確な知識をもってもらうための努力が必要である。
　まとめの意味で，ニホンザリガニ保全に関わるコメントを以下に述べる。

在来種と外来種の識別から
　ニホンザリガニとウチダザリガニを正確に識別することから前者の保全活動が出発する。ほとんどの一般市民は正確な知識をもっていないか，誤った知識をもっているのが実情である。たとえば，ウチダザリガニをアメリカザリガニと呼ぶ人がいたり，ウチダザリガニそのものの存在を知らない人も相当数いるのも事実である。また，ニホンザリガニが姿を消した場所へのウチダザリガニ放流といった事例が起こっている。そのため環境省やいくつかの団体ではわが国に生息するザリガニ3種の識別法を載せた冊子を作って正確な知識の普及に努めている（阿寒マリモ自然誌研究会，2004；環境省，2007；図4）。毎年各地の民間団体や機関で両種の分布調査や捕獲事業等の活動と共に教育活動が実行されているが（たとえば，釧路市春採湖ウチダザリガニ捕獲事業，2008年度や然別湖ザリガニ捕獲大作戦，2007年度），今後もいっそう機会をとらえて児童生徒から大人までザリガニ類の情報の普及と啓発に努める必要がある。

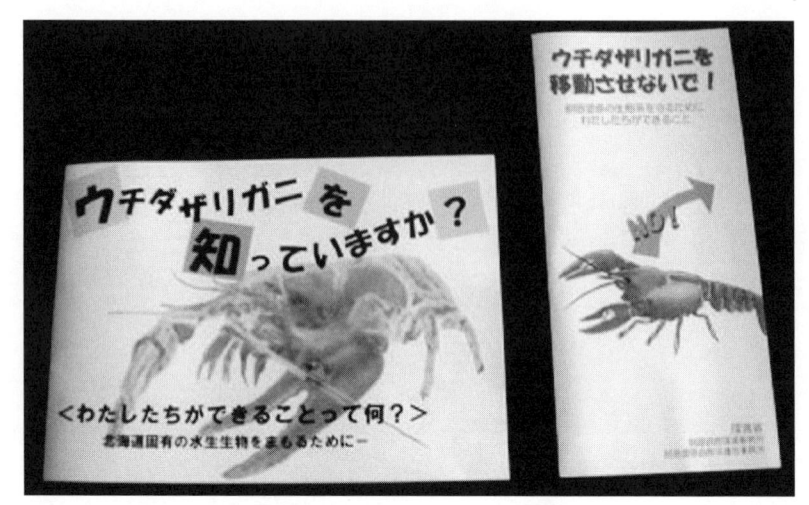

図4 (左)阿寒マリモ自然誌研究会による冊子：ウチダザリガニを知っていますか？
(右)環境省，釧路自然環境事務所：ウチダザリガニを移動させないで！

分布のデータベース構築

　ニホンザリガニの保全のためには，いうまでもないが生息状況の把握が必須である。最新の情報はもちろんであるが，これまでの経過についても知っておく必要がある。この情報なしに有効な対策を考えることはできない。本種は確かに生息を確認することは難しい動物であるが，ザリガニの識別情報を正確に提供することで，有効な生息データを集約することは可能であると考える。そして，ウチダザリガニも含めて，いずれかの機関等でデータベースを構築し，継続的なデータ収集に努め，その情報をもとに保全対策を立てる必要がある。先に述べたが，ソフト・ハード両面からのシステムを構築する必要がある。
　イギリスでは，1980年代のウチダザリガニ侵入とザリガニペストの流行を受けて，まず政府が行ったことは一種のみ存在する在来種の分布調査である。その結果，イギリス北部やウェールズでは在来種がかなりよい状態で存続していることがわかり，次の対策のための基礎資料となった(蛭田，1998a, b)。法律制定，情報のデータベース化，教育普及キャンペーンにより，現在も事の重大さを理解してもらう努力をしている。

基礎研究

ウチダザリガニも含めて，わが国でのザリガニ類の生物・生態学的知見は十分な状態とはいえない。生息環境ごとの生態系における役割や生息環境を維持するための厳密な研究がいっそう必要である。

法的措置

ニホンザリガニは全道に分布していて，すでに述べたように各地で保全に向けた活動が行われている。しかし，それぞれの地域での保全意識には温度差がある。ニホンザリガニがペットショップで売られているという報告もあり(中田，2001；川井，2002)，生息場所の公表をためらわざるを得ない状況にある地域も存在する。このような状況では，絶滅危惧種として単にレッド・リストに載せるだけでは個体群減少をくい止めることはできない。さまざまなレベルでの捕獲を制限・禁止する法律や条例の制定を考えることも必要である。

[引用文献]

阿寒マリモ自然誌研究会. 2004. ウチダザリガニを知っていますか？ 24 pp.
東典子. 2006. 北海道産大型甲殻類の分子集団遺伝学―ケガニとニホンザリガニを例として. 日本甲殻類学会第44回大会一般公開シンポジウム 北方甲殻類研究の最前線.
林直光. 2006a. ニホンザリガニの生活史. ファウラ, 12：6-23.
林直光. 2006b. ニホンザリガニを飼う. ファウラ, 12：34-35.
平川浩文・樋口広芳. 1997. 生物多様性の保全をどう理解するか. 科学, 67：725-731.
蛭田眞一. 1996. ザリガニを教材とするカリキュラムの試み. 体験から始まる理科(北海道教育大学釧路校), 41-57.
蛭田眞一. 1998a. 道東と英国のザリガニ事情. 環境教育研究(北海道教育大学環境教育情報センター), 1：181-195.
蛭田眞一. 1998b. ニホンザリガニを希少種にしないために. 釧路市立博物館館報, 361：8-10.
上田常一. 1970. 日本淡水エビ類の研究. 213 pp. 園山書店.
環境省. 2007. ウチダザリガニを移動させないで！ 普及用パンフレット.
川井唯史. 1989. ザリガニの交尾習性. 南紀生物, 31：99-100.
川井唯史. 1992a. ザリガニ *Cambaroides japonicus* の巣穴. 甲殻類の研究, 21：6-71.
川井唯史. 1992b. 飼育下におけるザリガニ *Cambaroides japonicus* (De Haan, 1841)の脱皮に伴う体各部の変化. 甲殻類の研究, 21：89-95.
川井唯史. 1993a. 利尻島で初めて記録されたザリガニ *Cambaroides japonicus*. 利尻町博物館年報, 12：9-10.

川井唯史. 1993b. 駒止湖におけるザリガニ Cambaroides japonicus の生息環境. 帯広百年記念館紀要, 11：1-6.
川井唯史. 1994a. 北海道におけるニホンザリガニ Cambaroides japonicus の分布状況と生息地の環境. 上士幌町ひがし大雪博物館研究報告, 16：21-24.
川井唯史. 1994b. ザリガニ Cambaroides japonicus 生息地ビシャモン川の環境. 釧路市立博物館紀要, 18：45-48.
川井唯史. 1994c. ザリガニ Cambaroides japonicus の産卵生態. 釧路市立博物館紀要, 18：49-52.
川井唯史. 1996. 北海道におけるザリガニ Cambaroides japonicus の分布と道東での生息地消失状況. 釧路市立博物館紀要, 20：5-12.
川井唯史. 1999. 室内水槽におけるニホンザリガニの脱皮行動. 小樽市博物館紀要, 12：127-130.
川井唯史. 2002. ニホンザリガニ保全研究の近況. Cancer, 11：23-28.
川井唯史. 2007. ザリガニの博物誌. 166 pp. 東海大学出版会.
川井唯史・浜野龍夫・松浦修平. 1994. 北海道の小川と小湖におけるザリガニ Cambaroide japonicus の脱皮時期と繁殖周期. 水産増殖, 42：465-470.
川井唯史・三宅貞祥・浜野龍夫. 1990. 分布南限のザリガニ Cambaroides japonicus (De Haan, 1841)の個体数密度と再生産に関する研究. 甲殻類の研究, 19：55-61.
川井唯史・中田和義・鈴木芳房. 2001. 札幌市周辺におけるニホンザリガニ Cambaroides japonicus (De Haan, 1841)の生息地数の減少状況. 札幌市豊平川さけ科学館館報, 13：21-26.
Kawai, T. 2000. Growth and cannibalistic behavior of juvenile Japanese crayfish *Cambaroides japonicus* (De Haan, 1841) (Decapoda, Astacoidea), under laboratory conditions. J. Nat. Hist. Aomori, 5: 9-12.
Kawai, T., Nakata, K. and Hamano, T., 2002. Temporal changes of the density in two crayfish species, the native *Cambaroides japonicus* (De Haan, 1841) and the alien *Pacifastacus leniusculus* (Dana, 1852), in natural habitats of Hokkaido, Japan. Freshwater Crayfish, 13: 198-206.
Kawai, T. and Saito, K., 2001. Observations on the Mating behavior and season, with no form alternation, of the Japanese crayfish, *Cambaroides japonicus* (Decapoda, Cambaridae), in Lake Komadome, Japan. J. Crust. Biol., 21: 885-890.
小宮山英重. 1993. 追われるザリガニ. 北海道新聞(3月26日).
中田和義. 2001. ニホンザリガニの保全. 月刊海洋, 号外 26：256-262.
中田和義. 2004. ザリガニ種の変遷は自然の変化を物語る―減るザリガニ，増えるザリガニ. Oshimanography, 11：9-17.
中田和義. 2007. ザリガニ類の保全および増殖に関する研究. 日本水産学会誌, 73：664-667.
西村士郎・砂川光朗・川井唯史. 2002. 北海道に分布するザリガニ類の採集と飼育方法. 札幌市豊平川さけ科学館館報, 14：19-30.
齋藤和範. 2006. 上川地方突哨山におけるニホンザリガニの分布と生息環境―人々の山との関わりと自然環境の保全. 旭川市博物館研究報告, 12：13-20.
豊島真生・内山秀樹・佐藤公俊. 2008. 北見道路における自然環境保全・再生の取り組みについて―ニホンザリガニの環境保全対策と伐り株移植によ樹林再生. 野生生物と交通, 7：41-48.
Usio, N., Suzuki, K., Konishi, M. and Nakano, S.. 2006. Alien vs. endangered crayfish:

Roles of species identity in ecosystem functioning. Archiv für Hydrobiologie, 166: 1-21.
Usio, N. 2007. Endangered crayfish in northern Japan: Distribution, abundance and microhabitat specificity in relation to stream and riparian environment. Biol. Cons., 134: 517-526.

国外の保全
マダガスカル島の希少な在来ザリガニ類
(ミナミザリガニ科の Astacoides 属)
における生態と保全

第2章

Jones, Julia P. G. / 訳 川井唯史

要　旨

　アフリカに分布するザリガニ類，Astacoides 属は，マダガスカル島南部の東側の高地に原産している。最近まで彼らの生態，分布，そして保全の状況はほとんど知られていなかった。最近得た保全に関する知見を総括し，将来を展望する。

　Astacoides 属は7種が含まれ，それらのすべてはマダガスカル島南部の東側における高地の森林地帯でみられる。ザリガニ類には成長が遅い種類が多いが，Astacoides 属はとくに成長が遅い方であり，なかでも A. granulimanus と A. crosnieri は成長に時間がかかる。そして Astacoides の生息地は，現在激しい開発の波にさらされている。しかし最近の研究により明らかになったこととして，少なくとも食用として最も一般的に収穫されている種(A. granulimanus)は，現在，持続可能な利用をされているものと思われる。不運なことにほかの希少な種類(たとえば A. betsileoensis)は，明らかに開発の波により脅やかされていると考えられる。生息地の消失は，本属にとって深刻な脅威となり，これは天然の植生と深く関係している。たとえ最も一般的な種類である A. granulimanus であっても例外ではない。一方，主に湿地に分布している A. crosnieri は急速に水田に置き換わりつつあるような場所に分布している。

　最近の研究は，外来種による新しい脅威に焦点が当てられている。とくにアジアンスネークヘッド(雷魚，カムルチー，Channa maculata)の定着は，とくに A. betsileoensis にとっての脅威となる。最近の北アメリカが原産と思われるザリガニ類(Procambarus Marmorkrebs)の定着は，恐ろしい可能性を秘めていて，いまだに実体はよくわかっていないが，より脅威となる。Astacoides 属は世界で最も奇妙で興味深いザリガニの1属であり，ザリガニ研究者の多くの注目を集めている。

1. はじめに

マダガスカル産のザリガニ類 Astacoides 属は南半球に分布するミナミザリガニ科に属し，アフリカに分布する唯一のザリガニ類である。本属は，形態変異に富み，発達した棘が体表に数多くあるためこれは，まるで派手な飾りを付けているようにみえる。とくに A. betsileoensis は，現存する，あるいは絶滅してしまったザリガニ類も含め，最も「飾り」が多い種類であろう (Hobbs, 1987)。100 年以上，動物地理学者は，マダガスカル島だけでみられ他では出現しない，他とは隔絶した分布を示す Astacoides 属とほかのザリガニ類との関係や，その祖先がどこから来たのかについて悩み続けている (Huxley, 1896; Riek, 1972; Hobbs, 1987; Crandall et al., 2000)[*1]。

アフリカ大陸とインド亜大陸にはザリガニ類が分布せず，アフリカ大陸のすぐ近くのマダガスカル島に，隔絶されたザリガニ類が生息するため，世界のほかのザリガニ類の分布とマダガスカル産のザリガニ類との関係は研究者にとって興味の対象となっており，進化学上のさまざまな想像がなされ続けてきた。Astacoides 属(表1)は，マダガスカル島の東部高地にだけ生息しており，そこではザリガニ類は地域の人々によって収穫され，水産食料品として小規模に取り引きされ，生活のために利用されている。そのため，マダガスカル島におけるザリガニ類は，各地域にとって，生活をささえる重要な水産生物である。しかし最近まで，マダガスカル島のザリガニ類の分布や各種の分類について利用できる公開された論文や情報はいくつかみられる (Raberisoa et al., 1996; Boyko et al., 2005) が決して多くはなく，地域的な重要性の割にはあまり研究されていなかった。なお，注目に値するものとして，Hobbs (1987) は形態学的研究を基礎にしてマダガスカル島のザリガニ類の分類について研究を行った。彼がとくに注目したのは，頭胸甲部における棘などの紋様と鉗脚（大きなハサミ）の形態であり，またほかの形態学的特徴も加味して各種の生息地の様子を推論した。さらに，マダガスカル島産のザリガニ類の形態的特徴と生息地の特徴を，北アメリカ産ザリガニ類と比較・検討し，後者がいかに特異であるかを明瞭にした。そのため，既存の研究をみか

表 1 *Astacoides* 属の各種の主な生息域(Jones et al., 2007 より)。主な生息域は ✓ 印, † はときどきみられる生息域である。"m asl" は海抜標高

種類(捕獲数)	森林の河川(>1000 m asl)	森林の河川(<1000 m asl)	緩流河川(>1000 m asl)	緩流河川(<800~1,000 m asl)*	森林内の湿地	水田/水路
A. betsileoensis 赤色/緑色(n=933)	†		✓			†
A. betsileoensis 赤色(n=20)	†		✓			
A. caldwelli (n=132)		†		✓		
A. crosnieri E (n=1510)					✓	†
A. crosnieri W (n=1027)	†				✓	†
A. granulimanus (n=26,400)	✓	✓	✓	✓	†	†

* 800~1,000 m は山岳地帯の斜面部であり, この標高の範囲内において, いくつかの緩やかな流れの川がみられる。

えすと, 生態学的な知見が不足していると結論できる。生態学的知見の欠如は, *Astacoides* 属の個体群としての状況の正確な評価を難しくした。しかし, 科学的な情報を総括した報告書(Crandall, 2003)によると, マダガスカル産のザリガニ類は, 希少種として最も重要な扱いを受けている。また, IUCN(2003)の世界規模のレッドリストにおいても, マダガスカル産のザリガニ類は, 希少種や危急種として挙げられている。

さて, マダガスカルに生息するザリガニ類は, これまでの研究により全6種が記載されている。その後2005年に, 7番めの種類が新種として記載され, 筆者はこれらの狭い生息域と本種への保全について関心をもっている。Benstead et al.(2003)は, マダガスカル島における淡水域の種多様性について, 3つの視点があると主張した。過剰な開発行為, 生息地自体の消失や改変, そして外来種である。それらのすべては, マダガスカル産のザリガニ類でみられ深刻な影響をおよぼしている。本章では *Astacoides* 属の生態学とこれらの種の主な保全対策について総括する。

2. 分類と分布

　Astacoides 属の種は多様性に富み，多くの種の学名は各採集地の地方名と一致している(Hobbs, 1987；本研究)。そして Hobbs(1987)の分類学的研究によると，これまで単一種の「地理的な変異」があり，亜種として認識されていた種類(Petit, 1923; Monod and Petit, 1929; Holthuis, 1964)を，種レベルの違いがあると再認識して，種にランクアップした。Hobbs(1987)は，4つあった亜種を種のレベルに上げたことに加えて，2新種を記載し，その結果として，6種が記載されていた。すなわち *Astacoides betsileoensis*(Petit, 1923)，*A. caldwelli*(Bate, 1865)，*A. crosnieri*(Hobbs, 1987)，*A. granulimanus*(Monod and Petit, 1929)，*A. madagascariensis*(Milne-Edwards and Audouin, 1839)，*A. petiti*(Hobbs, 1987)である(図1, 2)。そして7番目の種は，*A. hobbsi* として最近記載された(Boyko et al., 2005)。*Astacoides* 属の各種の分布域は，分類学者が形態分類のために採集した少数の標本にもとづいて描かれているため，その詳細はよくわかっていない(Hobbs, 1987; Raberisoa et al., 1996)が，南緯18〜25°，東経46〜48°の間に分布域が限られていると推察されている(Hobbs, 1987；図3.1)。Dixon(1992)の報告では，広い範囲の分布域を示唆しており，これらにはマソアラ半島(南緯17°東経50°付近)とアンタバ山 Andapa(南緯14°東経49°付近)が含まれているが，それらは連続した分布域になっておらず，標本による裏づけもない(Crandall, 2003)。図3は，7種のうち，6種の分布を示している。*A. hobbsi* は，分布に関しての情報がきわめて乏しく，フイアナラントリア Fianarantsoa 区域における生息地だけが知られている。

3. 生態学

生息地の環境特性——とくに巣穴について

　Astacoides 属の生息地での特有の環境としては Jones et al.(2007)により総括されている。ここではフイアナラントリアの森林回廊における例を紹介す

(A)　　　　　　　　　(B)

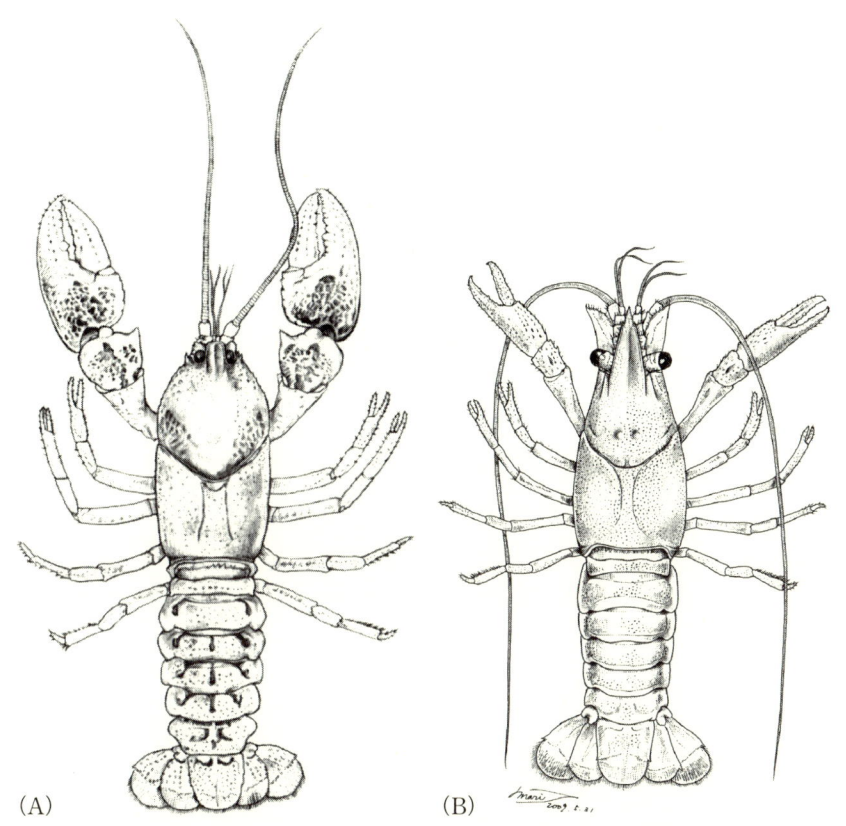

図1 マダガスカル産ザリガニ類(田中真理氏提供)。(A)在来種の一種 *Astacoides madagascariensis*, (B)外来種のザリガニ類 Marble crayfish。アンタナナリボ近郊の小川で2007年3月に採集

るが, *Astacoides* 属のザリガニ類ではさまざまな水系に出現するが, 好む環境に種特異性がみられる(表1)。

　マダガスカル島産のザリガニ類の一種 *A. betsileoensis* の一般的な生息地環境は, 流程1,000m以上で, 水深が深く流れが緩い河川である。しかしときおり, 小さな支流でも深い淵がある場所では, 通常の大きさの本流に環境が類似するためか本種が出現することがある。本種は天然の植生を流れる小川でよくみられるが, 繁殖する個体は, 大きな水田地帯の灌漑用の溝で採集されることもあり, パイン畑を流れる川からも少数得られている(とは

図2 マダガスカル産ザリガニ類の一種 Astacoides betsileoensis Jones, Julia P. G. 撮影。口絵32参照

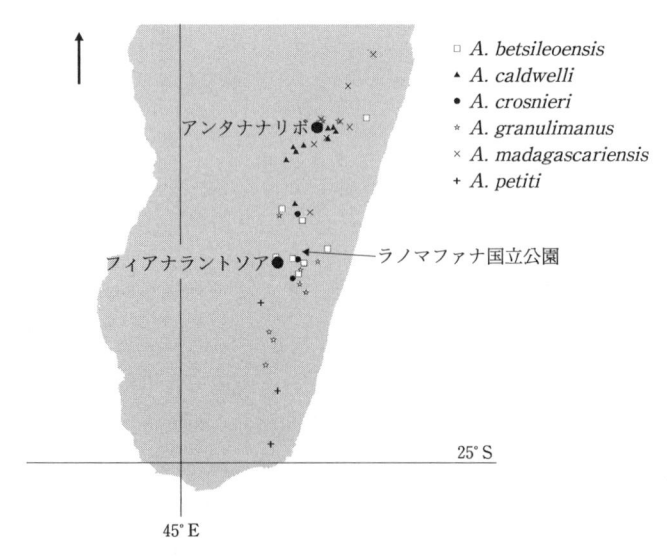

図3 マダガスカル島における Astacoides 属7種中の6種の分布域(データは Hobbs, 1987より)。本島の北側3分の1には Astacoides 属の分布記録がない。

いってもその川岸は天然植生であるが）。

　A. betsileoensis は，二次的巣穴居住者(secondary burrower)か，三次的巣穴居住者(tertiary burrower)である(Hobbs, 1942 による定義を参照)[2]。巣穴には長さ1m以上のものがみられ，川岸と平行に構築されて，「広大な回廊」をつくっている(図4)。

　A. caldwelli は標高600〜800mの山岳地帯における傾斜面の大きな河川でみられる唯一の種類である。森林破壊は，本種の生息範囲の低地部分で拡大しており，そこを流れている河川の多くでは，長い期間にわたり河川周辺の樹木が伐採されている。しかしながらそこでは，一部分の森林は残されている。そして「残された森林」から流れでている小川において，ごくまれにザリガニが採集されることもある。しかし，これを例にとって生息地周辺の森林の伐採が許されるわけではない。これは，あくまでも例外的な事例と考えるべきであろう。この種が豊富に出現する場所は，現在のマダガスカル島にはどこにもないので希少種になっている。*A. caldwelli* は，三次的巣穴(Hobbs, 1942)をもち，しかしながら *A. betsileoensis* より単純な巣穴をつくる傾向にある(図4)。

　A. crosnieri は，底質が泥の湿地的な場所でみつかることが多い。2通り

A. crosnieri

A. betsileoensis

A. granulimanus または *A. caldwelli*

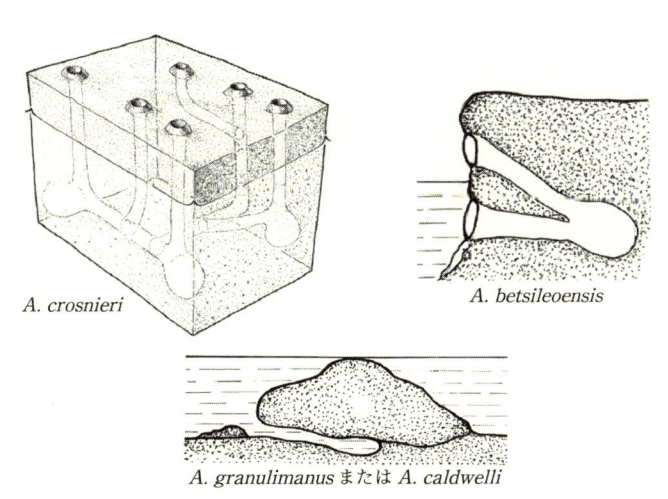

図4 *Astacoides* 属の4種における巣穴の模式図

の変異(E 型と W 型)が定義されており，*A. crosnieri* E 型は標高 600〜800 m でみつかっている。湿地林から流れでる水が淀みがちな小川でのみ分布が記録されている。このような場所は水田に改変されていることが多い。Jones et al.(2007)は，水田になってしまった場所と改変されていない場所において生息調査を行った。水田では 2 時間でわずか数個体だけをみつけることができただけであったが，天然の森林では 90 個体を得た(表1)。このことは，*A. crosnieri* E 型は，生息域の改変に従ってすみやかに絶滅することを示している。*A. crosnieri* W 型は標高約 900 m でみられ，さまざまな生息環境に対しての広い耐性を示し，休耕田や水田の畔からもときどきみつかっている。*A. crosnieri* は一次的な巣穴(primary burrower; Hobbs, 1942)に棲み，複雑な巣穴を掘り，河川水と離れた場所で生活しており，小川本流へ行くことはめったにない。この巣穴は 0.5〜1.5 m の深さがあり，最も深い場所は必ず水がみられるので巣穴の掘られる深さは水位の深さに依存している(図 4)。

A. granulimanus は，マダガスカル島南東高地の森林においてみられ，森林のなかの流れの速い小さな清流では最も共通してみられ(表1)，そのような場所ではほかのザリガニ類と同居せずに単独で出現する。ほかの分布域では他種との混生の状況が環境により異なる。他にも深くて，大きい河川でもよくみられ，分布も比較的広いので，*A. betsileoensis* とは西部で，*A. caldwelli* とは東部で分布域が重複して混生していることもしばみられる。*A. granulimanus* は主に標高が低い場所に出現する。低標高域では森林から農地への転換が多くみられ，森が切り拓かれることが多いため，生息地の消失がみられる。環境破壊の影響を受けやすい本種は，農業のために整備されたばかりの川岸では全くといっていいほどみられない(Jones et al., 2007)。しかし，農地では生息できない本種であるが全くの原生林ではない多少の開発が行われた林への適応性はある。その例として，ラノマファナ国立公園の西側にある，高い攪乱があった林でみつかっている。そのほかにもマヘソアベ近くのユーカリ林やパイン畑が優占する森でもみられる(とはいっても川岸にはプランテーションの自然林が残されている)。また本種の分布記録によると，最も低い生息地の標高は 600 m で，通常 1,300 m までみられている。

最高の標高は 1,300 m 以上であることは確実であるが，これ以上高い場所において正式な学術調査は行われていない(Jones et al., 2007)。なお，本種の巣穴の構造に関してはデータが乏しいものの，それらの巣穴の生息域は *A. caldwelli* に似ており，三次的な巣穴を構築する(図4)。

繁殖生態

すべての *Astacoides* 属の種は毎年1回，同じ時期に繁殖する(Jones et al., 2007)。そのため抱卵メス(卵を腹部に抱えた個体)の出現頻度は 7〜10 月の一時期に集中する。卵は 6〜7 月に産卵され，10〜11 月に孵化する。産卵から孵化後まで約4か月間抱卵・抱稚(メスの抱いた卵が孵化して稚エビがメスの腹部で保護された状態)され，すべての稚エビは翌年1月の終わりには独立する。ただし稚エビの独立時期に関しての詳しいデータはない。繁殖時期は個体群が生息する標高に依存する。すなわち標高の低い場所では水温が比較的高くなるためか，標高の高い生息地と比べて抱卵や抱稚が数週間早くなる。メス個体の体サイズと，このメスが腹部に抱く卵の数には明らかな正の相関関係があり，これはすべての種でみられる(図5)。ただし同様の傾向がみられた各種における頭胸甲長(背甲の長さ)と抱卵数の関係式には，種間の違いもみられ，統計的に有意である(F 値は 2.44, $p = 0.046$)。

すべての種において，体サイズの増大に従い抱卵個体の出現する割合は高まった。すなわち，大きなメスほど繁殖期になると卵を抱えている率が高くなる傾向がある。ただし，この関係は種により変異がみられ統計的に有意であった(F 値は 6.07, $P < 0.001$ であった)。

成　長

Jones et al.(2007) は，マダガスカル島のザリガニ類の成長が著しく遅いことを明らかにした。*A. granulimanus* は，頭胸甲長が 30 mm に達するのに約5年を要する(図6)。この成長の状況を，同じ南半球に分布して比較的成長の遅い *Parastacoides tasmanicus*(Hamr and Richardson, 1994) と *Paranephrops zealandicus* と比べてみた(Whitmore and Huryn, 1999；Parkyn et al., 2002)。大きな誤差を含んでいたが，私たちのデータが示したのは意外な結

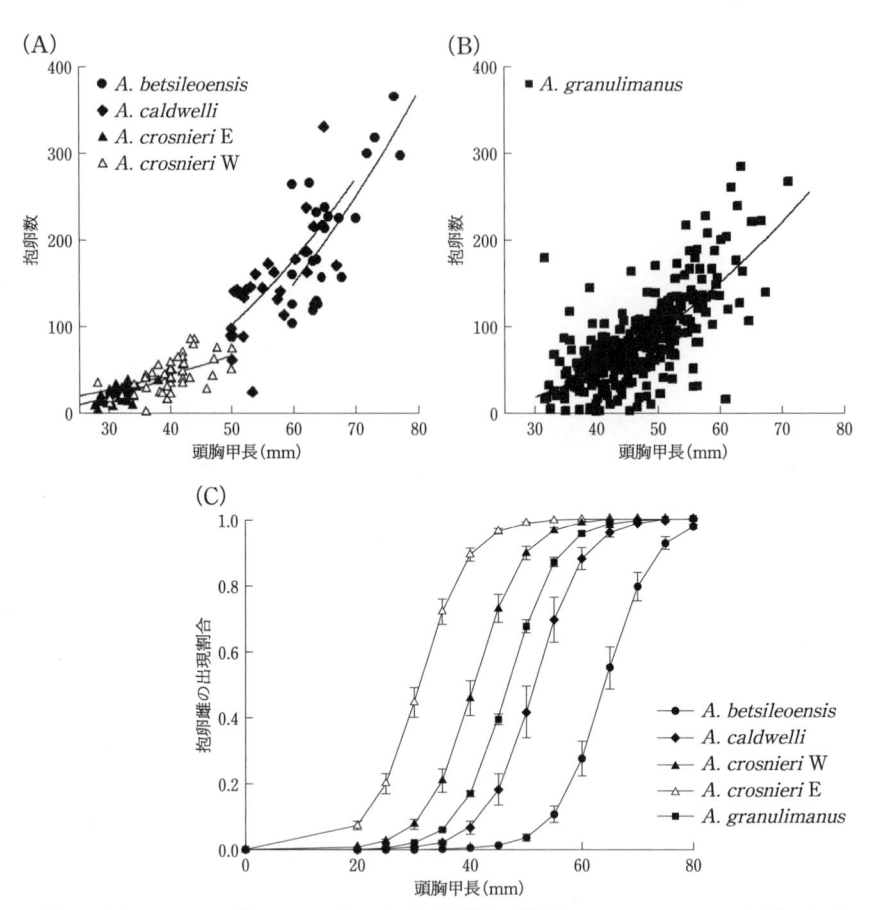

図5 (A)*Astacoides* 種における体サイズと抱卵数の関係(Jones et al., 2007 より)。ただし，*A. granulimanus* だけは別に(B)に示した。回帰式が計算され，これは変異の71%を示した最小モデルを利用した。(C)体サイズ別の抱卵個体出現割合を示した。各プロットの縦棒は SEM である。

果であった。*A. crosnieri* は一様に成長が遅く，頭胸甲長30 mm に達するのに約10年を要し，その一方 *A. betsileoensis* は成長が比較的速く，10年で頭胸甲長は80 mm に達する。また *A. granulimanus* は10年で約60 mm になるので中位の成長速度となる。それらマダガスカル産のザリガニ類3種の寿命は，20年以上であることも計算できた(Jones et al., 2007)。この生活史で，成長が遅く長寿な種類である *A. crosnieri* E は，とくに絶滅しやすい希

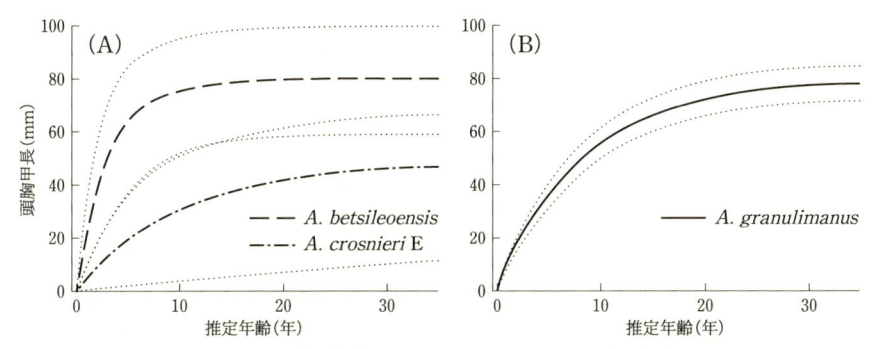

図6 *Astacoides* 属における成長曲線(Jones et al., 2007 より)。(A)は *A. betsileoensis* ($r^2=0.48$)と *A. crosnieri* E($r^2=0.50$), (B)は *A. granlimanus* ($r^2=0.38$)。点線は95%信頼区間を示す。

少種となる(Purvis et al., 2000; Fagan et al., 2001)。

4. マダガスカルにおけるザリガニ類にとっての脅威

過剰な採集

ザリガニ類の採集は *Astacoides* 属の分布域において広くみられる(図7; Jones et al., 2005; Jones et al., 2006; Jones et al., 2007)。Jones et al.(2007)によると, *A. granulimanus* の採集行為は,最近の生息状況から判断すると,ラノマファナ国立公園のなかや周辺においては,継続している可能性がある。少なくとも *Astacoides* 属の一種は,持続的な採集・利用が可能であるとの考えをもつことができる。しかしほかの種類では収穫により個体群が影響を受ける。繁殖戦略の違いは,漁獲行為が資源に与える影響の度合いを左右している(Milner-Gulland and Lhagvasuren, 1998; Kokko et al., 2001; Dostie et al., 2002)。そのため,まだ不足気味ではあるが繁殖様式の知見は資源管理の研究にとって有益な情報である。*Astacoides* 属の各種では,繁殖戦略が種ごとに異なり,繁殖が可能となる(成熟に達する)サイズは種ごとに異なる。とくに *A. betsileoensis* では成熟開始年齢が遅く,大きな体サイズに達するまで繁殖できない(Jones et al., 2007;図5)。ザリガニ類を多く漁獲する村では,皮肉にも正確な資源の推定が可能となる。この村で採集された *A. betsileoensis* の個体

図7 ホヒパララ地区で在来のザリガニ類を売る少女たち Jones, Julia P. G. 撮影。口絵33参照

で描いた体長頻度組成図をみる限り，繁殖サイズに達したばかりの個体も数多く採集している。繁殖できるのは全個体の10％程度であるため，適正な資源管理が行われているとはいい難い[*3]。繁殖力が弱いにもかかわらず *A. betsileoensis* は *A. granulimanus* や *A. crosnieri* のそれぞれ3～5倍の多さで採集されていると筆者は推定している。ザリガニ類の採集を行っている村における聞き取り調査によると(Jones et al., 2007)，*A. betsileoensis* は危機的な状況に陥っている。漁業により実際に生息密度が大きく低下している状況もみられている(Jones et al., 2007)。*A. caldwelli* もここの地域では採集の対象になっても不思議はない。しかし本種は，漁業として重要な対象になっていない。その理由として，本種は当該地域において生息密度が極端に低く，西側の山岳地帯にある多くの村では，これを採集して売る事はタブーとされる習慣がある(Jones and Coulson, 2006; Jones et al., 2008)。このように地域の風習もザリガニ類の生息状況に大きく影響を与えているのである。そのためザリ

ガニ類の保全にあたっては水産資源保護の基本知識に加えて，その地域における風土の情報についても精通しておく必要性が高い。

　Jones et al.(2007)は，すべての *Astacoides* 属の種は7～8月に抱卵し，これが孵化して，11～翌年1月に稚エビが独立することを確かめた。水産資源の管理をするうえで，繁殖時期の個体を保護することは基本である。ここで地域の風習とザリガニ類の生物学的特性を加味して総合的に考察を進める。当該地域でザリガニ類の繁殖期は，住民の食料が乏しくなる時期と一致している(Hardenbergh, 1993)。採集の圧力が最も高くなる時期とメスの個体が抱卵，抱稚する割合が高くなる時期が一致することは，ザリガニ類の資源を保護・管理することを，一層難しくしている。「成長」で述べたように成長が遅く成熟までに時間を要するザリガニ類のなかでも，*A. granulimanus* はさらに成熟年齢が高く，本種が激しく漁獲されたらその資源は本当に危険な状況になる(Jones et al, 2005)。またほかの研究(Jones et al., 2007)ではこのほかの種の状況について言及しており，とくに *A. betsileoensis* も危機的な状況であることを明らかにしている。

生息地消失

　マダガスカル産のザリガニ類の生態学的な知見は限られているが，その多くはラノマファナ地区で得られている(A. Deghan, 未発表資料；H. Dixon, 未発表資料；Jones et al., 2005)。幸運なことに，そこは生息地を覆う濃密な森林が維持されている。ただし，ザリガニ類の採集も活発に行われている(Jones and Coulson, 2006)。また，そこでは過剰な土地開発による森林破壊も進んでおり，もちろんザリガニ類も減少傾向にある。この深刻な状況は各文献で明らかにされている。たとえばCrandall(2003)では，マダガスカルにおける標高900m以下の低地帯では樹木を伐採して燃料にする活動が活発で，ザリガニ類があまりみられない。マダガスカルの低地における森林破壊は，明らかにザリガニ類に悪影響を与えていると考えてよい。森林破壊といった誤った開発の方向性は，高地においてはあまり進行していなく，標高800m以上の多くの森林は幸いなことになお持続しているが，ここも必ずしも安泰ではない(Gade, 1996; Frendenberger, 2003)。

さて低地での森林伐採は深刻な問題がある。Jones et al.(2007)によると，A. caldwelli の分布は標高 600 m 以下の地帯でみられ，A. crosnieri Eは標高 800 m 未満の地帯だけで生息が記録されている。そして低地における生息地の消失の速度は，とくに早いとの報告がある(Hawkins and Horning, 2001)。このことから生息地の消失は，マダガスカルにおけるザリガニ類にとっての危機的状況の主要因となっている。A. crosnieri は標高が低い湿地帯に分布しており，そのような場所は水田へ土地利用の形態が変換される場所の第一候補となる。A. caldwelli はマダガスカル島の東側における傾斜地帯の標高が低い場所に限産し，そこの低地は森林破壊が激しい。A. caldwelli は森林において通常出現しないので，森林は本種の生息域ではない。しかし，森林から供給される河川水は，彼らにとって重要であり，森林破壊にともない低地のザリガニ類の生息地へ水を供給することができなくなってきている。

　これまでのいくつかの研究によると，A. granulimanus は，富栄養化や生息地の改変に対して多少の耐性がある。しかしながら Jones et al.(2007)の報告によると，本種は事実，森林への依存性が高いので水の供給不足には弱いと考えられる。Jones et al.(2007)はときどき，破壊された森林において，また人家近くで富栄養化している小川において本種をみつけているが，そこで採集されたメス個体で抱卵しているのはごくわずかである。破壊された森林や人家近くで得られた個体は，絶滅に向かっている個体群の最後の生き残りであろう。森林自体には通常は棲まないが，A. granulimanus の森林に対する依存性の高さは，ある事実が明瞭に物語っている。ある地方名では，A. granulimanus は森のザリガニ(oranàla)と呼ばれている。しかし本種は，必ずしも森林が必要ということではないらしい。Jones et al.(2007)の興味深い記述として，健康に繁殖している本種の個体群が分布するのは，破壊が激しい森林と隣接している天然の森林であり，ほかにパインとユーカリのプランテーション地帯でも本種の濃密な分布がみられる場所がある。このことから，本種は非天然林でも生息し，繁殖できることが示されている。そして本種の森林との関係については不明な部分もあり，今後の詳しい研究が待たれる。

移 入 種

　淡水生態系が被害を受ける要因の重要な問題のひとつとして外来種の移入があり，これによる影響が原因で地域個体群が絶滅した報告例は増えている(Simon and Townsend, 2003; Dudgeon et al., 2006)。魚類学者はマダガスカル島における淡水魚相の大量死亡原因について検討し，希少種の著しい減少と外来種の増大との関連性を指摘している。外来種と競合したり，外来種による直接的な捕食を受けるいくつかの在来種は絶滅に向かっている(Sparks and Stiassny, 2003)。導入された外来種の定着は，いつも村人が最初の発見者となる。そして定着した外来生物は，マダガスカル島産のザリガニ類に対して危険な存在となる。ボヒパララ地区に住む村人は，アジアンスネークヘッド *Channa maculata*(地方名；fibata，日本名；カムルチー，雷魚)を導入しており，これにともなって当地区において *A. betsileoensis* が減少した。*C. maculata* は食用として 1978 年にマダガスカルに導入され，国じゅうの在来魚類相を破壊した(Sparks and Stiassny, 2003)。Jones et al.(2007)は，Nomorona 地区のため池(ラノマファナ国立公園の主たる水系)で *C. maculata* の出現を確認している。それまで，本種はため池で記録されていなかった。そのため新しい地域における *C. maculata* の出現は，深刻さを浮き彫りにしている。本種による悪影響の評価は充分になされておらず，とくにマダガスカル産ザリガニ類にとっての影響もまだよく認識されていないだけに，この外来種は脅威である。いまだに確かめられてはいないが，*A. betsileoensis* はとくに *C. maculata* による被食を受けて，より希少になる危険性が高い。なぜなら，この種のザリガニ類は明らかに *C. maculata* に好まれるような大河川でみられ，生息環境の嗜好性が共通する可能性が高いためである。幸運なことに，多くの調査場所において，まだ *C. maculata* はみられていない。しかし，歴史的事実として，本種は計画的・人為的にマダガスカルの新しい水路に導入されていて(P. Loiselle, 2004 私信)，在来種のザリガニ類にとって脅威は増大し続けている。

　外来ザリガニの導入は世界の多くの国で在来のザリガニ個体群を破壊している。両者は直接競合し，それ以外にも外来のザリガニ類は在来のザリガニ類にとって感染症の媒介者になる(Vorburger and Ribi, 1999)。2005 年には不幸

なことに，マダガスカルのアンタナナリボ大学の生物学者が，一風変わった十脚目の甲殻類が首都近くの市場で売られているのに気づいた。2007年の早春に，それらは認識された。そして日本の稚内水産試験場の川井唯史氏が導く国際研究グループにより，これは北アメリカ原産の *Procambarus* 属の種であり，単為発生を行う"Marmorkrebs"（マーブルザリガニまたは英語で Marble crayfish や Marbled crayfish）である可能性が示された(Kawai et al., 2009)。この発見は，マダガスカル島の保全グループの関係者を激震させた。これは *Astacoides* 属のザリガニ個体群にとって最も重要な問題であることは明白である[*4,5]。

5. 結 論

Astacoides 属のザリガニ類は動物地理学上の謎であり，しかもきわめて多様な形態をもつ(Hobbs, 1987)。経済的にも重要であり(Jones et al., 2006)，世界で最も魅力的な研究対象のひとつでありながら，まだ研究は始まったばかりである。生息地の消失や過剰な採集はこのグループに深刻な問題であると著者は考えている。マダガスカルの淡水の生息域は，世界の生物多様性において重要な意義を有している(Olson and Dinerstein, 1998; Benstead et al., 2003)。しかしながら世界各地で在来のザリガニ類に対して行われているような保全の取り組みは，マダガスカル島ではまだ行われていない。マダガスカルの動植物の多様性は地球上の生態系のなかで圧倒的な注目を集めている(Sparks and Stiassny, 2003; Andreone et al., 2005)。マダガスカル島では，数多くの保全への挑戦が必要であり，それにはこの国の特別な淡水の生物多様性に注目し続けなければならない。そして移入種 *Procambarus*（"Marmorkrebs"）による *Astacoides* 属のザリガニ保全に対する深刻な問題が最近認識された。本種は *Astacoides* 属の在来種に対してザリガニの水カビ病（通称ザリガニペスト）（*Aphanomyces astaci* という真菌により発生する病気）[*6]を感染するかどうか不明であるが，ほかのミナミザリガニ科のメンバーは高い感染率を示す(Evans and Edgerton, 2002)。マダガスカル島における外来種の *Procambarus* による悪影響の評価は緊急を要しており，移入種の侵入や拡大を遅らせる方

法を探す事が急がれる。

[専門用語の解説]
　訳者が日本の読者の理解が深まるように補足を行った。また図も，図8を除き訳者が提供した。
*1 **マダガスカル産のザリガニ類の生物地理学的意味**　世界のザリガニ類は単系統（ひとつの祖先から進化した）であり，海産のアカザエビ類と祖先が同じである。そして海から陸上の淡水域へ侵入した進化が発生したのは1回であり，世界のザリガニ類はすべて一生を通じて淡水域で生活する。なお，世界のザリガニ類は離散的に分布し，単系統で淡水に侵入した進化が1回だけである。一生を淡水で生活する生物群がこのような分布をする背景は生物地理学上の謎であった。
　離散的分布の最も説得力のある説明のひとつとして，ザリガニが淡水域に侵入した進化が発生したのは中生代であり，世界の大陸がひとつに終結して超大陸パンゲアを形成していた時期と重なる。そのため，現在の離散的な分布は大陸移動と関連づけることで理解が容易となる。しかしながら，マダガスカル島は地史上，アフリカ大陸南部の東海岸とインド亜大陸の西部海岸にはさまれていた歴史がある。そのため，アフリカ本土とインドにいないザリガニ類がなぜマダガスカル島だけに分布するのかは，生物地理学上の謎として残っている。そのほかにもマダガスカル島はザリガニ類以外にも奇妙で特異な生物が数多く生息しており，進化や生物地理学が「熱い」地域になっている。
*2 **巣穴**　ザリガニ類の生息環境に関して検討する際には知っておくべきことが多い。それらの多くはスミソニアン博物館のホップス博士によって得られた。彼は各種の生息環境と体系的なザリガニ類の分類学を関連づけた功労者である。ホップスの研究フィールドの中心は北アメリカ南部大西洋側であったため，ホップスの概念は，北アメリカの南部に生息する種類と，その生息環境では理解が容易である。しかし，3種のザリガニ類（ウチダザリガニ，ニホンザリガニ，アメリカザリガニ）だけが分布して，多様な生息環境を知らない日本人にとっては，ホップスによる概念は理解が難しい。そこでホップスの生息環境の概念に関して以下に補足を行う。
　ホップスによる生息地の区分では，生息地の水環境の流動性に注目している（Hobbs, 1942）。まず湖や湿原などの静水環境（lenitec）と河川や源流部の小川といった動水環境（lotic）に分けた。次に主な住環境の構造により，区分をしている。日本では一般的ではないが北アメリカでは洞窟に生息する種類も多いため，こうした洞窟居住者（cave dweller）と，巣穴に棲む巣穴居住者（burrower）に分けた。そして巣穴居住者は3区分され，一次的巣穴居住者（primary burrowers），二次的巣穴居住者（secondary burrowers），三次的巣穴居住者（tertiary burrowers）が存在する。一次的巣穴居住者は巣穴内だけで生活する。二次的巣穴居住者は一般的に巣穴に棲むが，雨季になると巣穴の外に出る。最後の三次的居住者は乾季だけ，あるいは時折，巣穴にこもる。巣穴は必ずしも必要ではなく繁殖期になると巣穴を利用する。
　日本国内に分布する3種のザリガニ類は，巣穴だけに棲む種類は存在しないので一次的巣穴居住者との概念は合致しない。また雨季や乾季が日本には存在しないため，厳密には二次的巣穴居住者や三次的巣穴居住者の概念も適用が難しい。しかし，北アメリカのザリガニ類にとっては，この区分は分類学的な系統関係とも対応がみられるので便利である。

*3 **資源管理の基本**　水産資源管理の基本のひとつとしては，資源を維持しながら利用することである．マダガスカル産のザリガニ類の個体は，繁殖サイズに達すると比較的大型となるため好適な漁獲の対象である．そして繁殖個体の漁獲を繰り返すことで短期的には利益を上げることが可能となるが，繁殖が滞るため将来的には資源が先細りする．そのため，「ある程度」繁殖させながら漁獲を行う必要があり，繁殖と漁獲のバランスをとるのは難しい．さらに資源が維持できるような適正な漁獲量は，資源の大きさや周辺の環境によっても大きく変化する．そのため適正な漁獲量の設定は水産資源上の難しいテーマのひとつとなっている．ただし基本的には，少なくとも一回以上は産卵させて繁殖させた後に漁獲しないと，資源は維持され難いとの原則がある．マダガスカル島のように繁殖サイズに達したばかりの大きさの個体まで徹底して漁獲が行われているようでは，繁殖が適正に行われているとは到底思えず，そこの資源は危機的な状況であると判断できる．

*4 ***Procambarus* "Marmorkrebs"**　国際的に最も有名な科学雑誌のひとつである Nature に，ドイツのシュルツ教授らはザリガニ類に関する衝撃的な発見を報告した(Scholtz et al., 2003)．天然ではなく観賞魚業界のなかであるが，十脚目のなかでは初めて単為生殖(メスだけによる繁殖)を行うザリガニ類をみつけたのである．このザリガニ類はメスだけで繁殖するので，単純に考えると通常の雌雄の両方が存在するザリガニ類より倍の数の子どもが生れる計算になる．さらに，このザリガニ類は水カビ病(北アメリカ産以外のザリガニ類が感染すると致死率が高い病気)を有するため，もしも本ザリガニ類が天然に放流されると，爆発的な繁殖がみられ，放流場所が北アメリカ以外であれば病気の媒介者にもなって，在来のザリガニ類を初めとした生態系に大変な悪影響を与えるのは必須である．なお，本種は体に大理石模様が目立つため英語では Marble crayfish (または Marbled crayfish)，ドイツ語では Marmorkrebs と呼ばれている．さらに，本種をみつけた日本の観賞魚業界では，メスだけ繁殖する謎のザリガニとの意味でミステリーザリガニと称している．

　ところで，この謎のザリガニ類は種類が不明である．それというのも通常，ザリガニ類の種査定は，成体におけるオスの形態のうちとくに生殖器の形状が決め手となる．そのため，メスだけしか存在しないザリガニ類では種類が特定できない．ただし，種を区分する形質はメスでも数多くみられる．また遺伝子情報の解析もあるので，メスだけしか存在しない種類であっても，およその種類は判明ができる．結果として，*Procambarus fallax* の形態や遺伝子と酷似することがつきとめられている．この種類の天然分布域は北アメリカの大西洋側である．天然では，もちろんオスとメスが存在するので，観賞魚の世界で，流通するまでの過程において，まだ推測の域を出ていないが何らかの理由でメスだけで繁殖するようになった(改良が加えられた？)と考えられている．

　この謎のザリガニ類は，これまで科学的根拠のともなった天然での発見例は，ドイツの1例だけであった．しかし，国際農林水産業研究センターの森岡伸介博士が，マダガスカル島において，大繁殖している正体不明のザリガニ類が存在することに気づいた．そして，この謎のザリガニ類が，現地で生息域を形成していることも発見した．このサンプルは，編者の一人である川井と森岡博士，ドイツのシュルツ教授らを初めとした国際研究グループにより精査され，Marmorkrebs であることがつきとめられた(図8, 9；Kawai et al., 2009)．

*5 **マダガスカル島と日本における Marble crayfish の現状**　マダガスカル島には外来種のザリガニ類が放流され，定着している．調査の結果，得られた30個体以上は，すべての個体はメスであった．しかも体には大理石紋様(Marble color pattern)がみられ，鉗脚(大きなハサミ)が比較的細く，額角(両眼の間の突器)には一対の棘があるため，これ

図8 マダガスカル島で繁殖して,急激に分布域を拡大している外来種のザリガニ類 Marble crayfish(国際農林水産業研究センター森岡伸介博士提供。2007年3月NGO "Hafakely" 代表の F. Ramanamandimby 氏撮影)。口絵34参照

図9 日本にも輸入されて流通している Marble crayfish(川井唯史撮影)

は Marble crayfish の形態学的特徴と合致する。現地では本種が大繁殖しており,その胃内容物を顕微鏡で観察してみると,植物性の餌が充満していることが認められた(図10)。そのため,本種がマダガスカル島のフローラに何らかの悪影響を与えることが示唆される。そのほかにも注目すべきことがある。マダガスカル島は水田の占める比率が高く,米作が国内有数の産業であり,食料自給の基盤にもなっている。水田で大繁殖す

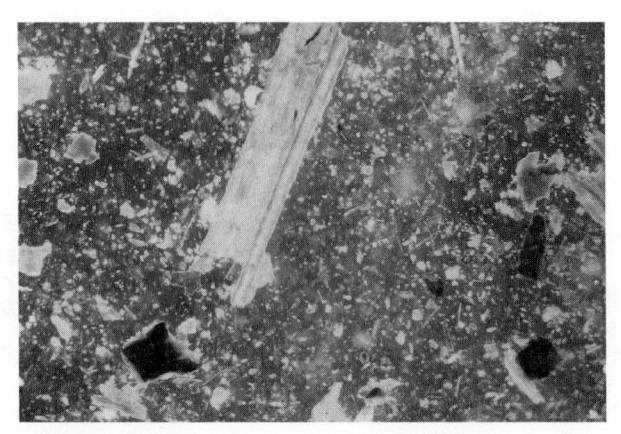

図10 マダガスカル島の首都アンタナナリボ近郊で得た Marble crayfish の胃内容物にはすべて植物性の繊維とデトリタスが充満していた（川井唯史撮影）。

ると，本種は主に植物を食べているようなので，稲に被害を与える可能性は充分にあるだろう．マダガスカル政府は，この外来ザリガニ類の危険性を充分に認知できていないようであり，本種の放流を推奨している地域もある．これは短期的には動物性タンパクの供給に寄与するかもしれないが，水田環境を根本から破壊する危険性をもっている．本種は現地の在来ザリガニ類が感染する病原菌のキャリアーでもあることが確かめられているので，もちろん在来ザリガニ類への悪影響も強く考えられる．世界の識者は，この深刻な事態を充分に認識し，マダガスカル政府への警鐘を鳴らしつづけなくてはならない．

　編者のひとりである川井による簡単な実験ではあるが，本種は在来のニホンザリガニを捕食する可能性があることを確認している（図11）．そして憂慮すべきことに，Marble crayfish は日本国内で観賞魚とともに一般的に市販されており，これを飼育している愛好者も相当数いるはずである．またドイツでは，本種が雌性発生を行うので，放流しないことを前提に優良な遺伝学の実験生物として重宝されている．日本国内において本種をどのように扱うかに関しては今後の検討が必要であるが，飼育者は絶対に放流を避けて飼育することを心するべきであろう．札幌市豊平川さけ科学館の岡本館長から得た情報によると，2006年，北海道の札幌市内で大理石模様のザリガニが1個体採集された．これを室内で飼育した結果，単独で繁殖をくり返し，生まれた子や孫はすべてメスだったので Marble crayfish であることが確かめられた．その後，このザリガニ類が自然の河川で採集された例はないが，このような放流がくり返されることがないよう，本種の危険性について普及・啓蒙に努める必要性を強く感じている．また，この外来種の生態系への危険性に関しては，日本国内でも研究を進めることが求められる．これにもとづき，本種への対応の検討が進められることを期待したい．

*6 **水カビ病**　ザリガニ類の水カビ病は日本ではあまり知られていないが，ヨーロッパにおける在来種の保全にとってはきわめて深刻な問題となっている．そこで，水カビ病に関して以下に解説する．水カビ病の原因菌の一種 *Aphanomyces astaci* は核膜がなく従属栄養細菌であり，生物学的には真菌類に含まれる．胞子で増え，胞子は胞子嚢に入るのでカビの仲間となり，水中で生活するため水カビと呼ばれる．宿主となるザリガニの体

図11 Marble crayfish は，日本国内の在来種で希少種のニホンザリガニを捕食することが簡単な水槽実験で確かめられている（川井唯史撮影）。Marble crayfish の眼窩頭胸甲長は 30.2 mm，ニホンザリガニは 24.3 mm。口絵 35 参照

内や体表に菌糸を増殖させる。
　北アメリカ産のザリガニ類は体表で菌糸が繁殖することはあっても，これが体内に侵入することを防ぐ抵抗力が強い。それに対してニホンザリガニ，ミナミザリガニ科の各種，ヨーロッパ産のザリガニ類は抵抗力が弱く，菌糸が体内に侵入して死亡することが北ヨーロッパの研究者が実験的に確かめられている。そして北アメリカ産のザリガニ類には，水カビ病の菌糸が付着していることが多い。
　胞子は水分があれば生存するので，理論的には水分さえあれば胞子だけで繁殖が可能となるが，実際には宿主となるザリガニ類が水カビ病に感染し，体に菌糸をつけた状況で移植されて初めて水カビ病が蔓延するようである。ただし，これは充分に証明されていない。以上のことから北アメリカ産のザリガニ類を，北アメリカ大陸以外のザリガニ

生息地に放流することは,水カビ病の媒介者を放流するのに等しく,在来生態系の保全上きわめて危険な行為となる。

ただし,日本国内では説明が難しい不思議な現象も多くのザリガニ飼育愛好家により確認されている。実験による知見にもとづくと,北アメリカ産であるウチダザリガニは水カビ病の媒介者となり,ニホンザリガニとの同居により,後者は水カビ病に感染するはずである。しかし,両者を混生飼育しても不思議とニホンザリガニは死亡せず,数か月以上,生存した飼育例が数多く見られている。だからといって,ウチダザリガニは媒介者ではないので安全といった結論にはいたらない。ウチダザリガニの安全性までが確認されたわけではないので,本種が在来のザリガニ類にとって危険な病気の媒介者である懸念はもつ必要性は高い。各種の観察結果には整合性がみられず,今後の研究が待たれている。

[引用文献]

Andreone, F., Cadle, J. E., Cox, N., Glaw, F., Nussbaum, R. A., Raxworthy, C. J., Stuart, S. N., Vallan, D. and Vences, M. 2005. Species review ofamphibian extinction risks in Madagascar: Conclusions from the globalamphibian assessment. Cons. Biol., 19: 1790-802.

Bate, C. S., 1865. *Astacus caldwelli* In P L Sclater, Report on a collection of animals from Madagascar. Proc. Zool. Soc. London, 1865: 469-470.

Benstead J. P., De Rham, P. H., Gattolliat, J. L., Gibon, F. M., Loiselle, P. V., Sartori, M., Sparks J. S. and Stiassny, M. L. J. 2003. Conserving Madagascar's freshwater biodiversity. Bioscience, 53: 1101-1111.

Boyko, C. B., Ravoahangimalala, O. R., Randriamasimanana, D. and Razafindrazaka, T. H. 2005. *Astacoides hobbsi*, a new crayfish (Crustacea: Decapoda: Parastacidae) from Madagascar. Zootaxa, 1091: 41-51.

Crandall, K. 2003. Parastacidae, *Astacoides*, freshwater crayfishes. In "The Natural History of Madagascar" (eds. Goodman, S. M. and Benstead, J. P.) pp. 608-612, The Chicago University Press. Chicago.

Crandall, K. A., Harris, D. J. and Fetzner, J. W. F. 2000. The monophyletic origin of freshwater crayfish estimated from nuclear and mitochondrial DNA sequences. Proc. Royal Soc. London, 267: 1679-1686.

Dixon, H. 1992. Species identification and described habitats of the crayfish genus *Astacoides* (Decapoda: Parastacidae) in the Ranomafana National Park region of Madagascar, Ranomafana National Park Project. Ranomafana, Madagascar.

Dostie, B., Haggblade, S. and Randriamamonjy, J. 2002. Seasonal poverty in Madagascar: magnitude and solutions. Food Policy, 27: 493-518.

Dudgeon D., Arthington, A. H., Gessner, M. O., Kawabata, Z. I., Knowler, D. J., Leveque, C., Naiman, R. J., Prieur-Richard, A. H., Soto, D., Stiassny, M. L. J. and Sullivan, C. A. 2006. Freshwater biodiversity: importance, threats, status and conservation challenges. Biol. Reviews, 81: 163-182.

Evans, L. H. and Edgerton, B. F. 2002. Pathogens, Parasites and Commensals. In "Biology of Freshwater Crayfish" (ed. Holdich, D. M.) pp. 377-438. Blackwell Science, Oxford.

Fagan, W. F., Meir, E., Prendergast, J., Folarin, A. and Karieva, P. 2001. Characterizing population vulnerability for 758 species. Ecol. Letters, 4: 132-138.

Frendenberger, K. S. 2003. The Fianarantsoa-East Coast railroad (FCE) and its role in eastern rainforest conservation. In "The Natural History of Madagascar" (eds. Goodman, S. M. and Benstead, J. P.), pp. 139-142. The Chicago University Press, Chicago.

Gade, D. W. 1996. Deforestation and its effects in highland Madagascar. Mountain Res. Develop., 16: 101-116.

Hamr, P. and Richardson, A. 1994. Life history of *Parastacoides tasmanicus tasmanicus* Clark, a burrowing freshwater crayfish from Southwestern Tasmania. Aus. J. Mar. Freshwater Res., 45: 455-470.

Hardenbergh, S. H. B. 1993. Under-nutrition, illness and children's work in an agricultural rainforest community of Madagascar. PhD Thesis, University of Massachusetts, Boston.

Hawkins, F. and Horning, N. 2001. Forest cover change and control areas. Projet d'Appui a la Gestion de l'Environnement, Antananarivo. Madagascar.

Holthuis, L. B. 1964. The genus *Astacoides* (Decapoda: Macura). Crustaceana, 6: 309-318.

Hobbs, H. H. Jr. 1942. The crayfishes of Florida. University of Florida Publications, Biological Series, 3: 1-179.

Hobbs, H. H. Jr. 1987. A review of the crayfish genus *Astacoides*. Smith. Cont. Zool., 443: 1-49.

Huxley, T. H. 1896. The Crayfish. Kegan Paul, Trench. 371 pp. Trubner and Co., London, UK.

IUCN. 2003. IUCN Red List of Threatened Species. The World Conservation Union (IUCN), Species Survival Commission.

Jones, J. P. G., Andriamarovololona, M. A. and Hockley, N. J. 2008. The role of taboo and social norms in conservation in Madagascar. Cons. Biol., 22: 976-986.

Jones, J. P. G., Andriahajaina, F. B., Hockley, N. J., Balmford, A. and Ravoahangimalala, O. R. 2005. A multidisciplinary approach to assessing the sustainability of freshwater crayfish harvesting in Madagascar. Cons. Biol., 19: 1863-1871.

Jones, J. P. G., Andriahajaina, F. B., Ranambinintsoa, E. H., Hockley, N. J. and Ravoahangimalala, O. R. 2006. The economic importance of freshwater crayfish harvesting in Madagascar and the potential of community-based conservation to improve management. Oryx, 40: 168-175.

Jones, J. P. G. and Coulson, T. 2006. Population regulation and demography in a harvested freshwater crayfish from Madagascar. Oikos, 112: 602-611.

Jones, J. P. G., Andriahajaina, F. B., Hockley, N. J., Crandall, K. A. and Ravoahangimalala, O. R. 2007. The ecology and conservation status of Madagascar's endemic freshwater crayfish (Parastacidae; Astacoides) Freshwater Biol., 52: 1820-1833.

Kawai, T., Scholtz, G., Morioka, S., Ramanamandimby, F., Lukhaup, C. and Hanamura, Y. 2009. Parthenogenetic alien crayfish (Decapoda: Cambaridae) spreading in Madagascar. J. Crust. Biol., 29: 562-567.

Kokko, H., Lindstrom, J. and Ranta, E. 2001. Life histories and sustainable harvesting. In "Conservation of Exploited Species" (eds. Reynolds, J. D., Mace, G. M., Redford, K. H. and Robinson, J. G.), pp. 301-322. Cambridge University Press. Cambridge,

UK.
Monod, T. and Petit, G. 1929. Crustacea. I Parastacidae (Contribution à l'étude de la faune de Madagascar). Faune des Colonies Françaises, 3: 3-43.
Milne-Edwards, H. and Audouin, V. 1839. Description d'une nouvelle espèce d'astacien qui provient de l'ile de Madagascar. L'Institut, Journal Général des Sociétés et Travaux Scientifiques de la France et de l'Etranger, 7: 152.
Milner-Gulland, E. J. and Lhagvasuren, B. 1998. Population dynamics of the Mongolian gazelle *Procapra gutturosa*: an historical analysis. J. App. Ecol., 35: 240-251.
Olson, D. M. and Dinerstein, E. 1998. The Global 200: a representation approach to conserving the earth's most biologically valuable ecoregions. Cons. Biol., 12: 502-515.
Parkyn, S. M., Collier, K. J. and Hicks, B. J. 2002. Growth and population dynamics of crayfish *Paranephrops planifrons* in streams within native forest and pastoral land uses. NZ J. Mar. Freshwater Res., 36: 847-861.
Petit, G. 1923. Description d'une variété nouvelle de l'écrevisse Malgache. Bulletin Musée Natural History, Paris, 29: 219-220.
Purvis, A., Gittleman, J. L., Cowlishaw, G. and Mace, G. M. 2000. Predicting extinction risk in declining species. Proc. Royal Soc. London Ser. B-Biol. Sci., 267: 1947-1952.
Raberisoa, B., Elouard, J.-M. and Ramanankasina, E. 1996. Biogéographie des écrevisses Malgaches (Decapoda: Parastacidae). In "Biogéographie de Madagascar" (ed. Lourenco, W. R.), pp. 559-562. Orstom, Paris.
Riek, E. F. 1972. The phylogeny of the Parastacidae (Crustacea: Astacoidea) and description of a new genus of Australian freshwater crayfish. Aus. J. Zool., 20: 369-389.
Scholtz, G., Braband, A., Tolley, L., Reinman, A., Mittman, B., Luckaup, C., Steuerwald, F. and Vogt, G. 2003 Parthenogenesis in an outsider crayfish. Nature, 421: 806.
Simon, K. S. and Townsend, C. R. 2003. Impacts of freshwater invaders at different levels of ecological organisation, with emphasis on salmonids and ecosystem consequences. Freshwater Biol., 48: 982-994.
Sparks, J. S. and Stiassny, M. L. J. 2003. Introduction to the freshwater fishes. In "The Natural History of Madagascar" (eds. Goodman, S. M. and Benstead, J. P.), pp. 849-864. The University of Chicago, Chicago.
Vorburger, C. and Ribi, G. 1999. Aggression and competition for shelter between a native and an introduced crayfish in Europe. Freshwater Biol., 42: 111-119.
Whitmore, N. and Huryn, A. D. 1999. Life history and production of *Paranephrops zealandicus* in a forest stream, with comments about the sustainable harvest of a freshwater crayfish. Freshwater Biol., 42: 467-478.

第3章 群集生物保全

大高明史

要　旨
　北半球のザリガニ類に随伴する環形動物ヒルミミズ類について，ザリガニ類との関係や分布を紹介した。ニホンザリガニにみられる12種は全て日本に固有で，北海道と本州の間で共通する種類はない。その高い固有性はザリガニの原産地を示すマーカーとして役に立つ場合がある。一方で，ザリガニ類の種に対する特異性は低く，移入先ではホストの乗り換えが予想される。

1. はじめに

　ザリガニ類は淡水域に生息する可動性の無脊椎動物としては最大級である。そのため，数多くの小動物がザリガニ類の体を生活の場所として利用している。このなかで，とくにザリガニ類と密接な関係が知られているのは，扁形動物のテムノケファーラ類 Temnocephalida (ツノウズムシ類，切頭類とも呼ばれる)，環形動物のヒルミミズ類 Branhiobdellida および Entocytheridae 科の貝形虫類(甲殻類)である(図1(1), (2))。コケムシ類やワムシ類がザリガニの体表からみつかった例もあるが，ザリガニ類との関係は不明である(Alderman and Polglase, 1988)。このほかにも，ソコミジンコ類など，自由生活を送る微小な水生動物のなかには，ザリガニを「礫」代わりに生活空間として利用して，その表面に棲むものも少なくない。本章では，ザリガニ類に随伴する動物のなかで，国内での知見が比較的豊富なヒルミミズ類に焦点を絞り，その分布やザリガニ類との関係を紹介する。

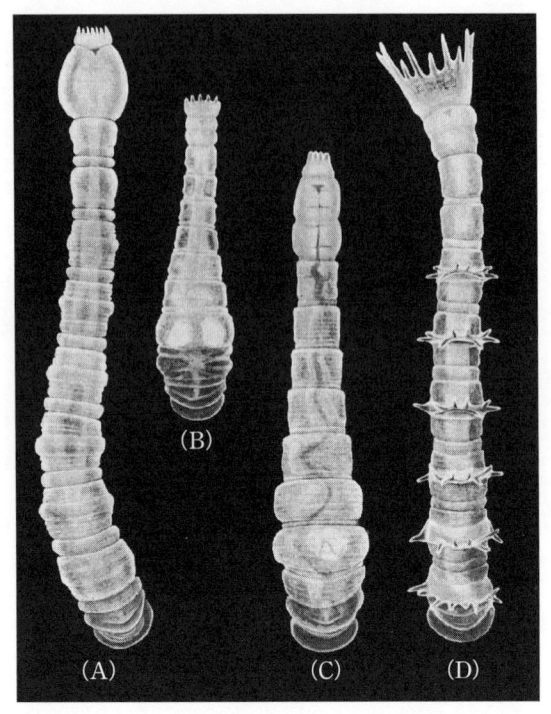

図1(1) 北海道のニホンザリガニに共生するヒルミミズ類(Yamaguchi, 1934 の Pl. XII より)。(A)ザリガニミミズ(体長 11 mm)，(B)イヌカイザリガニミミズ(体長 1.1 mm)，(C)オオアゴザリガニミミズ(体長 2.7 mm)，(D)カムリザリガニミミズ(体長 2.0 mm)。口絵 36 参照

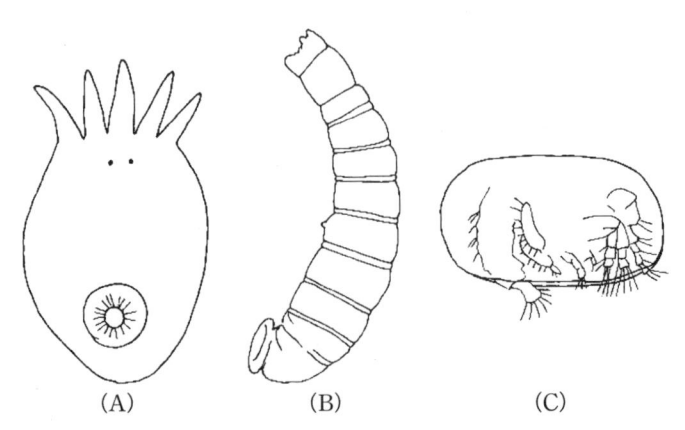

図1(2) ザリガニ類の外部共生者。(A)テムノケファーラ類，(B)ヒルミミズ類，(C)貝形虫類

2. ザリガニの化身？

　青森県東郡横内村(現在の青森市横内)付近には，「ザリガニ(ニホンザリガニ Cambaroides japonicus)が死ぬとヒルに化身する」という言い伝えがあった。大正から昭和にかけて青森県で活躍した動物学者の和田千蔵は，ザリガニの生態に早くから興味を寄せていた。1927(昭和2)年の八甲田山登山の際に，案内人だった横内村在住の鹿内辰五郎からこの話を聞き，山中で実験をしてその真偽を確かめている(和田, 1938)。清流でみつけたザリガニを石の上で細かにつぶしてヤマブドウの葉(ほかの葉ではだめらしい)で包み，流れのなかに石をかぶせて沈めたのである。そうすると，小さなヒルが残り，ザリガニの死骸がなくなるというのだ。鹿内によると，本来ならば百発百中ヒルに化身するはずだった。しかし，約15分後に調べてみるとヒルは一匹も見えず，このときはあきらめて，やむなく下山している。和田は，後に，ザリガニにはヒルミミズという小さな虫がたくさんついていることを知り，ヒル化身説を再評価している。この，化身する「ヒル」は，動物質の餌に誘引されたプラナリア類と考えられないこともないが，葉で包むからにはザリガニと一心同体のはずである。地元の人たちは，当時は身近だったザリガニに，小さくて不思議な動物が関わっていることを知っていたのではないだろうか。

3. ヒルミミズとは

　ヒルミミズ類は，環形動物門環帯類の一群で，英名を crayfish worm(ザリガニミミズ)という。多くは体長が数 mm と小さいため見過ごされがちだが，ザリガニ類にきわめてふつうにみられる動物である。日本では，外来のアメリカザリガニ Procambarus clarkii と滋賀県淡海湖に移植されたタンカイザリガニ Pacifastacus leniusculus を除くと，野外で採集されるザリガニ類にはほぼ間違いなくヒルミミズ類が付着している。ザリガニ1個体に100個体以上のヒルミミズ類がみられる場合もまれではない。小型の種類はほとんど無色透明だが，大型になると白っぽくなり，赤や褐色を帯びる場合もある。

ヒルミミズ類は名のとおり，ヒル(ヒル類)とミミズ(貧毛類)の中間的な特徴をもっている(図2)。体節数が一定で，剛毛を欠き，体の後端に吸盤状の構造をもつ姿はヒルにとてもよく似ている。一方，円筒形の体つきや生殖器官のつくりはむしろ貧毛類に近い。かつては貧毛綱の一部として扱われていたが，現在はヒル綱のなかの独立した亜綱に位置づけるのが一般的である。形態や分子を使った近年の系統研究から，ヒルミミズ類はひとつの祖先に由来する子孫だけから構成される単系統であることが明らかになっている。ヒル類は貧毛類の一部から進化した動物群で，ヒルミミズ類はその初期の段階でザリガニ類との共生に特化した一群だと考えられている(図3)。ヒルミミズ類では，ミミズ類と同様に生殖器官の形状が科や属を分類するときの基準になっており，口節の指状葉や背面の指状突起の有無や形，咽頭の背腹に埋め込まれた顎板の形，腎管の位置などが種の区別に用いられる。

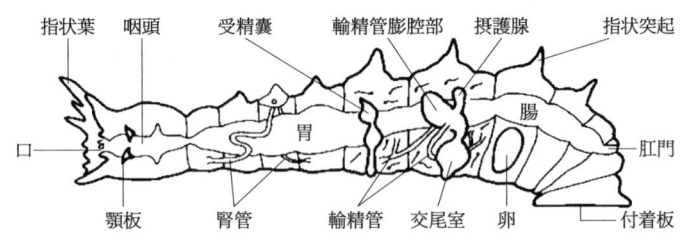

図2 ヒルミミズ類の形態(Gelder and Brinkhurst, 1990 を改変)

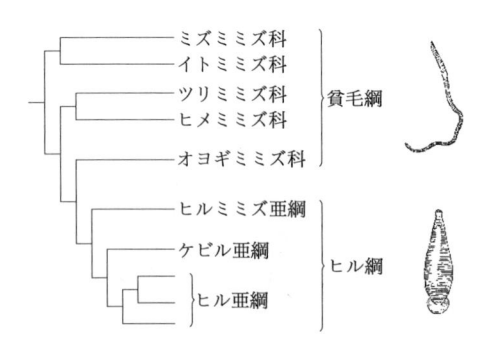

図3 環形動物環帯類の系統(系統樹は Martin, 2001 を基に作成)

4. ヒルミミズ類の分布

　世界でこれまでに，5科21属約150種のヒルミミズ類が知られている。ほとんどが淡水ザリガニ類の外部共生者である(Gelder, 1996; Brinkhurst and Gelder, 2001)。ホストは北半球に分布するザリガニ科とアメリカザリガニ科で，これと同様にヒルミミズ類は北アメリカ大陸とユーラシア大陸の東西にそれぞれ離れて分布する(図4)。ヒルミミズ類が単系統で，しかも北半球のザリガニ類に広くみられることは，祖先が大陸移動[*1]後の早い時期に一度だけ，北半球で出現したことを物語っている。ザリガニへの共生率はたいへん高く，北半球に生息するザリガニ類は地域や種類を問わず，大部分の個体は複数種のヒルミミズを共生[*2]させている。ヒルミミズ類は一般に，地域ごとの固有性が高い一方，ザリガニ類の種に対する特異性は低い。このため，ある地域に重複して生息するザリガニ類では，ザリガニ類の種によらずヒルミミズ相はよく似ている。例外的だが，エビ類やカニ類，等脚類に共生する

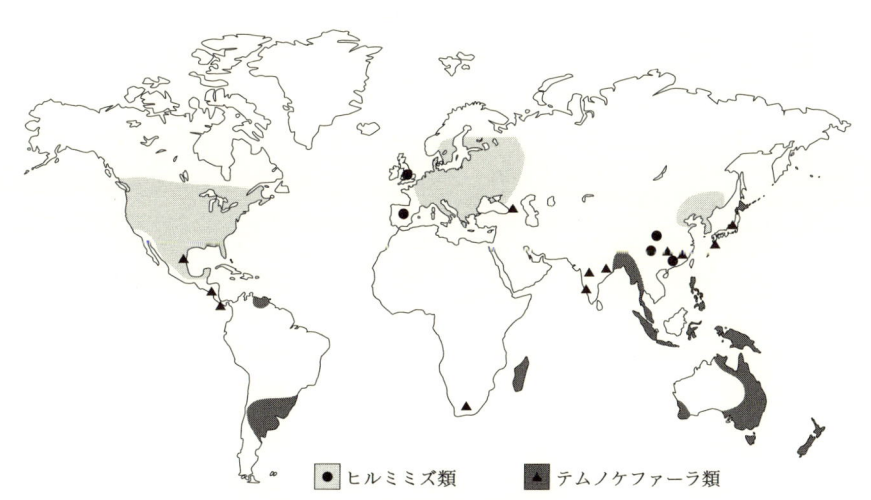

図4　ヒルミミズ類とテムノケファーラ類の分布(Gelder, 1999より)。テムノケファーラ類は南半球のザリガニ類と熱帯を中心とした淡水のエビ類やカニ類等に広くみられる。灰色の部分は広い分布域，●と▲は局所的な分布を示す。

ヒルミミズ類も知られている(Gelder and Messick, 2006)。多くはザリガニ類の分布域からやや南方に離れた地域である。これは，ザリガニ類が過去に分布を北方に縮小する過程で，かつて同じ地域に分布していたほかの甲殻類にホストを変えたためだと推測されている。

オーストラリアや南米など，ゴンドワナ大陸に由来する南半球にもたくさんのザリガニ類が棲んでいるが，その体表にヒルミミズ類はみられず，代わって，ヒルミミズ類と生態的によく似た扁形動物のテムノケファーラ類が共生している(Gelder, 1999; Kawakatsu et al., 2007)。

5. ヒルミミズの生活

ヒルミミズの一生

ヒルミミズ類はザリガニの体表で一生をおくる。付着部位は体表全般にわたるが，種類によって，もっぱら鰓室(胴体である頭胸甲の内部で，鰓が収容される部位)からみつかる場合と，それ以外の体表からみつかる場合とがある。通常は，体の後端に備えた円盤状の付着板で宿主に付着し，頭部を振るようにして周りをうかがうような行動が観察される。その様子はヒル類とよく似ている。この付着板は，表面に粘着物質と剝離物質を分泌する腺細胞が並んだ組織をもっており(Gelder and Rowe, 1988)，ヒル類がもっているような引圧を利用した本当の吸盤ではない。同じ組織は，体の前端の腹面にも分布する。ヒルミミズを刺激したり，ザリガニごと水から取り上げると，前後の吸着組織の助けによって，尺取り虫のような動きでホストの体表を移動する(図5)。その動きは意外にすばやく，動き回る個体をピンセットでつまみ上げるのはたいへん難しい。高い運動能力から推測して，接触があればほかのザリガニ個体へ乗り換えることは容易で，脱皮時の移動も問題はないと思われる。

ヒルミミズ類は，ミミズ類やヒル類と同じく雌雄同体で，交尾によって他個体から受け取った精子をいったん受精囊に蓄え，産卵時に受精に用いる。ヒルミミズの交尾を実際に観察した例は大変少ないものの，2個体が交差して腹面どうしを密着させる例がいくつかの種類で知られている(山口，1935a)。

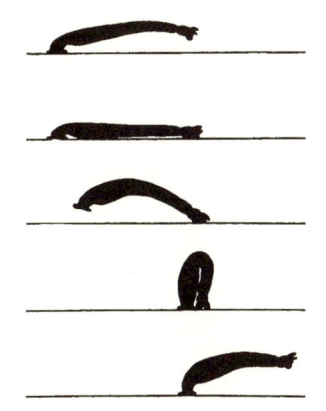

図 5 イヌカイザリガニミミズの運動(山口, 1935a より)。右側に向かって動く。

生み出された卵は，受精嚢から放出された精子と受精し，環帯[*3]からの分泌物で作られる卵包に包まれる。卵包は透明な球形または卵形で，その一端は伸びた柄となり，生きているホストの体表につけられる。卵包は環帯の分泌物でできた袋なので，その大きさは産卵した個体の体の幅よりもやや大きい程度である。実際には，種類や個体により 0.3〜2 mm 以上と変異に富み，含まれる卵の数も 1 個から数十個とさまざまである。知られているいずれの種類でも，産卵はほとんど一年を通じて行われるが，繁殖のピークは夏にみられる場合が多い。卵包の付着部位は親の生活部位と関連し，ザリガニ類の鰓室に棲む種類ではもっぱらそこに(図6)，それ以外の体表に棲む種類では，遊泳肢や歩脚などさまざまな部位に見出される。卵は直達発生で，成体とほとんど同じ形になるまで卵包のなかで発生が進む。幼体は，卵包から抜け出したあと，すぐに付着生活にはいる。

寄生か共生か

ヒルミミズ類はホストのザリガニ類に強く依存している。一方，ザリガニ類はヒルミミズ類がいなくても生活できる。このため，ホストに対するヒルミミズ類の関係は，片利共生か寄生と考えられてきた。しかし，実際には，

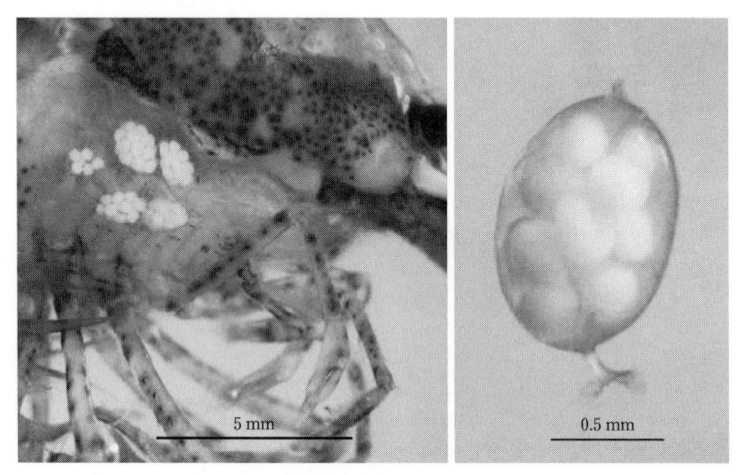

図6 カワリヌマエビ属の一種の鰓室に付着するヒルミミズ類の一種 *Holtodrilus truncatus* の卵包(左)と一個の拡大(右)(大高明史撮影)。ホストのエビは背甲をもち上げて鰓室を露出させている。右の卵包には10個の胚がみえる。兵庫県産。口絵38参照

片利共生や寄生だけでなく，相利共生を支持する研究例もある。Jennings and Gelder(1979)によると，大部分のヒルミミズ類は，ザリガニ類の体表に付着する藻類や小動物を摂食し，機会があればザリガニ類の食べ残しも利用する片利共生者である。摂食時には，咽頭に備えられた一対の丈夫な歯(顎板)を使って，餌を基質からはぎ取ったりちぎったりして飲み込む(図7)。口の周囲から分泌される粘液状の物質も餌を飲み込むときの役に立っている。消化管内容物を観察すると，珪藻や緑藻などの付着藻類や植物破片，原生動物や小型の多細胞動物がみられる場合が多く，雑食性であることがうかがえる(図8)。ヒルミミズ類は同種あるいは異種の小型個体を摂食していた事例もある(山口，1935a)。実験的にヒルミミズ類をザリガニから離してシャーレで飼育してみると，周囲の餌を利用して少なくても数か月間は生存できるという(Gelder, 1999)。

一方，ヨーロッパのザリガニ *Astacus astacus* の鰓室に見出されるヒルミミズ類の一種，*Branchiobdella hexodonta* は，放射性元素を使った実験から，ホストの組織を利用している，つまり寄生性であることが明らかになっている(Grabde and Wierzbicka, 1969)。寄生性が実証されたヒルミミズ類はこれま

図7 アオモリザリガニミミズの口をのぞき込む(大高明史撮影)。咽頭の内側に背側顎板(矢印)がみえる。

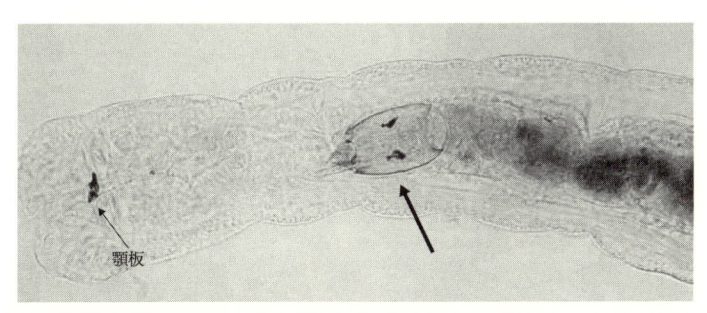

図8 アオモリザリガニミミズの消化管内容物(大高明史撮影)。ユスリカ幼虫の頭殻(太矢印)やデトリタスがみえる。ヒルミミズは左が頭部で,細矢印は背腹1対の顎板。口絵37参照

でのところ,この一例だけである。山口(1935b)がいくつかの日本産種で調べたところでは,ザリガニ類の鰓室に棲むヒルミミズ類の消化管には小動物や藻類がみられず,代わってザリガニの体液様の物質で満たされていることが多いことから,少なくとも鰓室に棲むものは寄生性ではないかと推測している。

しかし一方で,鰓室にみられるヒルミミズ類は寄生ではないとする報告も

ある。北アメリカのザリガニ Cambarus chasmodactylus とその鰓室に棲む Cambarincola 属のヒルミミズを使って行われた実験では，ヒルミミズの数が多いほど，ザリガニの成長率が高まり，死亡率が低下した(Brown et al., 2002)。ヒルミミズはザリガニの鰓にたまったゴミを餌として摂食することで鰓を掃除するという点から，両者は相利共生の関係にあると結論している。このほかにも，幼若個体は雑食で，成長すると寄生生活を営むようになるという報告もあり，さらに，餌環境によって食性を変化させるような条件的寄生の可能性もある。さらに，ザリガニ類は多くの場合，複数種のヒルミミズ類を共生させているため，ヒルミミズどうしで付着部位や食性などを変えている可能性も指摘される。

こうした点から，ヒルミミズ類とホストのザリガニ類との関係は，種や付着部位，成長過程，餌環境など，さまざまな条件によって異なると考えられ，それほど単純ではないことがわかる。現時点の結論として，ヒメミミズ類とザリガニ類には，片側または両側に明瞭な影響がみられるような，強く干渉する関係はみあたらない。

6. 日本の在来ヒルミミズ類

東アジアのヒルミミズ類

日本を含む東アジアにはアジアザリガニ属のザリガニ4種(ニホンザリガニ，マンシュウザリガニ Cambaroides dauricus, シュレンクザリガニ C. schrenckii, チョウセンザリガニ C. similis)が分布し，いずれの種類もヒルミミズ類がみられる。加えて，中国ではエビ類からも2種のヒルミミズ類が知られている。これまでに東アジアのザリガニ類から記録されたヒルミミズ類は，ヒルミミズ科に属する6属35種類にのぼる(Yamaguchi, 1934; Timm, 1991 など)。これらのうち，ヒルミミズ属 Branchiobdella はヨーロッパにも分布するが，ほかの5属はいずれも東アジアに固有である。

日本のヒルミミズ研究の歴史

日本のザリガニ(ニホンザリガニ)が19世紀のなかごろにシーボルト標本

によって西洋に紹介されたことはよく知られている。日本のヒルミミズ類が初めて文献上に現れるのは，これより約半世紀後の19世紀末に発行されたワイトマン(C. O. Whitman)の論文である(Whitman, 1882)。彼はドイツのザリガニに共生するヒルミミズ類を記述するなかで，日本産のザリガニにもヨーロッパと同じようにヒルミミズ類がみられることに触れ，形態の異なった3種を認めている。これは，日本だけでなく，東洋のヒルミミズ類の記録としても最初のものだが，残念ながらこのワイトマンの論文ではどれも学名がつけられることはなかった。

日本産のヒルミミズ類で正式に学名がつけられたのは，イタリアのピエラントーニ(U. Pierantoni)によるカムリザリガニミミズ *Cirrodrilus cirratus* が最初で(Pierantoni, 1905)，同時にこの地域に固有のザリガニミミズ属 *Cirrodrilus* がつくられた(図9)。この研究は，パリの国立自然史博物館に保管されていたニホンザリガニの液浸標本のビンに残っていた個体を用いて行われたものであるが，標本の保存状態が悪かったようで，胴部にみられる指状突起(図9参照)の背腹をとり違えている。ピエラントーニはその後，同じパリの博物館標本を使ってヒルミミズ *Branchiobdella digitata* を新種記載[4]し，また，東京帝国大学教授だった飯島魁から送られた北海道産の標本を使ってザリガニ

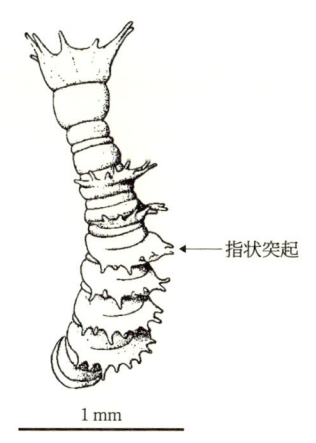

図9 日本産のヒルミミズ類のなかで，最も早く記載されたカムリザリガニミミズ *Cirrodrilus cirratus*(山口，1935bより)。胴部の体節の背側に指状の突起をもつ。

ミミズ *Stephanodrilus sapporensis* を新種記載した(Pierantoni, 1906)。*Stephanodrilus* 属は，このときにザリガニミミズを収容するためにつくられた属である。さらに，ピエラントーニは1912年に出版したヒルミミズ類の総説のなかで，ハンブルグ大学動物学博物館に保管されていた東洋産のザリガニ標本を使って3種を新たに記載している(Pierantoni, 1912)。それは，日本からの4種めのヒルミミズとなるコザリガニミミズ *Stephanodrilus japonicus*，チョウセンザリガニからの *Stephanodrilus koreanus* およびシュレンクザリガニからの *Branchiobdella minuta* である。このうち，*S. koreanus* と *B. minuta* の2種は，アジア大陸で初めて記載されたヒルミミズ類である。

　これ以降の日本におけるヒルミミズ相の解明は，ほとんどが，北海道帝国大学理学部動物学教室で当時事務助手の職にあった山口英二博士によって行われた。山口がヒルミミズ類の研究に着手したのは，ヨーロッパから帰朝して間もない内田亨教授の助言による。当時，ヨーロッパでは，イギリスのステファンソン(J. Stephenson)やドイツのミカエルセン(W. Michaelsen)などによって貧毛類の研究が活発に行われていた。日本でとくにたちおくれていた小型の水生種で研究の必要性を感じていた内田は，山口に対して，手始めにと，コンパクトでまとまりやすそうなヒルミミズ類の研究を勧めたという。山口は1932～1934年のわずか3年の間に，日本から9種(うち一種は外来種)，当時日本の占領下にあった朝鮮半島と中国から5種のヒルミミズを新種記載した(Yamaguchi, 1932a, 1932b, 1932c; Yamaguchi, 1934 など)。すぐれた記載からなる一連の分類学的研究は，東アジアのヒルミミズ類の最も包括的な研究として現在でも高く評価されている。山口はほどなく研究の中心を水生貧毛類に移したが，後継者がなかったため，日本のヒルミミズ研究は20世紀が終わるまで長いブランクが続いた。一方，この間，アジア大陸では，中国やロシアの研究者によって新しいヒルミミズが続々と発見されている。山口の研究以降に日本から新たに発見された在来のヒルミミズ類は，2000年に青森県の津軽半島から記載されたツガルザリガニミミズ *Cirrodrilus tsugarensis* だけである(Gelder and Ohtaka, 2000a)。

日本産のヒルミミズは何種か

山口は1934年に発表した論文で，大陸を含む当時の日本から知られていた全19種のすべてのヒルミミズ類について分類学的な再検討を行った(Yamaguchi, 1934)。このうちの12種類が，日本列島に固有のニホンザリガニからみつかったとされている。この論文で，山口は初期に記載された2種の実体について疑問を投げかけている。ひとつは，日本からの唯一のBranchiobdella属でヒルミミズという和名が付けられているB. digitataである。ピエラントーニによると北海道産のニホンザリガニ標本から得られたとされるが(Pierantoni, 1906)，記載があいまいで属や種の実体が疑われた。山口は，北海道各地からの標本を調べても該当する種が見出せなかったため，パリの国立自然史博物館にタイプ標本[*5]の観察許可を問い合わせている。しかし，標本の観察は果たせなかった。その後の調査の結果，博物館には該当する標本は存在しないことが明らかになり，現在は所属不明種とされている(Timm, 1991)。もうひとつの不明種は，ピエラントーニが同じく博物館標本を使って記載したコザリガニミミズS. japonicusである(Pierantoni, 1912)。これもニホンザリガニの標本から得たとされるが，実際にはホストや産地がはっきりせず，その後の調査でも該当する個体がみつかっていない。

したがって，現在のところ，日本での分布がはっきりしているヒルミミズ類は，日本産とされていた12種からこの2種を除く10種に，近年命名されたツガルザリガニミミズを加えた，計11種ということになる。日本産種の所属はCirrodrilus属とStepheanodrilus属にまたがっていたが，属の再検討によって後者は前者の新参異名[*6]だということがわかったため(Holt, 1967)，日本産の11種はすべて単一のザリガニミミズ属Cirrodrilusに属する。これらはすべて日本に固有で，現在は宿主のニホンザリガニとともに，環境省のレッドリストで絶滅危惧II類に指定されている(環境省, 2006)。なお，このほかに，まだ学名のつけられていないもう一種が，青森県の岩木山を中心とした地域に生息するニホンザリガニからみつかっている(大高・向山, 1998)。

山口標本の再発見

山口自身が研究を行ったヒルミミズ標本の保管場所は，文献ではいっさい

触れられていない。筆者は，山口が記載に用いた貧毛類の標本を探すために，1980年代に一連の研究機関で調査を行ったが，タイプ標本はどこからも見出せなかった。このため，彼は重要な標本を手元に置き続けたものの，最後に在職した函館大学が1968年の十勝沖地震で壊滅的な被害を受けたことにともなって，一連の標本も消失したものといったん推測した(Ohtaka, 1994)。一方，現在，世界のヒルミミズ研究をリードしている米国メイン大学のゲルダー教授(S. R. Gelder)は，独自に世界中の博物館でヒルミミズ類の標本調査を行い，山口が送ったと思われる日本産のヒルミミズ標本がハンブルグ大学動物学博物館やロンドンの自然史博物館に何点か残っていることを発見している(Gelder, 1987，未発表)。しかし，山口自身が新種記載に用いたヒルミミズ類の標本は，やはりいっさいみつからなかった。その後，筆者が，かつて在職していた大学や各地の標本庫で改めて調査を行ったところ，彼のヒルミミズ標本が函館大学に現存することが明らかになった。

現函館短期大学学長の上平幸好教授は，山口が函館大学に在職していた当時，山口博士の研究室で助手を務めていた。上平教授の話によると，山口は自身の標本を研究室に保管しており，十勝沖地震の際に，救出された標本の管理を上平教授に委ねたという。上平教授は水貧毛類を研究対象としていなかったために山口標本には手をつけなかったが，30年間にわたって保管を続けてきた。

この函館大学のヒルミミズ標本はすべてがスライド標本で，"Branchiobdellidae"（ヒルミミズ科）のラベルのついた木製のスライドボックス6箱に収められている(図10)。個々のスライドには数字やアルファベットが書き込まれているだけで，種名や産地などの標本データが記されていない。上平教授によると，標本台帳は震災で消失した可能性が高いという。筆者は上平教授の了承を得て，全6箱を借り出して予備的な観察を行ったところ，この標本は，虫体をバルサムで封した標本と切片標本の計467枚からなり，山口が記載した多くの種類を含んでいることがわかった。このうち，6枚のスライドは観察できないほどに砕けていたが，それ以外の状態はおおむね良好であった。とくに切片標本は優れた状態であった。標本は，さらに正確な同定のために，ゲルダー博士のもとで5年をかけて精査された。その結果，この

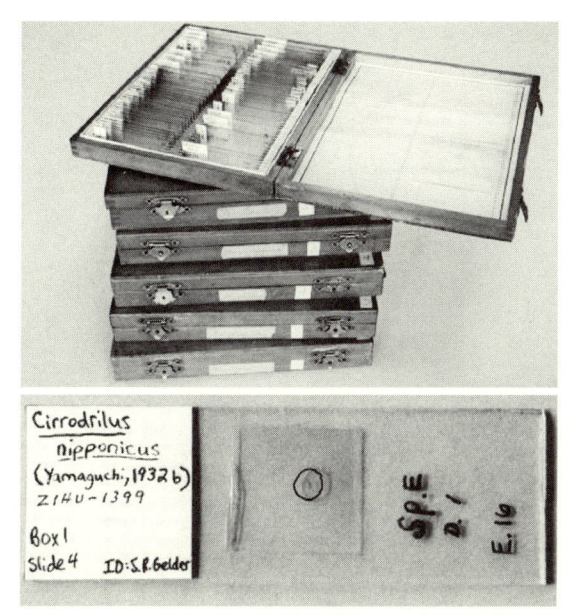

図10 再発見された山口英二博士のヒルミミズ標本(上)と，そのひとつで，北海道大学に登録したニッポンザリガニミミズのプレパラート標本(下)(大高明史撮影)。スライドに直接書き込まれた文字は山口による。登録時に，種名とスライドボックスの番号や位置を記入したラベルをつけた。口絵39参照

標本には山口によって研究が行われたすべてのヒルミミズ類に加えて，死後にほかの研究者によって記載された3種類の大陸産の種類をも含んでいることがわかった。内訳は，日本産種10種，朝鮮半島・旧満州産種10種，それに北アメリカ産種1種の計21種である(Gelder and Ohtaka, 2002)。山口が記載したヒルミミズ類のタイプ標本をすべて含んでいると考えられ，東アジアのヒルミミズ類の最も包括的な標本とみなされる。この山口ヒルミミズ標本は，必要に応じてバルサムで再封入するなどの補修を施したあと，米国国立自然史博物館に登録した一部を除き，現在，一括して北海道大学大学院理学研究院(ZIHU)に保管されている。今後，ヒルミミズ類の分類研究や東アジアにおける生物地理学の研究のために，有効に利用されることが期待される。

日本における在来ヒルミミズ類の分布と多様性

　日本に棲む在来のザリガニ類は，北海道と本州北部の清流に生息するニホンザリガニただ一種である。そして，このニホンザリガニに共生するヒルミミズ類の確かな種類は，前述のように，名前のまだつけられていない一種を入れると12種類にのぼる(図11)。

　北海道にはウチダザリガニミミズやイヌカイザリガニミミズをはじめとす

北海道在来種(9種)
　ザリガニミミズ
　カムリザリガニミミズ
　ウチダザリガニミミズ
　イヌカイザリガニミミズ
　エゾザリガニミミズ
　ホソザリガニミミズ
　ヒメザリガニミミズ
　オオアゴザリガニミミズ
　ニッポンザリガニミミズ

大館市，二戸市
　アオモリザリガニミミズ

尾去沢(北海道からの移入)
　ウチダザリガニミミズ
　イヌカイザリガニミミズ

本州在来種(3種)
　アオモリザリガニミミズ
　ツガルザリガニミミズ
　Cirrodrilus sp.

日光(北海道からの移入)
　イヌカイザリガニミミズ
　カムリザリガニミミズ
　エゾザリガニミミズ

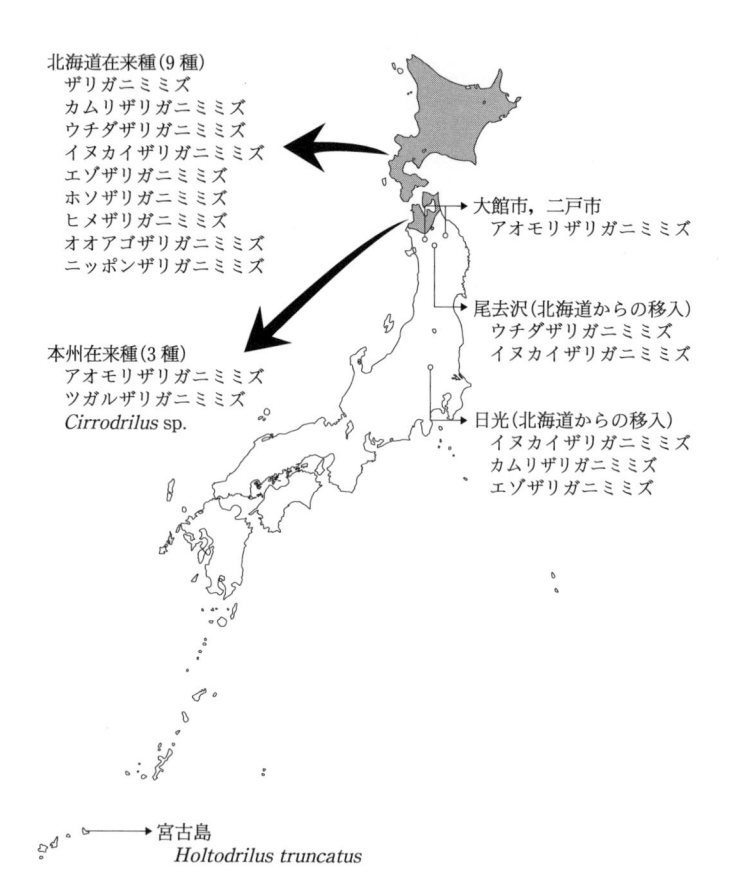

宮古島
Holtodrilus truncatus

図11　日本列島に在来とみなされるヒルミミズ類の分布(国内移動を含む)(Yamaguchi, 1934; Gelder and Ohtaka, 2000a; 大髙，2004，未発表；藤田ほか，2004；川井・大髙，2009を基に作成)。北海道と本州産種のホストはすべてニホンザリガニ，宮古島産種のホストはヒメヌマエビ属の3種

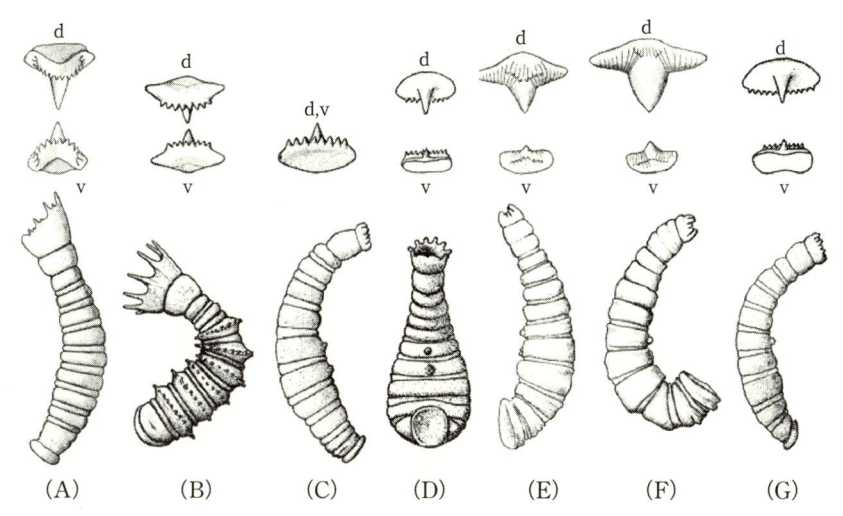

図12 日本産のヒルミミズ類7種の全体図（下）と顎板（上）（(A)Yamaguchi, 1932a；(B) Yamaguchi, 1932b；(C)Yamaguchi, 1932c；(D-G)Yamaguchi, 1934 の原記載より）．(A)ニッポンザリガニミミズ，(B)ウチダザリガニミミズ，(C)ホソザリガニミミズ，(D)イヌカイザリガニミミズ，(E)エゾザリガニミミズ，(F)オオアゴザリガニミミズ，(G)アオモリザリガニミミズ．d：背側顎板，v：腹側顎板，ホソザリガニミミズの顎板は背腹同型

る9種類が分布する（図12）．北海道産種の多くは僅かな情報しかないため，種ごとの分布の詳細はよくわかっていない．しかし，過去の記録を比較する限りでは，どの地域でも複数種のヒルミミズ類がみられ，多くは北海道に広く分布するようである．近年の調査から，利尻島や礼文島などの離島に生息するニホンザリガニも，北海道本島と共通したヒルミミズ相をもつことが確認されている（大高，未発表）．しかし，ホストのニホンザリガニ自体の分布が近年急速に縮小していることから，ヒルミミズ各種の本来の分布域を推測するのは簡単ではない状態になっている．

北海道産種のうち，ザリガニミミズ $S.\ sapporensis$ は，体長が1 cmを超える大型種で，世界のヒルミミズ類のなかでも最も大型の種類のひとつである．ザリガニの体表に棲み，肉眼でもすぐにそれとわかる（図13）．ほかの種類は5 mm未満と小型で，これに比べるとずっと目立たない．

本州では，ニホンザリガニの分布調査に付随して，1990年代後半にヒル

図13 ニホンザリガニに付着するザリガニミミズ *C. sapporensis*(矢印)(2005年, 伊藤誠哉氏撮影)。美幌産

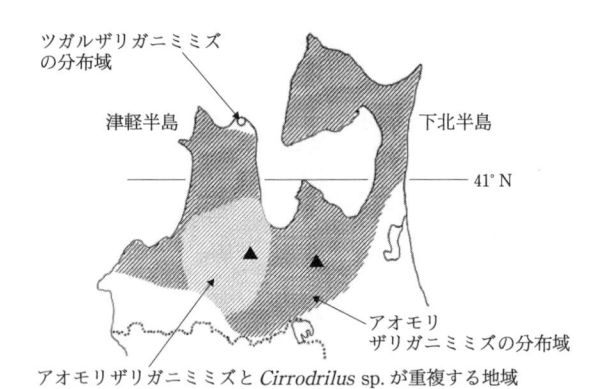

図14 本州北端のヒルミミズ類の分布域(大高・向山, 1998；Gelder and Ohtaka, 2005 などを基に作成)。▲は Yamaguchi(1934)が記載したアオモリザリガニミミズの産地。*Cirrodrilus* sp. の分布範囲の詳細は研究中

ミミズ相の詳細な調査が行われた(図14)。本州産3種のうち, アオモリザリガニミミズの分布は広く, 青森県に生息するほぼすべてのニホンザリガニに加えて, 分布がやや離れた秋田県大館市や岩手県二戸市からも見出される。一方, ツガルザリガニミミズは, 津軽半島の末端だけにみられ(Gelder and Ohtaka, 2000a), また, 未記載のもう一種(*Cirrodrilus* sp.)は, 八甲田山系の西側に分布している(大高, 未発表)。いずれも体長が数mmの小型種である。

　北海道と本州の間で共通するヒルミミズ類は一種もみつかっていない。ホ

ストのニホンザリガニは北海道も本州も同じ種であるにもかかわらず，共生者のヒルミミズには全く共通性がないというこの事実はたいへん興味深いが，その歴史的背景は不明である．北海道に広くみられ本州北部で分布がとぎれる動物の多くは北方起源で，本州の個体群は北海道に由来すると考えるのが普通である．しかし，ヒルミミズの場合，本州産種が大陸の種類よりも北海道産種に近縁だという証拠は形態からは導かれない．たとえば，津軽半島に分布するツガルザリガニミミズの形態は，北海道の種類よりもむしろ朝鮮半島の種類に似ている．形態に基づく系統分類では，普通，系統を反映していると考えられる部位を使って分類を行い，系統関係を推定する．しかし，形態が必ずしも系統を反映しない場合も多いため，ヒルミミズ類の系統関係を推定するのに，形態の情報だけを根拠にするのは，信頼性が十分でない可能性がある．一方で，ヒルミミズ相の違いに対応するように，ホストのニホンザリガニでも，北海道と本州の個体群の間で，また本州における東西の個体群の間で形態の違いが指摘されている(川井, 2003 ほか)．日本におけるヒルミミズ類の歴史を知るためには，分子をはじめとした信頼性の高い情報を用いて系統解析をすることが望まれる．

　近年，沖縄県宮古島に生息するエビ類からヒルミミズ類が発見され，中国で記載された *Holtodrilus truncatus* と同定された(藤田ほか, 2004)．生息地は隔離された地下水域で，ホストは3種のヒメヌマエビ属にまたがっている．この宮古島のヒルミミズの実体については不明な点が多いものの，生息地にヌマエビ類が移入された記録がないことから(藤田, 私信)，中国大陸から隔離された在来の個体群である可能性が高い．

7. 外来ヒルミミズ

　ヒルミミズ類は目立たないものの，北半球のザリガニ類に普通の生物であるため，ザリガニ類の移植にともなってほかの地域に非意図的に運ばれることは容易に想像される．実際に，ザリガニ類の移植先で外来のヒルミミズ類がみつかった例は日本やヨーロッパの各地で相次いでいる．日本からはこれまで4種の外来ヒルミミズ類が知られている．そのうちの3種はザリガニ類

から，一種はエビ類からの記録である。

世界初の外来ヒルミミズ

山口は，栃木県中禅寺湖に移植された〝アメリカ産のザリガニ〟の体表から 1928 年に得られた個体を使って，ヤドリミミズ *Cambarincola okadai* を新種記載した(Yamaguchi, 1933)。これは世界で初めての外来ヒルミミズ類の記録でもある。ヤドリミミズは，記載に不明瞭な点があり，標本も残っていなかったため，その分類学的位置は長く不明とされていた。しかし，函館大学から再発見された山口標本のなかに，記載論文の図と正確に一致する標本が含まれていたため，再検討が可能になった(図15)。新たな観察の結果，ヤドリミミズは，山口による記載の 7 年後に，グッドナイト(C. J. Goodnight)によってアメリカ本土から新種記載された *Triannulata montana* と同一であることが判明した(Gelder and Ohtaka, 2000b)。命名規約の先取権の原理[*7]により *Cambarincola okadai* が有効名となる。これによって，ヤドリミミズはタイプ産地が日本の中禅寺湖で分布が北アメリカという，一風変った経歴のヒルミミズとなった。中禅寺湖の個体群は，宿主とともにすでに消失している。

過去の知見(主に川井，2003)を基に，中禅寺湖産のヒルミミズ類(ヤドリミミズ)の宿主を推定してみたい。当時まで，日本に輸入・放流されていた

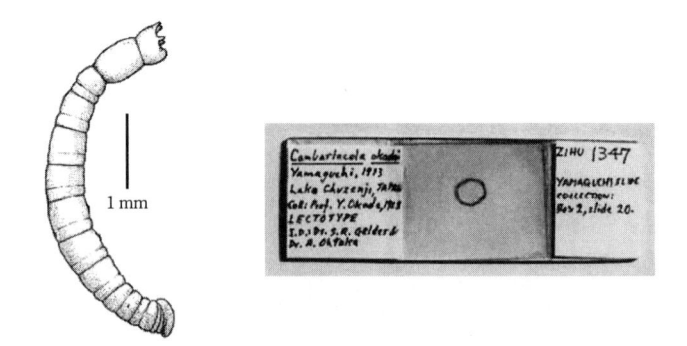

図15 ヤドリミミズの全体図(左，Yamaguchi, 1933 より)と，再発見された山口標本のなかからレクトタイプに指定されたプレパラート標本(右，大高明史撮影)

外来のザリガニ類は，ウチダザリガニとアメリカザリガニだけである。前者は，少なくとも1916年には輸入の記録があり，輸入の回数は多い。これに対して，アメリカザリガニの輸入は1929年の1回だけである。輸入の年代や回数を考慮すると，ウチダザリガニが宿主であった可能性が示唆される。さらに，ウチダザリガニは冷水性なのに対して，アメリカザリガニは水田などの温度が高い水域を好む。そのため，山間にあって水温が周年低く保たれている中禅寺湖にはウチダザリガニが放流されていた可能性が高い。これらの情報を考え合わせると，中禅寺湖産のヒルミミズ類の宿主はウチダザリガニだったと推定される。

ウチダザリガニのヒルミミズ

近年，北海道での分布が急速に拡大している北アメリカのコロンビア川流域原産のウチダザリガニは，1930年に摩周湖に放流された個体群に由来すると推測されている(斎藤，2002)。北海道のウチダザリガニには，どの個体群にも *Sathodrilus attenuatus* という北アメリカ原産のヒルミミズ類がみられる(図16上；Ohtaka et al., 2005)。北海道の12のウチダザリガニ個体群で調べたなかでは，摩周湖で最も共生数が高く，ザリガニ1個体当たり平均160個体におよんだ(Ohtaka et al., 2005)。同じヒルミミズは，1958年に石川県舘開で採集され，島根県立三瓶自然館に保管されているウチダザリガニの液浸標本からも確認されている(Ohtaka et al., 2005)。北海道と石川県のウチダザリガニからは，ヒルミミズのほかに，北アメリカ産のザリガニに共生する貝形虫類の一種 *Uncinocythere occidentalis* も発見されている(Smith and Kamiya, 2001)。

一方，長野県安曇野市明科の湧水地に生息するウチダザリガニからは，北アメリカ原産の別のヒルミミズ類で，扁平で特徴的なフラスコ型をした *Xironogiton victoriensis* がみつかっている(Ohtaka et al., 2005；図16下)。明科での共生数はきわめて高く，ザリガニ1個体あたり最大1740個体にもおよんでいる。ザリガニ個体群の由来はよくわかっていないが，北海道や石川県のウチダザリガニ個体群でみつかっているヒルミミズ類は *S. attenuatus* だけで，長野県のウチダザリガニでみられる *X. victoriensis* とは異なる。その

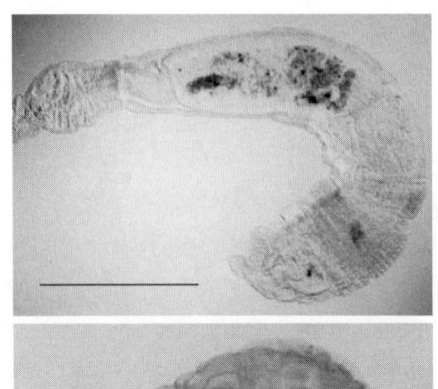

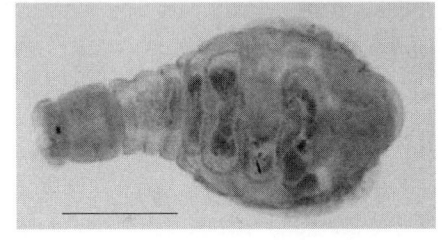

図16 日本に定着している外来ヒルミミズ類の2種(大高明史撮影)。(上) *Sathodrilus attenuatus*(北海道摩周湖産), (下) *Xironogiton victoriensis* (長野県明科産)。どちらもウチダザリガニの体表から発見されたもの。スケール：1mm。口絵40参照

ため, 長野県のウチダザリガニが北海道や石川県の個体群に由来する可能性は低い。

アメリカザリガニのヒルミミズ

日本に広く定着しているアメリカザリガニは, 原産地の北アメリカでは6種のヒルミミズ類が付着する(Gelder, 2004)。しかし, これまでのところ日本の個体群からヒルミミズは全くみつかっていない。日本の個体群に由来するとされる中国大陸のアメリカザリガニでも, 同様にヒルミミズ類はみつかっていない。

エビ類のヒルミミズ

2003年に兵庫県夢前川水系の菅生川に生息するカワリヌマエビ *Neocaridina denticulata denticulata* からヒルミミズが発見され, *Holtodrilus trun-*

catus と同定された(Niwa et al., 2005)。エビ類に共生するヒルミミズ類は世界的にもきわめてまれで，これまでに2属2種が中国大陸と琉球列島から知られているにすぎない(Liang, 1963; Liu, 1984; Gelder and Brinkhurst, 1990; 藤田ほか, 2004)。兵庫県で発見された *H. truncatus* は，中国の河南省と広東省のカワリヌマエビ類から記録されている種類である。西日本でのその後の調査で，*H. truncatus* の分布は姫路市を中心とする東西60 kmの限られた範囲の河川に集中していることがわかった(Niwa and Ohtaka, 2006；図17)。この地域はレジャーフィッシングが盛んで，撒き餌として中国大陸から輸入されたエビ類が用いられていることから，本種はエビ類の移入とともに日本に入ったと推測されている。

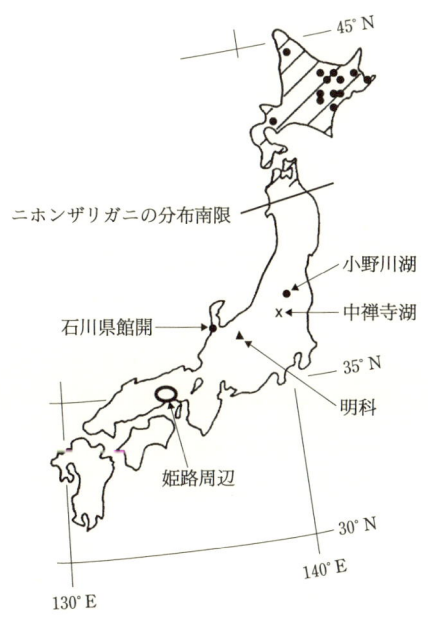

図17 外来ヒルミミズの日本での分布記録(大高，2007を改変)。カッコ内はホスト名。×：*Cambarincola okadai*("アメリカ産のザリガニ")(消失)，●：*Sathodrilus attenuatus*(ウチダザリガニ)(石川県館開個体群は消失)，▲：*Xironogiton victoriensis*(ウチダザリガニ)，○：*Holtodrilus truncatus*(カワリヌマエビ)，斜線はニホンザリガニの分布域を示す。

世界の外来ヒルミミズ

ホストであるザリガニ類やエビ類の国を越えた移動にともなって，現在まで，世界から5種のヒルミミズ類が国外移入種となっている(表1)。日本は，このうちの4種が知られ，世界で最も多くの外来ヒルミミズを抱えた国となっている。また，ザリガニ以外の甲殻類(エビ類)から外来のヒルミミズ類が記録されているのは日本だけである。日本では，水産業やレジャーフィッシング，鑑賞等のために，古くから多くの甲殻類が繰り返し移入されてきた。これに加え，日本列島の南北に長く多様な気候をもつ地理的条件が，ホストの甲殻類ととともに多くのヒルミミズの定着を可能にした一因になっていると考えられる。

ヨーロッパでは，現在のところ2種の外来ヒルミミズが知られているだけである。ひとつは，長野県明科のウチダザリガニからもみつかっている *X. victoriensis* で，これまでにスウェーデンとスペイン，イタリア，オーストリアに移入されたウチダザリガニで記録されている(Gelder, 2004)。もうひとつは，イタリアに移入されたアメリカザリガニからみつかっている *Cambarincola mesochoreus* である。

原産地である北アメリカでは，ウチダザリガニから15種類のヒルミミズ類が知られている。そのうち，*C. okadai*, *S. attenuatus*, *S. inversus*, *Triannulata magna*，および *X. victoriensis* の5種が普通種であるという(Gelder, 2004)。アメリカザリガニも，前述のように，原産地の北アメリカでは6種のヒルミミズ類が知られている(Gelder, 2004)。国外に移植されたザリ

表1 これまでに世界から記録されている外来ヒルミミズ類(Gelder, 2004; Niwa et al., 2005; Ohtaka et al., 2005 より)

種名	ホスト	原産地	移入地
Cambarincola okadai (ヤドリミミズ)	"アメリカ産" ザリガニ	北アメリカ	日本
Sathodrilus attenuatus	ウチダザリガニ	北アメリカ	日本
Xironogiton victoriensis	ウチダザリガニ	北アメリカ	日本,ヨーロッパ(スウェーデン，スペイン，イタリア，オーストリア)
Cambarincola mesochoreus	アメリカザリガニ	北アメリカ	ヨーロッパ(イタリア)
Holtodrilus truncatus	カワリヌマエビ	中国	日本

ガニ類の個体群では，国により，地域により，原産地でみられるヒルミミズ類のどれかひとつだけがみられるか，あるいは全くみられない。こうした，移入先でのヒルミミズ類の種組成の変化が，移入時にザリガニに付着していた組成を反映したものか，あるいは，定着までの過程で特定の種類だけが生き残った結果なのかは不明である。北アメリカでは，ザリガニ類を食用としてほかの地域に運搬する場合，ヒルミミズ類を除去するために事前に塩水で処理することが慣例になっているという(Gelder，私信)。こうした処理がかつても行われていたとしたら，耐性の高い種類や脱落しなかった特定の個体が移出先に入り込んだことも考えられる。

8. 危惧される共生攪乱

ヒルミミズ類は，一般にザリガニ類に対して強い選択性を示すが，ザリガニ内での種特異性は弱い。この点を裏づけるように，アメリカザリガニが移植されたイタリアでは，北アメリカのヒルミミズが在来のザリガニから発見されたり(Gelder et al., 1999)，ドイツでは逆に，移植された北アメリカ産のザリガニから在来のヒルミミズがみつかった事例がある(Vogt, 1999)。日本ではこのような例はまだ知られていないものの，生息域が重複するニホンザリガニとウチダザリガニとの間では，同様にヒルミミズ類の乗り換えが起こる可能性が指摘される。ホストの交換はまた，在来と外来のヒルミミズの間で直接の，あるいは棲み場や餌をめぐる競合を引き起こすことも考えられる。

エビ類に共生するヒルミミズ類についての種特異性はよくわかっていないが，カワリヌマエビ属の外来種がみつかっている西日本には，同じヌマエビ科の複数のエビ類が同所的に分布するため，ヨーロッパにおけるザリガニ類での事例と同様に，外来のヒルミミズ類が在来のヌマエビ類にホストを転換する可能性が高い。宮古島を除くと，日本列島に生息するエビ類には在来のヒルミミズは知られていないため，外来のヒルミミズが入り込んだとしても，ヒルミミズどうしの競合は考えられない。しかし，日本や中国大陸に生息するヌマエビ類には，ヒルミミズと生態がよく似た扁形動物のテムノケファーラ類が広く共生しているため(Kawakatsu et al., 2007)，侵入地域ではヒルミミ

ズとテムノケファーラ類との競合が起こる可能性がある。

9. ザリガニの産地を示すヒルミミズ

ヒルミミズ類は地域によって固有性が高いため，ホストとともにほかの地域に移された場合，原産地を示す「荷札」の役目をすることがある。秋田県鹿角市尾去沢にみられる孤立したニホンザリガニ個体群は，北海道から人為的に移植されたといわれてきた。尾去沢のニホンザリガニを実際に調べてみると，北海道に固有の2種のヒルミミズ(ウチダザリガニミミズとイヌカイザリガニミミズ)が付着しており，本州の在来種はみられない(籠屋，1978；Gelder and Ohtaka, 2000a；図11)。この点は北海道からの人為移植説を裏づける証拠とみなされる。近年，栃木県日光市の田母沢水系の河川でニホンザリガニが発見され，その体表から，カムリザリガニミミズ，イヌカイザリガニミミズ，エゾザリガニミミズの3種類のヒルミミズ類が確認された(川井・大高，2009)。いずれも，北海道だけで知られている種類で，ホストのザリガニとともに北海道からもち込まれた可能性を示唆する。ホストが有する形態は，北海道産のニホンザリガニに固有な形態的特徴であり，この結果とも矛盾しない(川井・大高，2009；第Ⅰ部「博物学」参照)。

尾去沢と日光の事例から，ニホンザリガニの移植先では，移植された個体群の産地である北海道でみられるヒルミミズ相の一部を反映するものの，その組成は移植先ごとに異なることが指摘される。この傾向は外来ヒルミミズでも同様で，たとえば，ウチダザリガニにみられるヒルミミズ類の組成はヨーロッパと日本で異なっている(Ohtaka et al., 2005；大高，2007)。この点から，ある地域に移植されたザリガニが定着した場合，随伴するヒルミミズ類の組成が移植元を推定する手がかりになると考えられる。実際に，福島県小野川湖で発見されたウチダザリガニが，原産地以外では北海道でしか報告のなかった *Sathodrilus attenuatus* だけをもっている点は，小野川湖個体群が北海道に由来するという根拠のひとつとされている(Kawai et al., 2004)。

10. ヒルミミズ類の将来

　ザリガニ類にはたくさんの生物がよりそって暮らしている。ヒルミミズもそのひとつである。ザリガニとの奇妙な関係や地域ごとに異なる種類組成は，彼らがたどった長い歴史を彷彿とさせる。ヒルミミズ類は，淡水動物の生物地理学や共生関係の進化を探るうえできわめて魅力的な動物である。しかし，日本国内でもまだ未記載種が存在するなど，その研究は途上にあり，ザリガニとの関係もよくわかっていない種類が大部分である。現在，ザリガニ類は種によっては絶滅が危惧されるほど減少している。一方では，移植先で猛威をふるっている種類もある。ホストと一連託生のヒルミミズ類も，絶滅しつつある種類や生物学的撹乱を引き起こしている種類が多数存在すると予測される。国内では，近年，ニホンザリガニの減少が著しい。その主要な産地である北海道では，ヒルミミズ類の研究が山口以来ほとんど行われていないことから，生息状況が不明の地域がいまだに広く残っている。ザリガニの消失はヒルミミズ類をはじめとする共生生物の消失をも意味する。共生系を念頭においた保全は緊急の課題になっている。

[専門用語の解説]
[1] **大陸移動**　ドイツのヴェーゲナー(A. L. Wegener)が提唱し，その後，プレートテクトニクス論により補強された学説で，大陸はプレートに乗って地球の表面を移動し，その位置や形を変える。現在の五大陸は中生代にはひとつの超大陸(パンゲア)を形成していたが，ふたつに分れて，北半球のローラシア大陸と南半球のゴンドワナ大陸になったのち，前者はさらに北アメリカ大陸とユーラシア大陸に分かれた。そのため，ローラシア大陸が形成された当時に，海から淡水域に進出した生物は，現在も北半球の大陸だけに生息することが多い。
[2] **共生**　広い意味では，異なった生物が密接な関係をもって一緒に生活することをいい，両者がともに利益を受ける「相利共生」，一方が利益を受けるが他方は利害に影響がない「偏利共生」，一方が利益を受けて他方は損失をこうむる「寄生」，一方は利害に影響がないが他方が損失をこうむる「偏害共生」に区別される。狭い意味では「相利共生」だけを指し，日常語ではこの意味で使われることが多い。ホストとの関係がよくわかっていない場合，「随伴」という言い方をする場合もある。
[3] **環帯**　環形動物の貧毛類とヒル類にみられる，体の前方部を帯状に取り巻くふくらんだ部分。粘液や卵包をつくる物質などを分泌する腺細胞が並んでおり，白っぽくみえる。

*4 **記載** 分類学では，生物の特徴を文章や図で記述することをいい，新種などの新しい分類群を提唱したときの記載をとくに原記載という．

*5 **タイプ標本**(『国際動物命名規約第4版』におけるタイプシリーズのうちのいずれか)種あるいは亜種を創設したときに用いた標本．学名を担う唯一の標本である「ホロタイプ」や，それ以外の「パラタイプ」，指定のない「シンタイプ」，命名後にシンタイプのなかから選ばれた単一の標本「レクトタイプ」などがある．2000年に発効した現行の規約(第4版)では，どの標本をタイプにしたか，どこに保管したかを記載論文のなかで明記しなければならないが，以前はそのような決まりがなかったため，タイプ標本の所在が不明の種類は少なくない．

*6 **新参異名** ひとつの生物に対して付けられたふたつの学名のうち，後で付けられた方．

*7 **先取権の原理** ひとつの生物にふたつ以上の学名がある場合，最も先に付けられた学名が有効になるという，国際命名規約上のルール．

[引用文献]

Alderman, D. J. and Polglase, J. L. 1988. Pathogens, Parasites and Commensals. In "Freshwater Crayfish: Biology, Management and Exploitation" (eds. Holdich, D. M. and Lowery, R. S.), pp. 167-212. Croom Helm, London.

Brinkhurst, R. O. and Gelder, S. R. 2001. Annelida: Oligochaeta including Branchiobdellidae. In "Ecology and Classification of North American Freshwater Invertebrates (2nd eds)" (eds. Thorpe, H. H. and Covich, A.), pp. 431-463. Academic Press, New York.

Brown, B. L., Creed, R. P. Jr. and Dobson, W. E. 2002. Branchiobdellid annelids and their crayfish hosts: are they engaged in a cleaning symbiosis? Oecologia, 132: 250-255.

藤田喜久・川原剛・諸喜田茂充・大高明史・Gelder. S. R. 2004. 琉球列島から初めて発見されたヒルミミズの一種 *Holtodrilus truncatus* (Liang, 1963) (環形動物・環帯綱) について．沖縄生物学会第41回大会．2004年5月22日．名桜大学 (沖縄県名護市)．

Gelder, S. R. 1987. Observations on three species of branchiobdellid (Annelida: Clitellata) worms from eastern Asia. Hydrobiologia, 155: 15-25.

Gelder, S. R. 1996. A review of the taxonomic nomenclature and a checklist of the species of the Branchiobdellae (Annelida: Clitellata). Proc. Biol. Soc. Wash., 109: 653-663.

Gelder, S. R. 1999. Zoogeography of branciobdellidans (Annelida) and temnocephalidans (Plathelminthes) ectosymbiotic on freshwater crustaceans, and their reactions to one another in vitro. Hydrobiologia, 406: 21-31.

Gelder, S. R. 2004. Endemic ectosymbiotic branchiobdellidans (Annelida: Clitellata) reported on three "export" species of North American crayfish (Crustacea: Astacoidea). Freshwater Crayfish, 14: 221-227.

Gelder, S. R. and Brinkhurst, R. O. 1990 An assessment of the phylogeny of the Branchiobdellida (Annelida: Clitellata), using PAUP. Can. J. Zool., 68: 1318-1326.

Gelder, S. R., Delmastro, G. B. and Rayburn, J. N. 1999. Distribution of native and exotic branchiobdellidans (Annelida: Clitellata) on their respective crayfish hosts in northern Italy, with the first record of native *Branchiobdella* species on an exotic North American crayfish. J. Limnol., 58: 20-24.

Gelder, S. R. and Messick, G. 2006. First report of the aberrant association of branchiobdellidans (Annelida: Clitellata) on blue crabs (Crustacea: Decapoda) in Chesapeake Bay, MD, USA. Invert. Biol., 125: 51-55.

Gelder, S. R. and Ohtaka, A. 2000a. Description of a new species and a redescription of *Cirrodrilus aomorensis* (Yamaguchi, 1934) with a detailed distribution of the branchiobdellidans (Annelida: Clitellata) in northern Honshu, Japan. Proc. Biol. Soc. Wash., 113: 633-643.

Gelder, S. R. and Ohtaka, A. 2000b. Redescription and designation of lectotypes of the North American *Cambarincola okadai* Yamaguchi, 1933 (Annelida: Clitellata: Branchiobdellidae). Proc. Biol. Soc. Wash., 113: 1087-1095.

Gelder, S. R. and Ohtaka, A. 2002. A review of the oriental branciobdellidans (Annelida: Clitellata) with reference to the redisscovered slide collection of Prof. Hideji Yamaguchi. Species Diversity, 7: 333-344.

Gelder, D. R. and Rowe, J. P. 1988. Light microscopical and cytochemical study on the adhesive and epidermal gland cell secretions of the branchiobdellid *Cambarincola fallax* (Annelida: Clitellata). Can. J. Zool., 66: 2057-2064.

Grabde, E. and Wierzbicka, J. 1969. The problem of parasitism of the species of the genus *Branchiobdella*. Polskie Archiwum Hydrobiologii, 16: 93-104.

Holt, P. C. 1967. Status of the genera *Branchiobdella* and *Stephanodrilus* in North America with description of a new genus (Clitellata: Branchiobdellida). Proc. United States Nat. Mus., 124: 1-10.

Jennings, J. B., and Gelder, S. R. 1979. Gut structure, feeding and digestion in the branchiobdellid oligochaeta *Cmbarincola macrodonta* Ellis 1912, an ectosymbiote of the freshwater crayfish *Procambarus clarkii*. Biol. Bull., 156: 300-314.

川井唯史. 2003. 知られざるニホンザリガニの生息環境. 甲殻類学—エビ・カニとその仲間の世界(朝倉彰編著), pp. 255-275. 東海大学出版会.

Kawai, T., Mitamura, T. and Ohtaka, A. 2004. The taxonomic status of the introduced north American signal crayfish, *Pacifastacus leniusculus* (Dana, 1852) in Japan, and the source of specimens in the newly reported population in Fukushima Prefecture. Crustaceana, 77: 861-870.

川井唯史・大高明史. 2009. 日光市で発見されたニホンザリガニ個体群の由来, および大正時代に本州に持込まれた個体に関する宮内庁公文書等に基づく情報. 弘前大学教育学部紀要, 101：31-40.

Kawakatsu, M., Gelder, S. R., Ponce de Leon, R., Volonterio, O., Wu, S.-K., Nishino, M., Ohtaka, A., Niwa, N., Fujita, Y., Urabe, M., Sasaki, G.-Y., Kawakatsu, M.-y. and Kawakatsu, T. 2007. An annotated bibliography of the order Temnocephalida (Plathelminthes, Rhabdocoela "Turbellaria") from Japan, Taiwan, China and Korea, with other Far Eastern records of Temnocephalids. Kawakatsu's Web Library on Planarians (Mar. 10, 2007). http://victoriver.com (Temnocephalid).

環境省. 2006. 鳥類, 爬虫類, 両生類及びその他無脊椎動物のレッドリストの見直しについて. http://www.env.go.jp/press/press.php?serial=7849(2006年12月22日).

籠屋留太郎. 1978. 尾去沢産ザリガニの保護について. 上津野, 4：24-36. 鹿角市文化財保護協会.

Liang, Y.-L. 1963. Studies on the aquatic Oligochaeta of China. I. Descriptions of new naids and branchiobdellids. Acta Zool. Sin., 15: 560-570.

Liu, S. C. 1984. Descriptions of two new species of the genus *Stephanodrilus* from

northeast China and notes on *S. truncatus* Liang from Guangdong Province (Oligochaeta: Branchiobdellidae). Acta Zootax. Sin., 9: 351-355.
Martin, P. 2001. On the origin of the Hirudinea and the demise of the Oligochaeta. Proc. Royal Soc. Lond., B, 268: 1089-1098.
Niwa, N. and Ohtaka, A. 2006. Accidental introduction of symbionts with imported freshwater shrimps. In "Assessment and Control of Biological Invasion Risk" (eds. Koike, F., Clout, M. N., Kawamichi, M., De Poorter, M. and Iwatsuki, K.), pp. 182-186. IUCN, Gland.
Niwa, N., Ohtomi, J., Ohtaka, A. and Gelder, S. R. 2005. The first record of the ectosymbiotic branchiobdellidan *Holtodrilus truncatus* (Annelida, Clitellata) and on the freshwater shrimp *Neocaridina denticulata denticulata* (Caridea, Atyidae) in Japan. Fish. Sci., 71: 685-687.
Ohtaka, A. 1994. Redescription of *Embolocephalus yamaguchii* (Brinkhurst, 1971) comb. nov. (Oligochaeta, Tubificidae). Proc. Jap. Soc. Sys. Zool., 52: 34-42.
大高明史. 2004. ザリガニの体表で暮らすヒルミミズ―その分布と生態. うみうし通信, 42：2-4.
大高明史. 2007. 日本における外来ヒルミミズ類(環形動物門, 環帯綱)の分布の現状. 陸水学雑誌, 68：483-489.
Ohtaka, A., Gelder, S. R., Kawai, T., Saito, K., Nakata, K. and Nishino, M. 2005. New records and distributions of two North American branchiobdellidan species (Annelida: Clitellata) from introduced Signal Crayfish, *Pacifastacus leniusculus*, in Japan. Biol. Inv., 7: 149-156.
大高明史・向山満. 1998. 本州北部におけるヒルミミズ類の分布について(予報). 青森自然誌研究, 3：33-36.
Pierantoni, U. 1905. *Cirrodrilus cirratus* n.g., n.sp. parasita dell' *Astacus japonicus*. Ann. Mus. Zool. Univ. Napoli (N. S.), 1: 1-3.
Pierantoni, U. 1906. Nuovi Discodrilidi del Giappone e della California. Ann. Mus. Zool. Univ. Napoli (N. S.), 2: 1-9.
Pierantoni, U. 1912. Monografia dei Discodrilidae. Ann. Mus. Zool. Univ. Napoli (N. S.), 3: 1-27.
斎藤和範. 2002. ウチダザリガニ. 外来種ハンドブック(日本生態学会編), 168 pp. 地人書館.
Smith, R. J. and Kamiya, T. 2001. The first record of an entocytherid ostracod (Crustacea: Cytheroidea) from Japan. Benthos Research, 56: 57-61
Timm, T. 1991. Branchiobdellida (Oligochaeta) from the farthest South-East of the U. S.S.R. Zool. Scr., 20: 321-331.
Vogt, G. 1999. Diseases of European freshwater crayfish, with particular emphasis on interspecific transmission of pathogens. (eds. Gherardi, F. and Holdich, D. M.) In "Crayfish in Europe as Alien Species: How to make the best of a bad situation?" pp. 87-103. A. A. Balkema, Rotterdam.
和田千蔵. 1938. 蜊蛄石の話. 青森県師範学校交友会誌, 29：13-18.
Whitman, C. O. 1882. A new species of *Branchiobdella*. Zool. Ang., 5: 636-637.
Yamaguchi, H. 1932a. Description of a branchiobdellid, *Carcinodrilus nippinicus* n. g. et n. sp. J. Fac. Sci., Hokkaido Univ., Ser. VI, Zool., 2: 61-67.
Yamaguchi, H. 1932b. On the genus *Cirrodrilus* Pierantoni, 1905, with a description of

a new branchiobdellid from Japan. Annot. Zool. Jap., 13: 361-367.

Yamaguchi, H. 1932c. A new species of *Cambarincola*, with remarks on spermatic vesicles of some branchiobdellid worms. Proc. Imp. Acad. Jap., 8: 454-456.

Yamaguchi, H. 1933. Description of a new branchiobdellid, *Cambarincola okadai* n. sp., parasitic on American crayfish transferred into a Japanese lake. Proc. Imp. Acad. Jap., 9: 191-193.

Yamaguchi, H. 1934. Studies on Japanese Branchiobdellidae with some revisions on the classification. J. Fac. Sci., Hokkaido Univ., Ser. VI, Zool., 3: 177-219.

山口英二. 1935a. 特殊貧毛類ヒルミミズ類. 植物及動物, 3：552-560.

山口英二. 1935b. 有帯綱ヒルミミズ類. 日本動物分類第6巻第3編第2号. 37 pp. 三省堂.

第VI部

教 育 学

環境教育

第1章

中田和義

要　旨

　児童・大人にかかわらず，私たち人間にとってなじみ深い身近な生き物であるザリガニ類は，環境教育の教材として魅力的である。とくに近年，ニホンザリガニが絶滅危惧種に指定され，その一方でウチダザリガニが特定外来生物に指定されたことで，自然環境の保全を考えるうえでザリガニ類を通じた環境教育の重要性は高まっている。本章では，ザリガニ類を通じた環境教育の意義について解説し，主に北海道で進められている環境教育の実際を紹介する。

1. 環境教育の必要性

　環境教育とは，2003年の「環境の保全のための意欲の増進及び環境教育の推進に関する法律」によると，「健全で恵み豊かな環境を維持しつつ，環境への負荷の少ない健全な経済の発展を図りながら持続的に発展することができる社会(持続可能な社会)を構築するための環境保全活動，並びにその促進のための環境保全の意欲の増進のための教育である」とされている。環境教育の理念は，「個々人や組織集団が環境と環境問題の重要性を理解し，環境への問題意識を深め，問題解決のための行動と思考につなげるためのプロセス」といえる(堀，2007)。

　人間活動の影響によって，今日，地球環境は著しく悪化している。これに関して，よく知られている深刻な問題としては，たとえば，地球温暖化や生物多様性の損失などが挙げられよう。いずれの問題についても，その解決のためには，個々人や組織・団体が環境に対する問題意識を高め，環境への配慮や問題解決のための行動をとる必要がある。そのためには，地球環境保全

の重要性や，地球環境保全のために私たちが貢献できることについて，児童・大人にかかわらず，教育することが求められる。すなわち，さまざまな場を通じて，環境教育が必要とされている。

2. ザリガニ類と環境教育

ザリガニ類は，非常になじみ深い身近な生き物である。そのため，ザリガニ類は環境教育の教材として魅力的といえる。

第Ⅳ部第3章の「生理・生態」において詳しく解説されているとおり，わが国では今，在来生態系の保全にも深く関連性のある，ザリガニ類を取り巻く大きな問題がある。ひとつには，ザリガニ類ではわが国唯一の日本固有在来種であるニホンザリガニ *Cambaroides japonicus* が，環境省から絶滅危惧Ⅱ類に指定されるほど激減していることである。もうひとつは，在来生態系に対する影響力が大きい特定外来生物ウチダザリガニ *Pacifastacus leniusculus* の分布域拡大や新たな定着があとを絶たないことである (Kawai et al., 2002)。ニホンザリガニ個体群の絶滅，ウチダザリガニの分布拡大ともに，その根本的な原因は人間活動にある。とりわけウチダザリガニの新たな定着については，原因は人為的な放流にあり (詳細は次項を参照)，本種が在来生態系に与える影響について個々人が正しく理解していれば，あとを絶たない新たな定着は避けられることである。また，ニホンザリガニの個体群絶滅の一因には，人為的な乱獲も挙げられる (詳細は後述する)。環境教育を通じて，絶滅が危惧されるほど激減している本種の現状や，本種の保全の必要性についての市民の理解が深まれば，このような乱獲を防ぐことにつながるかもしれない。

したがって，ニホンザリガニとウチダザリガニを教材とした環境教育は，在来生態系の保全にも直接的につながることになり，さらには身近な自然環境の保全を考えるきっかけにもなる。一般に，ザリガニ類に親しみを感じる人は，児童・大人にかかわらず非常に多く，またザリガニ類を教材とした環境教育は直接手にとって触れる体験型となるため，学習内容が記憶に残りやすく，教育の効果は大きいと考えられる。

絶滅危惧種のニホンザリガニを教材とする環境教育の意義

　ニホンザリガニの生息地は，きわめて良好な自然環境が保たれていることが多い。本種は環境の変化に対して非常に敏感であり，生息環境が少し改変されるだけでも個体数が急減し，さらには個体群の絶滅につながる場合も多い。こうした特性をもつニホンザリガニの生息地において，フィールドワークを通じた環境教育を行うことで，貴重な自然環境を保全する必要性についての理解度が高まると考えられる。また，このような自然環境で絶滅危惧種のニホンザリガニを手にとることで，希少な種としての位置づけやその保全の重要性，人間の活動が身近な生物を絶滅危惧種にしていることなどについて学習できる。

　ニホンザリガニの地域個体群絶滅の一因としては，ウチダザリガニなどの外来種による影響に加えて，人の手による乱獲が挙げられる（中田，2004）。実際，生息地で採集されたニホンザリガニがインターネットのオークションなどを通じて大量に取引されている。このような乱獲を防ぐためには，採集や販売を規制するための法整備が急務であるが，同時に，地道ながらも，ニホンザリガニが絶滅危惧種に選定されるほど激減している現状について多くの市民に知っていただくことも重要となるだろう。その結果，悪質な採集行為に対する市民の監視の目を増やすことにもつながると思われる。このように，ニホンザリガニの保全のうえでも，本種を教材とする環境教育の意義は大きいと考えられる。

特定外来生物のウチダザリガニを教材とする環境教育の意義

　外来生物は，種間競争・捕食・病原菌の伝染などを通じて，在来生物に対して深刻な悪影響を与える。そのため，外来種問題の対策や解決は，身近な自然環境を保全するうえで非常に重要な位置づけとなる。とりわけ特定外来生物については，在来生態系への影響力がとくに大きいため，新たな定着や分布域拡大を防ぐことが重要な課題となる。外来種の定着は，人為的な放流を介する場合が多い。そのため，新たな放流を阻止するためには，外来種の危険性などについての正しい知識の普及啓発は欠かすことができないといえよう。したがって，外来種を通じた環境教育・生物教育の意義はきわめて大

きいと考えられる。

　外来種を通じた環境教育における教材生物として，ウチダザリガニを用いることには，いくつかの利点がある。まず第一の利点として，児童であっても，生きた個体を自ら手にして触れることができる。これは体験となるので，記憶として深く刻み込まれ，学習効果は高いと思われる。特定外来生物のなかで，ウチダザリガニのように生体を直接手にとることができて，それでいて人びとが関心を抱きやすい生物種は数少ないのではなかろうか。たとえばアライグマ *Procyon lotor* などの凶暴な特定外来生物では，生体を手にしながらその生物や外来生物一般について学習することは困難である。特定外来生物に関する一般的知識や，特定外来生物の防除の必要性，あるいは外来種を放流することの危険性などを学習するうえで，対象生物を手にとりながら学習できることは，教育効果の向上にもつながるだろう。この点で，ウチダザリガニは格好の教材といえる(中田ほか，2006)。

図1　北海道然別湖におけるウチダザリガニを通じた環境教育学習の様子(中田和義撮影)。環境省が実施するウチダザリガニの防除に用いる漁具についての説明を聞く児童

またウチダザリガニは，児童であっても自らの手で簡単に捕獲することができるため，環境省によるウチダザリガニの防除に児童が参加することも可能である。詳細は後述するが，北海道のウチダザリガニの定着域では，環境省を中心とする防除に児童も協力し，防除体験を通じて，特定外来生物について学習している(図1)。特定外来生物のうち動物では，攻撃性が強くて危険な種類が多いため，児童が気軽に防除に協力できるものは数少ない。

　以上のように，ウチダザリガニを環境教育の教材として用いることで，外来種に関する効果的な教育が可能になると考えられる。それによって，ウチダザリガニを含む外来種の放流の危険性についての理解が向上し，そのような行為の減少にもつながるであろう。

外来種アメリカザリガニを通じた環境教育

　北海道では温泉水が流入する一部の水域に分布が限られているアメリカザリガニ Procambarus clarkii であるが(中田ほか，2001；Nakata et al., 2005)，本州以南の大半の都府県に住む市民の場合，最もなじみの深いザリガニ類はアメリカザリガニになるだろう。本州以南の本種の分布は，今や，非常に広範囲におよんでいるため(Kawai and Kobayashi, 2005)，それらの地域では幼少時代に野外でアメリカザリガニの採集経験をもつ市民はとても多いはずである。

　アメリカザリガニもウチダザリガニと同様に，在来生態系におよぼす影響が非常に大きい外来種として世界的にも広く認識されている(Holdich, 1999)。わが国では，本外来種は特定外来生物には指定されていないが，環境省の要注意外来生物にリストアップされている。アメリカザリガニは雑食性であり，巣穴を掘る習性が強いため，水田に被害を与えることがよく知られている。また，希少種を含む水生植物に対する捕食の被害も問題となる(たとえばCorreia, 2003；Correia and Anastácio, 2008；Gherardi and Acquistapace, 2007 など)。

　国内では，アメリカザリガニを対象とした釣りや捕獲などを通じて，アメリカザリガニが在来生態系に与える影響や，外来種問題全般について学習の機会を設けるNPOなども多い。このように，ウチダザリガニと同様にアメリカザリガニも，外来種を通じた環境教育の教材として利用できる。

3. 博物館におけるザリガニ類を通じた生物教育

　先述したようにザリガニ類は，環境教育・生物教育・理科教育の教材として魅力的であり，博物館の企画展や学習会において，ザリガニ類が題材として取り扱われる例も多い。ここでは，博物館におけるザリガニ類に関する教育活動の事例を紹介する。

帯広百年記念館の特別企画展

　2001年8月9日〜9月9日にかけて，北海道の帯広百年記念館において，第24回特別企画展「みどりの血管〜水辺のレッドデータたち〜」が開催された(図2)。この企画展では，絶滅が危惧されているニホンザリガニとエゾサンショウウオ *Hynobius retardatus* にスポットをあて，それらの現状や保全の必要性などについての展示が行われた。会場では，両種の生体も展示され，来館者の注目を集めていた。ニホンザリガニ，エゾサンショウウオともに，かつての北海道では広い範囲に生息していた普通種であり，北海道の住民であれば誰もが身近に感じる生き物であるが，企画展開催当時までには，両種ともに希少な生き物として位置づけられるほどに減少していた。そのため来館者は，展示を通じて，かつて身近だった生き物があまりみられなくなってしまったこと，そして，良好な自然環境が，そのような生物が棲めなくなるほど急速に失われている現状を理解できた。

　特別企画展に関連したイベントとして，自然観察会「サンショウウオとザリガニの自然観察会」と，講演会「サンショウウオとザリガニの世界」が開催された。自然観察会では，両種が共存する生息地を訪問し，実際に生息地を目にすることで，現状について理解を深めた。また，参加者自らがニホンザリガニやエゾサンショウウオを採集し，両種の生息場所の詳細について捕獲の経験を通じて学んだ。採集した2種の個体は希少なので持ち帰れないことを説明し，観察後には元の場所に戻した。一方，講演会では，ザリガニ類とサンショウウオ類の専門家からそれぞれ講演があり，参加者は両者の生態や生息地の現状など希少種の保全についての基本となる知見を学ぶことができた。

第1章　環境教育　485

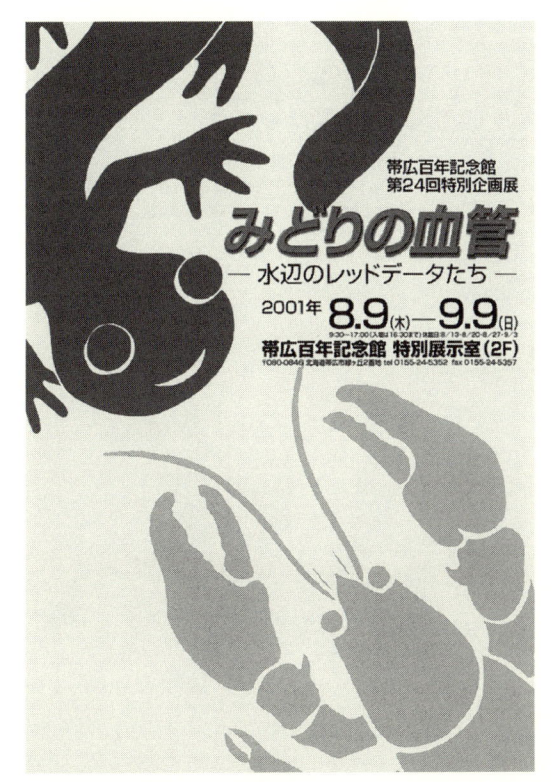

図2 帯広百年記念館第24回特別企画展「みどりの血管〜水辺のレッドデータたち〜」の案内

名古屋市科学館の特別展

　2007年7月21日〜9月2日にかけて，名古屋市科学館で，ザリガニ類をテーマにした特別展「ザリガニワールド」が開催された(図3)。「見て，さわって，遊んで，ザリガニの秘密にせまる」との副題のもと，ザリガニ類の生体展示に加えて，ザリガニ類の基礎的な生物学的情報から外来ザリガニについての市民が直接関係する緊急の問題にいたるまで，幅広い内容による展示となった。なお生体飼育では，ウチダザリガニを含めて，特定外来生物に指定されているザリガニ類の展示も飼養等の許可を受けて行われた(図4)。総入場者数は74,334名に達し(尾坂，2008)，ザリガニ類に関心をもっている

486　第Ⅵ部　教育学

図3　名古屋市科学館特別展「ザリガニワールド」の案内。口絵41参照

図4　名古屋市科学館特別展「ザリガニワールド」におけるウチダザリガニの生体展示（中田和義撮影）。特定外来生物の飼養等の許可を受けて展示された。

市民が非常に多いことを示している。

　特別展に関連したイベントとして，以下の内容が行われた。専門家による講演としてザリガニワールドシンポジウム，児童が親しみやすい内容として子どもザリガニマスコット教室，子どもザリガニクラフト教室，子どもザリガニつり大会，水辺の生きもの観察会が開催された。筆者は，ザリガニワールドシンポジウムに講演者として参加し，北海道におけるウチダザリガニが引き起こす問題について話題提供をした(図5)。おそらく，名古屋市周辺の市民ではニホンザリガニやウチダザリガニを実際に見た経験をもつ人はきわめて少ないと思われ，とりわけウチダザリガニについては，そのようなザリガニ種が国内でみられること自体，知らない市民も多いはずである。シンポジウムには，約160名の親子が集まり，専門家による講演であるにもかかわらず質疑応答では児童からの活発な質問が続いた。やはり，ザリガニ類に興味のある児童は非常に多かった。

　ウチダザリガニは少なくとも短期間であれば30℃程度の高水温に対する耐性をもっていることが明らかとなっており(Nakata et al., 2002)，本州以南

図5　名古屋市科学館特別展「ザリガニワールド」において開催されたザリガニワールドシンポジウムの様子(吉野隆子氏撮影)

においても分布域を拡げる可能性がある．実際，本州においても，すでにいくつかの定着個体群が確認されている（Usioほか，2007）．したがって，道外の博物館におけるこのような学習の機会についても，ウチダザリガニ問題の普及啓発を行い，本外来種の本州での拡散を防ぐうえで重要な位置づけとなるであろう．なおウチダザリガニの生態の詳細は，第Ⅳ部第3章「生理・生態」で詳しく述べられている．

4. 児童と大人による特定外来生物ウチダザリガニに対する認識

なぜ，ウチダザリガニの新たな定着があとを絶たないのであろうか？　ザリガニ類は水域に依存して生活する生物であるため，ある場所に定着したウチダザリガニが自ら陸上を歩いて別な水域に侵入するようなことは基本的に考えられない．したがって，ウチダザリガニの新たな定着は，人為的な放流に原因があると考えることができる．

では，なぜ，ウチダザリガニの放流が続けられるのであろうか？　この疑問を解決するためには，児童から大人までの幅広い年齢を対象として，地域住民がウチダザリガニのことをどのような生物として認識しているのかを明らかにする必要があると筆者は考えていた．北海道足寄高等学校の川内和博教諭（現・北海道池田高等学校教諭）らは，川内教諭が当時顧問をしていた足寄高等学校自然科学研究会に所属する生徒とともに，ウチダザリガニの放流があとを絶たない理由を明らかにすることを目的とし，本種が定着した河川周辺に居住する住民を対象としてアンケート調査を実施した（中田ほか，2006）．このアンケートは，児童（小学校4年生）と大人（20〜70歳代）をそれぞれ調査対象とし，児童や大人がウチダザリガニについてどのように認識しているかを調べたものである．

アンケートでは，ウチダザリガニの写真を示して（ウチダザリガニであることは伏せてある），①写真のザリガニをみたことがあるか，②写真のザリガニの名前がわかるか，③写真のザリガニを捕まえたことがあるか，④写真のザリガニを捕まえたあと，どうしたか，⑤写真のザリガニの飼育が難しくなったり，嫌になったりしたときにはどうしたか，などを質問した．大人を

対象としたアンケートでも，基本的に同様の内容で質問をした。

その結果，児童・大人にかかわらず，多くの調査対象者がウチダザリガニについての正しい知識をもっていないことが浮き彫りとなった(中田ほか，2006)。児童を対象としたアンケートでは，写真のザリガニ(ウチダザリガニ)について，「知らない」と答えた例が9割に達し，「アメリカザリガニ」と答えた例が6%，正解の「ウチダザリガニ」と答えた例はわずか2%にすぎなかった(図6)。また，写真のザリガニを捕まえた経験をもつ児童は，そのうちの約7割が「家に持ち帰って飼った」と答えた。そして，飼育が面倒になった場合の対処については，約4割が「捕まえた川に戻した」，25%が「ほかの川や湖沼に放した」と回答した。すなわち，家に持ち帰り飼育を開始した児童のうち，6割以上がウチダザリガニを再放流していたことになる。また，8%の児童は「ほかの人にあげた」と回答した(図6)。なお，このアンケート調査とは別に，川でウチダザリガニを捕獲していた小学校3年生の児童を対象に行った聞き取り調査では，ウチダザリガニを捕獲していた児童の

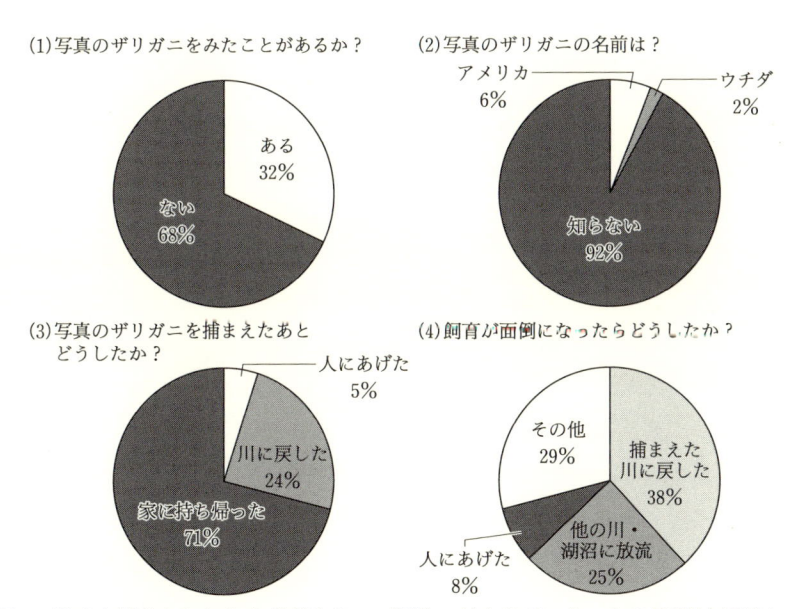

図6 児童を対象としたウチダザリガニの認識に対するアンケートの結果(中田ほか，2006を一部改変)

490　第Ⅵ部　教育学

(1)写真のザリガニの名前は？　　ウチダ 20%／ニホン 29%／アメリカ 51%

(2)写真のザリガニを捕まえたことはあるか？　　ない 27%／ある 73%

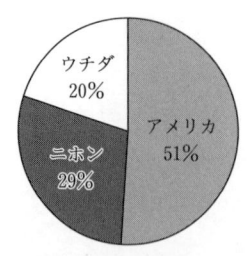

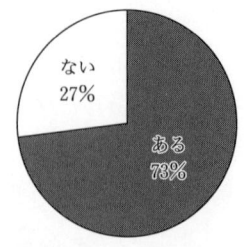

(3)捕まえたザリガニはそのあとどうしたか？　　その他 6%／川に返した 39%／家に持ち帰った 55%

(4)飼育が面倒になったらどうするか？　　その他 11%／川に逃がす 32%／捨てる 5%／死ぬまで飼育 52%

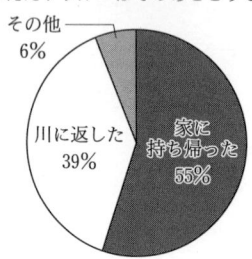

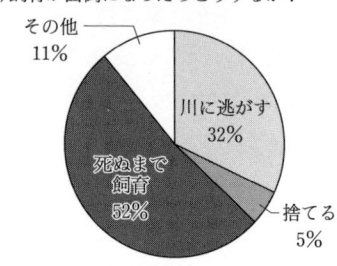

図7　大人を対象としたウチダザリガニの認識に対するアンケートの結果(中田ほか，2006を一部改変)

　全員が，ウチダザリガニをニホンザリガニと誤認していた。また，捕獲個体は自宅に持ち帰り飼育しているとのことであった(詳細は次項参照；中田，2004)。
　次に大人を対象としたアンケートの調査結果を図7に示す。アンケート対象者のうち9割を超える大人が写真のザリガニ(ウチダザリガニ)をみたことがあった。しかし，写真のザリガニの名前については，ほぼ半数の大人が「アメリカザリガニ」，3割が「ニホンザリガニ」と答えた。正解の「ウチダザリガニ」と回答した例は2割にすぎなかった。また，ほぼ7割に相当する大人が，写真のザリガニ(ウチダザリガニ)を捕まえた経験をもっていた。捕獲したウチダザリガニの対処法については，ウチダザリガニを捕まえた経験をもつ大人のうち，半数を超える人が「自宅に持ち帰った」と回答した。そして，4割近くの大人が「川に戻した」と回答した。
　「写真のザリガニ(ウチダザリガニ)を飼育したことがあるか？」との質問に対しては，ほぼ半数の大人が飼育経験をもっていた。また，「写真のザリガニ(ウチダザリガニ)を飼っていて面倒になったらどうするか？」との問い

に対しては，ほぼ半数の大人が「死ぬまで飼う」と回答した一方で，「川に逃がす」と答えた例が3割近く認められた（中田ほか，2006）。なお，ここで紹介した調査を実施した当時は，ウチダザリガニは特定外来生物には指定されていなかったことを特筆しておく。

　以上の結果を整理すると，児童・大人ともに，ウチダザリガニに対する知識が不十分なことが明らかとなった。すなわち，ウチダザリガニのことをニホンザリガニと誤認してしまう例も多く，野外で捕獲したウチダザリガニをニホンザリガニと思って自宅に持ち帰り飼育を開始するケースも多いと思われた。この場合，なんらかの事情で飼育を中止することになると，おそらく「かわいそうだから」との理由によって，ほかの河川や湖沼を含めて野外の水域に放流する例が多いことも判明した。したがって，ウチダザリガニの新たな定着があとを絶たない大きな原因は，児童や大人が，ウチダザリガニについての正しい知識をもち合わせていないがために，飼育個体をなんの罪の意識もなく河川や湖沼に放流してしまうことにあると考えられた（中田ほか，2006）。

　ウチダザリガニは，特定外来生物に指定される以前まで，在来生態系におよぼす影響については一般的にはほとんど認識されていなかった。そのため，本種はペットショップやホームセンターなどで飼育生物として普通に市販されていた。さらには，インターネットによる販売も行われていた。また，本外来種は市街地の河川に定着している例も多い（次項参照）。このため，ウチダザリガニを簡単に採集できる機会は多く，児童・大人ともに，本外来種を自宅で飼育していたケースも多かったのだろう。

　ウチダザリガニは，2006年に特定外来生物に指定されたことで，同年より，主務大臣からの飼養許可なしでは飼育や販売が厳罰つきで禁止されることになった。しかし，中田ほか（2006）のアンケート調査の結果からすると，法律でウチダザリガニの飼育が禁止されても，ウチダザリガニについての正しい知識をもっていない市民が，児童・大人ともに非常に多く，近くの川でニホンザリガニと誤認してウチダザリガニを捕獲して自宅に持ち帰り，特定外来生物とは知らずに飼育を開始する事態も多発していると想像される。なお，このアンケート調査は，ウチダザリガニが生息する河川周辺の市民を対

象に実施したため，本種についての理解は比較的高いと期待されたが，そうではなかった。

これらのことからも，環境教育・生物教育・社会教育を通じて，ウチダザリガニについての正しい知識を早急に普及啓発していく必要性が理解できよう。また，前項で述べたとおり，ウチダザリガニを通じて外来種について学習することによって，児童や大人の，外来種一般についての理解の向上にも貢献できると考えられる。

5. 身近な場所に特定外来生物ウチダザリガニの生息地

前項で述べたことに関連するが，休日にもなると多くの児童や大人が集まる憩いの場となり，また学校教育における野外学習の場ともなる住宅街の公園を流れる河川に，ウチダザリガニが定着している場合がある。図8は，北海道十勝支庁管内音更町の住宅街付近にある公園である。公園には遊具が備えつけられてあり，公園内を小河川が流れていることから，児童にとっては絶好の遊び場となっている。

この小河川には，特定外来生物のウチダザリガニが定着している。ウチダザリガニが特定外来生物に指定される以前に，筆者は，この小河川にザリガニを獲りに来ている児童に遭遇した。児童に採集したザリガニの種類を聞いてみたところ，ニホンザリガニやアメリカザリガニと回答した。ウチダザリガニというザリガニ類の存在を知らないと思われた。また，同じくウチダザリガニが特定外来生物に指定される以前に，筆者は，本種が定着した別の河川にザリガニ獲りに来ていた児童(小学校3年生)のグループに遭遇したことがある。聞き取り調査を実施したところ，全員が，ウチダザリガニをニホンザリガニと誤認して捕獲していることが判明した。また，採集したウチダザリガニは，自宅に持ち帰って飼育する場合が多いことも明らかとなった(中田，2004)。前項で紹介したアンケート調査の結果からも示されたように，ウチダザリガニについての正確な知識をもたないために，ウチダザリガニをニホンザリガニと認識して捕獲し，自宅に持ち帰って飼育を開始するケースが多いと考えられる。

図8 ウチダザリガニが生息する，公園内を流れる小河川(中田和義撮影)

　このような誤認した捕獲が起きる原因としては，児童がウチダザリガニについての正確な知識をもっていないことに加えて，次のような要因が考えられる。それは，ウチダザリガニの小型個体が，形態的に，ニホンザリガニによく似ている点である(図9)。ウチダザリガニは最大で全長15 cm以上にまで成長するのに対して，ニホンザリガニの最大サイズは全長7〜8 cm程度であるので，ウチダザリガニの大型個体であれば，体サイズをひとつの指標として両種を見分けることも可能である。しかしながら，全長7〜8 cm以下のウチダザリガニをニホンザリガニと見分けるためには，全長以外の形態分類学的な知識を必要とする。したがって，ウチダザリガニを教材として環境教育を行う際には，分類学上の知識についても指導することが求められる。
　また，北海道の一部の河川では，外来ザリガニ2種のアメリカザリガニとウチダザリガニが共存していることも確認されている(Nakata et al., 2005)。図10は，北海道十勝支庁管内音更町を流れる小河川(第2鈴蘭川)であるが，

図9 公園内を流れる小河川で捕獲されたウチダザリガニの小型個体(中田和義撮影)。口絵42参照

　アメリカザリガニとウチダザリガニが定着して共存し，両外来種ともに再生産していることが確認された(Nakata et al., 2005)。本小河川には温泉水が流入しており，高水温性のために北海道では定着水域が限られているアメリカザリガニが越冬可能であり定着している。その一方で，基本的に冷水性でありながらも，少なくとも短期間であれば水温30℃程度まで耐えられるウチダザリガニ(Nakata et al., 2002)も同所的に定着している(詳細は第IV部第3章「生理・生態」の「3. 北海道における外来ザリガニ2種の共存例」を参照)。この河川は，地域住民が集まる公園の周辺を流れており，遊び場としての整備が進んでいる場所もある。
　このような場所では，赤色のアメリカザリガニが獲れれば，児童・大人にかかわらず，採集者は「生息しているザリガニはすべてアメリカザリガニ」との先入観をもつはずであり，ウチダザリガニが捕獲され持ち帰られる可能性もあるだろう。そのような捕獲と飼育が，別な河川や湖沼へのウチダザリガニの再放流・新たな定着へとつながるのである。もちろん，アメリカザリ

図10 北海道十勝支庁管内音更町内を流れる小河川，第2鈴蘭川（堤公宏氏撮影）。外来ザリガニ類のウチダザリガニとアメリカザリガニの2種が同一河川において共存している。

ガニについても，ウチダザリガニと同様に在来生態系に悪影響をおよぼす可能性が高いので，新たに放流することは大きな問題であるのはいうまでもない。あるいは，ニホンザリガニのつもりで，アメリカザリガニの未成体（体色は茶色）やウチダザリガニを捕獲するケースも生じると考えられる。そのような誤認捕獲が生じる可能性が高いことは，筆者らによるアンケート調査の結果からも強く示唆されている（中田ほか，2006）。したがって，先述したとおり，外来ザリガニ類が在来生態系におよぼす影響に加えて，ザリガニ類の分類学的な知識（外来ザリガニ2種とニホンザリガニの見分け方など）を早急に普及していく必要がある。

ここで紹介したようなウチダザリガニが分布する小河川は，公園内にあることで，事故などの危険性が低くアクセスもしやすいため，逆に考えれば，環境教育のフィールドとして有効に活用できると考えられる。本来は，定着

したウチダザリガニの個体群を完全に駆除することが望まれるのだが，ウチダザリガニの繁殖力は非常に高く(Nakata et al., 2004)，定着後の分布拡大速度もきわめて速いため(Kawai et al., 2002；中田ほか，2002)，一度定着し急増してしまったウチダザリガニの個体群を完全に駆除することは基本的には不可能なのが実状である(詳細は第Ⅳ部第3章「生理・生態」を参照)。このため，発想を転換して，ウチダザリガニの定着地を環境教育のフィールドとして活用することで普及啓発をはかることも重要になると考える。また，児童によるウチダザリガニの捕獲やその後の飼育を防ぐためには，看板などを設置し，捕獲してはいけない特定外来生物のウチダザリガニが生息していることについて児童でもわかるように示していく必要があるだろう。この場合，学校教育において外来ザリガニ問題について指導していくことも重要である。さらには，新聞などのマスコミを通じて，ウチダザリガニの定着場所の情報を市民に提供していくことも高い普及効果が期待できよう。

6. ザリガニ類を通じた環境教育の実際と効果

ここでは，ザリガニ類を通じた環境教育の例として，北海道の然別湖をフィールドとした取り組みとその効果を紹介する。

ザリガニ類を通じた環境教育の取り組み例

北海道の然別湖では，ウチダザリガニが特定外来生物に指定された2006年より，環境省，鹿追町，株式会社北海道ネイチャーセンターが中心となり，ウチダザリガニの防除を実施している。このなかでは，ウチダザリガニの問題や外来種が在来生態系に与える影響などに加えて，然別湖の生態系保全の重要性について，本外来種の防除体験を通じて児童が学習できる機会を提供している。これまでに，学校の野外学習会やNPOのフィールドワークなどによって，ウチダザリガニの防除体験を通じた環境教育が行われている。以下に，その概要を紹介する。

然別湖におけるウチダザリガニを教材とした環境教育ではまず，資料を用いて，ウチダザリガニの問題について児童に指導する。2007年には，環境

図 11　環境省から発行されたウチダザリガニに関するパンフレット(中田ほか，2007 より)。口絵 43 参照

　教育における資料用に，環境省から「ウチダザリガニパンフレット」(図11)が発行された(中田ほか，2007)。このパンフレットでは，ウチダザリガニが在来生態系におよぼす影響や，外来ザリガニ 2 種(ウチダザリガニとアメリカザリガニ)とニホンザリガニの見分け方に加えて，実際に児童に協力してもらう防除の方法などについて，詳しくまとめられている。2007 年からは，このパンフレットを児童に配布して指導することが可能となり，現場での指導の効率性が高まったうえに，児童の理解力向上にもつながっている。資料を用いた指導に加えて，前項で述べたウチダザリガニとニホンザリガニの誤認捕獲を防止するため，ニホンザリガニと外来ザリガニの生体や標本を児童に見せて，在来種と外来種の形態的な特徴を教える。ほとんどの児童が，ニホンザリガニやウチダザリガニの生体に対して強い関心を示す。
　環境省による然別湖におけるウチダザリガニの防除では，ウチダザリガニを捕獲してから，防除効果の検証などを目的とし，捕獲した個体について，

種の確認・体サイズ計測・雌雄の確認・抱卵の有無などを個体別に観察記録している。資料を用いた指導を終えてからは，これらの作業を実際に児童に体験させ，自らウチダザリガニを手にとり学習できるようにしている(図12，13)。なかには，最初はウチダザリガニに触れることができない児童もみられるが，作業の後半にもなると，大半の児童がザリガニに触れられるようになる。

　防除個体については，外来生物法に則して殺処分する必要がある。ウチダザリガニの場合は，通常，ゆであげることで殺処分する。なお，ウチダザリガニは国外では高級食材になるほど美味である。そこでウチダザリガニの防除体験を通じた環境教育では，最後に，児童にウチダザリガニを試食させる(図14)。特定外来生物とはいえ，児童の前でウチダザリガニを殺処分することについては，賛否両論があるだろう。今後の研究において，児童の発達段階に応じた教育方法を検討していく必要があると思われる。しかし，ウチダ

図12　北海道の然別湖でのウチダザリガニの防除体験を通じた環境教育学習において，環境省によって防除されたウチダザリガニを観察する児童(中田和義撮影)

図 13 防除されたウチダザリガニの計測を行う児童(中田和義撮影)

　ザリガニがニホンザリガニの生息地に侵入すると，ウチダザリガニがニホンザリガニを積極的に捕食するためにニホンザリガニの個体群が絶滅してしまう危険性があることや，ウチダザリガニを駆除しなくてはいけない発端をつくったのが人間であり，安易な放流は，罪がない生き物を殺処分しなくてはいけなくなるほどの責任の重い行為であることを理解させるうえで，ゆであげた(殺処分した)ウチダザリガニを児童に試食させることは無駄な殺生にはならないため，意義があると筆者は考えている。
　ウチダザリガニを通じた環境教育の取り組み例として，NPO が然別湖をフィールドとして行った事例を紹介しよう。北海道帯広市を拠点としてさまざまな活動を展開している「NPO 法人コミュニティシンクタンクあうるず」(http://www.netbeet.ne.jp/~owls/)は，2006 年 10 月 21 日(土)に，然別湖で「あうるず自然学校　ザリガニ捕獲大作戦バスツアー」を実施した(図 15)。このイベントは，環境省の協力のもと，ウチダザリガニの防除を参加

図 14 ゆであがった(殺処分した)ウチダザリガニの防除個体を試食する児童(中田和義撮影)。口絵 44 参照

した親子に体験してもらうという企画であった。然別湖畔にある観光ホテル「ホテル福原」の協力もあり，参加者は防除体験後にホテルのレストラン内で食事をとり，温泉に入浴することができた。イベントでは 20 名の参加を募集したところ，すぐに定員に達し，帯広市民を中心とする親子が参加した。講師として，筆者と川井唯史博士が参加した。

集合した帯広駅から然別湖へのバスのなかでは，ウチダザリガニについての簡単なレクチャーを行い，ザリガニ類に関する予備的な知識を習得した。

然別湖に到着後，ニホンザリガニとウチダザリガニの生体を示しながら，資料を用いて，ウチダザリガニの生態やウチダザリガニとニホンザリガニの見分け方を指導し，また，ウチダザリガニ防除の必要性について児童が理解できるように，本種が在来生物におよぼす影響などを講師が説明した(図16)。

一連の説明が終わってから，イベント参加者は，環境省が前日に設置していたウチダザリガニの捕獲用漁具を回収する作業を見学した。その後，講師

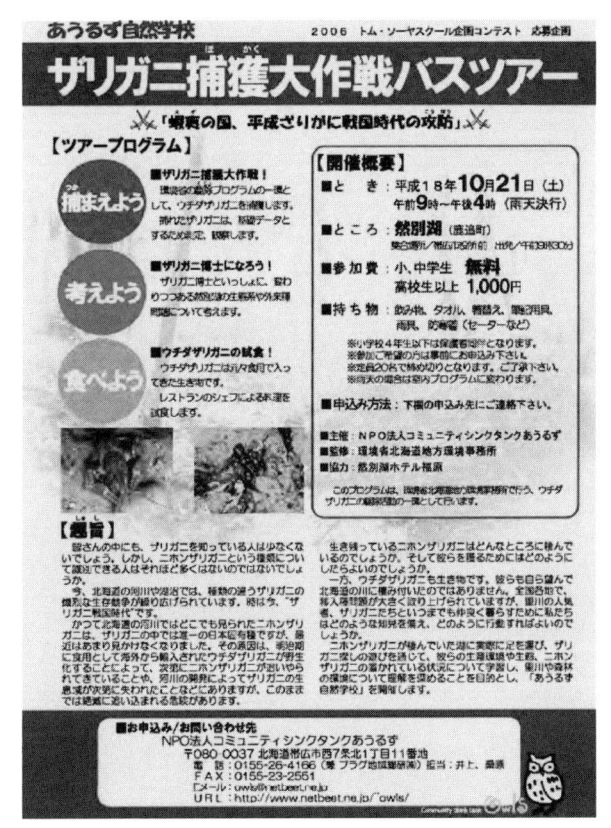

図15 「NPO法人コミュニティシンクタンクあうるず」によるザリガニ捕獲大作戦バスツアーの案内

による指導のもと，捕獲個体の情報(体サイズ・雌雄・抱卵の有無など)を個体別に観察記録していき，体サイズ測定では，参加者全員がウチダザリガニの全長と頭胸甲長をノギスで計測する作業を経験した。

その後，ホテルで昼食をとった。その際には，殺処分した防除個体をあうるずのメンバーが調理し，その試食も行われた。また，環境や生物についての「環境紙芝居」(図17)も観賞し，児童は釘づけになっていた。昼食後は，ホテルの一室でまとめの会を開き，当日の防除個体数の発表や，環境省の自然保護官による外来生物問題に関するレクチャーがあった。まとめの会の終

図16 生体と模型をみながらウチダザリガニについて学習する児童(NPO法人コミュニティシンクタンクあうるず提供)。口絵45参照

了後,参加者は温泉に入浴してから,再びバスで帯広駅まで移動した。

以上のように,環境教育に加えて,参加者がより満足できるようなレクリエーションの要素も含めた非常に盛りだくさんの内容のイベントで,参加者からは好評を博すことができた。

このほかの関連する取り組みとして,旅行会社によるウチダザリガニ捕獲ツアーについても紹介しておく。日本旅行北海道は2006年,夏休みの環境教育を目的としたツアーとして,「然別湖ウチダザリガニ捕獲ツアー」を企画した。このツアーは,然別湖でウチダザリガニの防除を実施している株式会社北海道ネイチャーセンターの協力のもと,2006年夏に初めて実施された。特定外来生物の防除への協力を旅行行程に含めた旅行会社によるツアーは,おそらく,本例が初めての試みではなかろうか。

このツアーは,札幌方面の人々を対象としたものであり,札幌から観光バ

図17 環境紙芝居に熱中する児童(NPO法人コミュニティシンクタンクあうるず提供)。紙芝居の実施者は平田昌克氏

スで然別湖まで移動し，参加者は湖畔にある観光ホテルに一泊する。そして，然別湖滞在中に，参加者が実際にウチダザリガニの捕獲を体験し，本種の生態や環境保全の重要性について学ぶ内容となっている。

　2006年8月8日の十勝毎日新聞の記事によると，2006年8月5日の「然別湖ウチダザリガニ捕獲ツアー」には，家族連れなど21人が参加した。然別湖ネイチャーセンターのスタッフから，ウチダザリガニの生態や，本種による在来生物への影響についての説明を受けたあと，ウチダザリガニの捕獲防除を実際に体験した。その後，捕獲されたウチダザリガニの雌雄の判別や体サイズの計測を，参加者自ら経験した。参加者は，「普通の旅行ではできない体験」「こんなに外来種が繁殖しているとは思わなかった」との感想を述べていたという(成田, 2006)。また参加者は，外来生物法に従って殺処分された(ゆであげられた)防除個体を試食した。これら一連の体験を通じて，外来生物の問題や，ウチダザリガニが在来生態系におよぼす影響などについて学習し，ウチダザリガニを含む外来生物の安易な放流がいかに無責任な行

為なのかについて理解していたようである。

　ここで紹介した日本旅行北海道による「然別湖ウチダザリガニ捕獲ツアー」は，残念ながら現在は行われていないようであるが(2009年10月現在)，こうした，特定外来生物の防除体験ツアーを通じた環境教育も，毒などをもたず人間に対する危険性が低く，そして多くの人が興味関心を抱きやすいウチダザリガニだからこそ可能なのだろう。このような環境教育ツアーも，ウチダザリガニ問題について普及していくうえでの意義が大きいと考えられる。今後も，ウチダザリガニの防除に関する新たな環境教育ツアーが誕生することが期待される。

ザリガニ類を通じた環境教育の効果

　先に紹介した，NPO法人コミュニティシンクタンクあうるずによる「ザリガニ捕獲大作戦バスツアー」では，イベントの前後に，参加者に対してウチダザリガニに対する認識についてのアンケート調査を実施した。その結果，各年齢層において，イベントに参加したことで，ウチダザリガニに対する理解が明らかに高まっていた。とくに，在来ザリガニと外来ザリガニの見分け方などについての理解の向上が顕著に認められた。こうした環境教育のイベントでは，口頭による説明を聞くだけではなく，参加者は自らの手で実際にザリガニに触れて，自分の目で見て，そして自ら食べて学ぶことができるため，ウチダザリガニについてより深く理解できると思われる。

　最後に，中学校の野外学習として実施した，ウチダザリガニの防除体験を通じた環境教育の効果について紹介する。然別湖の周辺に位置するA中学校では，あうるずによるウチダザリガニを教材とした環境教育イベントと同様に，環境省によるウチダザリガニの防除への協力を通じて，ウチダザリガニの問題について学習した。筆者もこの野外学習会に講師として参加した。そして，ウチダザリガニに対する中学生の認識と，防除体験を通じた環境教育の効果を明らかにするため，野外学習会の前後に，アンケート調査を実施した。

　その結果，野外学習の前に実施した調査では，ウチダザリガニのことをニホンザリガニやアメリカザリガニと誤認する例が多かったが，野外学習後の

調査では，そのような誤りはほとんどなくなった。また，野外学習終了後の感想として，たとえば，次のようなものがあった。「外来種のウチダザリガニについてよくわかったし，ザリガニに触れられるようになってよかった。これからは，自分のできることで外来種を増やさないようにしたいです。(中3)」「外来種をもしペットで飼ったとき，最後まで責任をもって飼いたい。そして，飼っている人に今回学んだことを伝えたいと思う。(中3)」。このように，ウチダザリガニを通じた環境教育によって，本種の問題についてだけでなく，外来種全体に対して意識が高まることが示された。以上のように，実際に手にすることができ，多くの児童・生徒が魅力を感じると考えられるザリガニ類は，環境教育の教材としてきわめて有効である。

7. 特定外来生物ウチダザリガニの継続的な防除を実現するうえでの環境教育の役割

　北海道におけるウチダザリガニの新たな定着は，とどまるところを知らないかのように，次々と報告され続けている。2007年現在で，北海道だけでも少なくとも27の定着個体群が確認されている(Usioら, 2007)。その後も2009年現在までに，新たな定着個体群が北海道内外で確認され続けている。また，ウチダザリガニの定着後は，そこを核として分布域が急速に拡大していくことが大きな特徴として挙げられる(Kawai et al., 2002；中田ほか, 2002；詳細は第Ⅳ部第3章「生理・生態」を参照)。

　2006年にウチダザリガニが特定外来生物に指定されて以来，環境省が中心となり本外来種の防除を実施しているが，いったん個体群密度が増大してしまった定着個体群の場合(たとえば然別湖や洞爺湖などの個体群)，防除を実施しても，ウチダザリガニの圧倒的な繁殖力の高さ(Nakata et al., 2004)による増殖速度が防除による捕獲圧を上回ってしまうのが現状である。とはいっても，防除を実施しないことには個体群密度がますます増大し，分布域も急速に拡大していくことになる。

　いったん急激に増えてしまったウチダザリガニの定着個体群を完全に駆除することは，現実問題として不可能である。世界的にも，定着して増えた外

来ザリガニ個体群の完全駆除に成功した事例はほとんどない(Usioほか, 2007)。したがって，個体群密度が増大した定着地における現実的なウチダザリガニの対策としては，定着先での分布域拡大を可能な限り防ぐことと，その場所に由来する個体が別な水域に放流されることがないように，啓発に力を入れることとなるだろう。定着地における分布域拡大や個体群密度の急増を抑制するためには，継続的な防除が必要不可欠となる。

しかしながら，一般に外来種の防除には多大な費用が必要となる(Manchester and Bullock, 2000；Pimentel et al., 2005)。そして，多くのマンパワーをも必要とする。このような背景があり，北海道では，確認されているウチダザリガニの定着地の一部でしか防除が実施されていないのが現状である。限られた予算を頼っていては，防除は進まない。また，現在は防除のための予算がついているウチダザリガニの定着地についても，今後，永久的に防除予算を確保できるという保証は全くないだろう。

では，できるだけ多くのウチダザリガニの定着地において，継続的な防除を進めていくための有効な方法はあるのだろうか？　それには，筆者は，可能なかぎり多くの地域住民にウチダザリガニの問題について理解・認識していただき，そして地元の貴重な自然環境の保全の必要性に対する高い意識をもっていただいて，多くの地域住民が防除に気軽にかつ真剣に参加できる環境づくりが重要と考えている。実際，然別湖や洞爺湖などで実施しているウチダザリガニの防除においても，地域住民を中心とする多くのボランティアが防除に協力していて，非常に大きなマンパワーとなっている。また，然別湖や洞爺湖では，ボランティアダイバーによる潜水防除も行われていて，多大な成果を挙げている(図18)。洞爺湖での駆除の状況は第Ⅴ部第1章「国内の保全」でも紹介されている。

ウチダザリガニが湖岸全域に分布する釧路市の春採湖では，釧路市などが「春採湖ウチダザリガニ捕獲事業推進委員会」(座長：蛭田眞一北海道教育大学教授)を立ち上げて，ウチダザリガニの防除を継続的に進めている。この取り組みでは，2008年度から市民にも防除への参加を呼びかけた。その結果，児童から大人まで述べ132人が防除に参加したとのことである(島田, 2008)。先にも述べたとおり，このようなボランティアの協力は，防除を進

図18　然別湖におけるウチダザリガニ防除に参加したボランティアのダイバー（中田和義撮影）

めるうえでの非常に大きな援助となる。

　年齢にかかわらず，多くの地域住民に防除に協力していただくためには，先述したとおり，ウチダザリガニ問題について理解していただき，「地元の自然環境は自らの手で保全していこう」との思いを多くの方々に抱いていただく必要があるだろう。そのような意識を広く形成するには，筆者は，環境教育や社会教育が果たす役割がきわめて重要になると考えている。ウチダザリガニを対象とした環境教育・社会教育を通じて地域住民による外来種問題や環境保全への意識が高まり，その結果として，地域住民の手を中心として特定外来生物の防除を進めていけるような体制ができていくことが期待される。そのような体制づくりが，限られた予算のなかでの継続的な防除の実現に少なからずつながるだろう。

[引用文献]

Correia, A. M. 2003. Food choice by the introduced crayfish *Procambarus clarkii*. Ann. Zool. Fennici, 40: 517-528.

Correia, A. M. and Anastácio, P. M. 2008. Shifts in aquatic macroinvertebrate biodiversity associated with the presence and size of an alien crayfish. Ecol. Res., 23: 729-734.

Gherardi, F. and Acquistapace, P. 2007. Invasive crayfish in Europe: the impact of *Procambarus clarkii* on the littoral community of a Mediterranean lake. Freshwater Biol., 52: 1249-1259.

Holdich, D. M. 1999. The negative effects of established crayfish introductions. In "Crayfish in Europe as Alien Species" (eds. Gherardi, F. and D. M. Holdich), pp. 31-47. A. A. Balkema, Rotterdam.

堀雅広. 2007. 環境教育の理念と歴史. 環境教育—基礎と実践(横浜国立大学教育人間科学部環境教育研究会編), pp. 2-6. 共立出版.

Kawai, T., Nakata, K. and Hamano, T. 2002. Temporal changes of the density for two crayfish species, the native *Cambaroides japonicus* (De Haan) and the alien *Pacifastacus leniusculus* (Dana), in natural habitats of Hokkaido, Japan. Freshwater Crayfish, 13: 198-206.

Kawai, T. and Kobayashi, Y. 2005. Origin and current distribution of the alien crayfish, *Procambarus clarkii* (Girard, 1852) in Japan. Crustaceana, 78: 1143-1149.

Manchester, S. J. and Bullock, J. M. 2000. The impacts of non-native species on UK biodiversity and the effectiveness of control. J. Appl. Ecol., 37: 845-864.

中田和義. 2004. ザリガニ種の変遷は自然の変化を物語る—減るザリガニ, 増えるザリガニ. Oshimanography, 11：9-17.

中田和義・浜野龍夫・川井唯史・平田昌克・音更川グラウンドワーク研究会・高倉裕一・鏡坦・堤公宏. 2001. 北海道十勝地方におけるザリガニ類の分布および個体数密度の経年変化. 帯広百年記念館紀要, 19：79-88.

中田和義・川井唯史・大塚英治・蛭田眞一・田中邦明. 2007. みんなで知ろう！ウチダザリガニ(ウチダザリガニの生態と駆除). 環境省ウチダザリガニパンフレット. 28 pp. 環境省北海道地方環境事務所.

中田和義・川内和博・木川田敏晴・山﨑広平・田中邦明. 2006. 外来種ウチダザリガニに対する児童と大人の認識. 生物教育, 46：174-183.

Nakata, K., Tanaka, A. and Goshima, S. 2004. Reproduction of the alien crayfish species *Pacifastacus leniusculus* in Lake Shikaribetsu, Hokkaido, Japan. J. Crust. Biol., 24: 496-501.

中田和義・田中全・浜野龍夫・川井唯史. 2002. 北海道然別湖におけるウチダザリガニの分布. 上士幌町ひがし大雪博物館研究報告, 24：27-34.

Nakata, K., Tsutsumi, K., Kawai, T. and Goshima, S. 2005. Coexistence of two North American invasive crayfish species, *Pacifastacus leniusculus* (Dana, 1852) and *Procambarus clarkii* (Girard, 1852) in Japan. Crustaceana, 78: 1389-1394.

成田融. 2006. ウチダザリガニ捕獲を体験, 日本旅行北海道　然別湖でツアー. 十勝毎日新聞, 2006年8月6日.

尾坂知江子. 2008. 特別展「ザリガニワールド」開催報告. 名古屋市科学館紀要, 34：39-46.

Pimentel, D., Zuniga, R. and Morrison, D. 2005. Update on the environmental and economic costs associated with alien-invasive species in the United States. Ecol. Econ., 52: 273-288.

島田季一. 2008. ウチダザリガニ 1490 匹捕獲 釧路・春採湖 過去最高に. 北海道新聞, 2008 年 9 月 22 日.

Usio, N.・中田和義・川井唯史・北野聡. 2007. 特定外来生物シグナルザリガニ (*Pacifastacus leniusculus*) の分布状況と防除の現状. 陸水学雑誌, 68：471-482.

理科教育

第2章

後藤太一郎

要　旨

　幼稚園での情操教育，小学校低学年での生活科，同中学年や高学年における理科教育における教材としてアメリカザリガニの具体的な利用方法や特性を紹介した。本種は採集が楽しく，飼育も容易なため成長や繁殖が水槽内で観察できる。そして飼育上の留意点，観察や実験の視点，理科教育を実施する上で役立つ生物学的知見を整理した。特に新規性が高く，理科教育上の価値が高い白色のアメリカザリガニについて述べ，教育の材料としての特色を紹介した。最後に教材生物としての価値を改めて評価し，取り扱い上の注意点も補足した。

1. はじめに

　アメリカザリガニ *Procambarus clarkii* は日本各地に生息し，入手や飼育が容易であることから，幼稚園や小学校における代表的な飼育動物になっている(福田, 1992)。しかし小学校の生活科における「生物を育てよう」という単元や自由研究以外では，教科の教材として使われることは少なく，飼育体験に止まっている。小学校理科B区分(生命・地球)では第5学年で「動物の発生や成長についての考えをもつことができるようにする」，第6学年で「人及び他の動物の体のつくりと働きについての考えをもつことができるようにする」が目標として掲げられている。また中学校理科においては「動物などについての観察，実験を通して，動物の体のつくりと働きを理解させ，動物の生活と種類についての認識を深める」という目標がみられる。アメリカザリガニはこれらの目標に適した特性をもつと同時に，子どもに人気があり，教室内での飼育が容易であるという点ですぐれた教材生物だと考えられ

る(福田 1992)。

　ここでは主に小学校理科の学習のなかで，教室内でアメリカザリガニを活用するポイントについて取り上げる。特にアメリカザリガニを飼育する上でおさえておくべき基本事項としての採集と飼育，「動物の誕生」および「動物の体のつくりとはたらき」の単元におけるアメリカザリガニの利用方法を紹介したい。そして，このことを通じて，私たちの身近な食材である甲殻類に関する知識を得るための教材生物としての価値を評価したい。またアメリカザリガニの体各部の名称に関しては，本文中で簡単な解説を加えたが，詳しくは第II部第2章「組織学」を参照していただきたい。

2. 採　　集

　アメリカザリガニは「大変汚い水の指標生物」として挙げられていることからもわかるように，かなり汚濁した河川にも生息する，生命力の強い生物である(Anastacio et al., 1995)。しかし最近では都会を中心に生息地が減少している(須甲，1989)。そのため，自然があまり残されていない都会ではアメリカザリガニの個体を入手するには市販品を買うのが最も簡単な方法となる。しかし生物の採集は，生息環境の理解や生物学的特性の理解につながり，その理科教育上の効果ははかり知れない。

　元山形大学教授の中谷勇氏は，山形県におけるアメリカザリガニの採集に関して以下の情報を提供している(中谷・村田，1990)。

　　「比較的小型の個体は水辺の浅瀬をタモ網ですくうことで採集し，大型の成体は池などで釣ることになる。釣り竿は長さ1mほどで，縫い糸，タモ網が必要で，餌としてはブタのレバーが勧められている。なおウシのレバーは餌としては柔らかすぎる。釣り方は，アメリカザリガニが餌を食べ始めたら水面近くまで引き寄せ，これをタモ網で静かにすくい上げる。網による採集は時間による影響を受けないが，釣りは天候や時間帯による影響が大きい。日没前や曇天の日中が釣りやすく，アメリカザリガニ釣りの条件としては暗くなることがあるようだ」。

　坂本(2000)は，巣穴の中で越冬している個体をつかみ出す方法も紹介して

いる。採集は保護者の同行が好ましく，軍手や長靴の着用などの注意事項も示されている。そしてハサミをもち上げるので攻撃的に見えるアメリカザリガニを子どもが恐れないように，「つかみ方」の解説も加えられている。具体的には頭胸甲部の背面から親指と人差し指で頭胸甲（または背甲とも呼ばれる。口絵10参照）の両側部をつまむようにすると，ハサミを振り上げても手をはさまれることがないので安全となる。

3. 飼　育

大きさの測定

　アメリカザリガニの飼育方法については多くの教材生物の図書に詳しいが（たとえば内山・佐名川, 2007），水をきれいに保つこと，ほかの生物と混生させず，飼育水槽を小分けしてアメリカザリガニ1個体を各仕切りのなかに個別に収容したり，小さな容器に本種を1尾だけ収容すること，そして脱走を防ぐことが基本といえるだろう。アメリカザリガニを入手したら，まず体長を測定し，雌雄の区別をすることが，成長の様子や雌雄の違いに関心をもつきっかけとなる。なお，成長の把握は正確な体長の測定が基礎となり，小学校では安価で使いやすい定規を利用しての測定が一般的になるが，可能であればノギスの利用が望ましい。生きた個体を測定する場合，筆者の経験上，頭胸甲部の長さを測定するのが最も容易である。全長を測定しようとすると，アメリカザリガニが動きまわり，正確に測定できない。また頭胸甲部なら前述の安全なアメリカザリガニのつかみ方をしたまま，比較的容易に測定が終了する。体長の小さい個体のほうが脱皮間隔は短いので，できるだけ小さい個体を選ぶことで，短期間の飼育でも成長がわかりやすくなる。

飼育容器

　飼育管理の方法を以下に示す。中谷・村田(1990)は，学校教育ならば児童が毎日世話をすることは，その生物への理解が深まり，教育上の効果が高いことを主張している。飼育の方法には何通りかあるが，小中学校ならば，通常は数個体の少数飼育になると思われる。そこで，その場合の飼育方法の紹

介を進める。飼育容器は観察が容易なように上面と正面が透明なものがよく，側面や背面はコケに覆われていても問題ない。水量は飼育個体の頭胸甲が隠れて，体高の最上部より，やや上が水面になるようにする。

飼育水は水道水なら塩素を抜く必要はない。エサは市販の人工飼料が好ましい。イトミミズは嗜好性の高いエサであるが，現状では入手が難しい地域も多い。またお勧めする人工飼料としては，すぐに沈み，堅くて水に溶けにくい粒状を呈するエサである。その他に水草は良いエサとなる。好きな時に食べ，食べ残しても水が濁ることはない。また特別な場合を除き，通気は不要である。水槽には直径数ミリから数センチの砂利を入れ，隠れ家を与えるのが望ましい。隠れ家の数は1個体当たりひとつ以上が必要で，体長よりやや長いパイプ等が好ましい。与える餌の量と水替えの頻度や量は，水温，飼育個体の大きさ，生理状態により大きく異なる。原則的には日ごろの飼育観察の結果に根拠を置き，飼育個体の餌の食べ方や水の汚れ方をみながら量を微調整することになる。餌は毎日与え，その日のうちに食べきる程度とする，または餌を与えた当日中に残った餌を取り除くようにして，水が濁って悪臭がしないように保つことが一般的と思われる。飼育環境のバランスがとれていれば数十日以上は水替えが不要となる。

脱皮の観察

子どもの興味を引くイベントとして脱皮がある。アメリカザリガニや昆虫類が節足動物であり，これが脱皮により成長することは広く知られているが，その脱皮行為を目撃すると，あらためて子どもの興味を引くことが多い。ニホンザリガニでは脱皮の兆候は体の軟化であらかじめ予想することができる。頭胸甲部の両側を軽く（生の鶏卵をつかむ程度）人差し指と親指で摘まみ，甲が容易にへこむようなら脱皮が近い（川井, 1992）。しかしアメリカザリガニでは，この傾向は顕著ではないため，脱皮時期を予想するのは難しい。一つの手法としては，日頃の観察で食欲の低下に注目すれば，ある程度は脱皮時期が予想できる。これは脱皮にともない胃のなかに数ミリの結石（胃石）が形成され，圧迫されることは食欲が低下する要因の一つと思われる。さらに脱皮が近づくと，その個体は極端に食欲が低下し，さらに頭胸甲部と腹部が離

れてくるので容易に脱皮直前であることがわかる(須甲, 1982)。しかし, 筆者の経験上, 脱皮を予想するのは難しく, 実際には夜には脱皮が観察できなかったものが, 翌朝観察してみると脱皮していた例などが少なからず観察されることから, 朝方は脱皮のピークのひとつになっているのかもしれない。ただし, これらは厳密に実験したデータにもとづくものではなく, 筆者の経験によるものであるため言及するには, 今後の慎重な検討が必要となる。

　また脱皮にともない, 極めて発生しやすいのが, 長大なハサミ(第1歩脚, 鉗脚)の部分が殻から抜けられず, いつまでも脱皮殻から離れられず, 結果として死亡する例である。この傾向は大きな, しかも第1歩脚がメスよりも大きいオスで顕著にみられる。

繁　殖

　繁殖を観察する場合は, オスなら全長が8 cmほど, メスなら全長7〜11 cmが適している(Huner, 2002)。これ以上の大きさの個体では繁殖に失敗することも多くなる(坂本, 2000)。Suko(1958b)は埼玉県におけるアメリカザリガニ個体群を, 毎月の野外採集で観察した結果, 卵を抱いたメスの出現頻度のピークは春と秋にみられた。秋のほうが頻度は比較的高い。そのため年間の産卵回数は最大でも2回と考えられる。ただし, この観察例は埼玉県で観察されたものであり, 卵を抱いたメスの出現のピークは必ずしも秋に高くないので, 地域による変異が存在する可能性がある。

　ただし, 筆者による経験上, 成熟サイズに達した個体であっても産卵を行わないメスも意外と多く出現する。そのため, 繁殖のためには, 成熟サイズのものよりも, 高い確率で繁殖が見込めるメスの確保が合理的である。そのためにはセメント腺(図1:コラム参照)に注目することである。これが発達しているメスであれば, オスと一緒にしてやることで交尾(交接)が行われやすく, 繁殖の可能性も高い。交尾してから産卵するまでの期間はメスの卵巣の発達状況により左右されるが, これが充分に発達していれば数日後に産卵は始まり, 未発達なメスでは産卵までに1か月程度を要する。繁殖に成功すると数百個体の稚エビが1度に得られることとなる。学校で飼育する場合, 孵化した大量の稚エビをどのように育てるかは, 教師の考え方による。そのま

516　第Ⅵ部　教育学

図1　尾扇肢に発達したセメント腺(矢印の白い部分)(後藤太一郎撮影)

ま親子で飼うか，または個別飼育して生徒1人ひとりに世話をさせる方法もあるだろう。

　しかし児童1人ひとりにアメリカザリガニを供与する際には，重要な留意点がある。不要になったからといって野外に放してはならないことは動物飼育を行う基本であることの徹底である。とくにアメリカザリガニは在来の生態系に対して深刻な悪影響を与えている事実が世界各地で報告されている(Anastacio et al., 2005；Cruz and Rebelo, 2007；Genovesi, 2005；Lodge et al., 1994)。一度生態系で定着した外来種を駆除するのは莫大な費用と時間を要するし(Hein et al., 2007；Manchester and Bullock, 2000；McCarthy et al., 2006)，しかも完全な駆除はきわめて難しい(Pimentel et al., 2005)。そのため子どもがアメリカザリガニを野外に放流しないための教育・管理も充分に行う必要がある。外来種を河川に放流することの問題点は，第Ⅵ部第1章「環境教育」でも述べられている。

コラム5　アメリカザリガニの繁殖

川井唯史

　本種の繁殖はセメントグランド(セメント腺，Cement Gland)の発達から始まる。セメント腺とは尾肢の腹側(第II部第2章「組織学」参照)に発達する乳白色の顆粒である。この物質の分泌は眼柄中に含まれるサイナス腺から分泌されるホルモンにより支配されており(Stephens, 1952)，脱皮の抑制にも関係する。白色顆粒は卵巣の発達に合わせて発達し(Aiken and Waddy, 1980, 1982)，産卵が近づくに従い増大するので，産卵期を推定するのに有効な目安となり，その出現契機は交尾と考えられていた(松下・三宅, 1954)。しかし，近年ではセメント腺は交尾の有無と無関係に発達することが組織切片の作成と飼育観察により確かめられている(古林, 1992)。

　また，熊本県における観察によると，交尾が盛んになるのは年に2回あり，5～7月，9～10月である。交尾は夕方から夜にかけて行われる。観察の当日か前日の朝にメスを水槽に入れておき，その後オスを入れて15分ほど落ち着かせると交尾を始めることが多い(坂本, 2000)。交尾はオスがメスを押さえ込むような形で行われるが，個体差，場所の制約などの要因でさまざまなバリエーションがある。交尾のとき，オスはメスの受精嚢(円形を呈しているので環状体や腹環と呼ばれることもある)に精包(精子の入った袋)を付着させる。交尾後ほどなく，精包は環状体の空洞部に収容される。

　産卵前になるとメスは水槽の隅からあまり移動しなくなり，そこの砂を掘り，腹部を歩脚(第II部第2章「組織学」参照)でしごく行動が頻繁に観察される。そして本文で述べたように，産卵の直前には極端に食欲が落ちる。なお，アフリカツメガエルでは，ホルモンの注射により産卵を促進させることもあるが，アメリカザリガニでは，そのような技術はみられない(中谷・村田, 1990)。産卵に先立ち，メスは仰向けとなり腹部を丸め，このなかに白濁した半透明の物質がはじめに出てくる。この物質がセメント物質であり，セメント腺でつくられているものと考えられている。そして精包の外壁を溶かして精子を放出し，卵と受精させる働きがあると考えられている。

　次に卵が腹部に生み出される。セメント物質は卵に粘着凝固して，糸状の卵柄となって連結し，卵は腹部にある小さな脚である腹肢の毛に付着する(Andrews, 1904；Herrick, 1893；Mason, 1969；Young, 1937)。

　水温24℃ほどで抱卵したメスを飼育していると，約3週間で孵化が起こる(中谷・村田, 1990)。卵の発生が進むと酸素の消費量が増大するので，エアーレーションを行うなどの工夫が必要となる。抱卵期間中，メスは餌はほとんど食べない。孵化後，数日後にはI齢の稚エビは脱皮を行いII齢となる。これが脱皮してIII齢になると初めて稚エビは親から離れ始め，筆につくなどの各種の行動が見られ始め，それまでは母親の腹肢にしがみついている。本コラムでは文中の文献のほかにSuko(1953, 1954a, 1954b, 1956, 1958a, 1958b, 1961)も参考にした。

4.「動物の誕生」における活用

　小学校5年で学習する「動物の誕生」では，教材生物としてメダカを扱うことが一般的である。容易に産卵することから，小学校で胚発達の様子を学習するには適している。アメリカザリガニが用いられることはほとんどないかもしれない。しかしアメリカザリガニは雌雄の形態的特徴がわかりやすく，メスの成熟，交尾（交接），産卵，そして保育など一連の繁殖行動の観察が容易であるために，すぐれた教材になる。メスではセメント腺の発達により成熟がわかるため(図1)，このような個体をオスとペアにするとすぐに交尾がみられる。もし交尾しない場合は別のオス個体を用いればよい。

　卵の直径は約2 mmと大型であり，卵黄が褐色であるが，その後赤みを帯びてきて，胚が発達している様子も解剖顕微鏡で容易に観察できる。1週間もすれば心臓の拍動や目の発達がみえ，体の形づくりが進んでいることがわかる(口絵46；詳細は本章のコラム参照)。また，孵化後に母親が稚エビを保育する繁殖様式であることは，繁殖の多様性を知る機会となる。稚エビが母親から離れて動くようになっても，母親のもとへ戻る様子はほほえましく，親子で仲よくしていることを嬉しく感じる児童は多い(図2)。この親子の情愛を感じさせる観察は，生活科にも応用可能であろう。

　稚エビが母親につく部位は母親の遊泳肢だが，これに似せて筆を揺らすことで稚エビを集めることができる。稚エビが水の流れを感じ，付着しやすいものに集まることがわかる(図3)。この行動も児童に人気があるだけでなく，動物が何を手がかりに仲間を認識しているか考えさせる実験として展開することも考えられる。

5.「動物の体のつくり」における活用

　無脊椎動物の体の構造については，昆虫を例として学習されることが多いかもしれない。しかし甲殻類は昆虫よりも体内の構造を理解することが容易である。たとえば，昆虫類だと国内で最大級の種類で児童が親しみやすいも

図2 母親に集まる稚エビ(後藤太一郎撮影)。口絵47参照

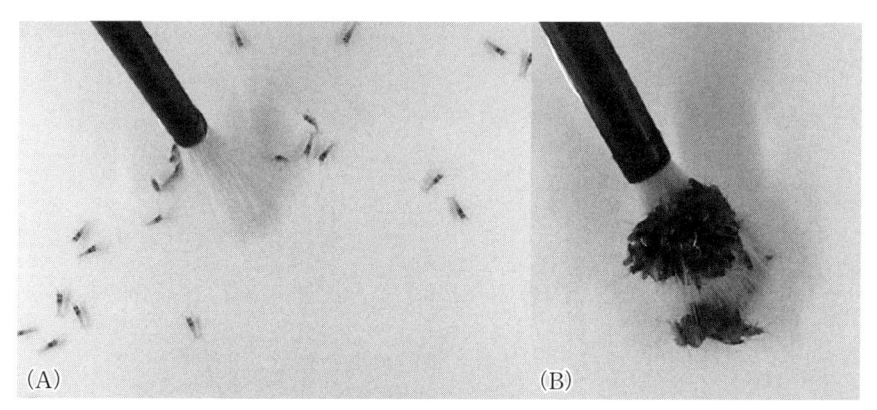

(A) (B)

図3 筆に集まった稚エビ(後藤太一郎撮影)。(A)集合前，(B)15分後。口絵48参照

のにカブトムシ・クワガタ類がある。しかし昆虫の体は循環系の観察に向かず，小さいため解剖も比較的難しい。これに対してアメリカザリガニも，児童にとって身近な生物でもあり，しかも解剖や体内の観察が容易であるのは見逃せない利点である。そこで，ここでは，「動物の体のつくり」のなかでアメリカザリガニを使って，効果的に学ぶ手法について考えてみたい。

体内の構造を知る方法としては解剖学習が一般的に行われている。しかし生体の解剖をすることについては倫理面も含めてさまざまな議論がある。筆

者の見解は稿を改めて述べるが，日本の実習書では，生きている個体を氷中麻酔または少しゆでてから（50～60℃のお湯にしばらくつける）使うことが一般的である（たとえば渡辺，2005；内山・佐名川，2007）。逆に欧米では生きた動物を解剖することはほとんど実施されず，固定標本を利用した解剖が多い。たとえばアメリカ合衆国では，理科教育関係企業の大手である Carolina 社が非ホルマリン系固定液で固定された教材生物を販売しており，児童生徒はゴーグルや手袋をしながら固定標本を解剖する。アメリカザリガニの解剖を小学校4年生で実施しているところもある。最近，アルビノのアメリカザリガニが市販されるようになり，これだと解剖を実施しなくても容易に体内の構造が目視観察できる利点がある。

　解剖によって構造をみるだけでなく，各器官の働きを理解することも重要だろう。それには生きた材料を用いることが必要になる。孵化後しばらくの間は比較的透明であるために，胃の動きや腸管の位置，心臓の拍動など体内の様子を外部から観察できる。しかし成長して甲殻が厚くなると，そのままでは観察できなくなる。以下では，成長したアメリカザリガニでも行うことができる，体の働きに関する観察・実験をいくつか紹介する。

心 拍 数

　心臓の拍動は生命を実感させるために，また，脊椎動物と無脊椎動物では心臓の配置が異なることを教えるうえで格好の材料である。成長したアメリカザリガニでも甲殻を一部切除することで体内の器官を直接みることができる。心臓の場合でいえば，「心域」（頭胸甲部の背面後方中央部）と呼ばれる心臓の位置にある甲殻に「窓」を開けることによってリズミカルに伸縮している心臓を観察することができる。甲殻が硬く厚いと，その下にある膜を傷つけないで取り去ることは難しいが，脱皮直後で甲殻が柔らかい個体では除去しやすいことが知られ（須甲，1954），眼科用ハサミとピンセットを使って除去することができる。硬い殻の場合は，心域一帯をガラス彫刻などに用いるペン型研磨機（一般にルーターと呼ばれている）で削る。殻が弱くなった状態で削るのを止めて，先の尖ったピンセットで殻を取り除くと，拍動する心臓を見ることができる（図4）。水温を変えることで，心拍数が変わるので，ア

図4 甲殻の心域の殻を除去した様子(後藤太一郎撮影)。矢印は心臓の位置を示す。口絵49参照

メリカザリガニが変温動物であることを，児童がよく理解できる。また稚エビと成体を比較することで，体の大きさによって心拍数が異なるとわかる(後藤，2002)。目安としては，心拍数は体長1cmほどの小型個体であれば，25℃で約200回と多く，成熟した個体では約半分に低下する。なお，アメリカザリガニの血液は無色であるため血管をみるのは容易ではない。血管の観察には心臓内に色素を注入するといいことが知られている(須甲，1954)が，供試個体は死亡してしまう。エバンスブルーなどの色素を生理食塩水に溶かしたものを注射すると，供試個体は死亡させるが，血液を着色することができるので，血流が肉眼でも容易に観察することができる。観察の視点として，アメリカザリガニは開放血管系なので着色された血液が，均一に全身に拡散していく様子が観察できる。ただし開放血管系のアメリカザリガニにも，腹部の背面と腹面には太い動脈があり，腹側の動脈は腹面の直下にあるので，染色を施された個体を腹面から観察することで血管を一時的に観察することができる。また鰓も染まるので，その位置がわかり，鰓の血管やガス交換の様子が直接観察できる。

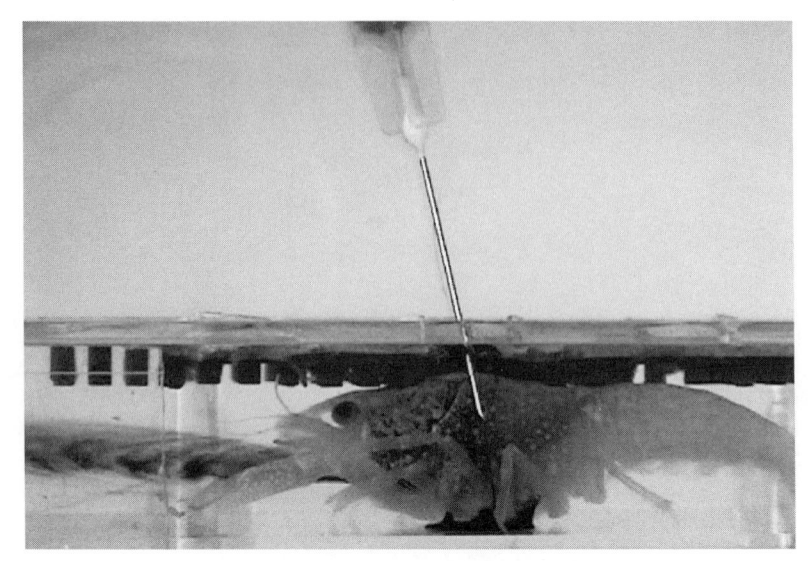

図5 呼吸水流の様子(後藤太一郎撮影)。口絵50参照

呼吸水流

甲殻の後方か歩脚の基部に墨汁を少し落とすと,墨が甲殻内に吸い込まれ,口の側方から黒く色づいた水が前方に吐き出される(須甲,1954)。このことから,新鮮な水が鰓を通過していく様子がわかる(図5)。これはアメリカザリガニの腹面の第3顎脚(第II部第2章「組織学」参照)近くにある肢のひとつである顎舟葉が前後にリズミカルに動いて鰓腔内の水を前方にかき出しているためである。この動きはある意味,低い場所の水を体内を通じて高い場所に移動させているのであり,アメリカザリガニを飼育する容器の水位を低くしてやることで,この水の汲み上げを肉眼で観察することができる。これに対して魚類の呼吸水流は,口から取り入れて,鰓蓋から排出するので両者の水流の向きが逆である。このことで,同じ鰓呼吸をする動物でもしくみの違いがあることを気づかせることができる。

尿放出

口部の側方には触角腺(第II部第2章「組織学」参照)と呼ばれる尿の排泄に関

係する器官がある。ここから尿が放出されることが，体内に色素を注入して尿を可視化する方法によりわかる(Breithaupt and Eger, 2002)。注入する色素は入浴剤に含まれる色素でもあるフルオレイセンナトリウムで，水に溶かすと緑色の強い蛍光色を発生する性質をもつオレンジ色の粉末である。これをアメリカザリガニの体に注射すると，着色した尿がちょうどタバコの煙のように放出される様子がみられる(口絵51参照)。尿が個体間でのコミュニケーションに利用されていることはほかの動物で知られているが，アメリカザリガニでも嗅覚の部位である第1触角(第II部第2章「組織学」参照)の近くから尿が出ることを実際にみることで，尿の働きは単に排泄だけでないことを考えさせることができるだろう。

6. その他の観察・実験

体色に関する実験とアルビノ個体の利用

アメリカザリガニの体色は一般的には茶褐色から赤であるが，白，オレンジ，青など変化に富んでいる。体色は餌で容易に変えることができる。赤色はカロチンをもとに合成されるために，カロチンを含まない餌を与えると青っぽくなり，やがて白色に近くなる。夏休みの自由研究でよく紹介されているが，肉食性の餌であるアジやイワシを与えると3か月ほどでほぼ白色になる(理科実験大百科　ベストヒット集I, 2003)。この実験には，成長時期にある全長3cmほどの小さな個体が適している。しかし，筆者の経験上，魚肉などの肉食の餌を単独で与えていると成長はよいが，数か月で突発的に死亡することもあるので，注意が必要となる。やはり生物飼育を行うに当たって餌のバランスは重要なのかもしれない。

遺伝子的に色素を失ったアルビノ個体がまれに野外で見られるが，アルビノ形質は通常体色の野生型に対して劣勢であり，メンデルの法則に従った遺伝様式を示す(Nakatani, 1999)。すなわちアルビノの個体を通常体色の野生型と交配すると，1代目の雑種は赤色の体色となり，これらの雑種個体どうしの交配を行うと，赤色の個体とアルビノ個体が3：1の割合で出現する。このことからアルビノは野生型と比較すると劣勢の遺伝子とわかる。さらにア

ルビノのアメリカザリガニでは，体色は白色であるが眼には網膜色素はあるために黒く，また，アルビノの外皮の一部を通常体色の野生型に移植すると赤くなることから，黒色素や赤い色素に関与するホルモンや遺伝子に欠陥があると考えられている(Nakatani, 2000)。アルビノの個体は系統として遺伝的に固定されており，ペットショップなどでもみかけるようになってきた。ただし野生型に比べて繁殖力が弱い(Begum et al., 2009)。これはアルビノ個体の性質によるものか，同系交配が進んだ結果によるかは明らかでない。

体長が5 cmくらいまでは体が半透明で，体内の構造や機能を解剖することなく見ることができる。たとえば，アルビノ個体の体の外部から観察が可能な内部構造や機能には，心臓，血管，呼吸，消化器官，卵巣とセメント腺がある。通常の体色の個体であれば，前述のとおり，心拍の観察に解剖が不可欠であり，さらに殻の軟化した個体を選ぶ手間もあった。鰓がある頭胸甲側部の下側から水が吸い込まれ，これが体内を通って口近くから水が出る呼吸水流は，アルビノ個体を利用することで，より明瞭に観察することができる。また餌を着色して与えると，胃の動きや消化管内での食物の移動の様子が観察可能となる。そして脱皮時期になると胃に形成される胃石(部位等は第II部第2章「組織学」参照)が肉眼で容易に観察できる。すなわち脱皮時期の予想に役立つ。この胃石は主成分がカルシウムであり，脱皮直後に速やかに体内に溶解し，脱皮により軟化した外骨格の硬化に寄与する機能を有するので，体内の代謝もわかりやすい。メスには胃の後方で薄黄色の臓器があるが，これは卵巣である(部位等は第II部第2章「組織学」参照)。コラムで紹介したように卵巣とセメント腺は同調して発達し，この様子の詳細を見られる。

淡水産の各種エビ類でも体内が透けて見える種もいる(小川，1996)が，アメリカザリガニは観察しやすい大きさであり，扱い安いと思われる。身近なアメリカザリガニがこのようなさまざまな体色をもつことは児童たちの興味や関心を高め，学習の動機づけとなる効果も期待できる。さらに，親から子に伝わるものを考えさせ，実験することも可能であるが，小さな水槽内飼育では成熟までに時間を要することから，1学年の間で終えることができないことが難点となる。

7. 行　　動

　アメリカザリガニの行動として特徴的なのは，ハサミを振り上げてむかってくる威嚇行動と，腹部を素早く屈曲させて逃げる逃避行動である(第Ⅲ部「神経生理学・行動学」参照)。体長の大きな個体に棒を近づけると威嚇行動が顕著に起こるが，小さい個体に軽く接触すると逃避行動を示す。逃避行動の発現率は体長と関係しており，7 cm 以下では発現率はほぼ100%であるのに対して，それ以上の個体では低下する(長山，1990)。しかし，ハサミを除去すると，大型個体でもよく逃避行動を示すようになる。成長段階での行動の違いや，武器となるハサミを失うことで正反対の行動に変わることは，その意味を問うことで，動物の行動の合理性を考えるきっかけにすることができよう。

8. 理科教育材料としてのアメリカザリガニの評価

　小中学校における理科教育教材として身近な動物としては，アメリカザリガニ以外にもメダカや昆虫類がある。アメリカザリガニは大型の水生生物で直接手に触れることができ，比較的動きがゆっくりしており，しかも単純であることから行動の観察が容易である。これはメダカにない利点となり，子どもが親しみやすい特徴を有する。また，脱皮により成長する点ではカブトムシと同様であるが，変態がないので脱皮にともなう体の伸長が容易にわかる点，そして脱皮や繁殖の行動が直接観察できる点も魅力である。
　このようにアメリカザリガニはすぐれた教材生物であるが，小中学校で十分に活用されていない。アルビノ個体があることで，その価値はさらに高まっているが，環境省からは「要注意外来生物」に指定されている「侵略的外来種」でもあり，野外には決して放さないなどの十分な管理は必要である。日本ではアメリカザリガニを食べる機会は少ないためか，食材としてみることが一般的でない。エビ・カニ類が好きな日本人にとっては，甲殻類についての知識をもつことも必要で，その入り口として学校教育のなかで活用したい。

[引用文献]

Aiken, D. E. and Waddy, S. L. 1980. Reproductive biology. In "The Management of the Lobster. Vol. 1" (ed. Cobb, S. and Phillips, B.), pp. 215-276. Academic Press, New York.

Aiken, D. E. and Waddy, S. L. 1982. Cement gland development, ovary maturation, and reproductive cycles in the American lobster *Homarus americanus*. J. Crust. Biol., 2: 315-327.

Anastacio, P. M., Parente, V. S. and Correia, A. M. 2005. Crayfish effects on seeds and seedlings: identification and quantification of damage. Freshwater Biol., 50: 697-704.

Anastacio, P. M. Nielsen, S. N., Marques, J. C. and Jorgensen, S. E. 1995. Integrate production of crayfish and rice-a management model. Ecol. Eng., 4: 199-210.

Andrew, E. A. 1904. Breeding habitats of crayfish. Amer. Nat., 38: 165-206.

Begum, F., Nakatani, I., Tamotsu, S. and Goto, T. 2009. Reproductive characteristics of the albino morph of the crayfish, *Procambarus clarkii* (Girard, 1852) (Decapoda, Cambaridae). Crustaceana(印刷中).

Breithaupt, T. and Eger, P. 2002. Urine makes the difference: chemical communication in fighting crayfish made visible. J. Exp. Biol., 205: 1221-1231.

Cruz, M. J. and Rebelo, R. 2007. Colonization of freshwater habitats by an introduced crayfish, *Procambarus clarkii*, in Southwest Iberian Peninsula. Hydrobiologia, 575: 191-201.

福田靖. 1992. 生物教材アメリカザリガニ. 熊本生物研究誌, 14：15-21.

Genovesi, P. 2005. Eradication of invasive alien species in Europe: A review. Biol. Invasions, 7: 127-133.

後藤太一郎. 2002. アメリカザリガニの心拍数測定. 理科の教育, 51：784-786.

Hein, C. L., Vander Zanden, M. J. and Magnuson, J. J. 2007. Intensive trapping and increased fish predation cause massive population decline of an invasive crayfish. Freshwater Biol., 52: 1134-1146.

Herrick, F. H. 1893. Cement-glands, and origin of egg-membrances in the lobster. Johns Hopkins Univ. circular, 12: 103.

Huner, J. V. 2002. Crayfish of commercial importance: *Procambarus*. In "Biology of Freshwater Crayfish" (ed. Holdich, D. M.), pp. 541-584. Blackwell Science, London.

川井唯史. 1992. 飼育下におけるアメリカザリガニ *Cambaroides japonicus* (de Haan, 1841)の脱皮に伴う体各部の変化. 甲殻類の研究, 21：89-95.

古林茂雄. 1992. アメリカザリガニのセメント腺は交尾しなくても発達する. 熊本生物研究会誌, 24：7-10.

Lodge, D. M. Kershner, M. W., Aloi, J. E. and Covich, A. P. 1994. Effects of an omnivorous crayfish (*Orconectes rusticus*) on a freshwater littoral foof-web. Ecology, 75: 1265-1281.

Manchester, S. J. and Bullock, J. M. 2000. The impacts of non-native species on UK biodiversity and the effectiveness of control. J. Appl. Ecol., 37: 845-864.

Mason, J. C. 1969. Egg-laying in the Western North American crayfish, *Pacifastacus trowbridgii* (Stimpson) (Decapoda, Astacidae). Crustaceana, 19: 37-44.

McCarthy, J. M., Hein, C. L., Olden, J. D. and Vander Zanden, M. J. 2006. Coupling

long-term studies with meta-analysis to investigate impacts of non-native crayfish on zoobenthic communities. Freshwater Biol., 51: 224-235.
松下愛子・三宅貞祥. 1954. アメリカザリガニの交尾後における cement gland の発育. 生活科学, 2：1-8.
長山俊樹. 1990. アメリカザリガニの逃避行動. 遺伝, 44：72-75.
Nakatani, I. 1999. An albino of the crayfish, *Procambarus clarkii* (Decapoda: Cambaridae) and its offspring. J. Crust. Biol., 19: 380-383.
Nakatani, I. 2000. Reciprocal transpantation of leg tissue between albino and wild crayfish, *Procambarus clarkii* (Decapoda: Cambaridae) and its offspring. J. Crust. Biol., 20: 453-459.
中谷勇・村田弘. 1990. アメリカザリガニの研究と教材化の試み(1), アメリカザリガニの採集と飼育. 遺伝, 44：97-99.
小川隆之. 1996. スジエビの教材化.「小学校理科　教材の研究」. 全国理科教育センター研究協議会編, pp. 214-215. 東洋館.
Pimentel, D., Zuniga, R. and Morrison, D. 2005. Update on the environmental and economic costs associated with alien -invasive species in the United States. Ecol. Econ., 52: 273-288.
理科実験大百科ベストヒット集Ⅰ(著者不明). 2003. 赤いアメリカザリガニを白に変える. 理科実験大百科　ベストヒット集1, pp. 41-42. 少年写真新聞社.
坂本博. 2000. アメリカザリガニの教材化. 熊本生物研究誌, 31：1-5.
Stephens, G. C. 1952. The control of cement gland development in the crayfish, *Cambarus*. Biol. Bull., 103: 242-258.
Suko, T. 1953. Studies on the development of the crayfish I. The development of secondary sex characters in appendages. Sci. Rep. Saitama, Univ., B, 1: 77-96.
須甲鉄也. 1954. アメリカザリガニ.「生物学実験法講座」第5巻(下), pp. 1-69. 中山書店.
Suko, T. 1954a. Studies on the development of the crayfish II. The development of egg-cell before fertilization. Sci. Rep. Saitama, Univ., B, 1: 165-175.
Suko, T. 1954b. Studies on the development of the crayfish II. The development of testis before fertilization. Sci. Rep. Saitama, Univ., B, 2: 39-43.
Suko, T. 1956. Studies on the development of the crayfish IV. The development of winter eggs. Sci. Rep. Saitama Univ., Ser. B, 2: 213-219.
Suko, T. 1958a. Studies on the development of the crayfish V. The histological changes of the development ovaries influenced by the condition of darkness. Sci. Rep. Saitama Univ., Ser. B, 3: 67-78.
Suko, T. 1958b. Studies on the development of the crayfish VI. The reproductive cycle. Sci. Rep. Saitama Univ., Ser. B, 3: 79-91.
Suko, T. 1961. Studies on the development of the crayfish VII. The hatching and the hatched young. Sci. Rep. Saitama Univ., Ser. B, 5: 37-42.
須甲鉄也. 1982. アメリカザリガニの脱皮に関する研究. 大村教授退官記念論文集, pp. 359-372. 吾妻書房.
須甲鉄也. 1989. アメリカザリガニは2000年に絶滅する？　ニュートン, 9：102-107.
内山裕之・佐名川洋之. 2007. 解剖・観察・飼育大事典. 351 pp. 星の環会.
渡辺採朗. 2005. アメリカザリガニの解剖マニュアルと図譜の製作. 遺伝, 59：100-103.
Yong, C. M. 1937. On the nature and permeability of chitin. I-the chitin lining the

foregut of decapod crustacean and the function of the tegumental glands. Proc. Roy. Soc. B, 3: 298-329.

[参考資料]

アルビノザリガニを使って見る体のつくり. 2001. 三重大学教育学部生物学・後藤研究室製作・所蔵(株式会社デジタルSKIPステーションも保管).

水野崇人. 1988. アメリカザリガニの教材化のための基礎的研究. アメリカザリガニの習性を中心に. 東京都教員研究生報告書.

中村正二. 1985.『アメリカザリガニ』教材用ビデオ(科学研究生として派遣された際に製作されたもの). 熊本大学教育学部所蔵.

大沢一爽. 1984. 甲殻類の実験—33章. 176 pp. 共立出版.

ザリガニのふえ方. 2003. 三重大学教育学部生物学・後藤研究室製作・所蔵(株式会社デジタルSKIPステーションも保管).

あとがき

　生物学の研究においてしばしば指摘されるのは，研究目的に合わせて最適の「材料」を選ぶということの重要性です．研究対象となる生命現象を，もっとも調べやすい生き物を使うことで，解析に必要な実験操作が容易に可能となり，明確な結論を得ることができます．生き物は進化によって多様化してきたので，基本的な生命のしくみは種を超えて共通している部分が多いのです．「大腸菌において真であることは象においても真である」というJ. Monodの言葉が主張する正当性はその辺りの事情に由来しています．ある研究者がある生き物を研究しているという場合，彼または彼女はその生き物に興味があるのではなく，ある生命現象に関してその生き物から得られる普遍的なしくみに興味がある，という場合が大半でしょう．種々の生命現象が遺伝子レベルで明らかにされるようになっている今日，ゲノムの全塩基配列が明らかにされた生物が研究対象として重要視されるようになってきており，また，これまでモデル生物として取り上げられてきた生き物ではそのゲノムの解読作業が進んでいます．いずれにせよ，キイロショウジョウバエや線虫 *C. elegans* やゼブラフィッシュは，その動物としてのおもしろさというよりは，研究上の利点の故に，多くの研究の対象となっているといえるでしょう．

　それでは，ザリガニはどうでしょうか？　本書の編集を進めている今年(2009年)は，ダーウィン生誕200年，『種の起源』刊行150年という切りの良い年とあって，ダーウィンに関する種々の催事・企画が世界的に行われていますが，本書との関連でいいますと，今年はイギリスの動物学者ハクスリが『ザリガニ――動物学研究入門』を刊行してちょうど130年目に当たります．『種の起源』に示された進化論あるいは自然選択説には，当時，反発も強かったようですが，ハクスリはこれに対して好意的であったとのことです．そのハクスリが著した『ザリガニ――動物学研究入門』は，ザリガニという身近な生き物の形態や，発生，生理，生態などを一般向けに紹介しています．

同書は，ザリガニの観察から導かれる疑問が，動物学ひいては生物学における根本的・基本的な問題につながっていることを説いて，日常的・具体的な疑問から出発する文字通りの動物学入門書となっています。残念ながら現今の札幌では，ザリガニを身近な生き物と呼ぶことはもはやできません。しかし，具体的な動物での疑問から進んで動物全般に関わる一般的な疑問あるいは問題設定へ，というハクスリの学問的方法論は今日なお有効であると思われます。

ハクスリはさらに，ザリガニという特定の動物について，形態，発生，生理，行動，生態，分類などその全体像を系統立てて記述することが，生物学という科学の一部門の基盤を担保するという信念を持っていました。生物個体においては，その構造と機能が密接に関連していて，形態や発生といった諸性質は他の性質との相互作用によって形成されている，ということに思い当たるならば，この信念の妥当性は容易に理解されましょう。ある特定の動物に対して多面的な研究を進めることで，その動物をより深く理解でき，そして動物一般，生物一般をより深く理解できるはずだ，というのがハクスリの立場だったとみることができます。これは，冒頭に述べた〈研究目的に合わせて最適の「材料」を選ぶ〉立場とは微妙に異なるもので，〈生き物〉を理解するためのアプローチと看做すこともできるでしょう。ショウジョウバエや線虫よりはるかにおもしろい生き物であるザリガニは，このアプローチには最適の動物といえます。

学問の専門化が進んだ21世紀の今日，一人の人間がある動物の形態・発生・生理・生態・分類をすべて理解するということは不可能です。しかし，ハクスリが生きた19世紀においてすら，そのようなことは不可能と考えられていました。ハクスリの本に記述されている内容は古色蒼然としたもので，今日の眼で見ると極めて初歩的なものです。それでも，彼は言います。その部分を大胆に抄出すると，

> この本を書くに当たって，私はザリガニの動物学的モノグラフを意図したのではなかった。その名に値するためには世界中から集められた多くの標本を何年

もかけて忍耐強く研究しなければならないだろうから。…[中略]…私は，この短著が世界中の観察者の注意をザリガニに向けるための契機となることを心から願っている。その力を合わせた研究努力によって，一人の研究者であれば単に提示することくらいしかできないような多くの疑問に，やがて解答を用意してくれるであろう……

そして，130年後の極東の島国で出版されるこの書物によって，彼の期待に対するひとつの答が提出されたことになるわけです。この書物が彼の期待に応えるものであるか否か，それは地下に眠る彼が判断するというよりは，今日の時代を生きる読者諸氏に委ねられるべきことと思います。そして，ザリガニがショウジョウバエやゼブラフィッシュとは異なる意味での生物学研究におけるモデル生物として認知され得るか否か，これは偏に私たちも含め分担執筆された研究者各位の今後のさらなる研鑽にかかっているといえるでしょう。動物としてのザリガニに関する多様な研究を取りまとめる機会は将来にわたって再三ならず訪れるはずです。その時までに，今後どれだけ新しい知見を積み上げることができるかが問われています。

専門化はさらに進み，各分野で深く掘り下げる研究が進んでいきます。ハクスリはそんな状況を先読みしていたのでしょうか。次のようなディドロの言葉を残しています。英語の書物の中に仏語の原文をそのまま載せているのは，19世紀英国ビクトリア朝の一般人でも読解が可能だったという事情（考えにくいですが）を反映しているのか，それともハクスリの，というよりは当時の知識階級一流の韜晦趣味によるのでしょうか。いずれにせよ，射程の長い言葉なので，ここに浅学を顧みず訳出しておきます。誤訳があればご指摘頂けると幸いです。

    Il faut être profond dans l'art ou dans la science pour en bien posséder les éléments.
    自然界の本質をしかと把握せんがためには芸術または科学に深く沈潜せねばならない。

なお，ハクスリの書物を1973年に再版した際に，当時のMITの生物学者S. A. レイモンドが書いた前言が，まさに編者の一人である行動生理学者の今日を活写しているので，少し長いですが，ここに自戒をこめて抄して訳出させていただきます．

> 君が動物の協調運動にかかわる感覚器官に興味を持ち，ザリガニの伸張受容器を研究しようと決心したと想像したまえ．天気が良ければ，そして，もし君が場所と方法を熟知しているなら，最初の実験材料とするためザリガニ採りに出かけるだろう．けれど，天候あるいは君の自然誌の知識不足のせいで，十分な収穫が得られないのが落ちである．そこで君は業者に発注する．君の発注は興味深い社会経済的メカニズムを発動させる．ニューヨークの高層ビルで，ビジネススーツを着込んだ男が君の研究機関のクレジットを調査する．そしてルイジアナまたはウィスコンシンに電話をかける．すると，フランネルのシャツとデニムのつなぎに長靴姿の男が，注文の用意ができたらニューヨークに電話すると告げる．その男は，土地の少年たちを現金で呼び寄せて在庫を補充するように指令する．実際にザリガニを採るのは彼らで，彼らは決して科学者と直接話すことがない．ザリガニは，段ボール箱の中で発泡スチロール片に詰められて，実験室に空輸される．…［中略］…箱を開けたその時，君は興味深い立場に立つことになる．というのは，この瞬間，君は，まだ育て方も飼育方法も学んだことのない動物がもつはたらきのひとつである伸張受容器の研究を開始したのだから．ザリガニは君自身で採ったものではないので，通常なら動物の自然の生息地の特徴によって与えられる情報はすべて欠けている．動物が入った箱を持って君が立っているその時，君の研究を成功させるためにかなり重要な実際的問題が次々に生じてくる．ザリガニは何を食べるのだろう？　どのように成長するのか？　…［中略］…どのようにして殖えるのか？　雌雄のちがいは？　丈夫なのか？　長生き？　進化の速さは？　泳ぎはしっかりしている？　食べて美味？　遊んで楽しい？　組織的な社会をつくるの？　ザリガニは〈心〉（原文イタリック）を持つの？　賢いの？　…［以下略］…

最後になりますが，本書の作成に御協力を頂いた下記の各位の皆様に心よ

り謝意を表します(アルファベット順に整理)。Fortunat Andriahajaina, 朝倉彰, The Association National pour la Gestion des Aires Protegees, 馬場敬次熊本大学名誉教授, Direction des Eaux et Forets, 故 F. Fitzpatrick, Jr., 藤田喜久, 藤優太, S. R. Gelder, 五嶋聖治, 浜野龍夫, 花村幸生, 林健一水産大学校名誉教授, 北海道大学附属図書館北方資料室, 北海道開発局網走開発建設部, 故 L. B. Holthuis, 池田幸資, 稲部晃輔, 岩下嘉光宇都宮大学名誉教授, 環境省北海道地方環境事務所, 上平幸好, 川村直裕, 川内和博, 木村武俊, 北見道路事務所, 小林功, 国立国会図書館, 国立公文書館, 宮内庁書陵部, R. Lemaitre, 町野陽一, 三上敬司, 水平敏知東京医科歯科大学名誉教授, 中村淑子, 中岡利泰, 中谷勇山形大学名誉教授, 丹羽信彰, NPO法人コミュニティシンクタンクあうるず, 尾坂知江子, 大槻聡, Jeanne Rasamy, Olga Ravohangimalala, 佐藤公俊, G. Scholtz, 社団法人北海道ウタリ協会, 鹿追町役場商工観光課, 然別湖ネイチャーセンター, 市立函館博物館, 竹下毅, 東京大学附属図書館, 堤公宏, 山田浩行, 山口隆男熊本大学名誉教授, 渡辺のぞみ。なお, 敬称は略させて頂きました。また第V部第3章に山口英二博士の論文から貴重な図版を収録させて頂きました。収録にあたっては, ご挨拶のためにご遺族の方々の連絡先を探しましたが, 探し当てることができませんでした。ご存じの方がおられましたらご一報下さるようお願いいたす次第です。

　また, 本書の刊行に当たっては, 北海道大学出版会の成田和男氏の一方ならぬご尽力を賜りました。ここに記して謝する次第です。本書刊行に当たっては独立行政法人日本学術振興会平成21年度科学研究費補助金(研究成果公開促進費)の交付を受けました。記して感謝いたします。

2009年12月24日

　　　　　　　　　　　　　　　　　　　　　　　高畑雅一・川井唯史

索　引

【あ行】

アイソザイム　53
アイヌ　19, 45
アイヌ語　21, 22
相反的　212
相反的運動パターン　212
相反的チャンネル　246
相反的並列回路　246, 256
あうるず自然学校　ザリガニ捕獲大作戦バスツアー　499
青森(県)　12, 40, 101, 334, 403
アオモリザリガニミミズ　453, 460, 461, 462
赤蝦夷風説考　19
アカザエビ　67, 437
アカザエビ上科　66
アカザエビ類　74, 75
明科　465
亜科名　59
秋田県　12, 102, 334
秋山徳蔵　36
アジア　316
アジアザリガニ属　80
アジアンスネークヘッド　435
亜種　52, 57, 59, 316
アセチルコリン　230
亜属　78
アナジャコ　354
アナログ的制御　218
アフリカ　422, 437
アメマス　374
アメリカザリガニ　4, 13, 16, 155, 343, 349, 362, 372, 407, 483, 489, 492, 493
アメリカザリガニ科　69, 79
アメリカミンク　375, 376
アメンボ類　329
アライグマ　375, 482
新たな定着　494
アルバトロス号　30
アルビノ個体　523
安易な放流　499
暗感覚ニューロン　269
アンケート　489
アンケート調査　488, 504
暗順応　263
イオンチャンネル　168
イオン濃度　319
威嚇行動　272, 525
威嚇姿勢　199, 247
閾値　168, 285
イクパスイ　44
捧酒箸　44
石川県　43
移植　102, 410
胃石　18, 20, 27, 514, 524
遺存個体群　104
一次的巣穴居住者　437
一次的な巣穴　428
一次突起　165
位置情報　268
一極性　232, 235
一方向　232, 235
一方向性　237
遺伝子　65

遺伝子解析　82, 83
イトヨ　374
イヌカイザリガニミミズ　446, 460, 461
岩手県　13, 102, 334, 403
インターネットによる販売　491
インド　422, 437
ウィーン博物館　105
魚　322, 332, 333
魚鑑　26
ウチダザリガニ　4, 13, 56, 58, 72, 294,
　315, 318, 321, 335, 345, 349, 358, 362, 367,
　368, 372, 375, 378, 383, 391, 442, 480, 482,
　483, 485, 487, 489, 494, 496
ウチダザリガニパンフレット　497
ウチダザリガニ捕獲ツアー　502
ウチダザリガニミミズ　460, 461
ウチダザリガニを通じた環境教育　499
内田亨　56
羽毛状の毛　85
運動感覚ニューロン　272
運動検出ニューロン　281
運動修飾　256
運動神経束　202
運動速度　270
運動ニューロン　165
運動パターン　256
運動パターン制御器　242
影印本　58
江崎悌三　48
枝幸町　412, 413
蝦夷島　26
蝦夷島奇觀　22
蝦夷國薬品　20
エゾザリガニミミズ　39, 460, 461
エゾサンショウウオ　360, 484
蝦夷地　27
蝦夷風土記　20
越冬　346, 363, 371

江戸時代　19
鰓構造　79
鰓の形態　82
塩分濃度　319
円偏光　284
奥州　26
横断形　305
横紋のピッチ　144
横連合　157
オオアゴザリガニミミズ　446, 460, 461
大館市　102
大鰐町　102
小川　294
奥附　48
オクリカンキリ　16, 21, 30, 58
尾去沢　470
オーストラリア　8
落葉　323, 359
小野川湖　470
帯広百年記念館　484
小保方卯一　42
小保方運送店　41
オランダ　18, 28
オレゴン　324
温水性　350
温泉水　343, 349
温泉水の流入　344
オンセンタータイプ　270
温帯　68, 72
温帯域　3
温度耐性　319

【か行】
貝形虫類　445, 465
外骨格　148
介在ニューロン　165
外髄　159, 267
海水面の上昇　103

索引 537

概念形成　188	舵取り運動　181
外胚葉　114	河床材料　304
外胚葉端細胞　73, 114	化石　70, 104
開発　29	河跡湖　310
外部形態　65, 72, 82	河川改修工事　408
外部受容器　235	河川水温　295
外来ザリガニ　345, 350, 362, 368	河川地形学的プロセス　305
外来種　373, 378, 435, 505	型　89
外来種の侵入　372	額角　39, 52, 65, 67, 72, 95, 96, 101, 107, 109, 113, 294
外来種を通じた環境教育　482	学校教育　496
外来生物　481	活性化バランス　246
外来生物法　407, 498	活動電位　160, 168, 173
外来ほ乳類　375, 376	カットスロートトラウト　332
化学感覚ニューロン　165	鹿角市　102
化学感覚毛　169	過渡応答　278
化学シナプス　216	カニの眼　18, 58
化学伝達物質　216	河畔　294
鉤爪　76	株式会社北海道ネイチャーセンター　496, 502
格上げ　111	過分極　219, 268
角質化　89	カムリザリガニミミズ　39, 446, 455, 460
学習　184	カムルチー　435
顎舟葉　522	ガラス管微小電極　155
角速度　276	ガラス体　148
顎板　448, 453	カラム構造　268
角膜レンズ　148	カリフォルニア　316, 324
学名　56, 59	カルシウム　320
隠れ家　321, 334, 354, 389	カルシウムイオン　236
隠れ家サイズ選好性　355, 383	カルシウム塩　58
隠れ家サイズ選好性実験　358	カルデラ湖　320
隠れ家をめぐる競争　386	カワマス　373
隠れ家をめぐる種間競争　383, 384	カワリヌマエビ　466
カゲロウ類　330	感覚神経束　202
籠網　331, 332	感覚性　214
囲い網　332	感覚入力　252
河口域　76	感覚ニューロン　165
下行性入力　252	感覚毛　165, 223
鹿児島県　43	
加算平均　223	

感桿　264
鉗脚　88, 105, 422, 438
環境紙芝居　501, 503
環境教育　479, 507
環境教育の教材　480
環境教育のフィールド　495
環境指標生物　415
環境収容力　406, 410
環境省　400, 402, 496, 497
環境特性　295
環境の異質性　306
環境変量　299
環境保全　507
間隙水域　309
韓国　77
管状腺　133
環状体　80, 88, 362
関節鰓　114
環帯(類)　447, 451, 471
緩電位応答　269
陥入　73, 114
間氷期　103
眼柄　159
眼柄運動　279
眼柄神経節　159
キアズマ　268
機械感覚ニューロン　165, 274
機械感覚毛　169
企画展　484
聞き取り調査　432
記載　45, 472
記載年　45
基準標本　105
希少魚　381
希少種　335
希少種保全　32
キーストーン種　336, 359, 381
寄生　451

基礎研究　417
北アメリカ産アメリカザリガニ科　80
北朝鮮　77, 96
北半球　67, 80
拮抗筋　202
キノコ体　161
脚鰓　67, 114, 125
逆行性標識　175
ギャップジャンクション　266
嗅覚葉　160
嗅球索　160
宮中料理　41
教材生物　512
凝視　279
共生　449, 471
強制的　88
競争　383
共存　32, 33, 345, 350, 493
胸部固有介在ニューロン　162
胸部神経節　161
漁獲行為　431
漁獲量　438
漁業　432
局在(性)介在ニューロン　170, 208
局所介在ニューロン　278
局所神経回路　201, 243
巨大介在ニューロン　276
巨大神経繊維　140
巨大脳　157
魚卵　381
寄与率　302
京幾道　104
切れ込み　99
近位色素細胞　148
筋原繊維　144
銀増感法　171
空間感覚ニューロン　273
空洞部　81, 92

索　引　539

串	30	後大脳	157, 274
駆除	379, 505	好適な(サイズの)隠れ家	357, 389
釧路市	506	好適な巣穴長	357
釧路湿原	333	好適な巣穴内径	356
屈折型	263	好適な流速	353
クラスター	276	好適な流速条件	352
栗本丹州	23, 26	行動切り替え	182
群集	351	行動制御	179
群集構造	359	行動生態学	365
頸溝	113	行動文脈	182
計算機シミュレーション	173	行動文脈依存性	183, 184
継続的な防除	506	交尾	325, 362, 367, 515, 518
形態電気緊張変換	173, 174	交尾期	362
系統	72	交尾行動	365, 366
渓畔・河畔植生	300	交尾肢	70, 80, 102
血管	521	交尾時間	88
結石	16	交尾姿勢	88, 366
血体腔	128	交尾前ガード行動	367
ゲート制御	182	公文書	102
ゲルダー	458	興奮性運動ニューロン	208
ケルベル	104	興奮性経路	245
弦音器官	235	興奮性シナプス	167
原口	73, 114	紅毛談	18
健康診断	35	肛門糸	85
ゲンゴロウ類	329	広葉樹	344, 359
源頭部	299	コウラ	6
交易品	19, 29	コエゾゼミ	360
高温耐性	319, 347	小型個体	493
黄河	95	個眼	262
甲殻類	46, 73, 360, 366	個眼間角度	264
工芸品	45	個眼表面	262
攻撃性	387	呼吸水流	522, 524
工事録	39	国立公文書館	48
高水温	348	コザリガニミミズ	456, 457
高水温性	344, 494	湖沼	295
高水温耐性試験	347	個体群	344
高水温に対する耐性	487	個体群(の)絶滅	387, 392
広大な回廊	427	個体識別	188

御大典　34, 37
誤認　490, 491, 492, 504
誤認捕獲　495, 497
固有種保全　401
固有性　399
御用留　28
コロンビア川　50
コロンビア川水系　333
痕跡的　81, 92
根絶　414
コンダクタンス　232
昆虫　187
コントラスト　270
ゴンドワナ大陸　450

【さ行】
再検討　110
細砂　301
鰓室　125, 450
最終致死温度　347, 348
再生産　379
最大水深　300
最大水面幅　300
最大抱卵数　372
細動脈　125
細胞外記録　202
細胞体　157, 194
細胞内記録　204
細胞内染色法　268
細胞内誘導法　268
再放流　489, 494
在来　102
在来種と外来種の識別　415
細流　293
魚　322, 332, 333
先取権　55
サッケード　278
雑食性　358, 381

殺処分　498
里川　415
里山　33
サハリン　95
砂防堰堤の改良　311
砂防工事　308
砂防施設　309
左右相称性　157
サリカニ　50
サリガニ　50
ザリガニ　49, 50, 66
ザリガニ科　69, 85
ザリ蛄囲い　38
ザリガニ下目　65, 66
ザリガニ上科　66
ザリガニペスト　382, 391, 392, 416, 436
ザリガニミミズ　446, 455, 460, 461, 462
ザリガニミミズ属　455, 457
ザリガニ漁　11
ザリガニ類　65
サルカニ　50
サルガニ　29
サワガニ　69
サワガニ類　68
サンクト・ペテルブルク博物館　109
参考値　306
三次元形態計測　173
三次的巣穴居住者　427, 437
散布図　302
産物　27, 28
産卵　325, 363
産卵期　371
産卵場所　354
飼育　352, 488, 491, 492, 494
飼育方法　407
シェルター　321
鹿追町　496
然別湖　371, 375, 379, 382, 496, 499

索引　541

然別湖ウチダザリガニ捕獲ツアー　502
然別湖ネイチャーセンター　503
軸索　157, 194
軸索起始部　168
シグナルクレイフィッシュ　315
資源配分　360
自己受容器　235
支笏湖　34, 40, 382
視細胞　148, 264
視索　159, 160
脂質二重層　168
指状突起　448
試食　498, 501, 503
視神経　159, 267
視神経節　159
止水域　318, 328
姿勢制御　179
姿勢反射　179
自然保護団体　408, 410
持続筋　196
市町村史　50
十脚目　65
実験個体群　389
実験装置　352
実地見聞録　29
児童　482, 483, 487, 488, 489
自動撮影装置　376
シナプス　167
シナプス加算　184
シナプス接続　212
シナプス相互作用　231
シナプス遅延時間　223
シナプス電位　168
シナプス電流　168
シナプス統合(作用)　167, 256
脂肪褐色色素　328
シーボルト　26, 45, 101
市民グループ　410

市民団体　412
市民ボランティア　411
社会教育　492, 507
シャコ　16
写本　58
シャリカニ　21
ジャリカニ　21
種　59, 114
周期的な変化　89
集合管　137
終髄　159, 267
収束進化　73
周波数特性　283
周辺抑制　268
縦連合　156, 157, 193, 274
種間競争　383
樹状突起　157, 194, 268
樹状突起肥厚部　165, 169
種小名　59
受精　363
受精嚢　80, 362
主成分軸　302
主成分得点　302
主成分分析　301, 302
種置換　387, 388, 391
種置換要因　382, 383, 391
出鰓血管　128
出水　352
出力シナプス　214
出力部　212
種特異性　469
種の置き換わり　374, 381
寿命　361, 430
受容角度　263
受容器電位　169
主要突起　216
受容野　269
シュルツ　438

種レベル　424
シュレンクザリガニ　12, 77, 99, 109, 113
種を識別　109
順位　261
順応　272
視葉　159
飼養許可　491
ショウグンエビ　67
視葉板　159, 267
情報の発散　230
小礫　301
昭和天皇　41
初期致死温度　347
初期発生　73
除去　412
食性　359
食道下神経節　156, 161
食道上神経節　156
食物網　312, 358, 381
触角腺　522
市立函館博物館　30
史料　16, 58
シルト　301
指令ニューロン　284
心域　520
人為的な放流　488
進化　94
腎管排出孔　133
心筋細胞　122
真菌病　334
神経回路　194
神経回路網　160, 179
神経交繊毛　160
神経根　162, 202
神経細胞　157
神経スイッチ　256
神経節　156, 193
神経伝達物質　167

神経突起　170
人工飼料　389
人工巣穴　352, 356
信号増幅器　243
信号反転器　242
人工孵化法　365
新参異名　472
侵入　387
侵入個体　385
森林　433
森林破壊　427, 434
新和名　58
巣穴　307, 322, 334, 354, 355
巣穴構造　355
巣穴長　357
巣穴内径　356
水温　322, 346, 348, 365
水産　422
水産資源管理　438
水産資源保護　433
水産庁　402
水産陳列場　29
水深　295, 323
水田　428, 434
水田地帯　425
水面幅　295
スウェーデン　324, 329, 332
スパイキング介在ニューロン　170
スパイク　269
スパイク発火　276
スパイク発射頻度　202
スパイク発生型局在性介在ニューロン　170
スパイク発生部位　170
スパイク非発生型局在性介在ニューロン　170
図譜　29
スミソニアン博物館　30, 53, 55, 104

索引 543

瀬　300
生活史　327, 362, 369
制限要因　323, 346
性差　384
精細管上皮　137
精子　371
精子形成　137
精子溝　80
静止水域　325
静止電位　216
成熟　324, 362
成熟開始年齢　431
成熟サイズ　372
生殖器　67
生殖器官　79
静水環境　437
生息環境　344, 352
生息環境の保全・復元　354
生息地選択　351, 354
生息地の保全・創出　352
生息調査　404
生息場所　344
生息場所選好性　346
生息場所の保全・創出　347
生体　497, 500
生態学　318
生態系改変　312
生態系プロセス　312
成長　360, 361, 433
整備事業　408
性フェロモン　366
性フェロモントラップ　368
生物・生態学的研究　404
生物学的最小形　361
生物教育　492
生物多様性　400, 436
生物多様性の損失　479
生物多様性保全　401

生物地理　65
生物地理学　437
精包　88, 325, 362, 367
切頭類　445
絶滅　379
絶滅危惧II類　311
絶滅危惧種　400, 481
絶滅要因　373
瀬淵構造　305
セメントグランド　324
セメント腺　515
前運動性　214
選好性実験　356
潜時　223, 231
漸次的　219
漸次的出力効果　220
先住効果　384, 385
先住個体　385
先取権　55
先取権の原理　472
潜水防御　506
前大脳　157, 274
前大脳橋　160
前大脳索　160
選択　353
選択的注意　188
千蟲譜　23
前庭補償　184
相関関係　302
双極型ニューロン　165
相互干渉　333
相互捕食　387
相互捕食の非対称性　387
増殖　406
相動筋　196
相反的　212
相反的運動パターン　212
相反的チャンネル　246

相反的並列回路　246, 256
草本　300
相利共生　452, 454
藻類　323, 328
側鰓　79, 114
側方前大脳　159
側(方)抑制　156, 214
属名　59
粗砂　301
祖先　70
祖先型　81, 92

【た行】
第1腹肢　79, 96, 109
第1腹肢先端の棘　81
耐塩性　72
退化　94
ダイカップリング　266
退化的　82
退行する　21
体サイズ差　384
体サイズ測定　501
体サイズの優位性　387
大正大礼記録　34
大正天皇　34
大食細胞　125
体節構造　193
体節性　157
代替地生息場所　299
体長頻度組成図　432
ダイバー　507, 414
退避　285
タイプ標本　26, 101, 104, 105, 109, 472
大谷川　38
大陸移動　449, 471
大陸移動説　81
大理石紋様　438
多極型ニューロン　167

多系統　70
多系統説　72
多重ゲート機構　182
多種感覚ニューロン　274
田代町　102
タスマニアオオザリガニ　3, 70
タスマニア島　3
多足類　187
脱促通経路　245
脱皮　185, 327, 360
脱皮成長　344
脱分極　168, 219
脱抑制　219, 240
脱抑制経路　245
縦浸食　305
ダート応答　199
ダナ　50
タブー　432
タホ湖　322
卵　363
多列上皮　128
単為生殖　438
単為発生　436
ターン応答　199
淡海池　13, 56, 333, 336
淡海湖　349
タンカイザリガニ　56, 349, 378
単極型ニューロン　165
単極細胞　269
単系統　92, 437
端細胞　73
タンジェンシャルニューロン　272
単枝形付属肢　187
淡水　72
淡水域に進入　74
淡水生活　76
淡水生態系　358, 381
淡水へ進入　74

索　引　545

淡水への適応性　76
淡水への適応程度　75
地域個体群　361
地域住民　506, 507
稚エビ　87, 326, 363, 370, 429, 433, 518
稚エビの形態　82, 85
地下水位　358
地球温暖化　479
治山　308
治山堰堤の改良　311
治山施設　309
致死性　392
治水　308
中学校　504
中間型　57
中間的　88
中国　77, 96
柱状構造　268
中心体　160
中心複合体　160
中枢神経系　156, 194
中枢性補償　184
中枢内投射　204
中枢内投射パターン　205
中禅寺湖　464
中大脳　157, 274
中大脳横連合　160
中胚葉　114
中胚葉端細胞　73, 114
中礫　301
チューブ状　94
調査河川　300
重畳性　182
重畳的並列回路　183
超生体染色　166
チョウセンザリガニ　77, 99, 105, 107, 114
朝鮮半島　107

重複像眼　262
直接捕食　383
直線偏光　284
直達発生　69, 74
直列的　201
地理情報システム　310
地理的変位　95
追跡　278
追跡運動　280
津軽　23, 26, 101
ツガルザリガニミミズ　456, 460, 462
ツノウズムシ類　445
デ・ハーン　46
底質　295, 301, 321, 322
底質粗度　301
底質の評価　304
定常状態解析　173
低水温　348
定性的　299
定着　343, 346, 349, 350, 379, 505
定着個体群　488
定着場所　343
定量的　299
テイルフリップ　196, 197
適応性　379
デジタル的制御　218
データベース　310
データベース構築　416
デトリタス　315, 323, 324, 328, 331, 359
テムノケファーラ類　445, 449, 450, 469
電位依存性カリウムチャンネル　168
電位依存性ナトリウムチャンネル　168
電気緊張的　243
電気緊張的減衰　168, 170
電気緊張的構造　174, 178
転石　355
伝導速度　221
テントウムシ類　388

天然植生　427
天然巣穴　355
天然巣穴サイズ　357
天然分布　102
電流注入　214, 283
頭胸甲長　430
東宮御所魚類研究室　43
統合部位　165, 168, 169
踏査　308
同時細胞内記録法　231
投射性介在ニューロン　170
動水環境　437
闘争　384
闘争行動　261
同定ニューロン　173, 196
逃避行動　525
動物命名規約　59
洞爺湖　382, 413, 414, 505
東遊記　20
道路建設工事　308
トカゲ類　388
特定外来生物　44, 375, 378, 400, 480, 481, 482, 491
特定外来生物の防除　507
独立　429
独立性が高い　92
独立の時期　85
棘　80
徒手調査　380
栃木県　34
栃木県日光市　103
土地利用　310, 434
トビケラ(類)　329, 330
苫小牧市　41
共食い　390
トラップ　308
トルイジンブルー　175
トレードオフ　360

【な行】
内髄　159, 267
内胚葉　114
長野県　13
流れ　354
名古屋市科学館　485, 486, 487
七飯町　29, 32
慣れ　272
縄ばり　384
軟甲類　188
二又状　68
二枝形付属肢　187
二次的巣穴居住者　427, 437
ニジマス　373
二畳期　75
日光市　40, 42, 470
日光田母沢　34
日光田母沢御用邸　39
日光田母沢御用邸沿革誌　37
ニッポンザリガニミミズ　459, 460, 461
ニホンザリガニ　16, 26, 28, 31, 49, 97, 114, 294, 315, 344, 352, 355, 359, 361, 362, 365, 368, 372, 374, 375, 377, 378, 383, 391, 440, 442, 480, 481, 484, 487, 492
日本旅行北海道　502
入－出力連関　244
入鰓血管　128
入力シナプス　214
入力抵抗　232
入力の収斂　227, 230
入力の発散　227
入力部　212
ニュージーランド　6, 10
ニューロパイル　160, 163, 274
ニューロン　157, 193
尿　522
人間活動　480
人間活動の影響　479

認知機能の進化　188
熱帯域　69
ネバダ　324
年1回産卵型　370, 372
農業廃水路整備　408
農業用貯水池　309
脳神経節　156, 157
ノンスパイキング介在ニューロン　170
ノンパラメトリック　301

【は行】

胚　518
梅園介譜　23
媒介者　335
胚発生　73
配慮　412
パイン畑　425
バクテリア　331
幕府直轄調査　29
博物館　104, 484
箱館　20
函館大学　458
箱館奉行所　28
箱館焼　31
函館谷地頭　31
破砕食者　311
はしご状神経系　157, 193
発火頻度　270
発眼卵　363, 370
発生反復説　73
パッチ状　70
春採湖　370, 382, 405, 506
春採湖ウチダザリガニ捕獲事業推進委員会　506
パンゲア大陸　75
晩餐会　36
反射型　263
繁殖期　433

繁殖周期　82, 89
繁殖生態　82, 369
繁殖戦略　431
繁殖力　371, 432
磐梯国立公園　349, 378
半楕円体　159
半島西部　107
半島東部　107
半島南部　107
パンフレット　497
ピエラントーニ　455
光感覚ニューロン　269
光受容器　285
光条件　365
光テレメトリ　184
尾肢　95
微絨毛　264
微小脳　157
非スパイク発火　276
尾節　39, 96, 99, 101, 107, 109, 113
尾扇肢　181, 182
尾扇肢運動系　199
ひっこめ反射　280
ピッチング　280
非同時発生型　368
人里　415
ひとつの祖先　75
避難場所　352
尾部　85
尾部突起　92
ヒメザリガニミミズ　460
ヒメヌマエビ属　463
ヒメマス　374
氷河期　103
病原菌の導入　372
標高　434
標準偏差　304
標準和名　59

標本　101, 497
ヒルミミズ属　454
ヒルミミズ(類)　40, 336, 410, 445, 457, 449
ヒル類　448
貧毛類　448
ファウナ・ヤポニカ　46
ファクソン　45
フィアナラントリア　424
フィッツパトリック　104
フィンランド　324
富栄養化　434
フェロモン　327
孵化　326, 363, 370
普及啓発　492
複眼　262
腹血洞　122
腹肢　70, 74
福島県　333
腹髄　161
腹側板　95, 96, 113
腹板　39
腹部運動系　201
腹部固有介在ニューロン　162, 182
腹部最終神経節　175
腹部姿勢運動　181
腹部神経索　161
腹部神経節　161, 163
腹部伸展時　252
腹部伸展誘起下行性介在ニューロン　247
腹部体腔　122
伏流水　307
付属葉　160
淵　300
付着板　448, 450
浮遊幼生　74
ブラウントラウト　373

ブリティッシュ・コロンビア　315, 324
ふるい　304
分解者　330
分解能　264
分極化　212
分冊　48
分子系統分類学　187
分枝パターン　216
分断　99
糞の分析　377
分布　346, 348
分布範囲　380
平滑筋様細胞　125
平衡感覚運動路　182
平衡感覚性介在ニューロン　181
平衡石　184
平衡反射　179
平衡胞　184, 278
ペットショップ　491
紅毛談　18
ベルリン博物館　104
変異　99
偏光角度　266, 284
偏光視　266
片側型　214
片利共生　451
縫合線　67
方向選択性　270
防除　496, 497
防除個体　498, 501
抱稚　429
法的指定　402
法的措置　417
抱卵　326, 363
抱卵期間　369
抱卵数　327, 363, 369, 372
抱卵メス　429
放流　491, 495

索　引　549

捕獲　　489, 492, 494
歩脚運動系　　201
歩脚座節　　82
歩行運動　　181
捕食　　320, 374, 376, 387, 388, 390
捕食圧　　390
捕食者　　321, 377
捕食頻度　　391
ホソザリガニミミズ　　460, 461
ポタージュ　　37
北海道　　40, 334, 343, 493
北海道殖民公報　　34
北海道新聞　　400
北海道水産試験場　　405
北海道大学総合博物館　　405
ホップス　　437
ボランティア　　413, 506
ボランティアダイバー　　506
ホルトハウス　　48, 56
翻刻本　　58
本朝食鑑　　16

【ま行】

マイクロプレート　　365
膜電位　　270
膜電位変化　　214
摩周湖　　13, 56, 333, 336, 370, 465
マダガスカル　　433, 440
マダガスカル島　　421, 422, 423, 436
松浦武四郎　　27
末梢神経系　　156
松前　　19, 22
松前志　　21
松前藩　　20
マリモ　　382
丸み　　92
マロン　　4, 8
マンシュウザリガニ　　12, 77, 99

澪筋　　294
湖　　319
水カビ　　382, 391, 392
水カビ病　　316, 318, 335, 436, 438, 440, 441
ミズゴケ　　42
ミステリーザリガニ　　438
味噌　　308
ミトコンドリア　　92
ミトコンドリアDNA　　73
ミナミザリガニ　　441
ミナミザリガニ上科　　66
南半球　　67
未発眼卵　　370
ミヤベイワナ　　381
民間団体　　410
無髄神経繊維　　140
無脊椎動物　　330
無脊椎動物群集　　331
明順応　　263
命名者　　49, 59
メキシコ大統領　　43
メチレンブルー　　166, 175
免疫組織学的染色　　235
面積　　295
メンデルの法則　　523
毛細血管　　122
毛利梅園　　23, 26
モザイク的　　81, 94
モノアラガイ　　328
森のザリガニ　　434
モンゴル　　77, 96

【や行】

野外学習　　504
薬品　　29
夜行性　　320, 353, 356, 376
薬効　　20

550　索　引

ヤドカリ類　360, 366
ヤドリミミズ　464, 468
山形大学　102
山口英二　456
有意な差　303
誘引　285
遊泳肢　518
湧水　293, 307
ユスリカ類　329, 330
輸入回数　336
ヨーイング　280
葉　274
養殖場　5
幼生縫合線　92
要注意外来生物　373
抑制性運動ニューロン　208
抑制性経路　245
ヨコエビ類　388
ヨーロッパ　316

【ら行】

雷魚　435
ライデン博物館　45
落葉広葉樹　300
蜊蛄　12, 29, 34
蜊蛄濁羹　34
ラノマファナ国立公園　428, 431
ラベル　49
卵　363
蘭畹摘芳　21
乱獲　481
ランク上げ　99
蘭説弁惑　21
卵巣卵　368, 369
卵発生　103
卵包　451, 452
卵母細胞　140, 368
離散的　3, 70, 72, 75

離散的分布　437
離島部　107
利尿剤　18
リポフスチン　327, 361
粒径　295
粒径加積曲線　304
流出個体　353
流水域　318
流速　301, 351, 354
流路延長　295
両側型　214
両方向性　219, 241
両方向性出力効果　221
緑腺　133
臨界致死温度　347
輪状筋層　128
淋病　16
齢依存性　201
齢依存的　199
冷水性　345, 350, 494
礫　301
歴史的価値　399
レッドクロー　43
レッドリスト　423
連続切片　204
連立像眼　262
ロシア　77, 96
六脚類　187
ローリング　280

【わ行】

ワイトマン　455
和漢三才図会　18
ワシントン　324
和田干蔵　447
和名　50, 57, 58
ヲクリカンキリ　27, 28, 29

索引 551

【記号】
12S rRNA　83
16S rDNA　83, 94

【A】
activity balance　246
age-dependent　199
AL ニューロン　215
antagonist muscles　202
Aphanomyces astaci　316, 436, 440
ascending interneurone　204
Astacoides　421, 423, 431
Astacoides betsileoensis　421, 424, 425, 432, 433
Astacoides caldwelli　424, 428, 429
Astacoides crosnieri　421, 424, 432
Astacoides crosnieri E 型　428
Astacoides crosnieri W 型　428
Astacoides granulimanus　421, 424, 428, 432
Astacoides hobbsi　424
Astacoides madagascarensis　424
Astacoides petiti　424
Astacopsis gouldi　3, 70
Astacus　52, 53, 407
Astacus astacus　326
Astacus leptodactylus　70
Astacus oreganus　53

【B】
bidirectional　219
bilateral type　214
Biodiversity　400
Bisque d'Ecrevisses　34
Branchiobdella　454
Branchiobdella digitata　457
Branchiobdella hexodonta　452
Branchiobdella minuta　456

Branhiobdellida　445

【C】
Ca^{++} フリー液　237
Cambarellus patzcuarensis　43
Cambarincola　454
Cambarincola mesochoreus　468
Cambarincola okadai　464, 467, 468
Cambaroides d. dauricus　95
Cambaroides d. koshwnikowi　95
Cambaroides d. wladiostokiensis　95
Cambaroides dauricus　95, 111
Cambaroides japonicus　49, 66, 294, 480
Cambaroides koshwnikowi　111
Cambaroides neglectus　99
Cambaroides s. sachaliensis　95
Cambaroides s. schrenckii　95
Cambaroides schrenckii　95
Cambaroides wladiostokiensis　111
Cambarus chasmodactylus　454
Cambarus diogenes diogenes　358
Channa maculata　435
Cherax　407
Cherax tenuimanus　8
chordotonal organ　235
Cirrodrilus　455, 457
Cirrodrilus cirratus　455
Cirrodrilus sapporensis　462
Cirrodrilus tsugurensis　456
Co1　83
coelomosac　133
command neuron hypothesis　156
connective　193
convergence of inputs　230
CPR　285
crawfish　8
cray　11

crayfish 8, 10, 406
Crayford 11

【D】
dart 応答 199
disfacilitatory pathway 245
disinhibitory pathway 245
Distal-less 187
divergence of inputs 230
DNA による種判定法 377

【E】
ecosystem engineering 312
Engaeus mallacoota 5
Engaeus orientalis 5, 6
EPSP 216
Euastacus fleckeri 6
Euastacus sulcatus 5
Euastacus suttoni 5
excitatory pathway 245

【F】
Form alternation 89

【G】
GABA 235
ganglion 193
Geographic Information System 310
GIS 310
Glourious Twelfth 11

【H】
Hafuchi 12
Holtodrilus truncatus 452, 460, 463, 466, 467, 468

【I】
inhibitory pathway 245

intersegmental 204
intersegmental coordinator 242
IPSP 216

【K】
Kajae 12
Kōura 10

【L】
labeled line theory 156
labyrinth 133
LDS 214, 215
LDS 細胞 171, 175
local circuit 201
Local Directionally Selective 細胞 171

【M】
Mann-Whitney の U 検定 301
Marbl(ed) crayfish 436, 438
Marmorkrebs 436, 438
meral spread 261
morphoelectrotonic transform 173
motor bundle 202
motor pattern organizer 242

【N】
nerve root 202
neuron 193
neurotransmitter 216
NGI 276
NPO 411, 483, 496, 499
NPO 法人コミュニティシンクタンクあうるず 499, 504

【O】
Orconectes limosus 4, 312
Orconectes meeki meeki 309

Orconectes rusticus　　407
Orconectes williamsi　　309

【P】
Pacifastacus　　52, 53
Pacifastacus leniusculus　　4, 294, 315, 480
PAD　　235
Paranephrops planifrons　　6, 10
Paranephrops zealandicus　　312
pH　　320
phasic muscle　　196
PLニューロン　　215
primary afferent depolarization　　235
primary neurite　　204
Procambarus　　436
Procambarus clarkii　　4, 155, 193, 483
Procambarus fallax　　438

【R】
Rak　　12

【S】
Sathodrilus attenuatus　　334, 465, 466, 467, 468
Schrenck　　109
sensory bundle　　202

shredder　　311
signal enhancer　　243
signal inverter　　242
Stephanodrilus　　456
St. Mary Cray　　11
Stephanodrilus japonicus　　456, 457
Stephanodrilus koreanus　　456
Stephanodrilus sapporensis　　456, 461

【T】
t 検定　　301
tailflip　　196
Temnocephalida　　445
tonic muscle　　196
Triannulata montana　　464
turn 応答　　199

【U】
Uncinocythere occidentalis　　465
unilateral type　　214

【V】
varicosities　　214

【X】
Xironogiton victoriensis　　335, 465, 466, 467, 468

執筆者紹介(アルファベット順)

Bondar, Carin A.
1975 年生まれ
British Columbia Univ. Canada, Dept. Biol., Ph.D.
第Ⅳ部第 2 章執筆

後藤　太一郎(ごとう　たいちろう)
1955 年生まれ
岐阜大学大学院医学研究科博士課程単位取得退学
三重大学教育学部教授　医学博士
第Ⅵ部第 2 章執筆

蛭田　眞一(ひるた　しんいち)
1950 年生まれ
北海道大学大学院理学研究科博士課程単位取得退学
北海道教育大学釧路校教授　理学博士
第Ⅴ部第 1 章執筆

Jones, Julia P. G.
1976 年生まれ
Wales Univ., U.K., Dept. Biol., Lecture Dr.
第Ⅴ部第 2 章執筆

川井　唯史(かわい　ただし)
別　記

Ko, Hyun Sook
1956 年生まれ
Silla Univ. Korea, Dept. Biol., Professor Dr.
第Ⅱ部第 1 章執筆

Min, Gi-Sik
1962 年生まれ
Inha Univ. Korea, Dept. Biol., Professor Dr.
第Ⅱ部第 1 章執筆

長山　俊樹(ながやま　としき)
1956 年生まれ
北海道大学大学院理学研究科博士課程単位取得退学
山形大学理学部教授　理学博士
第Ⅲ部第 2 章執筆

執筆者紹介

中田　和義(なかた　かずよし)
　1975年生まれ
　北海道大学大学院水産科学研究科博士後期課程修了
　(独)土木研究所専門研究員　博士(水産科学)
　第Ⅳ部第3章・コラム2・第Ⅵ部第1章執筆

布川　雅典(ぬのかわ　まさのり)
　1970年生まれ
　北海道大学大学院農学研究科博士課程修了
　専修大学北海道短期大学准教授　博士(農学)
　第Ⅳ部第1章執筆

大髙　明史(おおたか　あきふみ)
　1955年生まれ
　北海道大学大学院理学研究科博士課程単位取得退学
　弘前大学教育学部教授　理学博士
　第Ⅴ部第3章執筆

岡田　美徳(おかだ　よしのり)
　1945年生まれ
　岡山大学大学院理学研究科修士課程修了
　岡山大学大学院自然科学研究科助教　理学博士
　第Ⅲ部第3章執筆

高畑　雅一(たかはた　まさかず)
　別　記

上野　正樹(うえの　まさき)
　1949年生まれ
　東京医科歯科大学大学院医学研究科博士課程修了
　北里大学医療衛生学部准教授　医学博士
　第Ⅱ部第2章執筆

川井　唯史(かわい　ただし)
1964年生まれ
北里大学水産学部卒業
北海道立稚内水産試験場資源増殖部資源増殖科長　農学博士
第Ⅰ部・第Ⅱ部第1章・コラム1・3～5執筆，第Ⅳ部第2章・第Ⅴ部第2章翻訳
主　著　『ザリガニ―ニホン・アメリカ・ウチダ』(岩波書店，2009)，『ザリガニの博物誌―里川学入門』(東海大学出版会，2007)など

高畑　雅一(たかはた　まさかず)
1951年生まれ
北海道大学大学院理学研究科博士課程中退
北海道大学大学院理学研究院教授　理学博士(北海道大学)
第Ⅲ部第1章執筆
主　著　『バイオとナノの融合Ⅰ―新生命科学の基礎』(共著，北海道大学出版会，2007)，『脳と行動の生物学』(共著，講談社，2000)など

ザリガニの生物学
2010年2月28日　第1刷発行

編著者　川井　唯史・高畑　雅一
発行者　吉田克己

発行所　北海道大学出版会
札幌市北区北9条西8丁目　北海道大学構内(〒060-0809)
Tel. 011(747)2308・Fax. 011(736)8605・http://www.hup.gr.jp/

アイワード/石田製本　　　©2010　川井　唯史・高畑　雅一

ISBN978-4-8329-8194-2

両生類の発生生物学	片桐千明 編著	A5・396頁 価格8400円
知床の動物 —原生的自然環境下の脊椎動物群集とその保護—	大泰司紀之 編著 中川 元	B5・420頁 価格12000円
動物地理の自然史 —分布と多様性の進化学—	増田隆一 編著 阿部 永	A5・304頁 価格3000円
淡水魚類地理の自然史 —多様性と分化をめぐって—	渡辺勝義 編著 髙橋 洋	A5・298頁 価格3000円
サケ学入門—自然史・水産・文化	阿部周一 編著	A5・270頁 価格3000円
動物の自然史 —現代分類学の多様な展開—	馬渡峻輔 編著	A5・288頁 価格3000円
ハチとアリの自然史 —本能の進化学—	杉浦直人 伊藤文紀 編著 前田泰生	A5・332頁 価格3000円
蝶の自然史 —行動と生態の進化学—	大崎直太 編著	A5・286頁 価格3000円
魚の自然史 —水中の進化学—	松浦啓一 編著 宮 正樹	A5・248頁 価格3000円
稚魚の自然史 —千変万化の魚類学—	千田哲資 南 卓志 編著 木下 泉	A5・318頁 価格3000円
トゲウオの自然史 —多様性の謎とその保全—	後藤 晃 編著 森 誠一	A5・294頁 価格3000円
南千島鳥類目録 —国後，択捉，色丹，歯舞—	V.A.ネチャエフ 著 藤巻裕蔵	A5・136頁 価格2000円
日本産哺乳類頭骨図説	阿部 永 著	B5・300頁 価格9000円
骨格標本作製法	八谷 昇 著 大泰司紀之	B5変型・146頁 価格8000円
ニホンカモシカの解剖図説	杉村 誠 著 鈴木義孝	B4変型・90頁 価格14000円
日本産トンボ目幼虫検索図説	石田勝義 著	B5・464頁 価格13000円
原色 日本トンボ幼虫・成虫大図鑑	杉村光俊 石田昇三 小島圭三 著 石田勝義 青木典司	A4・956頁 価格60000円
バッタ・コオロギ・キリギリス大図鑑	日本直翅類学会 編	A4・728頁 価格50000円
親子関係の進化生態学 —節足動物の社会—	齋藤 裕 編著	A5・304頁 価格3000円

北海道大学出版会　　価格は税別